프렌즈 시리즈 23

프렌즈
미얀마(버마)

조현숙 지음

생애 첫
여행친구;
프렌즈 friends

Myanmar
(Burma)

중앙books

미얀마는 나에게 아시아에서 가장 먼 나라였다. 태국과 그 주변국들의 입출국 스탬프로 빼곡히 채운 여권을 세 개나 갈아치우면서도 선뜻 미얀마에 갈 생각을 하지 않았으니까. 태국에서는 마음만 먹으면 캄보디아, 라오스, 베트남, 말레이시아, 중국까지 육로로 갈 수 있지만, 북쪽으로 국경을 맞대고 있는 미얀마는 예외였다. 엎어지면 코 닿을 길을 놔두고 비행기로 돌아가야 한다는 것이 못내 번거롭게 느껴져 국경 근처에서 늘 발길을 돌리곤 했다. 꽤 긴 시간이 흐르고 미얀마에 가야겠다고 마음을 먹은 것은, 한낮 온도가 30도가 웃도는 4월이었다(2013년부터 태국~미얀마 국경이 열려 현재는 육로로 갈 수 있다).

미얀마에 막 도착했을 때 나는 낯선 나라에 떨어진 앨리스가 된 심정이었다. 방콕에서 비행기로 겨우 1시간 25분 날아온 것뿐인데 참으로 낯선 광경이었다. 치마를 입은 남자들, 나무껍질을 갈아 얼굴에 바른 사람들, 그보다 놀라웠던 것은 벌판에 널려 있는 수많은 탑과 사원이었다. 장담컨대, 살아생전 봐야할 탑을 나는 미얀마에서 모두 본 듯하다. 탑과 사원 안에는 누워 있고, 앉아 있고, 서 있는 불상이 가득했고, 그 불상마다 그림자처럼 독대하고 앉아 기도하는 사람들의 모습에선 어떤 공명마저 느껴졌다. 더위 탓인지 믿기 어려운 눈앞의 풍경 탓인지 현실과 환상이 뒤섞여 내내 몽롱한 그림 속을 걷는 듯했다.

가장 좋았던 시간은 사원 바닥에 앉아 첨탑에 매달린 종소리를 들을 때였다. 더운 바람에 실려 오는 나지막하고 은근한 종소리를 듣고 있으면 탑과 나 사이의 시간을 가늠할 수 없어 아득해지기도 했고, 한편으론 조금 늦게 도착했지만 길을 잃지 않았다는 안도감이 들기도 했다. 그 종소리에 무장해제되어 그 뒤로 종소리만 들으면 꼼짝없이 미얀마가 그리워졌다.

일 년 만에 갔을 때 언제나 웃는 얼굴로 사람 좋게 대해주던 국수가게 부부가 임대료가 올라 이사를 갔고, 한 달 만에 갔을 때 숙소 주인이 그사이 방값이 올랐다며 머쓱하게 웃었다. 영어 간판이 눈에 띄게 등장했고 포클레인이 거리를 휘젓고 다녔다. 그런데도 갈 때마다 한 가지만큼은 분명하고 꾸준했다. 이 자본의 사회에서 희망을 꿈꾸며 세속의 길을 견뎌가는 사람들과 수천년 동안 한자리에서 묵묵히 그들의 기도를 듣고 있는 불상 사이에는 어쩐지 다른 시간이 존재하는 듯했다. 바깥세상의 속도와는 무관한 그들만의 느리고 긴밀한 시간, 말 없이 대화하고 귀 기울이는 그들의 낯설고 신비로운 시간. 어쩌면 미얀마 여행은 그 시간을 통과하는 일이지 않을까.

그 시간을 통과하는데 이 책이 조금이라도 시행착오를 덜어주었으면 하는 소박한 바람이 있다. 이 책을 펼친 당신과 함께 낯설고 느리게, 오래오래 그 시간 속을 여행하고 싶다.

Special Thanks to

미얀마어 발음을 교정해준 Hnin Yu Hlaing 님, 황인귀 님, 미얀마어 표기를 감수해준 Thida Tun, Hein Phyo Thu, Kyaw Zin Aung, 프렌즈 미얀마의 첫 단추를 꿰 주신 안수정 님, 새롭게 프렌즈 미얀마호를 이끌어주시는 선장 김민경 에디터님, 개정 디자인을 맡아주신 디자이너 김은정 님, 카메라를 지원해준 올림푸스한국 영상마케팅팀 김우열 팀장님, 양영지 과장님, 최혜선 님, 토토사마, 사진을 제공해주신 김선겸 님, 이종석 님, 이지상 선배님, 툭툭이형, 김슬기 님, 든든한 프렌즈 동료들 환타와 진헌씨, 응원 여행을 와준 Fishman과 친구 미라, 언제나 묵묵히 지켜봐주는 가족과 친구들, 낯선 이방인에게 친절을 베풀어준 미얀마에서 만났던 많은 미얀마인들에게 고마움을 전합니다.

* 《프렌즈 미얀마》에 수록된 사진은 올림푸스 카메라의 협찬을 받아 OLYMPUS OM-D EM-1 Mark II로 촬영되었습니다.

4

일러두기

이 책에 실린 정보는 2019년 12월까지 수집한 정보를 바탕으로 하고 있습니다. 볼거리, 숙소, 식당, 상점 등의 위치와 요금, 교통편 운행시각과 교통요금 등은 현지사정에 따라 수시로 바뀔 수 있습니다. 저자가 매년 업데이트 취재를 하고 있지만 특히, 요금은 예고 없이 현지에서 인상되는 경우가 비일비재합니다. 이 점을 감안해 여행 계획을 세우시기 바라며 이로 인해 혹여 여행에 불편이 있더라도 양해 부탁드립니다. 더불어 변경된 내용의 제보를 받습니다. 다음 개정판이 더욱 유용하고 정확한 책이 될 수 있도록 독자 여러분의 많은 조언을 부탁드립니다. 편집부 02-6416-3934 / myanmargogo@gmail.com

미얀마어 표기에 대해

《프렌즈 미얀마》에서는 미얀마어 발음을 최대한 현지 발음에 가깝게 표기하려고 노력했다. 미디어를 통해 이미 국내에 영어식 발음으로 알려진 지명, 인명 등은 현지어와 함께 국내에 통용되는 발음을 병행표기했다. 예를 들면, Bagan은 현지에서 '바강'에 가깝게 발음되나 국내에선 바간으로 알려져 있어 '바간(바강)'으로 안내해 두었다(병행표기는 처음 언급될 때만 표기). 국내에 미얀마어 한글표기법이 없는 상황이지만 《프렌즈 미얀마》는 최대한 현지어에 맞춰 표기해 여행자가 현지인과 의사소통하며 미얀마를 누빌 수 있도록 하는 데 초점을 맞춘 책이라는 것을 감안해주시길 바란다. '미얀마어의 영어식 표기(P.60)' 참고.

개정판 업데이트 내용 안내

《프렌즈 미얀마》의 주요 개정 내용을 한눈에 알 수 있도록 What's New 코너를 신설했다. 매년 최신 내용을 싣고 있는 개정판에서 가장 두드러지게 업데이트되는 내용을 앞부분에 일목요연하게 정리했다.

미얀마 베스트

꼭 가봐야 할 미얀마 여행지, 세상에 하나뿐인 미얀마 풍경, 미얀마의 식도락 여행, 미얀마의 열대과일, 미얀마 쇼핑 리스트 등 미얀마의 매력 요소를 엄선해 소개했다. 앞부분에 구성해 미얀마의 전체적이면서도 주요한 분위기를 한 눈에 느낄 수 있도록 했다.

추천 일정

미얀마 여행이 처음이거나, 시간이 넉넉하지 않은 여행자를 위해 효과적으로 돌아볼 수 있도록 하이라이트, 북부, 중서부 해변, 남부, 육로 국경 코스까지 총 5가지 코스를 제안한다. 기본이 되는 하이라이트 코스를 중심으로 여행자의 취향, 시간에 따라 각 코스의 일정을 자유자재로 붙여 활용할 수 있도록 했다.

미얀마 지역 구분

미얀마를 크게 총 7구역으로 나눴다. 양곤을 포함해 만달레이 & 근교, 바간 & 미
얀마 중부, 인레 & 미얀마 동부, 미얀마 서부, 미얀마 남부로 구분하고, 그 안에서
다시 대도시, 소도시를 포함 총 45개의 세부지역으로 나눴다. 각 구역별 앞장에는
꼬마지도를 배치해 도시의 위치를 파악하고, 매 도시의 앞장에는 해당지역에 대한
간략한 소개로 지역에 대한 이해도를 높였다.

지명, 볼거리 표기

모든 지명과 각 지역의 볼거리 타이틀은 한글, 영어, 미얀마어 3
개 언어로 병행 표기했다. 헷갈릴 수 있는 현지 발음은 미얀마어
표기를 통해 직접 확인하거나, 현지인에게 보여주어 목적지까지
정확하게 찾아가도록 도움을 준다. 더불어 지도의 위치와 주소,
전화번호, 개방시간, 입장료 등도 함께 소개하고 있다.

도시 정보, 교통편, 가는 방법

각 도시 도입부에는 'Information'을 통해 현지에서 통용되는
옛 이름, 지역번호, 은행, 환전, 관광안내센터, 지역입장권 등
의 기본정보를 소개했다. 외부에서 해당도시로 도착하는 방법과
해당도시에서 이용할 수 있는 교통수단, 이어 해당 도시에서 여
행을 마치고 다른 도시로 출발하는 교통편까지 함께 목적지를 중
심으로 드나드는 방법을 한눈에 알아볼 수 있도록 했다.

숙소, 식당 정보

《프렌즈 미얀마》는 총 172개의
숙소, 145개의 식당을 소개하
고 있다. 숙소는 저렴한 게스트
하우스부터 고급호텔까지 주
소, 전화번호, 예약 가능한 이
메일(있는 경우)을 소개했다. 식당은 현지인이 즐겨 찾는 맛집 위
주로 소개하며 주소, 영업시간, 예상 예산을 함께 안내했다.

 맛집으로 널리 알려진
인기 식당

 현지인들에게 사랑받
는 작가 추천 식당

특별한 엔터테인먼트

각 도시의 특별한 볼거리나 그 지역에서 꼭 해봐야할 것들, 예를
들면 1day tour(당일 투어)나 도시 산책 등의 테마를 조금 더
특별하게 구성해 놓치지 않도록 제시하였다.

지도를 보는 방법

《프렌즈 미얀마》는 미얀마 전역의 최신지도를 적용했다. 주
요도시는 확대지도를 추가해 더욱 자세하게 표현했다. 본문
에서 지도를 찾아보는 방법은 일반지도와 확대지도 두 가지
다. 먼저 일반지도를 예로 들면, '지도 P.12-A2'는 12페이
지, 가로 A칸과 세로 2칸에 목적지가 있다는 뜻이다. 지역을
조금 더 상세히 보여주는 확대지도는 ⑤, ⑥, ⑥ 등의 기호
에 번호를 넣어 직관적으로 보이도록 했다. 해당 장소는 지도
옆 텍스트에서 바로 확인할 수 있다.
이 외에 미얀마 여행에서 매우 중요한 '외국인 여행 제한구역'
지도를 앞표지 뒤에 배치해 수시로 펼쳐 볼 수 있게 했으며,
미얀마 전역을 한 눈에 세세히 파악할 수 있는 미얀마 전도를
포함했다. 전도 뒷장에는 미얀마 주요 지역 거리 개념도, 양
곤 순환열차 노선도 등 유용한 정보도 함께 안내했다

지도에 사용한 기호

🛕 파야(파고다)		ⓔ	엔터테인먼트
⛪ 수도원(모나스트리)		Ⓑ	은행
🚌 버스정류장		ⓘ	MTT(관광안내센터)
🚐 픽업트럭		Ⓣ	사설 여행사
⚓ 선착장		✉	우체국
Ⓗ 호텔(숙소)		☎	전화국
Ⓡ 레스토랑(식당)		✚	병원
Ⓢ 숍(상점)		✝	교회

차례

추천 일정

여행 실전

SPECIAL THEME

MORE INFO

* 이 외에도 알아두면 도움 되는 더 많은 여행정보가 담겨있습니다.

friends What's New

미얀마 여행, 비자 없이 바로 떠나자!

미얀마 무비자 1년 더 연장, 2020년 9월 30일까지

2015년부터 e비자 시스템을 도입한 미얀마는 대한민국 국적 관광객에 한해, 2018년 10월 1일~2019년 9월 30일까지 시행했던 비자면제를 1년 더 연장하기로 했다. 2020년 9월 30일까지 무비자 입국이 가능하다. (→ '미얀마는 무비자' P.458)

최신 정보로 업그레이드 된 『프렌즈 미얀마』
총 45개 지역, 미얀마-태국 육로 국경 소개

『프렌즈 미얀마』 시즌5는 양곤을 비롯해 전국 45개 도시의 볼거리, 식당, 숙소, 상점 등의 최신 여행 정보를 수록했다. 더불어 현재 외국인에게 개방된 육로 국경 중 안전하고 쉽게 넘나들 수 있어 여행자들에게 가장 인기 있는 미얀마-태국 육로 국경 4곳을 소개한다. 뚜벅뚜벅 걸어서, 또는 보트를 타고 국경을 넘는 미얀마 오버랜드 여행을 떠나보자. (→ '미얀마 국경 지역' P.422)

[특종] 지상 최고의 열대 낙원, 메르귀 군도

세상에서 자연과 가장 가까이 살고 있는 바다 집시를 만나고, 에메랄드빛 바다에 뛰어들어 몸을 담그거나, 바람과 파도 소리만이 가득한 무인도 해변을 거닐 수 있는 기회는 흔치 않다. 지구상에 남은 마지막 열대 섬 메르귀 군도로 떠나보자. (→ '지상 최고의 열대 낙원, 메르귀 군도 여행' P.414)

미얀마 여행 경비 보관하는 팁

미얀마에선 환전할 때 달러가 조금이라도 구겨져 있으면 제값을 받을 수 없다. 그러니 달러를 무조건 빳빳하게 보관하는 수밖에 없다. 여행 중 달러 보관 방법이 걱정인 독자들을 위해 특별히 준비했다. 지금 『프렌즈 미얀마』 앞표지를 펼쳐보자. 안쪽에 비닐커버를 두 겹으로 덧대어 지갑처럼 만들었으니 이곳에 달러를 넣어 보관하자. (→ '달러는 상태에 따라 환율이 다르다' P.56)

[여행 Q&A]

미얀마 환전은 어디서? 미얀마 환율은 얼마?

미얀마 화폐는 짯(Kyat)이다. 공식적으로 미얀마 밖에서는 미얀마 화폐를 직접 환전할 수 없다. 미얀마 화폐를 취급하는 은행이 없기 때문이다. 외환은행 본점에 가도 마찬가지이고, 한국뿐만 아니라 심지어 미얀마 옆 나라인 태국 은행에서도 미얀마 화폐를 환전할 수 없다. 따라서 여행경비를 미국 달러(USD)로 준비한 후 미얀마에서 짯으로 다시 환전해야 한다. 미얀마 환율은 구글에서 '온라인 환율계산기'로 검색하면 확인할 수 있다.

저자가 추천하는 HOT PLACE
꼭 가봐야 할
미얀마 여행지
Top 10

흔히 미얀마를 '아시아의 마지막 남은 보석'이라고들 한다. 동남아시아에서 가장 큰 나라임에도 반세기 동안 외부세계와 단절되었던 탓에 미얀마는 상대적으로 덜 알려졌다. 덕분에 아직 발길이 닿지 않은 낯설고 신비로운 풍광들이 가득하다. 수천 년을 이어온 불탑과 원시적인 자연, 때 묻지 않은 마음과 순박한 미소를 지닌 사람들, 실로 미얀마는 가공되지 않은 원석 같은 곳이다. 미얀마가 낯설게 느껴진다면 바로 지금이 미얀마를 여행할 때다. 더 다듬어지기 전에 날것으로의 아름다움을 고스란히 간직한 미얀마를 만나보자.

HOT PLACE 1

바간 Bagan

감히 미얀마 여행의 하이라이트라고 할 수 있는 바간. 광활한 평야에 수많은 파고다가 파노라마처럼 펼쳐진 모습은 지상의 풍경이라곤 믿기 어려울 정도로 비현실적인 느낌이 들게 한다. 석양이 평야를 붉게 물들이며 탑과 어우러지는 일몰 장면은 특히 아름답다.

숨죽이며 바간의 일몰을 지켜보던 여행자들은 감동에 젖어 쉽사리 파고다를 내려가지 못한다.

→P.112

메르귀 군도 Mergui Archipelago

HOT PLACE 2

지금까지 당신이 본 바다른, 섬은, 해변은 잊어도 좋다. 인간으로부터 오염되지 않은 천연의 매력으로 가득한 먼 곳. 파라다이스를 이렇게 정의한다면 다행히 미얀마에 아직 그런 곳이 남아있다. 무인도의 해변과 에메랄드빛 안다만해(Andaman Sea)는 미얀마 밖으로 멀리 떠나온 듯한 착각을 불러일으킨다. 당신의 생에서 오래오래 기억될 잊지 못할 한 순간이 그렇게 눈앞에 다가온다. →P.414

마욱우 Mruak-U

HOT PLACE 3

17세기 동양의 황금 도시로 알려졌던 아라칸 왕국, 2천 년 전 상인들이 드나들던 깔라단 강 뱃길은 아라칸 왕국으로 들어가는 타임머신이다. 초록 이끼 자욱하게 뒤덮인 불상을 마주하며 세월의 흔적을 고스란히 느낄 수 있는 마욱우는 고대 미얀마를 경험하기 좋은 곳이다. →P.359

인레 호수 Inle Lake

해발 875m 고원에 자리한 인레 호수. 오랜 세월 대를 이어가며
호수에서 살아가는 소수민족을 만날 수 있다. 호수 위에
집을 짓고, 호수 위에서 농사를 지으며 호수와 더불어 살아가는
그들만의 독특한 생활방식은 땅 위에서 살아가는 여행자에겐
오래도록 기억에 남을 경이로운 풍경이다.
→ P.270

HOT
PLACE
4

쉐다곤 파야 Shwedagon Paya

미얀마 최대의 성지로 꼽히는 쉐다곤 파야는 지구상
에서 가장 아름다우며 호화로운 파고다일 것이다.
약 6만kg의 금과 약 1,800캐럿의 다이아몬드를
포함한 온갖 보석들로 치장되어 미얀마가 골든 랜드
(황금의 땅)라는 말을 실감케 한다. 미얀마인에게는
자부심을, 이방인에게는 경외감을 불러일으키는
성스러운 장소다. → P.76

HOT
PLACE
5

HOT PLACE 6

깔러 트레킹 Kalaw

산마을 특유의 차분하면서도 맑은 분위기가 감도는 깔러, 눈부신 햇살, 따뜻한 바람, 청명한 공기가 가득한 깔러는 천천히 걷는 것만으로도 힐링이 된다. 모든 것이 슬로모션처럼 천천히 흐르는 듯한 산마을을 트레킹하며 느리게 살아가는 삶을 새삼 깨닫게 된다. →P.308

HOT PLACE 7

까꾸 Kakku

따웅지에서 두어 시간 차를 타고 울퉁불퉁한 흙길을 지나면 환상적인 풍경이 눈앞에 불쑥 펼쳐진다. 샨 주의 가장 화려한 고대 유적지인 까꾸에는 약 30만 평의 면적에 2,478개의 탑이 매우 긴밀하고 질서정연한 모습으로 솟아 있다. 그림책에서나 볼 법한 탑들이 잠시 세상 밖으로 빠져나온 듯한, 몽환적인 풍경을 마주할 수 있는 곳이다. →P.296

몰레먀인~파안 뱃길 Mawlamyine~Pha-an

몰레먀인~파안으로 가는 뱃길에선 누구나 마법에 걸린다. 동심의 세계로
빠져드는 마법. 강가에서 물장구를 치던 꼬마들이 이방인을 발견하고
'밍갈라바' 외쳐대는 소리가 메아리처럼 울려 퍼진다. 팔짱 낀 채
잠자코 있던(가장 무뚝뚝해 보이던) 여행자마저 마침내 뱃전으로 뛰어나가
아이들의 인사에 화답하며 손을 힘차게 흔들어낸다. 마음이 뜨거워지는
당신을 발견할 수 있는 곳. →P.385

HOT
PLACE
8

짜익티요 Kyaiktiyo

쉐다곤 파야, 마하무니 파야와 함께
미얀마 3대 불교 성지로 꼽히는 짜익티요.
해발 1,100m의 산꼭대기 절벽에 거대한
바위가 이슬아슬하게 세워져 있다. 바위
높이는 8m, 둘레는 24m. 그보다 놀라운
것은 바위가 살짝 공중부양해 있다는
사실. 영험한 기운 탓인지 바위 근처에
다가가는 것만으로도 뭔가 신비로운
기운에 이끌릴 것만 같다. →P.376

HOT
PLACE
9

HOT
PLACE
10

삔우른 Pyin Oo Lwin

해발 1,070m의 고원에 자리 잡은 언덕 마을 삔우른. 쾌적하고
시원한 공기, 하늘로 솟아오른 낙엽송과 편백나무, 마을 곳곳에
남아 있는 영국풍 건물, 그 사이를 활보하는 4륜 마차가
어우러져 이국적인 풍경을 만들어낸다. →P.230

저자가
미얀마의

세상에 하나뿐인
미얀마 풍경

미얀마에는 지구상 어디서도 볼 수 없는 독특한 풍경이 있다. 동시에 이것은 미얀마 어디서나 볼 수 있는 매우 흔한 풍경이다. 특별하지만 매우 일상적인 이 풍경에는 미얀마인의 강한 자긍심과 전통, 문화, 생활방식이 고스란히 담겨 있다. 어쩌면 이런 풍경이 미얀마를 더욱 미얀마이게 하는, 살아 있는 유산(Heritage)일지도 모르겠다.

순박한 미소의 사람들

밍갈라바!(안녕하세요)', 환하게 웃으며 여행자에게 인사를 건네는 미얀마인들. 낯선 이방인에게 현지인들의 정겨운 인사와 순박한 미소, 따뜻한 눈빛만큼 마음 놓이게 하는 것이 또 있을까. 나라는 쇄국정책으로 오래 닫혀 있었어도 사람들의 마음만큼은 이미 활짝 열려 있다.

채움과 나눔이 공존하는 탁발

동 트기 전, 거리에선 스님들의 탁발 행렬이 시작된다. 묵묵히 탁발수행을 하는 스님들과 이른 아침부터 정성스레 준비해온 음식을 보시하는 현지인들이 미얀마의 하루를 경건하게 연다. 채움과 나눔이 가득한 이 풍경을 보려고 미얀마에서는 덕분에 일찍 일어나게 된다.

당당한 관습, 따나카

미얀마에 막 도착하면, 누구라도 미얀마인들의 얼굴에서 시선을 떼지
못한다. 남녀노소 할 것 없이 뺨에 발라져 있는 노란색 가루 때문이다.
강렬한 태양으로부터 피부를 보호하기 위해 따나카 나무의 껍질을 갈아 바
른다. 다른 곳도 아닌 얼굴에 당당하게 드러내는 이 관습에서 미얀마인의 강한
문화적 자긍심을 엿볼 수 있다.

미얀마에서 불교도로 살아가는 일

지구상에 이처럼 많은 사원과 불상으로 둘러싸인 나라가 또 있을까. 산과
들, 마을과 거리, 눈을 돌리면 어디서나 불상과 사원을 볼 수 있을 정도로
불교문화는 미얀마인들의 일상 깊숙이 스며있다. 이들은 특별한 날이나 무
슨 일이 있을 때만 사원을 찾는 것이 아니다. 하루 중 언제라도 시간이 남
으면 휴식을 취하듯 사원으로 향한다. 미얀마의 불교도인들은 매순간 마음
속에 부처를 모시며 살아간다.

일상복으로 입는 전통의상, 론지

동남아시아에서 평상시에 대중적으로 전통복장을 입는 나라는 미얀마
뿐일 것이다. 전통의상은 론지(longyi)라고 하는 치마처럼 생긴 긴 천
이다. 여성은 물론 남성도 하의로 론지를 입는다. 여성은 상의에 타이
트한 블라우스를, 남성은 보통 티셔츠를 받쳐 입는데 흰색 와이셔츠를
입으면 유니폼이 된다. 여기에 미얀마어로 '파낫'이라고 부르는 슬리퍼
(쪼리)까지 갖추면 완전한 전통복장 차림이 된다.

타인을 배려하는 물 항아리

미얀마 거리에서 흔히 볼 수 있는 '예오'라고 불리는 이 항아리는 마치 '목마른
자는 오시오'라고 말하고 있는 듯하다. 예는 물, 오는 항아리라는 뜻이다. 그
뜻처럼 항아리에는 물이 가득 담겨 있다. 지나가는 행인을 위해 아침마다 마
을 사람들이 식수를 가득 채워놓는다. 어디서나 볼 수 있는 공동식수인 물
항아리 덕분에 미얀마인들은 집 밖을 나서도 목마를 일이 없다. 남을 보호하
는 것이 곧 자신을 보호하는 것임을 미얀마인들은 잘 알고 있다.

야다시데!
미얀마의 맛
미얀마
식도락 여행

한 나라의 문화를 이해하는 가장 쉬운 방법은 그 나라의 음식을 접하는 일일 것이다. 더불어 현지의 이색적인 음식을 경험하는 것은 여행의 빼놓을 수 없는 재미이기도 하다. 미얀마 음식은 쌀과 국수를 주재료로 하는 음식이 많아 한국인의 입맛에도 잘 맞는 편이다. 전통음식, 향토색이 가득한 지방음식, 거리의 포장마차, 향긋한 열대과일, 달콤한 디저트와 차(茶)까지 미얀마 여행을 더욱 만족스럽게 할 맛있는 미얀마 음식을 만나보자.

미얀마 전통 커리

미얀마의 주식은 쌀이다. 식사는 우리나라처럼 밥과 반찬으로 구성되는데 메인 메뉴는 커리(curry)다. 커리는 미얀마어로 '힝'이라고 한다. 인도·일본·태국 커리와는 조금 다르다. 넉넉한 기름에 양파와 향신료를 볶다가 주재료를 넣고 고온에서 푹 끓여낸다. 기름은 콩 기름이나 해바라기 기름을 사용하는데 다소 기름기가 많다. 기름을 듬뿍 넣고 끓여내야 냉장고가 없어도 상온에서 음식이 상하지 않기 때문이다. 커리는 조리시간이 길기 때문에 미리 만들어 진열해 놓고, 주문하면 즉석에서 덜어서 데워 나온다.

커리를 주문하는 방법은 간단하다. 메인이 되는 커리를 하나 고르면, 메인 커리+밥+국+양념장+채소 볶음+생채소+후식이 한 상에 차려진다. 밥은 큰 접시에 수북하게 담겨 나오는데 부족하면 더 달라고 해도 된다. 식당에 따라 조금 다르지만 대체로 혼자 먹기에는 감당하기 어려울 정도로 푸짐하게 차려진다는 것이 특징이다.

■ 커리 종류

메인 커리의 주재료는 소고기, 염소고기, 닭고기, 돼지고기, 생선 등이다. 미얀마인들은 소고기와 돼지고기보다는 닭고기와 양고기를 더 즐겨 먹는다. 커리는 종류가 상당히 많다. 예를 들어 치킨 커리도 양념에 따라 매운 치킨 커리, 맵지 않은 치킨 커리, 감자를 넣은 치킨 포테이토 커리, 메주콩을 넣은 치킨 빈 커리 등 첨가하는 것에 따라 기본 커리를 다양하게 응용한다. 고기 외에 감자, 토마토, 타마린 잎 등을 주재료로 하는 채소 커리와 해산물 커리 등도 있다. 커리는 차림표가 그다지 필요치 않다. 대부분 진열해놓고 있으므로 직접 보고 고르면 된다.

소고기 커리 beef curry
미얀마의 소고기는 약간 질긴 편이다. 양념이 짙게 밴 갈비찜 맛이 난다.

아메따힝

짜익밋(짜익따힝)

닭 내장 커리 chicken liver curry
닭의 부속물을 주재료로 하는 커리. 모래집 등 쫄깃한 식감의 부위를 사용한다.

양고기 커리 mutton curry
양고기는 식감이 부드럽고 칼로리는 낮으면서도 영양이 풍부해 남녀노소 모두에게 인기있는 커리다.

세익따힝

웅아힝

생선 커리 fish curry
식당마다 사용하는 생선과 채소에 따라 다양하게 응용된다. 생선조림 맛이 난다.

닭고기 커리 chicken curry
치킨 커리는 함께 넣는 부재료에 따라 다양하게 응용된다. 일반적인 치킨 커리는 졸인 닭볶음탕 맛이 난다.

짜익따힝

바준힝

새우 커리 prawn curry
일반적으로 커리 접시를 가득 채울 만한 크기의 새우 한 마리가 담겨 있다.

돼지고기 커리 pork curry
돼지고기를 두껍게 썰어 부들부들한 비계 부위가 많이 포함된 것이 특징이다.

웍따힝

웅아야따롱쩌

피시볼 커리 fish ball curry
생선살을 다진 쫄깃쫄깃한 어묵을 넣고 끓여낸다.

오리고기 커리 duck curry
오리고기는 주로 진하고 달콤한 간장에 조려내는데 모양도 맛도 치킨 커리와 비슷하다.

배힝

짜욱힝

달걀 커리 egg curry
다져서 끓인 토마토에 삶은 달걀을 넣고 푹 끓인 커리. 달걀은 보통 2개 분량이다.

양 내장 커리 mutton liver curry
양의 부속물을 주재료로 하는 커리. 양고기 커리와 함께 미얀마인들이 대중적으로 좋아하는 커리다.

세익깔리사힝

1인분 커리 정식 상차림이 이 정도!

■ 커리 정식에 포함되는 반찬

미얀마어로 반찬은 '힝얃'이라고 한다. 메인 커리를 주문하면 찬이 푸짐하게 따라 나온다. 양념장과 채소 볶음, 생채소, 국이 포함된다. 작은 식당은 가짓수를 줄여 약식으로 차려내기도 한다. 물론 밥은 기본적으로 제공된다.

양념장

생선젓갈이나 과일열매를 발효시킨 양념장은 생채소에 얹어
먹거나 맨밥과 함께 먹는다. 커리의 맛을 더하거나 간을 맞
추는 역할도 겸한다.

① 응아삑예익 | 기름에 끓인 생선젓갈 ② 응아삑쩌 | 기름에 볶은 생선젓갈
③ 응아삑타옹 | 덩어리 형태의 생선젓갈 ④ 응아삑책 | 생선젓갈과 고추를 볶은
양념장 ⑤ 바라차웅쩌 | 양파와 건새우를 튀긴 양념장 ⑥ 뻬옹아삑 | 메주콩을
발효시킨 양념장 ⑦ 샤인뻬뽁 | 콩+땅콩+감자를 볶은 양념장 ⑧ 나얀딱쩌 |
다진 마늘과 참기름을 볶은 양념장 ⑨ 따아익따넥 | 망고 절임(망고 처트니)
⑩ 마얀인따넥 | 매실 절임(마얀인 처트니)

채소 볶음

데치거나 볶은 채소 반찬도 4~5가지 포함된다. 지역마다 제철에 생산되는 채소를 이용하기 때문에 식당마다, 계절
마다 차려내는 반찬은 다르다. 규모가 작은 식당은 가짓수를 줄이거나 건너뛰기도 한다.

빼야웅푸쩌 | 옥수수 볶음　　케양띠넷 | 가지 볶음　　뻬네띠체 | 잭 프루트 볶음　　뻬뽀욱쩌 | 삶은 콩 볶음　　뻬웨똑 | 콩잎 무침

생채소

커리가 기름지기 때문에 생채소와 함께 먹는 것이 필수. 지역마다,
계절마다 재배되는 싱싱한 채소를 푸짐하게 차려낸다. 채소는 양념
장에 찍어 먹기도 하고 식성껏 그냥 먹어도 된다.

국 식당마다 다르지만 보통 채소를
　　끓인 깔끔한 국물을 곁들인다.

또사야힝웨송 | 커리와 함께 나오는 채소

힝조 | 채소 수프

후식

일반적으로 커리 식당에서 후식으로 내놓는 것은 '텐넷'이라는
미얀마 설탕이다. 야자나무 수액을 약 15시간 뭉근한 불에
끓이면 끈끈한 시럽으로 변하는데 그걸 둥글게 뭉친 것이다.
돌처럼 단단한데 입에 넣으면 사르르 녹는다. 설탕보단 덜 달
면서도 설탕보다 더 깊은 맛이 나서 요리에도 사용된다. 조금
더 고급식당은 텐넷에 코코넛을 섞은 '옹타나익(코코넛재거
리)'을 내놓기도 한다. 텐넷과 타마린을 섞은 '만찌롱(타마린 볼)'을 준비해 놓는 곳도 있다.
관광객들이 많이 가는 커리 정식 식당에는 '라팻똑(Lahpet thohk)'도 내놓는다. 라팻똑은 기름에 절인 찻잎에 땅
콩, 마늘, 마른 새우, 피시소스, 라임 등을 넣어 버무려 먹는 것으로 미얀마인들이 즐겨 먹는 간식 겸 후식이다.

텐넷　　　라팻똑

■ 식당에서 알아두면 유용한 미얀마 요리 용어

관광객이 많이 가거나 규모가 조금 큰 식당은 차림표에 영어 표기를 병행하지만, 작은 식당은 미얀마어로만 표기하거나 아예 차림표가 없는 경우도 많다. 요리에 관련된 기본적인 단어 몇 개만 알고 있어도 음식을 주문할 수 있다. 일단, 타민(밥), 쪄(볶다), 카우쇠(국수) 이 세 단어만 기억해도 좋다. 볶음밥은 타민쪄, 볶음국수는 카오쇠쪄가 된다.

● 음식 재료

닭고기(chicken)	짜익따	ကြက်သား
돼지고기(pork)	웻따	ဝက်သား
소고기(beef)	아메따	အမဲသား
염소고기(mutton)	세익따	ဆိတ်သား
오리고기(duck)	배따	ဘဲသား
시푸드(sea food)	삔래사	ပင်လယ်စာ
생선(fish)	응아	ငါး
새우(prawn)	빠준	ပုစွန်
게(crab)	가난	ဂဏန်း
달걀(egg)	짜욱	ကြက်ဥ
채소(vegetable)	힝띠힝야엑	ဟင်းသီးဟင်းရွက်
국수(noodle)	카우쇠	ခေါက်ဆွဲ
국(soup)	숙뽁	စွတ်ပြုတ်
밥(rice)	타민	ထမင်း

● 향신료

간장(soy sauce)	응아빠예익	ငံပြာရည်
소금(salt)	사	ဆား
고추(chili pepper)	응아욕씨	ငရုတ်ဆီ
라임(lime)	딴빠야띠	သံပုရာသီး
마늘(garlic)	짝뜬퓨	ကြက်သွန်ဖြူ
후추(pepper)	응아욕까웅목	ငရုတ်ကောင်းမှုန့်
설탕(sugar)	따짜	သကြား
식초(vinegar)	샤라까예익	ရှာလကာရေ
생강(ginger)	진	ချင်း
타마린(tamarind)	마찌디	မကျည်းသီး
굴 소스(oyster sauce)	카육씨	ခရုဆီ
고춧가루 (red pepper powder)	응아욕띠목	ငရုတ်သီးမှုန့်

● 조리 방법

무치다(salad)	똑띠	သုပ်သည်။
끓이다, 데치다(boil)	쑤띠	ဆူသည်။
튀기다, 볶다(fry)	쪄띠	ကြော်သည်။
찌다(steam)	빠웅띠	ပေါင်းသည်
굽다(roast)	낀띠	ကင်သည်။
다지다(chop)	녹녹신띠	နုတ်နုတ်စင်းသည်။
삶다(simmer)	뽁띠	ပြုတ်သည်။

● 맛

맵다(spicy)	삭띠	စပ်သည်။
짜다(salty)	응앙띠	ငံသည်။
달다(sweet)	초띠	ချိုသည်
시다(sour)	친띠	ချဉ်သည်
쓰다(bitter)	카띠	ခါးသည်
싱겁다(bland)	뻑뎃	ပေါ့တယ်။

● 채소 종류

옥수수(corn)	빠웅푸	ပြောင်းဖူး
버섯(mushroom)	모	မှို
오이(cucumber)	따콰띠	သခွားသီး
양배추(cabbage)	거피톡	ဂေါ်ဖီထုပ်
가지(eggplant)	카얀띠	ခရမ်းသီး
당근(carot)	카짝욱	ခါကြက်ဥ
양파(onion)	짝뜬	ကြက်သွန်
토마토(tomato)	카얀친띠	ခရမ်းချဉ်သီး
감자(potato)	아루	အာလူး
고구마(sweet potato)	깐순욱	ကန်စွန်းဥ
두부(soybean curd)	빼뱌	ပဲပြား
호박(pumpkin)	파용띠	ဖရုံသီး
파(spring onion)	짝뜬메익	ကြက်သွန်မြိတ်
양파(onion)	짝뜬	ကြက်သွန်
피망(green pepper)	응아욕뽜	ငရုတ်ပွ
무(radish)	몽라욱	မုန်လာဥ
고수(coriander)	난난빈	နံနံပင်

알림 '조리 방법'에서 위처럼 볶다, 튀기다 등 동사형으로 말할 땐 단어 뒤에 '띠'를 붙이고, 볶음, 튀김 등 명사형으로 말할 땐 띠를 붙이지 않는다. 예를 들면 볶다 = 쪄띠, 볶음 = 쪄가 된다.

NOODLE DISHES

면 요리

국수는 미얀마의 대중적인 면 요리로 한 끼 가벼운 식사나 간식으로 적당하다. 거리 포장마차나 스낵을 파는 간이식당에서 쉽게 볼 수 있다. 일반적으로 국수를 총칭해 '카우쇠'라고 부른다. 밀가루 면은 쫑 카우쇠, 쌀 면은 싼 카우쇠, 얇은 면은 카우쇠 떼이, 넓은 면은 카우쇠 빠지, 국물 있는 국수는 꺼예 카우쇠, 국물 없이 비벼먹는 국수는 카우쇠 똑이다. 지방마다 부르는 것이 조금씩 다른 경우도 있다. 만달레이 지역에서는 국물 있는 국수를 '아예이퍼'라고 한다. 이름은 제각각이지만 주문하는 것은 어렵지 않다. 보통 관광지의 식당 차림표에는 특정이름이 있는 메뉴 외에 국수의 타입에 대해서는, 국물 없이 비벼먹는 국수는 누들 샐러드(noolde salad), 국물 있는 국수는 누들 수프(noodle soup)라고 적어두고 있다. 미얀마의 국수는 종류도 은근히 많다. 지방마다 향토색을 띠는 면 요리가 발달해 있으며 같은 메뉴라도 지방마다, 식당마다 넣는 재료를 달리해 차려낸다. 미얀마 어디서나 볼 수 있는 대표적인 면 요리는 코코넛 밀크를 베이스로 한 옹노 카우쇠(ohn-no khaoswe), 미얀마인들이 아침 식사로 즐겨먹는 모힝가(mohinga), 진한 국물을 면과 함께 비벼 먹는 몽띠(montdi) 등이 있다. 여행자들이 많이 가는 관광지인 만달레이에는 미셰(meeshay), 샨 주에는 샨 카우쇠(shan khaoswe) 등이 유명하다.

옹노 카우쇠 ohn-no khaoswe
카레와 코코넛 밀크를 이용해 국물을 낸 국수. 밀가루에 달걀을 넣어 반죽해 면발이 노란색이다. 양파와 고추, 라임 등을 썰어 넣고 고명으로는 주로 닭고기를 얹는다. 말레이시아의 락사(laksa), 태국 북부지방의 카우 쏘이(khao soy)라 불리는 국수와 흡사하다.

샨 카우쇠 shan khaoswe
샨 지역의 명물국수로 흔히 샨 누들이라고도 부른다. 부드러운 쌀 면의 식감과 자극적이지 않은 양념으로 한국인의 입맛에 잘 맞는 국수다. 가벼운 간장 소스와 땅콩, 참깨가 버무려져 고소한 맛을 내는데, 식당에 따라 잘게 다진 닭고기 등의 고명을 올린다. 샨 카우쇠는 두 가지 타입으로 나뉜다. 국물 없이 비벼먹는 샐러드 타입, 탕처럼 담백한 국물이 담긴 수프 타입이 있다. 샐러드 타입의 샨 카우쇠는 별도의 국물이 따라 나온다.

샐러드 타입 샨 카우쇠　　　　수프 타입 샨 카우쇠

모힝가 mohinga
오리지널 모힝가는 메기를 육수로 사용하지만 식당마다 다양한 민물생선을 사용하기도 한다. 양파와 바나나 줄기 안쪽의 부드러운 부분을 채 썰어 넣고 어죽처럼 푹 끓여낸다. 쌀 면이 툭툭 끊어질 정도로 부드러워 국수지만 숟가락으로 떠먹어야 한다. 생선 젓갈로 간을 하기 때문에 향이 나는 풀인 난난빈을 살짝 얹어먹어야 더 맛있다. 국수 안에는 어묵 튀김과 삶은 달걀이 곁들여 있다. 현지인들이 주로 아침식사로 즐겨먹는 국수다.

미세 mandalay messhay

만달레이 지역의 명물 국수. 우동처럼 오동통하고 부들부들한 쌀 면발
이 특징이다. 국수 위에 매콤한 양념을 얹어 비벼먹는데 만달레이 지
역에서만 볼 수 있어 '만달레이 미세'라고도 부른다.

메오 미세 myay-oh meeshay

산 지역의 국수 종류 중 하나로 맵고 시고 단 맛이 나는 국수다. 면과 함께
산 두부, 어묵, 채소 등을 푸짐하게 넣고 뚝배기에 부글부글 끓여 내와 새콤
달콤한 김치찌개를 먹는 기분이 든다.

꺼예 카우쉐 kawyei khaoswe

밀가루 면에 마른 새우, 양배추, 당근을 넣고 땅콩오일과 피시소스, 라임을
넣어서 비벼먹는 국수. '꺼예'는 전분가루를 푼 국물로 식당마다 꺼예를 듬뿍
넣기도 하고, 자작자작하게 비벼먹을 정도로만 넣기도 한다. 샨 카우쉐와 양
념은 비슷하다.

째오 kyay-oh

중국에서 유래된 국수. 과거에는 청동으로 된 냄비에 끓여냈다 해서
구리냄비라는 뜻의 '째오'로 불린다. 버미첼리 쌀 면을 사용하는데 샐
러드 타입과 수프 타입으로 나뉜다. 국물 있는 수프 타입의 째오는 꺼
예 카우쉐의 전분가루 국물과는 다르다. 돼지고기, 닭고기, 생선 등을
우려낸 맑은 국물을 사용한다.

시푸드 째오(샐러드 타입)

짜잔쩌 kyazan jaw

미얀마식 쌀국수 볶음. 얇은 버미첼리(vermicelli) 쌀 면을 채소와 볶아낸다.
중국식 밀가루 볶음면인 카우쉐쩌보다 쫄깃하다. 식당에 따라 고기나 튀김 등
의 고명을 올리기도 한다.

미얀마식 김치, 아친

국수를 주문하면 보통 미얀마식 김치가 곁들여 나온다. 식당마다 김치의 재료는 다르지만
보통 미얀마식 김치를 총칭해 '아친'이라고 부른다. 그 중 무로 만든 김치는 '몽라친', 양
파로 만든 김치는 '쩨든친'이다. 한국인들이 유난히 좋아하는 샨 국수에 곁들여 나오는
김치는 샨 지역의 김치라는 뜻으로 '샨친'이라고 부르지만 역시 큰 의미로 아친이라 불러
도 무방하다. 다만 아친은 소금과 미원으로, 샨친은 소금과 설탕으로 양념을 한다.

FOREIGN DISHES

외국음식

미얀마에서 가장 쉽게 접할 수 있는 외국 음식은 중국 음식이다. 중국식 볶음밥이나 볶음면은 중국 식당이 아니더라도 여느 식당에서나 흔히 볼 수 있다. 인도인이 많아 인도 음식도 쉽게 맛볼 수 있다. 인도 커리는 미얀마식으로 약간 변형된 듯하지만 짜파티나 로띠, 인도식 볶음밥인 비리야니 등은 미얀마인들도 즐겨 먹는다. 이웃나라인 태국 음식도 미얀마에서 쉽게 접할 수 있으며 유명 관광지나 대도시에서는 유럽, 한국, 일본 음식 전문점과 미얀마 음식에 외국 음식을 접목해 만드는 퓨전 식당도 점점 늘어나고 있다.

중국식

타민쩌 htamin jaw
볶음밥. 일반적으로 타민쩌라고 하면 달걀을 얹은 채소 볶음밥(vegetable fried rice)을 뜻한다. 닭고기, 소고기 등 원하는 재료를 넣어 주문할 수 있다. 소고기 볶음밥은 '아메따 타민쩌', 닭고기 볶음밥은 '짜익따 타민쩌'라고 한다.

중국식

카우쇠쩌 khaoswe jaw
볶음면. 일반적으로 카우쇠쩌라고 하면 채소 볶음면(vegetable fried rice)을 뜻한다. 소고기 볶음면은 '아메따 카우쇠쩌', 닭고기 볶음면은 '짜익따 카우쇠쩌', 생선이 들어간 볶음면은 '응아 카우쇠쩌'이다. 미얀마에서 돼지고기는 면 요리에 거의 사용되지 않는다.

중국식

타민빠운 htamin paun
채소와 돼지고기, 닭고기, 소고기 등을 볶아 전분가루와 함께 끓여 맨밥 위에 얹어먹는 덮밥이다. 맑은 국물(수프)이 함께 따라 나온다.

중국식

아생쩌 ahseng jew
채소 볶음. 아생쩌는 싱싱한 채소 볶음(fried vegetable)이란 뜻으로 '아띠아야익쩌', '힝띠힝야익쩌'라고도 부른다. 중국음식을 주문할 땐 채소 볶음을 서브로 곁들이면 좋다. 음식이 입에 안 맞을 때 그나마 밥과 무난하게 먹을 수 있다. 특정한 재료를 언급하지 않고 그냥 아생쩌라고 하면, 주방에 있는 온갖 채소를 믹스해 볶아 내온다. 미얀마 식당에서도 주문이 가능하다.

까라힝 kalar hin
인도 커리는 인도 백반정식인 탈리(thali)처럼 차려낸다. 콩으로 만든 수프와 간단한 반찬이 곁들여지는데 밥과 로띠(인도식 빵) 중 고르는 곳도 있고, 두 가지를 함께 내오는 곳도 있다. 메인 커리는 소고기, 양고기, 닭고기 커리 등이다. 원래 인도식 커리에는 생채소가 포함되지 않는데, 일부 인도 식당에서는 아예 미얀마식 커리처럼 채소를 포함해 반찬을 푸짐하게 한 상 차려내는 곳도 있다. 규모가 큰 식당에서는 탄두리 치킨 등의 메뉴도 갖추고 있다.

인도식

단바욱 dan bauk

인도식 볶음밥인 비리야니(biriyani). 향신료와 고기 등을 길쭉한 바스마티 쌀과 함께 찜통에 넣고 쪄낸다. 닭고기, 양고기, 생선 비리야니 등이 있다.

똠얌꿍 tom yam kung

대표적인 태국 음식인 똠얌꿍은 맵고 시큼한 맛이 나는 태국식 새우 수프로 보통 찌깨처럼 밥과 함께 먹는다.

쏨땀 somtam

그린 파파야를 채 썰어 마른 새우와 고추, 향신료, 라임 등을 넣고 절구에서 살짝 찧어낸 샐러드로 새콤매콤한 맛이 난다. 서브 메뉴로 곁들이기 좋다.

아시아 음식 & 유럽 음식

미얀마의 대도시나 관광지에서는 피자와 스파게티, 샌드위치 등 유럽 음식을 쉽게 맛볼 수 있다. 아시아 음식을 파는 식당도 제법 많다. 한 나라의 음식만을 주력으로 한다기 보다는, 동남아시아 각 나라의 대표적이고 간단한 요리를 두루 갖추고 있다. 싱가포르의 볶음면인 호키엔미(hokkien mee), 인도네시아 전통 꼬치요리인 사태(satay), 인도네시아 볶음밥인 나시고랭(nasi goreng)과 볶음면인 미고랭(mi goreng) 등을 맛볼 수 있다. 양곤에는 한식당과 일식당도 많다.

커리 외에 다른 음식은 없나요?

미얀마 전통음식은 기름에 푹 절였다고 할 정도로 기름진 커리, 데치거나 삶은 채소, 절이거나 볶은 생선, 국 등입니다. 양은 푸짐하지만 조리법은 약간 단조로운 편인데요. 미얀마는 오랫동안 외부 세계와 단절되어 있었기에 음식문화 역시 외부와 교류할 수 없었고, 제한적인 재료와 조리법만으로는 내부적으로 변화하기도 어려웠습니다. 그나마 이웃나라의 영향으로 인도의 향신료와 중국의 간장을 이용한 조리법을 볼 수 있는데요. 커리 외에 조금 더 다양한 음식을 맛보고 싶다면, 중국 식당으로 가보세요. 생선을 튀기거나 조리고, 채소를 기름에 볶거나 데친 다양한 단품요리를 맛볼 수 있습니다.

STREET SNACK
거리음식

미얀마 거리에는 하루 종일 고소한 냄새가 진동한다. 낮에는 기름에 굽고 튀긴 스낵들이, 밤에는 숯불에 구워낸 꼬치와 야시장 별미가 가득 펼쳐진다. 군침 도는 음식들이 가던 걸음을 자꾸만 멈추게 하는, 서민적인 정취가 가득한 미얀마의 '람베아샤야샤'를 맛보자. 람베아샤야샤는 람(길)+베(길 가)+아샤야샤(음식), 즉 길거리 음식이라는 뜻!

페똑쩌
만두 튀김

이짜이꿰이
밀가루를 길게 반죽해 기름에 튀겨낸 스낵. 현지인들은 주로 밀크티와 곁들여 아침식사로 먹는다.

사무사
인도 스낵인 사모사. 밀가루 반죽 안에 으깬 감자와 콩, 향신료 등을 넣어 삼각형 모양으로 튀겨낸 스낵.

몽뻬야탈레
쌀가루를 부친 전으로 두 가지 종류다. 갈색은 탄넷(미얀마식 설탕)을 넣고, 흰색은 소금을 넣어 부친다.

몽예익빠
미얀마식 크레페. 철판에 쌀가루 반죽을 얇게 펼치고 그 위에 콩, 코코넛 젤리 등을 올려 바삭하게 구워낸다.

빠욱시
채소나 고기를 넣은 중국식 만두. 군만두는 중식당에서 볼 수 있으며 노점에선 주로 찐만두를 판매한다.

꺼빠인뻐
밀가루로 반죽한 만두피에 고기나 채소를 넣고 둘둘 말아 튀겨낸 스프링 롤 튀김

샨또후쩌
샨 두부 튀김. 샨 지역의 노점이나 샨 카우쇠를 파는 국수집에서 흔히 볼 수 있다.

빠준쩌
새우에 밀가루 반죽을 입혀 튀기거나 그냥 새우만 튀겨내기도 한다. 보통 새우튀김 옆에는 멸치튀김(나빠우쩌)을 함께 판다.

탁딧야
탁(층)+딧야(100)라는 뜻처럼 100층까지는 아니지만 밀가루를 반죽해 패스트리처럼 겹겹이 얇은 층이 생기게 철판위에서 부쳐낸다.

웍우따독토우

돼지고기 내장(곱창 등) 꼬치.
펄펄 끓인 육수에 담겨있는 꼬치를
건져 매콤한 소스에 찍어 먹는다.

타민또욱

라이스 샐러드. 밥에 콩기름, 땅콩
등을 넣고 간단히 비벼먹는 음식으로
주로 노점에서 판매한다.

쉐엔에이

코코넛 밀크에 타피오카와 쌀국수,
젤리, 식빵, 얼음 등을 넣어 달콤하고
시원하게 떠먹는 간식.

나쩌

야시장에서 흔히 볼 수 있는 생선 튀김.
숯불에 구워낸 생선 꼬치도 있다.

뻬쩌

밀가루와 콩을 갈아 튀긴 스낵.
찻집에서도 많이 판다.

아쩌송

콩에 밀가루 반죽을 입혀
동그랗게 튀겨낸 스낵.

뱅목

미얀마식 팬케이크. 철판 위에
기름을 넉넉히 두르고 쌀가루를
도톰하게 부쳐낸다.

야시장 꼬치

숯불에 구운 꼬치는 야낀, 기름에 튀긴
꼬치는 아쩌라고 부르지만 야시장에선
그 자리에서 직접 보고 고르면 된다.

노점 꼬치

간이식당에서는 고기나 생선,
소시지 등을 미리 숯불에 구워
접시에 담아놓고 팔기도 한다.

플라스틱 바구니를 든 여성들

양곤 거리를 반나절만 거닐면 여성들의 차림에서 뭔가 색다른 걸
발견하게 됩니다. 유행처럼 하나같이 들고 다니는 플라스틱 바구
니. 핸드백은 없어도 플라스틱 바구니는 모두 하나씩 들고 있습니다. 무슨 용도일까요. 궁금해서 따라가 물어봤
습니다. 한 여성이 바구니를 보여주네요. 점심 도시락 가방이군요. 바구니 안에는 도시락과 지갑이 담겨있습니
다. 미얀마의 많은 직장인들은 도시락을 싸가지고 다닌답니다. 귀찮긴 해도 요즘 물가가 부쩍 오르기도 했고,
인공조미료를 많이 사용하는 식당 음식보다는 아무래도 가정식이 더 맛있고 건강에도 좋기 때문이라고 해요.

BREAKFAST

숙소의 아침 식사

미얀마 대부분의 숙소에서는 조식을 제공한다. 저렴한 게스트하우스에도 조식이 포함되어 있기 때문에 여행자들은 아침부터 거리를 헤맬 일이 없다. 아침식사 메뉴는 보통 서양식 스타일로 식빵, 달걀 프라이, 잼과 버터, 과일, 커피, 과일주스를 차려낸다. 일부 숙소는 서양식과 현지식 중에서 선택할 수 있게 하는 곳도 있고, 임의로 단품 메뉴를 정해 차려내는 숙소도 있다. 객실이 많은 게스트하우스나 3성급 이상의 숙소는 보통 뷔페식으로 차려낸다.

DRINKS

전통차와 음료

미얀마에는 차 문화가 깊이 뿌리내려 있다. 찻잎을 볶아 음식으로 먹는 것은 물론이고, 거리마다 골목마다 찻집이 있을 정도니 그야말로 차를 마시는 일은 미얀마에선 일상다반사다. 최근엔 외국음료도 생산, 수입되고 있지만 미얀마인들은 여전히 차를 마시거나 과일이나 열매에서 얻는 자연 음료를 선호한다. 미얀마에서 차와 음료를 마시며 달달하고 여유로운 시간을 보내보자.

짠예 kyan-yae

사탕수수(sugar cane)는 미얀마어로 '짠', 사탕수수를 짜낸 즙(사탕수수 주스)은 '짠예'라고 한다. 수수껍질을 벗겨 토막을 내 그냥 씹어 먹기도 하는데 즙으로 짜먹는 것이 일반적이다. 동그란 바퀴가 달린 기계 옆에 수숫대를 잔뜩 쌓아놓은 곳이 사탕수수 가게다. 껍질을 벗긴 수숫대를 기계 안으로 밀어 넣고 손으로 바퀴를 돌려 즉석에서 즙을 짜내는데 약간 풋내가 나면서 맛은 설탕보다 덜 달고 개운하다. 사탕수수 주스는 아무것도 가미하지 않은 순수 자연 음료로 열기를 식혀주며 피로회복에도 효과 좋은 음료로 알려져 있다. 여행 중 틈틈이 마시면서 수분을 보충하자.

향기 나는 풀, 난난빈

우리나라에서 '고수'라고 불리는 향기 나는 이 풀은 영어로는 코리앤더(coriander), 태국어로는 팍치, 미얀마어로는 '난난빈'이라고 합니다. 특유의 강한 향 때문에 꺼리는 이들이 많은데요. 난난빈이 들어가는 음식에는 그 이유가 있습니다. 주로 생선이나 해산물 음식에 들어가는데요. 비린내와 잡냄새를 없애기 때문에 이런 음식은 난난빈이 없으면 오히려 먹기 힘들 수도 있어요. 강렬한 향만큼이나 한번 맛에 빠지면 중독될 정도로 좋아하는 이들도 많답니다. 그러니 일단 먼저 맛을 보는 것이 어떨까요. 입에 맞지 않으면 건져내고 먹으면 되니까요. 그래도 여전히 먹기 어렵다면 음식을 주문할 때 '난난빈 메태바네(난난빈 넣지 마세요)!'라고 말하면 됩니다.

라팻예 laphet yay

라팻예는 우려낸 홍차에 설탕과 연유를 넣은 달콤한 맛의 차로 미얀마를 대표하는 전통차다. 영국의 밀크 티(milk tea), 인도의 짜이(chai)와 비슷한 맛이다. 라팻예를 파는 찻집은 거리에서 매우 쉽게 볼 수 있다. 길가에 낮은 플라스틱 의자와 테이블을 늘어놓은 곳이 '라팻예 사잉(라팻예 찻집)'이다. 간판도 출입문도 따로 없는 오픈형 카페이니 지나다 차 한잔 하고 싶으면 편하게 주저앉으면 된다. 주문하는 방법도 간단하다. 라팻예는 끓이는 차와 넣는 연유에 따라 맛이 조금씩 달라져 본인의 취향에 맞게 더 달게, 더 진하게 등 디테일하게 주문할 수도 있다. 특별한 요구 없이 '라팻예'라고만 주문하면 주인이 알아서 적정 상태의 라팻예를 내어온다. 찻집에는 믹스 형태로 포장된 일회용 봉지 라팻예도 판매하므로 입맛대로 주문해보자.

커피도 주문할 수 있다. 커피는 주문하면 낱개 포장된 믹스 형태의 일회용 봉지 커피와 뜨거운 물을 가져다준다.

모든 찻집의 테이블에는 주전자(또는 보온병)가 놓여있다. 라팻예는 홍차(black tea)지만 주전자에 담겨있는 것은 녹차(green tea)다. 테이블에 놓여있는 작은 사기 잔에 녹차를 약간 따라 잔을 한번 헹군 뒤 사용하면 된다. 녹차는 물 대신 제공하는 것으로 맘껏 마셔도 된다. 무료다. 하지만 테이블에 놓여있는 스낵은 유료다. 접시로 계산하는 것이 아니라 먹은 개수만큼만 돈을 내면 된다. 물론 안 먹어도 상관없다.

미얀마 비어 Myanmar Beer

중국에 칭다오 비어, 태국에 싱하 비어가 있다면 미얀마에는 미얀마 비어가 있다. 현지에선 '미얀마 비야'라고 발음한다. 불교문화가 짙은 나라다 보니 술을 흥청망청 마시는 분위기는 아니지만, 맥주 맛만큼은 세계 최고 수준이다. 미얀마 비어는 1995년 3월 국영기업과 외국 기업의 합작투자로 세워진 MBL(Myanmar Brewery Limited) 회사가 생산하는 알코올 도수 5%의 라거 비어다. 1997년 10월 24일 처음 출시된 미얀마 비어는 2년 뒤인 1999년부터 세계 맥주대회 우승컵을 휩쓸다시피 했다. 우수한 주류와 식품을 발굴해 표창하는 세계적 권위의 국제 식품콘테스트인 몬데셀렉션(Monde Selection)에서 1999년부터 2006년까지 6차례나 우승컵을 차지했으며, 2001년 호주국제맥주어워드(Australian International Beer Awards) 금메달, 2004년 세계맥주컵(World Beer Cup) 은메달, 2010년 유럽맥주스타(European Beer Star) 금메달을 수상하며 맛과 품질을 인정받았다. 현재 싱가포르, 말레이시아, 태국, 인도네시아, 방글라데시, 중국, 홍콩, 일본, 러시아, 오스트레일리아, 뉴질랜드에 수출해 세계인의 입맛을 사로잡고 있는 맥주이기도 하다. 우리나라에는 아직 수입되지 않고 있으므로 미얀마에 있을 때 꼭 맛을 보도록!

TROPICAL FRUITS

미얀마의 열대과일

재래시장에 들어서면 달콤하고 향긋한 내음이 물씬 풍긴다. 미얀마에서 열대과일은 주변 국가로 수출하는 풍부한 천연자원 중 하나다. 우리나라에서 평소 보기 힘든 과일을 구경하는 것도 재밌지만, 산지에서 제철 과일을 맛볼 수 있다는 것은 그야말로 미얀마 여행의 달콤한 즐거움이다. 틈틈이 과일로 영양을 섭취하면서 여행을 하도록 하자.
일반적으로 과일(fruit)은 미얀마어로 '아띠'라고 하지만, 각각의 과일을 부를 때는 이름 뒤에 '띠'를 붙이면 된다.

어자띠 | 커스터드 애플 custard-apple, sugar-apple
부처의 머리 모양을 닮았다 해서 중화권에서는 '석가두(스지터우)'라고 불린다. 익으면 말랑말랑해져 손으로 쉽게 자를 수 있는데 안에 검고 단단한 씨가 박혀 있다. 흰 과육은 익을수록 단맛이 물씬 돈다.

띤버띠 | 파파야 papaya
반으로 자르면 작고 검은 씨가 가득하다. 씨를 긁어내고 과육만 먹는다. 잘 익은 과육은 삶은 호박처럼 물렁물렁하면서도 달고 진한 맛이 난다.

빼인네띠 | 잭 프루트 jack fruit
외향은 두리안과 비슷한 크기지만 보통 두리안보다 좀 더 크다. 두꺼운 껍질을 잘라낸 뒤 안에 있는 섬유질을 제거하고 씨를 둘러싼 둥글고 노란 과육만 먹는다. 과육은 윤기 나고 탱탱한 모양으로 달고 향긋하면서도 쫄깃하다.

마라까띠 | 구아바 guava
겉껍질은 연두색이지만 자르면 안의 과육이 붉은색과 연두색 두 종류로 나뉜다. 붉은색 과육은 물컹하고 단맛이 나며, 연두색 과육은 사각사각 씹히는 싱그러운 맛이다.

두엔띠 | 두리안 durian
과일의 제왕이라 불리는 두리안은 고약한 향 때문에 처음엔 선뜻 먹지 못하는 이들도 있다. 겉모양은 울퉁불퉁한 돌기가 솟아있다. 겉모양이나 향과 달리 두꺼운 껍질 속에 숨겨진 노란 과육의 맛은 크림같이 부드럽고 달콤하다. 가히 지옥의 향기와 천국의 맛을 오가는 과일이다.

짝마욱띠 | 람부탄 rambutan
밤송이 같은 껍질을 까면 한 입에 쏙 넣기 좋은 크기의 동그란 흰 알맹이가 나온다. 달콤한 육즙이 가득한데 안에 단단한 씨앗이 있으므로 한 번에 세게 씹지 않도록 주의할 것.

옹띠 | 코코넛 coconut
단단한 코코넛 껍질 속에 맑은 즙이 가득하다. 자극적이지 않고 달큰한 맛이 난다. 그냥 마시면 약간 밍밍한 이온음료 같은 맛이지만 차게 해서 마시면 맛이 더 좋다. 다 마신 뒤에 껍질을 깨서 안쪽의 코코넛 젤리도 먹는다.

사더배리띠 | 딸기 strawberry

미얀마의 딸기는 대체로 야생품종처럼 크기가 작은 편이다.
앙증맞은 작은 바구니나 팩에 담아 파는데 향과 맛에 비해 당도는 그다지 높지 않다.
특히 미얀마 북동부 샨 주, 따웅지 지역에서 많이 볼 수 있다.

밍굿띠 | 망고스틴 mangosteen

껍질은 단단해 보이지만 꼭지를 따고 손으로 반 가르면 잘 까진다. 두꺼운 껍질 안에
하얀 알맹이가 마늘쪽처럼 붙어 있다. 입안에서 살살 녹는 달콤한 맛이다.

따야익띠 | 망고 mango

망고는 두 가지. 그린 망고라고도 불리는 초록색 망고는 약간 신맛이 나고, 노랗게 잘
익은 망고는 새콤달콤한 맛이 난다. 안에 길쭉하고 단단한 씨앗이 있다.

응아뼤띠 | 바나나 banana

미얀마의 바나나는 겉껍질이 노란색과 붉은색, 두 종류가 있다.
둘 다 알맹이는 노란색이며 맛은 비슷하다.

파예익띠 | 수박 watermelon

미얀마의 수박은 대체로 크다. 무겁기도 하지만 크기가 커서 시장에서는 대부분
조각으로 파는 경우가 많다. 껍질은 초록색 하나지만 과육은 빨간색과 노란색
두 가지다. 맛은 비슷하다.

터박띠 | 아보카도 avocado

세상의 과일 중에 가장 많은 영양가가 함유된 과일로 알려진 아보카도.
안에 둥글고 큰 씨가 있는데 그냥 먹으면 아무런 맛이 나지 않고 기름기도 많다.
주로 샐러드나 주스 형태로 섭취하며 요리에도 사용된다.

나낙띠 | 파인애플 pineapple

미얀마의 파인애플은 상당히 달다. 손질하기 어려운 과일이라서 시장에서 조각으로
파는 경우가 많다. 남부 다웨(Dawei) 지역에서 많이 생산된다.

사삑띠 | 포도 grape

미얀마의 포도는 알이 조금 작은 편인데 맛은 진하다.
특히 미얀마 북동부 샨 주의 따웅지나 냥쉐 지역에서 많이 볼 수 있다.

레인머띠 | 귤 mandarin

미얀마 귤은 종류가 많다. 대체로 향기는 좋으나 당도는 그리 높지 않은 편이다.

잔잔한 재미가 있는
미얀마 쇼핑

미얀마에는 거창한 것은 아니지만 작고 감동을 주는 아이템이 곳곳에 숨어 있다. 마땅히 살 것이 없을 것 같은 장소에서도 뭔가 그럴듯한 것을 찾아내는 사람이야말로 진짜 쇼핑을 잘하는 사람이다. 주변을 주의 깊게 둘러보면 마음을 끄는 아이템이 분명히 하나쯤 있을 것이다. 기억해야 할 것은 미얀마의 특산품은 대부분 손으로 직접 만드는 것이기에 어디에도 똑같은 것은 없다는 사실. 다른 곳에도 있겠지 하고 지나치면 두고두고 후회하게 될지 모른다. 살까 말까 망설여지는 것이 있다면 일단 사는 것이 좋다. 가족과 친구의 선물을 고르면서 당신의 미얀마 여행을 추억할 기념품도 하나쯤 골라보길.

래커웨어

대나무로 만든 칠기 그릇인 래커웨어(lacquerware)는 미얀마의 대표적인 특산품. 대나무를 얇게 깎아 모양을 만든 뒤 색을 칠하고 일일이 문양을 낸 것으로 오랜 공정과 많은 수고가 들어간다. 접시나 컵, 보석함, 액세서리 등 종류가 다양하다.

친롱 공

미얀마의 전통 스포츠인 친롱(chinlon)을 할 때 사용되는 공. 가볍고 단단한 등나무로 만들어져 있는데 남자 어린이에게 선물하면 환영받는다.

전통 담배

담뱃잎을 둘둘 말아 필터 없이 피우는 잎담배. 초콜릿 향이나 과일 향이 나는 것도 있다. 시장에서는 고무줄로 묶어 뭉텅이로 팔지만 관광지에서는 나무상자나 예쁜 래커웨어 박스에 담아 판다.

빠떼인 우산

'빠떼인 티(hti)'라고 불리는 빠떼인 우산. 전통 종이나 특수 코팅된 비단으로 만드는데 우산 용도로 사용한다기보다는 양산으로 적당하다. 그보다 이 우산은 인테리어로도 훌륭하다. 화려한 문양과 색감 때문에 우산 안쪽에 전등을 켜놓으면 아주 멋진 조명이 된다는 사실! 빠떼인 지역의 특산품이지만 관광지에서 쉽게 볼 수 있다.

나무 조각품

미얀마에는 나무 공예품이 많다. 낚시를 하고 있는 어부는 인레 호수를, 발우를 들고 있는 승려는 탁발을 떠올리게 한다. 조각이 정교하다기보다는 투박하고 순박해서 오히려 자연스러운 멋이 있다. 목각인형은 특히 종교와 관련된 것이 많은데 불자에게 선물하면 좋을 기념품이다.

타패스트리

미얀마의 대표적 직물공예인 타패스트리(tapestry). 다양한 염색실로 수를 놓아 그림을 짠 옷감으로 벽걸이나 가리개, 휘장으로 사용하는 장식품이다. 한 땀 한 땀 수를 놓는 작업이다 보니 크기에 따라 수개월 걸리는 작품도 있다. 그만큼 가격도 비싼 편이지만 하나 걸어두면 집안 분위기가 확 달라지는 아이템이다.

장바구니

미얀마 여인들이 시장갈 때 사용하는 장바구니. 미얀마에선 흔한 것이지만 나름 패셔너블하다. 색깔도 예쁘지만 가볍고 단단한 비닐 소재라서 물기가 묻어도 금방 마른다. 여행 중 짐이 많으면 보조가방으로 사용하기도 좋고, 한국에서 장바구니 용도로도 아주 그만이다.

라팻예

미얀마의 밀크 티인 라팻예를 티백으로 살 수 있다. 낱개 포장으로 여러 봉지가 들어 있기 때문에 여럿이서 한 잔씩 타 마시기 적당하다. 물론 미얀마가 그리울 때마다 하나씩 꺼내 타 마시면서 지난 여행을 회상하기에 이만한 것이 없다. 여러 라팻예 브랜드가 있지만 초록색 포장의 로열 미얀마 티믹스(Royal Myanmar Teamix)가 가장 인기 있다. 시티마트 등의 상점에서 구입할 수 있다.

따나카

따나카 나무 가루를 갈아 고체형으로 만든 화장품. 한국에서 평상시 얼굴에 바르고 다니기에는 약간 부담스럽지만, 파티나 이색적인 모임에서 특별한 연출을 위해 하나쯤 장만해도 좋을 아이템. 또는 미얀마에서 일찌감치 사서 여행하면서 바르고 다녀도 좋겠다. 미얀마 최대의 화장품 회사인 쉐삐난(Shwe Pyi Nann)사의 제품이 향도 질도 무난하다. 케이스 바닥에 적혀있는 유효기간을 확인하고 살 것. 재래시장이나 잡화 상점에서 쉽게 구입할 수 있다.

미얀마 비어

주변에 맥주 마니아가 있다면 세계적으로 유명한 미얀마 맥주는 매우 특별한 선물이 될 것이다. 선물용으로 살 때는 병이 아닌 캔으로 사자. 마트에서 쉽게 살 수 있다. 출국할 때 액체는 핸드캐리 할 수 없으므로 수하물에 넣어 부쳐야 한다.

종

여행이 끝나고 미얀마 어디서나 들려오던 종소리가 그리워질 때, 이 종이 있다면 위안이 될 것이다. 종은 직접 두드려보고 살 수 있다. 종은 크고 무거울수록 소리가 깊어서 자꾸 두들기다 보면 점점 큰 종을 고르게 된다. 손 안에 쏙 들어오는 작고 아담한 종으로 골라보자.

스피루리나

세계보건기구(WHO)가 동식물성 영양을 고루 갖춘 인류의 미래 식품원으로 선언했다고 알려진 스피루리나(spirulina)가 미얀마에서도 생산된다. 가격은 어느 나라보다 저렴하며 대도시의 약국에서 쉽게 살 수 있다. 단, 의약품이므로 구입할 때는 유효기간을 확인하고, 개인적인 약을 복용하는 경우엔 의사와 상의해서 복용 여부를 결정하는 것이 바람직하겠다.

보석

보석류는 미얀마를 찾는 외국인들이 가장 선호하는 쇼핑 품목이긴 하지만, 전문가가 아니라면 주의해서 사야 한다. 관광지보다는 보족 아웅산마켓, 보석박물관 등 정부에서 승인한 상점(Government registered) 표시가 있는 곳에서 구입하는 것이 현명하다. $1 내외의 심플한 옥가락지 등 저렴한 제품도 있다.

그림

우베인 브리지, 인레 호수, 따나카를 바른 사람들 등 미얀마 풍경을 담은 그림도 좋은 선물. 벽에 걸어둔 그림 한 점은 사진보다 더 오래 여행을 추억하는 방법이 되기도 한다. 여행사진도 일부러 꺼내지 않으면 잘 들여다보지 않게 되니까.

아웅산 수찌 상품

세계적인 관광지에는 쿠바 혁명의 영웅 체 게바라(Che Guevara)를 상징하는 관광 상품이 있는 것처럼, 미얀마에는 민주화의 아이콘 아웅산 수찌를 모티브로 한 관광 상품이 있다. 휴대폰 액세서리부터 그녀의 얼굴이 프린트된 머그컵, 배지, 티셔츠 등이 미얀마의 기념품이 되고 있다.

도시락 통

미얀마인들이 들고 다니는 런치 박스. 모두 펼치면 찬합처럼 꽤 많은 양이 들어가는 도시락이다. 도시락 통은 1단~4단까지 높이와 크기가 다양하다. 피크닉 갈 때 사용하면 좋을 아이템. 다만 스테인리스 소재라서 플라스틱 도시락보다는 살짝 무겁다. 시티마트 등의 상점에서 구입할 수 있다.

엽서

관광지(특히 바간)에서 엽서를 파는 꼬마들의 성화에 못 이겨 하나쯤 사게 될 확률이 높다. 가보지 못한 곳들은 다음 기회로 남겨두고 엽서로 먼저 구경을 해보자. 여행 중 한국에 있는 가족과 친구에게 엽서를 보내는 것은 그 자체만으로도 이미 좋은 선물이다. 물론 당신보다 엽서가 더 늦게 도착하겠지만.

미얀마에 가져가면 좋은 한국 선물

여행 중 현지인에게 신세를 졌을 때, 고맙다는 인사로는 부족하고 뭔가 마음을 전하고 싶을 때가 있을 거예요. 돈으로 보답하자니 뜻이 왜곡될 것 같고, 그냥 있자니 도리가 아닌 것 같고. 그럴 때 한국산 물건을 선물하면 좋습니다. 선물은 주는 사람도 받는 사람도 부담스럽지 않은 것이 좋은데요. 아이들에겐 한국 과자나 사탕이 적당하고요. 10~20대 젊은 여성에겐 한류 스타의 사진이나 음악 CD도 좋습니다. 특히 여성에겐 1회용 마스크 팩도 선물로 좋습니다. 일반적으로는 한국 전통문양이 가미된 작은 열쇠고리나 더운 나라니까 한국 전통문양이 그려진 가볍고 작은 부채 같은 것도 좋을 것 같네요.

미얀마 여행
추천 일정

미얀마 내에서 여행자들이 가는 곳이야 거의 비슷하다 하더라도 관심사는 사람마다 다를 터, 의미 있는 여행이 되려면 자신의 여행스타일에 맞는 코스를 짜는 것이다. 본서에 소개된 지역을 참고하여 관심이 가는 지역의 우선순위를 정해보자. 그 지역들을 기준으로 이 장에 소개하는 추천 일정을 참고해 자신에게 주어진 시간, 취향, 경비 등을 고려하여 자유롭게 코스를 짜자.

이 장에 소개하는 코스는 저자가 주관적으로 추천하는 코스로 기본적으로 육로(버스)로 이동하는 일정이다. 다만 버스 이동이 어려운 곳은 국내선으로 제안한다. 미얀마 대부분의 도시는 국내선이 잘 연결되므로 시간을 절약하고 싶다면 버스구간을 국내선으로 대체해 시간을 단축하자. 여행 날짜별 일정 역시 저자가 권하는 최소한의 시간 일정이며, 미얀마 입·출국 항공편은 현재 인천~양곤으로 매일 취항하는 대한항공(KE) 직항편 기준임을 밝혀둔다.

일정 짜기 전에 알아야 할 것

1 직항편 VS 경유편, 양곤 VS 만달레이

미얀마로 가는 국제선은 직항편과 경유편으로 나뉜다. 인천에서 출발하는 직항편은 인천~양곤, 양곤~인천으로 취항하기 때문에 양곤을 통해서만 입·출국해야 한다. 반면 경유편은 인천을 출발해 제3국(방콕, 싱가포르, 쿠알라룸푸르, 타이베이 등)을 거쳐 미얀마로 입국한다. 경유편 중 거리, 요금, 출발편수를 따졌을 때 가장 편리한 노선은 방콕이다. 방콕에서는 가장 많은 편수가 운행하는데 특히 저가 항공사가 양곤과 만달레이로 나눠서 취항하기 때문에 경유편 중 가장 인기가 높다. 자, 여기에서의 팁은 저가 항공사는 항공권을 편도로 끊을 수 있다는 것. 따라서 저가항공사로 방콕 경유편을 이용한다면 인천~방콕~양곤(만달레이)~만달레이(양곤)~방콕~인천이 가능하다.

즉, 양곤과 만달레이 중 입·출국 지점을 서로 달리해 코스가 겹치지 않도록 할 수 있다. 다만 방콕에서 경유편이 대기하는 시간을 감안해야 한다. 코스를 줄이긴 했으나 경유편의 항공스케줄에 따라 전체 일정이 크게 줄어들지 않을 수도 있다는 것을 기억해야 한다(→ P.464 '미얀마 항공편 안내' 참고).

2 국내선을 활용하자

시간이 많지 않다면 국내선 항공을 이용하는 방법도 있다. 미얀마에서 국내선을 이용하는 것은 특별한 일이 아니다. 관광 인프라가 잘 갖춰지지 않은 미얀마에서 국내선 비행기는 전역을 잘 커버하고 있고, 가격과 시간을 따졌을 때 요금에 비해 효율적이기 때문에 많은 여행자들이 선호하는 교통수단이다. 거리에 따라 요금은 다르지만 평시즌 1구간 보통요금은 $100 내외, 짧은 구간은 $50~80, 긴 구간은 $120~150 수준이다. 성수기에는 조금 더 가격이 오르기도 한다. 야간버스를 타고 밤새 10시간 가까이 달려야 하는 거리를 비행기는 1시간 남짓이면 도착하기 때문에 이동 시간만큼 여행지에서 더 머물 수 있고, 전체적인 일정을 단축할 수도 있다. 여행 일정이 짧거나 장거리 심야버스 이동이 부담스러운 여행자들은 참고하자(→ P.465 '미안마 국내선 예약하는 방법' 참고).

3 미얀마는 넓다

미얀마를 주말 여행지 정도로 생각하는 여행자들도 있다. 제한된 시간 안에 많은 곳을 둘러보고 싶은 마음은 이해하지만, 3박4일로 미얀마 주요도시를 돌아보려는 계획은 사실상 무리다. 미얀마는 동남아시아에서 가장 넓은 나라다. 한 두 도시에서만 머무는 것이 아니라면 차라리, 조금 더 시간을 낼 수 있는 다음 기회로 미얀마 여행을 과감히 미뤄두는 것이 낫다. 도시 간 이동시간도 생각해야하므로 시간에 쫓기다 보면 도착하자마자 떠나기 바빠 몸만 피곤해진다. 특히 미얀마를 처음 여행한다면 일정을 조금 더 넉넉하게 짜길 권한다. 여행기간이 짧다면 마음에 드는 도시에서 하루 더 머물고 코스를 줄이는 것이 미얀마를 제대로 여행하는 방법이다.

4 추천 코스 활용하는 방법

《프렌즈 미얀마》에서는 미얀마 여행을 〈하이라이트 코스〉·〈동북부 코스〉·〈남부 코스〉·〈중부 해변 코스〉·〈육로 국경 코스〉 총 5개 코스로 제안한다. 이 중 기본코스는 미얀마의 주요 볼거리를 돌아보는 〈하이라이트 코스〉다. 미얀마를 처음 방문한다면 이 코스를 참고하자.

〈동북부 코스〉, 〈남부 코스〉, 〈중부 해변 코스〉, 〈육로 국경 코스〉는 기본적으로 〈하이라이트 코스〉를 포함시켜 제시한

다. 이는 미얀마가 처음이더라도 약간의 시간 여유가 있다면 다른 지역을 함께 여행할 수 있도록 하기 위함이다. 또, 모든 코스를 취향에 따라 취사선택할 수 있도록 했다. 예를 들어, 〈남부 코스〉는 양곤~바간~만달레이~냥쉐(인레)~양곤~짜익티요~파안~몰레마인~양곤이다. 앞부분 '양곤~바간~만달레이~냥쉐(인레)~양곤'까지는 〈하이라이트 코스〉고, 뒷부분 '양곤~짜익티요~파안~몰레마인~양곤'은 〈남부코스〉다. 즉, 남부만 둘러볼 예정이라면 뒷부분만 따로 떼서 활용하면 된다. 하나 더, 〈남부 코스〉와 〈중부 해변 코스〉는 양곤을 중심으로, 〈동북부 코스〉는 만달레이를 중심으로 드나들게 된다. 역시 코스를 따라 여행하다가 양곤, 만달레이에 도착하면 어느 코스든지 양곤, 만달레이에서부터 시작되는 코스를 자유롭게 따로 떼어 붙여 활용할 수 있다.

Nocutting
미얀마 여행 최단기 코스 4박6일

미얀마의 하이라이트 지역인 양곤, 바간, 만달레이, 냥쉐(인레)를 모두 돌아보는 데 최소 시간이 얼마나 걸릴까요. 한 도시에만 머문다면 3박4일도 가능하겠지만, 위의 네 지역을 모두 가려면 최소 6일이 소요됩니다. 각 도시에서 하루씩 머문다는 조건으로 인천~양곤(1박)~바간(1박)~만달레이(1박)~인레(1박)~양곤(기내 1박)~인천까지 4박6일 일정으로도 가능합니다. 단, 모든 구간을 국내선으로 이동해야 합니다. 물론 이 일정이 매끄럽게 진행되려면 출발 전에 미얀마 국내선 항공권이 모두 컨펌되어 있어야 합니다(→ P.465 '미얀마 국내선 예약하는 방법' 참고).

하이라이트 코스 8일~12일

미얀마 주요 관광지를 돌아보는
골든 랜드 여행

양곤, 바간, 만달레이, 냥쉐(인레)는 가장 인기 있는 여행지로 여행자들 사이에선 일명 '국민 코스'로 통한다. 미얀마의 하이라이트 지역인 만큼 볼거리가 풍부하므로 각 지역에서 최소 2일 정도는 머물길 권한다. 시간상 1박씩만 한다면 전체 8일 일정으로도 소화가 가능하다. 아래 코스처럼 시계 방향으로, 또는 반대 방향으로 돌아도 상관없다. 다만 냥쉐(인레)를 마지막 코스로 두는 것은 인레 호수가 차분하게 여행을 마무리하기 좋은 장소이기 때문이다.

코스 | 양곤~바간~만달레이~냥쉐(인레)~양곤

1일 인천에서 직항편 이용 시 양곤에 22:15 도착 이후
숙소로 이동, 체크인 하는 것으로 첫날 일정은 끝

2일 보족 아웅산 시장 근처 은행에서 환전하기
술레 파야 주변의 식민지 건축물 순례하기
오후에는 쉐다곤 파야 둘러보기
저녁에는 차이나타운 꼬치골목 둘러보기

3일 오전에 깐도지 호수 산책
양곤~바간 야간버스 이동(약 10시간)

4일 새벽 3~4시경 바간 도착. 바간 유적 투어

5일 오전에 근교 뽀빠 산 투어
오후에 바간 복귀, 냥우 마켓 산책

6일 바간~만달레이 이동
– 오전 중에 버스를 타면 오후에 도착(약 6시간)
– 새벽에 보트를 타면 저녁에 도착(약 12시간)

7일 만달레이 근교 투어

8일 만달레이 시내 투어
만달레이~냥쉐(인레) 야간버스 이동(약 10시간)

9일 새벽에 냥쉐 도착. 인레 호수 투어

10일 오전에 냥쉐 마을 산책
저녁에 양곤행 야간버스 탑승(약 10시간)

11일 04:00경 양곤 도착
23:25 직항편으로 양곤 출국

12일 07:35 인천 도착

TIP

시간 여유가 있다면 양곤~바간 중간에 삐이(Pyay), 바간~만달레이 중간에 몽유와(Monywa) 지역을 추가할 수 있다.

양곤, 바간, 만달레이, 냥쉐(인레), 이 구간을 모두 국내선으로 연결할 수 있다.

* 모든 도시를 국내선으로 연결할 경우 6일 일정도 가능하다.
* 양곤 입국/만달레이 출국 항공권이면 양곤~바간~냥쉐~ 만달레이로 코스를 변경할 수 있다.

하이라이트 코스 + 동북부 코스

16일 ~18일

자연 속으로 떠나는
힐링 여행

미얀마의 북부 자연을 만끽할 수 있는 일정이다. 산악 열차를 타고 깎아지른 절벽을 지나기도 하고, 소수부족이 사는 산마을을 걷기도 한다. 무엇보다 이 코스는 두발로 뚜벅뚜벅 걸어야 하는 트레킹이 포함되므로 최대한 느긋하고 천천히 여행하는 것이 좋다. 가능한 시간을 여유롭게 잡도록 하자. 트레킹을 좋아한다면 일정을 더 늘려도 좋다. 북부 지역은 만달레이를 거점으로 드나들기 때문에 관문이 되는 만달레이에서 효율적으로 시간을 보내는 것이 중요하다.

코스　양곤~바간~만달레이~시뻐~삔우른~만달레이
　　　~깔러~트레킹~냥쉐(인레)~양곤

1~7일　양곤~만달레이 일정은 〈하이라이트 코스〉와 동일
8일　오전에 만달레이~시뻐 버스 이동(약 6시간)
9일　시뻐~삔우른 기차로 이동(곡테익 철교여행)
　　　– 시뻐 출발(09:40)
　　　– 삔우른 도착(16:05)
10일　삔우른
11일　오전에 삔우른~만달레이 셰어택시로 이동(2시간)
　　　오후에 만달레이 도착
　　　만달레이~깔러 야간버스로 이동(약 10시간)
12일　새벽에 깔러 도착
13일　깔러~냥쉐(인레) 트레킹(1박2일)
14일　오후에 인레 호수 도착
15일　인레 호수 투어
16일　오전에 냥쉐 마을 산책
　　　저녁에 냥쉐~양곤 야간버스로 이동(약 10시간)
17일　04:00경 양곤 도착
　　　23:25 직항편으로 양곤 출국
18일　07:35 인천 도착

* 항공 스케줄이 방콕 경유하는 만달레이 출국편이라면
　양곤~바간~깔러~트레킹~냥쉐(인레)~만달레이~시뻐
　~삔우른~만달레이 출국으로 코스를 변경할 수 있다.
* 시간 여유가 있으면 시뻐에서도 트레킹을 추가해보자.

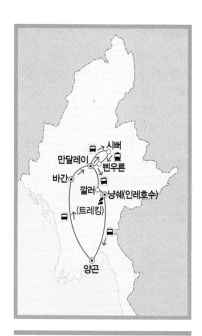

TIP

양곤~바간으로 이동할 때 중간에 삐이(Pyay) 지역을 추가할 수 있다.

양곤, 만달레이, 바간, 냥쉐(인레)는 국내선 항공으로 연결할 수 있다.

삔우른~만달레이는 셰어택시로 2시간 거리이므로 삔우른에서 1박만 하고 만달레이로 바로 이동하면 일정을 하루 더 앞당길 수 있다.

하이라이트 코스+
중서부 해변 코스 **18일 ~20일**

해변으로 떠나는
파라다이스 여행

주요 관광지를 둘러보는 〈하이라이트 코스〉에 미얀마 중서부 지역과 해변을 추가한 코스다. 나빨리 해변은 삐에를 거쳐 육로로 갈 수 있지만 시간 등을 고려하면 국내선 비행기로 이동하는 것이 경제적이다. 먀욱우 역시 버스가 연결되지만 험난한 산악도로를 통과하므로 시간이 오래 소요된다. 다행히 나빨리+씨트웨는 국내선이 서로 경유하므로 두 곳을 연결해 국내선 비행기로 오가는 것이 합리적이다.

코스 양곤~바간~만달레이~냥쉐(인레)~양곤~나빨리
~씨트웨~먀욱우~씨트웨~양곤

1~10일 양곤~냥쉐까지의 일정은 〈하이라이트 코스〉와 동일
11일 새벽에 양곤 도착
12일 양곤~나빨리 국내선 비행기로 이동(약 1시간)
13일 나빨리
14일 나빨리~씨트웨 국내선 비행기로 이동(약 1시간)
15일 씨트웨
16일 06:00 씨트웨~먀욱우 페리 이동(2~5시간)
오후에 먀욱우 도착
17일 먀욱우 유적 투어
18일 먀욱우~씨트웨(페리)~양곤(국내선 비행기) 이동
– 양곤행 국내선은 페리 지연을 감안해 오후편으로 예약할 것. 양곤행 국내선을 17:00 전후로 이동한다면 당일 인천 직항편 연결도 가능
19일 양곤에서 1박 후 23:55 직항편으로 출국
20일 07:45 인천 도착

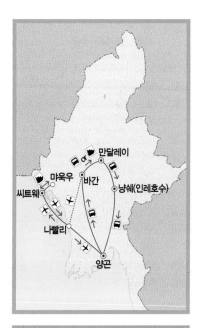

* 양곤~씨트웨 구간은 나빨리를 경유하는 항공편이 많으므로 코스를 양곤~씨트웨~먀욱우~씨트웨~나빨리~양곤으로 변경 가능하다.
* 성수기에는 바간~나빨리 구간의 국내선도 연결되므로 코스를 양곤~만달레이~냥쉐~바간~나빨리~씨트웨~먀욱우~씨트웨~양곤으로 변경하면 전체 일정을 더 단축할 수 있다.
* 위 코스는 국내선 구간이 포함되므로 2일차 양곤에서 씨트웨, 나빨리행 국내선 비행기표를 모두 예매해두어야 한다.

TIP

양곤~바간으로 이동할 때 중간에 삐이(Pyay) 지역을 추가할 수 있다.

양곤, 만달레이, 바간, 냥쉐(인레), 나빨리, 씨트웨는 국내선 항공으로 연결할 수 있다.

시간이 많이 걸리긴 하지만 위 일정의 국내선 구간을 모두 버스로 이동할 수 있다.
* 버스로 이동하는 방법은 각 지역의 가는 방법 참고.

하이라이트 코스+
남부 코스

16일
~18일

숨겨진 매력을 발견하는

시크릿 여행

미얀마 남부는 아직까진 여행자들이 붐비지 않아 탐험하는 기분이 드는 지역이다. 관광객들은 보통 짜익티요까지만 다녀가는데 더 남쪽으로 내려가면 한산하면서도 넉넉한 분위기가 가득한 미얀마 남부의 매력을 발견할 수 있다.
항공 스케줄이 방콕을 경유하는 만달레이 출국편이라면, 양곤으로 입국해 남부 지역을 여행하고 〈하이라이트 코스〉를 따라 여행한 뒤, 만달레이에서 출국하면 루트가 매끄럽다.

코스 양곤~바간~만달레이~냥쉐(인레)~양곤~짜익티요
~파안~몰레먀인~양곤

1~10일 양곤~냥쉐까지의 일정은 〈하이라이트 코스〉와 동일

11일 새벽에 양곤 도착

12일 오전 일찍 짜익티요(긴뿐) 버스이동(약 5시간)
오후에 짜익티요 파야 다녀오기

13일 오전에 짜익티요~몰레먀인 버스이동(약 5시간)
오후에 몰레먀인 도착

14일 몰레먀인~파안 보트 이동(약 5시간)
오후에 파안 도착

15일 파안 근교투어

16일 오전에 파안~양곤 버스이동(약 7시간)
당일 밤 양곤 직항편 출국도 가능

17일 양곤에서 1박 후 23:55 직항편으로 출국

18일 07:45 인천 도착

* 항공 스케줄이 방콕을 경유하는 만달레이 출국편이라면 양곤~짜익티요~파안~몰레먀인~양곤~바간~냥쉐(인레)~만달레이로 코스를 변경할 수 있다.

* 위 코스는 원한다면 육로 국경코스로도 연결할 수 있다. 짜익티요에서 버스로 파안 이동, 파안~몰레먀인 보트 이동, 몰레먀인~먀와디 합승택시로 이동해 태국을 육로로 입국할 수 있다. '몰레먀인' 지역 페이지 참고.

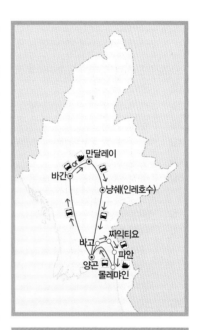

만달레이
바간
냥쉐(인레호수)
짜익티요
바고
파안
양곤
몰레먀인

TIP

양곤~바간 중간에 삐이(Pyay), 바간~만달레이 중간에 몽유와(Monywa) 지역을 추가할 수 있다.

양곤~짜익티요 중간에 바고(Bago)를 추가할 수 있다.

양곤, 바간, 만달레이, 냥쉐(인레)는 국내선 항공으로 연결할 수 있다.

육로 국경 코스 + 남부 코스

10일 ~12일

태국부터 미얀마까지 걸어서 국경을 넘는

오버랜드 여행

이 코스는 태국에서부터 뚜벅뚜벅 걸어서 국경을 통과해 미얀마로 입국하는 특별한 여행이다. 넉넉한 시간과 체력, 약간의 모험이 필요한 일정이다. 코스는 이웃국가인 태국에서 시작한다. 태국~미얀마를 육로로 입·출국하기 때문에 국제선은 인천~방콕 항공권만 있으면 된다. 미얀마~태국 육로 중 현재 외국인에게 개방된 구간은 4곳이다. 그 중 남부지역에만 3곳의 국경이 열려있다. 아래 추천코스를 참고해 본인에게 편한 코스로 입·출국해도 좋다.

코스 매쏫(태국)~먀와디~파안~몰레먀인~다웨~
메익~꺼따웅~라눙(태국)

1일 오전에 매쏫(태국) 국경에서 먀와디(미얀마)로 입국
2일 파안~몰레먀인 보트로 이동(약 5시간)
3일 몰레먀인 근교
4일 몰레먀인~다웨 버스로 이동(약 10시간)
5일 다웨
6일 다웨~메익 야간버스로 이동(약 8시간)
7일 메익
8일 메르귀 군도 당일 투어, 투어 후
야간 버스로 꺼따웅 이동(약 12시간)
9일 꺼따웅
10일 꺼따웅(미얀마)에서 보트를 타고
라눙(태국)으로 입국

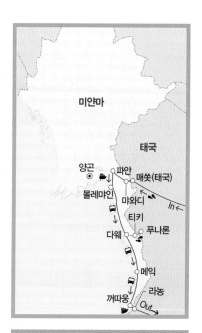

* 위 일정은 육로로 입·출국해 각 도시에서 1박씩만 머물고 장거리 야간버스로 이동하는 최소한의 일정이다. 도시에서 더 머물게 되면 일정이 늘어날 수 있다.
* 입·출국 중 한번은 육로로, 한번은 항공을 이용하고 싶다면 양곤을 포인트로 정하면 좋다. 양곤으로 항공 입국해 몰레먀인으로 이동 후 코스를 따라 꺼따웅까지 간 뒤, 꺼따웅에서 출국하면 된다. 그 반대도 가능하다.
* 티키~푸나론 구간 국경 도로는 아직 비포장 상태로 통행이 약간 불편할 수 있다. 참고로 푸나론은 태국의 깐짜나부리(Kanchanaburi)로 연결되며 거리상 방콕으로 가는 가장 빠른 루트다.

TIP

미얀마~태국 육로 국경 중 남부지역 국경은 3곳이다.
-먀와디(미얀마)~매쏫(태국) P.425
-티키(미얀마)~푸나론(태국) P.425
-꺼따웅(미얀마)~라눙(태국) P.425
* 미얀마~태국 이동하는 방법은 각 지역 페이지 참고.

위 코스는 먀와디~매쏫으로 입국해 남쪽으로 내려와 꺼따웅~라눙으로 출국한다. 반대로 꺼따웅으로 입국해 먀와디에서 출국할 수도 있으며, 중간에 티키~푸나론을 통해 입·출국할 수도 있다.

미얀마여행 실전

: 인천국제공항에서 출국하기 :

대한민국에서 미얀마 양곤으로 취항하는 직항 노선은 현재 인천국제공항에서 출발한다. 항공사에 따라 부산이나 제주에서 제3국(태국 등)을 경유해 양곤으로 입국할 수도 있다. 이 장에서는 여행자들의 이용 빈도가 가장 높은 인천공항 위주로 소개한다. 비행기 출발시간 2시간 전까지는 공항에 도착해야 하므로 공항까지 가는 시간과 출국수속 시간을 더해 넉넉하게 길을 나서자.

인천공항 가는 방법

인천공항까지 가는 대중교통은 크게 두 가지. 서울을 포함한 전국 각지에서 출발하는 공항버스(리무진 버스)를 타거나, 서울역~인천공항을 연결하는 공항철도를 타는 방법이 있다. 이외에 일부 일반 시외버스 노선도 인천공항과 연결된다. 인천공항행 모든 버스 노선은 인천국제공항 홈페이지에서 확인할 수 있다.

공항철도는 서울역을 기점으로 김포공항을 경유해 인천공항을 종점으로 한다. 공항철도는 지하철 1~6호선과 9호선, KTX와 연결되므로 공항철도가 경유하는 지하철역에서 탑승이 가능하다. 공항열차는 서울역에서 출발해 공항철도 13개 역에 모두 정차하는 일반열차(인천공항2터미널까지 66분 소요)와 서울역에서 인천공항까지 논스톱으로 운행하는 직통열차(51분 소요)로 나뉜다. 인천공항은 1터미널과 2터미널로 나뉘는데 서울, 경기, 지방에서 출발하는 리무진버스와 공항철도는 1터미널, 2터미널에 모두 정차하므로 본인이 이용할 터미널에 하차하면 된다.

- **인천국제공항**
  문의 1577-2600 홈페이지 www.airport.or.kr
- **코레일 공항철도**
  문의 1599-7788 홈페이지 www.arex.or.kr

■ 도심공항터미널에서 출국수속하는 경우

비행기는 인천공항에서 타야 하지만, 미리 도심공항터미널을 이용해 출국 수속 및 수하물을 보낼 수 있다. 도심 공항터미널은 인천공항에 비해 덜 혼잡하기 때문에 출국 수속시간을 절약할 수 있다. 단, 당일 출국자에 한하며 일부 항공사(대한항공 등)만 탑승 수속이 가능하니 발권 시 확인하도록 하자. 도심공항터미널은 두 곳으로 서울역과 삼성동에 있다. 둘 중 가까운 곳에서 먼저 탑승 수속을 마쳤다면, 바로 인천공항으로 이동해 도심승객전용 출국심사대를 통과해 탑승구로 이동하면 된다. 도심공항터미널별로 탑승 수속이 가능한 항공사가 다르므로 출발 전 해당 터미널에 확인하자.

- **삼성동 도심공항터미널**
  문의 02)551-0077~8 홈페이지 www.calt.co.kr
- **서울역 도심공항터미널**
  문의 1599-7788 홈페이지 www.arex.or.kr

인천공항에서 출국 수속하기

인천공항행 버스를 타면 일반적으로 3층 출국장에 도착한다. 한국인은 출국할 때 출국 카드를 따로 작성하지 않아 수속이 매우 간편하다. 해외여행이 처음이거나 혼자라도 걱정할 필요없다. 전혀 어렵지 않으니 다음 순서에 따라 차근차근 출국 수속을 밟아보자.

1 탑승 수속

3층 출국장에서 본인이 이용할 항공사의 탑승 수속 카운터(체크인 카운터)에 여권과 항공권(이티켓 E-ticket)을 제출하면 탑승권(보딩 패스 Boarding Pass)을 준다. 이때 창가(윈도우 시트 Window Seat)자리와 통로(아일 시트 Aisle Seat)자리 중 원하는 좌석을 요구하여 배정받을 수 있다. 귀중품과 소지품을 넣은 보조가방만 휴대하고 트렁크는 위탁 수하물로 보내자. 카메라, 노트북 등 깨지는 물건은 휴대해야 한다. 100㎖가 넘는 액체류, 젤류, 스프레이류는 기내에 반입할 수 없으므로 모두 트렁크 안에 넣자. 짐을 부치면 수하물 표(배기지 클레임 태그 Baggage Claim Tag)를 준다. 본인의 수하물이 없어졌을 경우, 이 수하물 표가 있어야 짐의 행방을 추적할 수 있으므로 잘 보관하자. 해당 항공사의 마일리지 카드가 있다면 이때 카운터에 제시해 적립하면 된다.

> 혹시, 탑승 수속 터미널(제1터미널/2터미널)을 헷갈렸다면 당황하지 말자. 제1터미널~제2터미널을 연결하는 셔틀버스가 있다. 제1터미널(3층 중앙 8번 출구), 제2터미널(3층 중앙 4번~5번 출구 사이)에서 각각 셔틀버스를 타면 된다. 터미널 간 이동 시 15~20분 소요, 배차 간격은 5분.

2 출국장

탑승권(보딩패스)을 받은 후 환전, 여행자 보험 가입 등 모든 준비가 끝났다면 이제 '출국 Departure' 푯말을 따라 출국장 입구로 들어가자. 면세점 구역 안에는 ATM 기계가 없다. 출국장에 들어서서 출국 심사가 완료되면 다시 밖으로 나올 수 없으므로 원화가 필요하다면 출국장 밖에서 미리 준비해야 한다.

3 세관 신고

출국장 안으로 들어서면 옆에 세관 신고대가 있다. US$10,000 이상을 소지하였거나, 여행 중 사용하고 다시 가져올 고가품(US$400 이상)은 '휴대물품반출신고(확인)서'를 작성해야 한다. 별다르게 세관 신고를 할 품목이 없으면 곧장 보안 검색대로 향하면 된다.

4 보안 검색

검색 요원의 안내에 따라 모든 휴대물품을 엑스레이 X-Ray 검색대에 올려놓자. 항공기 내 반입 제한 물품의 휴대 여부를 점검받아야 한다. 주머니의 소지품도 모두 꺼내 바구니에 넣고 엑스레이를 통과시킨다.

5 출국 심사

보안 검색대를 통과하면 출국 심사대로 연결된다. 출국 심사대에서 여권, 탑승권을 심사관에게 제출하면 심사 후 여권과 탑승권을 돌려준다. 이로써 대한민국을 출국하는 절차는 모두 끝난다.

6 탑승 게이트 확인

출국 심사대를 지나면 면세점이 펼쳐지는 여객터미널이다. 이곳에서 본인이 소지한 탑승권의 '탑승 게이트 번호 Gate No.'를 확인하자. 일단 대한항공(스카이팀 항공사 등) 이용객은 제2터미널에서 탑승하게 되므로 터미널 내 해당 게이트로 이동하면 된다. 제1터미널에서 탑승할 경우에는 탑승 게이트가 두 구역으로 나뉘며 일부 항공사는 '탑승동'에서 출발한다. 탑승동은 제1터미널에서 약 900m 떨어져 있어 스타라인(Star Line)이라는 셔틀트레인을 타고 이동해야 한다. 27번과 28번 게이트 사이에 있는 에스컬레이터를 타고 지하 1층으로 내려가면 셔틀트레인 승강장이 있다. 셔틀트레인은 5분 간격으로 운행된다.

> • 탑승 게이트 No.1~50(제1터미널 출발)
> • 탑승 게이트 No.101~132(탑승동 출발)
>   제1터미널에서 셔틀트레인을 타고 탑승동으로 이동
> • 탑승 게이트 No.230~270(제2터미널 출발)

7 탑승

해당 탑승 게이트로 이동해 비행기에 탑승하면 된다. 비행기 출발 시각 30분 전부터 탑승이 시작되어 10분 전에 탑승이 마감된다. 인천공항에서는 출국 승객 개개인에 대해 안내방송을 하지 않으므로 탑승에 늦지 않도록 주의해야 한다.

**미얀마
입·출국
정보**

: 양곤국제공항으로 입국하기 :

현재 대한민국에서 직항 항공편을 타면 양곤국제공항으로 입국하게 된다. 외국 항공사를 이용해 제3국(태국 등)을 경유하면 양곤 외에 만달레이, 네삐더로 입국할 수도 있다. 어느 공항으로 입국하든 입국 심사 절차는 모두 같고 입국절차도 간단하다. 이 장에서는 여행자들이 가장 많이 이용하는 양곤국제공항을 위주로 소개한다.

1 입·출국카드 작성

미얀마행 비행기를 타면 기내에서 승무원이 미얀마 입·출국카드와 세관신고서를 나눠줄 것이다. 만약 못 받았거나, 서류를 나눠주지 않는다 해도 당황할 필요는 없다. 양곤국제공항의 입국장에도 서류가 준비되어 있으므로 찾아서 작성하면 된다.

미얀마의 입·출국 카드는 종이 한 장에 나란히 붙어 있다. 왼쪽은 출국 Departure, 오른쪽은 입국 Arrival 카드다. 입국할 때는 오른쪽 카드인 입국카드만 제출하면 된다. 왼쪽의 출국카드는 잘 보관했다가 미얀마를 출국할 때 제출하면 된다. 역시 출국카드를 잃어버렸다고 해도 걱정할 필요 없다. 출국할 때 공항 내 항공사의 체크인 카운터에서 받아 다시 작성하면 된다. 일단, 입·출국 카드 양쪽 모두 한번에 작성해두자.

● **미얀마 입·출국 카드 작성법**

입·출국카드 서류는 빈 칸 없이 모두 채워야 한다. 비자 유효기간(30일) 내에 본인의 체류 일정이 넘지 않도록 적어야 하고, 특히 Address in Myanmar(미얀마 내 주소)란에는 미얀마에서 첫날 머물 숙소를 적으면 된다. 예약한 호텔이 없더라도 가이드북을 참고해 대략 생각해두고 있는 숙소를 기재하도록 하자.

미얀마 입·출국 카드 작성법은 P.46 샘플을 참고해 작성하면 된다.

2 도착 후 입국 심사

비행기에서 내려 Arrival(도착)이라고 적힌 푯말을 따라가면 입국심사대가 나온다. 외국인 심사대(Foreign) 카운터를 찾아 줄을 서자.

자, 여기서부터 대한민국 국적소지자는 미얀마 입국 절차가 무척 간단해진다. 미얀마 정부가 2018년 10월부터 2019년 9월까지 관광을 목적으로 하는 대한민국과 일본 국적소지자에 한해 비자 면제를 시행하기 때문이다. 따라서 입국 심사대에 줄을 서서 여권을 제출하기만 하면 된다. 참고로 명상이나 비즈니스로 방문했다면 미리 받아온 해당 비자를 여권과 함께 제출한다. 관광이 목적일 경우 입국 심사관이 여권에 바로 입국 허가 스탬프를 찍고 여권을 돌려준다. 관광 허가 체류일은 최대 30일이다. 여권에 찍힌 스탬프에는 체류 유효기간이 적혀있으니 확인해두면 좋다. 체류 일까지 미얀마에 머물 수 있으며 비자 연장은 불가능하다.

3 수하물 수취

입국심사대를 나오면 수하물 찾는 구역으로 연결된다. 본인이 타고 온 항공편명 옆에 컨베이어 벨트 번호가 표시된다. 만약, 인천공항에서 보낸 수하물이 분실되었거나 파손되었을 경우, 공항에 마련된 안내데스크에 배기지 클레임 태그(Baggage Claim Tag 수하물을 보낸 확인증)를 보여주고 담당 직원의 안내를 따르자.

4 세관 검사

짐을 다 찾았으면 세관 검사대(Custom)를 통과한다.
이때 기내에서 입국카드와 함께 받았던 세관신고서
(Passenger's Declaration Form)를 작성해 제출한
다. 신고할 것이 있으면 Red Channel, 신고할 것이
없으면 Green Channel에 체크하면 된다. 신고해야
하는 경우는 소지하고 있는 미화의 합계액이 $10,000
이상일 경우다. 이때는 Yes에 체크하고 Amount란에
금액을 기재한다. 신고할 귀중품(보석류 등)이 있으면
Yes, 없으면 No에 체크한다. 아무것도 신고할 것이 없
는 여행자들은 모두 No에 체크하면 된다.

세관신고서

Departure Card 출국카드

No. 항공편명	DEPARTURE CARD	
Name Family name First name Middle name 성 이름	☐ Male 남성	
	☐ Female 여성	
Passport No. 여권번호	Place of issue 여권 발급 장소	Date of issue 여권 발급 일자
Nationality 국적	Occupation 직업	
Signature 서명	Person leaving the Myanmar	

Visa No. .... Date of issue ....

NOTICE

1. PLEASE WRITE IN BLOCK LETTERS AND UNDERLINE FAMILY NAME.

2. ONE ARRIVAL CARD/DEPARTURE CARD MUST BE COMPLETED BY EVERY PASSENGER.

3. PLEASE KEEP THIS PORTION OF THE FORM IN YOUR PASSPORT/ TRAVELLING DOCUMENT AND PRESENT IT TO THE IMMIGRATION OFFICER ON YOUR DEPARTURE.

4. IN CASE OF CHANGE OF ADDRESS FROM WHAT IS STATED IN THIS FORM MUST NOTIFY THE IMMIGRATION AND MANPOWER DEPARTMENT HEAD OFFICE WITHIN TWENTY-FOUR HOURS.

Date of Last Arrival 출국 일자

FOR OFFICIAL USE

Arrival Card 입국카드

DETAILS OF PERSON ENTERING OR LEAVING THE UNION OF MYANMAR

No. 항공편명		ARRIVAL CARD	
Name Family name First name Middle name 성 이름		☐ Male 남성	
		☐ Female 여성	
Date of birth 생년월일		Place of birth 출생지	
Nationality 국적		Occupation 직업	
Passport No. 여권번호	Place of issue 여권 발급 장소	Date of issue 여권 발급 일자	
Visa No.	Place of issue	Date of issue	

From 출발지	☐ By rail ☐ By road ☐ By ship	☑ By air 항공편명 Flight No.

First trip to Myanmar ☑ Yes ☐ No	Travelling on group tour 그룹투어 ☐ Yes ☐ No	Length of stay 체류 기간 .... day (s)

Purpose of visit
☑ Tourist   ☐ Convention   ☐ Business
☐ Official   ☐ Others (Please specify)

Transit to ....

Country of residence 한국 주소	Address in Myanmar 미얀마에서 머물 호텔
City/State Country	
Signature 서명	Person entering the Myanmar

FOR OFFICIAL USE

☐ Approve/Not approve

---

* 입·출국카드의 각 해당항목은 모두 영문 대문자로 기입해야 함.
* 관광이 아닌 다른 목적으로 비자를 받은 경우엔 본인의 비자를 보고 해당 항목(비자번호, 비자발급장소, 비자발급일자)을 기재하면 됨.

**미얀마
입·출국
정보**

: 주변 국가에서 미얀마로 입국하기 :

미얀마와 국경을 접하고 있는 나라는 태국, 중국, 라오스, 인도, 방글라데시다. 2018년 4월 현재 육로입국은 태국에서만 가능하다. 미얀마~태국 국경은 미얀마 태국 국경은 총 6곳이 개방되었으나 이 장에서는 2018년 현재 외국인들이 드나들 수 있는 4곳의 국경을 소개한다. 국경의 개방, 폐쇄는 현지 사정에 따라 수시로 변동되므로 국경 여행을 계획한다면 여행을 앞둔 시점에서 관광안내센터(MTT, P.66)를 통해 한 번 더 확인하도록 하자. 미얀마 국경 여행에 대한 자세한 정보는 '미얀마 국경 지역 여행하는 방법' P.422 참고.

육로로 입국하기

태국~미얀마 육로 국경

● 먀와디 Myawaddy ~ 매쏫 Maesot

외국인에게 맨 처음 개방된 국경으로 오래된 만큼 안정적으로 이용할 수 있는 구간. 매쏫은 태국에 거주하는 외국인들이 비자 갱신을 위해 찾는 국경 중 하나로 태국 쪽 교통과 숙소 등 편의시설이 잘 발달해있다. 매쏫에선 방콕으로 버스가 연결되며 미얀마 쪽도 도로가 비교적 잘 되어 있는 편이다.

● 티키 Htee Kee ~ 푸나론 Phunaron

최근 외국인에게 개방된 국경으로 태국의 수도인 방콕과 연결되는 가장 가까운 국경이다. 태국 쪽 국경인 푸나론(푸남론)은 태국의 유명한 관광지인 깐짜나부리까지 버스가 연결된다. 다만 미얀마 쪽에서 봤을 때 이곳으로 입국하면 남부의 중간 지점이라 남쪽으로 더 내려가야 할지, 북쪽부터 올라갈지 약간 고민하게 되는 구간이다. 이곳으로 출국한다 해도 역시 같은 고민이다. 하지만 방콕과 가장 가까운 국경이라는 점은 충분히 매력적이다.

● 꺼따웅 Kawthoung ~ 라농 Ranong

보트를 타고 국경을 통과하는 구간이다. 꺼따웅은 미얀

마 최남단이라 미얀마 내륙까지는 거리가 상당하다. 태국 라농에서 입국해 미얀마 땅 끝에서부터 북쪽으로 거슬러 올라오는 여행을 계획한다면 좋은 구간이다.

● 따치레익 Tachileik ~ 매싸이 Maesai

국경은 개방되었으나 미얀마 내에서 따치레익까지는 아직 항공으로만 이동 가능하다. 태국에서 입국하거나 미얀마에서 출국할 때 이 국경을 이용한다면 미얀마 국내선을 한번은 이용해야 한다. 미얀마 내 교통이 불편해 태국에서 먀와디 국경까지 골든트라이앵글 지역으로 묶어 1일 관광투어로 먀와디 국경을 둘러보는 단체 관광객이 많다.

경유편 항공으로 입국하기

대한민국을 출발해 제3국을 경유해 미얀마로 입국할 수도 있다. 경유편은 어떤 항공사를 선택하느냐, 즉 어떤 나라(도시)를 경유하느냐에 따라 달라진다. 경유하면 당연히 시간이 더 소요되긴 하나, 경유지를 함께 여행할 계획이라면 경유편 항공권을 구입할 수 있다.
타이항공, 방콕항공, 베트남항공, 말레이시아항공, 중화항공, 캐세이퍼시픽, 중국동방항공 등이 각 나라의 주요 도시에서 양곤으로 정규 노선을 운항한다. 위 항공사들은 방콕, 하노이, 호찌민, 쿠알라룸푸르, 타이베이, 홍콩, 쿤밍 등을 경유한다. 이 중 여행자들이 가장 선호하는 경유노선은 방콕이다. 방콕에서는 에어아시아(AK), 타이거에어(TR), 젯스타아시아(3K), 녹에어(DD), 타이스마일(TG), 미얀마에어웨이즈인터내셔널(8M) 등 저가항공사들이 양곤과 만달레이로 각각 나누어 취항한다.

미얀마
입·출국
정보

: 미얀마에서 출국하기 :

공항의 입·출입국심사 시스템은 어느 나라나 비슷하다. 양곤 국제공항이나 만달레이 국제공항에서 출국하는 방법도 인천공항에서 출국하는 절차와 같다. 양곤공항은 어쩌면 한산해서 출국하는 것이 더 쉽고 편할 수도 있다. 인천공항에서 출국하던 방법을 떠올리며 천천히 출국 수속을 밟아보자.

1 시내에서 공항으로 이동

대중교통이 원활치 않은 미얀마에서 공항을 오가는 가장 편한 방법은 택시다. 양곤 도심에서 양곤국제공항까지 평상시에는 약 40분 정도 소요되지만, 최근 도로 건설이 한창인데다 출퇴근시간까지 겹치면 더욱 혼잡해진다. 도로에서 돌발 상황이 생기면 시간이 더 소요될 수 있으므로 여유 있게 출발하자. 국제선 출발 2시간 전에 공항에 도착해야 한다.

2 탑승 수속 및 출국

미얀마 양곤공항은 출국장이 도착장과 같은 1층에 있다. 출국장에서 해당 항공사 카운터를 찾아 항공권과 여권을 제시한다. 보조가방은 휴대하고, 부피가 큰 트렁크 등의 짐은 수하물로 부친다. 미얀마에 입국할 때 받았던 출국 카드가 없다면 이때 항공사 카운터에서 다시 받아 작성하도록 하자. 짐을 부친 뒤, 탑승권과 여권을 돌려받고 'Departure(출국)' 푯말을 따라 2층 입국심사대로 이동하자.

출국순서는 인천공항에서 출국하던 순서와 같다. 보안검색대를 통과한 뒤 미얀마 출국심사를 받고, 해당 게이트에서 비행기에 탑승하면 된다.

Nocutting

남의 짐은 절대로 들어주지 마세요!

공항에서 출국 수속을 받기 위해 줄을 서 있는 동안, 누군가(모르는 사람) 다가와 수하물을 함께 부쳐줄 것을 부탁한다면 냉정하게 거절하세요. 항공사마다 수하물을 1인당 20~30kg으로 제한하고 있는데요, 본인의 수하물 무게가 초과되었다며 도움을 청하는 사람 중에는 불순한 목적을 갖고 접근하는 경우도 있습니다. 수하물을 부쳐주면 사례를 하겠다는 사람이라면 더더욱 의심해야 합니다. 수입금지 물품을 반출하려는 목적일 수 있기 때문입니다. 본인의 수하물 무게가 초과되면 본인이 초과비용을 지불하고 부치면 되는 것입니다. 인정상 모른 척하기 어려워 허락했다가 범죄에 연루될 가능성이 있습니다. 실제로 해외에서 이런 사건이 종종 발생하고 있어요. 어쨌거나 내 이름으로 부친 수하물은 내가 책임져야 하기 때문에 '나는 부탁만 받았을 뿐이다'라는 변명은 상식적으로 통하지 않습니다. 명심하세요.

: 미얀마 현지 교통 정보 :

미얀마 시외 교통

국제선 항공(International Airlines)

● 양곤 국제공항(Yangon International Airport)

미얀마의 국제선 공항은 현재 3곳이다. 양곤 국제공항과 만달레이 국제공항, 공식 수도인 네삐더 국제공항이 그것이다.

양곤 국제공항은 밍갈라돈(Mingaladon) 지역에 위치해 '밍갈라돈 공항'으로도 불린다. 양곤 도심에서 15km 북쪽에 위치해 있다. 제2차 세계대전 중에 공군 비행장으로 지어졌는데 건설 당시에는 동남아시아에서 가장 큰 공항이었다. 옛 터미널은 국내선 전용으로 사용하고 2007년 5월 터미널을 증축해 연간 300만 명을 수용할 수 있는 국제선 터미널을 갖췄다. 하지만 최근 미얀마를 방문하는 외국인이 크게 증가해 미얀마 민간항공청(DCA)은 현재 신공항을 건설 중이다. 신공항은 양곤 국제공항에서 80km가량 떨어진 바고 공항 자리로, '한따와디 Hanthawaddy 공항'이라는 이름으로 불린다. 신공항은 국제 입찰을 통해 우리나라의 인천국제공항공사가 우선협상대상자로 선정되었으나 자금조달 등의 문제로 결렬되어 싱가포르 업체가 수주, 2019년 말 개항을 목표로 연간 1천200만 명의 승객을 처리할 수 있는 규모로 개발될 예정이다. 신공항이 완성되기 전까지 양곤 국제공항은 명실공히 미얀마를 대표하는 국제공항으로서의 역할을 다하고 있다. 현재 대부분의 국제선은 모두 양곤으로 취항한다. 대한항공(KE)은 매일 인천에서 양곤으로 직항편을 운항한다.

● 만달레이 국제공항(Mandalay International Airport)

만달레이 시내에서 40km 남쪽의 타다우 Tada-U 지역에 위치해 있다. 2000년 9월 문을 연 만달레이 공항은 국제공항이지만 국내공항으로서도 충실한 역할을 수행하고 있다. 지형적으로 미얀마 중부에 위치해 있어 많은 국내선 노선이 만달레이 공항을 경유해 동·서·남·북부로 운항한다.

2012년 8월부터 저가항공사로 유명한 에어아시아가 방콕~만달레이 노선을 취항하기 시작해 현재는 매일 운항하고 있다. 중국 동방항공(MU)도 성수기에 쿤밍~만달레이 직항편을 주 3회 운항한다. 많은 동남아 국적의 외항사들이 만달레이 직항 노선을 신설할 계획 중이어서 만달레이는 동남아시아의 허브 역할을 하는 공항으로 떠오르고 있다.

● 네삐더 국제공항(Naypidaw International Airport)

2011년 12월 19일 개항한 국제공항이다. 네삐더 시내에서 16km 남동쪽에 위치해 있다. 네삐더가 미얀마의 공식적인 수도이긴 하지만, 여행자들은 사실 거의 네삐더를 방문하지 않기 때문에 국제선 노선은 적은 편이다. 이에 미얀마 정부는 2013년 12월 개최된 동남아시아대회(Sea Game)를 비롯해 국가 차원의 경제 포럼 등을 네삐더에 유치하는 등 외국인들의 방문을 유도하고 있다.

이에 맞춰 2013년 하반기부터 에어아시아와 녹에어(Nok Air)가 방콕~네삐더 직항편을 신설했다. 아무래도 여행자보다는 비즈니스맨들이 주로 이용하는 공항이어서 아직까지 정규편보다는 한시적으로 운항하는 전세편이 많다.

국내선 항공(Domestic Airlines)

미얀마에는 국내를 연결하는 국내선 항공사가 많은 편이다. 에어바간(JAB: Air Bagan), 에어만달레이(AMY: Air Mandalay), 양곤에어웨이즈(AYG: Yangon Airways), 에어깐보자(KBZ: Air KBZ), 아시안윙스에어웨이즈(AWM: Asing Wings Airways), 미얀마에어웨이즈인터내셔널(MMI: Myanmar Airways International) 등의 항공사가 미얀마 전역을 커버한다. 이 중 미얀마에어웨이스는 국내선을 취급하는 MA와 국제선을 운항하는 MAI (Myanmar Airways International)로 나뉜다. 미얀마는 현재 총 54개의 국내선 공항 중 포장된 활주로를 갖춘 25개의 공항만 상업시설로 전환해 사용하고 있다. 국내선 요금은 저렴한 편이어서 여행자들도 많이 이용한다.

기차

미얀마의 철로는 총 5,403㎞로 미얀마 전역을 두르고 있다. 미얀마 내의 총 기차역은 858역(station)이다. 미얀마의 어지간한 소도시를 모두 연결하고 있지만 미얀마의 열차 상태는 그다지 좋은 편이 아니다. 놀이기구를 타는 것처럼 좌우로 심하게 흔들리는 미얀마 열차 여행은 안락함과는 거리가 멀다. 과거엔 시설에 비해 요금도 터무니없이 비쌌다. 외국인 요금을 적용해 현지인들과 수십 배나 차이가 났으며 그마저 미국 달러로만 지불해야 했다. 2014년 외국인 요금제가 폐지되어 이제 현지인 요금으로 저렴하게 이용할 수 있으나 기차 상태는 여전히 나아지지 않았다. 연착도 잦고 버스에 비해 느리기 때문에 여행자들은 거의 이용하지 않는다. 정 미얀마의 열차를 체험해보고 싶다면 양곤의 순환열차(→P.87)와 곡테익 철교 구간의 열차(→P.247) 정도로 만족하자.

■ 알아두면 편리한
미얀마 국내선 공항코드(IATA Code)

세계 모든 공항에는 IATA(국제항공운송협회: International Air Transport Association)에서 규정한 공항코드가 있다. 이는 세계 모든 공항을 중복되지 않게 알파벳 3문자로 표시하는 고유 코드다. 항공권과 수하물 표에는 모두 이 코드를 기재하게 되어 있는데 인천은 ICN, 양곤은 YGN 등이 그것이다. 국제민간항공기구(ICAO)에서 발급하는 4문자 코드도 있지만, 여행자들은 IATA 코드만 알고 있어도 충분하다. 특히 미얀마는 미얀마어를 영어로 옮겨도 발음하기 힘든 지명이나 비슷한 지역이름이 많다. 공항코드를 알고 있으면 국내선을 이용할 때 혼동할 일이 없다.

도시	공항코드 (IATA Code)	구역 (Division/State)
Bagan(Nyaung Oo)	NYU	Mandalay Division
Bago	BGO	Bago Division
Bhamo(Banmaw)	BMO	Kachin State
Dawei(Tavoy)	TVY	Tanintharyi Division
Heho(Inle lake)	HEH	Shan State
Hpa-An(Pa-An)	PAA	Kayin State
Kalaymyo(Kalemyo)	KMV	Sagaing Division
Kengtung(Kengtong)	KET	Shan State
Khamti	KHM	Sagaing Division
Kyaukpyu	KYP	Rakhine State
Lashio	LSH	Shan State
Loikaw	LIW	Kayah State
Magwe	MWQ	Magway Division
Mandalay	MDL	Mandalay Division
Mawlamyine	MNU	Mon State
Mongsat(Mong Hsat)	MOG	Shan State
Myeik(Mergui)	MGZ	Tanintharyi Division
Myitkyina	MYT	Kachin State
Naypyidaw	NPT	Mandalay Division
Pakokku	PKK	Magway Division
Pathein(Bassein)	BSX	Ayeyarwady Division
Putao	PBU	Kachin State
Sittwe(Akyab)	AKY	Rakhine State
Tachileik(Tachilek)	THL	Shan State
Thandwe(Sandoway)	SNW	Rakhine State
Yangon	RGN	Yangon Division

고속버스

미얀마의 장거리 고속버스(Express bus)는 여행자들이 가장 많이 이용하는 교통편이다. 미얀마가 워낙 넓다 보니 이동거리도 길고 아직 도로 시설이 좋지 않은 편이지만 그래도 미얀마 전역을 잘 연결하고 있다. 시내버스에 비해 고속버스는 상태가 괜찮은 편이며 다행히 점점 더 나아지고 있다. 버스는 같은 구간을 운행하더라도 버스회사마다 요금이 다르다. 버스의 상태가 좋을수록 요금이 비싸다. 최근엔 1인용 좌석이 있는 우등버스까지 수입되어 일부 구간에서는 이를 VIP 버스라 칭하며 운행되기도 한다.

미얀마의 고속버스는 모두 좌석제다. 고속버스는 장거리를 운행하기 때문에 입석은 불가능하다. 일부 버스는 좌석이 초과되면 버스 내 통로에 플라스틱 보조석을 놓고 촘촘히 앉게 한다. 보통 45인승 버스지만 이보다 더 많이 타게 되는 셈이다.

버스는 에어컨(AC) 버스와 에어컨 없는(NON-AC) 버스로 나뉜다. 에어컨 버스는 밤새 에어컨을 틀어대 한여름에도 한기가 느껴지므로 긴소매 옷을 챙겨야 한다. 대부분의 장거리 버스에서는 버스가 달리는 내내 비디오를 틀어 승객의 지루함을 달랜다. 식사 때가 되면 휴게소에 정차해 약 20~30분 정도 휴식시간을 갖는다. 특이한 것은, 미얀마의 장거리 버스는 대부분 오후 늦게 출발해 목적지에 매우 이른 새벽에 도착한다는 것이다. 심지어 03:00~04:00경에 도착하는 경우도 허다하다. 이는 현지인들의 생활 패턴에 맞춰져 있기 때문인데, 더운 나라인 미얀마에서는 한낮보다 밤에 이동하는 것이 시원하고, 밤에 이동해야 다음 날 현지인들의 생활에 불편을 주지 않기 때문이다.

미얀마의 공식 수도, 네삐더

국제선 비행기를 타고 미얀마로 향하면 대부분 양곤으로 입국하게 됩니다. 그러니 자연스레 양곤이 미얀마의 수도라고 생각하기 쉽지만, 양곤은 수도가 아닙니다. 2005년 11월, 당시 군사정부는 수도를 양곤에서 북쪽으로 322km 떨어진 밀림지대 삔마나 Pyinmana로 천도하겠다는 갑작스러운 발표를 합니다. 그러고는 11월 11일 오전 11시를 기해 군용트럭 1,100대가 11개 대대 병력 및 11개 정부 부처 공무원과 이삿짐을 싣고 양곤에서 삔마나로 출발합니다. 다음 해인 2006년 10월 10일, 정식으로 수도의 이름을 '왕들의 궁전'이란 뜻의 네삐더 Naypyidaw로 공표하였습니다. 당시의 군사 정부는 '수도는 위치상 미얀마의 중심에 있어야 모든 국민의 중심이 될 수 있다'는 공식적인 이유를 발표했지만 국민들을 이해시키기엔 충분치 않았습니다. 국민들 사이에선 다음과 같은 소문만이 무성했습니다. 해안도시인 양곤은 외부 공격에 취약해서 수도를 옮겼다, 당시 실권자였던 탄쉐 Than Shwe는 점성술 신봉자인데 점성가들이 양곤은 수도로서의 운이 다했다고 해서 옮겼다, 점성가의 예언에 따라 수도 이전 행렬의 본진을 '11'이란 숫자에 맞춰 꾸린 것이다 등등. 멀쩡히 있던 수도를 하루아침에 옮겼으니 말이 많을 수밖에요. 아무튼 중앙부처와 국가 행정기관, 군대 등이 옮겨가면서 허허벌판이던 네삐더에 신도시가 세워졌습니다. 하지만 여행자들은 거의 방문하지 않습니다. 쉐다곤 파야를 본뜬 사원과 급조된 동물원, 골프장, 고급숙소 등 대형 콘크리트 건물이 속속 들어차고 있지만 이는 여행자에겐 그다지 흥미롭지 않으니까요. 국제선 비행기도 아직까지는 대부분 양곤으로 취항하고 있고요(만달레이와 네삐더로 입국하는 국제노선이 일부 신설되기도 했지만). 아직까지 많은 나라의 대사관 역시 양곤에 있습니다. 물론 대한민국 대사관도요.

 《프렌즈 미얀마》에서는 네삐더에 대한 여행정보는 다루지 않습니다. 네삐더에 여행자에게 의미있는 것이 신설되면 추후 업데이트를 통해 소개할 예정입니다.

페리 · 보트

미얀마 전역은 아니지만, 일부 지역에서 여행자들이 배를 이용해 여행할 수 있는 구간이 있다. 바간~만달레이 구간의 페리는 이미 여행자들에게 인기 있는 구간이다. 파안~몰레마인 구간을 오가는 보트도 매력적이다. 씨트웨~므락우 구간을 잇는 페리여행은 미얀마 어디서도 볼 수 없는 전원적인 풍경이 가득하다. 만달레이에서 미얀마 북부 까친 주 Kachin State의 미찌나 Myitkyina까지 에야와디 강을 거슬러 올라가면서 보트여행을 할 수도 있다. 이외에 인레 호수에서도 보트를 이용해 호수 투어를 할 수 있다.

Nocutting says

버스회사 이름이 뭐예요?

미얀마에서 장거리행 버스표를 살때, 꼭 확인해야 할 것은 '출발하는 터미널'과 '버스회사 이름'을 확인하는 것입니다. 예를 들어 양곤에서 18:00에 바간으로 출발하는 버스표를 산다면, 버스회사 이름을 꼭 물어보세요. 18:00에 출발하는 버스는 한 대가 아닙니다. 같은 날, 같은 시각, 같은 목적지로 여러 회사의 버스가 동시에 출발합니다. 바간행 버스는 아웅 밍갈라 버스터미널에서 타게 되는데요. 터미널에는 수십 대의 버스가 정차해 있습니다. 그 중 본인이 구입한 버스표의 버스회사를 찾아 그 앞에서 버스를 타는 것입니다. 버스회사 간판이 대부분 미얀마어로 되어 있어 외국인들은 알아보기 어렵습니다. 그러니 택시를 타고 터미널에 갈 때는 운전기사에게 아예 버스표를 보여주세요. 운전기사가 해당 버스회사를 찾아 그 앞에 내려줄 겁니다.

미얀마 시내교통

시내버스

미얀마어로 차(Car)는 '까(Ka)'라고 발음한다. 버스는 '바스까'라고 부른다. 시내를 순환하는 시내버스는 사실 외국인은 거의 이용하지 않는다. 버스가 낡은 것은 둘째 치고 행선지나 버스번호가 모두 미얀마어로 표기되어 읽을 수 없기 때문이다. 2017년부터 그나마 대도시인 양곤은 시내버스 시스템을 도입해 버스번호를 아라비아 숫자로 표기하고 있지만, 노선은 여전히 미얀마어로 되어 있어 여행자들이 이용하기엔 어려움이 있다.

택시

양곤, 만달레이 등 일부 대도시에서는 쉽게 택시를 볼 수 있는데 어느 도시나 미터로 운행되지 않는다. 흥정을 통해 타는 것이 일반적이다. 택시가 많지 않은 소도시에서는 외곽으로 여행할 때 렌터카를 이용할 수도 있다. 렌터카 회사가 따로 있는 것은 아니고, 승용차 등 렌터카를 몇 대씩 소유한 개인이 운영하는 것인데 숙소에 문의하면 쉽게 연결해준다.

사잉게까(모터바이크 택시)

우리가 흔히 오토바이라고 부르는 모터바이크 (Motorbike, 또는 Motorcycle)는 현지어로 '사잉게' 라고 부른다. 사람을 실어 나르기 때문에 이것 또한 택시 개념으로 '사잉게까' 또는 '모터바이크 택시'라고 부른다. 모터바이크를 개조해 뒷좌석에 커다란 짐칸을 달아 여러명이 탈 수 있다.

사이까

영어로는 트라이쇼(Trishaw)라고 하지만 미얀마에서는 '사이까'라고 부른다. 말 그대로 Side Car라는 뜻이다. 동남아시아에서 흔히 볼 수 있는 싸이클 릭샤와는 약간 다른 모양이다. 자전거 운전자 옆으로 2인용 승객 의자가 설치되어 있다. 승객은 서로 등을 맞대고 앉게 되어 있다. 아무래도 페달을 밟아서 움직이는 자전거이다 보니 2인승이라 하더라도 성인 2명이 타는 것은 약간 무리다. 혼자 타거나, 의자 하나에는 짐을 싣거나, 어린이를 동행하는 경우에 이용한다. 자전거라서 먼 거리는 갈 수 없으므로 주로 시내 안에서 이용된다.

호스까

마차는 보통 '호스까 Horse Car'라고 부르는데 현지어로는 '민레 myint hlei'라고도 부른다. 마차는 미얀마 전역에서 볼 수 있는 것은 아니고 바간, 잉와, 삔우은 등의 지역에서 주요한 교통 수단으로 이용된다.

사이클 택시

사이클 택시(Cycle Taxi)는 현지어로 '사잉게 택시'로도 불린다. 일반 모터바이크 뒷자리에 손님을 태우는 것인데, 헬멧을 두 개씩 갖고 다니는 사람들이 사이클 택시 기사일 확률이 높다. 길에서 두리번거리고 있으면 기사가 먼저 승객을 알아보고 손을 번쩍 들고 다가온다. 일부 지역에서는 사이클 택시 기사는 정해진 유니폼(조끼)을 입거나 헬멧에 번호가 적혀있기도 한다. 지방 소도시는 사이클 택시가 활성화되어 있다.

라인까

시내를 순환하는 모든 미니버스와 작은 픽업트럭을 '라인까'라고 부른다. Line Car라는 뜻처럼 시내 노선을 순환하는 마을버스 개념이다. 승합차, 작은 트럭, 큰 트럭 등 차량은 지역마다 조금씩 다르지만 모두 라인까라고 불러도 무방하다. 뒷좌석을 개조해 나무 널빤지를 양옆으로 놓고 앉을 수 있게 되어 있다. 라인까는 현지인들이 가장 많이 이용하는 대중교통수단으로 여행자들도 한 번쯤은 타게 된다. 아래는 라인까 중에서도 특별히 따로 불리는 이름이 있는 교통편이다.

● 똥베인(툭툭)

똥베인(Thoun bein)은 똥(3)+베인(바퀴)라는 뜻처럼 3개 바퀴로 운행하는 것, 즉 오토바이를 개조한 차량이다. 앞바퀴 하나와 뒷바퀴 두 개로 되어 있으며 뒤편에 좌석을 만들어두었다. 주로 소도시에서만 운행된다.

● 레이베인

레이베인(Lei bein)은 4개의 바퀴라는 뜻으로 소형 픽업트럭 종류의 하나다. 주로 일본 Mazdas 회사 트럭이 사용되어 현지인들은 '마즈다'라고 부르기도 하고, 보통 파란색이어서 외국인들은 '블루 택시(Blue Taxi)'라고 부르기도 한다. 블루 택시는 특히 만달레이 지역에서 볼 수 있다.

● 픽업트럭

픽업트럭(Pick-up Truck)은 시내에서 외곽을 연결할 때 이용된다. 대형 픽업트럭과 소형 픽업트럭이 있다. 정해진 출발시간은 없고 손님이 다 타야 출발하는 시스템이다. 짐칸에 널빤지를 양옆으로, 혹은 가로로 설치해 승객들을 나란히 앉게 하고 짐은 모두 트럭 지붕 위에 올린다. 픽업트럭의 정원은 없다. 사람은 탈 수 있을 때까지, 짐은 지붕에 올릴 수 있을 때까지 한껏 올린 뒤 트럭이 묵직해지면 출발한다. 외곽으로 이동하는 트럭의 색깔은 주로 흰색이다.

블루 택시 레이베인

TRAVEL 💬 PLUS
미얀마 차량의 핸들은 왼쪽? 오른쪽?

미얀마에서 택시를 타면 어떤 차는 핸들이 왼쪽에, 어떤 차는 핸들이 오른쪽에 있다. 미얀마에는 일본에서 수입한 중고 차량이 많은데 이런 차량은 일본처럼 핸들이 오른쪽에 있다. 오른쪽 핸들을 사용하면 보행과 자동차 주행은 좌측통행을 해야 하고, 왼쪽 핸들을 사용하면 우측통행을 해야 한다. 하지만 미얀마는 차량이 오른쪽 핸들이면서 보행과 주행도 우측통행을 한다(일본은 오른쪽 핸들이면서 좌측통행). 미얀마 정부는 이것이 교통사고가 빈번하게 발생하는 이유라고 판단해 오랜 검토 끝에 차량 핸들을 바꾸는 작업을 추진 중이다. 이미 버스는 개정안에 따라 왼쪽 핸들 버스만 수입할 수 있다. 택시는 당분간 왼쪽 · 오른쪽 핸들이 공존하겠지만 곧 대한민국처럼 모두 왼쪽 핸들 차량으로 바뀔 예정이다. 미얀마에는 대도시 외에 신호등도 거의 없으므로 길을 건널 땐 좌우를 잘 살피면서 걷도록 하자.

① 일부 지역에서만 운행하는 똥베인
② 라인까의 한 종류인 소형 픽업트럭
③ 일정거리만을 운행하는 대형 픽업트럭

: 미얀마 기초 여행 정보 :

시차

한국(GMT+9)과 미얀마(GMT+6:30)의 시차는 2시간 30분이다. 즉, 한국 시각-2시간 30분=미얀마 시각이다. 참고로, 미얀마와 태국의 시차는 30분이며 태국·캄보디아·라오스·베트남은 동일한 시각을 사용한다.

• **한국시간 09:00 = 미얀마 06:30 = 태국 07:00**

양곤까지의 비행시간

인천 출발 직항편을 기준으로, 인천공항에서 18:40에 출발하면 미얀마 양곤에 당일 22:15에 도착한다. 도착시간인 22:15는 도착지인 미얀마 현지 시각을 뜻한다. 미얀마 시각+2시간 30분=한국 시각이므로 한국은 다음 날 01:00가 되는 셈이다. 즉, 인천-양곤까지 순수 비행시간은 6시간 30분이다.

전압

230V(50H)로 한국에서 사용하는 휴대전화 충전기나 디지털카메라 배터리 충전기 등을 그대로 사용할 수 있다. 다만 일부 숙소는 3구 콘센트로 되어 있는 곳도 있으므로 멀티 콘센트가 필요하다.

식수

미얀마에서 물은 풍부한 편이지만 석회성분이 많이 포함되어 있으므로 식수만큼은 꼭 정수된 물을 사서 마시도록 하자. 물은 거리 상점이나 숙소에서 살 수 있다. 유명한 정수회사의 상표는 Alpine, POPA, Myanandar, KTM, Snow Queen, MEGA, biopluse 등이다. 이외에도 'Purified Drinking Water'라고 적혀 있는 물을 사 마시면 된다.

통화

미얀마 화폐는 Kyat이다. '짯'이라고 발음하며 K 또는 Ks로 표기한다. 예를 들면 100짯은 K100, 100Ks라고 쓴다. 과거에는 동전도 있었지만 현재는 지폐 위주로 사용된다. 시중에 유통되는 지폐는 K100, K200, K500, K1,000, K5,000, K10,000이다. 고액권인 K5,000은 2009년에 K10,000은 2012년에 발행되었다. 소액권인 K1, K5, K10, K20 지폐도 있지만 드물다. 여행자들은 주로 K1,000과 K5,000을 많이 사용하게 된다.

환율

미얀마에는 3개 환율이 공존한다. 정부에서 통계 목적으로 사용하는 공식 환율, 무역업에 적용되는 공정 환율, 일상생활에서 사용되는 시장 환율이 있다. 여행자들은 시장 환율을 따르게 된다.

• **$1= 약 K1,500 / 원화 1원 = K1.26**(2019년 12월 기준).

환전하는 방법

과거에는 블랙마켓 등 비공식 암달러상에서 환전하는 경우가 많았으나, 2010년부터는 은행에서 환전하는 게 환율이 더 좋다. 길에서 돈뭉치를 들고 다니며 좋은 환율로 환전 해주겠다는 달러상들이 있는데 이는 모두 불법이다. 최근에는 K5,000짜리 위조지폐가 유통되면서 문제가 되기도 했다. 위조지폐를 은행에 가져가면 돈을 바꿔주는 것이 아니라, 위조지폐를 사용할 수 없도록 구멍을 뚫은 뒤 돌려주기 때문에 갖고 있는 사람만 손해다. 그러니 꼭 공식 루트를 통해 환전하도록 하자. 은행이 가장 환율이 좋고, 그 다음은 공항이다. 호텔에서도 환전이 가능하지만 공항보다 환율이 좋지 않다. 일단 공항에 도착하면 첫날 경비만큼만 공항에서 환전하고 나머지는 시중 은행에서 환전하는 것이 좋다. 환율은 양곤이 가장 좋고 그 외의 도시에서는 환율이 떨어지기 때문에 양곤에서 넉넉하게 환전하도록 하자.

달러와 짯의 사용

미얀마 여행 중 지역입장료나 숙박비는 달러($)로 지불하게 된다. 숙소에서는 보통 달러로 요금을 책정해두고

달러는 상태에 따라 환율이 다르다

미얀마 여행에서 중요한 것 중 하나를 꼽으라면 저는 '달러 잘 보관하기'를 꼽겠습니다. 달러의 상태에 따라 미얀마에서는 환율이 달라집니다. 달러가 조금이라도 구겨졌거나, 긁혔거나, 접혔거나, 낙서가 있거나, 찢어졌거나 하면 모두 제값을 받을 수 없습니다. 놀랍게도 환전소에서는 돋보기를 들이대고 스테이플러(호치키스) 자국까지 찾아냅니다. 달러가 훼손되었다고 판단되면 환율이 떨어집니다. 심한 경우 환전을 거절당하기도 하지요. 이해하기 어렵지만, 무조건 달러는 빳빳하게 보관하는 것이 상책입니다. 또, 달러에 아무 흔적이 없다 해도 신권이 아니면 역시 환율이 떨어집니다. 그러니 은행에서 환전해 갈 때 '깨끗한 신권 달러'로 환전 하세요. 방콕에서는 미얀마에 간다고 하면 은행직원들이 알아서 신권으로 골라줄 정도로 미얀마 환전 룰은 악명이 높습니다. 만약 약간이라도 훼손된 달러를 소지하고 있다면, 방법은 두 가지. 손해를 감수하며 낮은 환율로 환전해서 쓰든가, 아니면 사용하지 말고 그대로 가지고 오세요. 미얀마를 제외한 모든 나라에선 제 환율을 받으니까요.

알림 이미 눈치채신 분도 있겠지만, 《프렌즈 미얀마》 표지 커버 안쪽에 달러를 구겨지지 않게 보관할 수 있도록 비닐 커버를 만들어 두었으니 활용하세요!

있다. 반면, 버스표를 살 때나 로컬 식당, 상점에서는 미얀마 화폐인 짯(K)으로 계산해야 한다. 달러를 요구하는 곳에선 달러로, 짯을 요구하는 곳에선 짯으로 내는 것이 서로에게 편하다. 미얀마에서 일반인은 달러를 소지할 수 없기 때문이다. 미얀마에서는 늘 달러와 짯을 적정하게 소지하고 있어야 한다.

신용카드와 ATM

미얀마에서 신용카드의 사용은 아직 일반적이지 않다. 극히 일부의 고급호텔과 고급상점에서나 가능한데 4~20%까지의 이용 수수료가 부과된다. 반면, 현금서비스 인출이 가능한 ATM기는 양곤을 포함한 중소도시에서 어렵지 않게 볼 수 있다. 현금서비스 이용 시 수수료와 ATM기 이용료가 부과되므로 현금으로 경비를 미리 준비해두는 것이 좋다. 참고로 여행자수표 (traveler's check)는 미얀마에서 취급하지 않는다.

국내 · 국제전화

● 국내전화

휴대전화 보급률이 높아지면서 점차 사라지고 있지만, 거리에서 작은 책상을 펴놓고 유선전화기를 여러 대 늘어놓은 곳이 미얀마의 공중전화 부스다. 이 전화는 국내선 전용이다. 미얀마 내에서 일반전화로 전화를 걸 때는 지역번호+전화번호를 누르면 된다. 휴대전화로 거는 방법도 같다. 미얀마의 휴대전화번호는 보통 09로 시작한다. 09***로 시작하는 국번(4~5자리 숫자)을 누르고 연달아 전화번호 (5~6자리 숫자)를 누르면 된다. 요금은 전화기를 차려놓은 주인이 초시계로 시간을 재거나 전화기에 입력된 통화시간으로 계산한다. 국내전화는 분당 K30 정도. 미얀마는 통신 상태가 열악해 전화가 잘 걸리지 않거나 전화 도중 끊기는 경우도 많다.

● 국제전화

국제전화는 우체국이나 호텔에서 가능하다. 한국으로 걸 경우 우체국에서는 분당 $3, 호텔에서는 분당 $5의 요금이 부과된다. 한국으로 전화를 걸 때는 00-82-지역번호-전화번호를 누르면 된다. 휴대전화는 00-82-10-***-****(휴대전화번호)를 누르면 된다. 미얀마에서 콜렉트 콜(수신자 부담 전화)은 불가능하다. 반대로, 한국에서 미얀마로 전화를 걸 때는 001, 00700 등 국제전화통신사 번호를 선택한 후 95(미얀마 국가번호)-(지역번호)-(전화번호)를 누르면 된다.

심카드

스마트폰(GSM) 이용자라면 현지에서 심카드를 구입해 사용할 수 있다. 최근엔 현지에서 데이터 등을 이용하기 위해 여행자들도 현지 심카드를 많이 구입한다. 심카드는 공항이나 시내에 있는 통신사 대리점에서 쉽게 구입할 수 있다. 거리 좌판에서 늘어놓고 팔기도 하는데 이 중에는 불량도 있으니 꼭 대리점에서 구입하도록 하자. 여행자들은 양곤 국제공항 입국장에서 사는 것이 편하다. 통신사마다 데이터를 포함한 프로모션 요금제가 있으며, 요금은 선불제로 유효기간 내에 계속 충전해서 사용할 수 있다.

심카드는 통신사마다 다르지만 보통 K20,000내외이며 유효기간은 1개월이다. 한국으로 걸 때는 분당 K1,000, 미얀마 국내로 걸 때는 분당 K300, 전화를 받을 땐 분당 K50 정도다.

로밍

로밍은 서비스를 신청한 뒤 현지에서 전화기를 껐다 켜면 바로 사용할 수 있어 편리하지만, 금액이 비싸다는 것도 기억해야 한다. 미얀마에서 문자를 받는 것은 무료지만, 그 외는 상당히 비싸다. 미얀마에서 한국으로 전화를 걸 때, 한국에서 걸려온 전화를 받을 때, 미얀마 내에서 미얀마 국내로 전화를 걸 때의 분당 통화료와 데이터 사용료를 꼼꼼하게 확인하도록 하자. 데이터나 문자서비스는 휴대전화 기종마다 다르므로 해당 통신사의 로밍센터에 문의하자. 출국 전 인천공항 로밍센터에서도 신청할 수 있다.

인터넷과 Wi-Fi

미얀마에서 인터넷 사용은 아직 일반적이지 않다. 주변 동남아 국가에 비하면 인프라가 부족해 보급률이 낮은 편이다. 하지만 여행자들이 가는 대도시에서는 모두 인터넷을 사용할 수 있다. 어디에 있느냐에 따라 다르겠지만 호텔이나 숙소에서는 거의 WIfi를 사용할 수 있다. 대역폭 제한으로 인해 인터넷 속도는 하루 동안의 수요에 따라 때때로 느려지기도 하지만, 스마트폰 등이 있다면 인터넷 사용이 조금 더 용이하다. 인터넷 카페(PC방) 이용요금은 시간당 K500~1,000이다.

우편 · 소포

미얀마에서 한국으로 엽서를 보낼 경우 우편요금은 K500, 한국까지 도착하는 데 약 1~2주 소요된다. 소포를 보낼 경우에는 EMS 서비스도 이용할 수 있다. 한국을 기준으로 약 10kg의 소포는 $130 정도. 큰 쇼핑상점에서는 민간사업자가 운영하는 쿠리어 서비스(courier service)를 이용해 소포를 보낼 수도 있다.

영업시간

덥고 부지런한 나라라 아침 일찍부터 상점 문을 연다. 재래시장은 06:00경부터 열리고, 일반 상점도 보통 07:00면 문을 연다. 백화점은 09:00부터 22:00시까지 영업한다. 은행은 12:00~13:00는 점심시간으로 문을 닫는 곳도 있다.

- **관공서** 월~금요일 09:30~16:30
- **우체국** 월~금요일 09:30~16:30
- **은행** 월~금요일 09:30~15:00
- **민간기업** 월~토요일 09:00~17:00

치안

미얀마의 치안은 동남아시아 국가 중에서는 비교적 좋은 편에 속한다. 사회 전반적으로 불교문화가 짙게 깔려있는 덕분이기도 하다. 여행자 스스로 주의를 기울이고 상식적으로 행동한다면 전반적으로 안전하게 여행할 수 있다.

TRAVEL 💬 PLUS
나 홀로 여행자에게 고함

사람이 사는 곳은 어디나 사건·사고가 생기기 마련인 법. 미얀마라고 예외일 순 없다. 주미얀마연방 대한민국대사관에서 발행한 영사회보 12호(2011. 9. 30.)에는 미얀마 지방을 혼자 여행하던 일본인 여성 관광객이 피살된 사건을 알리며 여행자들에게 각별한 주의를 당부하고 있다. 미얀마 국영 일간지인 〈The Myanmar Times〉(2011. 9. 30. 6면) 보도에 따르면, 한 일본인 여성 관광객이 바간에서 차량을 빌려 만달레이 인근 지역을 여행하고, 바간으로 복귀하는 길에는 사이클 택시를 고용했다고 한다. 바간으로 가는 도중, 한적한 시골 지역에서 운전기사가 일본인 여성 관광객에게 강간을 시도했고 그 과정에서 저항하는 여성 관광객을 숨지게 했다. 범죄 현장 근처에서 일하던 지역 주민의 신고로 운전기사는 경찰에 체포되었다고 한다.
현지에서 외곽으로 나가는 교통편을 구할 때는 호텔 등 믿을 만한 곳을 통해 주선하도록 하자. 특히, 혼자 다니는 여행자는 외곽으로 여행할 땐 다른 관광객과 동행하거나 차량을 셰어하는 방법을 권한다. 외출할 때는 행선지를 호텔에 알려두는 것도 좋겠다.

팁(Tip) 관습

미얀마에서 팁은 의무사항이 아니다. 팁은 어디까지나 본인의 만족도에 따른 성의 표시이므로 고마움을 느끼는 상황에서 자율적으로 주면 된다. 호텔에서 가방을 옮겨주는 직원이나 객실을 청소해준 직원에게는 K1,000 또는 $1 정도의 팁을 주면 적당하다. 고급호텔, 고급식당은 정부 세금과 서비스 요금이 이미 추가되어 청구되므로 팁을 줄 필요는 없지만, 일반 로컬식당에서 음식 값을 지불하고 남은 잔돈이 K500 미만이라면 팁으로 남겨두고 오는 것도 괜찮다.

■ **비상상황 발생 시 현지 연락처**

■ **주미얀마연방 대한민국대사관**
- **주소:** No.97, University Avenue Road, Bahan Township, Yangon
- **전화:** 95(국가번호)-1(양곤지역번호) -527142~4, 515190
- **휴무:** 미얀마 법정 공휴일, 대한민국 국경일 중 삼일절, 광복절, 개천절
- **근무시간:** 월~금요일 08:30~17:30 (점심시간 12:00~13:30)
- **위치:** 양곤외국어대학(University of Foreign Language in Yangon) 근처 인야 호수(Inya Lake) 남쪽에 위치하며 Inya Road와 Kabar Aye Pagoda Road 중간 지점에 있다.

■ **비상연락처**(근무시간 이후 또는 휴일에 긴급한 조치를 요하는 사건·사고 시)
- **외국에서 전화 시:** 95(국가번호)-9-4211-58030
- **미얀마에서 전화 시:** 09-4211-58030
■ **경찰:** Tel.199
■ **화재 시:** Tel.191
■ **교통사고 시:** Tel.550630
■ **긴급 의료지원**
  Diplomatic Hospital: Tel.550149,
  General Hospital: Tel.281722,
  Pun Hlaing Hospital: Tel.684320~8

주의사항

여행 중 주의해야 할 사항은 어느 나라나 비슷하다. 미얀마 사람들은 대체로 다정하고 공손하다. 상식을 벗어난 행동을 하지 않으면 크게 문제될 것은 없지만, 문화와 관습은 다르므로 몇 가지 주의해야 할 것을 알아보자.

1. 사원을 방문할 때는 복장을 단정히 하자. 어깨와 무릎을 가리고 맨발로 출입해야 한다. 사원 안에서는 목소리를 낮추고, 다리를 쭉 뻗고 앉지 않도록 한다. 특히 발끝이 불상을 향하지 않도록 주의하자. 승려의 몸을 만지거나 승려의 가사(옷)를 만지는 행위도 큰 결례다.

2. 미얀마인들은 예의가 바르면서도 자존심이 강한 성향을 가지고 있다. 발로 사람이나 사물을 가리키거나 손가락을 세워 사람을 부르는 행위는 실례다. 특히 신체 부위 중 머리를 중요시하므로 함부로 머리를 만지는 행위는 금물이다. 아무리 어린아이라도 조심하도록.

3. 거리에서 보조가방이나 카메라 등은 흘러내리지 않게 크로스해서 앞쪽으로 메는 것이 좋다. 특히 사람이 많은 재래시장이나 버스 정류장 등 혼잡한 거리에서는 각별히 주의하자. 택시나 마차, 사이클 택시 등을 탈 때도 가방은 늘 몸에 밀착시키자. 식당 등 공공장소에서도 휴대품을 놓고 자리를 비우는 일이 없도록 하자.

4. 귀중품 관리에 신경 쓰자. 고급호텔이라 하더라도 객실에 귀중품을 아무렇게나 꺼내놓고 외출하는 일은 삼가자. 객실이나 호텔 로비에 비치된 안전금고인 세이프티 박스(Safety Box)를 이용하자. 신분증을 겸해 여권 사본은 지참하고 외출하는 것이 좋다.

5. 잠은 꼭 숙소에서 자도록 한다. 현지인 집에 초대받아 놀러 갈 경우에도 그 집에서 숙박하는 것은 대체로 불가능하다. 미얀마에서는 외국인이 현지인 집에서 숙박할 경우 경찰서에 신고를 해야 한다. 홈스테이를 하겠다고 현지인을 곤란하게 하는 일은 없도록 하자.

6. 미얀마에는 다양한 소수민족과 고유의 관습이 있다. 소수민족 마을을 방문한다면 그 지역의 관습을 따라야 한다. 사진을 찍기 전에는 반드시 상대방에게 허락을 구하자. 어린아이라도 마찬가지다. 특히 소수민족은 사진에 민감한 반응을 보일 수 있으므로 당혹감을 유발시키는 행위는 삼가자.

7. 미얀마에는 외국인 제한구역(→ P.61 참고)이 있다. 또는 허가를 받아야만 출입이 가능한 지역이 있다. 이를 무시하고 출입했다가 적발되었을 경우 조사를 받게 되며 추방을 당할 수도 있다. 추후 미얀마 재입국이 불가능할 수도 있으므로 주의하도록.

8. 너무 늦은 시각까지 혼자 돌아다니지 않도록 한다. 술에 취해 현지인과 언쟁을 벌이거나, 술자리에서 종교나 정치 등 민감한 소재의 이야기를 나누는 것은 좋지 않다.

9. 초면에 나이나 결혼여부 등 개인적인 질문은 삼가자. 한국인들은 습관적으로 나이를 묻곤 하는데 친밀하지 않은 관계에서 사적인 질문은 실례다.

10. 여행 중에 가족이나 친구에게 종종 소식을 전하자. 이동하는 여행 경로와 머무는 호텔의 이름, 전화번호 등을 이메일로 보내는 것도 좋다.

11. 돈을 현명하게 소비하자. 미얀마가 아직 한국보다 경제 수준이 떨어지는 것은 사실이지만, 돈으로 모든 것을 해결하려는 생각은 곤란하다. 아이들에게 돈을 직접 주지 않도록 하고, 물건을 구입할 때도 소수민족이 만든 물건이나 재래시장 등에서 물건을 사면 현지인에게 보다 직접적인 도움이 된다.

: 미얀마에 대해 알아야 할 몇 가지 것들 :

버마인가? 미얀마인가?

'이 나라'를 어떻게 불러야 할까. 1989년 6월 18일, 이 나라의 국호는 '버마'에서 '미얀마'로 변경되었다. 당시의 군사정부는 한 나라의 이름이 한 부족의 이름을 대변할 순 없다며 결속의 의미를 내세워 국호를 바꿔버렸다. 버마라는 말에는 이 나라 대다수 종족인 '버마족'을 지칭하는 의미가 포함되기 때문이다. 하지만 외국과 인권단체는 버마라는 이름을 고수했다. 미얀마라는 이름에 문제가 있어서가 아니다. '버마'와 '미얀마'는 단순한 호칭 문제를 넘어 무력적인 군사정권을 인정하느냐 부정하느냐의 상징적인 표현이기 때문이다. 외신들은 버마와 미얀마 사이에서 국호를 혼용해서 사용했고, 방문한 국빈들은 국호를 부를 땐 이 나라(this country)로 칭하며 애써 언급을 회피했다. 하지만 유엔(UN)은 국가 이름은 그 나라가 선택한 것으로 불러야 한다는 원칙을 들어 '미얀마'를 공식국호로 채택했다.

2011년 민간정부가 들어서면서 외신들과 많은 나라에서도 자연스럽게 미얀마로 표기하고 있는 추세다. 아웅산수찌 역시 야당 지도자 시절에 버마로 불러달라고 종종 말하곤 했다(이제 그런 이야기는 하지 않지만). 어쨌거나 이 나라의 국호는 이방인들에겐 여전히 혼란스럽다. 미얀마 내에도 버마로 해야 한다는 의견과 미얀마가 중립적이라는 의견이 있지만, 대부분은 국호 자체에 크게 신경 쓰지 않는 분위기다. 대부분은 국호 자체에 대해선 크게 신경 쓰지 않는 분위기다.

미얀마인들은 버마와 미얀마를 혼용해서 사용하며, 버마와 미얀마가 다르지 않고 같은 뜻, 같은 단어의 다른 어법이라고 여긴다. 보통 버마는 구어체로, 미얀마는 문어체로 흔히 사용한다. 현재 헌법에서 정하고 있는 공식적인 국가이름은 미얀마연방공화국(The Republic of the Union of Myanmar)이다.

알림 《프렌즈 미얀마》에서는 공식적인 국가·국민의 의미는 '미얀마', 고유종족인 버마족이나 왕조, 버마 고유명사를 쓰는 단체 등에 대해서는 '버마'로 표기하였다.

다른 이름, 같은 지역

앞서 이야기한대로 1989년 당시의 군사정부는 국호를 미얀마로 변경하면서, 영국 식민지 시절의 지명을 다시 미얀마 고유 지명으로 되돌려놓는 작업도 함께 했다. 국호 변경은 논란의 여지를 불러일으켰지만, 지명 변경은 현지인들에게 미얀마 고유의 색채를 되찾았다는 긍정적인 평가를 받는다. 옛 이름은 과거 영국인들이 미얀마어를 영국식으로 바꿔놓은 것이고, 지금 사용하고 있는 현재 이름이 고유한 미얀마 뜻을 담은 본래의 이름이기 때문이다. 본래의 지명으로 되돌려놓은 지 20년이 훌쩍 지났지만, 식민지가 길었던 탓에 두 이름이 모두 통용되고 있다. 비슷한 발음도 있지만 간혹 아주 다른 경우도 있으니 알아두자. 행정구역, 지역, 강 이름 등 당시 변경된 주요이름은 P.61 '두 개의 이름이 공존하는 지역' 박스를 참고하자.

미얀마어의 영어식 표기

동남아에서 외국어(영어) 병행표기를 거의 볼 수 없는 나라 중에 하나가 미얀마다. 현지어로 가득한 여행사 간판 앞에서 외국인은 행선지를 읽을 수가 없다. 버스 노선조차 아라비아숫자를 사용하지 않는다. 그나마 거리와 관광지 이정표, 식당 메뉴 등은 점차 영어를 병행표기하고 있다. 하지만 영어표기를 읽다보면 뭔가 이상하다. 발음대로 읽었는데 현지인은 도통 알아듣지를 못한다. 성조를 포함해 비음, 폐쇄음 등 언어체계가 복잡한 미얀마어는 영어로 표기하고 발음하기에는 한계가 있다. 예를 들면, ng는 편의상 영어식대로 '응', nga

■ 두 개의 이름이 공존하는 지역

옛 이름 (영국 식민지 시절 지명)	현재 이름 (미얀마 고유 지명)
랑군(랭군) Rangoon	양곤 Yangon
파간 Pagan	바간 Bagan
아라칸 Arakan	라카잉 Rakhing
아키아브 Akyab	씨트웨 Sittwe
바세인 Bassein	빠떼인 Pathein
메이묘 Maymyo	삔우룬 Pyin Oo Lwin
모울메인 Moulmein	몰레먀인 Mawlamyine
묘하웅 Myohaung	먀욱우 Mrauk U
페구 Pegu	바고 Bago
프롬 Prome	삐이 Pyay
타보이 Tavoy	다웨 Dawei
산도웨이 Sandoway	탄드웨 Thandwe
시리암 Syriam	딴리엔 Thanlyin
이라와디 Irrawaddy	에야와디 Ayeyarwady
살윈 Salween	딴륀 Thanlwin
싯탕 Sittang	싯따웅 Sittaung
테나세림 Tenasserim	따닌따리 Tanintharyi
암허스트 Amherst	짜익까미 Kyaikkami

는 '응아'로 옮기고 있지만 한국어로 딱 떨어지는 응, 응아 소리는 아니다. 뒤에 오는 글자에 따라 묶음이 되기도 하며 ng는 비음으로 짧고 강하게 발음하는 '냥', nga는 '나아'와 '나' 사이의 중간발음으로 길고 약하게 발음한다. 하지만 비음이므로 이 역시 정확하게 옮겼다고는 할 수 없을 것이고, 발음 역시 우리에겐 없는 소리라서 제대로 발음하려면 많은 연습이 필요하다. 발음이 까다로우니 표기도 쉽지 않다. 여행자들이 즐겨 먹는 국수 '카우쉐'는 khauswe, khaukswe, khauksway, khausway, khowsuey 등 식당마다 표기가 제각각이다. 심지어 지명도 기차역 간판과 기차역 내 푯말의 영어표기가 달라 목적지에 제대로 도착했는지 헷갈릴 정도다. 취재를 하면서 MTT(관광안내센터)에 왜 이렇게 영문표기가 제각각인지, 도대체 어느 표기가 맞는지 문의한 적이 있다. 정답은 없다.

영어표기를 통일할 계획이라는 직원의 기약 없는 답변만 들었을 뿐이다. 현재 우리나라 국립국어원의 외래어 표기법에도 미얀마어 발음표기법은 없다. 이럴 경우엔 기타언어표기법을 따르게 되는데 이를 적용하면 미얀마 화폐인 Kyat은 '키아트'라고 읽어야 한다. 하지만 현지발음은 '짯'이다. 미얀마에서 Ky는 보통 ㅉ으로 발음된다. 역시 Aung San Suu Kyi도 우리나라에서는 '아웅산 수치'로 표기하지만, 현지에서는 '아웅산 수찌'라고 발음한다.

이렇듯 미얀마에서는 우리가 알고 있는 영어식 발음대로, 외래어 표기법대로 읽는 것은 큰 의미가 없다. 여행지에서 중요한 것은 의사소통이니까. 그러니 현지인들이 읽고 말하는 것을 따라하면서 미얀마어의 영어식 표기를 이해하는 것이 가장 좋은 방법이다. 더불어 다양한 영어표기는 잘못된 것이 아니라, 어려운 미얀마어를 최대한 발음에 가깝게 표기한 그들의 배려임도 알아두자. 어디까지나 영어표기는 현지인을 위한 것이 아니라 외국인을 위한 것이니까.

알림 《프렌즈 미얀마》에서는 최대한 현지발음에 가깝게 표기하려고 노력하였다. 하지만 성조가 있는 미얀마어는 말하는 사람에 따라서 듣는 사람 역시 발음이 다르게 들릴 수도 있음을 밝혀둔다. 영문표기는 다양한 표기 중에서 가장 많이 사용되는 것으로 표기하였다.

미얀마의 여행 제한구역

미얀마 비자가 있다고 해서 미얀마 전역을 돌아다닐 수 있는 것은 아니다. 미얀마에서는 국경 근처나 분쟁지역, 군사지역 등은 제한구역으로 설정해 외국인의 출입을 제한하고 있다. 대체로 유명한 관광지는 모두 갈 수 있지만 상황에 따라 현지에서 퍼밋(허가서)을 받고 여행사를 통해서만 출입이 가능한 지역이 있고, 개별적으로 가되 비행기로만 출입할 수 있는 지역도 있으며, 아예 출입 자체가 불가능한 지역도 있다. P.62 지도를 참고하자.

현지어로 가득한 여행사 간판

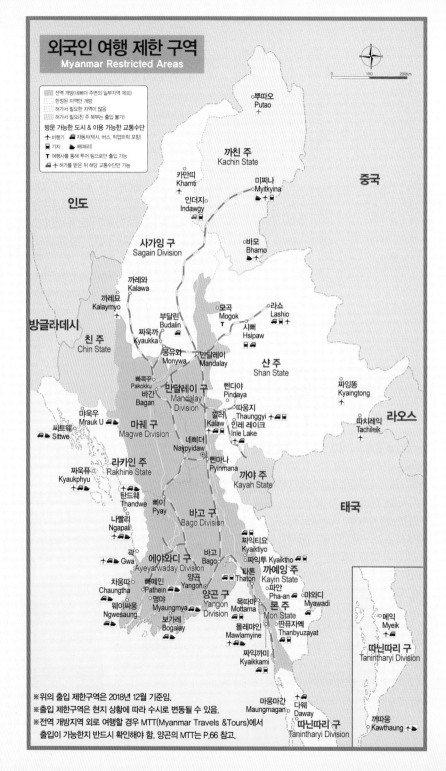

외국인 여행 제한 구역
Myanmar Restricted Areas

전역 개방(네삐더 주변의 일부지역 제외)
한정된 지역만 개방
허가서가 필요한 지역이 많음
허가서가 필요한 주 북부는 출입 불가)

방문 가능한 도시 & 이용 가능한 교통수단
✈ 비행기 🚗 자동차(택시, 버스, 픽업트럭 포함)
🚂 기차 🚢 배(페리)
T 여행사를 통해 투어 팀으로만 출입 가능
🚗✈ 허가를 받은 뒤 해당 교통수단만 가능

뿌따오
Putao

까친 주
Kachin State

중국

카만띠
Khamti

미찌나
Myitkyina

인더지
Indawgy

인도

바모
Bhamo

사가잉 구
Sagain Division

까레와
Kalawa

라쇼
Lashio

까레묘
Kalaymyo

모곡
Mogok

시뽀
Hsipaw

방글라데시

부달린
Budalin

짜욱까
Kyaukka

친 주
Chin State

몽유와
Monywa

만달레이
Mandalay

샨 주
Shan State

짜잉똥
Kyaingtong

빠콕꾸
Pakokku

바간
Bagan

만달레이 구
Mandalay Division

삔다야
Pindaya

마웅우
Mrauk U

따웅지
Thaunggyi

따치레익
Tachileik

라오스

씨트웨
Sittwe

마궤 구
Magwe Division

깔러
Kalaw

인레 레이크
Inle Lake

네삐더
Naypyidaw

라카인 주
Rakhine State

삔마나
Pyinmana

까야 주
Kayah State

태국

짜욱퓨
Kyaukphyu

탄드웨
Thandwe

삐이
Pyay

바고 구
Bago Division

나빨리
Ngapali

짜익티요
Kyaiktiyo

곽
Gwa

에야와디 구
Ayeyarwaday Division

바고
Bago

짜익토 Kyaiktho

차웅따
Chaungtha

빠떼인
Pathein

양곤
Yangon

타톤
Thaton

까예잉 주
Kayin State

마와디
Myawadi

메익
Myeik

웨이싸웅
Ngwesaung

명먀
Myaungmya

양곤 구
Yangon Division

목따마
Mottama

몬 주
Mon State

보가레
Bogalay

몰레먀인
Mawlamyine

딴쀼지역
Thanbyuzayat

따닌따리 구
Tanintharyi Division

짜익까미
Kyaikkami

마웅마간
Maungmagan

다웨
Daway

따닌따리 구
Tanintharyi Division

꺼따웅
Kawthaung

※ 위의 출입 제한구역은 2018년 12월 기준임.
※ 출입 제한구역은 현지 상황에 따라 수시로 변동될 수 있음.
※ 전역 개방지역 외로 여행할 경우 MTT(Myanmar Travels &Tours)에서
출입이 가능한지 반드시 확인해야 함. 양곤의 MTT는 P.66 참고.

양곤

Yangon

양곤 Yangon 64

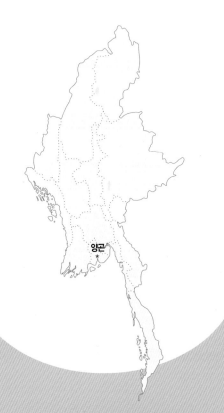

양곤

ရန်ကုန်

Yangon

양곤은 18세기 중반까지 다곤 Dagon이란 이름으로 불리던 어촌 마을이었다. 1755년, 알라웅파야 Alaungpaya 왕이 다곤에 살던 몬 Mon족을 제압하고 '전쟁의 끝'이란 뜻의 양곤 Yangon으로 개칭하였다. 100년 뒤인 1855년 제3차 버마 – 영국 전쟁 후, 양곤은 영국령의 식민지 수도가 되면서 영어식 이름인 랑군(랭군) Rangoon으로 불리게 된다. 그러다 1989년, 식민지풍의 지명을 미얀마식으로 바꾸는 미얀마 정부 방침에 따라 다시 양곤으로 개칭되었다. 양곤은 에야와디 강 하구에 위치해있어 일찌감치 항구로 발전했다. 북부 지방의 물자를 배로 손쉽게 운반할 수 있는 지리적 이점 때문이다. 영국 식민지 시절, 항만을 중심으로 본격적인 상업도시로 발전한 양곤은 영국으로부터 독립한 후에도 당시 버마 연방의 수도 역할을 해왔다. 이름은 여러 번 바뀌었지만 약 120년간 미얀마의 수도였던 셈이다. 2005년 11월, 군사정부가 수도를 양곤에서 네삐더 Naypyidaw로 옮기기 전까지 말이다.

네삐더가 공식적인 행정수도라면, 양곤은 명실 공히 미얀마의 경제수도라고 할 수 있다. 행정과 경제가 분리되면서 정치적인 갈등에서 벗어난 양곤은 상업, 항만, 경제를 중심으로 국제도시로 빠르게 변화하고 있다. 오랜 군부독재로 인한 쇄국정책의 빗장이 풀리면서 세계 각국에서 미얀마에 대한 투자도 활발히 이루어지고 있다. 양곤시의 면적은 30년 전에 비해 4배가 커졌고, 현재 인구는 약 700만 명으로 해마다 늘어나고 있다. 미얀마 정부는 2040년까지 양곤을 인구 1,000만 명의 도시로 만들 계획을 세우고 있다. 2011년 12월, 양곤시를 싱가포르처럼 만들겠다는 '양곤시 30년 개발 마스터플랜'을 발표, 이 프로젝트에 일본과 싱가포르가 현재 동참하고 있다. 양곤은 지금 도시 곳곳에서 건설 공사가 한창이다. 아름다운 금빛 사원과 식민지 시대의 예스러운 건물, 동방의 정원이라 불릴 정도로 무성한 야자나무 숲 사이로 포클레인이 분주히 움직이고 있다.

오랫동안 베일에 싸여 있던 미얀마의 심장, 양곤이 어떤 모습으로 변화하게 될지 온 세계의 시선이 집중되고 있다.

Information

기본정보

지역번호 (01) | 옛 이름 랑군(랭군) Rangoon

환전 · ATM

미얀마에 도착하면 당장 사용할 경비만 공항에서 환전하고, 나머지는 시중은행을 이용하자. 사설 환전소보다 은행 환율이 더 좋고 안정적이다. 무엇보다 위조지폐를 방지할 수 있다. 환전은 'Money Exchange' 간판이 있는 미얀마 전역 은행(영업 09:30~15:30)과 일부 호텔에서 가능하다. 참고로 환율이 가장 좋은 양곤에서 넉넉하게 환전하는 것이 좋다.

2013년 ATM기가 도입되면서 현금서비스를 이용한 현지 화폐 출금도 가능하다. ATM기는 아직까지는 대도시에서만 볼 수 있으며 은행, 공항, 대형 쇼핑센터, 고급 호텔 등에 설치되어 있다.

관광안내센터(MTT)

MTT(Myanmar Travels & Tours)는 미얀마 정부에서 운영하는 공식 관광안내센터다. 이곳에서 여행자가 눈여겨봐야 할 것은 '외국인 여행 제한구역'이다. 양곤, 바간, 만달레이, 인레 등 유명 관광지는 자유롭게 출입이 가능하지만, 미얀마 일부 지역은 퍼밋(허가서)이 필요하다거나 가이드를 동행해야만 출입할 수 있다. 국내 문제로 인해 일시적으로 출입이 통제되는 경우도 있다. 제한구역은 현지 상황에 따라 수시로 변경될 수 있으니, 유명 관광지 외의 지역에 갈 예정이라면 MTT에 들러 반드시 여행 제한구역을 확인하도록 하자. '외국인 여행 제한구역'(→ P.61)을 참고하자.

지도 P.71-C3 | 주소 No.118, Mahabandoola Garden Street, Kyauktada Township | 전화 (01)252859 | 영업 09:00~16:30

Access

양곤 드나들기

비행기(국내선)

미얀마는 국내선 항공 연결이 잘 되어 있는 편이다. 에어바간(AB), 에어만달레이(AML), 양곤에어웨이즈(YA), 에어케이비젯(KBZ), 아시안윙즈에어웨이즈(AW), 미얀마에어웨이즈(MA) 등의 항공사가 미얀마 전역을 커버한다. 양곤을 기점으로 냥우(바간), 만달레이, 헤호(인레), 씨트웨, 탄드웨 등 주요 관광지 및 어지간한 중소 도시를 모두 연결한다.

양곤 국내선 공항은 2016년 12월 새롭게 보수해 넓고 산뜻해졌다. 위치는 양곤국제공항과 연결된 터미널3에 있다. 양곤 국내선(국제선) 공항에서 시내까지 평소에는 택시로 40~50분 소요되나, 출퇴근 시간에는 1시간 30분~2시간가량 소요되기도 한다. 시내까지 택시비는 K8,000내외. 국내선 연결은 '미얀마 국내선 항공노선도'(→ P.465)를 참고하자.

양곤 기차역(중앙역)

미얀마 철도는 양곤을 기점으로 근교를 운행하는 11개 노선과 미얀마 남북을 연결하는 약 40개 노선이 있다. 2014년 외국인 요금이 폐지되면서 저렴해진 편이나 시설은 매우 낡고 연착도 잦은 편이다. 미얀마에서의 장거리 이동은 아직까진 기차보다는 버스를 타는 것이 여러모로 낫다. 참고로 현재 미얀마 철도는 2020년 완공을 목표로 리노베이션을 진행 중이다. 더불어 중앙역 주변의 재개발도 동시에 진행되고 있다.

고속버스터미널(장거리 버스)

미얀마에서 도시 간 이동을 할 때 여행자들이 가장 많이 이용하게 되는 교통수단이다. 양곤에는 크게 두 개의 장거리 버스터미널(Highway Bus Terminal, 고속버스터미널)이 있는데, 목적지에 따라 출발하는 터미널이 다르므로 잘 기억해두자.

● 아웅 밍갈라 버스터미널
Aung Mingalar Highway Bus Terminal

바간, 만달레이, 냥쉐(인레) 등 유명 관광지로 가는 버스가 출발·도착하는 터미널이라 여행자들은 이곳에 최소 두세 번은 들르게 된다.

양곤 시내에서 택시로 50분가량 소요되는데, 교통 체증이 심할 땐 2시간이 소요되기도 한다. 36번 시내버스가 아웅 밍갈라 버스터미널을 오간다.

● 다곤 에야 버스터미널
Dagon Ayeyar Highway Bus Terminal

'라잉 따야 Hlaing Tharyar' 터미널이라고도 부른다. 주로 미얀마 서쪽에 있는 에야와디 구 Ayeyarwaddy Division로 가는 버스를 운행하는 터미널이다. 즉, 웨이싸웅, 차웅따 등지로 가는 버스가 대부분 이곳에서 출발한다. 양곤 시내에서 택시로 약 50분가량 소요된다.

■ 종합 버스회사 매표소(아웅산 스타디움 매표소)

대부분의 숙소에서 버스표를 판매 대행하지만, 그렇지 않더라도 일부러 터미널까지 가지 않아도 된다. 버스회사들의 창구가 모여있는 종합 버스회사 매표소로 가자. 단, 이곳에선 버스표만 판매하고 버스는 아웅 밍갈라 터미널에서 타야 한다. 일부 버스회사는 아예 이곳에서 출발하거나, 아웅 밍갈라 터미널까지 픽업서비스를 제공하니 표를 끊을 때 출발지를 확인할 것. 위치는 〈지도 P.71-C1〉을 참고하자.

양곤에서 출발하는 버스

버스표는 대부분의 숙소에서 판매 대행하는데, 숙소마다 취급하는 버스회사가 다르다. 이용요금은 버스회사, 에어컨 유무, 버스 등급(VIP), 출발시각에 따라 차이가 있다. 아래 출발시각은 버스회사들이 가장 많이 운행하는 시간대이므로 참고하자.

목적지	출발시각	요금	소요시간
만달레이	08:00, 09:00, 09:30, 17:00, 18:00, 19:00, 20:00, 21:00, 21:30	K11,000~36,500	8~9시간
바간	08:00, 19:00, 19:30, 20:00, 20:30, 21:00	K16,000~27,000	9~10시간
깔러, 인레, 따웅지	08:00, 17:00, 18:00, 18:30, 19:00	K16,000~27,000	10~12시간
삔우른	09:00, 17:00, 20:30, 21:00	K15,000~23,000	10~11시간
시포, 라쇼	16:00, 17:00	K17,000~23,000	16시간
삐이	05:00~23:00	K6,500	6~7시간
바고	06:00~17:00(1시간 간격)	K5,000	2시간
짜익티요(낀뿐)	05:30~20:00(1시간~1시간30분 간격)	K5,000	4~5시간
빠떼인	06:00, 07:00, 10:00	K8,000	5~6시간
차웅따	07:30, 21:00/21:30(아웅산 스타디움 출발)	K12,000~13,000	9시간
웨이싸웅	07:00, 21:00/21:30(아웅산 스타디움 출발)	K11,000~15,000	8시간
나빨리, 탄드웨	07:00, 16:30	K16,500	16시간
파안	08:00, 12:30, 20:00, 21:00	K7,000~8,500	6시간
몰레마인	05:00, 07:00, 08:30, 09:00, 11:00, 15:00, 20:30, 21:00	K10,500~12,500	8~9시간
다웨, 메익	13:00, 13:30, 14:30, 15:30, 16:00(다웨), 18:00(메익)	K20,000(다웨)/ K30,000(메익)	15시간(다웨)/ 21시간(메익)
씨트웨, 먀욱유	08:00	K23,000	21시간

* 위 출발시각, 요금, 소요시간은 2018년 1월 기준으로 현지상황에 따라 변경될 수 있음.
** 비수기인 6~10월은 많은 버스(특히 웨이싸웅, 차웅따 등의 해변으로 가는 버스)가 비정기적으로 운행되거나 운행이 중단되기도 함.

Transport
양곤 시내교통

시내 버스

2017년 1월 양곤 시내버스 시스템이 획기적으로 개편되었다. 양곤버스서비스 YBS(Yangon Bus Service)를 도입해 기존의 300여개 버스 노선을 71개로 대폭 축소했다. 더불어 2016년부터 양곤버스공용회사 YBPC(Yangon Bus Public Company)가 버스 고속운송시스템 BRT(Bus Rapid Transit)을 도입해 현재 2개 노선이 운행 중이다.
BRT 버스는 GPS와 에어컨을 갖추고 미얀마 최초의 교통카드 시스템을 도입했다. BRT 버스는 영문 노선도를 갖추고 있으나 일반 시내버스의 경우 아직은 미얀마어로만 노선을 적고 있어 외국인들이 이용하기엔 약간 어려울 수 있다. 그래도 술레 파야에서 아웅 밍갈라 버스터미널까지 운행하는 36번 일반 시내버스는 유용한 노선이므로 기억하자. BRT 버스는 1구간 요금이 K300, 일반버스는 K200이다.

• 색으로 구분되는 양곤 시내버스 노선

- 아뇨 양곤 시내 전용
- 아니 양곤 동부지역
- 카얀 양곤 남부지역
- 아빠 양곤 북부지역
- 아쌩 양곤 외곽

택시

택시는 여행자들이 가장 쉽게 이용할 수 있는 교통수단으로 거리에서 흔하게 볼 수 있다. 대부분의 택시가 미터제로 운행하지 않기 때문에 출발 전에 목적지를 말하고 요금을 흥정해야 한다. 공항에서 술레 파야까지는 대략 K6,000~7,000정도, 술레 파야에서 아웅 밍갈라 버스터미널까지는 K7,000~8,000이면 적당하다. 교통이 혼잡한 출퇴근시간에는 요금이 인상되기도 한다.

Course
양곤 둘러보기

양곤시는 행정구역상 33개의 타운쉽(Township), 45개의 야드(Ward), 1,305개의 블록(Block)으로 구성되어 있다. 공항은 양곤시 북쪽에, 도시의 중심은 남쪽 끝에 있다. 도심 한복판에 있는 술레 파야는 여행자들의 이정표 역할을 한다. 술레 파야 근처에 저렴한 숙소와 식당, 은행, 관공서 등이 몰려 있다. 술레 파야를 기준으로 남쪽으로는 양곤 강, 서쪽으로는 차이나타운, 북쪽으로 기차역과 보족 아웅산 마켓이 있고, 더 북쪽으로 올라가면 미얀마의 상징인 쉐다곤 파야가 있다. 쉐다곤 파야 근처의 깐도지 호수 주변으로 중급 숙소들이 몰려 있다.
영국 식민지 시절 술레 파야를 중심으로 도로가 정비되어 다운타운(술레 파야 근처)의 거리는 바둑판처럼 네모반듯하다. 특히 보족 아웅산 로드(Bogyoke Aung San Road)와 스트랜드 로드(Strand Road) 사이에 세로로 나 있는 도로는 서쪽에서부터 동쪽으로 거리(Street) 번호가 순서대로 매겨져 있어 길 찾기가 쉽다.

COURSE A 핵심만 둘러보는 양곤 첫째 날 여행
술레 파야~보족 아웅산 마켓~차욱타지 파야~쉐다곤 파야~깐도지 호수~까라웨익 팰리스

COURSE B 여유롭게 둘러보는 양곤 둘째 날 여행
보석박물관~까바에 파야~로카찬타 파야~인야 호수~보족 아웅산 마켓~차이나타운

COURSE C 식민지 시대 건물을 순례하는 도보여행
양곤에 남아있는 문화유산 건축물 산책(→P.88)

COURSE D 양곤 밖으로 떠나는 반나절 근교 여행
열차 타고 떠나는 여행, 양곤 순환열차(→P.87)
배 타고 떠나는 여행, 달라 마을(→P.87)

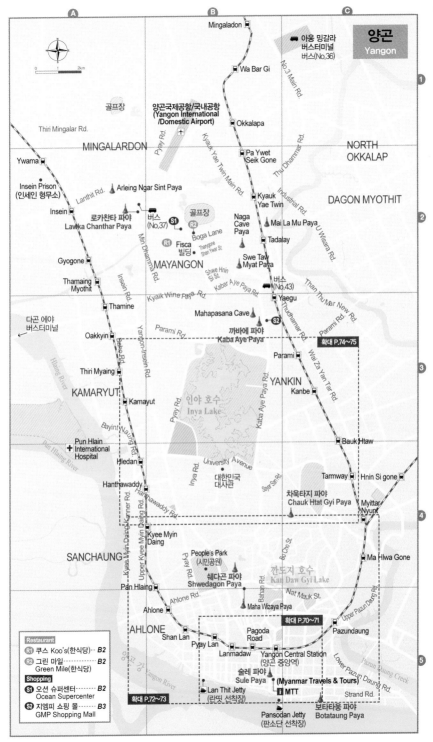

양곤 Yangon

Mingaladon

아웅 밍갈라
버스터미널
버스(No.36)

Wa Bar Gi

No.3 Main Rd.

Okkalapa

골프장

Thiri Mingalar Rd.

양곤국제공항/국내공항
(Yangon International
/Domestic Airport)

Pyay Rd.

MINGALARDON

Pa Ywet
Seik Gone

Thu Dhammar Rd.

NORTH
OKKALAP

Ywama

Kyauk Yae Twin Main Rd.

Kyauk
Yae Twin

Industrial Rd.

DAGON MYOTHIT

Insein Prison
(인세인 형무소)

Lanthit Rd.

Arleing Ngar Sint Paya

Insein

로카찬타 파야
Lawka Chanthar Paya

버스
(No.37)

S1

R2

골프장

Boga Lane

Naga
Cave
Paya

Mai La Mu Paya

U Wisara Rd.

Min Dhamma Rd.

Fisca
빌딩

Thangone
Shan Ywar St.

MAYANGON

Tadalay

Swe Taw
Myat Paya

Shwe Hnin
Si St.

Kabar Aye Paya Rd.

버스
(No.43)

Than Thu Mar New Rd.

Gyogone

Thamaing
Myothit

Insein Rd.

Thamine

Kyaik Wine Paya Rd.

Yaegu

Mahapasana Cave

까바예 파야
Kaba Aye Paya

S2

Thudhamar Rd.

Parami Rd.

확대 P.74~75

다곤 에야
버스터미널

Oakkyin

Bago Rd.

Yangon-Insein Rd.

Parami Rd.

Parami

Wai Za Yan Tar Rd.

Hlaing River

Thiri Myaing

KAMARYUT

Kamayut

인야 호수
Inya Lake

YANKIN

Kanbe

Kaba Aye Paya Rd.

Pun Hlaing River

Bayint Naung Rd.

Pun Hlain
International
Hospital

Pyay Rd.

Bauk Htaw

Hledan

Inya Rd.

University Avenue

Tarmway

Hnin Si gone

Hanthawaddy

Hanthawaddy Rd.

대한민국
대사관

Sayg Sn Rd.

차욱타지 파야
Chauk Htat Gyi Paya

Myittar
Nyunt

SANCHAUNG

Upper Kyee Myin Daing Rd.

Kyee Myin Daing Rd.

Kyee Myin
Daing

Pyay Rd.

People's Park
(시민공원)

쉐다곤 파야
Shwedagon Paya

Bo Cho St.

간도지 호수
Kan Daw Gyi Lake

Ma Hlwa Gone

Pan Hlaing

Ahlone Rd.

Bahan Rd.

Nat Mauk St.

Upper Pazun Daung Rd.

Ahlone

Maha Wizaya Paya

AHLONE

Shan Lan

Pyay Lan

Pagoda
Road

확대 P.70~71

Pazundaung

Lanmadaw

Yangon Central Station
(양곤 중앙역)

Lower Pazun Daung Rd.

Pazun Daung Creek

확대 P.72~73

Lan Thit Jetty
(란띳 선착장)

Yangon River

슐레 파야
Sule Paya

(Myanmar Travels & Tours)
MTT

Strand Rd.

Pansodan Jetty
(판소단 선착장)

보타타웅 파야
Botataung Paya

Restaurant
R1 쿠스 Koo's(한식당)·· **B2**
R2 그린 마일 ············ **B2**
Green Mile(한식당)
Shopping
S1 오션 슈퍼센터 ········ **B2**
Ocean Supercenter
S2 지엠피 쇼핑 몰 ······· **B3**
GMP Shopping Mall

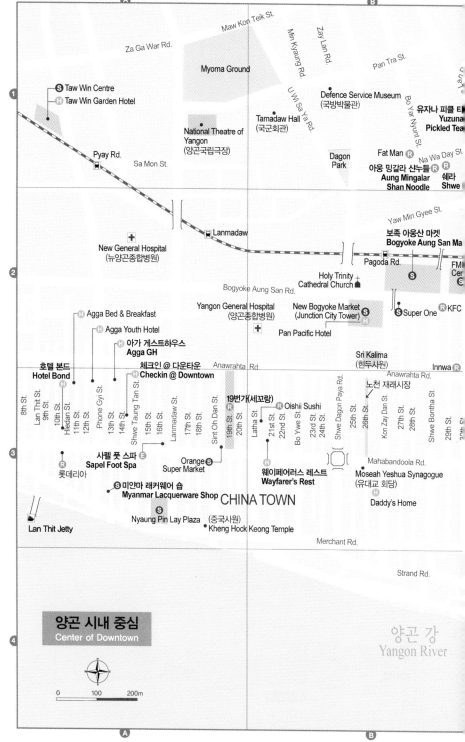

Ⓐ

Ⓑ

Za Ga War Rd.

Maw Kon Teik St.

Myoma Ground

Min Kyaung Rd.

Zay Lan Rd.

Pan Tra St.

Ⓢ Taw Win Centre
Ⓗ Taw Win Garden Hotel

1

Defence Service Museum
(국방박물관)

U Wi Sa Ya Rd.

Bo Yar Nyunt St.

유자나 피클 티
Yuzuna
Pickled Tea

National Theatre of
Yangon
(양곤국립극장)

Tamadaw Hall
(국군회관)

Pyay Rd.

Sa Mon St.

Dagon
Park

Fat Man Ⓡ

Na Wa Day St.

아웅 밍갈라 샨누들 Ⓡ Ⓡ 쉐라
Aung Mingalar Shwe
Shan Noodle

Yaw Min Gyee St.

Ⓛ Lanmadaw

보족 아웅산 마켓
Bogyoke Aung San Ma

2

New General Hospital
(뉴양곤종합병원)

Pagoda Rd.

FM
Cer
Ⓢ

Bogyoke Aung San Rd.

Holy Trinity
Cathedral Church ⛪

Ⓢ

Yangon General Hospital
(양곤종합병원)

New Bogyoke Market
(Junction City Tower)

Ⓢ

Ⓢ Super One

Ⓡ KFC

Ⓗ Agga Bed & Breakfast

Ⓗ

Ⓗ Agga Youth Hotel

Pan Pacific Hotel

아가 게스트하우스
Ⓗ **Agga GH**

Sri Kalima
(힌두사원)

호텔 본드
Hotel Bond

체크인 @ 다운타운
Ⓗ **Checkin @ Downtown**

Anawrahta Rd.

Anawrahta Rd.

Innwa Ⓡ

Ⓗ

19번가(세꼬랑)

노천 재래시장

8th St.

Lan Thit St.

9th St.

10th St.

Hledan St.

11th St.

12th St.

Phone Gyi St.

13th St.

14th St.

Shwe Taung Tan St.

15th St.

16th St.

Lanmadaw St.

17th St.

18th St.

Sint Oh Dan St.

19th St.

20th St.

Latha St.

21st St.

22nd St.

Bo Ywe St.

23rd St.

24th St.

Shwe Dagon Paya Rd.

25th St.

26th St.

Kon Zay Dan St.

27th St.

28th St.

Shwe Bontha St.

29th St.

Ⓡ Oishii Sushi

3

Ⓡ
롯데리아

사펠 풋 스파
Sapel Foot Spa Ⓔ

Orange Ⓢ
Super Market

웨이페어러스 레스트
Wayfarer's Rest

Mahabandoola Rd.

Moseah Yeshua Synagogue
(유대교 회당)

Ⓢ 미얀마 래커웨어 숍
Myanmar Lacquerware Shop **CHINA TOWN**

Lan Thit Jetty

Ⓢ
Nyaung Pin Lay Plaza (중국사원)
Kheng Hock Keong Temple

Daddy's Home

Merchant Rd.

Strand Rd.

4

양곤 시내 중심
Center of Downtown

양곤 강
Yangon River

0   100   200m

Ⓐ

Ⓑ

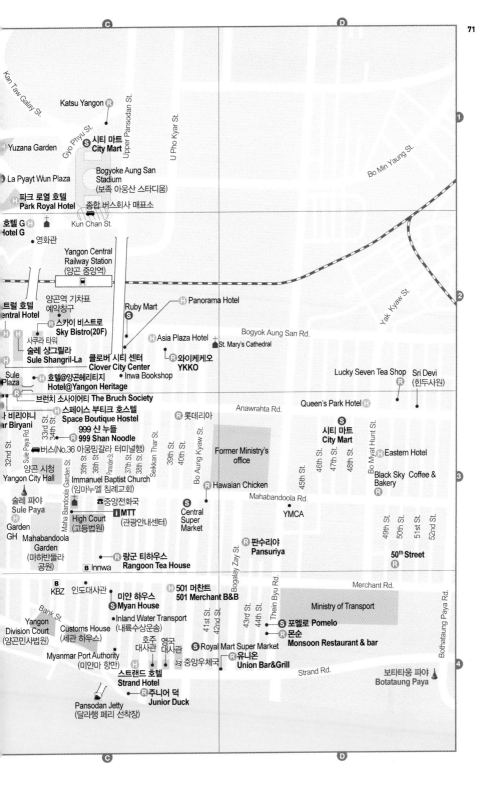

양곤 시내(다운타운) & 쉐다곤 파야 주변
Downtown & Around Swedagon Paya

Kyee Myin Daing

Bargayar Rd.

Dagon Center Ⓢ

Mint St.

하우스 오브 메모라이즈
House of Memories

프렌드 쉽(1)
Friendship

Dhama Zedi Rd.

사보이 호텔
Savoy Hotel

NLD 본부

아웅 툭카
Aung Thukha

Fu

Ⓡ Mister Snowice

Memorial of
the Fallen Heroes

• 경찰서

Martyr's Mausoleum
(아웅산 국립묘지)

People's Park
(시민공원)

Sin Saw Pu Rd.

Pann Hlaing

Baho Rd.(Shan Rd.)

옛 국회의사당 •

입구

입구

쉐다곤 파야
Swedagon P

Ⓢ 미얀마 컬처 밸리
Myanmar Culture Valley

Ⓡ YKKO

Ⓢ 골드 클래스
Gold Class

Ⓑ CB

Maha Wizaya Pa

Black Canyon
Coffee

Ⓗ Summit Park View Hotel

Swedagon Pagoda Rd.

Ahlone Rd.

Manaw Hari St.

Khayae Pin St.

Ahlone Road

Taw Win St.

태국 대사관

Pyidaungsu Yeiktha Rd.

필 미얀마
Feel Myanmar

Ziwaka Rd.

바하두르 샤 자파르 무덤
Tomb of Bahadur Shan Zafa

라오스
대사관

국립박물관
National Museum

Kyee Myin Daing Kanner Rd.

Lower Kyee Myin Daing Rd.

Thit Taw Rd.

Shan Road

파키스탄 대사관

Myoma Kyaung Rd.

Maw Kun Teik Rd.

U Wisara Rd.

Pan T

벨몬드 가버너스 레지던스
Belmond Governor's Residence

Htee Oo Ⓔ
Myanmar

Pyay Rd.

Pyay Road

Lanmadaw

Aung Yadanar Rd.

Ⓡ Shan Yoe Yar

✚
New Yangon
General Hospital

Thakin Mya Park •

Ⓑ

Bogyoke Aung San Rd.

✚

Ⓡ Hotel Bahosi

1st Rd.

Wa Dan St.

5th St.

Anawrahta Rd.

✚
Yangon General
Hospital

Lan Thit St.

10th St.

Hledan St.

15th St.

Lanmadaw St.

Sint Oh Dan St.

Latha St.

Bo Ywe St.

Mahabandoola Rd.

Merchant Rd.

양곤 강

Yangon River

0   250   500m

N
W E
S

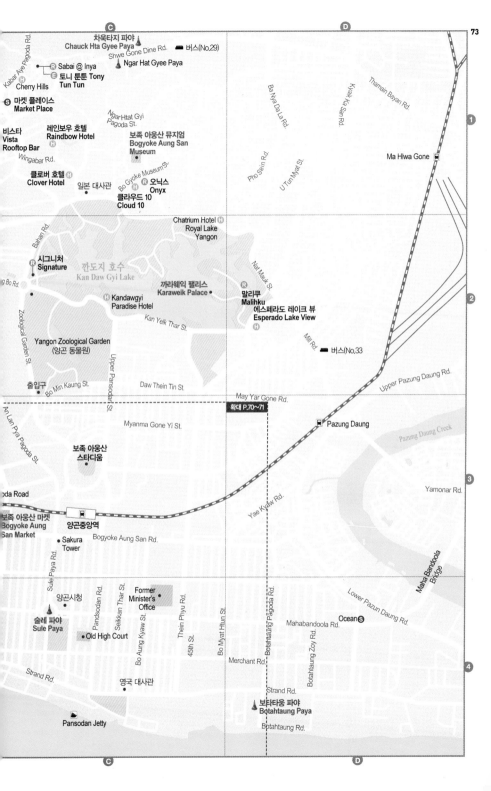

Kabar Aye Pagoda Rd.

차욱타지 파야
Chauck Hta Gyee Paya
Shwe Gone Dine Rd.
버스(No.29)

Ngar Hat Gyee Paya

Sabai @ Inya
토니 툰툰 Tony
Cherry Hills Tun Tun

마켓 플레이스
Market Place

Ngar Htat Gyi
Pagoda St.

비스타
Vista 레인보우 호텔
Rooftop Bar Raindbow Hotel

보족 아웅산 뮤지엄
Bogyoke Aung San
Museum

Wingabar Rd.

클로버 호텔
Clover Hotel
일본 대사관

Bo Gyoke Museum St.

오닉스
Onyx
클라우드 10
Cloud 10

Chatrium Hotel
Royal Lake
Yangon

Baho Rd.

시그니처
Signature

깐도지 호수
Kan Daw Gyi Lake

g Bo Rd.

까라웨익 팰리스
Karaweik Palace

말리쿠
Malihku
에스페라도 레이크 뷰
Esperado Lake View

Kandawgyi
Paradise Hotel

Zoological Garden St.

Kan Yelk Thar St.

Nat Maik St.

Yangon Zoological Garden
(양곤 동물원)

Upper Pansodan St.

Mill Rd.
버스(No.33

출입구
Bo Min Kaung St.

Daw Thein Tin St.

Upper Pazung Daung Rd.

May Yar Gone Rd.
확대 P.70~71
Pazung Daung

An Lan Pya Pagoda St.

Myanma Gone Yi St.

Pazung Daung Creek

Ba Nya Da La Rd.

Pho Sein Rd.

U Tun Myat St.

Kyaik Ka San Rd.

Thamain Bayan Rd.

Ma Hlwa Gone

보족 아웅산
스타디움

Yamonar Rd.

oda Road

보족 아웅산 마켓
Bogyoke Aung
San Market

양곤중앙역

Sakura
Tower

Bogyoke Aung San Rd.

Sule Paya Rd.

양곤시청

Pandsodan Rd.

술레 파야
Sule Paya
Old High Court

Seikkan Thar St.

Former
Minister's
Office

Thein Phyu Rd.

45th St.

Bo Aung Kyaw Rd.

Bo Myat Htun St.

Botahtaung Pagoda Rd.

Yae Kyaw Rd.

Mahabandoola Rd.

Ocean

Botahtaung Zay Rd.

Lower Pazun Daung Rd.

Maha Bandoola Bridge

Strand Rd.

영국 대사관

Merchant Rd.

Strand Rd.

보타타웅 파야
Botahtaung Paya

Pansodan Jetty

Botahtaung Rd.

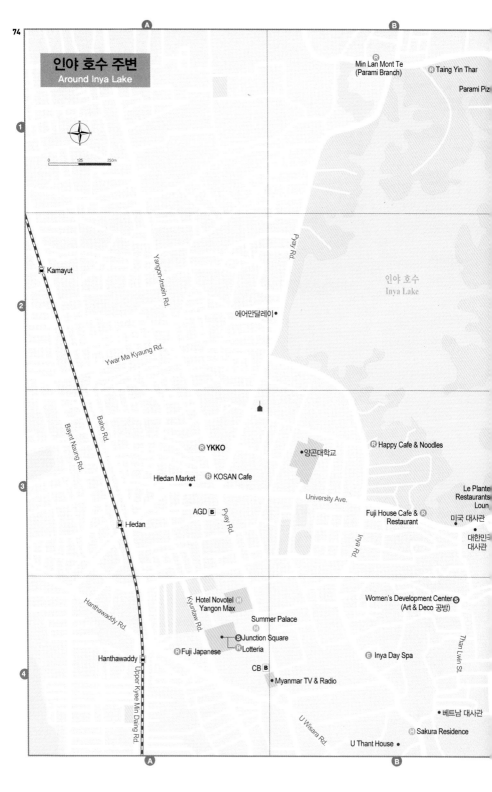

74

인야 호수 주변
Around Inya Lake

0 — 125 — 250m

A

B

Min Lan Mont Te
(Parami Branch) ®

® Taing Yin Thar

Parami Piz

1

■ Kamayut

Yangon-Insein Rd.

Pyay Rd.

인야 호수
Inya Lake

에어만달레이 •

2

Ywar Ma Kyaung Rd.

Baho Rd.

Bayint Naung Rd.

® **YKKO**

® Happy Cafe & Noodles

• 양곤대학교

Hledan Market

® KOSAN Cafe

Le Plante
Restaurants
Loun

University Ave.

AGD **B**

Pyay Rd.

Inya Rd.

Fuji House Cafe & ®
Restaurant

• 미국 대사관

■ Hledan

대한민국
대사관

3

Hanthawaddy Rd.

Hotel Novotel (H)
Yangon Max

Kyuntaw Rd.

Women's Development Center (S)
(Art & Deco 공방)

Summer Palace
(H)

® Fuji Japanese

(S) Junction Square
® Lotteria

(e) Inya Day Spa

Than Lwin St.

■ Hanthawaddy

CB **B**

■ Myanmar TV & Radio

Upper Kyee Min Daing Rd.

U Wisara Rd.

• 베트남 대사관

(H) Sakura Residence

U Thant House •

4

A

B

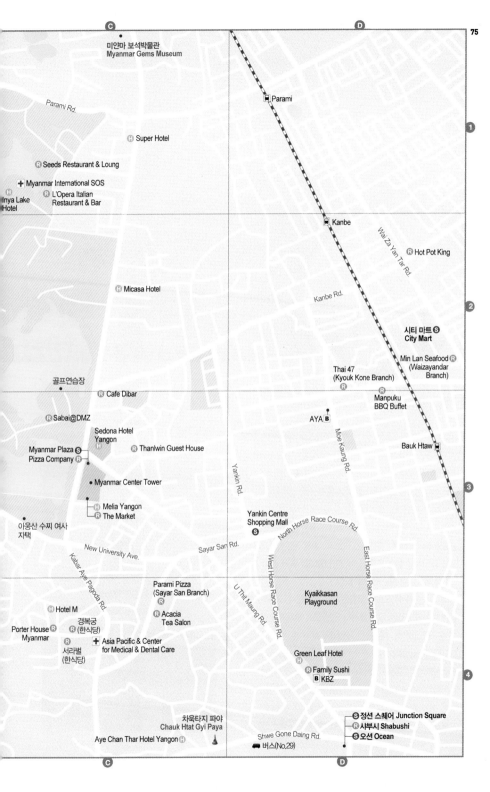

미얀마 보석박물관
Myanmar Gems Museum

Parami Rd.

Parami

Super Hotel

Seeds Restaurant & Loung

Myanmar International SOS

L'Opera Italian
Restaurant & Bar

Inya Lake
Hotel

Kanbe

Hot Pot King

Wai Za Yan Tar Rd.

Micasa Hotel

Kanbe Rd.

시티 마트
City Mart

Min Lan Seafood
(Waizayandar
Branch)

골프연습장

Cafe Dibar

Thai 47
(Kyouk Kone Branch)

Manpuku
BBQ Buffet

Sabai@DMZ

Sedona Hotel
Yangon

AYA

Myanmar Plaza
Pizza Company

Thanlwin Guest House

Bauk Htaw

Moe Kaung Rd.

Myanmar Center Tower

Yankin Rd.

Melia Yangon
The Market

이웅산 수찌 여사
자택

Yankin Centre
Shopping Mall

North Horse Race Course Rd.

New University Ave.

Sayar San Rd.

Parami Pizza
(Sayar San Branch)

Kyaikkasan
Playground

West Horse Race Course Rd.

East Horse Race Course Rd.

Hotel M

경복궁
(한식당)

Acacia
Tea Salon

Porter House
Myanmar

서라벌
(한식당)

Asia Pacific & Center
for Medical & Dental Care

U Thit Maung Rd.

Green Leaf Hotel

Family Sushi

KBZ

정션 스퀘어 Junction Square

샤부시 Shabushi

오션 Ocean

차욱타지 파야
Chauk Htat Gyi Paya

Aye Chan Thar Hotel Yangon

Shwe Gone Daing Rd.

버스(No.29)

Kabar Aye Pagoda Rd.

쉐다곤 파야 Shwedagon Paya ရွှေတိဂုံဘုရား

지도 P.72-B2 | 주소 No.1, Shwedagon Pagoda Road, Dagon Township | 개방 04:00~22:00 | 입장료 K10,000

미얀마어로 '쉐'는 황금, '다곤'은 언덕이란 뜻이다. 쉐다곤은 싱구타라 Singuttara라는 언덕 위에 세워져 있다. 조성 당시 근처의 깐도지 호수에서 흙을 퍼 올려 기존 언덕을 인공적으로 58m 더 높인 뒤, 그 위에 99.4m 높이의 쉐다곤 파야를 세웠다고 한다. 덕분에 양곤 어디에서든 황금빛을 발하는 쉐다곤 탑을 볼 수 있다. 쉐다곤은 미얀마인들의 정신적인 지주가 되는 파고다로 불심이 깊은 미얀마인들에겐 죽기 전에 한 번은 참배하고 싶어 하는 성지로 꼽힌다.

쉐다곤은 역사적으로도 특별한 의미를 지닌다. 세상에 현존하는 부처의 사리를 모신 불사리 탑은 모두 부처가 열반에 든 뒤에 지어진 반면, 쉐다곤은 유일하게 부처 생전에 지어진 파고다이기 때문이다.

현장법사의 「대당서역기」에 따르면, BC 588년 부처가 인도 보드가야 Bodhgaya에서 깨달음을 얻어 마음을 열반의 경지에 두고 있을 때, 그 곁을 지나던 두 상인이 부처에게 봉밀을 공양했다고 한다. 이 기록이 쉐다곤 파야의 유래와 연결된다.

미얀마 설화에 의하면, 그때 봉밀을 공양한 미얀마의 두 상인 형제(Taphussa & Bhallika)에게 부처가 고마움의 뜻으로 자신의 머리카락을 여덟 가닥 뽑아 주었다고 한다. 고국으로 돌아온 형제는 오칼라파 Okkalapa 왕에게 부처에게서 받은 머리카락을 진상하였고, 왕은 그중 두 가닥을 봉인하여 이 언덕에 묻고 쉐다곤을 건설했다고 전해진다. 일부 고고학자들은 쉐다곤 파야가 문헌에 등장한 것은 11세기부터이지만 6세기~10세기경 몬족 사람들에 의해 지어졌을 것이라고 추정한다.

쉐다곤은 외향적으로도 매우 특별하다. 이런 형식의 황금탑은 지구상 어디에도 없을 것이다. 전체 사원의 면적은 약 1만 평, 중심에 세워진 쉐다곤 대탑의 높이는 99.4m, 둘레는 426m인데 전신이 모두 금판으로 뒤덮여 있다. 대탑을 호위하듯 기단에는 64개의 작은 불탑이 에워싸고 있고, 그 주변으로 72개의 탑과 건물이 빙 둘러 세워져 있으며 그 안에는 크고 작은 불상이 가득 안치되어 있다.

쉐다곤 탑이 처음부터 황금으로 지어진 것은 아니다. 초기 쉐다곤 탑의 높이는 16m였다고 한다. 15세기, 한타와디 Hanthawaddy 왕조의 신소부(Shinsawbu: 1394~1471) 여왕이 자신의 몸무게만큼의 금(약 40kg)을 보시하여 금으로 장식하면서 탑의 높이를 40m 높였다. 그녀는 특별히 쉐다곤 재건에 관심을 보였는데, 1460년 퇴위하고 쉐다곤 근처로 이사해 출가한 뒤 스님으로 조용히 여생을 보냈다고 한다. 그 뒤 후대의 왕들이 앞다투어 금을 기증하였고, 일반인들도 금을 보시하여 오늘날의 높고 화려한 황금사원이 되었다. 총 기증된 금은 약 6만kg, 탑의 꼭대기 부분은 중심에 73캐럿짜리 다이아몬드를 배치하고 주변에 총 1,800캐럿의 5,448개의 다이아몬드, 2317개의 루비, 1,065개의 금종, 420개의 은종 등 헤아릴 수 없는 수많은 보석으로 치장되어 있다. 1년에 두 차례, 약 90m 지점까지 사다리를 타고 올라가 불자들이 시주로 내놓은 금판을 계속 덮어나가는 작업을 한다.

미얀마인들의 지극한 불심으로 찬란한 광채를 내뿜고 있는 쉐다곤 파야는 미얀마인들의 신실한 믿음을 엿볼 수 있는 장소이기도 하다. 1년 365일 순례자들의 발길이 끊이지 않는다. 덕분에 경내는 하루 종일 순례자들이 피워 올리는 향으로 자욱하다. 이제 막 미얀마에 도착했다면 만사 제쳐두고 쉐다곤 파야로 가보자. 미얀마를 이해할 수 있는 훌륭한 첫 코스가 될 것이다.

쉐다곤 대탑 상부에 장식된 보석들. 경내 한쪽에 마련된 망원경을 통해 볼 수 있다.

쉐다곤 파야의 주요 볼거리

쉐다곤 파야는 세계 각국에서 몰려온 순례자와 여행자, 현지인들이 뒤섞여 1년 365일 늘 북적인다. 16:00시가 넘으면 하루 일과를 마친 직장인들까지 가세해 발 디딜 틈이 없다. 쉐다곤 파야를 방문하기 가장 좋은 시간은 선선한 저녁시간이다. 해질 무렵 석양에 한껏 금빛을 발산하는 쉐다곤 파야는 밤이 되면 사원의 조명까지 더해져 한층 눈부신 모습을 연출한다. 순례자들을 따라 사원을 천천히 둘러보거나, 조감도를 참고하면서 사원의 주요 볼거리도 찾아보자. 쉐다곤 파야는 동서남북 각 방향으로 출구가 나있는데, 본인이 들어온 출입구가 어느 방향인지를 기억하고 있어야 나갈 때 길을 잃지 않는다. 시간이 된다면 남문(South Gate) 밖으로 나와 도로 건너에 있는 마하위자야 Maha Wizaya 파야도 둘러보자.

③ ④ 16 18 28 41 45 46 관욕식(灌浴式) 불상

미얀마의 큰 사원에는 중앙 탑 주변을 빙 둘러 8개의 동물상이 세워져 있다. 각 동물상 위에는 작은 불상이 함께 배치되어 있다. 자신이 태어난 요일에 맞는 동물상(주소 Mindhamma Hill, Mingaladon Township)에 건강과 장수를 기원한다. 물과 물컵은 동물상 옆에 준비되어 있다. 관욕식을 하려면 먼저, 자신이 태어난 요일을 알고 있어야 한다. 수요일 출생은 오전과 오후로 나뉜다.

방향	출생 요일	동물상	조감도 No.
남쪽	수요일 오전	상아가 있는 코끼리	3
남서쪽	토요일	용	4
서쪽	목요일	쥐	46
북서쪽	수요일 오후	상아가 없는 코끼리	18
북쪽	금요일	두더지	28
북동쪽	일요일	가루다(상상의 새)	41
동쪽	월요일	호랑이	45
남동쪽	화요일	사자	16

12 티자 민 & 마이 라무 동상 Thigya Min & Mai Lamu

쉐다곤 파야를 처음 건립했다고 전해지는 오칼라파 왕의 부모, 아버지 티자 민과 어머니 마이 라무의 동상이다. 이 자리는 미얀마 상인 형제가 부처에게 받았다는 불발(붓다의 머리카락)을 맨 처음 모셨던 장소이기도 하다. 오칼라파 왕의 동상은 조감도 No.17이다.

20 마하 간다 종 Maha Gandha Bell

1825년 1차 버마-영국 전쟁 중 영국군은 이 종을 무기로 제작하기 위해 운반하다가 양곤 강에 빠트렸다고 한다. 영국군들이 온갖 방법을 동원했으나 23t 무게의 종은 강속으로 깊이 가라앉아 끌어올릴 수 없었다. 이때 미얀마인들이 종을 꺼내면 제자리로 갖다놓게 해달라고 간청했다. 약속을 다짐받은 미얀마인들이 물속으로 들어가 대나무를 엮어 종에 붙이자, 종은 대나무의 부력으로 3일 만에 떠올라 지금의 자리에 안치할 수 있게 되었다고 한다.

21 피티카 박물관 Pitika Museum

쉐다곤 박물관 Shewdagon Museum이라고도 부른다. 불자들이 기부한 귀금속과 유물을 전시하고 있다. 아래층은 불교 관련 서적을 갖춘 도서관이다. 월요일, 금요일은 박물관이 휴관한다.

26 승리의 장소 Ground of Victory

경내를 걷다보면 꽃(별) 모양 타일이 있는 바닥에 유난히 많은 사람들이 모여앉아 있다. 이곳에서 무릎을 꿇고기도를 하면 소원이 이루어진다고 한다. 전투에 나가기 전, 이곳에서 기도를 했던 미얀마 왕들은 늘 전쟁에 승리했다고 전해진다.

33 마하보디 템플 Mahabhodi Temple

부처가 깨달음을 얻은 자리에 세워졌다는 인도 보드가야 Bodhgaya의 마하보디 사원을 모델로 하여 지어졌다. 탑을 둘러싼 그림은 부처의 생애를 표현하고 있다.

36 나웅도지 파야
Naungdawgyi Paya

쉐다곤 파야의 축소판. 쉐다곤 대탑이 조성되기 전에 모셔졌던 파고다라 하여 Elder Brother Paya라고도 부른다.

37 마하 티사다간다 종
Maha Tisaddaganda Bell

1824년 타라와디 Tharyar wady 왕에 의해 주조된 종이다. 높이 2.7m, 둘레 2.2m, 두께 38cm, 무게는 무려 42t으로 미얀마에서 두 번째로 큰 종이다. 미얀마어와 팔리어로 된 100줄의 비문이 종에 새겨져 있다.

43 동쪽 계단

동쪽 문은 동서남북 네 곳의 입구 중 가장 긴 회랑으로 연결되어 있다. 불교용품을 판매하는 상점들이 계단을 따라 오밀조밀 모여 있다. 계단의 끝은 바한 Bahan 시장으로 연결된다.

48 보리수나무 Bodhi Tree

남쪽 문의 오른편으로 돌아가면 커다란 보리수나무가 있다. 부처는 인도 보드가야에 있는 보리수나무 아래에서 깨달음을 얻었다고 전해진다. 이 보리수는 인도 보드가야에 있는 그 보리수나무의 남쪽 가지를 꺾어 스리랑카에 식수를 한 뒤, 식수한 스리랑카의 보리수나무 종자를 미얀마로 모셔와 심은 것이다.

52 루비 눈동자의 붓다 Rubby-eyed Buddha

1852년에 안치된 루비 눈동자의 불상이 있는 곳. 쉐다곤 파야에서 가장 중요한 불상으로 여겨진다. 원래 아래층에서 이곳으로 오르는 계단이 있었으나, 현재 일반인의 출입은 금지되어 있다. 대신, 아래층(조감도 **51**) 경내에서 모니터를 통해 비춰준다.

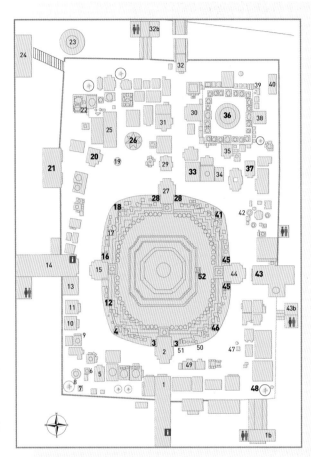

18. 관욕식 불상(수요일 오후)
19. 8부처와 8요일 행성 파고다
20. 마하 간다 종
21. 피티카 박물관
22. 신소부 사당
23. 포네토 제디
24. 붓다의 생애 박물관
25. 번영의 홀
26. 승리의 장소
27. 북쪽 메인 홀
    (Gautama Buddha Temple)
28. 관욕식 불상(금요일)
29. 산도원 타자웅
30. 주술사의 홀
31. 부처의 발자국 홀
32. 북쪽 계단
32b. 북쪽 엘리베이터
33. 마하보디 템플
34. 스트랜드 마켓 투 파이스 타자웅
35. 이자고나 타자웅
36. 나웅도지 파야
37. 마하 티사다간다 종
38. 신 아라한 타자웅
39. 보 민 가웅
40. 담마제디 돌
41. 관욕식 불상(일요일)
42. 티(Hti) 복제품
43. 동쪽 계단
43b. 동쪽 엘리베이터
44. 동쪽 메인 홀
    (Kakusandha Buddha
    Temple)
45. 관욕식 불상(월요일)
46. 관욕식 불상(화요일)
47. 암사 타군다잉 기도 기둥
48. 보리수나무
49. 연회 홀
50. 다산의 사당
51. 위층 테라스로 가는 계단
52. 루비 눈동자의 붓다

쉐다곤 파야 조감도 설명

8. 보리수나무
9. 티자 민 & 쉐다곤 보보지(쉐다곤
   의 수호신)
10. 라카인 홀
11. 도 뿌인 타자웅
12. 티자 민 & 마이 라무 동상
13. 쿠 체인 칸 & 마키키 타자웅
14. 서쪽 계단(엘리베이터)
15. 서쪽 메인 홀
    (Kassapa Buddha Temple)
16. 관욕식 불상(목요일)
17. 오칼라파 왕 동상

1. 남쪽 계단
1b. 남쪽 엘리베이터
2. 남쪽 메인 홀
   (Konagomana Buddha
   Temple)
3. 관욕식 불상(수요일 오전)
4. 관욕식 불상(토요일)
5. 황금과 은 언덕의 홀
6. 태양과 달의 신전
7. 대학생 보이콧 기념비

*타자웅(Tazaung)은 불상들이 안치된 건물을 뜻함.

술레 파야 Sule Paya ဆူးလေဘုရား

지도 P.71-C3 | 주소 Corner Sule Paya Road & Mahabandoola Road | 개방 05:00~21:00 | 입장료 K3,000(또는 $3)

스리랑카의 승려가 모셔온 불발(부처의 머리카락)을 모시기 위해 지어진 파고다로 설립연대는 약 2,000년 전 이상이라고 추정된다. 도심 한복판에 위치해 있어 양곤 다운타운의 훌륭한 랜드마크 역할을 한다. 우리나라 서울로 치면 광화문 즈음으로 생각해도 좋다. 로터리 한가운데에 8각형 탑이 자리 잡고 있는데 파고다의 1층은 바깥으로 빙 둘러가며 1~2평 크기의 작은 잡화상점들이 에워싸고 있다. 술레 파야 근처에는 많은 호텔과 상점을 비롯해 양곤시청, 법원 등 관공서가 모여 있다.

금과 다이아몬드로 장식해 놓은 불발사리

보타타웅 파야 Botataung Paya ဗိုလ်တစ်ထောင်ဘုရား

지도 P.73-D4 | 주소 Strand Road | 개방 05:00~21:00 | 입장료 K6,000(또는 $5)

2,000년 전 인도 가야 Gaya에서부터 모셔온 붓다의 유물을 안치한 곳이다. 유물을 모셔올 당시 호위하던 병사가 1,000명이었던 까닭에 보(병사)+타타웅(1,000)이라 이름 붙여졌다. 탑 중앙에는 부처의 불발(부처의 머리카락)사리를 친견할 수 있도록 쇼 케이스에 안치하고 있다. 보타타웅 파야를 방문하기 가장 좋은 때는 해질 무렵이다. 근처 양곤 강에서 불어오는 저녁 바람을 타고 첨탑에 달린 종이 은은한 종소리를 퍼뜨려 경내에는 평화로운 분위기가 감돈다. 입장료를 내는 대신, 별도의 사진 촬영료(Camera Fee)는 없다.

TRAVEL 💬 PLUS
7마일, 8마일이 어디예요?

미얀마는 영국 식민지의 영향으로 거리 단위를 km가 아닌 mile을 사용한다. 명함이나 간판에 주소를 7mile, 8mile로 써놓은 것을 간간히 볼 수 있다. 공식적인 행정구역 주소는 아니지만 현지인들도 흔히 7마일, 8마일이라고 부른다. 이는 술레 파야를 기점으로 하는 대략의 거리를 뜻한다. 과거 영국 식민지 시절, 술레 파야를 중심으로 도로가 정비되었는데 흔히 술레 파야에서 북쪽으로 뻗은 Pyay Road를 말할 때 마일로 많이 부른다. 참고로 1km는 약 0.6mile이며 술레 파야에서 양곤 밍갈라돈 국제공항까지는 약 10마일이다.

까바에 파야 Kabar Aye Paya ကမ္ဘာအေးဘုရား

지도 P.69-B2 | 주소 No. 68, Kabar Aye Pagoda Road, Mayangon Township | 개방 05:00~21:30 | 입장료 K3,000

1952년에 지어진 까바에 파야는 '세계 평화'라는 뜻으로 미얀마 불교의 중심지 역할을 하는 파고다다. 일단, 미얀마의 '종교성(미얀마의 모든 종교를 관할하는 국가기관)'이 이곳에 자리하고 있으며, 부처의 불발사리와 함께 부처의 제자인 사리불존자, 목련존자의 진신사리(眞身舍利)를 보관하고 있다. 진신사리는 인도 아쇼카 왕에 의해 조성된 인도 산치 Sanchi 대탑에 모셔져 있던 것으로 1951년 영국인 고고학자 커닝햄 Coningham에 의해 발굴된 것인데, 당시 미얀마의 총리였던 우 누 U Nu가 인도에 특별히 부탁해 분배받은 것이라고 한다. 이 사리는 평소엔 공개되지 않지만 특별

행사나 외국인 순례자들의 요청 시, 한시적으로 사리를 친견하고 마정수기(摩頂授記) 의식을 받을 수 있어 불자들의 성지순례 코스로 빠지지 않는 곳이다. 파고다 북쪽에 있는 마하파사나 동굴 Mahapasanna Cave은 제6차 불교총회가 열렸던 장소이며, 북쪽으로 조금 더 올라가면 종교성의 국가고시에 합격해야만 입학할 수 있는 미얀마 최고의 엘리트 승려들이 모인 승가대학이 있다.

로카찬타 파야
Lawka Chanthar Abhaya Labhamuni Buddha Image
လောကချမ်းသာအဘယလာဘမုနိဘုရား

지도 P.69-A2 | 주소 Mindhamma Hill, Mingaladon Township | 개방 05:00~21:00

로카찬타 파야는 역사는 오래되지 않았지만 거대한 옥불로 유명하다. 1992년 만달레이 북쪽의 싸진 Sagyin 지역 언덕에서 백옥 광맥이 발견되자 미얀마의 한 재력가가 그 광산을 통째로 사들였다. 그러고는 7년에 걸쳐 백옥 불상을 제작했다고 한다. 로카찬타 파야는 그 옥불을 모셔와 안치하기 위해 2002년 착공해서 2004년 건립되었다. 불상은 이곳까지 약 13일이 걸려 배로 운반되었는데 당시 우기였음에도 불상을 옮기는 동안은 하루도 비가 내리지 않았다고 한다. 무게 500t, 높이 11m, 두께 3m~7m인 거대한 옥불을 유리관 밖에서 바라볼 수 있다. 양곤 망갈라돈 국제공항 남서쪽에 위치해 있다. 시내에서 일부러 찾아가기 번거롭다면, 출국 전 공항 가는 길에 여유 있게 출발해 잠시 들렀다 가는 것도 방법이다.

차욱타지 파야 Chauk Htat Gyi Paya ‌ေချာင်ထပ်ကြီးဘုရား

지도 P.75-C4 | 주소 Shwegondine Road, Bahan Township | 개방 05:00~21:00 | 입장료 K3,000

양곤 최대 크기의 와불이 모셔져 있는 파고다로 와불의 길이는 65.85m, 높이는 17m다. 한 불자의 후원으로 1899년 착공하여 1907년 완성되었다. 조성 당시 부처의 머리는 서쪽, 얼굴은 남쪽을 향하고 있었으나 보수 공사를 하면서 현재는 부처의 머리는 동쪽을 향하고 얼굴은 북쪽을 바라보고 있다. 부처의 발바닥에는 108 법수를 의미하는 문양이 새겨져 있다. 이는 불교의 세계관인 삼계(三界), 즉 욕계, 색계, 무색계를 뜻한다. 이것은 정신적 깊이나 수행 정도에 따라 분류한 것으로 욕계(欲界)는 감각적 욕망에 머무는 세상이나 마음, 색계(色界)는 물질을 대상으로 하여 깨달은 본삼매의 경지에 머무는 세상이나 마음, 무색계(無色界)는 정신의 영역을 대상으로 하여 깨달은 본삼매의 경지에 머무는 세상이나 마음을 뜻한다.

국립박물관 National Museum(Yangon) ‌ရန်ကုန်အမျိုးသားပြတိုက်

지도 P.72-B2 | 주소 No.66~74, Pyay Road, Dagon Township | 전화 (01)371540 | 개관 화~일요일 10:00~16:30 | 입장료 K5,000(또는 $5) | 휴관 월, 국가공휴일 | 사진촬영 금지

현지어로는 '아묘다 빠다이'라고 부른다. 양곤국립박물관이 처음 개관한 것은 1952년이나, 현재의 자리로 옮겨와 다시 문을 연 것은 1996년이다. 미얀마의 역사, 문화, 문명 등에 관한 고대 유물을 한 자리에서 개괄적으로 훑어볼 수 있는 공간이다. 수백만 년 전의 화석을 전시한 자연역사관, 석기시대 동굴벽화부터 현대 회화의 발전을 보여주는 갤러리, 소수민족 문화관, 전통 공연예술 전시관, 붓다 이미지 전시관 등 엄선된 국가급 유물의 광범위한 컬렉션을 자랑한다. 박물관에서 내세우는 보물 중 하나는 150년 된 왕좌다. 이 왕좌는 원래 만달레이 왕궁에 있던 것이었으나 1885년 제3차 버마-영국 전쟁 때, 왕궁을 함락시킨 영국군이 본국으로 가져갔다가 1964년 8개의 옥좌 중 하나를 반환한 것이다. 금세공으로 장식된 높이가 8.1m의 왕좌 하나만이 덩그러니 남아 최후 왕조의 비극을 전하고 있다. 사진촬영은 철저하게 금지되어 있다. 휴대전화까지 입구 보관함에 맡기고 입장해야 한다.

보족 아웅산 마켓 Bogyoke Aung San Market ဗိုလ်ချုပ်ဈေး

지도 P.70-B2 | 주소 Bogyoke Aung San Road, Pabedan Township |
영업 화~일요일 09:00~17:00 | 휴무 월요일, 국가공휴일

입구 간판에 적혀있는 공식적인 이름은 보족 아웅산 마켓이지만, 현지인들은 흔히
보족 시장이란 뜻의 '보족제'라고 부른다. 1926년 문을 연 이곳은 양곤을 대표하
는 관광시장이다. 금은방과 실크, 전통의상, 종교용품, 공예품, 대나무 장신구, 허
브 의약품, 등나무, 그림 등 미얀마의 특화된 상품을 판매하는 2,000여 개의 상점
이 가득 들어차 있다. 외국인들이 가장 선호하는 관광시장으로 여행 필수코스로도
빠지지 않는 곳이다. 주변에 ATM기와 환전소, 은행이 몰려 있어 딱히 쇼핑 생각이
없더라도 한 번쯤 들르게 되는 곳이다.

보족 아웅산 뮤지엄 Bogyoke Aung San Museum ဗိုလ်ချုပ်အောင်ဆန်းပြတိုက်

지도 P.73-C1 | 주소 No.15, Bogyoke Museum Street, Bahan Township | 개관 화~일요일 09:30~16:30 |
입장료 K3,000(또는 $3) | 휴관 월, 국가공휴일

미얀마의 독립을 위해 싸운 영웅 아웅산 장군을 기념하는 박물관. 현지어로는
'보족 아웅산 빠다이'라고 부른다. 이곳은 아웅산 장군이 1945년 3월 17일부
터 1947년 7월 19일 정적(政敵)에 의해 암살되기 전까지 실제로 거주했던 자
택이다. 그동안은 순교자의 날인 7월 19일에만 개방하였으나, 박물관으로 단
장해 2012년 3월 24일부터 공식적으로 문을 열었다. 2층 건물로 된 집 내부

에는 아웅산 장군의 필기 노트, 연설문, 240여 권의 책 소장 리스트 등이 전시
되어 있다. 오래된 가족사진에서 꼬마 시절 아웅산 수찌 여사의 모습도 볼 수
있다. 식민지 풍의 이 건물은 양곤시 유산 목록에 포함되어 있다.

미얀마 보석박물관 Myanmar Gems Museum & Gems Mart
မြန်မာ့ ကျောက်မျက်ရတနာ ပြတိုက်

지도 P.75-C1 | 주소 No.66, Kaba Aye Pagoda Road, Mayangone Township |
전화 (01)665115 | 개관 화~일요일 09:30~16:00 | 입장료 K5,000 |
휴관 월, 국가공휴일 | 사진촬영 금지

미얀마를 대표하는 3층 건물의 보석박물관. 현지어로는 '짜우메 예다나 빠다
이'라고 부른다. 미얀마에서 생산되는 보석의 종류를 한자리에서 볼 수 있다.
금, 은을 포함해 루비, 사파이어, 진주, 옥 등의 원석과 액세서리 완제품을 전
시하고 있으며 80여 개의 상점도 같은 건물 내에 입점해 있다. 매년 3월과 10
월 보석박람회 및 경매가 열릴 때는 전 세계에서 보석 딜러들이 참석한다.

1~2층은 보석 상점

깐도지 호수 Kan Daw Gyi Lake ကန်တော်ကြီး

지도 P.73-C2 | 주소 Natmauk Road & Zoological Garden Street | 개방 04:00~22:00 | 입장료 K2,000

쉐다곤 파야의 동쪽에 위치한 깐도지 호수는 둘레 약 8km, 면적 45ha(헥타르)의 거대한 인공 호수다. 이 호수에서 파낸 흙으로 쉐다곤 파야의 언덕을 높였다고 전해진다. 깐도지 호수는 맞은편에 있는 동물원과 함께 깐도지 국립공원(Kandawgyi National Park)으로 지정되어 있다. 도심에 자리한 깐도지는 운동이나 휴식을 위해 현지인들이 즐겨 찾는데, 울창한 나무와 호수 위로 조성된 목조 다리를 따라 기분 좋은 산책을 할 수 있다. 호수 안에는 커피숍과 식당 등이 있고, 호수 한 가운데는 전통공연이 펼쳐지는 황금 가루다 모양의 공연장 까라웨익 팰리스가 있다. 참고로 호수는 현지어로 '깐'이다. 따라서 깐도지 호수는 이미 이름에 호수의 뜻이 있기에 깐도지깐이라고 부르지 않고, 그냥 깐도지라고만 부른다.

인야 호수 Inya Lake အင်းယားကန်

지도 P.74-B2 | 주소 Kabar Aye Pagoda Road & Pyay Road | 개방 24시간

양곤의 북쪽에 위치한 인공 호수. 현지어로는 '인야 깐'이라고 부른다. 공항에서 시내로 진입할 때 오른쪽으로 펼쳐지는 넓은 호수가 바로 인야 호수다. 깐도지 호수보다 약 4배 이상 넓다. 인야 호수 주변은 양곤에서 땅값이 가장 비싼 지역으로 알려져 있는데, 미얀마의 정치 권력자들과 양곤의 상류층, 고급 레지던스 호텔 등이 전세낸 듯 호숫가의 전망 좋은 자리를 차지하고 있다. 한국대사관, 미국대사관 등도 이 근처에 있으며 아웅산 수찌 여사의 자택도 이 근방에 있다. 양곤대학에서도 가까워 저녁에는 젊은이들의 데이트 장소로도 이용되고 있다.

TRAVEL 💬 PLUS
30년 만에 개방한 아웅산 국립묘지

북한의 폭탄 테러로 30년 동안 일반인에게 출입이 제한됐던 아웅산 국립묘지(아웅산 묘)가 2013년 6월 1일부터 일반인에게 공개되었다. 아웅산 국립묘지는 미얀마의 독립 영웅 아웅산 장군을 비롯해 미얀마 국가 요인이나 유공자들이 묻히는 묘소다. 현지어로는 '아자니베이만'이라고 부른다. 1983년 10월 9일, 당시 대한민국의 전두환 대통령과 수행단이 묘소를 참배하던 중 북한의 폭탄 테러로 대한민국 대통령 수행단 17명과 미얀마인 7명이 사망, 50명이 부상을 당한 현장이기도 하다. 그 후 국립묘지는 폐쇄되었고, 아웅산 장군의 서거일인 7월 19일(순교자의 날)에만 제한적으로 개방했다. 30년이 지나 국립묘지를 일반인에게 공개하는 것은 미얀마의 개방화를 대내외에 알리는 의미로 해석되고 있다. 아웅산 국립묘지는 양곤 북부 쉐다곤 파야(Shwedagon Paya) 북문(北門)의 정면 언덕에 위치해 있다. 동문(東門)을 통해서도 갈 수 있다. 도보 약 10분.

차이나타운 China Town တရုတ်တန်းဈေး

지도 P.70-A3 | 주소 19th~24th Road, Latha Township

차이나타운을 현지인들은 '떼욕딴'이라고 부른다. 술레 파야 서쪽에 있는 지역으로 19th Street~24th Street 일대가 차이나타운이다. 영국 식민지 시절인 1850년대에 도시를 확장하면서 형성된 구역이다. 다른 나라에 있는 차이나타운처럼 커다란 아치형 입구 간판이나 너울너울한 홍등으로 장식된 거리는 아니다. 술레 파야에서 마하반둘라 로

드 Maha Bandoola Road를 따라 서쪽으로 가다 보면 한자 간판을 내건 금은방과 중국 식당 등이 하나 둘 보이기 시작한다. 중국사원(观音)이 눈에 띄면 차이나타운을 제대로 찾아온 것이다. 이 중국사원은 1824년 화재로 파괴되었다가 1868년 재건되었는데 중국 춘절에는 화려한 조명으로 치장된다. 밤이 되면 이 주변으로 포장마차와 과일가게 등 노점이 열려 활기를 띤다. 특히 '세꼬랑'이라고 불리는 19th Street는 꼬치구이 등을 파는 노천 술집이 양 옆으로 펼쳐져 맥주 한 잔을 하며 저녁시간을 보내기 좋은 곳이다. 낮보다는 저녁에 찾아가야 제대로 분위기를 느낄 수 있다.

세꼬랑이라 불리는 19th Street

까라웨익 팰리스 Karaweik Palace ကရဝိတ်

지도 P.73-C2 | 주소 Kandawgyi, Mingalar Taung Nyunt Township | 예약 (01)295744, www.karaweikpalace.com | 공연 18:00~20:30(식사는 21:00까지) | 요금 K35,000(또는 $30)

고요한 깐도지 호수 위에 살포시 내려앉은 듯한 거대한 황금빛 새 한 마리가 눈길을 끄는데, 이것이 바로 까라웨익 팰리스다. 폭 39m, 길이 82m의 이 황금빛 새 궁전은 신화 속에 등장하는 가루다(神鳥)를 형상화한 것이며, 1972년 준공을 시작해 1975년 완공되었다. 이 궁전 안에서 매일 저녁 미얀마 전통공연이 펼쳐진다. 공연을 보면서 뷔페식 저녁 식사를 함께 할 수 있어 주로 관광객들이 즐겨 찾는다. 다만, 공연과 식사가 함께 진행되기 때문에 예약 없이 입장이 불가능하다. 게다가 공연은 하루 1회인데다 단체관광객이 좌석을 점령해버리기 때문에 공연을 볼 예정이라면 일찌감치 예약하는 것이 좋다. 예약은 전화 또는 온라인으로 가능하다.

달라 마을 Dalah Village ဒလသင်္ဘော

지도 P.71-C4 | 주소 Nan Thida Ferry Terminal, Pansodan Jetty, Strand Road | 요금 K4,000(왕복)

스트랜드 호텔(Strand Hotel) 맞은편에 있는 판소단 선착장에서 양곤 강 건너 달라 Dalah 마을로 가는 페리를 탈 수 있다. 페리는 현지어로 '띵보'라고 한다. 미얀마의 일부 교통수단은 외국인과 현지인 요금이 다르게 책정되는데, 특히 이 페리는 요금 차가 매우 크다(현지인은 편도 K100). 현지인들에게는 달라와 양곤을 잇는 일상 교통수단이기 때문이다. 외국인에게 페리 요금은 약간 비싼 편이지만, 양곤과는 사뭇 다른 한적한 시골 마을 분위기를 느낄 수 있는 반나절 여행으로 좋다. 페리 운행 시간은 05:30~21:00까지, 20분 간격으로 운행하며 달라까지 약 10분 정도 소요된다. 달라 선착장에 도착하면 사이까(삼륜 자전거), 사잉게까(모터바이크 택시) 기사들이 대기하고 있다. 사원과 마을 몇 곳을 둘러보는데 요금은 K10,000 내외. 약 1시간30분에서 2시간 소요된다.

양곤 순환열차 Yangon Circular Train ရန်ကုန်မြို့ ပတ်ရထား

지도 P.71-C2 | 주소 Yangon Central Railways Station | 요금 K200 | 양곤 중앙역 출발시간 06:10, 07:35, 08:20, 08:45, 09:25, 10:10, 10:35, 10:45, 11:30, 12:20, 12:50, 13:10, 13:40, 14:25, 15:20, 16:45, 17:40, 18:10

현지인들은 '묘빠이 야타'라고 부른다. 묘빠이는 순환, 야타는 기차라는 뜻이다. 양곤 순환열차는 반나절 코스 여행으로 제격이다. 양곤 중앙역에서 출발해 38개의 간이역을 지나 다시 양곤까지 돌아오는데 소요되는 시간은 3시간~3시간30분가량. 자칫 지루할 만하면 색다른 등장인물이 열차에 올라타는데 바로 상인들이다. 옥수수, 과일, 간식거리를 파는 왁자지껄한 행상들 속에 파묻혀 현지인들을 만날 수 있는 즐거운 시간이다. 열차는 시간표에 따라 시계방향, 시계반대방향으로 순환한다. 열차는 좌석제가 아니므로 아무 좌석이나 앉으면 되고, 역시 자유롭게 아무 역에서나 내리고 탈 수 있다. 열차는 다운타운에서 도보로 이동이 가능한 양곤 중앙역에서 출발한다. 사쿠라 타

순환열차 내부 풍경

워 앞에서 보족 아웅산 로드를 따라 오른편으로 가다보면 루비마트(Ruby Mart)가 나오고, 마트 앞의 육교로 올라가면 왼편으로 열차 플랫폼과 연결되는 계단이 나온다. 양곤 중앙역 위치는 〈지도 P71-C2〉 참고, 출발 플랫폼은 7번과 8번, 열차 노선도와 타임테이블은 책 앞부분에 별지로 첨부된 지도를 참고할 것.

Yangon Colonial Heritage Walk
양곤 문화유산 건축물 산책

양곤은 아시아에서 가장 매력적인 20세기 초의 도시 경관을 간직하고 있는 곳이다. 외국의 많은 언론은 양곤을 '아시아에서 식민지의 건물이 한 세기 동안 그대로 보존되어 있는 유일한 도시'라고 평가한다. 아이러니하게도, 반세기 넘는 국가의 오랜 고립이 오늘날 위대한(?) 유산으로 남아 있게 한 것이다.

실제로 영국 식민지 시절에 지어진 관공서, 상가, 주택 등이 현재까지 그대로 사용되고 있다. 게다가 고대 불교사원, 이슬람·힌두·시크교 사원, 침례교와 감리교 교회, 성공회와 로마 가톨릭 성당, 유대교 회당, 심지어 아르메니아 교회까지 다양한 종교 건축물이 혼합되어 있어 도심을 걷다보면 마치 타임머신을 타고 시간여행을 떠나온 듯한 착각마저 든다. 많은 동남아 도시와 달리 콘크리트 건물에 잠식되지 않은 도심 풍경은 단연코 양곤여행의 하이라이트라고 할 수 있을 것이다. 식민지 시대의 건축물은 도심 곳곳에 건재하지만, 이 장에서는 인상 깊은 관청 건물들이 많이 남아 있는 술레 파야의 동남쪽 구역을 소개한다.

식민지 건축물 순례는 양곤의 많은 여행사와 양곤문화유산트러스트(Yangon Heritage Trust) 등에서 양곤 일일투어 프로그램으로 다뤄지고 있다. 이 구역은 도로가 반듯하고 표지판도 잘 정리되어 있어 길을 잃을 염려가 없으므로 패키지 프로그램을 이용하기 보다는 자유롭게 두리번거리며 산책하는 것도 좋다.

아래 코스대로 천천히 걷는다면 보통 2시간 정도 소요된다. 물론 코스를 벗어난다고 해서 걸어온 길을 되돌아가 다시 시작할 필요는 없다. 이 장에 소개한 건물이 아니더라도, 거리 곳곳에 발걸음을 멈추게 하는 매력적인 건물이 많으므로 마음 가는대로 거리를 쏘다녀보자. 아울러 한낮의 양곤은 매우 더우므로 산책하기 좋은 오전, 그것도 이른 아침 산책을 권한다.

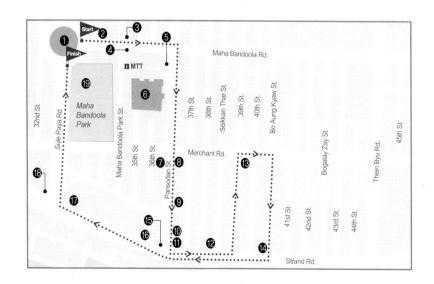

1 술레 파야 | Sule Paya Road

2 양곤 시청 | Mahabandoola Road

3 에야와디 은행 |
No.416, Mahabandoola Road

도심 산책은 다운타운의 랜드마크인 **1술레 파야** Sule Paya에서 시작하도록 하자. 파고다에 크게 관심 없다면 입장료를 내고 굳이 안으로 들어갈 필요는 없다. 외관을 따라 한 바퀴 도는 것만으로도 충분하다. 술레 파야의 동쪽으로 난 횡단보도를 건너 마하반둘라 로드 Mahabandoola Road를 따라 동쪽으로 향하자. 왼편으로 보이는 흰 건물이 **2양곤 시청** Yangon City Hall이다. 1927년에 지어진 건물로 영국식과 미얀마식으로 혼합된 건축물의 좋은 예로 꼽힌다. 동쪽으로 한 블록 더 가면 왼편에 **3에야와디 은행** AYA(Ayeyarwady) Bank 건물이 있다. 이 건물은 1910년 건설 당시 아시아에서 가장 크고 멋진 상점 Rowe & Co. Department이었으며 2005년까지는 출입국관리사무실 Department of immigration Office로도 사용되었다.

도로 건너편에 흰 건물의 **4임마누엘 침례교회** Immanuel Baptist Church는 양곤에서 가장 오래된 교회다. 1855년 미국인 선교사에 의해 지어졌는데 2차 세계대전 때 파괴되어 1952년 재건되었다. 참고로, 교회를 마주하고 오른편으로 난 마하반둘라 가든 스트리트 Mahabandoola Garden Street를 따라 조금만 내려가면 왼편으로 미얀마 관광안내센터인 MTT(Myanmar Travels & Tours)가 있다.

자, 계속해서 마하반둘라 로드를 따라 동쪽으로 걸어가자. 남북으로 판소단 스트리트 Pansodan Street가 교차하는 큰 사거리에서 남쪽으로 우회전하자. 오른편에 1911년 세워진 전신국 Telegraph Office이 있다. 이 건물은 현재 **5미얀마 국영통신사** Myanmar Posts and Telecommunications(MPT)로 이용되고 있다. MPT는 교통통신부 감독 하에 있는 국영기업이며 'Government Telegraph Office'라고 간판이 걸려있다. 길을 따라 계속 남쪽으로 내려가면 오른편으로 붉은색과 흰색 벽돌로 우아하게 지어진 **6고등법원** High Court를 볼 수 있다. 1914년 건설된 사법부 건물이었으나 1962년 미얀마 정부가 고등법원으로 용도를 변경하였다. 이 거리는 양옆으로 유난히 헌책을 펼쳐놓고 파는 노점이 많아 일명 서점거리 Book Stalls로 통한다.

4 임마누엘 침례교회 |
No.411, Mahabandoola Garden Street

5 미얀마 국영통신사 |
No.125~133, Pansodan Road

6 고등법원 |
No.89~133, Pansodan Road

7 국세청 | No.55-61, Pansodan Road   **8** 로카낫 빌딩 | No.62, Pansodan Road

판소단 스트리트를 따라 남쪽으로 계속해서 내려가면 머챤트 스트리트 Merchant Street와 교차한다. 사거리 오른편으로 보이는 흰색 건물은 **7** **국세청** Internal Revenue Department이다. 1932년 인도 구자라트주의 Rander 마을에서 온 상인들에 의해 지어져 Raner House로 이름 붙여졌다. 5층 건물을 그리드 형태로 채운 창문과 기하학적인 아르 데코 양식의 건축은 당시 식민지 시대의 건축물과는 구별된다.

맞은편의 운치 있는 노란색 4층 건물은 **8** **로카낫 빌딩** Lokanat Building이다. 1906년 이 빌딩을 디자인한 바그다드 출신의 유대인 무역업자 Issace Sofaer의 이름을 따서 한때 Sofaer's 빌딩으로 불리었다. 1930년대엔 인도인 무역업자가 빌딩을 인수하며 Randeria 빌딩으로 불리기도 했다. 로카낫 빌딩은 오랜 세월 다양한 국적을 가진 민간인과 기관, 단체가 이용하면서 낡은 외관만큼이나 많은 이야기를 담고 있다. 로카낫 빌딩은 1930년대 양곤의 중요한 비즈니스 요지였다. 이집트 담배, 뮌헨 맥주 등 다국적 제품의 무역이 이 안에서 이루어졌으며 버마은행, 중국상호생명보험, 로이터 전보회사 등 세계 각국의 기업을 포함해 독일인 사진작가, 필리핀 미용사, 그리스 가죽 상인 등이 건물에 세를 드는 등 다양한 인종이 북적대던 곳이었다.

현재 많은 식민지 건축물이 관공서 등으로 이용되고 있어 출입이 제한되는 반면, 로카낫 빌딩은 일반인에게 오픈되어 있어 자유롭게 둘러볼 수 있다. 1971년 로카낫 갤러리 Lokanat Gallery를 설치해 미얀마 현대 작가들의 그림을 전시하고 있으며, 1층엔 상점과 카페 등이 있어 여전히 활기가 넘친다.

남쪽으로 조금 더 내려가면 왼편에 국유 운송기업인 **9** **내륙수상운송** Inland Water Transport(IWT) 건물이 있다. 1933년 지어진 건물로 과거에는 이라와디 선박회사 Irrawaddy Flotilla Company로 사용되었다. 남쪽으로 계속해서 내려가면 **10** **미얀마농업발전은행** Myanmar Agricultural Development Bank(MADB)이 있다. 과거엔 그라인들레이즈 은행 Originally Grindlay's Bank 양곤지점이었다. 1930년 건축 당시엔 영국 식민지 시절 미얀마에서 가장 큰 은행이었다. 1970~1996년까지 국립박물관으로도 이용되었다.

9 내륙수상운송 |
No.44~54, Pansodan Road

10 미얀마농업발전은행 |
No.26-42, Pansodan Road

11 미얀마 항만 |
No.2-20, Pansodan Road

⓬스트랜드 호텔 | No.92, Strand Road

⓭491~501, 머찬트 로드 |
491~501, Merchant Road

⓮중앙우체국 |
No.39, Bo Aung Kyaw Street

⓯양곤 부문 법원 |
No.1, Pansodan Road

⓰세관 하우스 |
No.132, Strand Road

⓱양곤법원종합청사 |
No.56~66, Bank Street

남쪽으로 판소단 스트리트를 끝까지 내려가면 스트랜드 로드 Strand Road와 교차하는 코너에 1920년에 지어진 ⓫**미얀마 항만** Myanmar Port Authority 건물이 있다. 여기에서 좌회전해 스트랜드 로드를 따라 왼쪽으로 두 블록을 지나면 ⓬**스트랜드 호텔** Strand Hotel이 있다. 1896년 빅토리아 양식으로 지어진 건물로 1901년 호텔로 문을 열었다. 영국 식민지 시절에 지어진 호텔로는 동남아시아에서 가장 큰 규모다. 지금도 호텔로 운영되고 있는데 세계적인 호텔과 어깨를 나란히 하는 미얀마 특급 호텔이다.

스트랜드 로드 Strand Road를 지나서 왼편의 39th Street 골목으로 끝까지 들어가면 머찬트 로드 Merchant Road와 교차하는 사거리가 나온다. 사거리 오른편 코너에 길게 위치한 건물을 눈여겨보자. 이 건물은 번지수대로 ⓭**491~501 머찬트 로드** 491~501 Merchant Road라 불린다. 1900년대 초반에 지어진 전형적인 상점 건물로, 미얀마의 유명한 저널리스트 루두 세인윈(Ludu Sein Win)이 2012년까지 이곳에 거주했다. 식민지 건축물 중 가장 잘 보존되었다는 평가를 받고 있으며, 현재는 개조되어 '501 Merchant'라는 숙소로 이용되고 있다. 머찬트 스트리트를 따라 걷다가 보아웅짜우 스트리트 Bo Aung Kyaw Street에서 우회전해 남쪽으로 내려가자. 남쪽 끝까지 내려가다가 스트랜드 로드와 교차하는 곳에서 우회전하면 오른편으로 ⓮**중앙우체국** General Post Office이 있다. 적갈색의 이 큰 건물은 스코틀랜드의 두 형제가 운영하던 쌀 제분회사 Bulloch Brothers & Co.로 지어졌다.

이제 우체국을 지나고 스트랜드 호텔을 지나서 계속 직진하면, 판소단 로드 Pansodan Road 건너편에 빨간 지붕을 얹은 옥색 타워 건물은 ⓯**양곤 부문 법원** Yangon Division Court이다. 1912년 양곤의 법원 회계사무실 Account General's Office로 지어졌다. 당시 미얀마의 최대 수출품이었던 티크 원목, 아편, 소금 등에 대한 수익을 총괄하던 곳이다. 그 뒤편으로 1915년 건설된 붉은 건물의 ⓰**세관 하우스** Customs House가 오래된 목조 창고 자리에 남아있다. 그로 스트랜드 로드를 따라 1927년에 지어진 ⓱**양곤법원종합청사** Yangon Division Office Complex가 있다. New Law Court라고도 불린다. 높은 기둥 구조가 돋보이는 이 건물은 예전엔 경찰국사무소 Police Commissioner's Office로 사용되었다. 호텔로 개조될 예정이라고는 하는데 사실 수년째 공사 중이다. 빌딩 앞으로 펜스가 쳐져 있어 지날

수 없게 되어있으니 온 길
로 살짝 되돌아 세관 하
우스와의 사잇길로 들어
가자. 뒷길인 뱅크 스트
리트 Bank Street로 돌
아나가면 술레 파야 로
드와 스트랜드 로드 코
너에 **⑱ 미얀마 경제은행**

⑱ 미얀마 경제은행 |
No.15~19, Sule Paya Road

⑲ 마하반둘라 정원 |
Mahabandoola Garden Street

Myanmar Economic Bank이 있다. 1914년에 지어진 이 은행은 과거에는 인도의 벵갈은행 Bank of
Bengal 양곤지점이었다. 1920년~1930년대 당시 미얀마는 세계 최대의 쌀 수출국이기도 했는데 이 은
행은 미얀마의 쌀 수출 금융무역을 담당했다. 현재는 미얀마 경제은행 2호 지점 Myanmar Economic
Bank Saving Branch 2으로 운영되고 있다.

이제 길을 따라 북쪽으로 올라가자. 오른편으로 담장 너머 초록 정원이 펼쳐지는 **⑲ 마하반둘라 정원**
Mahabandoola Garden이 있다. 정원 안에 독립기념비가 세워져 있다. 참고로, 정원의 정문은 오른편
으로 한 블록 떨어진 마하반둘라 가든 스트리트 쪽에 있다. 정면으로 도심 산책의 출발지였던 술레 파야가
보인다.

TRAVEL 💬 PLUS
도보 투어의 미션, 파란 명판을 찾아라!

현재 양곤에는 양곤도시개발위원회가 지정한 188개의 양곤시 유산목록이 있다.
최근 미얀마의 경제가 급속도로 발전하면서 사무공간이 절대적으로 필요하게 되
자, 양곤 시정부는 옛 건물을 철거해 사무공간을 확보하기로 했다. 이에 2012년
설립된 양곤문화유산기금 Yangon Heritage Trust(YHT)은 과거 식민지 시절
의 건축물은 양곤 미래의 한 부분으로 귀중한 유산이며, 옛 건축물이 해체된다면
양곤도 여느 아시아 도시와 다르지 않은 특징 없는 길을 걷게 될 것이라고 우려하

고 있다. 이에 양곤문화유산기금은 양곤의 역사적, 문화적, 종교적 중요성을 지닌 건물에 파란 명판을 부착
하는 '블루 플래크 Blue plaques' 프로젝트를 진행하고 있다. 미얀마의 모든 변화 속에서 시민들에겐 옛
기억과 역사를 보존하고 관광객에겐 양곤의 역사적인 건축물에 쉽게 도달할 수 있도록 하려는 목표다.

첫 번째 플래크는 2014년 8월 양곤 시청에 설치되었다. 뒤를 이어 에야와디 은행 Ayarwaddy Bank,
임마누엘 교회 Immanuel Church, 중앙소방서 Central Fire Brigade, 미얀마 농업개발은행
Myanmar Agricultural Development Bank 등의 건물에도 부착되었다. 파란색 명판은 점점 늘어
나고 있어 블루 플래크를 찾는 재미가 건축물 순례를 더욱 즐겁게 한다. 참고로, 양곤 시정부는 식민지 시대
건축물의 전통적인 가치를 존중하면서도 효율적으로 이용할 수 있도록 박물관과 레스토랑, 호텔 등으로 재
개방할 방안을 검토 중이다.

인도 무굴황제의 무덤이 미얀마에 있게 된 사연

인도와 미얀마 사이에는 묘한 역사가 얽혀있습니다. 인도 무굴제국의 마지막 황제 무덤은 미얀마에 있고, 버마 꼰바웅 왕조의 마지막 왕 무덤은 인도에 있다는 사실을 아시나요? 이 책의 만달레이 편에서도 언급하고 있지만, 버마의 마지막 왕이었던 띠보 Thibaw는 만달레이성이 함락되면서 영국의 식민지였던 인도로 유배됩니다. 그리고 1916년 유배지인 인도에서 사망합니다.

© India Museum,
V&A search the collections

반대로, 힌두 무굴제국의 마지막 황제인 바하두르 샤 자파르 2세(Bahadur Shah Zafar II)는 미얀마로 유배됩니다. 바하두르 샤는 1837년 아버지를 이어 무굴제국의 황제가 되었습니다. 1857년 영국의 식민지였던 인도에서는 제1차 독립투쟁이라고 일컬어지는 세포이 항쟁이 일어납니다. 그들(세포이)을 지지한 이유로 1858년 바하두르 샤는 영국에 의해 미얀마로 유배된 것이죠. 그리고 4년 뒤인 1862년, 그는 87세에 미얀마에서 사망합니다. 무굴제국의 대를 끊고 싶었던 영국은 바하두르 샤 황제가 사망하자 곧바로 시신을 매장하고 일부러 아무런 표식도 남기지 않았습니다. 그렇게 세월 속에 묻혀버린 무굴황제의 무덤은 1991년 인근 지역 공사 중에 우연히 발견되었습니다. 사망 후 129년만에요.

무덤이 공개된 후, 황제 무덤은 미얀마를 방문하는 인도 정치인들에게 순례코스가 되고 있습니다. 인도 정부는 미얀마 정부의 동의하에 무덤 주변에 회당을 짓고 묘역을 단장했습니다. 바하두르 샤는 고국에 묻어달라는 유언을 남겼다고 하는데요. 인도는 아직 그의 유해를 옮기지 않고 있습니다. 인도의 종교문제 때문입니다.

무굴제국은 아프가니스탄에서 내려온 무슬림 바부르 황제가 세운 이슬람 국가입니다. 인도의 힌두 극우파들은 무굴제국을 외적으로 간주하고 이들이 인도를 수백 년간 억압했다고 주장합니다. 그러니 바하두르 샤의 유해를 인도로 옮긴다면 힌두와 무슬림 간 종교 갈등에 불씨가 당겨질 수 있기 때문이지요. 물론 인도에서는 마지막 황제의 유해를 추방당했던 인도 델리로 귀국시켜야 한다는 의견도 꾸준히 제기되고 있습니다.

반면, 이웃나라 파키스탄은 이보다 적극적입니다. 무굴제국은 16세기~19세기 중반까지 인도 북부와 파키스탄, 아프가니스탄을 지배한 이슬람 왕조로 역시 그들의 조상이니까요. 2001년 황제 무덤을 방문한 파키스탄 대통령 페르베즈 무샤라프(Musharraf)는 방명록에 바하두르 샤를 '파키스탄의 마지막 황제'라고 표현했습니다. 파키스탄 정부는 황제의 무덤을 파키스탄으로 옮기겠다고 요청했으나 미얀마 정부가 승인하지 않았습니다. 대신 무덤 옆에 이슬람 도서관과 학교를 짓겠다는 파키스탄 정부의 제안은 허락했다고 합니다.

이렇게 여러 문제가 얽혀있다보니 미얀마와 인도, 두 나라는 각각 자국에 묻혀있는 상대국 마지막 왕의 유해 귀국에 대해 협의를 했습니다. 두 무덤은 각각의 장소에서 문화적, 역사적 일부가 되었기에 당분간 현 상태를 유지하기로 의견을 모았다고 합니다. 참고로 바하두르 샤의 무덤은 쉐다곤 파고다에서 그리 멀지 않은 곳에 있습니다.

Tomb of Bahadur Shah Zafar
지도 P.72-B2
주소 No.8, Zi Wa Ka Road, Dagon Township
개방 08:00~17:00

eating

아웅 툭카 Aung Thukha

지도 P.72-B1 | 주소 No.17A, 1st Street,
West Shwe Gone Daing Road, Bahan Township
전화 (01)525194 | 영업 09:00~21:00 | 예산 K4,000~

미얀마식 홈메이드 커리를 맛볼 수 있는 식당. 집에서
만든 음식처럼 기름이나 향신료를 많이 넣지 않는 조리
법으로 유명하다. 신선한 채소와 정갈하게 만든 커리를
내어오는데 커리에는 약간의 약초를 넣어 미묘한 맛의
차이를 느끼게 한다. 차림표는 따로 없고, 보통의 식당
처럼 메인 커리(닭고기, 소고기, 돼지고기, 생선 등) 중
에서 고르면 된다. 현지인들에겐 매우 유명한 식당으로
택시기사들은 모두 잘 알고 있는 곳이다.

필 미얀마 Feel Myanmar Food 인기

지도 P.72-B2 | 주소 No.124, Pyihtaungsu
Avenue Street, Dagon Township
전화 09-73048783 | 영업 06:30~20:30 | 예산 K4,000~

미얀마 음식을 경험하고 싶은데 마땅히 뭘 먹어야 할지
모르겠다면 이곳으로 가보자. 필 미얀마는 미얀마에 처
음 방문한 여행자의 필수코스 같은 식당이다. 단품 요리
부터 커리, 디저트까지 한 눈에 다양한 미얀마 음식을
파악할 수 있다. 차림표에 사진도 있지만 전시되어 있
는 음식을 보고 골라도 된다. 다만 현지인, 외국인 모두

에게 극진한 사랑을 받는 곳이라서 차분하고 조용한 분
위기에서 식사하기는 어렵다. 이 거리에는 대사관과 사
무실이 많은데 특히 점심시간에는 직장인들까지 합세해
자리가 없을 정도로 매우 분주하므로 붐비는 식사시간
을 살짝 피해서 가는 것도 요령이다.

하우스 오브 메모라이즈 House of Memories

지도 P.72-B1 | 주소 No.290, U Wizara Road,
Kamaryut Township | 전화 (01)534242
영업 11:00~23:00 | 예산 K8,000~

100년이 훌쩍 넘은 식민지 시절의 저택을 그
대로 사용하고 있는 식당. 미얀마 음식을 비
롯해 태국, 인도, 유럽 음식 등을 맛볼 수 있
다. 클래식한 분위기가 물씬 풍기는 이 건물
은 음식보다도 이름처럼 특별한 기억이 있
는 곳이다. 2층 한편에 마련된 아웅산 장군
의 집무실이 그것이다. 이는 아웅산 장군의 첫 집무실
로, 인도의 독립에서 가장 눈에 띄는 국가 지도자 중 한
명인 수바스 찬드라 보스 Subhas Chandra Bose
와 아웅산 장군이 은밀히 만나 두 나라의 독립을 위해
전략을 논의했던 비밀 집무실로 이용되었다. 당시 사
용했던 집기들을 전시하고 있어 둘러볼 수 있다. 매일
18:00~20:00는 해피아워로 칵테일이 50% 할인되
고, 주말저녁에는 피아노와 기타 공연이 열린다.

아웅 밍갈라 샨누들
Aung Mingalar Shan Noodle
추천

지도 P.70-B1 | 주소 No.34, Bo Yar Nyunt Street &
Corner of Nawaday Street, Dagon Township
전화 (01)385185 | 영업 07:00~21:00 | 예산 K1,500~

입에 착착 감기는 샨 누들을 맛볼 수 있는 곳. 샨 누들
은 샨 지역(Shan State)의 명물 국수다. 국수에 다진
닭고기나 돼지고기를 넣고 양파, 고추, 마늘, 생강, 땅
콩, 참깨 등으로 버무린 양념을 비벼 먹거나 국물로 먹
는다. 샨 누들도 종류가 많으므로 메뉴 사진을 보고 골
라보자. 특히 이 식당은 국수와 곁들여 나오는 샨친(미
얀마식 김치)도 상당히 담백하다. 만두, 덮밥, 볶음밥
등도 있다.

999 샨 누들
999 Shan Noodle

지도 P.71-C3 | 주소 No.130B, 34th Street
전화 (01)389363 | 영업 06:00~19:00 | 예산 K2,000~

술레 파고다 근처에 있는 샨 누들 식당. 볶음밥 종류
도 있지만 가장 인기 있는 메뉴는 역시 샨 누들 sticky
shan noodle이다. 샨 누들은 국물 없는 샐러드 드레
싱 salad dressing 타입과 국물 있는 수프 soup 타
입으로 나뉘므로 입맛 따라 골라보자(샐러드 타입이 더
맛있다!). 살짝 양이 부족한 느낌이 들면 샨 음식 중 하
나인 두부 튀김 fried tofu을 곁들이는 것도 좋다.

말리쿠
Malihku

지도 P.73-D2 | 주소 R-7, Karaweik Garden Gabar,
Mingalar Taung Nyunt Township
전화 09-49295080 | 영업 08:00~21:00 | 예산 K5,000~

까친 음식 전문점. 1999년 문을 연 식당으로 2010년
현재 자리인 깐도지 호수 안으로 옮겨왔다. 미얀마 북
부에 위치한 까친 주 Kachin State의 전통 요리는 식
물의 뿌리나 잎, 줄기 등을 재료로 하는데, 산언덕이나
계곡 등 산악 지역에서 재배되는 것들이다. 미얀마인들
사이에서는 까친 요리는 약이라고 할 정도로 건강에 좋
은 음식으로 알려져 있다. 인공 조미료를 사용하지 않
는 조리법으로도 유명하다. 까친 남동쪽에 있는 바모
Bamaw 지역 요리를 먹어보자.

시그니처
Signature

지도 P.71-C2 | 주소 Corner of Bahan Street &
Yeik Thar Street, Bahan Township
전화 (01)546488 | 영업 10:30~22:00 예산 K4,000~

깐도지 호수 안에 위치한 식당. 중국, 말레이시아, 태
국 등 아시아의 퓨전 요리를 깔끔하게 내놓는다. 이
곳은 2개의 식당이 연결되어 있다. 도로에서 보면
Signature Fine Dining 간판이, 깐도지 호수 안에서
보면 Garden Bistro 간판이 걸려 있는데 어느 쪽으로
들어가든 서로 연결된다. 도로 쪽인 시그니처 파인 다이
닝 입구로 들어가면 호수 입장권을 사지 않아도 된다.

닐라 비리야니 Nilar Biriyani & Cold Drink

지도 P.71-C3 | 주소 No.216, Anawrahta Road,
Pabedan Township | 전화 (01)253131
영업 05:00~22:00 | 예산 K2,400~

인도 음식인 비리야니를 맛볼 수 있는 곳. 비리야니는 향신료와 고기 등을 쌀과 함께 찜통에 넣고 쪄내는 음식으로 닭고기·양고기 비리야니가 있다. 비리야니는 별다른 사이드 메뉴 없이도 한 끼 식사로 든든해 좋다. 비리야니가 메인이지만 인도 커리도 인기 메뉴다. 난(인도식 빵)과 함께 먹는 치킨 띠까 마살라, 달콤새콤한 맛의 요거트인 라씨도 있다.

샤부시 Shabushi

지도 P.75-D4 | 주소 Between Pyay Road & Kyun Daw Street, Kamayut Township | 전화 (01)527242
영업 10:00~22:00 | 예산 1인 K15,000~

샤브샤브와 초밥, 튀김 등을 양껏 먹을 수 있는 일식 뷔페. 식사시간은 테이블 당 75분으로 제한된다. 샤브샤브의 전골냄비는 반으로 나뉘어져 있어 두 가지 맛의 탕을 주문할 수 있다. 고기, 채소 등 샤브샤브 재료는 회전 벨트에 진열되어 돌아가므로 자리에 앉아 식성껏 골라 먹으면 된다.

초밥, 튀김, 아이스크림, 주스 등도 준비되어 있다. 이 장에 소개하는 샤부시는 정션 센터 Junction Center에 위치한 2호점이다. 정션 센터 내 3층 푸드코트에서 시크릿 가든(Secret Garden) 구역으로 가는 별도의 엘리베이터를 타고 한층 더 올라가면 된다. 오션 슈퍼센터 Ocean Supercenter에도 1호점(Corner Shwe Gone Daing & Ba Nyar Dala Rd.)이 있다.

랑군 티하우스 Rangoon Tea House

지도 P.71-C3 | 주소 No.77-79, Pansodan Road, Kamaryut Township | 전화 (09)979-078681
영업 일~목요일 07:00~22:00, 금~토요일 07:00~24:00
예산 K2,500~

미얀마의 서민적이고 대중적인 음식을 맛볼 수 있는 퓨전 카페 레스토랑이다. 흔히 길에서 볼 수 있는 면과 밥, 스낵 등 일명 스트리트 푸드 메뉴가 가득하다. 심지어 코코넛까지! 이것이 바로 랑곤 티하우스의 콘셉트다. 비위생적으로 느껴지거나 어떤 재료인지 몰라 선뜻 시도하기 어려웠던 길거리 음식들을 정갈하게 접시에 차려내 세련된 분위기에서 즐길 수 있도록 한 것. 그중 인상적인 것은 라팻예 laphet-yay다. 라팻예야말로 미얀마의 대중적인 차 음료로 거리에서 흔히 볼 수 있는데, 우려낸 찻물과 연유의 비율에 따라 맛이 달라진다. 현지인들은 입맛에 따라 조절해서 주문하지만 외국인들은 보통 찻집에서 만들어 주는 대로 마시기가 일쑤인데, 이곳에선 여러 배합 비율을 그림으로 자세히 설명하고 있어 본인의 취향에 가깝게 고를 수 있다. 물론 거리의 라팻예가 K300~400인 반면 이곳에선 K2,5000이긴 하지만 말이다. 비싼 편이긴 하나 거리 음식을 조금 편안하게 맛보고 싶다면 한 번쯤 가볼 만한 가치가 있다. 조식을 제공하는 07:00~11:00에 방문한다면 모힝가도 시도해보자.

스카이 비스트로에서 바라본 전망

비스타 Vista Rooftop Bar

지도 P.73-C1 | 주소 No.168, West Shwegondaing
Road, Bahan Township | 전화 (01)559481
영업 17:00~ 다음날 01:00 | 예산 K6,000~

양곤에는 루프탑 바(bar)가 몇 군데 있는데 그 중 쉐
다곤 파고다에서 가장 가까운 곳이다. 밤이 되면 쉐다
곤에 조명이 밝혀지면서 야경의 운치는 최고조에 달한
다. 음식 메뉴는 평범하지만 주류는 맥주를 포함해 럼,
보드카, 데킬라, 진, 브랜디 등이 잘 갖춰져 있고 바나
나, 멜론 맛이 나는 시샤(물 담배)도 있다. 건물 외관은
몹시 평범해 눈에 잘 띄지 않기 때문에 쉐공다잉 로드
Shwegondaing Road와 올드 예따세 스트리트 Old
Yay Tar Shay Street 코너에 있는 간판을 유심히 살
펴볼 것.

스카이 비스트로 Sky Bistro

지도 P.71-C2 | 주소 20F, Sakura Tower, No.339,
Bogyoke Aung San Road, Kyauktada Township
전화 (01)255277 | 영업 09:00~22:00 | 예산 K,8000~

사쿠라 타워 Sakura Tower 20
층에 위치한 bar. 아무래도 자
리값 때문에 음식값 역시 비싼
편인데 식사 메뉴는 K8,000 이
상, 음료는 K3,000~4,000
수준이다. 이 근방에선 가장 높
은 곳에 위치한 카페이다 보니
도심 전망을 보려고 들르는 관광객이 많다. 실내 인테리
어는 평범하지만 통유리를 통해 술레 파야 주변의 도심
풍경이 한눈에 잘 들어온다.

술 한 잔 하기 좋은 곳, 차이나타운 19번가

양곤에 도착한 첫날 저녁, 특별한 계획이 없다면 차이나타
운으로 가보세요. 차이나타운의 19th Street은 '세꼬랑'
이라고 부릅니다. 현지어로 세꼬=19, 랑=길이라는 뜻인
데요, 중국계 미얀마인들이 상권을 형성해 중국어로 탕런
찌에(唐人街:중국인 거리)라고도 부릅니다. 해질 무렵이
되면 고기와 생선, 해물, 채소 등을 나무꼬치에 끼워 파는 꼬치 노점이 길 양옆으로 하나 둘 테이블을 펼치는데요.
쇼 케이스에 진열된 재료를 골라 바구니에 담아 건네면 그 자리에서 숯불에 구워 테이블로 가져다줍니다. 자욱한
숯불 연기와 왁자지껄한 웃음소리가 가득한 세꼬랑은 양곤 시민들이 꼽는 최고의 야식 장소이기도 합니다. 숯불
꼬치구이에 시원한 생맥주를 곁들이며 양곤의 밤 시간을 보내기 좋은 곳입니다.

지도 P.70-A3 | 주소 19th Street, China Town, Latha Township | 영업 해질 무렵~자정

몬순 Monsoon Restaurant & bar 인기

지도 P.71-D4 | 주소 No.85~87, Theinbyu Road,
Botataung Township | 전화 (01)295224
영업 10:00~23:00 | 예산 K5,000~

미얀마, 태국, 베트남, 캄보디아, 라오스 음식을 판매하는 식당. 아시아 요리를 전문으로 하는 식당인데 주요 고객은 유럽 단체관광객들이다. 분위기도 근사하지만 맛도 제법 괜찮다. 17:00~19:00는 해피아워로 칵테일을 50% 할인된 가격에 내놓는다. 수프, 샐러드, 샌드위치와 햄버거 등 가볍게 먹을 수 있는 메뉴도 잘 갖추고 있다.

오닉스 Onyx

지도 P.73-C1 | 주소 12B, Bogyoke Pyatike Street,
Bahan Township | 전화 09-254158167
영업 11:00~23:00 | 예산 K8,000~

오닉스 와인 트리(Onyx Wine Tree)는 기본에 충실한 맛, 푸짐한 양, 합리적인 가격으로 인기를 끌고 있는 스테이크 전문점이다. 샐러드, 파스타, 와인 리스트도 잘 갖추고 있으며 한국인이 운영하는 식당답게 김치볶음밥, 불고기 등의 메뉴도 있다. 보족 아웅산 뮤지엄 골목(독일대사관 맞은편)에 위치한다.

유니온 Union Bar & Grill

지도 P.71-D4 | 주소 No.42, Strand Road, Botahtaung Township | 전화 (01)01392263 | 영업 11:00~23:00
예산 $15~

샌드위치, 버거, 폭찹, 고등어구이, 치킨 띠까 마살라, 라비올리, 등심 스테이크 등 다양한 메뉴를 맛볼 수 있다. 세련된 분위기만큼 가격도 만만찮은데 저렴하게 식사하려면 점심시간에 찾아가보자. 2가지 메뉴+커피($12), 3가지 메뉴+커피($15)를 제공하는 런치 비즈니스 메뉴가 있다. 주말 밤은 라이브 공연 등이 열려 신나는 밤을 보낼 수 있는 곳이다.

50번가 50th Street

지도 P.71-D3 | 주소 No.9~13, 50th Street,
Botataung Township | 전화 (01)397060
영업 11:00~다음 날 01:30 | 예산 K6,000~

보타타웅 파야 근처에 있는 식당을 겸한 Pub. 주택가 사이에 있는 우아한 식민지풍 건물이다. 도로 주소인 50th Street가 상호명이기도 한데 현지어로는 '랑아제'라고 한다. 다운타운에서 살짝 벗어난 지역이지만 밤이 되면 단골손님들이 삼삼오오 모여든다. 한쪽에선 포켓볼을 치고, 한쪽에선 저녁을 겸해 술 한잔을 하는 외국인들이 많다. 금요일 밤엔 라이브의 공연이 열리고 요일별 특정 메뉴를 할인하는 등 매일 밤 이벤트가 열린다.

쉐라 Shwe Lar

지도 P.70-B1 | 주소 No.25(A1), Nawaday
Street, Dagon Township | 전화 (01)242512
영업 11:00~21:30 | 예산 1인 K10,000~

타이완식 훠궈(火鍋, Hot Pot) 전문점. 훠궈는 끓는 탕에 고기와 채소를 넣고 데쳐먹는 음식이다. 보통 훠궈는 여럿이 먹는 음식이라서 일행이 없다면 망설여지기 마련인데 이곳은 1인용 훠궈 세트를 판매해 혼자라도 부담 없이 찾을 수 있다. 개별 냄비를 사용하기 때문에 깔끔하기도 하고 본인의 입맛대로 골라 먹을 수 있다. 오리지널 맛, 매운맛, 토마토 맛, 김치 맛 중에서 탕을 먼저 고른 뒤 소고기, 양고기, 닭고기, 생선, 해산물 등 메인으로 넣을 고기류를 고르면 기본 채소와 함께 나온다. 원하는 재료를 추가로 주문할 수도 있다.

주니어 덕 Junior Duck

지도 P.71-C4 | 주소 Nanthidar Compound,
Strand Road, Botahtaung Township
전화 (01)249421 | 영업 10:00~22:30 | 예산 K4,000~

판소단 선착장 Pansodan Jetty 옆에 있는 중식당. 달라 페리 Dala Ferry를 타기 위해서는 이 선착장을 가야 하는데, 선착장 근처에서 가장 눈에 띄는 식당이다. 가족 단위의 테이블마다 어김없이 올라있는 오리 구이가 이곳의 인기 메뉴다. 간단히 먹을 수 있는 볶음밥, 볶음면 등도 있다.

판수리야 Pansuriya

추천

지도 P.71-D3 | 주소 No.102, Bogalayzay
Street, Bothtaung Township | 전화 09-778949170
영업 08:00~22:00 | 예산 K5,000~

조용한 골목에 있는 레스토랑으로 들어서면 마치 갤러리에 온 것 같은 느낌이 든다. 벽에는 오래된 사진과 그림이 가득하고, 한쪽엔 사진집과 책이 쌓여있다. 에코백과 아기자기한 소품 등을 판매하고 있어 디자이너 상점 같기도 하다. 예술적인 분위기가 물씬 풍기는 이곳에선 사진 전시회, 콘서트, 시 낭독회 등의 이벤트도 종종 열린다. 남다른 분위기만큼이나 음식도 매우 깔끔하고 정갈하게 차려진다. 모힝가를 비롯해 미얀마의 대중적인 면 요리와 볶음밥, 샐러드, 커리 등을 맛볼 수 있다.

브런치 소사이어티 The Brunch Society

지도 P.71-C2 | 주소 No.143/149, Sule Pagoda
Road, Kyauktada Township | 전화 09-960359701
영업 10:00~23:00 | 예산 K3,000~

술레 플라자 Sule Plaza 1층에 위치한 식당 겸 바. 유럽식 브렉퍼스트와 와플, 프렌치토스트, 햄버거, 파스타 등의 브런치 메뉴를 갖추었고, 현지인들의 입맛에 맞춘 아시아식 퓨전 요리도 있다. 술레 파야 근처에 있어서 돌아다니다가 커피 한잔 마시며 쉬어가기 좋다.

와이케케오 YKKO Kyay-Oh & BBQ House

지도 P.71-C2 | 주소 No.286, Seik Kan Thar Street,
Kyauk Thadar Township | 전화 09-8615379
영업 10:00~22:00 | 예산 K3,000~

미얀마식 국수 요리 중 하나인 째오 Kyay-Oh 전문점
으로 미얀마에서 유명한 프랜차이즈 식당이다. 국수는
치킨, 생선, 돼지고기, 피시볼 등 메인 재료를 먼저 고
르고, 면은 인스턴트 누들 instant noodle, 라이스 누
들 rice noodle, 버미첼리 vermicelli(얇은 면), 완탕
wanton 중에서 고르면 된다. 바비큐 꼬치도 판매한다.

프렌드 쉽(1) Friendship Restaurant(1)

지도 P.72-B1 | 주소 No.135, Than Lwin Road,
Bahan Township | 전화 09-73237010
영업 10:00~22:30 | 예산 K3,000~

술꾼들에게 저렴하고 서민적인 메뉴로 술 한 잔 하기 좋
은 장소로 유명한 프렌드쉽 식당. 양곤에 3곳이 있는데
그중 사보이 호텔 Savoy Hotel 맞은편에 위치한 이곳
프랜드쉽(1)이 여행자들에게 인기 있다. 중국식 볶음밥
과 볶음면, 태국식 파타야 튀김류 등 간단한 저녁 겸
안주로 곁들이기 좋은 메뉴들이 가득하다. 생맥주도 있
다(K800), 담마제디 로드 Dhamazedi Road & 인
야 로드 Inya Road 코너에 위치한다.

쿠스 Koo's Korean Restaurant

지도 P.69-B2 | 주소 A-1 Taw Win Road,
Mayangone Township | 전화 (01)656657
영업 08:00~21:30 | 예산 K8,000~

입구에 먹음직스러운 냉면 사진 간판이 걸려 있는 한식
당. 양곤에서 좀처럼 맛보기 어려운 냉면을 비롯해 찌개
류, 삼겹살 등 식사 메뉴와 파전, 감자탕, 족발 등 술안
주가 가득하다. 한국인들이 사랑하는 베스트 음식만 골
라놓은 듯한데 심지어 아무거나 메뉴(보쌈, 도가니수육)
도 있다. 모든 음식을 가정식 백반처럼 정성 들인 밑반찬
과 함께 깔끔하게 차려낸다. 삼겹살은 1인분도 주문 가능
하다. 공기 밥은 K1,000 별도. 오션 슈퍼 센터 Ocean
Supercenter(North Point 지점) 근처에 있다.

그린 마일 Green Mile Korean Restaurant

지도 P.69-B2 | 주소 No.1, Bawga Street(Boga
Lane), Mayangone Township | 전화 (02)661336
영업 11:00~22:00 | 휴무 1,3 째 월요일 | 예산 K5,000~

흔히 9mile이라고 부르는 지역에 있는 Ocean
Supercenter 맞은편 골목에 위치한 한식당. 단출하지
만 입에 잘 맞는 한식을 소박하게 차려낸다. 한식당 중
에선 그나마 저렴한 편으로 김밥, 떡볶이, 라면 등 분식
메뉴가 많은 것이 특징이다. 김치찌개와 부대찌개, 탕수
육, 프라이드치킨 등의 메뉴를 갖추고 있다.

shopping

아트 & 데코(공방) Art & Deco

지도 P.74-B4 | 주소 No.113, Than Lwin Road,
Kamaryut Township | 전화 (01)527151
영업 08:00~17:00 | 휴무 토, 일, 공휴일

1996년 문을
연 이곳은 사
회복지사업
차원인 '여성
의 집'으로 시
작했다. 가족
의 생계를 꾸

제작공정을 볼 수 있는 공방

려야 하는 여성가장들이 기술을 습득해 테이블 보, 냅
킨, 커튼 등을 만들어 낸다. 최근에는 손가락 크기의 작
은 도자기 인형을 만든다. 이곳 공방에선 인형을 만드는
과정을 볼 수 있다. 물건을 사고 싶다면 상점(아래 주
소)으로 가보자. 상점에서는 따나카를 바르는 여인, 미
얀마의 소수부족 등 기념품으로 하나쯤 갖고 싶은 깜찍
한 인형들이 가득하다. 특히 띨라신(비구니 스님) 시리
즈 인형이 가장 인기 있다.

●Art & Deco(상점)

주소 No.18-D, Sein Lae May Avenue, Kaba Aye
Pagoda Road, Yankin Township | 전화 (01)662916

분홍 가사를 입은 띨라신 시리즈(상점)

포멜로 Pomelo

지도 P.71-D4 | 주소 No.89, 2F, Thein Phyu Road,
Botataung Township | 전화 (01)295358
영업 10:00~22:00

감히 저자의 주관적인 견해
를 밝히자면, 포멜로는 양곤
에서 가장 의미 있게 쇼핑할
수 있는 상점일 것이다. 공정
무역 상점인 포멜로는 지역
의 장인, 소규모 커뮤니티,
예술가, 장애나 불우한 환경
에 놓인 사람들과 연계해 제
품을 만들어낸다. 그로 인한 수익은 농촌 아이들을 지원
하고 농민의 대안적인 생계, 전통공예 제작 기술을 도
입하거나 생산자의 커뮤니티를 강화할 다양한 방법으로
재투자된다. 비영리 기업인 포멜로 제품에는 몇 가지 철
학이 있다. 대량생산을 반대하며 직접 손으로 만들 것,
제품 생산자의 이익을 보장할 것, 지역의 정체성을 강화
할 것, 제품은 생활에서 실제 사용할 수 있는 것으로 재
미와 행복을 위해 존재할 것, 더불어 환경을 개선하기
위해 자연 및 재활용 재료를 적극적으로 사용하는 것을
목표로 한다. 그래서 포멜로의 제품은 다른 곳에서 본
것과 닮은 듯 다르다. 사려 깊은 제품이 가득하다. 천연
꿀, 오가닉 녹차와 커피, 천연비누, 팔찌, 귀걸이 등의
수공예 액세서리, 천연염색 스카프, 플라스틱을 재활용
한 지갑과 가방, 종이로 만든 장난감, 신문지를 재활용
한 엽서와 문구류 등 독창적이면서도 디자인 감각이 살
아있는 미얀마 수공예의 독특한 콜렉션을 만나보자. 신
용 카드 사용도 가능하다.

미얀 하우스 Myan House Local Made

지도 P.71-C4 | 주소 No.56/60, Pansodan Street
(Low Block), Kyauktada Township
전화 (01)376943 | 영업 09:00~19:00

1906년 지어진 역사적인 건축물 로카낫 Lokanat 빌딩 1층에 입점해 있는 상점이다. 친 빌리지 Chin Village에서 생산되는 직물로 만든 스카프와 아마라뿌라 지역의 론지, 바간에서 공수해온 래커웨어, 핸드메이드 지갑 등 미얀마 각 지역의 특산품을 한자리에서 만날 수 있다. 안쪽 한편에 있는 약국에서 스피루리나도 살 수 있다.

골드 클래스 Gold Class

지도 P.72-B2 | 주소 No.26-B, Peoples's Park & Square, U Wisara Road, Dagon Township
전화 (01)531482 | 영업 10:00~21:00

피플스 파크 People's Park 지하에 있는 상점. 미얀마 여행 중 흔히 볼 수 있는 제품을 엄선해서 잘 정리해놓고 있다. 나무 열쇠고리, 장미나무로 만든 찻차 세트, 대나무로 만든 래커웨어, 자수를 놓은 손수건 등 아기자기한 제품들이 발걸음을 멈추게 한다.

보족 아웅산 마켓 Bogyoke Aung San Market

지도 P.70-B2 | 주소 Bogyoke Aung San Road,
Padedan Township 영업 화~일요일 08:00~17:30
휴무 월요일

양곤을 출국하기 전날, 여행자들 사이에서 꼭 들러야 할 필수코스에 포함되는 곳이다. 아직 선물이나 미얀마 기념품을 준비하지 못했다면 보족 아웅산 마켓이 대안이 될 수 있다. 귀금속과 액세서리 등을 비롯해 공예품, 티셔츠, 그림 등 미얀마의 기념품이 가득하다. 보족 아웅산 마켓에 대한 자세한 설명은 P.84을 참고하자.

미얀마 래커웨어 숍 Myanmar Lacquerware Shop

지도 P.70-A3 | 주소 No.7, 13th Street, Landmadaw
Township | 전화 (01)226261 | 영업 09:30~17:00
휴무 일요일

미얀마의 대표적인 특산품 중 하나인 래커웨어를 한자리에 모아놓은 상점. 각국의 대사관이나 기업에서 미얀마를 방문한 외국인 손님에게 선물할 기념품을 단체 주문하는 곳으로 유명하다. 접시, 찻찬, 그릇 등 이곳에 있는 래커웨어는 모두 원산지인 바간에서 공수해온다. 차이나타운 구역에 위치해 있다.

유자나 피클 티 Yuzana Pickled tea

지도 P.70-B1 | 주소 No.22, Nawaday Street, Dagon Township | 전화 (01)242526
영업 06:30~18:00

미얀마의 국민 디저트인 라팻똑(절인 찻잎)을 파는 상점. 라팻똑은 절인 찻잎에 말린 새우, 콩 등을 넣고 신선한 레몬주스와 피시소스, 고춧가루 약간을 넣고 버무려 먹는 음식이다. 이외에도 마늘 튀김, 완두콩 튀김, 구운 참깨, 말린 과일, 말린 생선포 등을 판매한다.

시티 마트 City Mart

지도 P.71-C1 | 주소 G-2/8, Aung San Stadium (North Wing), Kan Daw Galay Road, Mingalar Taung Nyunt Township | 영업 09:00~21:00

여행 중 필요한 물건이 있을 경우 시티 마트로 가자. 미얀마 최대의 수퍼마켓 체인인 시티 마트는 양곤에도 여러 지점이 있으니 가장 가까운 곳으로 가면 된다. 참고로, 다운타운에서 가장 큰 시티 마트는 아웅산 스타디움 근처에 있는 매장이다. 시티 마트에선 어지간한 생활용품 및 식품은 모두 구할 수 있으며(심지어 한국 라면까지), 선물용으로 미얀마 밀크 티나 미얀마 맥주 등을 구입하기에도 좋다.

entertainment

사뻴 풋 스파 Sapel Foot Spa

지도 P.70-A3 | 주소 Corner of Mahabandoola Road & 16th Street(Middle Block), Lanmadaw Township
전화 09-253988995 | 영업 12:00~24:00
예산 발마사지(60분) K12,000~

미얀마 정통 마사지를 받을 수 있는 곳. 어느 시간에 찾아가든, 어느 마사지사에게 마사지를 받든 편차 없는 꾸준한 실력으로 여행자들에게 좋은 평가를 받고 있는 마사지 숍이다. 발마사지(60분)와 전신마사지(75분) 패키지를 추천한다. 저녁에 가면 기다려야 할 정도로 인기 있다.

토니 툰툰 Tony Tun Tun Beauty & Spa

지도 P.73-C1 | 주소 No.30, Kabar Aye Pagoda Road, Bahan Township | 전화 09-252755552
영업 09:00~22:00 | 예산 발마사지(75분) K10,000~

토니 툰툰은 1986년 문을 열어 전국에 체인을 두고 있는 헤어 살롱이다. 이곳은 마사지를 겸하고 있는데 주재원들에게 좋은 평판을 얻고 있다. 전신마사지, 발마사지 외에도 바디 스크럽과 바디 트리트먼트, 오일 마사지 등을 받을 수 있다. 1층의 미용실에선 매니큐어, 네일 아트, 왁싱 서비스를 제공한다.

쇼핑하러 갔다가 밥 먹고 오는 곳!

대도시답게 양곤에는 백화점, 쇼핑센터 등이 많이 있다. 명품이라고 불리는 해외 유명 브랜드를 찾는 것은 아직은 어려울 수도 있지만 일상생활에 필요한 식품, 의류, 가전, 일상잡화는 부족함 없이 두루 갖추고 있으며, 여행 중 필요한 물품 역시 쉽게 구할 수 있다. 또한 이러한 대형 쇼핑몰에는 대부분 푸드 코트가 조성되어 있다. 베이커리, 카페, 중식당, 일식당, 태국식당, 유럽식당 등이 모여 있어 입맛대로 골라 식사하기 좋다. 딱히 쇼핑을 하러 간다기보다는 밥을 먹긴 해야겠는데 마땅히 뭘 먹어야 할지 망설여질 때 아래 쇼핑센터로 가보자.

정션 스퀘어 Junction Square

지도 P.75-D4 | 주소 Between Pyay Road & Kyun Daw Street, Ka Ma Yutt Township
영업 09:00~21:00

양곤 최대 규모이자 가장 세련된 백화점으로 영화관까지 입점해있다. 최대 규모답게 이곳의 푸드 코트는 선택의 폭이 넓다. 3층 푸드 코트에서 에스컬레이터를 타고 한층 올라가면 별도로 나뉘어있는 시크릿 가든 Secret Garden 구역은 조금 더 고급스러운 식당들이 입점해있다.

정션 스퀘어   정션 스퀘어 푸드 코트

미얀마 컬쳐 밸리 Myanmar Culture Valley

지도 P.72-B2 | 주소 People's Park & Square, U Wisara Road | 영업 09:00~21:00

인민공원 People's Park 안에 조성되어 있는 미얀마 전통 상품을 파는 쇼핑몰. 1층에는 식당이 있으며 지하로 내려가면 상점들이 입점해 있다. 무엇보다 이곳에 있는 식당들은 멀리 쉐다곤 파야의 전망을 보며 식사할 수 있어 인기가 좋다.

미얀마 컬쳐 밸리   미얀마 컬쳐 밸리 푸드 코트

마켓 플레이스 Market Place

지도 P.73-C1 | 주소 Dhama Zedi Road & at Inya Myaing Road, Bahan Township
영업 09:00~21:00

양곤에 마켓 플레이스가 여러 곳 있는데 골든 밸리 Golden Valley 지역에 위치한 이곳이 가장 큰 지점이다. 특히 이곳은 수입식료품이 많아 외국인 주재원들이 즐겨 찾는데 마트는 둘러보는 것만으로도 흥미롭다. 카페와 베이커리, 식당 등도 입점해 있다.

마켓 플레이스   마켓 플레이스 내 과일상점

오션 슈퍼센터 Ocean Supercenter

지도 P.69-B2 | 주소 Corner of Pyay Road & Taw Win Road, Mayangone Township
영업 09:00~21:00

2006년 문을 연 미얀마 최초의 쇼핑센터. 만달레이와 네삐더에 지점을 두고 있으며 양곤에만 5개의 오션 슈퍼센터가 있다. 이 장에 소개하는 곳은 공항 근처(9마일)에 위치해 노스 포인트 쇼핑센터 North Point Shopping Center라고 부른다. 지하에 푸드 코트가 형성되어 있다.

오션 슈퍼센터

한식당이 입점해 있는 푸드 코트

sleeping

양곤은 유난히 숙소를 구하기가 어려운 곳이다. 시설 좋은 숙소가 많이 생기고, 도시 곳곳에서 호텔 공사가 한창이긴 하지만 밀려드는 관광객에 비하면 아직까진 숙소가 턱없이 부족한 실정이다. 무작정 찾아가면 "Sorry, Full~!"이라는 소리를 듣기 십상이므로 성수기에는 최소 일주일 전에 예약을 하는 것이 바람직하다. 특히 양곤에 저녁에 도착할 예정이라면, 더더욱 예약을 해두는 것이 현명하다. 첫날부터 낯설고 어둑한 거리를 헤매며 숙소를 기웃거리는 일은 생각보다 피곤한 일이니까.

게스트하우스는 선풍기냐 에어컨이냐, 공동욕실이냐 개인욕실이냐에 따라 요금이 달라진다. 중급호텔은 기본적으로 에어컨, 개인욕실을 제공한다. 게스트하우스를 포함한 대부분의 숙소는 조식 무료 제공, 와이파이(Wi-Fi) 가능, 항공권이나 버스티켓 등의 티켓 구매 대행 서비스를 지원한다. 이 장에서 소개하는 요금은 호텔에서 제시하는 공시요금으로 성수기에는 요금이 인상될 수 있고, 비수기에는 할인이 되기도 한다.

웨이페어러스 레스트
Wayfarer's Rest

지도 P.70-B3 | 주소 No.640, Mahabandoola Road, Latha Township | 전화 09-779922075 | 요금 도미토리 $11, 더블 $30 | 객실 24룸

차이나타운에 위치한 숙소로 럭셔리 도미토리를 표방한다. 2015년에 2층 객실을 오픈한 뒤 2017년에 3층까지 확장 오픈하며 총 45개의 안락한 침대를 갖췄다. 도미토리치곤 넓은 침대와 넉넉한 샤워시설, 합리적인 가격, 직원들의 친친한 서비스까지 여러모로 만족도가 높아 배낭족들에게 인기를 얻고 있다.

501 머챤트 베드 & 브랙퍼스트
501 Merchant Bed & Breakfast

지도 P.71-C4 | 주소 No.501, Corner of 39th Street & Merchant Road, Kyauktada Township | 전화 (01)385260 | 요금 도미토리 $15, 더블 $30 | 객실 4룸, 도미토리 2룸

이 숙소는 1900년대 초반에 지어진 건물로 양곤문화유산에 속해있다. 식민지 시대의 건축물 중 가장 잘 보존되고 있는 건물로 평가받는다. 1층 현관문은 계단으로 바로 연결되는데 긴 계단을 오르면 집안의 내부 거실로 연결된다. 독특한 구조와 햇빛이 잘 드는 창문 등 옛 건축물의 분위기를 잘 살려 우아한 숙소로 개조했다. 독특한 점은 2층 실내에 작은 뜰을 조성해서 조식 공간으로 꾸민 것. 더블 룸 외에 남·녀 전용 도미토리 4인실이 각각 운영된다. 모든 객실은 공용욕실을 사용하지만 샤워시설이 넉넉하게 잘 갖춰져 있다. 또 방은 조금 작지만 분위기 있는 저택에서 특별한 하룻밤을 보내기 좋다.

스페이스 부티크 호스텔
Space Boutique Hostel

지도 P.71-C3 | 주소 No.210/214, 3F, Anawrahtar Road, Pabedan Township | 전화 09-264059050 | 요금 도미토리 $19, 싱글 $25, 트윈 $35 | 객실 8룸, 도미토리 2룸 | 사이트 www.spacehostelygn.com

2015년 9월 오픈한 호스텔. 다운타운 한복판에서 저렴하면서도 쾌적하게 머물 수 있는 숙소다. 술레 파야까지 도보로 5분, 보족 아웅산 마켓까지는 10분 거리로 일단 뛰어난 입지조건이 강점. 객실은 8인실 도미토리, 싱글 룸, 트윈 룸으로 구성되어 있다. 간소한 아침식사, 청결한 공용욕실, 친절한 스태프 등 가격대비 가치를 톡톡히 느낄 수 있다. 숙소는 2층에 있는데 계단은 상점 사이에 숨겨져 있어 입구를 찾기가 약간 어렵다. 아나랏타 로드와 32nd Street가 교차하는 코너(Upper Block)에서 고개를 들어 간판을 주의 깊게 살펴볼 것.

호텔 본드 Hotel Bond

지도 P.70-A3 | 주소 No.49, Hledan Street,
Lanmadaw Township | 전화 (01)2303212
요금 더블 $20~50 | 객실 18룸
사이트 www.thehotelbond.com

깔끔한 숙소로 패밀리 룸을 제외한 모든 객실은 공용욕
실을 이용한다. 각 층마다 샤워시설과 약간의 주방시설
이 마련되어있다. 시설과 직원 서비스 등 모두 가격대비
좋은 편인데 무엇보다 조식이 가장 인상적이다. 1층 식
당에서 차려지는 조식 뷔페는 어지간한 3성급 호텔보다
낫다. 모힝가부터 외국인들도 부담 없이 먹을 수 있는
입에 착착 감기는 음식들로만 성의 있게 준비된다.

클로버 시티 센터 Clover City Center

지도 P.71-C2 | 주소 No.217, 32nd Street(Upper
Block), Pabedan Township | 전화 (01)377720
요금 싱글 $65~77, 더블 $75~85 | 객실 84룸

클로버 호텔 그룹은 3개의 중급 호텔을 운영하는데 그
중 가장 인기 있는 숙소다. 객실은 작은 감이 있고 창문
을 열 수 없어 약간 답답하지만, 전체적으로 산뜻한 분
위기에 조식도 성의 있게 나오는 편이다. 다운타운을 도
보로 다닐 수 있는 편리한 위치여서 소규모의 외국인 관
광객들에게 인기 있다. 일찍 예약하면 약 20% 할인을
받을 수 있다. 참고로 클로버 시티 센터 옆에는 클로버
시티센터 플러스(Clover City Center Plus) 호텔이
있다. 방이 약간 넓은 만큼 금액도 플러스된 호텔인데
시티 센터에 방이 없다면 문의해보자. 또 하나의 체인인
클로버 호텔(Clover Hotel)은 쉐다곤 파고다 근처에
있다.

●클로버 시티 센터 플러스 Clover City Center Plus
주소 No.229, 32nd Street | 전화 (01)377975
요금 싱글 · 더블 $90~100 | 객실 74룸

●클로버 호텔 Clover Hotel
주소 No.7A, Wingabar Road | 전화 (09)731-77781
요금 싱글 더블 | 객실 48룸

아가 게스트하우스 Agga Guest House

지도 P.70-A3 | 주소 No.88, 13th Street(Middle
Block), Lanmadaw Township | 전화 (01)224654
요금 도미토리 $11, 싱글 · 더블 $17~26 | 객실 11룸
사이트 www.aggaguesthouse.com

2015년에 오픈한 숙소. 2층 건물에 소박한 5~6인
실 도미토리, 4개의 싱글 룸, 7개의 더블 룸을 갖추
고 있다. 모든 객실은 공용욕실을 사용하도록 되어 있
다. 욕실은 복도 끝에 청결하게 잘 갖춰져 있다. 술레
파야와 차이나타운의 중간쯤에 위치해 교통도 무난하
고 가격도 저렴해 배낭족들에게 인기 있다. 근처 구역
에 아가(Agga) 그룹에서 운영하는 두 개의 체인 숙소
가 더 있다. 아가 베드 & 브렉퍼스트(Agga Bed &
Breakfast)는 4인실과 8인실의 단정한 도미토리 룸
과 싱글 룸, 트윈 룸을 갖추고 있다. 아가 유스 호텔
(Agga Youth Hotel)은 아가 체인 숙소 중 가장 규모
가 크고 객실도 많다. 12인실 도미토리부터 디럭스 룸
까지 갖추고 있으며 쉐다곤 파고다가 보이는 기분 좋은
옥상 레스토랑이 있다.

●아가 베드 & 브랙퍼스트 Agga Bed & Breakfast
주소 11th Street(Middle Block) | 전화 (01)2300449
요금 도미토리 $10~11, 싱글 $17, 더블 $26~30 | 객실 9룸

●아가 유스 호텔 Agga Youth Hotel
주소 No.86, 12th Street | 전화 (01)2300051
요금 도미토리 $10, 더블 $25~50 | 객실 38룸

레인보우 호텔 Rainbow Hotel

지도 P.73-C1 | 주소 No.3, Wingabar Lane, Bahan
Township | 전화 (01)543681 | 요금 싱글 $25, 더블 $40
객실 30룸 | 이메일 yangonrainbowhotel@gmail.com

기분 좋은 잔디정원이 있는 숙소. 약간 낡은 감이 있지
만 객실은 깨끗하게 관리되고 있다. 한국인이 운영하는
숙소답게 조식은 한식 뷔페로 제공된다. 배낭족보다는
비즈니스맨들이 주 고객이다. 여행사를 겸하고 있으며
차량 렌트와 가이드 통역서비스도 지원된다.

클라우드 10 Cloud 10

지도 P.73-C1 | 주소 No.10, Bogyoke Museum
Street, Bahan Township | 전화 (01)541917
요금 더블 $49~ | 객실 19룸

2017년 11월 오픈한 숙소. 전체 객실 중 싱글 룸은 1
개뿐이고, 2층 객실은 발코니가 딸려있어 안락하다. 깐
도지 호수 근처라서 조용하기도 하지만 골목 안쪽에 자
리해 더 없이 한적하다.
특히 야외 식당에 앉아있으면 애써 밖으로 나가고 싶어
지지 않을 정도로 평화로움을 만끽할 수 있다. 자전거도
무료로 대여해준다.

호텔 @ 양곤 헤리티지 Hotel @ Yangon Heritage

지도 P.71-C2 | 주소 No.184/186, Sule Pagoda
Road, Kyauktadar Township | 전화 (01)398262
요금 싱글 $80~ 더블 $100~ | 객실 17룸

술레 파야 근처에 있는 3층 규모의 작고 아름다운 숙
소. 이름처럼 옛 시대의 건축물 분위기를 그대로 살리면
서 숙소로 리모델링했다. 객실은 조금 작지만, 고즈넉
하면서도 운치 있는 가구와 소품을 이용해 고풍스러운
분위기를 연출했다. 계단이 약간 가파르다는 것을 제외
하고는 매우 사랑스러운 숙소다.

센트럴 호텔 Central Hotel

지도 P.71-C2 | 주소 No.335-337, Bogyoke Aung
San Road, Pabedan Township | 전화 (01)241001
요금 싱글 $60, 더블 $70~120 | 객실 82룸
사이트 www.centralhotelyangon.com

보족 아웅산 마켓 맞은편에 위치한 대형 중급 숙소. 객
실은 특별할 것은 없지만 단정하고 차분하다. 무엇보다
편리한 교통 때문에 단체관광객들한테 선호도 1위로 꼽
히는 숙소다. 술레 파야를 중심으로 주변의 모든 볼거리
를 도보로 둘러볼 수 있는 최적의 위치다.

호텔 G Hotel G

지도 P.71-C2 | 주소 No.5, Alan Pya Pagoda
Street, Dagon Township | 전화 (01)243 639
요금 더블 $64~104 | 객실 85룸

2017년에 문을 연 4성급 숙소. 세계적인 부띠끄 호텔
그룹인 G Hotel의 양곤 체인이다. 객실은 3가지 스타
일 Good, Great, Greatest로 나뉘는데 푸른색과 흰
색 계열의 컬러로 꾸며 감각적이면서도 세련되다. 특히
머신, 바벨, 덤벨 등 설비를 잘 갖춘 1층의 피트니스센
터는 투숙객에게 많은 찬사를 받는다.

체크인 @ 다운타운 Checkin @ Downtown

지도 P.70-A3 | 주소 No.69, 14th Street(Middle
Block), Lanmadaw Township | 전화 (01)224470
요금 더블 $31~42 | 객실 14룸

2016년 문을 연 3층 건물의 아담한 숙소. 스탠더드 룸
은 창문이 없지만 침대가 아늑하고, 객실마다 그림이 걸
려있어 전체적으로 화사하고 산뜻하다. 심플한 조식,
24시간 제공되는 커피, 그리고 무엇보다 투숙객이 꼽는
최고의 장점은 Super Friendly Staff!

에스페라도 레이크 뷰 호텔 Esperado Lake View Hotel

지도 P.73-D2 | 주소 No.23, Kan Yeik Thar
Road, Mingalar Taung Nyunt Township
전화 (01)8619488 | 요금 더블 $130~ | 객실 109룸

2014년에 문을 연 이후부터 매년 양곤 베스트 호텔 어
워드 10에 오를 정도로 여행자들에게 꾸준한 사랑을 받
고 있다. 서비스와 시설은 4성급 호텔에 맞게 충실하
고, 무엇보다 객실에서 깐도지 호수가 내려다보이는 전
망이 멋지다. 특히 루프탑 바는 해질녘 쉐다곤 파고다를
바라보기 이상적인 장소다. 비수기엔 30~50%까지 할
인된다.

술레 샹그릴라 Sule Shangri-La

지도 P.71-C2 | 주소 No.223, Sule Paya Road,
Kyauktada Township | 전화 (01)242828
요금 싱글 · 더블 $250~ | 객실 300룸
사이트 www.shangri-la.com/suleyangon

세계적인 호텔 체인 샹그릴라 그룹에서 운영하는 호텔.
도심 중앙에 위치해 일과 여행을 겸하기에 완벽한 입지
조건으로 업무 차 양곤을 찾는 비즈니스맨들이 선호한
다. 수제파이, 케이크, 초콜릿, 커피 등을 판매하는 1
층 Gourmet Shop은 현지인들에게 인기 있다.

파크 로열 호텔 Park Royal Hotel

지도 P.71-C1 | 주소 No.33, Alan Pya Paya Road,
Dagon Township | 전화 (01)250388
요금 싱글 · 더블 $180~ | 객실 327룸
사이트 www.parkroyalhotels.com

세계적인 호텔 체인 파크 로열의 양곤 지점. 양곤 기차
역 근처에 위치해 있다. 비즈니스맨들이 주 고객인데 이
용객들의 만족도가 꽤 높다. 수준 높은 객실과 수영장,
헬스장, 스파 등 부대시설을 잘 갖추고 있다. 특히 2층
에 있는 부속 식당(Si Chuan Dou Hua)에서 진행하
는 점심 딤섬 뷔페(11:30~14:30)가 유명하다.

사보이 호텔 Savoy Hotel

지도 P.72-B1 | 주소 No.129, Dhammazedi Road,
Bahan Township | 전화 (01)526289
요금 싱글 · 더블 $275~390 | 객실 30룸
사이트 www.savoy-myanmar.com

2층 규모의 단아한 고급 호텔. 로비부터 분위기 좋은 카
페에 들어온 것 같은 기분이 드는 숙소다. 내부는 목재
가구와 골동품으로 우아하게 꾸며졌다. 숙소 뒤뜰에는
작고 아늑한 수영장을 갖추고 있다. 전체적으로 안정감
있고 차분한 분위기의 호텔로 번잡하지 않게 머물 수 있
는 곳이라 한 번 찾은 고객들은 충성도 높은 단골고객이
된다. 근처에 맛있는 식당과 카페가 많아 여러모로 머물
기 편하다.

스트랜드 호텔 Strand Hotel

지도 P.71-C4 | 주소 No.92, Strand Road,
Kyauktada Township | 전화 (01)243377 | 요금 싱글 ·
더블 $300~ | 객실 31룸 | 사이트 www.hotelthestrand.com

미얀마를 대표하는 호텔 중의 하나로 영국 식민지 시절
인 1901년에 문을 열었다. 1993년 11월, 객실 내부
를 현대적인 시설로 보수해 새롭게 오픈했다. 스트랜
드 호텔은 세계 유수의 여행전문매체에 베스트 호텔로
종종 꼽히는데 '아시아 최고 호텔 25(2015)'에도 그 이
름을 올렸다. VIP를 위한 여행은 남달라야 한다는 취
지 아래 운영되는, 세계적인 호텔만 가입할 수 있다는
'The Leading Hotels of the World(리딩호텔연합)'
에 포함되어 있다. 특급 호텔이 3층 건물에 객실이 겨우
31개뿐이라는 사실은 그만큼 각별하게 관리되고 있다
는 것을 의미한다. 식민지 시절에 지어진 빅토리아 양식
건축물 자체가 하나의 볼거리다. 호텔 내에 현지 주재원
들에게 인기 있는 Strand Bar가 있다.

벨몬드 가버너스 레지던스 Belmond Governor's Residence

지도 P.72-B2 | 주소 No.35, Taw Win Road, Dagon
Township | 전화 (01)229860 | 요금 싱글 · 더블 $410~580
객실 49룸

1920년에 까야 주(Kaya State)의 주지사가 머물던 맨
션을 개조한 호텔. 현대적인 고급스러움과 자연친화적
인 분위기를 잘 조화시켰다. 울창한 나무와 연못이 어
우러진 정원, 새소리가 들리는 객실, 멋진 인테리어를
갖춘 부속 식당과 Bar, 친절한 서비스로 중무장한 직원
들, 모두 최고다! 넓은 정원을 산책하고 있자면 다른 세
상에 있는 것 같은 착각이 들게 하는 안락한 호텔이다.

미얀마를 알아가는 독특한 문화 3가지

미얀마식 천연 화장, 따나카

미얀마에 처음 도착하면, 남녀노소 할 것 없이 얼굴에 뭔가를 바른 현지인들의 모습이 가장 먼저 눈에 들어오는데요. 연한 살구 빛이 감도는 이것은 따나카 Thanaka라는 나무의 진액입니다. 강렬한 태양으로부터 피부를 보호하는 일종의 천연 선크림이죠. 바르는 방법은 간단한데요. 돌판 위에 물을 뿌리면서 따나카 나무를 문지르면 진액이 나오는데 이를 손가락에 묻혀 뺨에 쓱 바릅니다. 나무 진액을 바르는 순간 신기하게 얼굴 전체에 시원함이 번집니다. 천연성분이라 갓난아기에게도 발라도 부담이 없는데요. 덕분에 은근한 나무 향이 온종일 코끝에 맴돌 정도로 지속력도 좋습니다.

돌 판에 물을 뿌리면서 따나카 나무를 간다

독특하게 문양을 내어 그림 그리듯 바르는 이들도 있습니다. 따나카를 바르는 것은 매우 오래된 관습으로 2천 년 전 고대도시 국가였던 베익따노 왕국의 왕비가 따나카를 애용했다는 문헌

직접 발라보고 향도 맡아 보며 따나카 나무를 고르는 여인들

이 있고요, 5세기경 바고 왕의 딸이 따나카를 사용했다는 기록이 현재 쉐모또 파고다 석판에 남아있습니다. 21세기인 오늘날까지 변치 않는 관습을 유지하고 있는 것이 놀랍기만 한데요. 따나카 나무는 국민 선크림인 만큼 시장에서 흔히 볼 수 있습니다. 보통 나무토막째 팔거나, 간편하게 물만 섞어 바를 수 있도록 고체 형태로 만든 화장품도 있습니다. 여행 중에 따나카를 한번 발라보세요. 따나카는 미얀마인들 곁으로 가까이 다가가는 방법입니다.

미얀마의 씹는 담배, 꿍야

미얀마인들 중에는 입술과 치아가 붉게 물들어 있는 사람들을 볼 수 있습니다. 이들은 입 안 가득 뭔가를 넣고 오물오물 씹는데요. 그러다 핏자국처럼 선명한 침을 뱉어냅니다. 이것은 빈랑(檳榔: betel palm)나무의 열매에 석회가루를 묻혀 씹는 것입니다. 여기에 담뱃잎을 같이 넣고 일종의 담배처럼 씹기도 하는데요. 미얀마에서는 '꿍야'라고 합니다. 빈랑나무의 열매는 꿍띠, 나뭇잎은 꿍웨라고 합니다. 인도에서는 '빤'이라고도 하는데요. 전 세계 약 4억만 명이 빈랑을 씹는다고 합니다. 동남아 아열대지방에서 자라는 빈랑나무 열매는 도토리보다 조금 크고, 씹으면 자극적이며 알싸한 맛이 납니다. 각성효과가 있다고 알려져 주로 육체노동자들이 애용하는데요. 미얀마 지방에 가면 남녀 어른들이 즐겨 씹는 것을 볼 수 있습니다. 하지만 빈랑을 장기간 씹게 되면, 구강암에 걸릴 확률이 높고 각종 질병을 유발하는 것으로 밝혀졌어요. 빈랑 속의 유독성 알칼로이드 성분인 아레콜린이 빈랑을 씹는 과정에서 체내에 축적되기 때문이지요. 입안의 찌꺼기를 거리에 함부로 뱉는 것도 문제입니다. 핏자국 같아서 시각적으로도 좋지 않거든요. 여러 이유로 빈랑을 씹는 많은 아시아국가에서 빈랑을 금지시키고 있습니다만, 그러기엔 중독성이 있고 애용하는 인구가 너무 많습니다. 미얀마에서도 2012년 빈랑나무 뱉기 금지 법안이 발의 되었으나, 법안이 실효를 거두기에는 현실적으로 어려워 보입니다.

꿍야 나뭇잎에 돌돌 말아 씹는 꿍야

꿍야 파는 가게

미얀마의 전통의상, 론지

남성이 치마를 입는 나라는 더러 있지만, 동남아에서 대중적으로 치마를 입는 나라는 미얀마가 유일할 것입니다. 이 치마는 미얀마인들의 전통복장이자 평상복이기도 합니다. 미얀마에선 남녀 구분 없이 론지 Longyi라고 불리는 치마 형태의 하의를 입는데요. 론지라고 불러도 상관없지만 조금 자세히 얘기하면 여성의 론지는 트메인 Htamein, 남성의 론지는 빠소 Paso라고 부릅니다. 여성의 론지(트메인)는 허리 부분에 조이는 천을 덧대어 흘러내리지 않게 하고 상의는 비슷한 색상의 블라우스를 받쳐 입습니다. 남성의 론지(빠소)는 치마라기보다는 약 2m 폭의 긴 천을 양 끝을 돌돌 말아 앞으로 질끈 동여맵니다. 별 장치 없이도 흘러내리지 않는 것이 신기한데요, 남성은 론지 위에 흰 와이셔츠를 입으면 정장 차림이 됩니다. 호텔에서 남성 직원이 론지 위에 흰 셔츠를 입는데 이는 유니폼인 셈입니다. 여기에 파낫 Phanat이라고 불리는 가죽으로 된 쪼리 형태의 슬리퍼까지 갖추면 잘 차려입은 정장 차림이 됩니다. 국가 정상회담 등에서 미얀마 대통령이 빠소를 입고 파낫을 신은 모습을 볼 수 있는데요, 이는 미얀마 전통복장으로 격식에 맞게 잘 차려입은 것입니다. 론지는 무더운 기후의 미얀마에선 몹시 합리적인 차림이기도 합니다. 통풍도 잘 되고 젖어도 금방 마르니까요. 여성들은 목욕할 때 론지를 가슴까지 끌어 올려 가운처럼 착용하기도 합니다. 최근 대도시에서는 미니스커트나 청바지 차림의 젊은이들이 늘어나고 있지만 아직 미얀마인들은 일상생활에서 론지를 즐겨 입고 있습니다.

뒷모습만으로는 남자와 여자 구별이 헷갈릴 수도 있다

목욕 가운(?)으로도 활용되는 론지

바간 &
미얀마 중부

Bagan & Central Myanmar

몽유와

바간
뽀빠

삐이

양곤

바간(바강)

Bagan

바간은 미얀마 불교의 정점이자, 미얀마 여행의 하이라이트라고 해도 과언이 아니다. 바간의 역사는 기원전 2세기 무렵까지 거슬러 올라간다. 타무다릿 Thamudarit 왕이 주변의 소수 부족을 통합하여 아리맛다나퓨라 Arimaddana-pura 국을 세운 것이 바간 역사의 시초로 전해진다. 본격적인 바간 왕조의 영화는 1044년 바간을 통일한 아노라타 Anawrahta 왕부터 시작된다. 아노라타 왕은 1056년 몬 주 Mon State의 따톤 Thaton 왕국에서 상좌불교를 전파하러 온 젊은 승려 신 아라한 Shin Arahan에 의해 불교에 귀의하면서, 왕권 강화와 바간 왕조의 통합을 위해 상좌불교를 정식 종교로 채택하기에 이른다. 그러나 지침이 될 만한 마땅한 경전이 없자 따톤 왕국의 마누하 Manuha 왕에게 불교 경전을 필사해 줄 것을 요청하지만 거절당한다. 이에 화가 난 아노라타 왕은 전쟁을 일으켜 따톤 왕국을 정복한다. 이때 마누하 왕과 탑 기술자들을 포로로 데려오게 되는데, 이것이 화려한 바간 문화를 꽃피우게 되는 계기가 된다.

아노라타 왕을 필두로 바간의 역대 왕들은 1287년 몽골의 쿠빌라이 칸 Khubilai Khan에게 침략당하기 전까지 왕성하게 사원을 짓기 시작한다. 그리하여 바간은 오늘날 전 세계 어디에서도 볼 수 없는 아름답고 위대한 유적을 남기게 되었다.

1996년 유네스코가 세계문화유산 잠정목록에 바간을 추가하면서 발표한 보고서에 의하면, 과거 고대 바간의 건축물은 5,000개 이상이었을 것으로 추정되나, 현재 남아 있는 유적은 사원과 탑, 수도원 등을 모두 포함해 3,122개라고 발표했다. 일부 현지인들은 바간 유적이 오랜 세월 훼손된 채 방치되어 현재 남아있는 유적은 2,300여 개라고 추정하기도 한다. 여러 차례의 지진과 습한 기후 때문에 복원 속도는 더딘 편이지만, 미얀마 정부는 바간을 고고학 유적지대 Archaeological Zone로 지정하여 유적 복원작업을 꾸준히 진행 중이다.

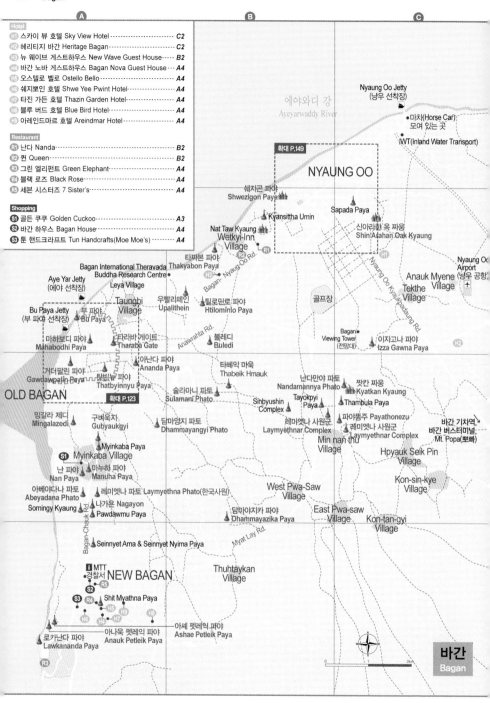

Hotel
H1 스카이 뷰 호텔 Sky View Hotel ⋯⋯⋯⋯⋯ C2
H2 헤리티지 바간 Heritage Bagan ⋯⋯⋯⋯⋯ C2
H3 뉴 웨이브 게스트하우스 New Wave Guest House ⋯⋯ B2
H4 바간 노바 게스트하우스 Bagan Nova Guest House ⋯ A4
H5 오스텔로 벨로 Ostello Bello ⋯⋯⋯⋯⋯ A4
H6 쉐이쁘인 호텔 Shwe Yee Pwint Hotel ⋯⋯⋯⋯ A4
H7 타진 가든 호텔 Thazin Garden Hotel ⋯⋯⋯⋯ A4
H8 블루 버드 호텔 Blue Bird Hotel ⋯⋯⋯⋯⋯ A4
H9 아레인드마르 호텔 Areindmar Hotel ⋯⋯⋯⋯ A4

Restaurant
R1 난다 Nanda ⋯⋯⋯⋯⋯⋯⋯⋯⋯ B2
R2 퀸 Queen ⋯⋯⋯⋯⋯⋯⋯⋯⋯ B2
R3 그린 엘리펀트 Green Elephant ⋯⋯⋯⋯ A4
R4 블랙 로즈 Black Rose ⋯⋯⋯⋯⋯ A4
R5 세븐 시스터즈 7 Sister's ⋯⋯⋯⋯⋯ A4

Shopping
S1 골든 쿠쿠 Golden Cuckoo ⋯⋯⋯⋯ A3
S2 바간 하우스 Bagan House ⋯⋯⋯⋯ A4
S3 툰 핸드크라프트 Tun Handcrafts(Moe Moe's) ⋯ A4

Information
기본정보

지역번호 **(061)** | 옛 이름 **파간 Pagan**

환전 · ATM
뉴 바간과 냥우 지역에서 은행과 ATM기를 어렵지 않게 찾을 수 있다. 대부분의 숙소에서도 환전이 가능하다.

바간 지역입장권
고고학 유적지대 Archaeological Zone로 지정된 바간에 들어갈 땐 입장권(K25,000 또는 $20)을 구입해야 한다. 비행기로 들어가면 바간 공항에서, 버스로 들어가면 체크포인트에서 입장료를 내야 한다. 혹시라도 체크포인트를 지나쳤다면(그럴 일은 거의 없지만) 머무는 숙소에서 입장권을 구입해야 한다. 외국인이라면 누구라도 예외가 없다. 대신, 유적지마다 별도의 입장료를 내지 않는다. 입장권 유효기간은 5일이지만 바간에 더 머무는 것은 상관없다. 단, 바간 밖으로 나갔다가 들어오면 입장권을 다시 구입해야 한다. 심지어 유적지를 가지 않는다 하더라도!

Access
바간 드나들기

▣ 버스
양곤에서
양곤의 아웅 밍갈라 터미널에서 08:00, 19:00, 19:30, 20:00, 20:30, 21:00에 버스가 출발한다. 버스는 오전보다는 저녁 출발이 많고 요금은 K16,000~27,000(VIP), 9~10시간 소요된다.

만달레이에서
만달레이의 쮀세칸 버스 스테이션에서 06:00, 09:00, 12:00, 14:00, 15:00, 16:00, 17:00에 버스가 출발한다. 요금은 K9,000~16,000이며 5시간 소요된다.

냥쉐(인레)에서
냥쉐에서 출발하는 교통편은 다양하다. 08:00(미니밴 K15,000), 09:00(쉐어 택시 K35,000), 18:30(VIP버스/K15,000), 19:00(일반버스/K11,000)에 각각 출발한다. 버스회사에 따라 냥쉐 마을에서 출발하기도 하고, 30분 거리인 쉐냥 정션까지 픽업트럭으로 이동한 뒤 출발하는 버스도 있으니 출발지를 확인할 것.

바간에서 출발하는 교통편
국내선 비행기는 매월 출발시간과 요금이 달라진다. 성수기에는 대부분의 항공사가 매일 운항하지만 비수기에는 운항 편수가 축소된다. 고속버스는 터미널에서 출발하지만 미니밴은 숙소에서 픽업하기도 하므로 티켓 구입 시 출발지를 확인하자.

비행기

목적지	요금	소요시간
양곤	$105~111	70분
만달레이	$61~64	30분
헤호(인레)	$95~101	40분
탄드웨(나빨리)	$92~102	90분

* 요금은 2018년 1월 기준임.

버스

목적지	출발시각	요금	소요시간
양곤	08:00, 19:00, 20:00	K13,000~18,500	10~11시간
만달레이	05:00, 08:30, 09:00, 12:00, 14:30, 16:00, 17:00, 18:00	K9,000	5시간
냥쉐(인레), 깔러	07:30, 08:00, 19:00, 20:30	K11,000~18,000	8~9시간
삐이	13:30	K13,000	10시간

▨ 배

바간~만달레이 구간은 배로도 이동할 수 있다. 배는 버스보다 오래 걸리고 가격도 비싸고 살짝 지루한 감도 있지만 여행의 여유로움을 만끽할 수 있는 최상의 교통 수단이다. 시간이 넉넉하다면 한 번쯤 이용해 볼 만하다. 배는 2층으로 된 페리이며 간단한 조식이 제공된다 (보트회사에 따라 다름). 페리 스케줄은 현지 기후상황에 따라 매달 초에 정확한 운항 요일, 요금이 확정되기 때문에 현지에서 한 번 더 확인이 필요하다.

- **스피드 보트(Speed Boat)**
  10~12시간 소요, 요금 $35~43, 매일 출발
- **슬로 보트(Slow Boat)**
  15~17시간 소요, 요금 $15~25, 주 2회 출발
- **럭셔리 크루즈(Luxury Cruise)**
  1박 2일 소요, 요금 $300, 부정기적 출발

이외에도 2일이 소요되는 슬로 보트도 있다. 사실 슬로 보트는 시간이 오래 걸리기 때문에 여행자들은 거의 이용하지 않는다. 여행자들이 가장 선호하는 것은 스피드 보트다. 스피드 보트는 보통 05:30~06:00에 출발해 만달레이에 18:00~19:00에 도착한다. 우기에는 물의 수위가 높아져 운항 시간이 단축된다. 성수기에는 매일 출발하지만 비수기에는 운항 횟수가 줄어들고 출발지(바간, 만달레이)에 따라, 보트회사에 따라 요금이 차이 나므로 확인하고 예약하자. 냥우 선착장 Nyaung Oo Jetty은 냥우 마켓에서 북동쪽으로 약 1km 거리에 위치해 있다.

▨ 바간 버스터미널

기존 냥우 마을에 있던 두 개의 터미널이 2014년 외곽으로 통합 이전했다. 냥우에서 동남쪽으로 8km 떨어진 곳에 위치한 새 터미널은 '쉐삐 하이웨이 버스터미널 Shwe Pyi Highway Bus Terminal'이다. 바간 발착 버스는 모두 이 터미널을 통하게 된다. 터미널에서 냥우까지는 8km, 택시로 15분 소요되며 요금은 K10,000이다. 뉴 바간까지는 13km, 택시로 20분 소요되며 요금은 K15,000이다.

▨ 바간 공항

바간 공항은 냥우 마을에서 동남쪽으로 약 3km 거리에 위치해 있다. 택시로 냥우까지는 10분 소요, 요금은 K7,000이고 올드 바간이나 뉴 바간까지는 택시로 20분 소요, 요금은 K10,000이다.

▨ 바간 기차역

비간 기차역은 냥우에서 남동쪽으로 약 4km 거리에 위치해 있다. 바간에서 만달레이행 열차는 07:00에 출발하며 요금은 K1,300(Ordinary)/K1,800(First), 8시간 소요된다. 양곤행 열차는 17:00에 출발하며 요금은 K12,000(Upper Seat)/16,500(Upper Sleeper), 18시간 소요된다.

Transport
바간 시내교통

▨ 호스까

바간에서 가장 흔하면서도 가장 운치 있는 교통수단은 단연 마차일 것이다. 마차는 보통 호스까 Horse car 라고 부르는데 미얀마어로 민레 myint hlei라고도 부른다. 호스까는 주로 유적을 둘러볼 때 이용하게 된다. 09:00~일몰까지 하루 이용료는 호스까 한 대당 K25,000(올드 바간+뉴 바간), K35,000(올드 바간+뉴 바간+냥우)이다. 새벽에 일출을 보러 가는 것은 별도로 K10,000 내외다. 이외에 민난뚜 빌리지 등 특별한 지역을 가거나 시간을 초과하면 마부와 흥정해 약간의 추가 금액을 내면 된다. 호스까는 냥우 거리에서 쉽게 볼 수 있으며 숙소를 통해 예약도 가능하다.

택시

유적지를 조금 더 편하게 둘러볼 수 있는 방법이다. 4인
승 택시 하루 이용요금은 K35,000이다. 이용시간은
아침 09:00~일몰까지.

전동자전거(E-bike)

요즘 바간에서는 '이-바이크(E-Bike)'로 불리는 전동
자전거가 유행이다. 조금 더 자유로우면서 스피드 있게
유적을 둘러보려는 여행자들 사이에서 인기 만점이다.
일반 모터바이크처럼 크지 않아 부담스럽지 않고, 자전
거처럼 페달을 밟지 않고도 오르막길을 오를 수 있어 편
하다. 뉴 바간과 냥우에 대여점이 많이 있다. 하루 이용
료는 K8,000이고 반나절 이용료는 K5,000이다. 전
동자전거를 빌릴 때 헬멧을 챙기는 것도 잊지 말 것.

자전거

힘든 것은 감수해야 하지만 벌판의 탑 사이를 자전거로
누비는 것은 어디에서도 할 수 없는 특별한 경험이다.
자전거는 숙소나 대여점에서 빌릴 수 있다. 하루 이용료
는 K2,500~3,000 정도. 최근 전동자전거 E-bike
의 등장으로 살짝 밀린 감은 있지만 여전히 여행자들에
겐 가장 저렴하면서도 만만한 교통수단이다.

사이까

바간에도 사이까가 있긴 하지만 유적을 돌아다닐 때는
거의 이용하지 않는다. 현지인들은 마켓에서 산 짐을 나
르거나 가까운 거리를 이동할 때, 여행자들은 주로 페리
를 타기 위해 선착장을 가는 정도에 이용한다. 냥우 마
을에서 선착장까지는 K2,500 정도.

Course
바간 둘러보기

바간은 크게 3개 구역으로 나뉜다. 올드 바간(Old
Bagan), 뉴 바간(New Bagan), 냥우(Nyaung
Oo, Nyaung U)다. 유적지는 대부분 올드 바간에 몰
려 있으며, 과거 올드 바간에 살던 현지인들을 유적 보
호를 위해 이주시키면서 생긴 신도시가 뉴 바간이다. 뉴
바간에는 고급 호텔과 대형 리조트가 많아 주로 단체여
행객들이 머문다. 반면, 냥우는 저렴한 게스트하우스를
비롯해 여행사, 식당 등 편의시설이 몰려 있어 배낭여행
자들이 선호하는 지역이다.

COURSE A 유적 마차 여행

마차를 타고 유적 탐사대가 된 기분으로 파고다 유적이
가득한 바간 벌판을 하루 종일 누벼보자.

COURSE B 냥우 마켓+자전거 여행

오전에는 냥우 마켓을 돌아보고, 오후에는 전동자전거
나 자전거를 타고 일몰을 보러가거나 유난히 마음이 끌
렸던 파고다를 다시 찾아가보자.

COURSE C 뽀빠 당일여행+냥우 도보여행

오전에는 근교의 뽀빠를 투어로 다녀오고, 오후에는 냥
우 마을의 여행자 거리를 돌아다니며 여유로운 시간을
보내자.

1 바간 효율적으로 둘러보기

대부분의 유적은 올드 바간을 중심으로 몰려 있다. 유적은 42㎢의 광활한 평야에 흩어져 있기 때문에 걸어 다니는 것은 불가능하다. 가장 쉽게 유적을 둘러보는 방법은 마차나 택시를 타는 것이다. 대부분의 여행자들은 냥우에 베이스캠프를 치고 마차나 택시를 빌려 유적을 둘러보게 된다. 2,000여 개가 넘는 파고다를 모두 둘러보는 것은 사실상 불가능하기 때문에 주요한 몇 개의 파고다만을 둘러본다. 어느 것이 가장 뛰어나다고 말할 수 없을 정도로 파고다는 각각의 사연과 의미를 담고 있다. 어디서부터 어떻게 돌아봐야 할지 감이 잡히지 않는다면(또는 특별한 계획이 없다면) 마부나 택시기사가 제안하는 코스를 따라도 좋다. 이들은 유명한 파고다 위주로 알아서 안내한다. 보통 머무는 숙소 앞에서 출발하는데 어디서 출발하느냐에 따라 순서는 달라진다. 구역별 유적을 둘러보는 순서는 이 책에 소개된 주요 파고다 내용을 읽어본 뒤, 다음 페이지에 있는 '바간 유적 체크리스트'를 활용해 코스를 짜도 좋겠다. 마차나 택시를 하루 빌리면, 대부분 08:00~08:30(아침 식사 후)에 출발해 해질녘(일몰 포함)인 18:00~18:30까지 둘러보고 숙소로 돌아오게 된다. 점심 식사시간이 되면 손님에게 미얀마식, 중국식, 채식 중에 원하는 곳을 물어 역시 적당한 식당에 데려다준다. 조금 비싸긴 하지만 대체로 맛있는 곳이니 안심해도 좋다. 투어에 식사비는 포함되지 않는다.

2 바간 유적지에서 알아둬야 할 것들

● 신발을 벗을 것

가장 중요한 사항. 미얀마의 모든 사원(파고다)에서는 신발을 벗어야 한다. 유난히 파고다를 들락날락해야 하는 바간에서는 아예 맨발로 돌아다니고 싶은 마음이 들 정도다. 즉, 바간에서만큼은 운동화보다는 슬리퍼나 샌들이 편하다.

● 손전등을 휴대할 것

파고다 내부는 전등이 없어서 어둡다. 벽화를 꼼꼼하게 감상하고 싶다면 손전등(휴대폰 플래시)을 준비하자.

● 사원의 규칙을 지킬 것

많은 사원의 벽이 무너져 내리고 있어 사원 테라스에 오르는 것을 금지하고 있다. 또 일부 사원은 벽화 훼손으로 인해 내부 사진 촬영을 금지하고 있다. 세계적인 보물을 소중히 지켜줄 줄 아는 여행자의 미덕을 발휘하도록 하자.

● 혼자 밤 늦게까지 돌아다니지 말 것

사원 입장시간은 보통 일출부터 일몰 시간대까지다. 간혹 큰 사원은 현지인들이 예불을 드리기 때문에 21:00까지 개방하는 곳도 있지만, 일행 없이 늦은 시간까지 유적지 안에 있으면 길을 잃을 수도 있으니 주의하자. 유적지는 가로등 하나 없는 벌판이니까.

● 입장권을 지참할 것

바간에서는 늘 입장권을 휴대하자. 입장권은 모든 유적지에서 확인하진 않지만 성수기에는 불시에 입장권을 확인하는 경우가 있다. 특히 성수기 때 관광객들이 많이 찾는 유명한 파고다에서는 종종 입장권을 확인한다. 미처 가져오지 않아 다시 입장료를 내는 일이 없도록.

● **천천히 돌아다닐 것**

바간은 무더운 지역이다. 에어컨이 없는 마차를 타고 하루 종일 돌아다니며 사원 계단을 오르락내리락하다 보면 쉽게 지친다. 썬크림과 모자는 필수, 탈수증이 오지 않도록 나무 그늘에 앉아 코코넛도 마시며 쉬엄쉬엄 돌아다니자. 물론 사원 안은 시원하다.

● **휴지와 잔돈을 준비할 것**

모든 유적지에 화장실이 있는 것은 아니다. 쉐산도, 틸로민로 등 큰 사원에는 화장실이 있지만 대부분은 없다. 따라서 화장실이 있는 사원에 갔을 때 미리(?) 이용해두길. 휴지는 비치되어 있지 않으니 개인적으로 챙겨야 하며, 일부 파고다(쉐산도 파야 등)는 화장실 이용료를 내야하므로 잔돈을 준비하도록 하자.

미얀마의 모든 사원은 신발, 양말, 미니스커트, 끈으로 된 원피스 차림으로는 입장이 불가능하다.

3 미얀마 탑을 부르는 호칭

바간의 모든 탑은 크게 두 가지 형태로 나뉜다.

❶ 내부로 들어갈 수 없고 사리나 유물을 모시는 기능으로만 지어진 탑, ❷ 내부로 들어갈 수 있고 사원을 겸하며 사리탑의 기능을 동시에 하는 탑이 있다. ❶은 파야(파고다) ❷는 사원(템플)의 개념에 가깝지만, 미얀마에서는 두 가지 모두 파야 Paya(Phaya) 또는 파고다 Pagoda라고 부른다.

바간에 있는 탑을 예로 들어보자. 일몰을 보는 곳으로 유명한 '쉐산도'는 내부로 들어갈 수 없고, 바간의 대표작으로 꼽히는 '아난다'는 내부로 들어갈 수 있는 데다 사원의 기능을 겸하고 있는데 현지에서는 둘 다 파야라고 부른다. 비문에도 모두 파야라고 적혀 있다. 이렇듯 전체적으로 탑과 사원을 파야라고 불러도 문제될 건 없다. 또, 파야는 파고다와 같은 뜻으로 현지인들도 파야와 파고다를 혼용해서 사용한다. 파야는 '성스러운 곳'이라는 뜻의 미얀마어이고, 파야의 영어식 표현이 파고다라는 것만 기억하면 된다. 보통(모두 그런 것은 아니지만) 바간 지역의 탑은 '파야(Phaya)'라고 표기되어 있고, 양곤 지역은 '파야(Paya), 파고다(Pagoda)'라고 표기된 경우가 많다.

자, 탑의 호칭은 크게 신경 쓰지 않아도 되지만, 주요 기능에 따라 각자 불리는 이름이 있다는 정도는 알아두자. 바간의 탑과 사원은 겉보기는 모두 비슷해 보이지만 이정표나 비문을 유심히 보면 파야 Paya(Phaya), 파고다 Pagoda, 제디 Zedi, 파토 Phato, 스투파 Stupa, 짜웅 Kyaung, 모나스트리 Monastery 등으로 적혀 있다. 일단 이 모든 것을 포함해서 사용할 수 있는 말은 앞서 이야기했듯이 '파야(파고다)'이다.

파야(파고다)는 형태에 따라 다시 제디와 파토로 나뉜다. 부처의 사리나 유물 등 성물을 안치시킨 후 봉인된 탑을 제디라고 한다. 대부분 제디는 안으로 들어갈 수 없고 밖에서만 경배할 수 있게 되어 있다. 제디와 달리 탑 안으로 들어갈 수 있는 것은 파토라고 하는데 탑 안에 동서남북으로 방을 만들어 불상을 모신다. 파토는 통로가 많은 것이 특징이다. 과거 미얀마의 초등학교에서는 양곤의 쉐다곤 파야를 '쉐다곤 제디'라고 가르쳤다고 한다. 불발(부처의 머리카락)을 안치시키기 위해 세운 탑이고 밖에서만 기도를 올릴 수 있게 되어 있으니 정확하게는 제디가 맞는 표현인 셈이다. 오늘날 쉐다곤 제디를 둘러싸고 더 많은 탑이 세워지고 사원의 기능이 강화되면서 '쉐다곤 파야(쉐다곤 파고다)'라는 하나의 고유명사로 불린다.

즉, 제디나 파토에 사원 기능을 겸한다면 더 큰 의미의 파야로 보면 되는 것이다. 참고로, 스투파는 사리탑을 뜻하고, 짜웅은 모나스트리와 같은 뜻으로 승려들이 머무는 수도원을 의미한다.

자자, 용어가 헷갈린다면 앞서 이야기한 것처럼 가장 큰 의미인 '파야(파고다)'라고만 불러도 노 프라블럼!

CHECKLIST

CHECKLIST
바간 유적 체크 리스트

☑ 바간 유적,
꼼꼼하게
체크하며
둘러보자

올드바간

PAGE 124
타짜본 파야 ☐
Thakyabon Paya

PAGE 124
우빨리떼인 ☐
Upalithein

PAGE 125
틸로민로 파야 ☐
Htilominlo Paya

PAGE 126
아난다 파야 ☐
Ananda Paya

PAGE 125
아난다 옥 짜웅 ☐
Ananda Ok Kyaung

PAGE 127
타라바 게이트 ☐
Tharaba Gate

PAGE 128
마하보디 파야 ☐
Mahabodhi Paya

PAGE 128
부 파야 ☐
Bu Paya

PAGE 129
거더팔린 파야 ☐
Gawdawpalin Paya

PAGE 130
쉐구지 파야 ☐
Shwegugyi Paya

PAGE 130
탓빈뉴 파야 ☐
Thatbyinnyu Paya

PAGE 131
탄더짜 파야 ☐
Thandawkya Paya

PAGE 131
낫라웅 짜웅 ☐
Nathlaung Kyaung

PAGE 129
마하제디 파야 ☐
Mahazedi Paya

PAGE 132
로카테익판 파토 ☐
Lawkahteikpan Phato

PAGE 133
쉐산도 파야 ☐
Shwesandaw Paya

PAGE 133
신빈따라웅 ☐
Shinbinthalyaung

PAGE 134
슐라마니 파토 ☐
Sulamani Phato

PAGE 135

타베익 마욱 ☐
Thabeik Hmauk

PAGE 135

불레디 ☐
Buledi

PAGE 136

담마양지 파토 ☐
Dhammayangyi Phato

민가바

PAGE 137

구뱍욱지 ☐
Gubyaukgyi

PAGE 138

마누하 파야 ☐
Manuha Paya

PAGE 138

난 파야 ☐
Nan Paya

PAGE 139

나가욘 파야 ☐
Nagayon Paya

PAGE 140

레미엣나 파토 ☐
Laymyethna Phato

PAGE 140

아베야다나 파토 ☐
Abeyadana Phato

PAGE 141

밍갈라 제디 ☐
Mingalazedi

뉴 바간

PAGE 142

로카난다 파야 ☐
Lawkananda Paya

PAGE 143

아나욱 펫레익 파야 ☐
Anauk Petleik Paya

민난뚜

PAGE 144

이자고나 파야 ☐
Izza Gawna Paya

PAGE 145

난다만냐 파토 ☐
Nandamannya Phato

PAGE 146

파야똥주 ☐
Phayathonezu

PAGE 147

레미엣나 사원군 ☐
Laymyethnar Complex

PAGE 148

담마야지카 파야 ☐
Dhammayazika Paya

냥우

PAGE 150

쉐지곤 파야 ☐
Shwezigon Paya

PAGE 152

신 아라한 옥 짜웅 ☐
Shin Arahan Oak
Kyaung

ပုဂံမြို့ဟောင်း

중앙 평원지역 포함

올드 바간 | Old Bagan

광활한 바간 벌판을 정확하게 어디서부터 어디까지를 동서남북이라고 나누는 기준은 없다. 다만 지형상으로 북쪽으로는 냥우 Nyaung Oo, 서쪽으로는 올드 바간 Old Bagan, 남쪽으로는 민가바 Myinkaba 와 뉴 바간 New Bagan, 동쪽으로는 민난뚜 Min Nan Thu 마을이 형성되어 있어 마을 이름으로 지역을 구분한다. 중앙 평야에는 마을은 없고 유적만 있다. 따라서 이 장에서는 유적을 올드 바간, 민가바, 뉴 바간, 민난뚜 지역으로 나눠 소개하되, 중앙 평야

의 사원군은 올드 바간 지역에 포함해 소개한다. 여기엔 냥우에서 올드 바간으로 가는 도로상에 있는 유적까지도 포함한다. 일반적으로 여행자들의 코스는 냥우에서 시작해 올드 바간으로 향하게 되고, 중앙 평야는 올드 바간에서 가까워 코스로 묶어 쉽게 둘러볼 수 있기 때문이다.

바간 왕조 연대기

왕	재위기간	이전 왕과의 관계
아노라타 Anawrahta	1044~1078	Kunhsaw Kyaunghpyu의 아들
쏘루 Sawlu	1078~1084	아들
짠시타 Kyansittha	1084~1112(1113)	의붓형제
알라웅시투 Alungsithu	1112(1113)~1168	손자
나라투 Narathu	1168~1171	아들
나라테인카 Naratheinkha	1171~1174	아들
나라파티시투 Narapatisithu	1174~1211	형제
틸로민로 Htilominlo(나다웅먀 Nadaungmya)	1211~1235	아들
짜수아 Kyaswa	1235~1251	아들
유자나 Uzana	1251~1256	아들
나라티하파테 Narathihapate	1256~1287	아들
– 공백기 –	(1287~1289)	
짜수아 Kyawswa	1289~1297	아들

알림

1. 《프렌즈 미얀마》에 사용된 연대와 지명, 왕과 도시의 이름, 설화 등은 버마왕실역사위원회에서 1829년~1832년까지 정리한 미얀마 표준연대기인 「Hmannan Yazawin(만난 야자윈)」을 근거로 합니다. 이것은 1923년 Pe Maung Tin & Gordon H Luce에 의해 "Glass Palace Chronicle(유리 궁전 연대기)"로 번역되어 전 세계에서 미얀마의 주요 표준연대기로 공식 사용되고 있는 자료입니다. 즉, 《프렌즈 미얀마》에서 '연대기에 의하면'이라는 표현은 바로 이 유리 궁전 연대기를 의미합니다. 참고로, 발굴된 유적과 연대기의 자료가 일부 일치하지 않는 부분이 있어 미얀마 고대 역사자료는 미얀마 역사학자들에 의해 지금도 꾸준히 연구, 논의되고 있음을 알려드립니다.

2. 미얀마에서 파야(파고다)는 보통 'Paya'로 표기하나, 바간의 유적지에서는 유독 Phaya로 표기하고 있습니다. 이에 대해 《프렌즈 미얀마》에서는 미얀마의 일반적인 표기법인 Paya로 통일하여 표기합니다.

3. 냥우 지역의 표기는 현지에서 Nyaung Oo, 또는 Nyaung U로 혼용하여 사용되고 있습니다. 《프렌즈 미얀마》에서는 Nyaung Oo로 통일하여 표기합니다.

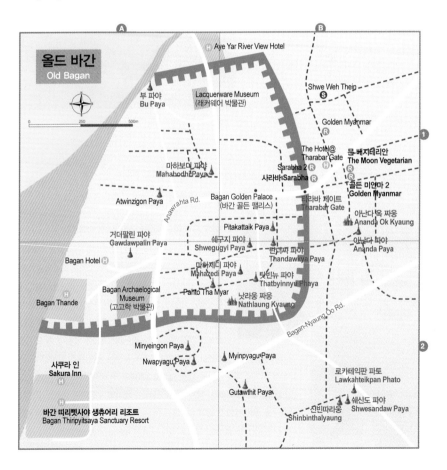

타짜본 파야 Thakyabon Paya သာကျပုံဘုရား

지도 P.114-B2 | 건립연대 13세기 | 유적 No.235

짠시타 왕에 의해 세워진 타짜본은 작은 단일 사원이지만 흥미로운 더블 붓다 Double Budda상이 안치되어 있다. 현지인들의 이야기에 따르면, 이처럼 2중으로 된 불상은 언제 어떤 의미로 만들어졌는지 유래는 정확히 알 수는 없지만, 1967년 낫 탓 신투 Hnat Htat Sintu 사원에서도 이와 비슷한 형태의 2중 불상이 발견되었다고 한다. 도굴꾼이 불상의 복장 안에 숨겨진 보물을 훔치려고 복장을 팠다가 그 안에서 또 불상이 나오자 놀라 달아났다고 한다. 타짜본 사원은 냥우 Nyaung Oo와 웨찌인 Wetkyi-Inn 마을 사이에 있다. 비문과 이정표의 표기가 다른데(바간의 많은 파고다가 이러하다), Thagyarpone이라고 표기 하기도 한다. 마부에게 특별히 얘기하지 않으면 지나치기도 하는데, 센스 있는 마부라면 타짜본 사원 이나 그 옆에 있는 타짜힛 Thagyarhit 사원에 들 러 이제 전개될 바간 유적여행의 프롤로그를 느끼 게 해준다. 타짜힛 사원은 2층 테라스에서 한적한 바간 벌판의 전망을 볼 수 있다.

우빨리떼인 Upalithein ဦးပါလိသိမ်ဘုရား

지도 P.114-B2 | 건립연대 13세기 | 유적 No.2117

우빨리떼인은 틸로민로 왕 시대에 덕망 받던 승려 '우빨리' 의 이름에서 따왔다고 한다. 우빨리는 인도 석가족 왕자들 의 전용 이발사로 부처에게 귀의한 10대 제자의 이름이기 도 하다. 이곳은 바간에 남아 있는 마지막 계단(戒壇)이 다. 계(戒)는 승려가 지켜야 할 계율로 20세가 되면 불자 로서의 정식 출발을 알리는 비구계라는 것을 받게 되는데 그 의식을 행하는 장소였다. 직사각형 구조의 사원은 원래 목조 건물이었으나 대부분 무너져 내려 꼰바웅 왕조 시대인 1794년 옛 모양을 그대로 본떠 석조 사원으로 새로 지어졌다. 내부 벽과 천장에는 붓다와 수행하는 승려를 표현한 아름다운 고대 벽화가 남아 있는데 17세기~18세기에 그려진 것으로 추정된 다. 사원 문은 잠겨있지만 철문 밖에서 내부 벽화를 일부 볼 수 있다.

틸로민로 파야 Htilominlo Paya ထီးလိုမင်းလိုဘုရား

지도 P.114-B2 | 건립연대 13세기 | 유적 No.1812

틸로민로 왕에 의해 1218년 건립된 사원. 틸로민로는 '우산의 뜻대로'라는 의미다. 연대기에 의하면, 나라파티시투 왕에게는 5명의 아들이 있었는데 그는 서열과 관계없이 총명한 막내아들 나다웅먀에게 왕위를 물려주고 싶어했다고 한다. 나라파티시투는 고심 끝에 모든 것을 신에게 맡기기로 하고, 아들들을 한자리에 모아놓고 하얀 우산을 던져 우산 꼭지가 가리키는 이에게 왕위를 물려주기로 하였다. 다행히(?) 그의 바람대로 우산 꼭지는 막내인 나다웅먀에게 향했다. 그때부터 나다웅먀는 '틸로민로'라는 이름으로 불리게 되었다. 훗날 왕이 된 틸로민로는 아버지가 건설한 술라마니 사원을 본떠 틸로민로 사원을 건설했다. 틸로민로는 바간의 유적 중 비교적 원래의 형태를 잘 간직하고 있는 사원이다. 당시의 견고한 건축기술을 볼 수 있는데 벽돌로 기초를 다지고 뼈대를 만든 뒤, 석회로 마감하고 그 위에 문양을 새겨 넣었다. 상부에는 화려한 단청과 탑을 올리고 황금으로 덧칠하여 완성하였다. 내부 마감재는 대부분 당시의 것들이나 벽화는 후대에 그려진 것들로 15세기~18세기 사이의 벽화로 추정된다.

아난다 옥 짜웅 Ananda Ok Kyaung အာနန္ဒာအုတ်ကျောင်း

지도 P.123-B2 | 건립연대 12세기

아난다 사원의 북서쪽에 있는 이 작은 사원도 놓치지 말자. 1137년에 지어진 아난다 옥 짜웅은 아난다 사원의 부속 건물로 '아난다 벽돌 수도원'이라는 뜻이다. 투다함마 린카라 Thuddhamma Linkara라는 스님이 69세로 입적하기 전까지 이곳에서 수행하며 머물렀다고 한다. 벽과 천장에는 매우 선명하면서도 아름다운 벽화가 남아 있다. 붓다의 전생과 바간 시대의 일상을 담은 벽화로 18세기의 것으로 추정된다. 아난다 사원 북쪽 출입구에서 가깝다. 내부는 촬영 금지!

아난다 파야 Ananda Paya အာနန္တ္ဘၟဘရား

지도 P.123-B1 | 건립연대 12세기 | 유적 No.2171

아난다 사원은 바간 유적을 통틀어 가장 잘 보존된 걸작이라는
평가를 받는 사원이다. 1975년 지진으로 상당 부분 훼손되었으
나 대부분 옛 모습 그대로 복원되었다. 연대기에 의하면, 짠시타
왕 시절에 8명의 승려가 시주를 하러 궁전에 들렀다고 한다. 그
들이 히말라야의 난다무라 Nandamula 동굴사원에서 왔다는
소식을 들은 짠시타 왕은 승려들을 궁전 안으로 초대하였다. 짠
시타 왕은 평소 바간 평야 중앙에 멋진 사원을 건축하고픈 열망
이 있던 터라 난다무라 동굴사원에 대해 얘기를 듣고 싶었던 것
이다. 승려들은 강력한 명상을 통해 짠시타 앞에 난다무라 동굴
을 펼쳐 보여줬고 그것을 모델로 아난다 사원을 세웠다고 한다.

동 | 코나가마나
(Konagamana: 구나함모니불)
서 | 고타마
(Gotama: 석가모니불)

1105년 건설된 아난다 사원은 인도 벵골 Bengal 지방의 사원
양식과 유사한데, 당시 인도는 무슬림 세력이 확장되면서 불교가
설 자리를 잃어 많은 승려들이 주변국으로 이주하면서 건축 양식
이 들어왔을 것으로 추정된다. 사원 입구에서 보면 첨탑의 장식
때문에 2층으로 보이지만 단층 사원이다. 첨탑은 1990년 사원
건립 100주년을 맞아 도금됐다. 사원 내부에는 동서남북 각 방
향을 따라 9m의 대형 입불상을 모시고 있다. 가사 자락을 늘어
뜨린 입불상은 미얀마에서도 흔치 않은데 이는 붓다의 자비를 표
현한다. 특히 남쪽 입불상 앞에서 유난히 관광객들이 뒷걸음질
치는 모습을 볼 수 있다. 이는 붓다의 얼굴 표정이 가까이 다가가

남 | 카사파
(Kassapa: 가섭불)
북 | 카쿠산다
(Kakusandha: 구류손불)

면 근엄하고, 뒤로 물러나면 미소를 짓는 것처럼 보이기 때문이다. 아난다 사원은 회랑 벽면을 오목하게 파서 그 안에
조각을 하거나 조각품을 세워둔 벽감이 바간 사원 중에 가장 많이 설치된 곳이다. 매년 12월~1월 사이 아난다 사원
축제가 열릴 때는 1,000명 이상의 승려가 이곳에 모이고, 사원 앞에서 타라바 게이트까지 거대한 노점이 열린다.

타라바 게이트 Tharaba Gate သာရပါတ်ခါး

지도 P.123-B1 | 건립연대 9세기

849년 바간 초기 왕국의 삔비야 Pyinbya 왕
이 지금의 올드 바간 지역에 도시를 세우며 쌓은
성벽이다. 도시 바깥으로 동서남북을 둘러 약
4m 높이의 성곽을 쌓고, 각 방향마다 3개씩 전
체 12개의 문을 세웠다. 현재는 대부분 훼손되
어 4개의 문만 남아 있다. 그중 보존 상태가 가
장 좋은 문이 동쪽 정문이다. '타바라 게이트'라
고 하면 보통 이 동쪽 문을 일컫는다. 게이트 양
옆 제단에는 미얀마의 대표 낫(정령신앙)인 '마
하기리' 낫 남매가 모셔져 있다. 왼쪽이 오빠인
마웅틴테 Maungtintde, 오른쪽이 여동생 쉐
미엣나 Shwemyethna다. 옛날 바간 사람들
은 왕이 아프거나 죽으면 나쁜 정령이 이 성벽에
올랐다고 믿었다. 남매는 이곳에서 나쁜 정령이
성벽에 오르는 것을 막는 수호신 역할을 한다.

오빠 마웅틴테(마하기리 낫)　　동생 쉐미엣나(흐나마도지 낫)

TRAVEL 💬 PLUS
미얀마의 대표적인 낫, 마하기리 Mahagiri 설화

낫 Nat은 미얀마에 지금까지 전해 내려오는 정령신앙이다. 미얀마에는 37개의 낫이 있는데 가장 유명한 낫이 '마하
기리'다. 전설에 따르면, 만달레이 북부 따가웅 Tagaung 왕국에 마웅틴테 Maungtintde라는 대장장이가 살았
다고 한다. 그는 사나운 코끼리의 상아를 부러뜨리는 괴력의 소유자로, 일을 할 때 망치로 내려치는 힘이 땅을 진동
시켰다. 따가웅 왕국의 왕은 힘이 센 이 대장장이에게 왕위를 뺏길까 두려운 나머지 그를 없애려고 하였고, 위험을
느낀 대장장이는 산속으로 피신하였다. 그러자 왕은 대장장이의 여동생을 왕비로 맞이한다. 그러고는 매부의 자격
으로 처남인 대장장이를 왕궁으로 불러들인다. 대장장이가 나타나자 왕은 그를 체포하여 사가 Saga 나무에 붙들어
매고 둘레에 나뭇단을 쌓아 화형에 처한다. 모든 것이 왕의 계략이었다는 것을 뒤늦게 알게 된 여동생은 자신의 행동
을 후회하며 불길에 몸을 던져 오빠와 함께 죽고 만다. 그 뒤, 사가나무 그늘을 지나는 사람이나 동물은 이유없이 모
두 죽게 되었다고 한다. 이에 놀란 왕은 사가나무를 베어 에야와디 강에 버렸다. 나무는 강을 따라 지금의 바간 지역
까지 흘러왔고, 마침 강가에서 휴식을 취하던 바간 왕국의 띤리짜웅 Tinlikyaung 왕이 이를 발견했다. 오누이의
이야기를 전해들은 띤리짜웅 왕은 나무 둥치를 건져 오빠와 여동생의 상을 조각한 뒤 금을 입혀 근처의 뽀빠 Popa
산에 사당을 세워 안치하고 오누이의 영혼을 위로했다고 한다. 그리하여 대장장이는 뽀빠의 산신(山神)인 마하기리
(Mahagiri: 큰 산) 낫이 되었고, 여동생은 흐나마도지(Hnamadawgyi: 위대한 여동생) 낫이 되었다. 마하기리
낫은 불에 탈 때의 뜨거움을 식히는 부채와 대장장이의 망치를 쥐고 있는 모습으로 표현된다.

마하보디 파야 Mahabodhi Paya
မဟာဗောဓိဘုရား

지도 P.123-A1 | 건립연대 13세기 | 유적 No.447

1215년 틸로민로 왕에 의해 건설된 사원. 인도 보드가야 Bodhgaya에 있는 마하보디 사원 Mahabodi Temple을 모델로 하여 지어졌다. 5세기~6세기에 지어진 인도의 마하보디 사원은 세계 불교 순례자들에겐 성지와 같은 곳으로 외벽에 붓다의 성상을 소중하게 모시고 있다. 바간의 마하보디 사원도 같은 형식을 취하고 있다. 외벽에 벽감을 대고 465개의 작은 불상을 빙 둘러 채웠는데 피라미드처럼 하늘로 솟아 있는 첨탑의 높이가 43m나 된다. 벽감 안에 층층 앉아 있는 붓다는 저마다 조금씩 다른 모습을 하고 있다.

부 파야 Bu Paya ဗူးဘုရား

지도 P.123-A1 | 건립연대 2세기 | 유적 No.1657

언뜻 보면 종 모양 같기도 한 부 파야는 '표주박 모양의 탑'을 의미한다. 이 탑은 바간 유적 중 가장 오래된 것으로 전해진다. 연대기에 의하면, 바간 초기 왕국의 퓨쇼티(Pyusawhti: 162~243) 왕이 세운 것이라고 한다(사원 비문에는 300년에 세운 것이라고 적혀 있다). 그가 왕이 되기 전, 타무다릿 Thamuddarit 왕이 재위하던 시절에 바간에는 '부'라고 하는 일종의 덩굴 식물이 강둑을 타고 올라와 걷잡을 수 없이 확산되어 온 마을로 퍼져나갔다고 한다. 생명력이 질긴 이 식물은 상당히 위협적으로 자라나 주민들의 근심거리였다. 이때 청년 퓨쇼티가 이를 활로 쏴 모두 제거했다. 그것을 계기로 퓨쇼티는 타무다릿 왕의 딸과 결혼하게 되고, 훗날 왕이 되어 자신에게 행운을 주었던 장소를 기념하기 위해 탑을 세웠다고 한다. 원래 있던 탑은 1975년 지진으로 강으로 떨어져 나가 현재의 모습은 재건된 것이다. 강변에 접해 있어 일몰을 보기에 좋은데 우기에는 사원 아래로 내려가 에야와디 강으로 지는 황금빛 일몰을 바라보며 배를 탈 수도 있다.

거더팔린 파야 Gawdawpalin Paya ကန်တော့ပုလ္လင်ဘုရား

지도 P.123-A2 | 건립연대 13세기 | 유적 No.1622

나라파티시투 왕이 술라마니 사원을 완성한 다음에 짓기 시작한 사원이다. 미완성으로 남아 있다가 그의 아들 틸로 민로 왕에 의해 1227년 완성되었다. 사원의 높이는 55m로 바간에서 탓빈뉴 파야에 이어 두 번째로 높은 사원이다. 연대기에 의하면, 나라파티시투 왕은 종종 입버릇처럼 자신이 모든 조상들이 합체된, 가장 위대하고 강력한 왕이라 고 공표했다고 한다. 그러던 어느 날, 왕은 특별한 이유 없이 갑자기 시력을 잃어 앞을 볼 수 없게 되었다. 그때에야 비로소 자신의 경솔했던 말과 행동을 뉘우치며 조상들에게 속죄하는 마음으로 이 사원을 세웠다고 한다. 거더팔린은 '경의를 표하는 단'이라는 뜻이다. 바

간 후기를 대표하는 사원 중의 하나로 꼽히는데 1975년 지진으로 크게 무 너져 내렸다가 보수되었다. 거더팔린 사원은 에야와디 강변 근처에 위치해 있어 내려다보는 경관이 좋은데 현재 2층은 통제되어 올라갈 수 없다.

마하제디 파야 Mahazedi Paya မဟာစေတီဘုရား

지도 P.123-B2 | 건립연대 13세기 | 유적 No.1602

탓빈뉴 사원 남서쪽에 위치한 마하제디 파야는 자료나 비문이 전혀 남아 있지 않는 파고다이다. 정확한 건립 연대나 설립자를 알 수 없으나 벽돌의 형태나 건축 방 식으로 보아 13세기 바간 후기 시대에 지어졌을 것이 라고 추정된다. 초원의 작은 탑들 사이에 우뚝 서 있 는 마하제디는 정사각형 3단 테라스 위에 종 모양의 돔을 올려 완벽한 균형감을 자랑한다. 초원에 방치된 듯 파고다 주변으로 수풀이 많은데 가파른 3층 계단을 오르면 바간의 서쪽 유적지들이 한눈에 펼쳐진다.

쉐구지 파야 Shwegugyi Paya ၻဝၟကြီးဘုရား

지도 P.123-B2 | 건립연대 12세기 | 유적 No.1589

1140년 알라웅시투 왕이 건설한 '황금 동굴'이란 뜻의 사원이다. 연대기에 의하면, 현재의 쉐구지 사원 자리에서 4m 높이의 거대한 돌이 발견되었다고 한다. 이를 신의 계시라고 해석한 왕은 그 돌을 반석 삼아 쉐구지 사원을 건설했는데 완공까지 총 7개월 7일이 걸렸다고 한다. 그러나 알라웅시투 왕은 자신이 만든 이 사원에서 훗날, 그것도 아들 나라투에게 죽임을 당한다. 왕위에 대한 야욕을 품고 있던 나라투는 잠이 든 아버지를 베개로 눌러 질식사시켰다고 한다. 알라웅시투 왕은 아들에 의해 아난다 사원에서 쉐구지 사원으로 옮겨질 때, 이미 죽음을 예감하고 모든 걸 운명으로 받아들이며 어떠한 저항도 하지 않았다고 한다. 회랑을 따라 4개의 불상과 코너에 건설 당시의 비문 2개가 남아 있다. 아름다운 고대 문양으로 조각된 나무 문 밖으로 알라웅시투 왕이 이곳으로 옮겨지기 전까지 머물렀다는 아난다 사원이 멀리 보여 한층 쓸쓸한 분위기가 감돈다.

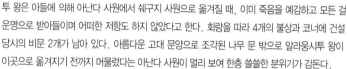

탓빈뉴 파야 Thatbyinnyu Paya သဗ္ဗညုဘုရား

지도 P.123-B2 | 건립연대 12세기 | 유적 No.1597

탓빈뉴는 '전지전능한 부처'라는 뜻으로 알라웅시투 왕에 의해 세워졌다. 사원은 4층으로 지어졌는데 높이가 65m로 바간에서 가장 높다. 그래서 어지간히 높은 사원에 올라가면 희고 웅장한 탓빈뉴 사원이 눈에 띈다. 북동쪽으로는 바간 초기 양식인 아난다 사원, 북서쪽으로는 바간 말기 양식인 거더팔린 사원 사이에서 균형을 잘 잡고 있다. 건설 당시 1, 2층은 승려들이 거주했고 3층은 유물 보관 장소, 4층은 도서관으로 이용되었다. 탑 상부에는 사리 등의 성물을 모셨는데 2차 대전 당시 일본군에게 도굴 당해 유물은 남아 있지 않다. 현재는 1층만 개방하고 있다. 거대한 사원 외형과 달리 안으로 들어서면 불상은 의외로 작은 모습이다. 꼰바웅 Konbaung 왕조 시대의 보도파야 Bodawpaya (1782~1819) 왕비가 1785년에 방문하여 남긴 글이 벽면에 기록되어 있다.

탄더짜 파야 Thandawkya Paya သံတော်ကျဘုရား

지도 P.123-B2 | 건립연대 12세기 | 유적 No.1592

탓빈뉴 사원 동북쪽에 있는 사원. 탓빈뉴 사원을 지을 때 사용된 벽돌 수를 셈하기 위해 지어진 사원이다. '기록하는 탑'이라는 의미의 텔리 파고다 Tally Pagoda라고도 한다. 즉, 탓빈뉴 사원에 벽돌 1만 장이 사용될 때마다 이곳에 따로 벽돌 1장씩을 모아 탑을 쌓은 것이다. 안에는 6m 높이의 불상이 모셔져 있는데, 이는 사암으로 만들어진 것이라고 한다. 온 몸을 마치 돌로 둘둘 감은 듯한데 깨달음의 순간을 상징하는 부미스파르샤 무드라

Bhumisparsha Mudra를 취하고 있다. 이는 오른쪽 손바닥은 안쪽을 향하고, 손끝은 땅을 향하고 있는 모습이다. 부처가 열반의 경지에 들었을 때 땅으로 하여금 그 순간을 목격하라고 주문을 하는 손동작으로 바간의 많은 사원에서 볼 수 있는 무드라다. 왼손은 도굴꾼들에 의해 훼손된 모습으로 남아 있다. 사원은 12세기에 지어졌지만 불상은 1284년 나라티하파테 왕에 의해 제작되었다. 그는 몽골이 침략하기 전 바간의 마지막 왕으로 타욕삐민 Tayoke Pyay Min(몽골로부터 도망친 왕)이라고도 불린다.

낫라웅 짜웅 Nathlaung Kyaung နတ်လောင်းကျောင်း

지도 P.123-B2 | 건립연대 10세기 | 유적 No.1600

탓빈뉴 사원 서쪽에 위치한 낫라웅 짜웅은 바간의 오래된 힌두 사원 중 하나다. '정령들을 가둔 사원'이라는 뜻처럼 바간을 통일한 아노라타 왕은 토착민들이 믿던 낫과 힌두교의 신을 모두 이 사원에 몰아넣고 상좌불교국을 건설하려 했다고 한다. 그런 이유로 학자들은 이 사원은 아노라타 왕이 따톤 왕국을 침략하기 훨씬 전인 931년 타웅투지 Taungthugyi(냥우 쏘로한 Nyaung-u Sawrahan 왕이라고도 불림) 왕에 의해 건설되었을 거라고 추정한다. 힌두교는 바간 왕국 이전에는 일반적인 종교였기 때문에 바간을 방문하는 인도 순례자들을 위해 지어졌을 것이라는 해석도 있다. 어쨌거나 아노라타 왕이 상좌불교를 국교로 수립하는 과정 중에 남아 있던 유일한 힌두사원이었던 터라 손상도 심하다. 내부는 물론 외부의 장식도 거의 사라지고 벽돌만이 형태를 유지하고 있다. 입구의 비슈누상과 내부 벽면의 브라흐마, 비슈누, 시바 신의 조각 역시 옛 흔적 위에 시멘트로 새롭게 조성한 것이다.

로카테익판 파토 Lawkahteikpan Phato လောကသိပ္ပံဘုရား

지도 P.123-B2 | 건립연대 12세기 | 유적 No.1580

'세계 장식의 정상'이란 의미를 담고 있는 사원으로 짠시타 왕의 후계자인 알라웅 시투 왕에 의해 세워졌다. 12세기 중반의 전형적인 건축 양식으로 지어졌는데 사원의 크기는 작지만 가로, 세로 비율이 조화로우며 그에 맞는 위엄을 잘 갖추고 있다. 특히 내부 벽화는 바간의 황금시대를 잘 나타내고 있으며 붓다의 전생과 일생의 사건들을 묘사한 뛰어난 자타카를 볼 수 있다. 파란색과 빨간색, 흰색 위주의 제한적인 컬러를 사용했음에도 불구하고 상당히 생동감 있게 표현되어 있다.

사원 입구의 왼쪽과 오른쪽 벽면에는 붓다의 전생 중 배산타라 왕자 이야기를, 동쪽 벽면에는 붓다가 도솔천에서 불법을 펴는 장면을, 불상의 뒤쪽인 남쪽 벽면에는 붓다가 생존했을 때 펼친 8가지 기적을 묘사하고 있다. 서쪽 벽면에는 많은 사람과 동물, 암자가 그려져 있고 북쪽 벽면에는 많은 좌불이 그려져 있다. 고개를 젖혀 천장을 보는 것도 잊지 말자. 섬세한 연꽃 문양의 천장 벽화를 볼 수 있다.

바간은 사원이 너무 많아서 작은 사원은 그냥 지나치게 되는 경우가 많다. 특히 로카테익판 사원은 근처에 있는 유명한 쉐산도 사원의 명성에 가려 주목을 받지 못한다. 하지만 들르게 되면 매우 강한 인상을 받게 되는 아름다운 사원이니 놓치지 말자. 쉐산도 파야 북쪽에 위치해 있다.

쉐산도 파야 Shwesandaw Paya ရွှေဆံတော်ဘုရား

지도 P.123-B2 | 건립연대 11세기 | 유적 No.1568

쉐산도 파야는 바간에서 일몰을 보는 데 있어 가장 인기 있는 장소 중 한 곳이다. 1057년 아노라타 왕이 따똔 왕국을 물리치고 건설한 파고다로 화려한 바간 왕국의 시작을 알리는 사원이다. 따똔 왕국에서 가져온 불발(부처의 머리카락)을 안치시켜서 '황금의 불발'이라는 뜻의 쉐산도로 불린다. 바간의 탑은 크게 두 가지 형태다. 내부로 들어갈 수 없고 사리나 유물을 모시는 탑 자체로만 지어진 것과, 내부로 들어갈 수 있고 사원 기능과 사리탑의 기능을 하는 것이 있다. 쉐산도는 전자로, 거대한 외벽 계단을 타고 바깥 테라스로 오를 수 있게 되어 있다. 정사각형 기단 위에 5층까지 올린 테라스는 위로 갈수록 조금씩 좁아지고 계단도 약간 가파르다. 사실 쉐산도는 해가 지기 전 바간의 모든 여행자가 몰려드는 곳이다. 이곳 5층 테라스에서 내려다보면 바간 평원의 크고 작은 파고다들이 한눈에 펼쳐지기 때문이다. 하지만 2016년 지진으로 사원 외벽에 금이 가면서 2017년 12월부터 테라스 오르는 것을 금지하고 있다. 유적지 투어를 계획할 때 마부 또는 택시 기사에게 쉐산도 사원의 공사가 끝났는지, 테라스 개방여부를 확인해보자.

신빈따라웅 Shinbinthalyaung ရှင်ပင်သာလျှောင်းဘုရား

지도 P.123-B2 | 건립연대 11세기 | 유적 No.1570

쉐산도 파고다 주변으로 부속 파고다가 몇 개 있는데 그중 남쪽에 창고처럼 길게 지어져 있는 신빈따라웅도 놓치지 말자. 사원 안에는 11세기에 만들어진 18m 길이의 와불이 모셔져 있다. 열반에 든 붓다의 머리 방향은 보통 북쪽을 향하고 있는 반면, 이 와불은 남쪽을 향하고 있는 것이 색다르다. 그래서 이 와불은 휴식을 취하고 있는 모습이라고 해석한다. 참고로 오늘날 소승불교에서는 승려들에게 잠을 잘 때 왼편보다는 오른편으로 누울 것을 권하고 있다고 한다.

술라마니 파토 Sulamani Phato ဗုဠုၿၼ္ဘုၿရား

지도 P.114-B3 | 건립연대 12세기 | 유적 No.748

1183년 나라파티시투 왕에 의해 건설된 사원. 전형적인 바간 후기 건축 양식을 잘 보여주는 사원으로 후대에 지어진 틸로민로 사원의 모델이 된 사원이기도 하다. 연대기에 의하면, 나라파티시투 왕이 길에서 반짝이는 루비를 발견했는데, 그 자리에 공덕을 쌓으라는 신의 계시라고 해석하고 술라마니를 건설했다고 한다. 그래서 이 사원을 '우는 보석 crowing jewel'이라고도 한다. 술라마니 사원의 외관, 특히 몰딩 처리된 부분의 장식은 매우 상태가 좋은 편인데 바간 유적 중 가장 아름다운 장식으로 꼽힌다. 내부 동쪽 회랑에는 머리에 관을 쓰고 있는 독특한 붓다가 있다. 티베트의 불상과 흡사하고 머리의 관과 화려한 색채 등을 보아 건설 당시 밀교가 싹트는 시기였다고 추정된다. 술라마니는 아름다운 벽화가 많이 남아 있는 사원으로도 유명한데 빛이 잘 들어와 손전등 없이도 벽화를 감상할 수 있다. 주로 붓다 생전의 중요 장면을 표현하고 있으며 색채와 묘사가 뛰어나다. 벽면의 벽화는 18세기, 천장 벽화는 13세기에 그려진 것으로 추정된다.

TRAVEL 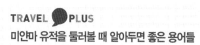 PLUS
미얀마 유적을 둘러볼 때 알아두면 좋은 용어들

티 Hti	탑의 꼭대기(첨탑) 부분에 올려진 우산 장식
구 Gu	동굴 형태로 지어진 파고다. ex) OO Gu Paya
자타카 Jataka	붓다의 전생 이야기
짜웅 Kyaung	수도원(Monastery)
쉐 Shew	금(Gold). ex) 쉐산도, 쉐지곤
제디 Zedi	성물을 모신 사리탑
스투파 Stupa	제디 끝 부분이 원통 모양으로 된 탑

타베익 마욱 Thabeik Hmauk သပိတ်မှောက်

지도 P.114-B3 | 건립연대 12세기 | 유적 No.744

술라마니 사원 동쪽으로 약 130m가량 떨어진 곳에 위치한 타베익 마욱 사
원은 술라마니의 유명세에 가려 눈에 잘 띄지 않지만 상당히 매력적인 사원
이다. 술라마니의 작은 미니어처 버전처럼 보이지만 층층이 쌓아올린 테라스
의 탑이 하늘로 한껏 날아오를 듯한 유려한 모습은 작은 성채를 연상시킨다.
1975년 지진에 의해 손상되었으나 싱가포르 불자
들의 기부로 1998년 복원되었다. 현지인들에겐
명상하기 좋은 사원 중 하나로 꼽히는데, 좁고 가
파른 내부의 계단을 오르면 평화로운 바간 평야의
전망이 펼쳐진다. 타베익 마욱은 단체관광객들은
거의 찾지 않고, 띄엄띄엄 자전거를 타고 찾아오는
배낭여행자들이 전부라서 가끔 문이 닫혀 있기도
한다. 기다리고 있으면 옆의 관리 처소에서 현지인
이 나와 문을 열어줄 것이다. 만약 사원 안으로 들
어가 테라스에 올라갈 수 있다면, 기다릴 만한 가
치가 충분히 있는 사원이다.

불레디 Buledi ဦးလည်တီဘုရား

지도 P.114-B2 | 건립연대 12세기 | 유적 No.394

틸로민로 사원에서 남쪽으로 약 600m 거리에
위치해 있는 불레디 파야는 현지인들에게는
'394번 파고다'로 불린다. 이정표도, 비문도
없지만 바간 유적지의 숨겨진 일몰 명소다. 만
약 당신의 마부가 일몰 장소로 사람 많은 쉐산
도 파야보다는 불레디 파야를 권한다면 그를
신뢰해도 좋다. 그는 분명 경험 많은 베테랑 마
부임에 틀림없다. 유적여행이 이틀째라면 하루
는 불레디 파야에서 일몰을 보기를 추천한다.
조금씩 입소문이 나고 있긴 하지만 쉐산도 파야에 비해 붐비지 않아 고
즈넉하게 일몰을 즐길 수 있다. 외벽으로 난 가파른 계단을 오르면 황
금 들녘에 내려앉는 지평선 일몰이 매우 아름답다. 불레디 파야까지 가
는 길도 상당히 운치있다. 참고로 불레디 파야는 2018년 1월부터 공
사 중으로 테라스 진입을 금지하고 있다.

불레디에서 바라본 풍경

담마양지 파토 Dhammayangyi Phato ᦈᦸᦰᦵᦒᦲᦰ

지도 P.114-A3 | 건립연대 12세기 | 유적 No.771

1167년 나라투 왕에 의해 건설됐으나 미완성으로 남겨진 사원. 멀리서 보기에도 육중해 보이는 이 사원에는 무시무시한 이야기가 전해져온다. 나라투 왕은 잔혹한 성격의 소유자였다. 앞서 쉐구지 파야에서 이야기했듯이 아버지인 알라웅시투 왕과 친형을 독살하고 왕위에 올랐는데, 왕위 찬탈을 염려해 자신의 아들과 처남까지 죽였다고 한다. 나라투는 자신의 가족을 무자비하게 살해한 것을 참회하기 위해 담마양지 사원을 지었다고 전해진다. 하지만 그는 공사를 감독하며 벽돌과 벽돌 사이에 바늘을 집어넣어 틈이 발견되면 건축가와 인부의 팔을 가차 없이 잘라 버렸다고 한다. 참회는 명목일 뿐, 비뚤어진 욕망으로 거대한 사원을 쌓고 싶었던 것이다. 그에게는 아내가 여럿 있었는데 그 중에는 힌두교를 믿던 파테익카야 Pateikkaya 왕국의 공주도 있었다고 한다. 나라투 왕은 힌두의식을 불쾌하게 여겨 그녀를 살해했다고 한다. 그 소식을 들은 장인(파테익카야 왕)은 8명의 자객을 브라만 승려로 변장시켜 나라투 왕에게 보냈고, 결국 나라투는 왕위에 오른 지 3년 만에 자객들에 의해 죽임을 당한다. 자객들은 임무를 완수한 후, 그 자리에서 모두 자결했다고 한다. 나라투 왕이 죽고 나자 인부들은 서둘러 공사를 적당히 마무리했다. 두 개의 회랑 중 안쪽 통로는 인부들이 의도적으로 깨진 벽돌로 채워 넣었는데 현재는 폐쇄된 상태다.

바깥쪽 회랑에는 인부들의 팔을 잘랐다는 처형 틀이 놓여 있어 당시의 작업환경이 얼마나 공포스러웠을지 짐작하게 한다. 떨어져나간 외벽 안쪽에서 일정한 간격으로 견고하게 쌓아올린 벽돌을 볼 수 있다. 가장 정교한 벽돌 건축은 2층에 남아 있는데 현재는 폐쇄된 상태다. 동쪽에는 새롭게 채색한 좌불이 있고 남쪽에는 금칠을 한 좌불이 있다. 서쪽에는 앞뒤로 불상을 모셨는데 사원 안쪽엔 와불이 있다. 바깥쪽의 두 좌불은 마지막 과거불인 석가모니불과 미래불인 미륵불을 의미한다.

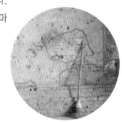

시멘트가 떨어져나간 안쪽의 벽돌이 매우 촘촘하다

မြင်းကပါ
민가바 | Minkaba

민가바 마을은 올드 바간과 뉴 바간 사이에 위치한 지역으로 흥미로운 초기 바간의 유적 대부분이 남아 있는 곳이다. 마을 초입에 있는 마누하 사원에서도 알 수 있듯이, 민가바는 바간을 세운 아노라타 왕에게 포로로 잡혀온 따톤 왕국의 마누하 왕이 유배되어 지냈던 마을이기도 하다. 오늘날 민가바 마을을 가장 유명하게 하는 것은 대나무로 만든 칠기 그릇인 래커웨어 lacquerware다. 마누하 왕과 함께 솜씨 좋은 수공예 장인들을 포로로 많이 데려와 그때부터 이 마을의 특산품으로 자리 잡아

900년 넘게 전통을 이어가고 있다. 민가바 마을에 들어서면 마을 곳곳에 래커웨어 재료로 사용하기 위해 수북하게 쌓아놓은 대나무가 눈에 띈다. 마을 주민 대부분이 래커웨어 제조에 종사하고 있으며 상점에서 제작과정을 견학할 수도 있다. 특히 이 지역에선 벽화가 아름다운 구벼욱지 사원과 아베야다나 사원을 놓치지 말자.

구벼욱지 사원 옆의 먀제디 파고다도 들러보자

구벼욱지 Gubyaukgyi ဂူပြောက်ကြီးဘုရား

지도 P.114-A3 | 건립연대 12세기 | 유적 No.1323

짠시타 왕의 네 번째 부인이 낳은 아들인 야자쿠마 Yazakumar가 1113년에 지은 사원이다. 짠시타 왕은 아들이 아닌 손자 알라웅시투에게 왕위를 물려주었다. 아들 야자쿠마는 비록 왕위를 이어받지는 못했지만 아버지가 죽자, 아버지의 업적을 기리기 위해 구벼욱지 사원을 세웠다고 한다. 사원 외벽의 조각은 상당히 정교한 상태를 유지하고 있고 특히 내부에 매우 아름다운 벽화가 남아 있다. 550개의 자타카가 바둑판처럼 반듯하게 그려져 있는데 보존 상태도 좋은 편이다. 구벼욱지 사원 근처의 먀제디 Myazedi 사원에는 야자쿠마가 아버지 짠시타 왕이 병석에 누워 있을 때 세운 비문이 남아있다. 짠시타 왕의 공적이 4개 언어(뿌어, 버마어, 몬어, 팔리어)로 새겨져 있는데, 고대 자료가 많이 남아 있지 않은 미얀마의 현 상황에서 매우 중요한 역사 자료로 인정받고 있다. 바간에는 구벼욱지 사원이 두 곳 있다. 이곳은 민가바 마을 입구에 있는 구벼욱지이고, 냥우 지역과 올드 바간 사이의 웨찌인 Wetkyi-inn 마을에도 같은 이름의 사원이 있으니 헷갈리지 않도록.

마누하 파야 Manuha Paya ဧန်ဟာသုရား

지도 P.114-A3 | 건립연대 11세기

앞서 이야기했듯이, 경전 필사본을 건네지 않아 불가피하게 아노라타 왕과 전쟁을 치러야 했던 따톤 왕국의 마누하 왕은 결국 포로로 잡혀오게 된다. 마누하 왕은 말년에는 상좌불교를 바간 왕국에 전파한 공적을 인정받아 감옥에서 풀려나 남은 생을 민가바 마을에서 보냈다고 한다. 이 사원은 마누하 왕이 1059년에 세운 사원으로 외향도 다른 사원과 사뭇 다르지만 내부로 들어서면 뭔가 기묘한 느낌이 든다. 좁은 벽에 거대한 불상이 꽉 들어차 있어 정면에서도 붓다의 얼굴을 제 각도에서 볼 수 없다. 공간과 불상의 관계를 전혀 고려하지 않은 듯한데 이는 포로로 끌려온 본인의 불편한 심경을 표현한 것이라고 한다. 사원 뒤로 돌아가면 27.5m 길이의 와불상이 있는데 역시 공간을 불상이 꽉 채우고 있어 갑갑한 느낌이 든다. 반면, 경내에 놓인 보시함은 사다리를 타고 올라가서 시주해야 할 정도의 큰 시주함이다(물론 근대에 만들어진 것이겠지만). 와불상 있는 곳에서 밖으로 나가면 마누하 왕과 그의 아내 동상이 있다. 마누하의 아내는 포로로 끌려오며 따톤 왕국의 왕비에서 졸지에 탑을 쌓는 노예로 전락, 노역을 하며 참담한 일생을 살았다고 전해진다. 그래서인지 토라진 것처럼 고개를 살짝 돌리고 있는 모습이 눈길을 끈다.

난 파야 Nan Paya နန်းဘုရား

지도 P.114-A3 | 건립연대 11세기 | 유적 No.1239

마누하 파야 뒤편에 있는 작은 사원. 마누하 파야의 왼편으로 상가가 있는 계단을 오르면 위치해 있는 이 사원은 마누하의 감옥으로 사용되었던 곳이라고 한다. 11세기 후반 마누하의 조카딸인 나가 타만 Naga Thaman 공주가 지었다는 설도 있다. 난 파야는 불교 사원이 아닌 힌두교 스타일의 사원이다. 사암으로 지어졌으며 바간 최초로 중앙 기둥이 없는 건축 방식을 시도하고 있다. 중앙 기둥

벽 대신 커다란 4개의 기둥이 떠받치고 있으며 창문은 바간 초기 건축의 전형적 스타일인 돌구멍 창으로 되어 있다. 벽에는 힌두교의 창조신인 브라흐마가 연꽃에 앉아 있는 모습이 부조되어 있다. 이 사원은 다른 사원에서 흔히 볼 수 있는 황금색 불상이나 화려한 색감의 벽화가 일절 없는 무채색 사원이다. 돌 창문 틈 사이로 새어 들어오는 은근한 빛이 사람들의 손길을 닿아 반들반들해진 돌 조각을 비추고 있어 아득한 세월의 시간이 느껴진다.

나가욘 Nagayon နဂါးရုံဘုရား

지도 P.114-A3 | 건립연대 12세기 | 유적 No.1192

연대기에 의하면, 바간을 통일한 아노라타 왕이 죽
자 남쪽의 몬족이 반란을 일으켰다. 왕위를 계승한
쏘루 왕은 용맹스러운 전사이자 동생인 짠시타에게
급히 협조를 요청하였다. 그러나 짠시타는 쏘루의
작전에 따르지 않고 몬의 군대를 공격하는 등 개별
행동을 했다. 화가 난 쏘루 왕은 짠시타의 군대와 재
산을 몰수하였고 짠시타는 형의 분노를 피해 잠시
도망가게 되는데, 초원에서 홀로 잠을 잘 때 나가

Naga가 나타나 보호해줬다고 한다. 나가는 불교와 힌두교에서 주로 수호신으로 등장하는
동물로, 단순한 뱀이라기보다는 아주 큰 코브라 King Cobra로 해석되는데 미얀마를 비
롯한 동남아시아의 사원에 벽화나 조각으로 자주 등장한다. 그 이유는 불교에서도 붓다가
깨달음을 얻고 깊은 명상에 잠겼을 때 무찰린다 Muchalinda라는 나가가 나타나 자신의
몸으로 붓다를 감싸고 머리를 들어 비를 피하게 해주었다는 설화가 있기 때문이다. 다시
과거 이야기로 돌아가서, 훗날 왕이 된 짠시타는 나가가 자신을 보호해줬던 그 자리에
'나가가 수호해주는 사원'이라는 뜻의 나가욘 사원을 세웠다. 나가욘 사원 본당에는 금
칠을 한 세 개의 입불상이 있는데 중앙의 가장 큰 불상은 나가 위에 올려져 있고, 그 위
로 나가의 머리들이 덮개를 하고 있다.

이름 없는 사원이 더 아름답다

눈치 빠른 분들은 바간 유적을 돌아보며 이미 알아차리셨겠지만, 많은 파고다가
이름이 없어요. 탑을 세울 당시엔 분명 저마다의 이름과 의미가 있었을 텐데요.
복원하면서 자료가 남아 있지 않은 파고다에 대해선 이름 없이 번호만 매겨놓았
습니다. 이름도 없고, 크기도 작지만 상당히 분위기 있고 아름다운 파고다가 벌
판에 널려 있답니다. 그러니 바간에서는 조금 넉넉하게 일정을 잡아보세요. 천
천히 유적을 돌면서 마음이 끌리는 사원에서 느긋하게 시간을 보내며 그 옛날 화
려했을 바간 왕국 시절을 떠올려보는 건 어떨까요. 간혹 작은 파고다는 문이 잠
겨 있는 경우가 있는데요. 잠시 기다리면, 근처의 관리 처소에서 관리인이 나타
나 문을 열어줍니다. 벽화를 잘 볼 수 있도록 손전등으로 내부를 비춰주기도 하
고요. 이럴 땐 약간의 기부로 감사를 표시하면 좋겠죠.
당신만의 파고다를 찾으셨나요? 저는 No.1676 파고다를 좋아합니다!!

노커팅이 좋아하는 No.1676 파고다

레미엣나 파토 Laymyethna Phato လေးမျက်နှာဘုရား

지도 P.114-A3 | 건립연대 11세기 | 유적 No. 1185

바간에는 레미엣나 사원이 두 곳 있다. 이 레미엣나 사원은 나가온 사원과 아베야다나 사원 사이에 위치해 있다(또 하나의 레미엣나 사원은 민난뚜 마을에 있다). 이곳은 일단 한글로 된 이 정표가 반가운데, 한국 스님들이 기부하여 복원한 파고다라서 일명 '코리안 파고다'라고도 한다. 손님이 한국인이라는 걸 눈치 챈 마부가 성의껏 데려다주면 고마운 일인데, 특별히 얘기하지 않으면 마부들은 대부분 지나친다. 일부러 가자는 사람도 별로 없어 이곳을 모르는 마부들도 있다. 그럴 것이 비교적 최근에 복원된 파고다이기 때문이다(민난뚜 마을에 있는 같은 이름의 레미엣나 사원이 이보다 훨씬 더 유명하다). 사원에 세워진 비문에 의하면, 2001년 1월 대한민국 조계종 평화통일 불사리탑사의 주지스님과 행자들이 이 사원을 복원하였다고 한다. 복원 전에는 사원의 내외부가 잡초와 벽돌 무더기로 뒤덮여 폐허 상태였는데, 조각과 벽돌을 쌓은 형태 및 벽화를 근거로 볼 때 11세기경 짠시타 왕의 손자인 알라웅시투 왕이 건립했을 것으로 추정된다. 내부 중앙의 사각 기둥에는 붓다의 사성지, 즉 탄생, 성도, 초전법륜, 열반상이 조성되어 있어 이 사원을 참배하면 붓다의 사성지를 참배하는 것과 같은 의미라고 한다. 주변에 부겐빌레아 Bougainvillea 꽃이 한가득 피어 있어 사원의 분위기가 한층 평화롭다.

아베야다나 파토 Abeyadana Phato
အပယ်ရတနာဘုရား

지도 P.114-A3 | 건립연대 12세기

나가온 사원에서 북서쪽으로 그리 멀지 않은 곳에 위치한 아베야다나 사원은 연대기에 의하면 짠시타 왕이 건립했다고 한다. 하지만 사원의 비문은 짠시타 왕의 부인인 아베야다나가 세웠다고 전한다. 아베야다나는 짠시타가 젊은 전사 시절에 결혼한 첫 번째 부인이다. 짠시타가 쏘루 왕의 노여움을 피해 도망갔을 때, 아베야다나는 이곳에서 짠시타를 기다렸다고 한다. 그렇다면 이야기는 매우 흥미로워진다. 앞서 나가온 사원에서 언급한 대로 짠시타는 나가의 보호를 받으며 나가온 사원 자리에 숨어 있었는데, 정작 그의 아내는 아주 가까운 거리에서 오매불망 남편을 기다리고 있었다니 말이다. 어쨌든 이 사원도 나가온 사원과 비슷한 형태로 지어졌다. 아베야다나는 '버려진 보석'이라는 뜻인데, 그 의미와는 반대로 아베야다나 사원의 내부 벽화는 그야말로 바간의 남겨진 보석 중 하나다. 통로를 따라 여백 없이 연결되는 벽화는 바간의 벽화 중에서 가장 아름답다고 할 수 있을 듯하다. 벽화에선 시바, 비슈누 등 힌두교 신들의 이미지도 볼 수 있는데 아베야다나가 인도 벵골지역 출신의 대승불교 추종자였기 때문이라고 전해진다. 벽화를 감상하며 고대 바간의 시간을 상상하기 좋은 곳이니 꼭 들러보자.

밍갈라 제디 Mingala Zedi မင်္ဂလာစေတီ

지도 P.114-A3 | 건립연대 13세기 | 유적 No.1439

'축복의 탑'이라는 의미의 밍갈라 제디는 1277년 나
라티하파테 왕이 건설했다. 7년이란 시간을 들여 정
성스럽게 지어진 이 사원은 1284년 몽골군이 침입
하면서 바간 왕국이 건설한 마지막 사원으로 남게
된다. 정사각형 기단 위에 3층 테라스를 올리고 다
시 팔각형 3층 단을 쌓은 뒤 그 위에 사뿐히 올린 둥
근 탑까지 매우 뛰어난 비율로 지어졌다. 3층까지의 테라스 외벽에는 벽감을 대
어 붓다의 전생 이야기를 담은 자타카 Jataka를 조각해 넣었다. 자타카는 도굴
꾼들에 의해 대부분 훼손된 상태지만 상당 부분 남아 있다. 첫 번째 테라스는 문
을 만들어두었는데 계단을 올라 시계 방향으로 돈 뒤, 2층으로 올라가 역시 같은
방향으로 돌면서 자타카를 둘러볼 수 있다. 현재 3층은 올라갈 수 없다. 원래 밍갈라 제디 옆에 나무로 지어진 부속
도서관이 있었는데, 화재로 소실되면서 밍갈라 제디 역시 출입이 제한되었다가 2012년부터 다시 개방하고 있다.
어쨌든 가장 마지막에 지어졌으니 가장 상태가 좋아야 할 사원인데도 제대로 관리되지 않아 오히려 가장 오래된 사원
처럼 느껴진다. 관리인의 설명에 따르면, 조만간 보수될 예정이라고 하니 먼저 택시기사나 마부에게 방문이 가능한
지 확인하도록 하자. 밍갈라 제디에 들른다면 오전보다는 오후가 좋다. 사원이 서쪽에 위치해 있어 해를 뒤로 하고
동쪽의 파노라마를 선명하게 바라볼 수 있다. 일부 마부들은 밍갈라 제디를 마지막 일몰 코스로 안내하기도 한다.
그것은 바간의 마지막 유적에서 일몰을 보며 바간의 유적 순례를 마감하라는 의미처럼 다가온다.

TRAVEL 🎈 PLUS
바간을 날아서 여행하는 법

© 김선겸

이른 아침이 되면 두둥실 떠오르는 애드벌룬(열기구)이 바간의 벌판을 수
놓는다. 안개에 싸인 고요한 아침, 애드벌룬을 타고 태양이 서서히 물드
는 대평야에 신기루처럼 펼쳐진 불탑 유적을 고즈넉하게 내려다보는 것은
평생 잊지 못할 감동적인 경험일 것이다. 꿈같은 경치를 볼 수 있긴 하지만 비행시간은 1시간 내외라서 이는 매우 비
싼(?) 경험이기도 하다. 게다가 애드벌룬은 비가 오지 않는 여행 성수기(10~3월)에만 탈 수 있다. 바간 사진엽서를
보는 것만으로도 충분히 환상적이긴 하지만 직접 체험해볼 생각이라면 아래 회사를 참고하자. 바간에서 프로그램을
최초로 시작했고 가장 경험이 많은 애드벌룬 비행 전문회사다.

■ **Baloons Over Bagan**
티켓은 최소 희망 탑승일 5일 전까지 예약해야 한다. 위 온라인 사이트에서 예약하거나 아래 사무실에서 예약할 수 있다. 기
후에 따라 일정이 변경될 수 있으므로 예약 시 꼼꼼하게 규정을 체크하자.
• **바간 사무실** 주소 Thiripyitsaya 5th Street, Nyaung Oo(Zfreeti 호텔 근처) | 전화 (061)2460713 | 영업 10월 1일
~3월 31일 09:00~20:00 | 요금 클래식 플라이트 $340, 프리미엄 플라이트 $450 / 12월 18일~1월 20일 $20 추가
• **양곤 사무실** 주소 Swiss Business Office Center(SBOC), Building No.(36-38)A, 1F, Room No.203,
Grand Myay Nu Condo, Myay Nu St., Sanchaung Tsp., Yangon | 전화 +95(0)9424313404 | 영업 월~
금요일 09:00~17:30, 토요일 09:00~13:00 | 사이트 www.balloonsoverbagan.com

뉴 바간 | New Bagan

뉴 바간은 올드 바간에서 조금 더 남쪽으로 내려가면 위치해 있는 마을이다. 미얀마 정부가 유적 보호 차원에서 과거 올드 바간에 살던 주민들을 이주시키면서 형성된 지역이다. 다른 지역에 비해 볼거리가 적어 뉴 바간은 일반 여행자에게 사실 그다지 흥미로운 곳은 아니다. 근처의 웨찌인 마을은 직물을, 민가바 마을은 래커웨어를 특산물로 생산하는 반면에 뉴 바간은 딱히 특산물이 있는 것도 아니다. 하지만 최근 대규모 인원을 수용할 수 있는 호텔과 고급 리조트, 식당, 상점들이 들어서고 있어 단체관광객들이 주로 머문다. 뉴 바간의 유적은 아래 소개한 것 외에 11세기 세인넷 여왕과 그녀의 여동생이 건설한 세인넷 아마 & 세인넷 니마 Seinnyet Ama & Seinnyet Nyima 파야가 있다. 아마 Ama는 언니, 니마 Nyima는 동생을 뜻하는데 서로 판이하게 다른 스타일로 지어진 자매 탑이다. 13세기 틸로민로 왕이 세운 종 모양의 세다나 파야 Seddana(Sittana) Paya도 있다.

로카난다 파야 Lawkananda Paya ေလာကနန္ဒာ

지도 P.114-A4 | 건립연대 11세기

1059년 아노라타 왕의 재위 시절 세워진 탑이다. 연대기에 의하면, 아노라타 왕이 스리랑카에서 모셔온 붓다의 치사리 4개를 각각 4마리의 코끼리 등에 얹고 코끼리가 휴식을 취하는 자리에 사원을 세웠다고 한다. 4곳의 자리는 북쪽으로는 냥우 마을에 있는 쉐지곤 파야 Shwezigon Paya, 서쪽으로는 탄지 스투파 Tankyi Stupa, 동쪽으로는 투얀타웅 스투파 Tuyantaung Stupa, 남쪽으로는 바로 이 로카난다 사원이다. 로카난다 사원은 에야와디 강기슭에 세워져 있어 위치상으로도 중요한 역할을 했다. 바간 왕국 시절, 몬 Mon과 라카잉 Rakhaing 지역, 그리고 스리랑카에서 온 배들이 이곳에 정박했다고 한다. 지금은 현지인들의 일상적인 예불 장소로 늘 분주하다. 로카난다 사원 전체를 한눈에 보려면 사원 아래의 나루터에서 배를 타면 된다. 가늘고 긴 원통형 탑이 한눈에 들어온다.

아나욱 펫레익 파야 Anauk Petleik Paya အနောက်ဖက်လိပ်ဘုရား

지도 P.114-A4 | 건립연대 11세기

로카난다 사원 북쪽 방향으로 두 개의 파고다가 있다. 동쪽에는 아셰 Ashe, 서쪽에는 아나욱 Anauk 이라는 이름의 파고다가 있는데, 탑의 모양이 둥근 잎 같다 하여 '회전하는 잎'이라는 뜻의 펫레익이라 불린다. 두 개의 파고다는 언뜻 보면 비슷하지만 동쪽 파고다가 더 크다. 그러나 동쪽의 아셰 펫레익 파야는 훼손이 심한 반면, 서쪽의 아나욱 펫레익 파야는 그나마 보존이 잘 된 상태로 남아 있다. 이 두 파고다는 11세기 아노라타 왕 시절에 건설된 것으로 1905년 발굴 작업을 통해 세상에 모습을 드러냈다. 그전까지는 아래 회랑 부분 전체가 땅에 파묻혀 있었고 윗부분인 탑만 땅 위로 드러나 있었다고 한다. 발굴 당시 회랑 안에서 수백 개의 초벌구이 자타카도 함께 발굴되었다. 탑 내부 벽에 무광택 테라코타 타일이 쭉 둘러쳐져 있는데, 발굴 당시에는 자타카만으로도 붓다의 일대기를 완벽하게 이해할 수 있을 만큼 정교한 조각이었다고 한다. 현재는 도굴과 훼손으로 많은 자타가 사라지고 형체를 알아볼 수 없는 일부 조각만 드문드문 남아있다.

TRAVEL 🛑 PLUS
바간의 불상이 가장 많이 취하고 있는 자세는?

불상의 이름을 판단하는 가장 중요한 기준은 불상의 손 모양이다. 불상의 손 모양을 수인(手印)이라고 하는데 산스크리트어로는 무드라 Mudra라고 한다. 그렇다면 바간의 불상이 가장 많이 취하고 있는 수인은 무엇일까? 오른쪽 손바닥은 안쪽으로 하고, 손끝이 땅을 향해 자연스럽게 무릎 앞쪽으로 내리고 있는 모습이다. 이를 항마인(降魔印) 또는 항마촉지인(降魔觸地印)이라고 한다. 붓다가 보리수 아래에 앉아서 악마를 항복시켜 성도하는 것을 형상화한 인상(印相)이다. 항마의 증인으로서 대지를 가리키며 지신(地神)을 부르고 있는 모양을 보여주는 것이다. 그 다음 많은 수인은 차례대로 선정인(禪定印), 시무외인(施無畏印), 여원인(與願印)이다. 선정인은 양손을 손바닥이 보이도록 하여 배꼽 위에서 엄지를 서로 맞댄 모습으로 붓다가 최초의 설법을 할 때 취한 수인이다. 시무외인은 손을 어깨 위로 올려 손가락을 세우고 손바닥을 밖으로 한 수인으로 중생들에게 두려움을 없애주고 위안을 주는 의미다. 여원인은 손바닥을 밖으로 하고 손가락은 펴서 밑으로 향하며, 손 전체를 아래로 늘어뜨린 모습으로 중생들의 소원을 들어준다는 의미다. 시무외인+여원인을 동시에 취하고 있는 수인을 통인(通印)이라고 하는데, 석가모니불 입상(立像)의 경우 오른손은 시무외인, 왼손은 여원인을 취하고 있다.

항마인(항마촉지인)을 취하고 있는 불상

မင်းနန်သူ

민난뚜 | Min Nan Thu

민난뚜 마을은 냥우에서 남서쪽으로, 뉴바간에서 북동쪽으로 약간 떨어져있다. 바간을 처음 방문하는 여행자들은 대체로 이름난 사원 위주로 돌아보기 때문에 코스에 민난뚜 마을을 넣지 않는다. 마부들도 선뜻 권하지 않는 것이 약간 외진 지역이라 요금이 추가되기 때문이다. 하지만 반나절 정도 투자해 꼭 둘러볼 만한 가치가 있는 곳이다. 폐허로 버려졌던 민난뚜 지역의 사원들이 최근 들어 하나둘 복원되고 있다. 이 마을의 유적은 바간의 숨겨진 보석 같은 곳으로 바간 후기에 조성된 힌두 사원과 아름다운 벽화를 볼 수 있다. 민난뚜 마을의 남서쪽에 있는 담마야지카 사원까지 둘러보고, 시간이 된다면 현지인들이 살고 있는 마을까지 둘러보자. 마을은 아직 전기가 들어오지 않고, 모래에 발이 푹푹 빠질 만큼 길도 잘 나있지 않다. 식당의 형태를 갖추고 정식으로 운영되는 음식점은 한 곳뿐인데, 이 마을 주민들은 모두 채식주의자라서 식당도 채식 메뉴만 제공한다.

이자고나 파야 Izza Gawna Paya အိဇ္ဇဂေါနဘုရား

지도 P.114-C2 | 건립연대 13세기 | 유적 No. 588

연대기에 의하면, 1237년 마하 타만 Maha Thaman이라는 장관에 의해 지어진 사원이다. 바간 후기 시대에 국민들에게 신망 받던 이자고나 Shin Izza Gawna라는 승려의 이름으로 불린다. 2층으로 된 힌두 스타일의 사원으로 외벽의 조각이 상태가 좋은 채로 남아 있다. 내부에도 많은 벽화가 남아 있는데 벽면에 입힌 금박은 떨어졌지만 벽면을 가득 채운 붓다의 모습을 볼 수 있다. 약간 색다른 모습의 불상도 있는데 요염한 듯한 눈매로 농밀한 미소를 짓고 있다. 바간 후기에 종종 이런 모습의 불상이 보이는 것으로 보아 당시에 밀교가 유행했던 것으로 추정된다.

난다만야 파토 Nandamannya Phato
နန္ဒမညဘုရား

지도 P.114-C3 | 건립연대 13세기

난다만야는 '무한한 지혜'라는 뜻의 팔리어 아난다삔냐 Anandapyinnya에서 유래한 이름으로, 난다삔냐 Nandapyinnya로 불리기도 한다. 난다만야 사원에 도착하면 먼저 사원 앞에 있는 짯칸 짜웅 Kyatkan Kyaung부터 둘러보자. 더위를 피해 자연 암벽을 파서 조성한 동굴 수행처로 현재 스님들이 수행하는 수도원이다. 이곳에서 수행하던 큰스님이 90세에 결가부좌 자세로 입적하여 자부심이 대단한 수도원이다. 수도원 앞에 있는 난다만야 사원은 1248년 짜수아 왕에 의해 건립되었다. 단일 파고다로 구성된 작은 사원이지만 매우 훌륭한 벽화가 남아 있다. 근처의 파야똥주 사원 벽화와 유사해 같은 화가들의 작품일 것으로 추정된다. 벽화는 붓다 생애의 주요 장면들을 소개하고 있는데 그중 마라(魔羅)의 유혹을 표현한 장면이 눈길을 끈다. 마라는 조금씩 다른 모습으로 표현되기 때문에 형체를 딱히 규정할 순 없지만 인도 신화와 불교 설화 속에서 악마로 등장한다. 붓다가 보리수 아래에서 명상하고 있

을 때 붓다의 마음을 어지럽히기 위해 마라가 나타나는데, 붓다는 마라의 방해에도 마음이 동하지 않고 다만 손가락 끝만을 움직여서 땅을 가리켰고 그 순간 붓다의 깨달음을 증명하는 대음향이 울려 퍼졌다고 한다. 참고로 이 벽화에서는 마라를 젊은 여성으로 표현하고 있다.

짯칸 짜웅 동굴 수행처

사원에서 파는 벽화 그림

바간의 사원에서는 유독 그림을 파는 사람들을 볼 수 있습니다. 사원 입구에서 직접 그림을 그리는 사람들도 있고요. 특히 벽화가 뛰어난 사원이거나 내부 사진촬영이 금지된 사원 앞에서 볼 수 있지요. 벽화는 사진을 찍는다 해도 사실 내부가 어두워 선명하게 나오지 않습니다. 마음에 드는 벽화가 있다면 그림으로 간직하는 것도 좋습니다. 그림은 자세히 보면 원본 벽화와 살짝 다르다고 합니다. 물론 그 차이를 일반인들은 쉽게 알아차릴 수 없을 정도지만요. 이는 실력이 부족해서가 아니라, 미얀마에서는 벽화 원본을 100% 모사하는 것이 법으로 금지되어 있기 때문이라고 합니다.

파야똥주 Phayathonezu ဘုရားသုံးဆူ

지도 P.114-C3 | 건립연대 13세기 | 유적 No.477, 478, 479

파야똥주는 '세 개의 탑'이라는 뜻으로 나란히 세워진 세 개의 탑이 상호 연결되어 있음을 의미한다. 실제 안쪽의 세 탑은 기둥으로 받쳐진 안쪽 통로로 연결되어 있다. 각 탑 안에는 불상을 세우는 자리의 초석이 남아있다. 불상은 사라져 정확한 기원은 알 수 없으나 13세기 후반에 지어진 것으로 추측한다. 세 개의 탑은 비슈누 Vishnu, 시바 Shiva, 브라흐마 Brahma를 뜻하며 이 힌두교 신들을 숭배하기 위해 지어졌다. 다른 한편으로는 소승불교의 3가지 보석, 즉 담마 Dhamma(Dharma), 부처 Buddha, 승가 Sangha를 표현한 것으로 해석하기도 한다. 이 탑은 완성도 되기 전에 몽골의 침입으로 버려졌다. 중앙의 탑은 중간 정도만 장식이 되었고, 서쪽 탑은 무늬가 일체 없는 민 벽인 걸로 보아 미완성으로 추정된다. 파야똥주 안에는 아름다운 벽화가 사원 내부를 가득 채우고 있다. 화려한 색채로

부처의 8대 기적 중 하나인 날라기리 코끼리를 제압하는 장면 등을 섬세하게 표현하고 있다. 동쪽 사원의 벽화에는 보살이 등장하는데 중국, 티베트 불교의 벽화와 유사하다. 학자들은 바간 후기 시대의 벽화에서 이런 화풍이 종종 등장하는 것으로 보아 그때까지 대승불교의 영향이 남아 있었던 것으로 해석한다.

레미엣나 사원군 Laymyethnar Complex လေးမျက်နှာဘုရား

지도 P.114-C3 | 건립연대 13세기 | 유적 No. 447

레미엣나는 바간 후기 시대의 가장 아름다운 단일 건축물 양식을 유감없이 보여주는 사원이다. 레미엣나는 '네 얼굴의 사원'이란 뜻으로, 1223년 틸로민로 왕의 아내인 아난다투라 Anandathura 왕비에 의해 건설되었다. 레미엣나 사원 주변으로 작은 파고다와 부속 사원들이 많아 이 일대를 레미엣나 사원군 Laymyethnar Complex이라고 칭한다. 메인이 되는 레미엣나 사원 동쪽 입구 부근은 광장처럼 넓은데 주변의 훼손된 사원들이 아직까지 무너져 내린 채로 방치되고 있다. 레미엣나 사원의 상부는 위로 갈수록 좁아지는 사리탑 형태로 되어 있고, 탑의 코너 난간에 작은 스투파를 세웠다. 바간 후기 시대의 건축은 대부분 실내가 밝은 편으로 레미엣나 사원도 손전등 없이 벽화를 볼 수 있다. 벽화의 많은 부분이 훼손되었지만 28불상을 통해 고타마 붓다의 마지막 장면을 자타카로 표현하고 있다.

사원의 비문에 의하면, 건설 당시 아난다투라 왕비가 금과 은, 수정을 백단 함의 상자에 넣어 이 사원에 안치하고 탑의 꼭대기에는 금으로 된 티 Hti 장식을 만들어 진주와 산호를 걸었다고 한다. 동서남북 네 곳에는 포인트를 주어 보석으로 빛을 내고, 벽 주위에도 많은 보석과 함께 500개의 자타카를 그려 넣었으나 현재는 흔적만 남아있다. 사원을 완공한 뒤 왕비는 '잘 알고 널리 보는 전지전능한 부처가 되길 원한다'고 기도했다고 한다. 사원 뒤로는 평화로운 민난뚜 마을의 풍경이 펼쳐진다.

바간의 진짜 보물이 있는 곳은?

바간에서 탑 말고 다른 볼거리를 찾는다면 참고하세요. 밍갈라 제디 근처에 바간 고고학박물관 Bagan Archaeological Museum(개관 화~일요일 09:30~16:00, 입장료 K5,000)이 있습니다. 바간 사원에서 발굴된 불상이나 자타카 등의 유물, 각 유적지의 모형, 고대문자에 관한 전시, 사원 벽화를 통해 바간 시대 사람들의 헤어스타일을 재현한 55종류의 가발 등이 전시되어 있습니다. 타라바게이트 근처에는 2008년에 문을 연 골든 팰리스 Golden Palace & Place Site Museum(개관 06:00~20:00, 입장료 K5,000)가 있는데, 이곳은 딱히 볼거리가 있다기보다는 공연(Myanmar Dandaree Show)이 열리는 장소로 이용됩니다. 민난뚜 마을 근처에는 바간 전망대 Bagan Viewing Tower(개관 06:00~22:00, 입장료 $5)가 있습니다. 2005년 개관 당시에는 고대 유적 사이에 타워처럼 우뚝 솟아있어 바간의 경관을 훼손한다는 평가를 받긴 했지만, 어쨌거나 약 60m 높이의 전망대로 바간 일대를 내려다볼 수 있습니다. 난민 타워 Nann Myint Tower라고도 불립니다.

위에 소개한 장소들은 모두 새로 지어진 건축물이라 깔끔하지만 큰 볼거리가 없는데다 여행자들은 유적지 위주로 둘러보기 바빠 큰 흥미를 끌지는 못합니다. 마부들도 애써 권하지를 않고요. 이미 느끼셨겠지만 바간의 진짜 보물은 모두 벌판에 널려 있으니까요!

담마야지카 파야 Dhammayazika Paya ဓမ္မရာဇိကဘုရား

지도 P.114-B3 | 건립연대 12세기 | 유적 No.947

뉴 바간과 민난뚜 마을 사이에 위치한 아나욱 와쏘 Anauk Pwa-saw 마을에 있는 사원. 1196년 나라파티시투 왕이 스리 랑카에서 모셔온 성물을 안치하기 위해 건립했다. 과거에는 눈에 띄지 않는 파고다였으나, 2003년 당시 군부 실권자였던 탄쉐 Than Shwe의 기부로 복구가 완료되면서 관광객들에게 인기 있는 사원이 되었다. 담마야지카는 사원과 사리탑의 형태를 복합적으로 갖춘 파고다로 평가된다. 보통의 파고다는 정사각형 기단 위에 세워져 한 개의 정문, 혹은 동서남북 네 방향으로 네 개의 정문을 갖는다. 그리고 그 방향에 따라 네 개의 불상을 모시는 것이 일반적이다. 하지만 담마야지카는 특이하게 오각형 기단 위에 세워졌다. 즉, 다섯 곳의 입구와 다섯 개의 불상을 가지고 있다. 비문에 의하면, 나라파티시투 왕이 이곳에 우주의 다섯 신을 모셨는데 과

거불인 까꾸딴 Kakusandha (카쿠산다), 거나고 Konagamana (코나가마나), 까따빠 Kassapa(카사파), 고다마 Gotama(고타마), 그리고 미래의 붓다 즉, 미륵불인 메떼야 Metteyya를 표현한 것이라고 한다.

TRAVEL 🌀 PLUS
위태로운 바간의 파고다 유적

바간 유적은 외세의 침략과 도굴, 습한 기후로 발굴 당시부터 훼손이 많아 오래전부터 복원 작업을 진행하고 있다. 탑의 복원은 부수고 새로 짓는 것이 아니라, 원래의 형태를 보존하며 그 위에 재건축하는 것이기에 속도가 더딜 수밖에 없는데 복원작업이 한창이던 1975년 이 모든 것이 수포로 돌아가는 사건이 발생했다.

1975년 7월 8일 18:36, 규모 6.5의 지진이 미얀마 중부를 뒤흔들었다. 지진의 진원지는 만달레이에서 남서쪽으로 100km 떨어진 곳으로 당시 미얀마 중앙지역 대부분에서 지진을 느꼈다고 한다. 그때 가장 피해를 많

이 입은 지역 중 한 곳이 바간이었다. 당시 바간 유적의 90%가 훼손되었다. 이 1975년 대지진은 미얀마 역사 900년을 통틀어 최악의 지진으로 기록되었다. 그 뒤로도 미얀마에는 크고 작은 지진이 끊임없이 발생하고 있다. 최근 예로 2016년엔 40여 차례, 2017년엔 60여 차례 지진이 발생했다. 지진으로 인해 지반이 점점 약해지면서 실제로 매년 탑의 첨탑이 떨어져나가거나 펜스를 쳐놓는 파고다가 늘어나고 있다. 따라서 2018년 1월부터 쉐다곤을 포함해 많은 파고다에서 안전의 이유로 외부 테라스 오르는 것을 금지하고 있다. 사원 내부를 관람하거나 밖에서 보는 것은 문제없다. 하지만 외부 테라스에 올라 바간 평야를 한눈에 내려다볼 수 없어 아쉽기만 한데, 사원의 테라스 개방 여부는 현지 상황에 따라 달라질 수 있으니 유적 투어 전에 마부나 택시기사에게 문의해보자.

ညောင်းဦး

냥우 | Nyaung Oo

올드 바간에서 북동쪽으로 5km 떨어진 거리에 위치한 냥우는 여행자들의 베이스캠프 같은 곳이다. 저렴한 숙소와 식당, 여행사 등 편의시설이 몰려있기 때문에 여행자들은 냥우에 숙소를 정하고 유적을 둘러보며 바간 여행을 시작한다. 냥우 마켓을 중심으로 활기찬 마을이 형성되어 있고, 따나카 뮤지엄 근처의 띠리삣사야 Triripyitsaya 구역도 최근 식당과 숙소가 형성되어 여행자들이 머물기 편하다. 냥우의 대표적 사원인 쉐지곤 파야는 투어코스에 넣을 필요 없이 산책하듯 도보로 이동할 수 있는 거리에 있다.

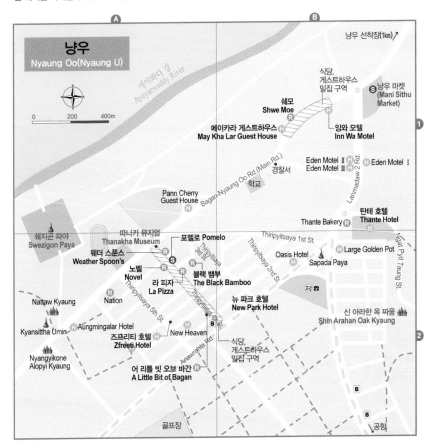

냥우
Nyaung Oo(Nyaung U)

냥우 선착장(1km)↗

에야와디 강
Ayeyarwaddy River

0 200 400m

식당, 게스트하우스 밀집 구역

쉐모
Shwe Moe

냥우 마켓
(Mani Sithu Market)

메이카라 게스트하우스
May Kha Lar Guest House

잉와 모텔
Inn Wa Motel

Eden Motel II
Eden Motel III

Eden Motel I

Bagan-Nyaung Oo Rd.(Main Rd.)

경찰서
학교

Lanmadaw 2 Rd.

Pann Cherry
Guest House

탄테 호텔
Thante Hotel

Thante Bakery

쉐지곤 파야
Swezigon Paya

따나카 뮤지엄
Thanakha Museum

포멜로 Pomelo

Thiripyitsaya 1st St.

웨더 스푼스
Weather Spoon's

노벨
Novel

블랙 뱀부
The Black Bamboo

Thiripyitsaya 3rd St.

Oasis Hotel

Large Golden Pot

Sapada Paya

Thiripyitsaya 2nd St.

Ngat Pyit Taung St.

라 피자
La Pizza

Nattaw Kyaung

Nation

뉴 파크 호텔
New Park Hotel

신 아라한 옥 짜옹
Shin Arahan Oak Kyaung

Kyansittha Umin

Aungmingalar Hotel

Thiripyitsaya 5th St.

Thiripyitsaya 4th St.

Nyangyikone
Alopyi Kyaung

즈프리티 호텔
Zfreeti Hotel

New Heaven

Anawrahta Rd.

식당, 게스트하우스 밀집 구역

어 리틀 빗 오브 바간
A Little Bit of Bagan

골프장

공항

쉐지곤 파야 Shwezigon Paya ရွှေစည်းခုံဘုရား

지도 P.149-A1 | 건립연대 11세기 | 유적 No.1

미얀마를 최초로 통일한 아노라타 왕이 따톤을 정복한 기념으로 건설을 시작해 1085년 짠시타 왕에 의해 완성되었다. 아노라타 왕은 스리랑카에서 모셔온 붓다의 치사리 네 개를 네 마리의 코끼리 등에 각각 얹고 코끼리가 멈추는 자리를 골라 사원 장소를 정했다고 한다. 쉐지곤 사원의 자리가 그중 한 곳이다. 쉐지곤 사원은 바간에서 가장 오래된 사원 중 하나이기도 하지만, 아름답고 우아한 건축 양식은 훗날 미얀마에 건설되는 많은 파고다의 표본이 되었다. 미얀마의 많은 사원들이 그렇듯, 이 사원도 불상과 함께 아노라타 왕에 의해 공식 승인된 민간신앙인 37낫(정령)을 모시고 있다. 아노라타 왕은 바간을 통일한 뒤 상좌불교를 적극 도입하면서 당시의 토착민들이 믿던 민간신앙을 퇴치하고자 하였다. 하지만 그럴수록 백성들의 믿음은 더욱 굳건해져 결국 왕은 낫 신앙을 수용하고 아예 기존의 낫들을 36낫으로 정리하였다. 그러면서 36낫을 관장하는 37번째 낫인 타지야민

바닥의 고인 물에 탑의 꼭대기가 반사된다

Thagyamin을 만들어냈다. 그러고는 모든 낫을 이곳에 모신 뒤 공식적인 37낫에 대해선 숭배할 수 있게 하였다. 쉐지곤 파야의 경내 한쪽 바닥에는 움푹 파인 구멍에 물이 고여 있다. 이는 건축 시 측량하기 위해 파놓은 것인데 유난히 관광객들이 이 주변에 모여 있다. 탑이 높고 거대해 상부가 보이지 않는데 이 구멍에 고인 물을 거울삼아 탑 꼭대기를 바라볼 수 있기 때문이다. 입구에는 '쉐지곤 사원의 9가지 불가사의'가 적혀 있다. 경내의 큰 북을 치면 반대편에서 소리가 들리지 않는다, 경내 벽의 그림자가 변하지 않는다, 연중 내내 경내에 꽃이 핀다 등 흥미로운 내용을 소개하고 있다.

냥우 마켓 Nyaung Oo Market ၉ညာင်ဦးဈေး

지도 P.149-B1 | 주소 Bagan-Nyaung Oo Road | 개장 일출~일몰

냥우 마을 동쪽 로터리 근처에는 현지인들의 삶의 모습을 볼 수 있는 재래시장이 있다. 현지어로는 마니 싯투 Mani Sithu 마켓이라고 불린다. 농수산물과 생필품, 잡화 등을 판매하는 시장이다. 최근엔 여행자들이 많이 찾으면서 기념엽서나 티셔츠, 바간의 특산품으로 꼽히는 래커웨어 등 관광기념품을 판매하는 상점도 많이 생겼다. 시장 안쪽에는 과일과 생선, 채소 시장도 있다. 16:00쯤 되면 슬슬 문을 닫기 시작해 해질 무렵인 18:00 전후로는 완전히 문을 닫는다.

따나카 뮤지엄 Thanakha Museum သနပ်ခါးပြတိုက်

지도 P.149-A2 | 주소 Bagan-Nyaung Oo Road | 전화 (061)60179 | 개관 09:00~21:00 | 입장료 없음

박물관 입구 간판에 걸린 "Only One Thanakha Gallery in the World"라는 문구는 정확하다. 이 박물관은 세상에 하나밖에 없을 것이다. 따나카를 바르는 민족은 미얀마밖에 없으니 말이다. 2009년, 미얀마의 가장 큰 화장품 회사인 쉐삐난 Shwe Pyi Naan 회사에서 미얀마의 고유한 전통문화인 따나카를 외국인들에게 알릴 목적으로 세웠다. 박물관 내부에는 따나카 나무의 효능 등에 대해 설명하고 있으며 직접 바를 수 있도록 한편에 따나카를 비치해두고 있다. 박물관 뒤편에는 따나카 나무가 심어져 있는 작은 정원이 있다. 박물관 안뜰에는 보석, 액세서리를 판매하는 부속 상점도 있다.

신 아라한 옥 짜웅 Shin Arahan Oak Kyaung ရှင်အရဟံအုတ်ကျောင်း

지도 P.149-B2 | 건립연대 11세기

바간 왕국의 아노라타 왕은 소승불교를 전파하기 위해 따톤 Thaton 왕국에서 온 승려 신 아라한을 만났을 때 매우 기뻐했다고 한다. 바간을 막 통일한 당시에는 많은 종교가 혼재해 있어 왕권 강화를 위해 공식적인 국교를 세우고 싶었기 때문이다. 신 아라한에 의해 불교에 귀의하게 된 아노라타 왕은 이곳에 승려의 이름을 명명한 수도원을 세웠다. 넓은 대지에 화려한 나무 조각 장식과 티크 나무로 만들어진 설교 홀을 세워 백성들에게 부처의 가르침을 설교할 수 있도록 하였다. 설교 홀 뒤편에는 신 아라한이 명상을 하며 머물던 벽돌로 지어진 승방이 있는데 설교 홀과 승방은 두 개의 입구를 통해 연결되어 있다.

이 수도원은 바간 왕조가 몰락한 뒤 전쟁과 지진으로 오랫동안 폐허 상태로 방치되었으나, 1995년 당시 군부 실권 자였던 탄쉐의 지도하에 재건작업이 시작되어 1996년 성공적으로 완공되었다. 지금도 승려들의 수도원으로 이용되고 있다. 냥우 공항으로 가는 길을 따라가다 왼편의 나삐엣따웅 Hnget Pyit Taung 서쪽에 위치해 있다.

TRAVEL 💬 PLUS
바간 왕국의 법사, 신 아라한

신 아라한 Shin Arahan(1034~1115)은 바간 왕국 시대에 가장 이름을 떨친 승려로 미얀마 불교 부흥의 기초를 다진 인물로 알려져 있다. 따톤 왕국의 승려였던 그는 포교 활동을 위해 1056년 바간 왕국에 오게 된다. 당시 바간의 왕이었던 아노라타는 신 아라한에 의해 불교에 귀의하게 되고 상좌불교를 정식 국교로 채택하게 된다. 상좌불교는 팔리어로 쓰인 경 經(Sutta), 율 律(Vinaya), 논 論(Abhidhamma)의 삼장 三藏(Tipitaka)을 경전으로 삼고 있는데, 결국 이 경전을 차지하기 위해 아노라타 왕은 따톤 왕국을 침략하게 된다.

바간 왕국으로 오기 전까지 신 아라한의 비구 이름은 담마다시 Dhammadasi였다고 한다. 바간에 와서 소승불교를 전파하며, 교법을 수행하는 수행자들이 얻는 최고의 경지라는 '아라한'으로 불리게 되었다. 일부 역사학자들은 미얀마의 불교 역사를 돌아볼 때, 당시 신 아라한이 전파한 것은 순수한 소승불교가 아닐 수도 있다는 의견을 내놓고 있다. 신 아라한이 상좌불교와 힌두교 사이의 강한 연결을 제창했다는 것을 그 이유로 들고 있지만, 어쨌거나 그의 존재가 아노라타 왕과 바간 왕국에 중요한 전환점으로 작용한 것은 사실이다. 신 아라한은 아노라타 왕을 시작으로 쏘루, 짠시타, 알라웅시투 왕 시대까지 바간 왕들의 법사 역할을 하며 많은 사원을 지을 때 조언하기도 했다. 이웃 국가의 불교 학자들과 왕래하며 상좌불교의 활성화를 도왔고, 왕실의 후원을 받아 전국을 순례하며 수도원을 세웠다. 1114년 81세의 나이로 입적했는데 그의 유골은 타웅파 Taung Pa 마을의 투인 Tuyin 언덕 동쪽에, 사리는 티싸웅 Htis Saung 사원에 안치되었다고 한다.

TRAVEL 💬 PLUS
한 땀, 한 땀, 장인이 만드는 래커웨어

래커웨어는 미얀마의 대표적인 특산품 중 하나다. 래커 Lacquer는 옻이라는 뜻으로, 래커웨어 Lacquerware 는 옻칠을 한 칠기 제품을 뜻한다. 현지어로는 칠기 물건이라는 뜻의 '윤태비지'라고 부른다. 유난히 바간에 래커웨어를 파는 상점이 많은 것은 바간이 원산지이기 때문이다.

13세기 레미엣나 Laymyethna 사원에서 처음 래커의 파편이 발견되었는데 역사학자들은 양곤에서 서쪽으로 250km 떨어진 삐이 Pyay 왕국에서 이미 7세기에 옻으로 궁전을 장식하고 선박에 코팅을 했다는 기록이 남아있어 그보다 훨씬 전부터 옻칠 방식이 사용되었을 것이라고 추측한다. 옻칠은 중국에서 시작해 동남아 여러 지역으로 전파되었다고 하는데, 미얀마의 옻칠은 다른 나라와 비교할 수 없을 정도로 매우 독자적이고 진화된 스타일을 갖고 있다.

먼저 대나무를 똑같은 크기로 얇고 길게 자른 후 끝부분을 접착제 없이 서로 맞물리게 끼운 뒤, 다시 그것들끼리 층층이 결을 쌓듯 끼워 원하는 모양을 만든다. 그 위에 옻나무에서 추출한 수액을 바르는데, 처음엔 갈색이나 공기에 노출되면 점차 검은색으로 변한다. 수액이 마르면 그 위에 색을 입히고 다시 옻칠을 한다. 그리고 날카로운 칼끝으로 하나하나 그림을 긁어 무늬를 입힌다. 아무리 작은 래커웨어 제품이라도 이런 공정을 거치기 때문에 작업시간이 오래 걸린다. 그래서 래커웨어는 가격이 조금 비싼 편이다. 일일이 손으로 깎고, 다듬고, 칠하는 매우 섬세한 작업을 옆에서 보고 나면 래커웨어가 예사로 보이지 않는다. 물 컵 하나, 밥 그릇 하나도 오랜 시간이 투자되어 완성되는 걸 직접 목격한 여행자라면 합당한 가격에 고개를 끄덕이며 깎아달라는 소리 일절 없이 조용히 지갑을 열고 만다.

래커웨어는 미얀마를 대표하는 특산품 중의 하나로 어지간한 관광지의 상점에서는 쉽게 볼 수 있다. 원산지인 바간에는 공방이 많아 직접 제작과정도 볼 수 있으니 관심 있으면 견학해보자. 유적을 투어 할 때 마부나 택시기사에게 얘기하면 코스에 넣어 데려다줄 것이다.

eating

웨더 스푼스 Weather Spoon's
인기

지도 P.149-A2 | 주소 Thiripyitsaya 4th street,
Nyaung Oo | 전화 09-43092640 | 영업 10:00~21:00
예산 K5,000~

유럽 여러 나라의 음식점에서 10년 넘게 일한 경력이
있는 주방장이 고국으로 돌아와 차린 식당. 웨스턴 푸드
가 전문인데 특히 햄버거와 샌드위치가 맛있다. 도톰하
게 다져 구운 패티 위에 토마토, 오이, 양상추, 체다 치
즈를 얹어내는 미얀마 최고의 버거를 맛볼 수 있다.

라 피자 La Pizza

지도 P.149-A2 | 주소 Triripyisaya 4th Street,
Nyaung Oo | 전화 09-258690922
영업 11:30~21:30 | 예산 K7,000~

미얀마 커리나 중국 볶음밥이 지겹다면 가보자. 띠리삣
사야 거리에 위치한 피자전문점이다. 작은 식당이지만
입구에 화덕을 내놓아 눈에 띈다. 9종류의 담백하고 맛
있는 피자를 만들어낸다. 커피, 과일주스, 티라미수 등
의 디저트도 있다.

어 리틀 빗 오브 바간 A Little Bit of Bagan

지도 P.149-A2 | 주소 Thiripyitsaya 4th Street,
Nyaung Oo | 전화 (061)60616 | 영업 08:00~22:00
예산 K6,000~

인도, 미얀마, 중국, 이탈리아 등 다국적 메뉴를 선보
인다. 직원이 추천하는 특별 메뉴는 차콜 charcoal 바
비큐다. 숯불 담은 화덕 위에 철판 냄비를 올려 닭고기,
소고기 등의 고기류와 파인애플, 피망,
토마토 등을 익혀먹는다. 색다른 맛을
원하면 시도해보자.

블랙 뱀부 The Black Bamboo

지도 P.149-A2 | 주소 Thiripyitsaya 4th Street,
Nyaung Oo | 전화 09-6501444 | 영업 08:30~22:00
예산 K7,000~

샌드위치, 피자, 파스타 등의 유럽식 메
뉴와 미얀마식을 포함해 아시안 푸드로
뭉뚱그려지는 퓨전 음식을 만들어낸다.
식당 여주인이 외국인(프랑스)인 탓이라

기보다는 여행자들이 무난히 먹을 수 있
는 스타일로 자연스레 변형된 듯하다. 맛보다도 일단 분
위기가 좋다. 바간에서 제대로 된 커피를 마실 수 있는
몇 안 되는 곳 중 하나다. 띠리삣사야 거리 중간쯤에 골
목으로 안내하는 식당 이정표가 보인다.

쉐모 Shwe Moe **추천**

지도 P.149-B1 | 주소 Bagan-Nyaung Oo Road
전화 (061)60653 | 영업 08:00~22:00 | 예산 K3,500~

냥우에는 비슷한 규모의 비슷한 메뉴를 갖춘 식당이 많
은데 그중 가장 돋보이는 곳이다. 안정적인 맛과 합리적
인 가격으로 손님이 많다. 관광지의 식당이 그러하듯 중
국식, 미얀마식, 유럽식 등 다양한 메뉴를 갖추고 있는
데, 이곳은 중국식 조리법으로 만들어내는 음식이 특히
탁월하다. 민물 새우, 생선 요리도 있으며 술안주로 좋
은 메뉴도 가득하다.

노벨 Novel

지도 P.149-A2 | 주소 Bagan-Nyaung Oo Road
전화 (061)60690 | 영업 09:00~22:30 | 예산 K5,500~

띠리뻿사야 거리에서 유난히 분주해 보이는 식당. 특히
저녁이 되면 단체 관광객들과 현지인들이 밀려드는 곳
으로 국적을 넘나드는 온갖 버라이어티한 메뉴가 가득
하다. 숯불에 굽는 꼬치구이와 생맥주도 있다. 맛보다
도 비싼 바간 식당들 틈 사이에서 합리적인 가격도 인기
요인이다.

퀸 Queen

지도 P.114-B2 | 주소 Bagan-Nyaung Oo Road
전화 (061)60176 | 영업 10:00~22:00 | 예산 K5,500~

미얀마 커리를 비롯해
태국, 중국 음식을 맛
볼 수 있는 식당으로
마부나 택시기사들이
많이 추천하는 맛집이
다. 그들이 콕 찍어주
는 추천 메뉴는 미얀마 전통 커리다. 밥과 커리, 몇 가
지 반찬을 바간의 특산품인 칠기(래커웨어) 찬합에 차려
낸다. 전통음식인 커리에 사이드로 나오는 반찬은 재료
와 조리법이 외국인의 입맛에 맞도록 변형된 채소볶음
류인데 어쨌거나 맛은 좋다.

문 베지테리언 **인기**
The Moon Vegetarian Restaurant

지도 P.123-B1 | 주소 North of Ananda Temple,
Old Bagan | 전화 09-43012411 | 영업 08:30~21:30
예산 K2,000~

입구 간판에 적힌 'Be Kind to
Animals' 문구에서도 짐작할
수 있듯, 1994년 문을 연 바간
의 대표적인 채식식당이다. 온
갖 채소를 총동원해 수프와 샐러
드, 채식요리를 만들어낸다. 타
마린 커리, 호박 커리 등 다른 곳에서 좀처럼 맛볼 수 없
는 귀한 채식 커리가 가득하다. 음식에 화학조미료를 사
용하지 않으며 과일 주스 등에도 미네랄워터를 사용한
다. 음식도 수준급이지만 진분홍 부겐빌리아 꽃이 아름
답게 핀 정원에서 식사할 수 있는 기분 좋은 곳이다.

골든 미얀마 2 Golden Myanmar 2

지도 P.123-B1 | 주소 Near the Ananda Temple, Old Bagan | 전화 09-2043675 | 영업 09:00~22:00 예산 K5,000(1인당)

마차로 바간 유적 투어를 하게 되면 점심 시간 즈음하여 마부가 손님에게 좋아하는 음식(미얀마식, 중국식, 유럽식)을 묻는다. 이때 미얀마식이라고 답하면 이곳으로 오게 될 확률이 높다. 이렇게 마부들의 추천으로 골든 미얀마 1호점이 호황을 누리며 2호점까지 생겨났다. 아직 제대로 된 미얀마 정식을 경험해보지 않았다면 시도해보자. 돼지고기, 소고기, 닭고기 커리와 함께 반찬 등을 한상 푸짐하게 차려낸다.

사라바 Sarabha

지도 P.123-B1 | 주소 Near the Tharaba Gate, Old Bagan | 전화 (061)60239 | 영업 09:00~21:00 예산 K5,000~

현지인들에게 중식당을 추천해달라고 하면 하나같이 사라바를 추천한다. 혼자서도 부담 없이 주문할 수 있는 볶음밥과 볶음면을 비롯해 어지간한 고급 호텔 중식당에서 볼 수 있는 맛있는 중국식 단품 요리가 가득하다. 근처에 조금 더 비싼 가격과 유럽식 메뉴를 갖춘 사라바 2, 사라바 3 식당도 있다.

블랙 로즈 Black Rose ⟨추천⟩

지도 P.114-A4 | 주소 Main Road, New Bagan 전화 (061)65081 | 영업 09:00~22:00 | 예산 K3,000~

뉴 바간에서 가장 핫한 식당. 저녁시간에는 밖에 내놓은 테이블까지 앉을 자리가 없을 정도다. 메뉴가 너무 많아 딱히 추천하긴 어렵지만 미얀마, 태국, 중국식 음식을 만들어내는데 무얼 시켜도 대체로 맛이 좋다. 모든 음식을 small, large 사이즈로 주문할 수 있다. 근처에 블랙 로즈 2호점이 있는데 이곳(Ostello Bello 게스트하우스 맞은편)의 맛이 더 좋다.

세븐 시스터즈 7 Sisters

지도 P.114-A4 | 주소 No.79, Nwe Ni Street, New Bagan | 전화 (061)65404 | 영업 08:00~22:00 예산 K5,500~

미얀마, 중국, 유럽, 태국식 메뉴를 다양하게 맛볼 수 있는 식당. 주방장의 추천메뉴인 Golden Pork Curry는 돼지갈비찜 맛이 나서 한국인의 입맛에도 잘 맞는다. 고대 타자웅 Tazaung(불상들이 안치된 신전)을 본뜬 건축 양식, 바간 전통 스타일의 지붕, 티크로 세워진 기둥과 출입문, 샴 타일로 꾸며진 바닥 등 건축 인테리어가 볼만하다.

shopping

골든 쿠쿠 Golden Cuckoo

지도 P.114-A3 | 주소 Minkaba Village
전화 (061)65156 | 영업 07:00~21:00(공방은 17:00까지)

100년 넘게 4대째 가업을 이어오고 있는 래커웨어 공방 겸 상점이다. 상점을 통과해 뒤뜰로 가면 작업 공방을 볼 수 있다. 뒤뜰 한쪽에 골든 쿠쿠가 자랑하는 값비싼 래커웨어만 따로 모아둔 특별 전시실도 있다. 민가바 마을에 있으므로 유적 투어를 할 때 코스에 넣어 둘러보기 좋다.

바간 하우스 Bagan House

지도 P.114-A4 | 주소 No.9, Jasmine Road, New Bagan | 전화 (061) 65133 | 영업 08:00~20:00 (공방은 17:00까지)

1930년에 문을 연 래커웨어 공방 겸 상점. 대부분의 래커웨어 공방에서는 무늬를 조각하는 작업만 볼 수 있는 반면, 이곳은 대나무를 자르고 검은 액을 칠하는 모습 등 공정의 많은 부분을 볼 수 있어 래커웨어에 대한 이해를 높인다.

툰 핸드크라프트 Tun Handcrafts

지도 P.114-A4 | 주소 G-1, Khanlaung Quarter, New Bagan | 전화 (061)65063 | 영업 08:00~21:00

단체관광객들의 쇼핑코스로 공식(?) 지정된 듯한 상점으로 언제나 여행자들로 붐빈다. 부담 없이 살 수 있는 작은 팔찌 등의 액세서리부터 컵, 밥그릇 등 일상생활에서 사용 가능한 생활용품 종류가 충실하다.

포멜로 Pomelo

지도 P.149-A2 | 주소 Thiripyitsaya 4th Street, Nyaung Oo | 전화 09-978793550 | 영업 14:00~22:00 휴무 월요일

양곤에 있는 공정무역 상점인 포멜로가 바간에도 문을 열었다. 판매 수익을 미얀마 전역의 사회사업에 지원하는 상점이다. 소외된 지역의 사회·경제적 변화에 기여하고 독창적인 기술과 전문 인력을 지속적으로 후원하는 것을 목표로 한다. 독특한 디자인으로 만들어진 의미 있는 미얀마 수공예품을 구경해보자.

sleeping

바간의 숙소는 뉴 바간, 올드 바간, 냥우 지역에 나뉘어 있다. 뉴 바간은 단체관광객을 대상으로 하는 고급호텔이 몰려 있어 약간 비싼 편인데 최근 게스트하우스와 식당이 하나둘 생겨나고 있다. 올드 바간은 메인 도로인 바간-냥우 로드 Bagan-Nyaung Oo Road 상에 한적하게 머물 수 있는 숙소가 있으나 주변 편의시설은 적은 편이다. 냥우는 게스트하우스, 식당, 마켓이 현지인 마을과 어울려 있어 머물기 편하다. 냥우 지역의 따나카 뮤지엄 근처 띠리삣사야 Thiripyitsaya 거리도 호텔과 식당이 밀집해있어 머물기 좋다.

바간은 최근 숙소가 많이 생기고 있긴 하지만 예약을 하는 것이 좋다. 성수기에는 방이 없어 자칫하면 새벽부터 부랑자처럼 거리를 헤매게 될 확률이 높다. 양곤이나 인레에서 버스로 출발한다면 바간에 새벽(03:00~04:00)에 도착하기 때문. 예약할 때 이른 체크인(Early Check-In)이 가능한지, 가능하다면 추가요금이 얼마나 부가되는지 등도 꼼꼼히 확인하도록 하자.

냥우

탄테 호텔 Thante Hotel

지도 P.149-B1 | 주소 Myo Ma Quarter
전화 (061)2460315 | 요금 싱글 · 더블 $50~60
객실 36룸 | 사이트 www.thantenyu.com

냥우 마켓에서 공항 방면으로 가는 로터리에 위치한 호텔이다. 호텔 정원에 방갈로풍 객실이 수영장을 감싸고 있다. 객실은 평범하지만 전체적으로 아늑하고 조용하다. 빵과 커피를 파는 탄테 베이커리 하우스(Thante Bakery House)가 있다.

메이카라 게스트하우스 May Kha Lar Guest House

지도 P.149-B1 | 주소 Bagan-Nyaung Oo Road
전화 (061)60304, 60907 | 요금 도미토리 $15(공동욕실),
싱글 $18~20, 더블 $25~30, 객실 35룸

바간의 터줏대감 같은 게스트하우스로 단골 여행자들이 많다. 객실은 창문이 잘 나있어 통풍도 잘 되고 청결하게 관리되고 있다. 2층 객실은 1층보다 넓은 대신 $5가 추가되고, 작은 뜰이 있는 도로 뒤쪽 객실은 새 단장을 해 아늑하다. 버스, 비행기 표는 물론 다른 도시의 숙소 예약까지 숙련된 직원들이 차질 없이 예약 업무를 진행하는 등 여행자들을 살뜰히 챙겨준다.

사쿠라 인 Sakura Inn

지도 P.123-A2 | 주소 Bagan Archaeological Zone
전화 09-964460049 | 요금 더블 $46~ | 객실 30룸
사이트 www.sakura-inn.com.mm

위에 소개한 바간 띠리삣사야 생츄어리 리조트와 함께 운영되는 숙소. 같은 공간에 있다 보니 식당, 수영장, 정원 등 일부 리조트 시설을 함께 공유한다. 2층 건물에 단정한 스탠다드 룸을 갖추고 있다. 올드 바간 유적은 도보로 다닐 수 있는 위치, 뛰어난 호텔 주변 시설, 합리적인 가격 등 가성비가 높은 숙소다.

뉴 파크 호텔 New Park Hotel

지도 P.149-B2 | 주소 Thiripyitsaya Block No.4
전화 (061)60322 | 요금 싱글 · 더블 $40~50 | 객실 26룸
사이트 www.newparkmyanmar.com

따나카 뮤지엄을 끼고 안쪽으로 형성된 띠리삣사야 거리 골목 곳곳에 호텔과 식당이 많이 지어지고 있는데 그중 여행자들에게 인기 있는 숙소다. 골목 안쪽에 위치해 한적한 분위기를 풍기는 숙소로 평범하지만 깔끔한 객실을 갖추고 있다.

즈프리티 호텔 Zfreeti Hotel

지도 P.149-A2 | 주소 No.407, 5th Thiri pyitsayar
Street | 전화 (061)61003 | 요금 싱글·더블 $50~
객실 102룸 | 사이트 www.zfreetihotel.com

2014년 6월 문을 연 호텔. 띠리삣사야 거리에서 가성
비 좋은 중급 숙소로 꼽힌다. 햇볕 잘 들어오는 객실에
는 평면 TV, 미니 바, 청결한 욕실이 갖춰져 있고 옥상
에서 성의 있게 차려지는 조식 뷔페, 아담한 수영장까지
있어 바간에서 편안한 시간을 보낼 수 있는 곳이다.

스카이 뷰 호텔 Sky View Hotel

지도 P.114-C2 | 주소 No.69, Shwe Knat Kaw
Street, Zay Ya Waddy Quarter | 전화 (061)60083
요금 더블 $40~ | 객실 38룸

2015년에 오픈했다. 바간의 유적지를 연상케 하는 3층
건물의 아담한 숙소로 붉은 벽돌 외관이 인상적이다. 냥
우 시장에서 1.5km, 냥우 공항에서 2km 거리에 있
다. 한적한 입지에 깔끔한 객실을 보유하고 있는데, 특
히 옥상에서 즐기는 조식 뷔페와 전망이 탁월하다. 숙소
에서 자전거를 빌릴 수 있다.

헤리티지 바간 Heritage Bagan

지도 P.114-C2 | 주소 Bagan-Nyaung Oo Airport
Road, Myay Nal Lay Quarter | 전화 (061)2461192
요금 더블 $80~ | 객실 120룸
사이트 www.heritagebaganhotel.com

바간 건축양식으로 지어진 우아한 분위기의 숙소. 전망
좋은 테라스와 넓은 수영장, 반들반들한 나무 바닥과 고
풍스러운 인테리어로 유적지에 온 듯한 느낌이 물씬 드
는 객실, 친절한 서비스 등 모든 것이 만족스럽다. 공항
까지는 겨우 1km고 공항 픽업서비스가 무료다. 참고로
냥우 마을까지는 약 3.6km 정도다.

바간 띠리삣사야 생츄어리 리조트 Bagan Thiripyitsaya Sanctuary Resort

지도 P.123-A2 | 주소 Bagan Archaeological Zone
전화 09-964460048 | 요금 더블 $86~ | 객실 76룸
사이트 www.thiripyitsaya-resort.com

2013년 7월 오픈한 숙소로 에야와디 Ayeyarwaddy
강변에 위치해있어 아름다운 일몰을 볼 수 있다. 객실은
빌딩(빌라)과 방갈로 타입으로 나뉘는데 잘 정돈된 정원
과 한가로운 강변 전망 덕분에 투숙객의 만족도가 높다.

잉와 모텔 Inn Wa Motel

지도 P.149-B1 | 주소 Sone Gone Quarter
전화 (061)60902 | 요금 싱글·더블 $25~45 | 객실 40룸
사이트 www.innwamotel.com

최근 리모델링을 통해 건물 뒤편으로 객실을 증축했다.
객실은 크기에 따라 $5씩 차이가 난다. 깔끔하게 페인
트를 칠한 방, 환기가 잘되는 욕실, 친절한 직원들, 합
리적인 가격으로 배낭족들에게 만족도가 높은 숙소다.

올드 바간

뉴 웨이브 게스트하우스 New Wave Guest House

지도 P.114-B2 | 주소 Wetkyi-Inn Village
전화 (061)60731 | 요금 싱글·더블 $25~ | 객실 26룸
사이트 www.newwavebagan.com

냥우와 올드 바간 중간의 웨찌인 마을에 위치한 숙소.
주변 편의시설이 별로 없는 대신 유적을 전동자전거
(E-bike)로 돌아볼 예정이라면 올드 바간이 가까워 편
리하다. 모든 객실은 스탠다드 룸으로 컨디션과 요금이
동일한데, 앞쪽 객실보다는 뒤뜰 신축건물의 객실이 조
금 더 넓다.

~~~~ 뉴바간 ~~~~

아레인드마르 호텔 Areindmar Hotel

지도 P.114-A4 | 주소 1st Street, Between Nweni & Cherry Street | 전화 (061)65049 | 요금 더블 $50~ 객실 50룸 | 사이트 www.areindmarhotel.com

짙은 원목가구를 배치해 고풍스러운 분위기가 감도는 객실, 무성한 나무로 둘러싸인 작은 수영장, 친절함이 미소로 배어나오는 직원들, 주문을 받아 차려내는 소박한 아침식사 등 3성급 숙소치고는 꽤 가성비가 좋다.

오스텔로 벨로 바간 호스텔 Ostello Bello Bagan Hostel

지도 P.114-A4 | 주소 Thiri Sandar Street, Khan Lat Quarter | 전화 (061)65069 | 요금 도미토리 $20~23, 더블 $36~ | 사이트 www.ostellobello.com

이탈리아인이 운영하는 게스트하우스. 덕분에 언제나 유럽 여행자들이 넘쳐난다. 객실은 2인실 더블 룸과 이층 침대가 놓여진 4·6·8인실 도미토리로 나뉘어져 있다. 1층과 2층에 휴게 공간이 많아 여행자들끼리 정보 공유가 활발하게 이루어지는 곳이다.

쉐지뺀인 호텔 Shwe Yee Pwint Hotel

지도 P.114-A4 | 주소 Kant Kaw Street 전화 (061)65421 | 요금 싱글·더블 $90~135 | 객실 35룸 사이트 www.shweyeepwinthotel.com

넓은 정원과 아늑한 수영장, 모던한 인테리어로 꾸며진 객실, 친절한 프런트 데스크까지 흠잡을 것 없는 이 고급 호텔은 바간에서 하루쯤 우아하게 호사를 누리고 싶다면 선택해볼 만하다. 특히 20~30% 할인하는 비수기에 눈여겨보자.

블루 버드 호텔 Blue Bird Hotel

지도 P.114-A4 | 주소 Naratheinkha(10), Myatlay Street | 전화 (061)65440 | 요금 더블 $88~ | 객실 24룸 사이트 www.bluebirdhotelbagan.com

바간의 과거 라이프스타일을 재현한다는 콘셉트로 지어진 부띠끄 호텔. 전통적인 분위기가 물씬 풍기는 소품을 배치해 객실도 운치 있지만, 수풀이 우거진 아름다운 열대 정원은 객실보다 바깥에 더 오래 머무르게 한다. 뉴바간 중심지까지 무료 픽업 서비스를 해준다.

바간 노바 게스트하우스 Bagan Nova Guest House

지도 P.114-A4 | 주소 No.87, Yuzana Street, Khan Lat Quarter | 전화 (061)65479 요금 싱글 $16~, 더블 $35~ | 객실 21룸 사이트 www.bagannova.com

독특한 외관만큼이나 실내도 예쁘게 꾸며진 2층 게스트하우스. 객실마다 작은 베란다가 딸려 있고 아담한 뒤뜰 정원에선 조식이 정성껏 차려진다. 욕실이 딸린 2인실 트윈 룸은 비수기에는 싱글 도미토리로 운영되기도 한다. 숙소에서 전동자전거(E-bike)를 대여해주며 여행에 관한 전반적인 서비스도 충실하다.

타진 가든 호텔 Thazin Garden Hotel

지도 P.114-A4 | 주소 No.22, Thazin Road 전화 (061)65035 | 요금 싱글 $100, 더블 $150 | 객실 67룸 사이트 www.thazingarden.com

호텔 주변에 흩어져 있는 이름 없는 파고다가 호텔 분위기를 한층 더 고즈넉하게 한다. 넓은 정원에 방갈로 타입의 객실이 띄엄띄엄 배치되어 있다. 수영장과 파고다에 둘러싸인 야외 카페에서 고요함과 평화로움을 만끽할 수 있다.

정령의 고향, 뽀빠 ပုပ္ပားတောင် Mt. Popa

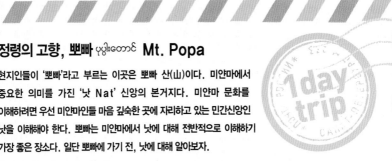

현지인들이 '뽀빠'라고 부르는 이곳은 뽀빠 산(山)이다. 미얀마에서 중요한 의미를 가진 '낫 Nat' 신앙의 본거지다. 미얀마 문화를 이해하려면 우선 미얀마인들 마음 깊숙한 곳에 자리하고 있는 민간신앙인 낫을 이해해야 한다. 뽀빠는 미얀마에서 낫에 대해 전반적으로 이해하기 가장 좋은 장소다. 일단 뽀빠에 가기 전, 낫에 대해 알아보자.

▶▶ 낫이란 무엇인가

미얀마에서 이방인에게 매우 생경하게 다가오는 문화 중 하나가 바로 '낫'이다. 미얀마의 사원을 둘러봤다면 뭔가 특이한 점을 발견했을 것이다. 불교 사원에서 부처 외에 다른 인물상을 함께 모셔놓은 것을 흔하게 볼 수 있다. 이들이 미얀마의 정령 신인 '낫'이다. 낫은 미얀마에 불교가 들어오기 훨씬 전부터 토착민들이 믿던 신앙이다. 미얀마 사람들은 모든 곳에 낫이라는 정령이 있다고 믿는다.

낫은 '주인'이라는 뜻의 산스크리트어 나타 Natha에서 유래했다. 11세기 바간을 통일한 아노라타 Anawrahta 왕은 상좌불교를 국교로 채택했다. 당시에는 토착민들이 숭배하던 낫과 힌두교, 대승불교가 한데 섞여 종교적으로 혼란한 시기였기 때문이다. 사당을 부수는 등 강제로 낫 숭배를 금지시켰으나 이미 국민들 마음속 깊숙이 뿌리내리고 있는 낫 신앙을 없애기엔 역부족이었다. 아노라타 왕은 낫을 수용하기로 하는 대신, 기존의 무수히 많은 낫을 36낫으로 최종 정리하였다. 그리고 36낫을 관장하는 37번째 낫인 타기아민 Thagyamin을 임의로 탄생시킨다. 그래서 현재 낫의 숫자는 공식적으로는 총 37낫이다.

미얀마인들은 부처와 낫을 별개의 존재로 생각하기 때문에 부처와 낫을 동시에 숭배한다. 미얀마는 불교문화가 짙게 깔려있지만 낫은 그전부터 전해 내려오는 매우 중요한 민간신앙이다. 해서 미얀마 불교에서는 낫을 배척하지 않고, 불교의 수호신으로 해석하며 낫 신앙을 포용하고 있다. 참고로 낫 신앙의 관점으로 보면 부처는 고결한 주인이란 뜻의 비수디 Visiddhi 낫, 왕은 국민들로부터 환호를 받는 주인이란 뜻의 삼무티 Samuti 낫으로 해석한다.

▶▶ 누가 '낫'이 되는가

낫은 대부분 슬픈 사연으로 죽은 인물을 신으로 모신다. 미얀마인들은 낫을 모셔 원한을 달래주면 그 낫으로부터 보호를 받는다고 믿는다. 반대로 충분히 경배하지 않으면 그 신의 노여움을 사서 대가를 치른다고 생각한다. 예를 들어 농사가 잘 안 되었다면 바람의 낫, 비의 낫, 추수를 관장하는 낫 등 자연 현상과 관계된 낫을 극진하게 모시지 않은 탓으로 생각한다. 그래서 마을마다 낫을 모시는 사당이 있다. 사당에는 하나의 낫을 모시기도 하고, 여러 낫을 한 자리에 모시기도 한다. 또는 불교 사원에 함께 모셔놓기도 한다.

낫은 제각기 이름이 있고, 사연도 기구한데 대부분 사연과 연관된 형상을 하고 있다. 술에 취해 객사한 이는 술병을 주렁주렁 들고 있는 민초즈와 Min Kyawzwa 낫, 호랑이에게 물려죽은 이는 호랑이에 타고 있는 마웅포투 Maung Po Tu 낫으로 표현된다. 일반인이 아닌 왕족이 죽어 환생한 낫도 있다. 그네를 타다 떨어져 죽었다는 왕의 손자는 민타마웅신 Mintha Maungshin 낫, 출산을 하다 죽은 왕의 유모는 먀욱펫신마 Myaukhpet Shinma 낫으로 표현된다. 미얀마 사람들은 수시로 낫에게 음식과 꽃을 바치며 영혼을 달랜다.

홀리맨

▶▶ 낫 신앙의 본거지, 뽀빠

바간에서 42km 떨어진 곳에 위치한 뽀빠는 낫 신앙의 본거지로 미얀마 사람들에겐 매우 성스러운 장소다. 뽀빠는 넓은 들판에 솟아오른 해발 1,518m의 바위산이다. 오래전 화산 활동으로 우뚝 솟아올라 멀리서 바라보는 것만으로도 신비로운 기운이 감돈다. 바위산을 겉으로 빙 둘러 긴 계단을 통해 정상까지 오르게 되어 있는데, 일단 입구 맞은편에 있는 사당을 들러보자. 미얀마의 낫 스토리를 전체적으로 이해하기 좋은 장소다. 모든 유적지가 그렇겠지만, 특히 뽀빠는 가이드와 동행하길 권한다. 각각의 낫이 어떤 의미를 가지고 있는지 설명을 들을 수 있기 때문이다.

뽀빠 산에서 내려다본 풍경

사당 앞의 계단을 약 30여 분 오르면 뽀빠 산 정상에 도착하는데 계단을 오를 때는 주의를 기울여야 한다. 이 계단에는 유난히 원숭이가 많아 모자나 가방, 손에 든 음식 등을 낚아챈다. 바위산 정상에는 뽀빠를 지키는 '마하기리 낫'을 중심으로 현지인들에게 사랑받는 대표적인 낫들이 모셔져 있다. 그중에는 낫은 아니지만, 60여 년 전 많은 사람들에게 도움을 주고 홀연히 사라졌다는 홀리맨(아웅 민가)도 우상처럼 모셔져 있다. 뽀빠 산 입구 근처에는 나물이나 산에서 채취한 식물, 열매 등을 파는 좌판과 현지 식당, 기념품 상점이 오밀조밀 형성되어 있다.

야생 원숭이가 가득한 계단

▶▶ 뽀빠 가는 방법

뽀빠를 가는 가장 편한 방법은 여행자들과 팀을 꾸려 차를 렌트하는 것이다. 보통 09:00 전후에 출발하면 뽀빠를 둘러보고 14:30 정도에 바간으로 돌아올 수 있다. 그렇지 않으면 로컬 버스를 이용해야 하는데, 로컬 버스는 출발시간이 부정확하고 바간~만달레이 구간의 도로에서 내린 다음 다시 뽀빠 입구까지 픽업트럭으로 갈아타야 해서 불편하다. 일행이 3~4명 된다면 차를 빌리면서 가이드를 포함시키도록 하자. 가이드가 동행하면 낫에 대한 설명도 들을 수 있지만, 무엇보다 뽀빠의 풍경을 제대로 감상할 수 있다.

길을 아는 현지 가이드들은 대부분 뽀빠로 바로 가지 않고 산 중턱의 정원 길로 방향을 잡는다. 뽀빠는 '꽃'이라는 뜻처럼 꽃과 나무가 가득한 산인데, 샌들나무 정원을 지나 근처의 뽀빠 리조트 Popa Resort에 먼저 들른 다음 뽀빠 산 입구까지 걸어 내려가는 기분 좋은 산책코스로 안내한다.

뽀빠로 가는 차량과 가이드는 숙소에서 예약하면 된다. 숙소에서는 혼자 온 여행자들을 연결해주기도 한다. 차량은 운전기사를 포함한 하루 대여비가 K35,000(4인승)~48,000(6인승), 가이드 비용은 $35이다. 차량비, 가이드비는 탑승한 사람들끼리 나눠서 내면 된다.

ပြည်

삐이(삐에) | Pyay

삐이는 미얀마 역사에서 초기 고대국가의 흔적이 남아 있는 매우 유서 깊은 지역이다. 삐이를 이해하기 위해선 길고 복잡한 미얀마의 역사를 거슬러 올라가야 한다. 기원전 1세기 후반, 이라와디 강변을 중심으로 정착한 쀼 Pyu족이 베익따노, 매잉모, 빈나카, 한린, 스리크세뜨라 등의 도시 왕국을 건설하며 국가의 기틀을 마련했다. 그중 가장 강력한 힘을 발휘하던 도시가 바로 스리크세뜨라 Sriksetra로 지금의 삐이 지역이다. 쀼족의 왕국은 9세기 초 남조왕국(현재의 중국 윈난성)의 침략으로 쇠퇴하였으나, 5세기~8세기까지 번영을 누리던 시절의 스리크세뜨라 유적지가 삐이에서 약 8km 지점에 고스란히 남아 있다. 이 유서 깊은 지역은 2014년 마침내 미얀마의 첫 번째 유네스코 세계문화유산으로 등록되면서 새삼 주목받고 있다. 삐에는 남쪽의 양곤으로부터 280km, 북쪽의 바간으로부터 360km 거리의 중간 지점에 위치해 양곤~바간을 여행하며 들르기에 적당하다.

Access
삐이 드나들기

지역번호 **(042)** | 옛 이름 **프롬 Prome**

버스

양곤에서

양곤의 아웅 밍갈라 버스터미널에서 삐이로 가는 버스는 많은 편이다. 하루 15편으로 가장 많은 편수를 보유하고 있는 Asia Express 회사 버스가 05:00~20:00까지 1시간 간격으로 운행한다. 요금은 K5,000~6,500이며 6~7시간 소요된다. 이외에도 Myo Zat Thit EXP, Sun Moon EXP 회사 버스도 운행한다.

바간에서

삐이~바간 구간만을 오가는 버스는 없다. 하지만 양곤↔바간을 운행하는 버스가 삐이에 정차하기 때문에 중간에 탑승할 수 있다. 그러나 최초 출발지에서 최종 목적지까지의 전체 요금을 내야 한다. 즉, 삐이에서 바간으로 갈 때는 양곤 출발요금, 바간에서 삐이로 갈 때는 바간 출발 요금이 적용된다. 요금은 버스회사마다 다른데 보통 K12,000~14,000이다.

기차역

바간, 양곤으로 가는 기차는 시내에서 동쪽으로 4.8km 떨어져 있는 쉐따가 Shwedagar 기차역에서 출발한다.
양곤행은 23:30에 출발하며 요금은 K3,900/2,000(Upper/Ordinary), 8시간 30분 소요된다. 바간행은 22:00에 출발하며 요금은 $28/ 13/17(Sleeper/Upper/1st), 10시간가량 소요된다.

버스터미널

삐이 버스터미널은 시내에서 동쪽으로 약 3.5km 거리에 위치해 있다. 버스터미널에서 시내까지 사이까는 K1,000, 픽업트럭은 K2,000~2,500이다.

픽업트럭

삐이 시내에서 외곽으로 픽업트럭이 운행한다. 픽업트럭 정거장은 버스터미널 앞과 아웅산 장군 동상 근처 등 시내 곳곳에 있다. 인원이 가득차야 떠나므로 정해진 출발시간은 없다. 구간에 따라 금액이 달라지는데 기본요금은 K200이다.

사잉게까 · 사이까

삐이의 택시는 모터바이크에 승객을 태울 수 있도록 뒷좌석에 트럭처럼 칸을 달아 개조한 사잉게까가 이용된다. 나무의자를 나란히 양쪽으로 만들어 여럿이 앉을 수 있다. 렌트할 경우에는 인원수에 상관없이 대당 요금으로 흥정되며 숙소에서 예약이 가능하다. 자전거를 개조한 사이까도 시내에서 쉽게 볼 수 있다.

Nocutting

삐이를 둘러싼 많은 이름

이 지역의 이름인 'Pyay'는 현지에선 '삐이'라고 발음(삐는 강하게, 이는 짧고 낮게)하는데요. 삐에라고 발음하기도 합니다. 아직까지 식민지 시대의 이름인 프롬 Prome이라고 부르는 현지인들도 있습니다. 영국 식민지 시절, 영국인들은 이 지역의 이름을 혼란스러워 했다고 합니다. 미얀마어로 국가(Country)를 뜻하는 삐 Pyi와 발음이 비슷하기 때문이지요. 그래서 Pyay와 Pyi의 사이에서 고민하다가 이 지역을 Prome이라고 개명해서 불렀다고 합니다.
삐이에서 약 8km 거리에 있는 유적지인 스리크세뜨라 Sriksetra는 산스크리트어로 '영광의 도시'라는 뜻입니다. 미얀마어로는 떠예깃따야 Thayekhit-taya라고 부르는데요, 현지에선 역시 두 가지 모두 통용됩니다. 참고로 스리크세뜨라(떠예깃따야) 유적지가 있는 곳의 마을은 뭐사 Hmawzar입니다.

Course
삐이 둘러보기

여행자들은 보통 오후에 도착해 삐이에서 하루 정도 머물고 다음 날 야간 버스편으로 떠나는데, 부지런히 움직이면 삐이에서의 꽉 찬 1박 2일을 보낼 수 있다. 쉐산도 파야는 시내에 있어 언제든 도보로 갈 수 있으니 저녁시간 방문으로 남겨두고, 낮시간을 활용해 스리크세뜨라(떠예낏따야) 유적지나 쉐다웅 마을의 사원을 둘러보도록 하자.
시내에 있는 쉐산도 파야를 제외하고 삐이 지역의 볼거리는 크게 동쪽과 남쪽으로 나뉜다. 시내에서 동쪽으로

8km 떨어진 뭐사 Hmawzar 마을에는 과거 쀼족의 고도(古都)였던 스리크세뜨라(떠예낏따야) 유적지가 남아 있다. 시내에서 남쪽으로 약 15km 거리에 있는 쉐다웅 Shwedaung 마을에도 방문할 만한 가치가 있는 사원들이 있다. 삐이에서 조금 더 외곽으로 약 30km 정도 나가면 절벽에 불상이 조각되어 있는 아까욱따웅이 있다.

COURSE A 고대국가의 흔적을 찾아보는 여행, 스리크세뜨라(떠예낏따야)

오후에 도착하면, 에야와디 강 주변을 따라 마을을 산책하자. 해질 무렵, 쉐산도 파야에 들렀다가 야시장을 둘러보자. 다음 날, 오전 일찍 스리크세뜨라(떠예낏따야) 유적지와 쉐다웅 마을을 돌아보고 밤 버스를 이용해 다음 도시로 이동할 수 있다.

COURSE B 삐이를 더 특별하게 하는 여행, 아까욱따웅

하루를 온전히 투자해 아까욱따웅을 다녀오는 것이 좋지만, 짧게라도 하루 만에 외곽까지 다녀오려면(단, 다음 목적지를 버스가 아닌 야간기차로 이동할 예정이라면), 아침 일찍 아까욱따웅으로 출발해 늦어도 오후 2~3시 삐이로 복귀, 스리크세뜨라 유적지를 둘러보고 야간기차로 다음 도시로 이동할 수 있다.

삐이에서 출발하는 버스

목적지	출발시각	요금	소요시간
양곤	05:00~23:00 (30분 간격)	K5,000~6,500	6~7시간
바간	17:00	K12,000~14,000	10~11시간
따웅곡	17:00	K12,000~14,000	12시간
나빨리 (탄드웨)	19:00(비수기) 08:00~19:00(성수기)	K17,500(미니밴)	9~10시간
먀욱우	13:30~14:00	K30,000	18시간

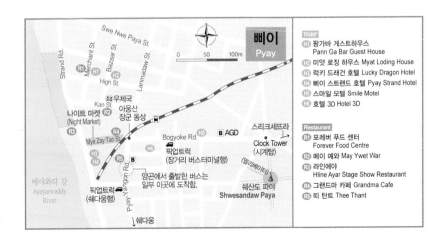

쉐산도 파야 Shwesandaw Paya ရွှေဆံတော်ဘုရား

지도 P.165 | 개관 06:00~21:00

기원전 589년에 세워진 쉐산도 파야는 부처의 불발이 안치되어
있다고 전해진다. 양곤의 쉐다곤 파야, 만달레이의 마하무니 파
야, 바고의 쉐모도 파야, 골든 록으로 불리는 짜익티요 파야와 함
께 미얀마 사람들에게 필수 참배코스로 꼽힌다. 메인 파고다의 탑
은 양곤의 쉐다곤 파야보다 약 90cm 이상 높은데, 꼭대기에 설
치된 독특한 티(Hti: 첨탑에 올린 우산 같은 장식) 2개가 눈길을
끈다. 이것은 미얀마의 여느 사원에서 볼 수 있는 장식과는 다르
다. 아래에 있는 장식이 더 크다. 이것은 뿨 도시를 점령한 몬족
에 의해 올려졌고, 위에 있는 작은 장식은 그 몬족을 침략한 바간
의 알라웅파야 왕에 의해 올려졌다.

쉐산도 파야는 부처의 치사리도 모시고 있다. 사원 남서쪽 모퉁이에 있는 신전
에 안치되어 있는데 매년 11월 보름달 축제 때 일반인에게 공개된다. 쉐산도 파
야는 경내를 한 바퀴 돌면서 뻬이 시내의 전망을 파노라마로 감상하기 좋은 곳이
다. 경내를 돌아 동쪽으로 가면 건너편 숲 사이로 눈을 마주칠 수 있을 만큼 우뚝
솟아오른 거대한 좌불을 볼 수 있다. 동쪽 계단으로 연결된 셋타지 파야
Sehtatgyi Paya에 안치되어 있는 불상인데, 쉐산도 파야에서 바라보는 모습이

쉐산도 파야에서 바라보이는 셋타지 파야의 좌불

더욱 드라마틱하다. 쉐산도 파야는 북쪽 정문 입구 옆길로 돌아가면 엘리베이터가 있어 편하게 오를 수 있다.

스리크세뜨라(떠예낏따야) Thayekhittaya(Sriksetra) သာရေခေတ္တရာ

지도 P.168 | 개관 08:00~17:00 | 입장료 K5,000(박물관 입장료는 별도 K5,000, 박물관은 월요일 휴관)

삐이 시내에서 동남쪽으로 약 8km 거리에 자리한 이 고대 유적지는 시간을 내어 느긋하게 여행하기 좋은 곳이다. 이 지역은 미얀마의 첫 번째 유네스코 세계문화유산으로 등록된 고고학 유적지대로 입장권을 구입해야 한다. 산스크리트어로 '스리크세뜨라'로 알려진 이 지역은 B.C.200~A.D.900 사이 미얀마의 중부까지 지배하던 쀼족의 왕국이 있던 고대 도시이다. 기원전 443년 두타바웅 Dutabaung 왕이 마법의 힘을 가진 초자연적인 존재들과 함께 도시를 건설했다고 전해진다. 도시는 타원형으로 성곽이 둘러쳐져 있는데 면적이 무려 266만 평이다. 넓기도 하지만 도처에 산재해 있는 유적을 제대로 둘러보려면 현지 가이드를 동행하는 것이 좋다. 물론 개별 여행도 가능하다. 입구까지는 자전거를 타고 갈 수는 있지만 유적지 안은 길이 울퉁불퉁해 자전거로 둘러보긴 어렵고, 약 12km의 성곽 둘레 길을 도보로 걷는 것도 사실상 무리다. 소가 끄는 우마차를 타거나 사이클 택시로 둘러보는 것이 현실적인 방법이다. 대부분의 우마차, 사이클 택시 드라이버는 잘 알아서 코스를 안내하므로 걱정할 필요는 없다. 유적지는 타원형의 면적을 따라 시계 반대방향으로 돌아보는 것이 편한데, 동선에 따라 꼭 둘러봐야 할 주요 유적을 소개한다.

▶스리크세뜨라 가는 방법

삐이에서 스리크세뜨라까지 왕복요금으로 사이클 택시(오토바이 택시)는 K15,000이고 합승트럭은 K20,000이다. 별도로 유적지 내에서 우마차를 타고 2~3시간 둘러보는 요금은 약 K5,000이다. 우마차는 성수기에만 운행한다.

스리크세뜨라 둘러보기

삐이에서 출발하면 Pyay-Aunglan Highway 도로를 통해 유적지로 가게 된다. 가는 길에 도로 오른편에 파야지 파야 Payagyi Paya를 볼 수 있다. 스리크세뜨라 영역을 표시하는 네 모서리 중 왼쪽 상단 지점에 위치해 있어 유적지로 가는 길에 먼저 들르게 된다. 6~7세기에 건설된 것으로 48m 높이의 둥근 종 모양의 파고다가 93.5m 둘레의 3단 테라스에 둘러싸여 있다. 도로를 따라 동쪽으로 더 가면 오른편으로 2014년 세계문화유산 등재를 기념하며 세워진 'World Heritage-Pyu Ancient City'라고 새겨진 기념비석을 볼 수 있다. 도로를 따라 계속 가면 게이트를 지나 4단 테라스에 올려진 파야마 파야 Payama Paya가 있다. 이는 높이 42m, 둘레 95m로 4~7세기에 건설된 것이다. 스리크세뜨라 영역을 표시하는 모서리 중 오른쪽 상단에 위치한다. 이 두 파야는 성 밖에 있어 합승트럭, 사이클 택시 드라이버들은 보통 이 두 곳을 먼저 들르고 본격적으로 성 안으로 들어가게 된다.

자, 이제 성 입구로 들어서자. 성 안의 중심부로 향하면 정부에서 운영하는 스리크세뜨라 박물관이 있다. 성 안의 유적을 둘러보려면 박물관 왼편에 있는 안내센터에서 유적지 입장권(K5,000)을 구입해야 한다. 안내센터에는 주요 유적을 사진과 함께 설명해 두고 있다. 박물관(입장권 K5,000 별도)에는 공예품과 부처상, 힌두교의 신상, 은화 등 발굴된 유물이 전시되어 있다.

파야지 파야   파야마 파야   보보 파야

라한따 동굴사원 내부

보보지 파야

레미엣나 파야

박물관을 나와서 이제 시계 반대방향(박물관 오른편)으로 유적을 둘러보자.

박물관의 남쪽 뒤편으로 옛 궁전의 성벽 잔해가 남아 있는데 비교적 최근에 발굴된 유적으로 벽돌로 지어진 궁전 터를 볼 수 있다.

4km를 더 가면 수풀에 덮여 벽돌 파편만 남아 있는 약 72m 길이의 라한따 게이트 Rahandar City Gate를 지나게 된다. 게이트를 통과하면 남쪽으로 라한따 동굴사원 Rahandar Cave Temple이 있다. 사원 안 남쪽 벽에는 1920년대에 보수된 8개의 불상이 줄지어 세워져 있다.

남쪽으로 1.6km 더 가면 보보지 파야 Bawbawgyi Paya가 있다. 일명 큰할아버지 스투파라고도 불리는 이 파고다는 4세기경의 건축물로 이 일대 유적 중 가장 오래된 것이자 가장 원형의 모습을 유지하고 있다. 46m 높이의 원통형 스투파의 꼭대기에는 금으로 된 티 Hti 장식이 있다.

북동쪽으로 약 180m를 가면 정육면체 모양의 베베 파야 Bebe Paya가 있는데 이는 11~13세기의 건축물로 탑 꼭대기에 몇 개의 불상이 안치되어 있는 원통형 장식이 있다. 동쪽방향으로 조금 가면 오른편으로 9세기에 건축된 레미엣나 파야 Lemyatnhar Paya가 있다. 내부 벽면엔 약간 훼손되었지만 양각으로 조각된 불상이 있다.

여기서부터 길 양쪽으로 바퀴자국을 볼 수 있는데 이곳은 한때 벽돌로 만든 해자(垓子: 적의 침입을 막기 위해 성곽 둘레를 파서 물을 괴게 만든 못)였다. 약 150m 정도 북쪽으로 가면 길이 양쪽으로 갈라지는데 오른편으로 베익타노 여왕의 묘지 Cemetery of Queen Beikthano가 있다. 1967~1968년 이곳에서 매장된 채로 발견된 6개의 돌 항아리는 공동 장례에 사용된 것으로 당시에

스리크세뜨라 박물관

라한따 게이트

라한따 동굴사원

개발된 독특한 영안실 관행이라고 한다.

여기에서부터 앞으로 난 길은 조금 울퉁불퉁하기는 해도 박물관으로 되돌아가는 더 나은 길이다. 가는 길에 지금은 게이트가 된 3m 두께의 성벽을 지나게 된다. 약 1.6km 지날 즈음 마을이 나오는데, 이 마을의 북쪽 끝에 8세기에 세워진 아담한 아셰이 제구 파야 Ashey Zey Gu Paya(East Zey Gu Paya)가 있다. 샛길이어서 그냥 지나치는 드라이버들도 있지만, 얘기하면 이곳까지 들렀다가 박물관으로 되돌아간다.

너른 초원 곳곳에 산재해있는 스리크세뜨라 유적은 한가하게 거닐며 반나절을 보내기 좋은 곳이다. 천천히 둘러보는 데도 최소 3~4시간 소요된다.

베익타노 여왕 묘지　　　　　아셰이 제구 파야　　　　　성 안의 길은 울퉁불퉁한 황토 길이다

TRAVEL PLUS
미얀마의 첫 번째 유네스코 고대 도시, 스리크세뜨라

2014년 6월 25일, 마침내 공식적으로 미얀마의 첫 번째 유네스코 문화유산이 등재되었다. 바로 스리크세뜨라 지역이다. 이 지역은 고대 쀼 Pyu족이 건설했던 왕국으로 벽돌과 해자로 이루어진 3개의 도시(한린 Halin, 베익타노 Beikthano, 스리크세뜨라 Sriksetra)로 구성되었다. 세 도시는 B.C.200~A.D. 900 사이 1,000년 이상 번성했던 쀼 왕국의 흔적을 고스란히 보여주고 있다. 유적은 그 중 가장 번성했던 스리크세뜨라를 중심으로 부분적으로 발굴되었는데 궁전 성벽과 불탑, 관개 시설 등이 포함되어 있다.

쀼 왕국은 확장된 고대 도시 형태를 갖추고 있는 것이 특징이다. 이는 9세기까지 가장 먼저, 가장 크고, 가장 오래 정착된 도시의 모습이다. 일부 관개 시설은 현재까지 이용되고 있는데 이는 당시 물 자원을 효율적으로 관리하는 등 집약적 농업이 조직화되었다는 것을 뒷받침한다. 큰 성벽과 해자, 잘 계획된 운하와 도로, 그 안에는 행정적, 사회적 우주의 중심을 나타내는 왕궁을 포함하고 있다. 일부 혁신적인 건축양식도 볼 수 있는데 일부는 지금까지 알려진 전형이 전혀 없는 것들이라는 것이 고고학자들의 해석이다.

쀼 고대도시는 동남아시아에서 문서로 기록된 첫 불교 문명 도시이기도 하다. 불교사원 공동체 문화가 확립되면서 왕실과 일반 대중의 후원을 통해 종교사원 건축이 이루어졌다. 테라코타, 철, 금, 은 등으로 만들어진 유물이 발견되고 건축기술이 목재에서 벽돌로 옮겨진 시기이기도 하다. 유네스코는 스리크세뜨라 지역의 선정 기준을 고대 불교유적지의 기능과 지속적인 전통, 2천년 가까이 유지되고 있는 농업 지형, 전통 농업 및 생산관리 시스템의 기술, 지역사회의 기원, 1,000년 된 고대도시의 형태를 그대로 갖춘 구조, 지역에서 생산된 재료로 만들어진 유물들, 이는 고대도시가 갖는 매우 중요한 속성으로 뛰어난 우주적 가치를 지닌다고 밝혔다.

유네스코로 등재되면서 외국인 단체관광객들의 방문이 부쩍 늘어나고 있다. 그것과 상관없이 쀼 고대 도시의 땅은 여전히 이 지역 주민의 삶에 강한 영향을 끼치고 있고, 종교 기념물은 불교 순례자들에게 꾸준한 숭배지가 되고 있다.

아까욱따웅 Akauktaung အကောက်တောင်

삐이에서 조금 이색적인 풍경을 보고 싶다면 조금 멀지만 이곳으로 가보자. 절벽에 조각된 수많은 부처가 에야와디 강을 내려다보고 있다. '아까욱'은 세금(Tax)이라는 뜻으로, 이름의 유래에 대해서는 몇 가지 이야기가 전해진다. 예전엔 배들이 이곳을 통과할 때 통행세를 내야 했는데 한 세금 징수원이 무료한 시간을 달래려 절벽에 불상을 조각하며 명상을 했다는 설도 있고, 통행세를 내지 못했던 뱃사공들이 세금 대신 불상을 하나씩 새겼다는 설도 있다. 어쨌거나 한 사람의 작품이라고 하기에는 믿기 어려울 정도로 많은 불상이 제각각 다양한 모습으로 절벽에 나란히 줄지어 있는 모습이 장관이다. 뱃사공은 조각을 잘 볼 수 있도록 절벽 가까이 배를 몰다가 강기슭에 배를 세우는데, 계단을 따라 올라가면 절벽의 사원에 다다른다. 삐이에서 아침 일찍 출발하면 대부분 점심시간 즈음에 이 사원에 도착하게 되는데, 근처에 마땅한 식당이 없기 때문에 원한다면 사원에서 스님들과 점심식사를 할 수 있다. 식사 후에 식비 대신 약간의 기부를 하면 된다.

이곳에 가려면 살짝 피곤하고 지루할 수도 있다. 삐이에서 67km 떨어져 있기 때문에 먼저 택시를 타고 1시간30분가량 톤보 Htonbo라는 마을로 가야 한다. 그곳에서 배를 타고 약 45분 정도 강을 따라 내려가면 절벽의 조각을 볼 수 있다. 가끔 톤보 마을의 출입국 직원이 여권과 비자 복사본을 요구하기도 하므로 서류를 준비해가는 것이 좋다. 보통 때는 배 위에서 절벽의 조각이 잘 보이지만, 비수기(강물의 수위가 낮을 때)에는 올려다봐야 하기 때문에 망원경이 필요할 수도 있다. 삐이에서 아까욱따웅까지 택시는 K40,000이고 보트는 K15,000이다. 삐이에서 함께 출발한 트럭 택시(사잉계까) 기사가 선착장까지 데려다주고 배를 빌릴 수 있도록 도움을 준다.

절벽을 올라서도 불상은 계속 된다

강에서 바라본 아까욱따웅

다양한 모습으로 조각되어 있는 불상

절벽 위의 사원

쉐다웅 Shwedaung ရွှေတောင်

삐이에서 남쪽으로 약 12km 떨어진 쉐다웅 마을에도 잔잔한 볼거리가 있다. 이 작은 마을엔 미얀마 어디서도 볼 수 없는 매우 독특한 불상과 언덕 위에 세워진 아름다운 사원이 있다. 시간이 된다면 스리크세뜨라 유적과 당일 투어로 묶어서 함께 둘러보자.

▶쉐다웅 가는 방법

투어로 가지 않고 혼자 찾아간다면 삐에-양곤 로드 Pyay-Yangon Road를 지나는 픽업트럭을 타면 된다. 삐에 버스터미널이나 삐에 시내 남쪽 방향에 있는 픽업트럭 정거장에서 탈 수 있다. 길 진행 방향으로 가다가 오른편으로 'Shwe Myet Hman Buddha Image'라는 이정표가 보이는 곳에서 내리면 된다.

쉐미엣만 파야 Shwe Myet Hman Paya ရွှေမျက်မှန်ဘုရား

쉐다웅 마을에 있는 쉐미엣만 파야 Shwe Myet Hman Paya에는 거대한 금테 안경을 끼고 있는 불상이 있다. 이 불상은 바간 시대의 꼰바웅 왕조 시절 처음 안경을 착용하게 되었는데, 한 왕족이 주민들의 신앙심을 불러일으키기 위해 금으로 만든 안경을 기부했다고 전해진다. 그 뒤, 이 불상이 눈과 관련된 질병을 치유하는 데 특별한 힘을 갖고 있다는 소문이 퍼지기 시작했다. 호기심으로 불상을 찾는 사람들이 많아지면서 급기야 안경을 도난당하는 일이 발생했고, 사원 측에서는 안경을 다시 제작해 아예 불상 가슴 안에 넣고 복장(伏藏)했다고 한다. 현재의 안경은 그 뒤에 다시 제작된 세 번째 안경으로 영국 식민지 시대 때 한 영국인 장교가 기부한 것이라고 한다. 장교의 부인이 눈병으로 고생을 하자 쉐미엣만 사원의 주지 스님이 안경 기부를 제안하였고, 신기하게도 안경을 기부한 뒤 장교 부인의 눈병은 씻은 듯이 치유되었다고 한다. 사원은 05:00~21:00까지 개방한다.

쉐낫따웅 파야 Shwe Nat Taung Paya ရွှေနတ်တောင်ဘုရား

쉐미엣만 파야에서 남서쪽으로 6~7km를 더 가면 '황금 성령의 산'이란 뜻의 쉐낫따웅 파야가 있다. 넓은 평원이 내려다보이는 언덕 위에 세워져있는 이 파야는 초록색과 흰색의 조화가 매우 우아하면서도 인상적이다. 기원전 283년 스리크세뜨라 시대에 조성되었는데 마을에 전해져 내려오는 이야기에 의하면 당시의 왕이 Nat(정령)의 도움을 받아 세웠다고 한다. 대리석에 조각된 고요한 부처의 모습과 평온한 사원의 분위기가 잘 어우러지는 인상적인 사원이다. 사원은 06:00~18:00까지 개방한다.

eating

그랜드마 카페 Grandma Cafe

지도 P.165 | 주소 Mya Zay Tan Road
영업 08:00~22:00 | 예산 K6,000~

말레이시아 쿠알라룸푸르의 한식당에서 오랫동안 일했던 주방장이 요리한다. 비교적 간단한 떡볶이부터 쟁반 막국수, 해물탕 등 쉽지 않아 보이는 음식까지 메뉴는 무려 30여 가지가 넘는다. 한국 드라마를 많이 본 미얀마의 젊은 친구들이 즐겨 찾는다. 인기 메뉴는 돌솥비빔밥인데 김치찌개도 제법 그럴듯한 맛을 낸다. 햄버거, 파스타 등도 있다.

띠 탄트 Thee Thant

지도 P.165 | 주소 Pyay-Yangon Road
전화 (09)5370411 | 영업 09:00~22:00 | 예산 K3,000~

시내에서 남쪽으로 Pyay-Yangon Road를 따라 도로 양옆으로 비슷한 메뉴를 갖춘, 간판까지 비슷한 식당들이 모여 있다. 볶음밥과 볶음면, 채소볶음 등 무난히 먹을 수 있는 중국식 메뉴를 갖추고 있다. 술도 판매하기 때문에 밤 시간에는 현지인들로 북적인다.

포레버 푸드 센터 Forever Food Centre

지도 P.165 | 주소 No.338, Merchant Road
전화 (053)25415 | 영업 07:00~22:00 | 예산 K1,500~

팡가바 숙소 맞은편에 있는 작은 식당. 미얀마 국민 메뉴인 모힝가를 비롯해 중국식 볶음밥과 간단한 스낵류 등 현지 젊은이들이 좋아하는 메뉴를 차려낸다. Free Wifi가 되는 덕에 젊은 친구들이 많이 찾는다.

나이트 마켓 Night Market

해질 무렵이면 에야와디 강변이 시작되는 지점에서 아웅산 장군 동상까지 연결되는 길 사이의 작은 거리(Mya Zay Tan Street)가 환하게 불을 밝힌다. 잡화와 과일, 간단한 음식을 파는 이동식 포장마차가 들어선 야시장이 열린다. 국수를 즉석에서 말아내고 생선, 어묵, 두부, 버섯, 고기 등을 꼬치에 꿰어 숯불에 구워낸다. 야시장 자체의 규모는 크지 않지만 간단히 식사를 하기 좋다.

sleeping

럭키 드래건 호텔
Lucky Dragon Hotel

지도 P.165 | 주소 No.772, Strand Road
전화 (053)24222 | 요금 싱글 $35, 더블 $40~45 | 객실 30룸

에야와디 강이 흐르는 서쪽 강변 부근에 위치한 호텔. 2008년 12월 오픈 이래 매년 보수를 통해 시설은 괜찮은 편이다. 객실 바닥은 반들반들한 나무를 깔아 깔끔하며 햇볕도 잘 들어온다. 작지만 수영장도 있다.

호텔 3D Hotel 3D

지도 P.165 | 주소 No.1448, Shwe The Thann Street
전화 (053)24044 | 요금 싱글 $25, 더블 $40~50
객실 20룸

호텔이 그리 많지 않은 삐이에서 단연 눈에 띄는 중저가 호텔. 쉐지곤 파고다, 야시장 등 시내는 모두 도보로 다닐 수 있는 위치, 깔끔한 객실, 직원들의 빠른 서비스 등 기분 좋게 하룻밤을 보낼 수 있는 곳이다.

스마일 모텔 Smile Motel

지도 P.165 | 주소 No.10-11, Bogyoke Street
전화 (053)25695 | 요금 싱글 · 더블 $30~ | 객실 22룸

시내 중심에 있는 아웅산 장군 동상에서 동쪽 방향으로 대로변에 위치해 있다. 객실은 조금 좁은 편인데 TV와 냉장고까지 갖춰져 있으며 일부 객실엔 욕조도 있다. 대체로 객실과 모든 비품이 약간 낡고 오래된 느낌이 들지만, 시내 사원이나 야시장을 도보로 이동할 수 있는 위치적 조건과 근처에 편의점과 식당이 있는 등 주변 환경은 괜찮은 편이다.

팡가바 게스트하우스
Pan Ga Bar Guest House

지도 P.165 | 주소 No. 342, Merchant Street
전화 (053)26543 | 요금 싱글 $7~트윈 $14(선풍기, 공동욕실), 싱글 $8~트윈 $16(에어컨, 개인욕실) | 객실 11룸

삐이에서 가장 저렴하게 머물 수 있는 숙소다. 삐거덕거리는 나무 계단을 올라가면 단출한 트윈베드가 놓여 있는 작은 객실이 복도 양옆으로 붙어 있다. 공동욕실에선 찬물로 샤워를 해야 하지만 이 모든 것을 상쇄시키고도 남을 팡가바만의 빛나는 장점이 있으니, 바로 정성껏 차려내는 조식이다. 아마 미얀마 게스트하우스를 통틀어 최고의 조식이라고 여겨진다. 숙소 시설이 낡은 대신 밥 한 끼라도 제대로 차려주고 싶어 하는 주인장의 진심이 느껴진다. 더불어 삐이에 관해 해박한 정보로 여행자들을 살뜰하게 챙겨준다.

팡가바 게스트하우스의 조식

밍갈라 가든 리조트 Mingala Garden Resort

지도 P.168 | 주소 Flying Tiger Garden, Aung Chan Tha Quarter | 전화 (053)28661 | 요금 싱글 $70, 더블 $80 | 객실 37룸

시내에서 동쪽으로 약 5km, 떼예깃따야 유적지로 가는 길(파야지 파야 근처)에 위치해 있다. 분위기 좋은 호수와 열대 정원을 둘러 싸고 방갈로 타입의 객실을 배치하고 있다. 독립된 발코니에 앉아 새소리를 들으며 고요한 시간을 보내기 좋은 운치 있는 숙소임에는 틀림없으나, 시내에서 걸어다니기 불편하다는 것이 아쉽지만, 사이클 택시(모터바이크 택시)를 이용해 이동할 수 있다.

မုံရွာ

몽유와 | Monywa

몽유와는 만달레이에서 북서쪽으로 130km, 바간에서는 북쪽으로 130km 거리에 위치한 중소 도시다.
고대 바간 왕국 시절에는 탈라와디 Thalawadi라는 지명으로 바간의 일부였으나, 현재는 행정구역상 만달레이
서가잉 지역에 속해 있다. 친드윈 Chindwin 강 하천의 비옥한 농토에 위치해 무역과 농업이 활발한 지역이다.
주로 콩, 밀, 참깨, 수수, 야자 등을 생산하는데 그중 밀은 미얀마 전체 생산의 80%를 차지한다. 관광지로 이름난
지역은 아니지만 세계 최대 크기의 불상과 58만 불상 사원이 있어 성지 순례자들 사이에서는 유명한 곳이다.
불자들에겐 종교적으로 충분히 감흥을 불러일으키는 곳이지만, 세계 최대 크기의 불상은 근래 지어진 것이고,
58만 불상은 석고로 찍어낸 것이라 일부 여행자들은 기대한 것보다 못하다는 평가를 하기도 한다.
바간~만달레이 구간의 중간에 위치해 중간지점으로 거쳐 가기 좋다.

버스

바간에서
냥우에서 07:30, 13:00에 몽유와행 버스가 출발한다. 4시간~4시간30분 소요되며 바간에서 출발한 버스는 26km 지점인 빠꼭꾸 Pakokku에서 약 30분 정도 정차한다. 일반 버스 외에 미니밴도 운행한다. 미니밴은 약 4시간 소요되며 요금은 K6,500이다.

만달레이에서
만달레이에서 05:00~16:00까지 1시간 간격으로 버스가 출발한다. 3시간30분~4시간 소요되며 일반 버스 요금은 K2,000~3,000이다. 미니밴도 운행하는데 미니밴 요금은 K6,500이며 약 3시간 소요된다.

기차
만달레이~몽유와 구간은 하루 한 편 기차가 운행한다. 만달레이에서 05:15 출발, 몽유와에 10:25에 도착한다. 몽유와에서 만달레이행 열차는 12:00 출발, 만달레이에 17:40에 도착한다. 요금은 클래스에 따라 Ordinary K5,000/Upper K9,000이다.

버스터미널
몽유와의 버스터미널은 시내 중심에 있는 시계탑 Clock Tower에서 보족 로드 Bogyoke Road를 따라 남쪽으로 약 3km 거리에 있다. 바간이나 만달레이에서 버스를 타면 이곳으로 도착한다. 버스터미널에서 몽유와 시내(숙소)까지 삼륜 오토바이를 개조한 사잉게까(모터바이크 택시)는 K2,000이고, 모터바이크 운전자의 뒤에 타게 되는 사이클 택시는 K1,000이다.

사이클 택시 · 사잉게까
몽유와는 볼거리가 모두 근교에 흩어져 있기 때문에 교통수단이 반드시 필요하다. 삼륜 오토바이를 개조한 사잉게까(모터바이크 택시)나 사이클 택시를 전세 내 둘러보는 것이 편하다. 1인 여행자라면 저렴한 사이클 택시를 선택하는 것이 경제적이다.
딴보데히 파야+보디 따타웅을 묶어 둘러보는 기본요금은 사잉게까는 K15,000이고 사이클 택시는 K10,000이다. 두 곳을 둘러보는 시간까지 드라이버가 기다려준다. 일반 택시를 전세 낼 수도 있다. 뽀윈다웅 동굴은 멀어 택시를 빌리는 것이 나은데 요금은 조금 비싼 편이다. 뽀윈다웅 동굴까지 왕복 약 2시간 소요되고 관람 시간동안 기다려주는 것까지 포함해 택시 한 대당 K30,000이다. 투어를 위해 필요한 교통수단은 숙소에 문의하면 연결해준다.
참고로, 뽀윈 다웅 동굴을 가려면 친드윈 강을 건너야 하는데 친드윈 다리가 건설되기 전까진 보트를 타고 강

몽유와에서 출발하는 버스
몽유와에는 많은 버스회사가 있다. 보통 일반 버스는 터미널에 직접 가서 버스를 타야 하지만 미니밴은 버스회사에 따라 숙소에서 픽업해서 목적지 숙소까지 샌딩 서비스를 포함하는 경우도 있으니 표를 구입할 때 확인하자. 몽유와의 많은 숙소에서 티켓 예약을 대행해준다.

목적지	출발시각	요금	소요시간
만달레이	05:00~17:00(매시간)	K3,000(일반 버스)/K6,500(미니밴)	3시간30분~4시간
바간	04:00, 05:30, 11:00, 13:30, 19:00	K4,000	4시간30분
양곤	19:00, 20:00	K11,800	11시간

을 건너야 했다. 건너 마을인 문빈진 마을 Mun Bin Gyn Village까지 보트를 타고 이동하는데 종종 사고가 발생해 이제는 거의 이용하지 않는다. 지금도 보트가 운행하긴 하지만 문빈진 마을에 내려 다시 합승트럭을 타고 이동해야 하므로, 아예 처음부터 택시를 타고 이동하는 것이 낫다.

몽유와 둘러보기

몽유와 시내 중심에는 쉐지공 파야가 있고 그 근처에 시계탑이 자리 잡고 있다. 그 앞으로 지나는 도로가 중심 도로인 보족 로드 Bogyoke Road다. 시계탑 북쪽 로터리에 말을 타고 있는 아웅산 장군의 기마 동상이 있다. 시계탑 앞에서 서쪽으로 가면 쉐지공 파야 Shwe Zy Ghong Paya가 있다. 쉐지공 파야를 지나쳐 서쪽에 있는 욘지 로드 Yonegyi Road에서 매일 저녁 야시장이 열린다. 몽유와의 주요 볼거리는 외곽에 있는데 남동쪽과 서쪽에 각각 흩어져 있다.

▶ COURSE A 몽유와의 첫째 날, 남동쪽 코스

어디에서 출발하든(만달레이든, 바간이든), 오전에 출발하면 몽유와에 오후에 도착하게 된다. 첫날 오후에는 딴보데히 파야 + 보디 따타웅을 둘러보자.

▶ COURSE B 몽유와의 둘째 날, 서쪽 코스

아침 일찍(9시 전) 출발하면 뽀윈 다웅 동굴에 다녀와서 오후에는 바간 또는 만달레이로 가는 버스를 탈 수 있다.

▶ COURSE C 몽유와 당일 여행

아침 일찍, 만달레이에서 첫 버스로 출발하면 몽유와에 오전에 도착할 수 있다. 터미널에 도착하자마자 사이클 택시를 렌트해 부지런히 코스A(3~4시간)를 돌아본 뒤, 저녁 버스로 만달레이로 돌아갈 수 있다. 단, 터미널에 도착하자마자 당일 돌아갈 버스를 예약해야 한다.

차를 빌려 여행한다면, 몽유와에서 30km 떨어진 곳에 위치한 트윈 다웅 Twin Daung도 가보자. 화산 분화구로 형성된 호수 안에 스피루리나가 번식한다. 호수 내의 스피루리나 공장을 견학할 수 있다(08:00~16:30).

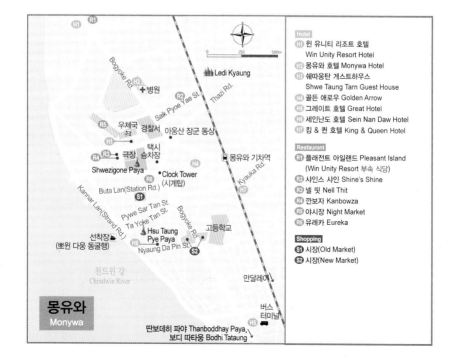

Hotel
H1 윈 유니티 리조트 호텔 Win Unity Resort Hotel
H2 몽유와 호텔 Monywa Hotel
H3 쉐따웅탄 게스트하우스 Shwe Taung Tarn Guest House
H4 골든 애로우 Golden Arrow
H5 그레이트 호텔 Great Hotel
H6 세인난도 호텔 Sein Nan Daw Hotel
H7 킹 & 퀸 호텔 King & Queen Hotel

Restaurant
R1 플래전트 아일랜드 Pleasant Island (Win Unity Resort 부속 식당)
R2 샤인스 샤인 Shine's Shine
R3 넬 띳 Nell Thit
R4 깐보자 Kanbowza
R5 야시장 Night Market
R6 유레카 Eureka

Shopping
S1 시장(Old Market)
S2 시장(New Market)

딴보데히 파야 Thanboddhay Paya သံဗုဒ္ဓေဘုရား

개방 06:00~17:00 | 입장료 K3,000

1939년 6월 건설을 시작하여 1952년 3월 완공된 사원으로 삼부디 파야 Sambuddhi Paya라고도 불린다. 13년 걸려 조성된 사원은 인도네시아의 보로부두르 Borobudur 사원을 모델로 해서 지었다고 하는데 분위기는 사뭇 다르다. 딴보데히 파야는 형태나 색감이 미얀마 여느 사원에서는 볼 수 없는 독특한 모습이다. 사원은 사각형 기단 위에 화려한 첨탑과 스투파로 둘러싸여 있는데 사원 한 면의 길이가 50m, 둘러싼 스투파의 개수가 864개다. 그보다 더 놀라운 것은 사원 안팎으로 가득 채우고 있는 크고 작은 불상이 무려 58만2,257개라는 사실이다. 흔히 58만 불상 사원이라고 한다.

파스텔 톤의 꽃으로 장식된 탑

본당 내부

사원 외벽과 내벽에 한 뼘 크기의 불상이 마치 피규어처럼 오름차순으로 빼곡하게 들어차 있다. 작은 불상은 미니어처 같고, 알록달록 화사한 파스텔 톤의 첨탑은 동화책 속에 등장하는 파고다를 보고 있는 듯한 느낌이다.

본당에 입장할 경우에만 입장료를 내며 사원 바깥을 거니는 것은 무료다. 만약 자동차로 여행한다면 딴보데히 파야는 몽유와 마을 입구 들어오기 전 20km 지점에 위치해 있으므로 시내 진입하기 전에 둘러보면 된다.

보디 따타웅 Bodhi Tataung ဘောဓိတစ်ထောင်

개방 05:00~17:00 | 입장료 없음

딴보데히 파야에서 동쪽으로 8km를 더 가면 포까웅 언덕 Po Khaung Hill이 있다. '1,000개의 불상이 변한 언덕'이라는 뜻으로 언덕 곳곳엔 크고 작은 불상이 세워져 있다. 일일이 세어보지 않더라도 적어도 두 개는 누구라도 확실히 알 수 있을 것이다. 근방 1km 이내에서도 한눈에 들어오는 세계 최대 크기의 입불상과 와불상이 그것이다.

입불상은 약 130m 높이로 세계에서 오를 수 있는 가장 큰 입불상으로 2008년 완공되었다. 실제로 발부터 머리까지 오를 수 있게 되어 있는데 불상 안쪽으로 끝도 보이지 않는 계단이 연결되어 있다. 부처의 머리 부분까지 오르는 것은 니르바나 Nirvana(열반)를 의미하는데, 현재는 발등 부분까지만 출입을 허락하고 있다. 그 앞에 조성된 와불 또한 95m의 거대한 길이를 자랑한다. 와불 내부에는 부처의 일생을 표현한 조각이 장식되어 있다. 근처에는 130m 높이의 아웅 셋짜 Aung Setkya 파야가 많은 사리탑과 작은 불상으로 둘러싸여 있다. 보디 따타웅 입구에 도착하면 다시 입불상이 있는 언덕까지 사이클 택시를 타고 가야한다. 입구 근처에서 헬멧에 번호표를 단 드라이버들이 대기하고 있다. 이들은 입구에서 입불상까지만 운행하는 사이클 택시로 편도 요금은 K1,000이다.

아웅 셋짜 파야를 둘러싸고 있는 수많은 불상

뽀윈 다웅 동굴 Hpo Win Daung Caves ၽိုဝင်းတောင်

개방 06:00~18:00 | 뽀윈 다웅 동굴 입장료 $3, 쉐바 따웅 동굴 입장료 $2

최근 조성된 입불상과 석고로 찍어낸 와불상이 흥미를 끌지 않는다면 뽀윈 다웅으로 가보자. 몽유와의 히든카드 같은 곳이다. 이 지역은 이곳에 살던 우 뽀윈 U Hpo Win이라는 유명한 연금술사의 이름을 따서 불린다. 몽유와의 남서쪽 뽀윈 언덕에 고대 흔적이 남아 있는 동굴사원이 있다. 거대한 바위를 파서 공간을 만든 뒤, 그 안에 불상을 세우고 벽화를 새긴 것인데 이러한 동굴이 492개나 된다. 동굴 안에는 크고 작은 불상이 가득한데 현지인의 이야기에 의하면 뽀윈 언덕에 있는 불상은 약 20만 개 가까이 된다고 한다. 불상은 17세기~18세기, 벽화는 14세기~16세기 만달레이 잉와 Inwa 시대의 스타일로 추정된다. 일부 동굴에는 매우 컬러풀하고 상태 좋은 벽화와 불상이 남아 있다.

뽀윈 다웅 동굴 입구로 다시 내려가면 건너편으로 쉐바 따웅 Shwe Ba Taung 동굴사원으로 가는 길이 있다. 역시 $2의 입장료를 별도로 내야 하는데, 이곳은 뽀윈 다웅 동굴과는 분위기가 사뭇 다르다. 약 8m 높이의 깎아지른 듯한 바위의 좁은 계단을 내려가면 동굴 사이에 46개의 동굴사원이 오밀조밀 남아 있다.

뽀윈 다웅 동굴은 몽유와에서 약 25km 서쪽으로 떨어진 곳에 위치해 있다. 자동차나 사이클 택시를 이용한다면 친드윈 강의 다리를 건너면 된다. 몽유와 시내에서 뽀윈 다웅 동굴까지 약 1시간 소요되며 택시 투어비는 K30,000이다.

TRAVEL 🟢 PLUS
몽유와 당일 여행하는 방법

몽유와를 여행하는 가장 편하고 빠른 방법은 택시를 빌리는 것이다. 그렇지 않을 경우 몽유와의 볼거리는 외곽에 흩어져 있어 모두 둘러보려면 최소 1박을 해야 한다. 시간이 많지 않은 여행자들은 만달레이에서 팀을 짜서 택시(3~4인)나 미니밴(4~6인)을 빌려 몽유와를 당일 여행으로 다녀간다. 만달레이에서 06:00~07:00 무렵 출발해 약 3시간 정도 차를 타고 몽유와에 도착, 친드윈 강 건너에 있는 뽀윈 다웅 동굴을 둘러본 후 점심 무렵 몽유와 시내로 돌아와 점심을 먹는다. 오후엔 딴보데히 파야, 보디 따타웅을 둘러본 후 18:00 무렵 만달레이로 돌아온다. 요금은 K65,000~70,000이다. 다소 바쁘긴 하지만 차를 빌리지 않더라도 가능은 하다. 만달레이에서 첫 버스로 출발하면 몽유와에 오전에 도착, 부지런히 둘러볼 수 있다. 다만, 뽀윈 다웅 동굴까지는 시간상 무리다. 터미널에서 택시나 사이클 택시를 흥정해 딴보데히 파야+보디 따타웅을 돌아본 뒤, 저녁 버스로 만달레이로 돌아갈 수 있다. 이때는 터미널에 도착하자마자 당일 돌아갈 버스를 예약해야 한다. 당일 여행을 한다면 바간보다는 만달레이에서 출발하는 것이 시간도 더 짧고 좋다.

eating

넬 띳 Nell Thit

지도 P.176 | 주소 Yonegyi Quarter

전화 09-6450130 | 영업 09:30~20:00 | 예산 K3,000~

푸짐하고 깔끔한 미얀마 커리를 차려내는 식당이다. 돼지고기, 소고기, 닭고기 커리는 기본이고 새우, 양고기, 생선 등 다양한 재료로 만든 커리를 갖추고 있다. 당일 여행이라면 몽유와에서 가장 맛있고 푸짐한 이곳에서 한 끼를 해결하는 것도 좋겠다.

깐보자 Kanbowza Cold Drink

지도 P.176 | 주소 Yonegyi Quarter

영업 09:00~21:00 | 예산 K800~

딸기, 바나나, 파파야 등의 밀크셰이크 음료와 시럽, 과일, 아이스크림을 넣은 선데이 종류도 있다. 하지만 가장 인기 있는 것은 역시 아이스크림이다. 스님도, 아저씨도, 학생도 지나가다 한 그릇씩 먹고 지나가는 몽유와의 명물 아이스크림 가게다.

샤인스 샤인 Shine's Shine

지도 P.176 | 주소 Saik Pyoe Yae Street

전화 (071)23567 | 영업 10:00~22:00 | 예산 K5,000~

넓은 정원을 가지고 있어 현지인들의 결혼 피로연이나 모임에 애용되는 식당이다. 조금 비싸긴 하지만 맛있는 중국 음식을 만들어낸다. 유난히 치

킨 메뉴가 많은데 약 20여 가지나 된다. 채소 볶음밥 등 저렴한 메뉴도 있으며 시원한 생맥주도 판매한다.

유레카 Eureka

지도 P.176 | 주소 Near Clock Tower, Yonegyi Street | 전화 (071)21662 | 영업 09:30~20:00 예산 K3,000~

카페 겸 베이커리인데 그보다 다양한 메뉴를 갖추고 있다. 햄버거, 스파게티 등의 유러피안 음식과 볶음밥 등의 중국 음식, 똠얌꿍 등의 태국 음식, 그보다 '유레카'를 외치고 싶은 메뉴가 있으니 바로 한국 음식이다. 김치찌개, 김

치볶음밥, 비빔밥, 김밥 등의 한식 메뉴가 있다.

나이트 마켓 Night Market

지도 P.176 | 위치 Yonegyi Road

해 질 무렵이면 시내의 서쪽 윤지 로드 Yonegyi Road 주변으로 야시장이 형성된다. 크지는 않지만 현지인들의 저녁을 책임지는 곳이다. 국수류부터 해서 꼬치, 튀김, 과일, 음료 등 일명 스트리트 푸드라 불리는 노점이 길 양 옆으로 펼쳐진다.

sleeping

몽유와는 여행자 숙소가 적은 편이다. 대부분 순례자들은 관광버스를 이용해 단체로 방문하고 일반여행자들도 당일 여행으로 다녀가는 지역이기 때문이다.
몽유와만을 목적지로 한다기보다는 바간~만달레이 구간을 여행하면서 시간 여유가 된다면 하루 머물러보자. 아래 소개한 숙소 외에 시계탑 근처와 보족 로드에 몇 개의 숙소가 더 있다.

쉐따웅탄 게스트하우스 Shwe Taung Tarn Guest House

지도 P.176 | 주소 No.70, Yonegyi Quarter
전화 (071)21478 | 요금 싱글 $13~18, 더블 $20~27
객실 38룸

쉐지공 파야 뒤편에 위치한 쉐따웅탄 게스트하우스는 몽유와를 찾는 배낭족들이 많이 찾는 숙소다. 객실은 간소하지만 무엇보다 가격이 저렴해 인기 있다.
일반 객실은 5층 건물에 나뉘어 있다. 로비를 통해 안쪽으로 들어가면 작은 정원을 낀 2층 건물에 조금 더 비싼 객실이 있다.

킹 & 퀸 호텔 King & Queen Hotel

지도 P.176 | 주소 Near Kyaukka Traffic Light, Main Kyaukka Rd. | 전화 (071)21434
요금 더블 $25~ | 객실 67룸

시내에서 도보로 약 20분 거리에 위치한 호텔. 넓고 전망 좋은 객실을 갖추고 있다. 몽유와 투어나 다른 도시로 가는 버스 티켓 구매 대행 등 직원들의 꼼꼼한 서비스가 인상적이다. 부속 식당에서 차려지는 조식 뷔페도 깔끔하고 성의 있다. 전반적으로 가성비가 좋은 호텔이다.

몽유와 호텔 Monywa Hotel

지도 P.176 | 주소 Bogyoke Aung San Road
전화 (071)21581, 21549 | 요금 싱글 $35~40,
더블 $40~45 | 객실 48룸

방갈로 타입의 한적한 숙소. 넓은 정원, 낡았지만 제법 많은 객실을 갖추고 있는 중급 숙소다. 성수기에는 주로 단체 순례자들이 숙소를 점령한다. 전체적으로 오래된 느낌이지만 나름 깨끗하게 관리되고 있는데 시설에 비해 살짝 비싼 느낌이 든다.

세인난도 호텔 Sein Nan Daw Hotel

지도 P.176 | 주소 Nyaung Ta Pin Road
전화 (071)21058 | 요금 싱글 $23, 더블 $30 | 객실 45룸

2016년에 오픈한 숙소로 2성급치고는 제법 많은 객실을 갖추고 있다. 대체로 모든 객실이 좁은 편인데 싱글 룸까지 작은 책상과 테이블이 갖춰져 있다. 5층 식당에서 바라보는 친드윈강의 전망이 좋다. 시내 중심에 위치해 돌아다니기 편하며 자전거도 대여해 준다.

윈 유니티 리조트 호텔 Win Unity Resort Hotel

지도 P.176 | 주소 Bogyoke Aung San Road
전화 (071)22438 | 요금 싱글 · 더블 $55~150
객실 117룸

고급 호텔이 많지 않은 몽유와에서 가장 눈에 띄는 리조트 호텔이다. 스탠다드 룸은 평범하지만 방갈로 타입의 디럭스 룸은 꽤 아늑하다. 원목 침대와 나무 바닥으로 말끔하게 꾸며진 객실은 호수와 정원을 전망으로 하는 개인 발코니까지 갖춰져 있다. 스파와 야외 수영장, 도로 건너편에 있는 부속 식당 플레전트 아일랜드(Pleasant Island)까지 시설 또한 충실하게 갖췄다. 비수기에는 공시요금에서 15~20% 할인된다.

TRAVEL 💬 PLUS
미얀마 민주화 운동의 상징, 아웅산 수찌

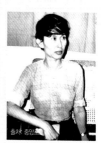

아웅산 수찌는 미얀마의 국민 영웅 아웅산 장군의 딸이다. 아버지 아웅산은 미얀마의 독립을 성공적으로 이끌었으나 끝내 독립을 보지 못하고 암살당했다(1947. 7. 19). 당시 아웅산 수찌의 나이는 2살이었다. 그 뒤 1961년 인도주재대사로 발령받은 어머니 킨찌(Khin Kyi) 여사를 따라 아웅산 수찌는 인도로 가서 10대를 보내게 된다. 19세가 되었을 때 네윈의 군부독재로 정치적 혼란을 겪고 있는 미얀마 대신 영국행을 선택, 1964년 옥스퍼드의 세인트 휴즈 칼리지(St. Hugh's College)에 진학한다. 대학시절 철학, 정치학, 경제학을 공부하며 부부의 인연을 맺게 될 영국인 마이클 에어리스(Michael Aris)를 만나게 되는데, 더럼유니버시티(Durham University)에서 현대사를 공부한 그는 특히 동양과 불교에 대한 이해가 깊어 아웅산 수찌와 뜻이 잘 통했다고 한다. 아웅산 수찌는 1967년 학사학위를 받고 1969년~1971년 유엔사무국의 행정 및 예산 자문위원회 비서로 근무했다. 1972년 결혼 후에는 남편의 학술연구를 위해 함께 부탄으로 떠난다. 그 뒤 1973년, 1977년 두 아들을 출산하며 가정주부로 지냈다. 1985년~1986년에는 교토대학교 동남아연구소 객원연구원으로 일하기도 했다.

그러던 1988년 4월, 어머니의 병환이 위독하다는 연락을 받고 병간호를 위해 잠시 미얀마에 귀국한다. 당시 미얀마는 '8888 민주항쟁(P.450 참고)'이 일어나기 직전으로 반정부시위가 전국적으로 확산되는 상황이었다. 민주주의를 갈망하는 국민들이 군부의 총칼 앞에 무참히 희생되고, 신음과 비명, 통곡소리가 가득한 조국의 현실을 맞닥뜨리게 된 아웅산 수찌는 NLD(National League for Democracy : 민주주의민족동맹) 창당을 도우며 본격적으로 정치에 뛰어든다. 하지만 군사정부는 아웅산 수찌가 달갑지 않았다. 정치경력은 전무하지만 '아웅산 장군의 딸'이라는 상징성은 국민들에게 큰 힘과 용기가 되기 때문이다. 군부는 약 15년 동안 아웅산 수찌에게 온갖 이유를 들어 가택연금과 해제를 반복했다. 군부는 해외 이주 시 자유를 주겠다고 했지만 그녀는 거부했다. 심지어 1999년 남편 마이클 에어리스가 전립선암 선고를 받았을 때도 재입국이 불가능해질 것을 우려해 미얀마를 떠나지 않았다. 그나마 남편이 두 아들을 데리고 미얀마를 방문할 때나 가족상봉이 가능했는데, 1995년 이후에는 군부에서 비자를 내주지 않아 더 이상 가족을 재회 할 수 없었다. 미얀마와 아웅산 수찌의 상황을 세상에 알리는 데에는 남편의 역할이 컸다. 그녀의 가장 열렬한 지원군이었던 남편은 결국 사망했고 아웅산 수찌는 장례식에도 참석할 수 없었다. 이에 대해 미국 등 많은 나라는 미얀마에 경제제재 조치를 가하고, 세계의 많은 인권단체는 아웅산 수찌에게 노벨평화상과 인권상을 수상하며 민주주의를 위해 노력하는 미얀마 국민들과 그녀에게 지지를 보냈다.

아웅산 수찌 여사 자택. 아웅산 수찌는 총 15년 동안 처해진 가택연금으로 이 집 밖으로 나올 수 없었다

2011년 11월, 마침내 군사정권이 물러나고 공식적인 민간정부가 들어서며 아웅산 수찌도 가택연금에서 해제되었다. 아웅산 수찌는 2012년 4월 보궐선거에 출마해 하원의원으로 당선되었고 그녀가 속한 NLD는 45개 선거구 중 43곳에서 승리했다. 아웅산 수찌는 2013년 3월 10일 열린 전당대회에서 당의장에 선출, 당원 120만 명인 야당을 이끄는 가장 유력한 대선 주자로 떠올랐다. 실제로 그녀는

2013년 6월 6일 수도 네삐더에서 열린 세계경제포럼 동아시아 지역 토론에서 대통령에 출마할 뜻을 밝혔다. 하지만 현행 미얀마 헌법에 따르면 배우자나 자녀가 외국인일 경우 대통령과 부통령에 출마할 자격이 없다. 이에 아웅산 수찌와 NLD는 헌법 개정을 요구했고, 당시 정부는 아웅산 수찌의 대선 출마를 막는 조항을 개정하겠다고 발표했다.

당시 총선을 앞두고 미얀마 내에서 아웅산 수찌를 비판하는 국민들도 존재했다. 조금 더 적극적으로 군부와 타협해 일정 부분의 양보를 받아냈더라면, 국제사회의 경제제재로 인해 미얀마의 경제가 이렇게까지 어려워지진 않았을 것이라는 의견이었다. 또한 아웅산 쑤지를 구심점으로 하는 NLD에 대해서도 보이콧만이 정답이 아니라고 비판했다. 2008년 제헌의회, 2010년 총선에서 NLD는 보이콧으로 일관했다. 그 결과 당내 공식노선에 반대하는 강경파들은 NDF(National Democratic Force : 민주국민전선)이라는 야당을 창당했기 때문이다.

그 뒤, 아웅산 수찌가 이끄는 NLD는 그동안 개헌 없이는 총선을 보이콧하겠다던 노선을 바꿔 2015년 총선에 참가했다. 2015년 11월 8일 치러진 총선에서 NLD는 군부에게 배정된 의석(166석)을 합해 총 657석인 상·하원 의석 중 59%인 390석을 확보, 과반 의석을 차지해 역사적인 정권교체를 이끌었다. 과거와 달리 군부는 패배를 인정하며 정권을 이양했다. NLD 압승 뒤 아웅산 수찌는 민 아웅 흘라잉 군 최고 사령관을 세 차례나 만나 개헌을 협상했다. 현행 헌법에 따르면, 후보 친족이 외국 국적 소지자인 경우 대통령 선거 출마를 제한하고 있는데 아웅산 수찌는 슬하에 영국 국적의 아들 2명을 두고 있기 때문이다. 참고로 미얀마는 군 최고 사령관이 군 통수권을 갖고 있으며 상하원 전체 의석의 25.2%를 군부가 차지하고 있는데, 75% 이상이 찬성해야 헌법 개정이 가능하다. 개헌 협상이 실패하자 아웅산 수찌는 최측근인 틴 쩌(Htin Kyaw)를 대통령으로 선출시켰다. 아웅산 수찌 자신은 외무부 장관으로 취임하며 본격적인 대리통치 행보에 나섰다.

헌법은 수정되지 않았으나 대통령 위의 권력을 자임하며 국가 고문을 겸하고 있는 아웅산 수찌는 실제로 미얀마의 막후 실세다. 그녀의 커지는 권력만큼이나 비판하는 소리도 점점 거세지고 있다. 무엇보다 가장 비판받는 대목은 소수민족에 대해 아웅산 수찌가 침묵하고 있다는 것이다. 불법 이민자로 간주돼 불교도들에게 탄압받는 서부의 이슬람 로힝야(Rohingya)족과 자치독립을 요구해 정부군이 유혈진압하고 있는 북부의 까친(Kachin)족 문제가 대표적이다. 특히 로힝야족은 동남아에서 가장 박해받는 소수민족으로 현재 미얀마 땅에 살면서도 미얀마 국적을 얻지 못한 채 살고 있다. 2012년 6월, 불교도들이 이슬람 로힝야족의 거주지를 공격해 80명이 사망하고 10만 명의 난민이 발생했다. 당시 아웅산 수찌는 모든 소수민족에게 평등한 권리를 부여해야 한다고 의견을 밝혔으나 더 이상 구체적인 언급은 회피했다. 문제는 그녀가 이야기한 '모든 소수민족'에 로힝야족은 예외라는 불편한 사실이다. 국적이 없는 로힝야족은 미얀마 정부가 공식인정한 소수민족인 135종족에 포함되지 않는다. 당시 아웅산 수찌가 그러한 입장을 보인 것은 국민 대다수인 버마족과 불교도가 아닌, 소수민족의 입장을 대변한다면 2015년 총선이 불투명해질 수 있다고 판단했다는 것이 전문가들의 해석이었다. 하지만 총선 승리로 NLD가 집권한 뒤에도 크게 달라진 것은 없는 상황이다.
2016년 10월 라카인 주에서 괴한들의 경찰서 공격 사건으로 경찰 9명이 사망하자, 일부 로힝야족이 가담했다고 판단한 경찰이 로힝야 마을을 향해 무차별 발포를 해 주민 86명이 사망, 건물 1,500여 채가 방화로 파괴되었다. 이어 2017년 8월 미얀마 라카인주 툴라톨리 마을에서 군부에 의한 로힝야 대학살 사건이 일어나면서 로힝야족 반군과 미얀마군의 유혈충돌을 피해 방글라데시 국경을 넘는 대규모 난민이 발생하고 있는 상황이다. 하지만 아웅산 수찌의 미온적 태도는 여전해 정치적 사정과는 무관하게 인권에 대한 애정과 동정심을 갖고 있는지조차 불분명해 보인다는 의견까지 제시되고 있다.

미얀마 밖에서도 꾸준히 비판하는 소리가 나오고 있다. 2013년 뉴욕타임스는 '아웅산 수찌가 미얀마 북부 까친족 유혈 진압 문제와 관련해 "내가 소속된 위원회 소관 사항이 아니다"라고 일축하자 세계 인권단체인 휴먼라이츠워치는 '노벨 평화상 수상자가 할 얘기는 아니다'라고 비판했다. 티베트의 정신적 지도자이자 노벨평화상 수상자인 달라이라마는 여러 차례에 걸쳐 박해받고 있는 로힝야족에게 보호조치를 취할 것을 촉구하였다. 유엔과 국제앰네스티도 성명을 발표하고, 2016년엔 노벨상 수상자 20여 명과 세계 각국의 정치인, 인권운동가들이 로힝야족 학살을 비판하는 공개서한을 유엔안전보장이사회에 제출했다. 2017년 유엔난민기구(UNHCR)는 로힝야 난민이 약 37만 명에 이르는 것으로 추산하며 유엔안보리가 로힝야 인종청소 중단을 촉구하는 언론성명을 만장일치로 채택했다. 점점 거세지는 국제적인 압력을 무시할 수 없게 되자, 2017년 9월 19일 아웅산 수찌는 국정연설을 통해 처음으로 미얀마 정부의 공식 입장을 밝혔다. 하지만 로힝야족을 직접적으로 언급하지 않았으며 원론적인 수준에서 사태 해결에 나서겠다고 밝혔다. 급기야 국제앰네스티는 아웅산 수찌가 더 이상 인권수호의 상징이 아니므로 앰네스티 최고 영예인 양심대사상 수상자로서의 자격 유지에 정당성이 없다고 판단, 2018년 11월 11일 수상을 박탈하기에 이르렀다. 어쨌거나 2015년 총선 이후 아웅산 수찌가 현 정부를 실질적으로 이끌고 있는 것은 사실이다. 그녀가 지켜온 민주화 운동의 상징이라는 가치를 어떤 모습으로 전개해 나갈지 꾸준한 신뢰와 지지를 보내온 이들은 물론 온 세계가 기대하고 있다.

아웅산 수찌의 정치 타임라인

- 1988. 9. 24. NLD(민주주의민족동맹) 발족
- 1989. 7. 20. 내란죄로 1차 가택연금
- 1990. 5. 27. 총선 실시(NLD가 총 495석 중 392
  석 차지하지만 군부정권이 무효화 선언)
- 1990. 라프토 인권상 수상
- 1991. 사하로프 인권상 수상, 노벨평화상 수상
- 1995. 7. 10. 1차 가택연금 해제(6년)
- 1999. 3. 27. 남편 마이클 에어리스 사망
- 2000. 9. 23. 2차 가택연금
- 2002. 5. 6. 2차 가택연금 해제(1년 8개월)
- 2002. 유네스코 인권상 수상
- 2003. 5. 30. 3차 가택연금
- 2004. 5. 18. 광주 인권상 수상

- 2009. 7. 27. 국제앰네스티 양심대사상 수상
  (2018. 11. 11. 국제앰네스티 양심대사상 수상 박탈)
- 2010. 11. 7. 총선 실시(NLD 보이콧으로 여당 압승)
- 2010. 11. 13. 3차 가택연금 해제(7년 6개월)
- 2012. 4. 1. 보궐선거에 출마. 하원의원 당선(NLD
  는 총 45석 중 43석 차지)
- 2013. 3. 10. NLD 전당대회에서 당의장으로 선출
- 2015. 11. 8. 총선실시(NLD가 총 657석 중 390석
  차지)
- 2015. 11. 11. 하원의원 당선
- 2016. 3. 30. 외무부 장관 취임, 미얀마 국가자문위
  원회 위원

출처: 중앙포토

출처: 중앙포토

1 2013년 1월 28일~2월 1일 평창 스페셜 올림픽 개막식 참석차 한국을 방문했다.

2 2013년 2월 1일. 고(故) 김대중 전 대통령의 글씨가 쓰여진 도자기를 이희호 여사로부터 선물 받고 있다.

만달레이 &
근교

Mandalay & Around

만달레이

မန္တလေး

Mandalay

만달레이는 양곤에서 북쪽으로 716km 떨어진 에야와디 연안의 동쪽에 위치해 있다. 네삐더가 행정 수도, 양곤이 경제 수도라면 만달레이는 미얀마의 문화 수도다. 미얀마 제2의 도시답게 역사와 불교, 전통과 현대가 공존하는 만달레이는 여러모로 유서 깊은 지역이다. 버마의 마지막 왕조였던 꼰바웅 Konbaung 왕조의 수도 역할을 했던 곳이다. 만달레이는 1857년 민돈 Mindon 왕이 왕궁을 건설하면서 본격적으로 도시의 모습을 갖추기 시작했다. 왕궁이 완공되자 근처 아마라뿌라 Amarapura에서 만달레이로 수도를 천도하였으나, 1885년 영국에게 함락되면서 버마의 군주시대가 막을 내린다. 제3차 버마 – 영국 전쟁 후 영국의 식민지가 되면서 미얀마의 중심이 양곤으로 옮겨가고, 제2차 세계대전 중 일본에 의해 도시의 대부분이 파괴되었지만 왕조의 수도를 보낸 지역답게 당시에 지어진 역사적인 불교 유적이 만달레이와 근교에 산재해 있다. 왕조시대에 발달했던 실크 · 견직물 제조와 금은 보석 · 석조 · 목조 조각 등 전통공예도 함께 전해 내려오고 있다. 그렇다보니 자연스레 무역이 활발해지면서 사업가들이 많이 왕래해 활기찬 분위기가 감돈다.

Information

지역번호 (02)

환전 · ATM

대도시답게 거리에서 ATM기를 쉽게 볼 수 있다. 대형 쇼핑몰, 호텔 등에도 ATM기가 설치되어 있다.

관광안내센터(MTT:Myanmar Travels&Tours)

만달레이를 포함해 퍼밋이 필요한 미얀마 북부 지역 여행에 대한 전반적인 정보를 접할 수 있다.
지도 P.192-C2 | 주소 68th & 27th Street
전화 (02)60356 | 영업시간 09:30~16:30

만달레이 지역입장권

만달레이는 바간이나 냥쉐(인레)처럼 체크포인트에서 의무적으로 지역입장권을 구입해야 하는 것은 아니다. 다만 일부 주요 유적지는 지역입장권(K10,000)이 필요하다. 입장권에는 만달레이 유적지를 포함해 아마라뿌라, 잉와 등의 근교지역 입장료까지 포함된다. 지역입장권은 만달레이 왕궁과 주요 파고다에서 판매된다. 유효기간은 구입일로부터 5일이다.

Access

▥ 비행기

만달레이에는 국제공항이 있다. 인천~만달레이 직항편은 없지만 타이항공, 에어아시아, 방콕항공 등이 방콕을 경유하는 방콕~만달레이 구간을 운항한다. 만달레이 시내에서 공항까지 합승(셰어)택시는 K15,000 내외.

만달레이행 국내선

출발지	요금	소요시간
양곤	$127	1시간30분~2시간
냥우(바간)	$61~63	30분
헤호(인레)	$82~84	40분
라쇼	$84~88	40분

*요금은 2018년 1월 기준임.

▥ 보트

바간 ↔ 만달레이 구간은 배로 이동할 수 있다. 편도 10~12시간 소요되는데 기상 상황에 따라 지연되기도 하고 우기에는 3~4시간 단축되기도 한다. 보트회사는 1개월 전 운항 스케줄과 요금을 확정하므로 현지에서 한 번 더 확인하자.

만달레이 길 찾는 법

만달레이 지도를 보면 길이 바둑판 모양으로 네모반듯하다는 걸 알 수 있는데요. 교차로마다 이정표도 잘 설치되어 있습니다. 게다가 도심의 도로 이름은 숫자로 되어 있어요. 1st Street, 2nd Street, 3rd Street 식으로요. 숫자는 북에서 남쪽으로, 동에서 서쪽으로 커집니다. 주소 읽는 법을 알면 길 찾기가 쉬워지는데요. 주소를 보면 대충 위치를 파악할 수 있습니다. 찾아가려는 주소가 "12th Street, Between 34th & 35th Street"라면, 지도에서 먼저 12번 도로를 찾으세요. 12번 도로의 좌우상하를 보면 34번, 35번 도로가 교차합니다. 즉, 목적지는 12번 도로상에 있으며 34번과 35번 도로가 양옆 혹은 위아래로 교차한다는 뜻입니다.

- **스피드 보트(Speed Boat)**

10~12시간 소요, 요금 $40~45, 매일 출발

여행자들이 가장 선호하는 스피드 보트는 회사마다 요금이 약간씩 다르다. 일반적으로 말리카 Malika, 엔마이카 Nmai hka 회사의 보트가 운항하고 성수기인 11월~2월엔 쉐케이너리 Shwe Keinnery 회사도 운항에 합류한다. 보통 07:00에 출발하는데 비수기에는 간헐적으로 운항하므로 현지에서 확인이 필요하다.

- **슬로 보트(Slow Boat)**

15시간 소요, 요금 $15, 주 2회 출발

- **럭셔리 크루즈(Luxury Cruise)**

2일 소요, 요금 €760~1,550, 비정기적 운항

아마라 Amara 회사가 운영하는 페리로 단체 패키지 팀만 예약을 받는다. 따라서 출발일이 비정기적이다. 티크 나무로 만들어진 우아한 크루즈에서의 하룻밤 숙박과 식사가 포함된다.

선착장

● **거웨인 선착장 Gaw Wein Jetty | 지도 P.192-A3**

현지어로는 '거웨인 떼모제'라고 부른다. 이곳은 앞서 소개한 바간 ↔ 만달레이 구간의 보트를 타는 선착장이다. 보트는 도심의 남서쪽에 있는데 물의 수위에 따라 출발지점은 달라지긴 하지만 보통 이 선착장에서 05:30~ 07:00 사이에 출발한다. 선착장은 Strand Road & 35th Street에 위치해 있다.

● **마얀찬 선착장**
Mayan Chan Jetty | 지도 P.192-A2

현지어로는 '마얀찬 떼모제'라고 부른다. 이곳은 밍군으로 가는 보트를 타는 선착장이다. 매일 하루 한 편 09:00에 밍군으로 출발한 보트가 밍군에서 13:00에 다시 만달레이로 돌아온다. 1시간~1시간 30분 소요되며 요금은 왕복 K5,000이다. 선착

장은 Strand Road & 26th Street에 위치해 있다.

버스

바간에서

바간(냥우)에서 05:00, 08:30, 09:00, 12:00, 13:00, 14:30, 16:00, 17:00, 18:00에 버스가 출발한다. 5시간 소요되며 요금은 K8,000~9,000이다. 바간에서는 합승택시도 많이 출발한다. 4인승 합승택시는 K13,000이고 7인승 미니밴은 K11,000이다. 3시간 30분~4시간 소요된다.

양곤에서

아웅 밍갈라 터미널에서 08:00, 09:00, 09:30, 17:00, 18:00, 19:00, 20:00, 21:00, 21:30에 버스가 출발한다. 요금은 K11,000(일반버스)부터 K36,500(VIP버스)까지 버스회사마다 다르다. 약 8~9시간 소요된다.

냥쉐(인레)에서

냥쉐에서 출발하는 교통편은 다양하다. 08:00(미니밴 K15,000), 09:00(셰어 택시 K35,000), 18:30(VIP 버스/K15,000), 19:00(일반버스/K11,000)에 출발한다. 만달레이까지 약 8시간 소요된다.

만달레이에서 출발하는 버스

목적지	출발시각	요금	소요시간
양곤	09:00, 21:00, 21:30, 22:00	K18,000~26,000(VIP)	10시간
바간(냥우)	06:00, 09:00, 12:00, 14:00, 15:00, 16:00, 17:00	K9,000~16,000	5시간
인레(냥쉐)	09:00, 19:00	K12,000~20,000(VIP)	8시간
깔러/따웅지	09:00, 19:00	K12,000~20,000(VIP)	8/12시간
인레(냥쉐)	19:30	K12,000	8시간
시뻐(띠보)	06:00, 14:00/ 셰어택시	K5,000~9,000/K15,000	6시간
삔우른		K5,000~9,000/K7,000	2시간 30분
몽유와	06:00~15:00(매시간)	K4,000~7,000	2시간 30분

▨ 버스터미널

만달레이의 버스터미널은 3곳이다. 행선지에 따라 출발하는 터미널이 다르기 때문에 버스표를 구입하면, 버스회사 이름과 어느 터미널에서 출발하는지 꼭 확인해야 한다. 일부 버스회사는 픽업서비스를 제공한다. 버스표는 숙소에서 예약하는 것이 편한데 숙소에서 판매하는 버스표에는 대행료가 포함되기도 한다. 최근 들어 버스회사들은 출발인원에 따라 일반버스가 아니라 미니밴을 운행하기도 하니, 버스표를 구입할 때 픽업여부와 함께 버스 종류도 확인하자.

● 퀘세칸 버스터미널

Kwe Se Kan Bus Terminal | 지도 P.192-B5

여행자들이 가장 많이 이용하게 되는 터미널로 보통 '메인 버스터미널'이라고 불린다. 또는 찬먀쉐삐 Chan Mya Shwe Pyi 터미널, 하이웨이 Highway 버스터미널이라고도 부른다. 양곤을 비롯해 바간, 깔러, 인레, 따웅지 등 샨 주(Shan State)의 남부 지방으로 가는 버스가 출발한다. 시내에서 남쪽으로 약 10km 떨어져 있으며 택시로는 약 40분 소요, 요금은 K7,000이다.

● 삐지맛신 버스터미널

Pyi Gyi Myat Shin Bus Terminal | 지도 P.192-C3

시뻐, 라쇼, 무세 등 샨 주 북부로 가는 버스가 출발하는 터미널이다. 이신 Yeshin, 두타와디 Duhtawadi 등 일부 버스회사는 숙소에서 터미널까지 승객을 픽업해 주는 서비스를 실시한다. 삐지맛신 버스터미널은 시내에서 3km 동쪽으로 떨어져 있는데 60th Street, Between 35&37 Street에 위치해 있다. 택시로 15분 소요되며 요금은 K3,000이다.

● 띠리만달라 버스터미널

Thiri Mandalar Bus Terminal | 지도 P.192-A2

쉐보, 몽유와, 사가잉, 바모 등지로 가는 버스가 출발하는 터미널이다. 시내 서쪽에 있는 터미널로 비교적 도심에서 가깝다. 89th Street, Between 22nd & 24th Street에 위치해 있으며 시내 중심에서 도보로

이동이 가능하다. 교통편을 이용한다면 도심에서 멀지 않으므로 택시보다는 사이까를 이용해서 갈 수 있다.

▨ 기차역

만달레이는 미얀마 동서남북으로 철로가 연결되는 중심에 있다. 만달레이 기차역 역시 만달레이 시내 중심지인 78th Street & 30th Street에 위치해 있다.

만달레이에서 출발하는 기차

목적지	출발	도착	요금
양곤	06:00 15:00 17:00	21:00 05:00 07:45	K12,750(U/SL), K9,300(U/S), K4,600(O/S)
삔우룬	04:00	07:50	K1,200(U/S), K550(O/S)
시뻐	04:00	14:55	K3,950(U/S), K1,700(O/S)
바간	07:20 22:00	18:45 04:50	K1,800(F/C)/ K1,300 (O/S)

*U/SL=Upper Sleeper, U/S=Upper Seat,
F/C=First Class, O/S=Ordinary Seat

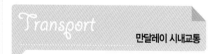

Transport
만달레이 시내교통

▨ 사이클 택시

사이클 택시는 길에서 쉽게 볼 수 있다. 일행이 없는 나홀로 배낭족들은 택시를 빌리기가 부담스러우므로 사이클 택시를 이용해 투어를 한다. 하루 종일 모터바이크 뒷좌석에 앉아 돌아다녀야 하므로 피곤하긴 하지만 택시에 비해 요금은 저렴하다. 만달레이 시내투어는 K15,000, 근교 투어는 K20,000~25,000 정도다. 선착장이나 시내 가까운 거리는 K2,000 정도다.

▨ 택시

만달레이에서 여행 자들이 투어를 할 때 가장 많이 이용하는 교통수단이다. 택시 는 08:30~19:00

까지 원하는 대로 돌아다닐 수 있어 편하다. 만달레이 시내만 둘러보는 것은 K35,000~40,000/3개 지역 (아마라뿌라+사가잉+잉와)은 K40,000~45,000/4 개 지역(아마라뿌라+사가잉+잉와+밍군)은 K45,000~50,000이다. 택시는 안전하게 숙소를 통 해 예약하는 것이 좋다. 투어요금은 일정이 끝난 뒤 지 불하면 된다.

▨ 장거리 셰어택시(합승택시)

만달레이에서는 장거리 셰어택시도 대중적으로 이용된 다. 셰어택시를 신청하면 택시회사에서 행선지가 같은 손님끼리 합승시켜 출발시키는 시스템이다. 버스터미널 이 모두 외곽에 있기도 하지만, 집 앞에서 픽업해 목적지 문 앞까지 빠르고 편하게 데려다주기 때문에 현지인들도 즐겨 이용한다. 특히 만달레이~삔우른 구간은 셰어택시 를 흔히 이용한다. 셰어택시는 숙소에서 예약이 가능하 다. 만달레이~삔우른까지는 셰어택시로 2시간 소요된 다. 좌석에 따라 요금이 다른데 앞좌석은 K8,000, 뒷 좌석은 K7,000이다. 택시 한 대를 빌린다면 K30,000 이다.

▨ 자전거 · 모터바이크

만달레이는 이정표가 잘 되어 있어서 일부 여행자들은 직접 자전거나 모터바이크를 이용해 돌아다니기도 한 다. 나일론 호텔 근처에 있는 '미스터 제리' 대여점에 가 면 쉽게 빌릴 수 있다.

· **Mr. Jerry(Bicycle & Motorbike Rental Shop)**
지도 P.193-A1 | 주소 No.184, 83rd Street, Between 25th & 26th Street | 전화 (02)65312 | 영업 08:00~18:30

𝒞ourse
만달레이 둘러보기

만달레이는 근교에 볼거리가 은근히 많아서 최소 2일 정 도는 머물러야 한다. 하루는 시티투어, 하루는 근교투어 를 떠나보자. 만달레이 시내에선 주요 사원과 만달레이 언덕을 다녀오고, 근교에선 아마라뿌라, 사가잉, 잉와 등을 둘러보자. 참고로 투어 중 일몰 보기 좋은 장소로 는 시내에선 만달레이 힐, 근교에선 우베인 브리지다.

▶COURSE A 만달레이 시내 여행

셋짜티하 파야~쉐인빈 짜웅~마하무니 파야~쉐찌민 파야~만달레이 왕궁~쉐난도 짜웅~쿠토떠 파야~ 산다마니 파야~짜욱또지 파야~만달레이 힐

보통 시내 투어를 하면 위의 유적지를 둘러보게 된다. 시간이 남는다면(조금 시시하긴 하지만) 만달레이 왕궁 을 포함시켜도 좋다. 만달레이 힐에서 시내를 내려다보 며 만달레이 시내 투어를 마감하자. 저녁 식사 후, 만달 레이 마리오네트 공연을 보는 것도 좋겠다.

▶COURSE B 만달레이 근교 여행

만달레이~아마라뿌라(마하간다용 짜웅)~사가잉~ 잉와~아마라뿌라(우베인 브리지)~만달레이

보통은 위의 코스로 진행하는 것이 좋지만 만약, 비가 오는 등 날씨가 좋지 않아 우베인 브리지에서 일몰을 볼 수 없을 것 같으면 마하간다용 수도원의 아침 공양을 보 고 바로 우베인 브리지로 이동하도록 하자. 같은 아마라 뿌라 지역이므로 시간을 단축할 수 있다.

▶COURSE C 하루 더 여유로운 여행

만달레이~밍군~만달레이~쩨조 마켓~만달레이 힐

아침 일찍 배를 타고 밍군에 도착해 반나절 여유롭게 유 적지를 둘러보자. 오후에 만달레이로 복귀해 쩨조 마켓 등을 구경하거나 만달레이 힐에서 여유 있게 일몰을 감 상하자.

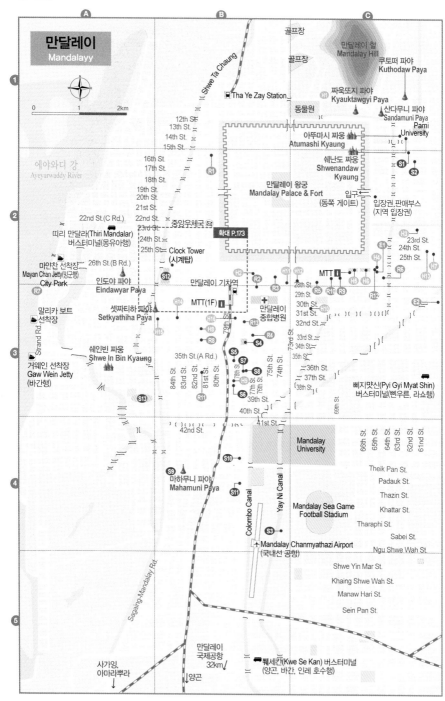

만달레이
Mandalayy

0   1   2km

에야와디 강
Ayeyarwaddy River

Shwe Ta Chaung

골프장

골프장

만달레이 힐
Mandalay Hill

쿠토떠 파야
Kuthodaw Paya

Tha Ye Zay Station

동물원

짜욱또지 파야
Kyauktawgyi Paya

산다무니 파야
Sandamuni Paya

12th St.
13th St.
14th St.
15th St.

아뚜마시 짜웅
Atumashi Kyaung

Parni
University

16th St.
17th St.
18th St.
19th St.
20th St.
21st St.

쉐난도 짜웅
Shwenandaw
Kyaung

22nd St.(C Rd.)

만달레이 왕궁
Mandalay Palace & Fort

입구
(동쪽 게이트)

입장권,판매부스
(지역 입장권)

띠리 만달라(Thiri Mandalar)
버스터미널(몽유와행)

22nd St.
23rd St.
24th St.
25th St.

중앙우체국

확대 P.173

23rd St.
24th St.
25th St.

마얀찬 선착장
Mayan Chan Jetty(밍군행)
City Park

26th St.(B Rd.)

Clock Tower
(시계탑)

인도야 파야
Eindawyar Paya

만달레이 기차역

MTT

말리카 보트
선착장

MTT(1F)

셋짜티하 파야
Setkyathiha Paya

만달레이
종합병원

Strand Rd.

거웨인 선착장
Gaw Wein Jetty
(바간행)

쉐인빈 짜웅
Shwe In Bin Kyaung

35th St.(A Rd.)

84th St.
83rd St.
82nd St.
81st St.
80th St.

79th St.
78th St.
77th St.
76th St.
75th St.
74th St.
73rd St.

33rd St.
34th St.
35th St.
36th St.
37th St.
(38th St.)

69th St.

빼지먓신(Pyi Gyi Myat Shin)
버스터미널(삔우룬, 라쇼행)

39th St.
40th St.
41st St.
42nd St.

Mandalay
University

66th St.
65th St.
64th St.
63rd St.
62nd St.
61nd St.

Theik Pan St.

Padauk St.

Thazin St.

마하무니 파야
Mahamuni Paya

Khattar St.

Colombo Canal

Yay Ni Canal

Mandalay Sea Game
Football Stadium

Tharaphi St.

Sabei St.

Ngu Shwe Wah St.

Mandalay Chanmyathazi Airport
(국내선 공항)

Shwe Yin Mar St.

Khaing Shwe Wah St.

Manaw Hari St.

Sagaing-Mandalay Rd.

Sein Pan St.

사가잉,
아마라뿌라

만달레이
국제공항
32km

꿰세깐(Kwe Se Kan) 버스터미널
(양곤, 바간, 인레 호수행)

양곤

Hotel

H1 머큐어 만달레이 힐 리조트 Mercure Mandalay Hill Resort·· *C1*
H2 로열 시티 호텔 Royal City Hotel············· *B2*
H3 호텔 바이 더 레드 캐널 Hotel by the Red Canal·········· *C2*
H4 만달레이 뷰 인 Mandalay View Inn············ *C2*
H5 만달레이 스완 호텔 Mandalay Swan Hotel············ *C2*
H6 세도나 호텔 Sedona Hotel·············· *C2*
H7 피콕 롯지 Peacock Lodge··············· *C2*
H8 호텔 퀸 만달레이 Hotel Queen Mandalay··········· *B3*
H9 호텔 만달레이 Hotel Mandalay············· *B3*
H10 만달레이 로열 호텔 Mandalay Royal Hotel········· *C3*
H11 오스텔로 벨로 만달레이 Ostello Bello Mandalay········ *B2*
H12 바간 킹 호텔 Bagan King Hotel············ *C2*
H13 마마 게스트하우스 Ma Ma Guest House·········· *C2*
H14 다운타운 앳 만달레이 Downtown @ Mandalay········ *B3*
H15 더 호텔 노바 The Hotel Nova············ *B3*
H16 더 링크 78 만달레이 부티크 호텔 ·············· *B3*
The Link 78 Mandalay Boutique Hotel

Restaurant

R1 골든 덕 Golden Duck············· *B2*
R2 한국 식당 Korea Restaurant·········· *B3*
R3 투투 레스토랑 Too Too Restaurant········· *B2*
R4 모곡 도샨 Mogok Daw Shan··········· *B2*
R5 민티하 카페 Min Thi Ha Cafe··········· *C2*
R6 유니크 만달레이 Unique Mandalay········· *C2*

R7 먀난다 레스토랑 Mya Nandar Restaurant········· *A3*
R8 쉐캉 바비큐 Shwe Kang Barbecue··········· *B3*
R9 마하 차이 Maha Chai·············· *C2*
R10 커피 코너 Koffee Korner············· *C2*
R11 에이밋타 Aye Myit Tar············· *B3*
R12 쉐삐모 카페 Shwe Pyi Moe Cafe··········· *C2*
R13 더 록 The Rock Gastro Bar··········· *B3*

Shopping

S1 마리오네트 워크숍 Marionette Workshop········· *C2*
S2 세인민쉐치도 Sein Myint Shwe Chi Doe(타패스트리 공방)··· *C2*
S3 오션 슈퍼센터 Ocean Supercenter·········· *C2*
S4 다이아몬드 플라자 Diamond Plaza·········· *B3*
S5 오로라 핸디크라프트 Aurora Handicrafts········· *B3*
S6 78 Shopping Centre(City Mart)·············· *B3*
S7 킹 가론 King Galon(금박 공방)············ *B3*
S8 쉐 빠떼인 Shwe Pathein············· *B3*
S9 대리석 공방················· *B4*
S10 로카낫 Law Ka Nat(마리오네트 공방)········· *C2*
S11 루비 마트 Ruby Mart·············· *B4*
S12 쩨조 마켓 Zegyo Market············ *B2*
S13 보석 노점상 마켓············· *A3*

Entertainment

E1 Garden Villa Theater(만달레이 마리오네트 공연)········ *C2*
E2 Mintha Theater(미얀마 전통댄스 공연)··········· *C2*

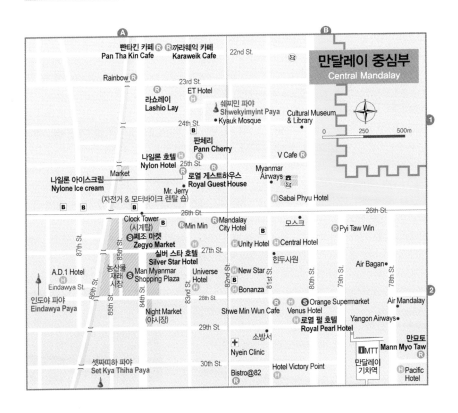

마하무니 파야 Mahamuni Paya မဟာမြတ်မုနိဘုရား

지도 P.192-B4 | 개관 04:00~22:00 | 사진 촬영비 $1(또는 K1,000)

도심에서 남쪽으로 약 4km 거리에 위치한 마하무니 파야는 미얀마를 대표하는 성지 중 한 곳으로 꼽힌다. 이곳에 미얀마 온 국민이 추앙하는 마하무니 불상이 있다. 불상은 1784년 보도파야 왕이 라카잉 지방에서 모셔온 것으로 1884년 화재로 손상되어 복제한 것이다. 불상의 높이는 약 4m로 만달레이에서 가장 큰 금불상이기도 하다. 마하무니 불상에는 전설이 많은데 그중 가장 많이 알려져 있는 설화는 다음과 같다.

미얀마 사람들이 말하길, 지구상에 부처의 모습과 가장 흡사한 불상은 5개인데 그중 2개는 인도에, 2개는 천국에 있으며, 남은 1개가 바로 미얀마의 마하무니 불상이라고 한다. 그 믿음은 설화에서 기인한다. 설화에 의하면, 기원전 554년 부처가 라카잉 지역의 다냐왓띠 Dhanyawadi라는 도시를 방문한 적이 있는데, 그 지역의 왕이었던 산다뚜리야 Sanda Thuriya 왕이 부처에게 이미지를 형상화할 수 있게 해달라고 간청했다고 한다. 부처가 이를 승낙해 불상을 제작할 수 있었고, 불상이 완성되자 부처가 직접 숨을 불어넣었는데 그것이 마하무니 불상이라는 것이다. 그렇기에 미얀마 사람들은 마하무니 불상을 각별하게 생각한다.

마하무니 불상은 늘 사람들에게 둘러싸여 있다. 불상을 매만지며 다들 뭔가에 열심인데 바로 불상에 금박을 입히고 있는 중이다. 사원 입구에서 아예 금박종이를 판매한다. 순례객의 발길이 끊이지 않는 덕분에 불상은 금박으로 덧씌워져 울퉁불퉁한 모습을 하고 있다. 덧대어진 금박의 두께가 15cm가 넘는데 과거 청동불상이 점점 금으로 비대해지는(?) 모습을 경내에 걸린 사진으로 확인할 수 있다. 안타까운 것은 미얀마의 많은 사원에서 그러하듯, 불상에는 남성만 다가갈 수 있다. 여성은 먼발치에서 바라볼 수밖에 없기 때문에 금박종이를 사서 남성에게 대신 금박을 입혀달라고 부탁하기도 한다.

사원 한쪽에 있는 크메르 청동상 앞에도 유난히 관광객들이 붐빈다. 이 청동상은 원래 캄보디아의 앙코르와트 사원에 있던 것으로 1431년 캄보디아를 점령한 태국인들이 약탈한 것을, 1564년 바고의 바인나웅 왕이 다시 약탈해 온 것이다. 돌고 돌아 지금의 자리까지 오게 된 전리품인 셈. 청동상은 유난히 배, 머리, 무릎 부분이 반질반질하다. 신체의 아픈 부위를 문지르면 낫는다는 속설 때문에 관광객들이 연신 청동상을 쓰다듬는다.

마하무니 파야는 매일 04:00에 부처 세안의식을 행하는 것으로도 유명하다. 향료를 섞은 물로 승려들이 부처의 얼굴을 닦는데, 세안식이 끝나기를 기다렸다가 세안수를 받아가려는 현지인들로 붐빈다. 세안수 역시 신체 아픈 부위에 바르면 특효가 있다고 믿기 때문이다.

여성은 불상 가까이 다가갈 수 없어 경내에서 바라보며 기도를 드린다.

쿠토떠 파야 Kuthodaw Paya ကုသိုလ်တော်ဘုရား

지도 P.192-C1 | 개관 05:00~19:00

민돈 왕에 의해 1859년 세워진 쿠토떠 파야는 세계 불교에서 매우 중요한 의미를 가진다. 불교에서 중시하는 '경전 집결'이 개최된 곳이다. 참고로 제1차~제4차 경전 집결은 인도에서, 제5차 경전 집결은 바로 이곳 쿠토떠 파야에서, 제6차 경전 집결은 양곤의 까바에 파야에서 열렸다. 경전 집결은 부처 사후에 각기 해석되는 경전의 오류를 바로 잡기 위한 모임이다. 민돈 왕은 제5차 경전 집결에서 채택된 내용을 729개의 흰 대리석판에 새겼다. 이 수백 장의 석판은 불경의 결집체인 것이다. 돌에 새겨진 세계에서 가장 큰 책으로 알려져 있다.

비문에 의하면, 석판에 불경을 새기는 석장경 작업은 1860년 시작되어 1868년 완성되었는데 410개 석판에는 교법인 경장(經藏: Sutta Pitaka)을, 111개 석판에는 승단을 위한 계율규정인 율장(律藏: Vinaya Pitaka)을, 208개 석판에는 경장에 설해진 법의 철학적 논의인 논장(論藏: Abhidhamma Pitaka)을 각각 새겼다. 당시 이 작업에는 200여 명 이상의 편집위원이 참여했다. 민돈 왕이 석판에 새겨진 경전을 승려들에게 읽게 하였는데 2,400여 명의 승려가 쉼 없이 이어 읽기를 한 결과, 6개월이 다 되어서야 끝났다고 한다. 각 석장경판은 작고 흰 스투파 안에 하나씩 세워져 보관되어 있는데 1만 6,000여 평의 대지에 줄지어 빛나는 흰 스투파의 풍경이 몹시 인상적이다.

돌에 새겨진 세계에서 가장 큰 책

산다무니 파야 Sandamuni Paya ၈၀င်မုန်ဘုရား

지도 P.192-C1 | 개관 08:00~17:00

쿠토떠 파야 근처에 있는 산다무니 파야는 민돈 왕이 자신의
동생이자 후계자였던 카나웅 Kanaung을 추모하기 위해
세운 사원이다. 카나웅은 국제법에 정통한 법률가이자 군사
장비의 근대화를 도모하는 등 매우 유능한 총사령관이었다.
그래서 민돈 왕은 아들이 아닌 동생 카나웅을 후계자로 지목
하였다. 그러자 이에 반대하는 민돈 왕의 두 아들이 카나웅
과 각료들을 암살하는 사건이 벌어진다. 민돈 왕은 동생이
죽은 장소에 이 사원을 건립하고 만달레이 궁전이 완공되기 전까지 이곳을
임시 왕궁으로 사용하였다. 입구에 들어서면 중앙 통로 양쪽으로 눈부신
흰 탑이 줄지어 세워져 있다. 쿠토떠 파야처럼 이 안에도 불교 경전인 띠리
삐따까 Tripitaka를 기록한 비문을 모시고 있다. 이곳에는 총 1,774개(2
개는 제작과정과 역사를 정리해 둔 것)의 불경 석판이 있다. 민돈 왕은 불
교 진흥에 앞장선 왕으로 유명한데, 만달레이로 수도를 옮기면서 많은 불교 사원을 건설하고 흩어져 있는 불경을 모
아 대리석판에 새겨 보존하도록 했다. 이곳의 석장경은 1913년에 우 칸티 U Khanti 승려가 정리한 것으로 원래는
금판으로 조각하려 했으나 도난을 우려해 만달레이 지방의 특산품인 대리석으로 제작했다고 한다.

짜욱또지 파야 Kyauktawgyi Paya ကျောက်တော်ကြီးဘုရား

지도 P.192-C1 | 개관 05:00~20:00

짜욱또지 파야는 1853년 민돈 왕에 의해 공사가 시작되었으나 25년
만인 1878년에야 가까스로 완공되었다. 원래는 바간의 아난다 파야
를 모델로 하였으나, 왕궁 반란 사건(앞서 소개한 산다무니 파야에서
언급한 민돈 왕의 동생 카나웅이 암살당한 사건) 때문에 공사가 지체되
면서 아난다 사원과는 무관한 모습으로 지어졌다. 짜욱또지 파야는 근

처 사가잉 지역에서 발굴된 옥을 불상으로 제작해
모시기 위해 지어진 사원인데, 당시 발굴된 옥이
너무 거대해 1만여 명의 장정이 13일에 걸쳐 운반
했다고 한다. 지그시 눈을 감은 듯 아래를 바라보
고 있는 이 옥불상은 1865년에 안치되었다. 법당
주변으로 한 면에 20명씩, 동서남북을 둘러싼 부
처의 제자 80명의 아라한 동상이 있다.

아뚜마시 짜웅 Atumashi Kyaung အတုမရှိဘုရား

지도 P.192-C1 | 개관 07:30~17:00

공식적인 이름은 '마하 아뚤라와이안 짜웅 Maha Atulawaiyan Kyaung'이지만 비교할 수 없는 아름다움이란 뜻
의 아뚜마시 짜웅으로 흔히 불린다. 아치형의 입구가 나란히 있는 1층 기단 위에 점점 좁아드는 5층의 테라스가 안
정감 있게 올려져 있다. 1857년 건설 당시에는

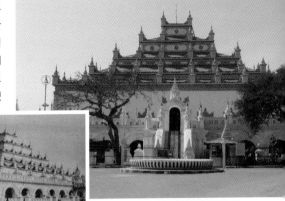

이 안에 매우 유명한 불상이 안치되어 있었다고
한다. 불상은 왕실의 실크 의류를 걸치고, 이마
에 큰 다이아몬드가 장식되어 있었는데 1885년
영국인들에 의해 도난당했다. 그 뒤 수도원마저
화재로 소실되어 1996년에 재건되었다. 수도
원 안에 초기 사원의 모습이 사진으로 남아 있
다. 외관은 공작을 모티브
로 해서 지어졌는데 희고
거대한 케이크에 부드러운
생크림으로 장식한 듯 층
층이 올린 작은 사리탑이
아름답다.

1857년에 세워진 초기의 모습

1996년에 재건된 현재의 모습

쉐난도 짜웅 Shwenandaw Kyaung ရွှေကျောင်းကြီး

지도 P.192-C1 | 개관 07:30~17:00

티크 나무로 아름답게 지어진 이 건축물은 민돈 왕
과 왕비가 거주했던 건축물로 원래 만달레이 왕궁
안에 있던 것이었다. 민돈 왕은 여기서 생을 마감
했다고 전해진다. 왕실의 건물 일부가 왕궁 밖에
있게 된 것은 민돈 왕의 뜻이었다고 한다. 그의 아
들 띠보 왕이 선왕의 뜻에 따라 건축물을 해체해 현
재의 위치로 옮겨 지어 지금은 수도원으로 이용되
고 있다. 한때 건물 전체가 도금되어 있었다는 사
실을 입증하듯, 내부에는 군데군데 벗겨진 도금 흔
적과 벽과 지붕에 장식되어 있는 조각문양을 통해

당시 만달레이 왕궁이 얼마나 화려했을지 상상할 수 있다. 띠보 왕은 이곳에 종종 들러 명상을 했다고 전해지는데 그
가 사용했던 의자가 놓여 있다. 옛 만달레이 왕궁은 일본군에 의해 불에 타버려 자취를 감췄기에 쉐난도 짜웅은 현재
유일하게 남아 있는 오리지널 왕실 건축물인 셈이다.

만달레이 왕궁 Mandalay Royal Palace မန္တလေးနန်းတော်

지도 P.192-B2 | 개관 08:00~17:00(16:30까지 입장 가능)

만달레이 왕궁은 민돈 왕에 의해 1857년에 지어졌다. 4년을 기다려 왕궁이 완공되자 민돈 왕은 아마라뿌라에서 수도를 만달레이로 천도하고 이곳으로 거처를 옮기게 된다. 왕궁은 한 변의 길이가 2km인 정방형의 면적 위에 세워졌는데 왕궁을 둘러싼 성벽의 높이는 8m, 성벽의 두께는 무려 3m다. 성벽 밖으로는 폭 70m, 깊이 3m인 해자를 만들어 다시 성벽을 둘러쌌다. 하지만 철통같은 요새도 적의 침입을 막기에는 역부족이었다.

전망대에서 내려다본 왕궁의 모습

민돈 왕이 세상을 떠나고 뒤를 이은 띠보 왕 재위 시절인 1885년, 영국은 제3차 버마-영국 전쟁을 일으키며 마침내 왕궁을 점령하고 띠보 왕을 추방한다. 그러고는 왕궁을 주지사 관저와 영국인 클럽으로 이용하였다. 제2차 세계대전 중인 1942년 왕궁은 일본군에게 함락되었다. 일본군은 왕궁을 군사보급창으로 사용하다가 1945년 3월 20일, 불을 질러 잿더미로 만들어버렸다. 결론적으로 민돈 왕에 이어 띠보 왕까지 왕궁에서 보낸 세월은 24년, 그 뒤 60여 년 동안 적의 손에 넘어갔던 왕궁은 결국 허무하게 사라져버렸다.

한동안 방치되어 있던 왕궁 터는 미얀마 정부가 주권 회복의 상징으로 1990년 복구 작업을 시작해 지금의 모습을 갖추게 되었다. 과거 왕실 건물은 총 114개였으나 현재 64개만 복구되었다. 그러나 큰 특징 없이 넓은 홀 형태로만 지어져 약간 썰렁하다. 홀 안에 밀랍인형으로 만든 민돈 왕과 왕비, 뒤를 이은 띠보 왕과 왕비가 전시되어 있다. 건물 기둥에 간간이 조각된 전통 문양 외에는 크게 눈길을 사로잡는 것은 없다. 지붕도 함석판을 올리고 그 위에 짙은 나무색을 칠한 것이다. 그나마 유일한 볼거리는 33m 높이의 나선형으로 된 전망대다. 이곳에 오르면 조감도를 보듯 왕궁의 모습이 훤히 내려다보인다. 전체적으로 크게 흥미롭지는 않지만 예스러운 분위기 때문에 결혼을 앞둔 커플들의 웨딩 사진촬영 장소로 종종 이용되고 있다.

성문은 동서남북 방향으로 출입구가 있지만 관광객은 동쪽 문으로만 들어갈 수 있다. 현재, 왕궁의 일부는 군사시설로 이용되고 있어 외국인은 이름, 국적, 여권번호를 적어야 하고 심지어 현지인 택시기사도 신분증을 맡겨야 출입할 수 있다. 왕궁 입구 맞은편 부스에서 만달레이 지역 입장권(K10,000)을 판매하는데 입장권에는 만달레이와 근교 유적지의 입장료가 모두 포함되어 있다.

웨딩 촬영 장소로도 인기 있다

쉐찌민 파야 Shwekyimyint Paya ရွှေကြီးမြင့်ဘုရား

지도 P.193-A1 | 개관 05:00~22:00

1167년 바간의 알라웅시투 왕의 아들인 민신쪼 Minshinzaw 왕자에 의해 세워졌다. 즉 쉐찌민 파야는 만달레이가 도시의 모습을 갖추기 훨씬 전에 지어진 파고다인 셈이다. 민신쪼 왕자가 봉헌한 불상과 그 뒤로 역대 미얀마 왕들이 수집했던 불상이 한자리에 모셔져 있다. 역대 왕들이 수집한 불상들은 원래는 만달레이 왕궁 안에 있던 것이었으나 영국 침략 후 이곳으로 급히 모셔져 무사할 수 있었다고 한다. 쉐찌민 파야는 도심 한복판에 위치해 있기 때문에 굳이 시내 투어코스에 넣을 필요는 없고 근처 식당을 오가다 들러도 된다. 만달레이 왕궁의 남서쪽에 있는 짜욱 모스크 Kyauk Mosque 뒤편에 있다.

셋짜티하 파야 Setkyathiha Paya စကြာသီဟဘုရား

지도 P.192-B3 | 개관 04:00~21:00

셋짜티하 파야 본당에는 약 5m 높이의 불상이 모셔져 있는데 무게가 자그마치 42t이다. 불상은 금, 은, 철, 알루미늄, 구리로 구성되어 있는데 이중 순금이 무려 2t이나 포함되어 있다고 한다. 이 불상은 꼰바웅 왕조의 7대 왕인 바지도 Bagyidaw 왕이 1827년에 조성한 것으로 당시에는 근처의 잉와 지역에 모셔져 있었다. 1847년 9대 왕인 파간 왕에 의해 아마라뿌라로, 1885년 11대 띠보 왕에 의해 만달레이로 옮겨진 것이다. 사원 터는 민돈 왕이 왕자였을 때 소유했던 땅으로 주변의 집을 사들여 사원을 짓고 불상을 모셨다. 사원 한쪽에는 짜익티요의 황금 바위를 연상케 하는 바위와 그 옆에는 미얀마의 초대 수상인 우 누 U Nu가 1962년에 심었다는 보리수나무가 있다.

꼰바웅 왕조 연대기

왕	재위기간	이전 왕과의 관계
알라웅파야 Alaungpaya	1752~1760	꼰바웅 왕조의 설립자
나웅도지 Naungdawgyi	1760~1763	아들
신뷰신 Hsinbyushin	1763~1776	형제
신구 Singu	1776~1781	아들
파운카 Phaungka	1782(일주일)	사촌(나웅도지 아들)
보도파야 Bodawpaya	1782~1819	삼촌(알라웅파야의 아들)
바지도 Bagyidaw	1819~1837	손자 / 1차 버마-영국 전쟁
타라와디 Tharrawaddy	1837~1846	형제
파간 Pagan	1846~1853	아들 / 2차 버마-영국 전쟁
민돈 Mindon	1853~1878	이복형제
띠보 Thibaw	1878~1885	아들 / 3차 버마-영국 전쟁

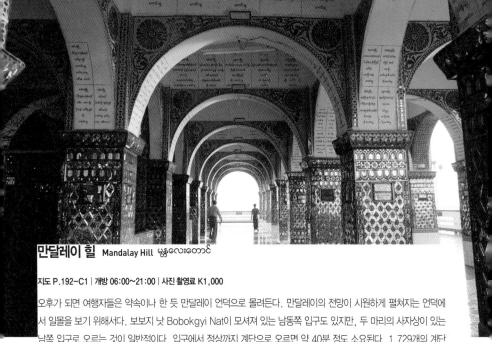

만달레이 힐 Mandalay Hill မန္တလေးတောင်

지도 P.192-C1 | 개방 06:00~21:00 | 사진 촬영료 K1,000

오후가 되면 여행자들은 약속이나 한 듯 만달레이 언덕으로 몰려든다. 만달레이의 전망이 시원하게 펼쳐지는 언덕에서 일몰을 보기 위해서다. 보보기 낫 Bobokgyi Nat이 모셔져 있는 남동쪽 입구도 있지만, 두 마리의 사자상이 있는 남쪽 입구로 오르는 것이 일반적이다. 입구에서 정상까지 계단으로 오르면 약 40분 정도 소요된다. 1,729개의 계단을 올라야하지만 중간 중간 소소한 볼거리가 있어 지루하지 않다. 그중 눈에 띄는 것은 비아다익파이 파야 Byadaikpay Paya의 입불상이다. 부처는 오른팔을 쭉 뻗어 손가락으로 어딘가를 가리키고 있고, 그 옆에는 제자가 고개를 돌려 스승이 가리킨 방향을 바라보고 있다. 이 장면은 마치 만달레이 언덕과 관련된 설화를 표현하는 듯하다. 전설에 의하면, 부처가 제자인 아난존자와 만달레이 언덕에 올랐을 때 "내가 죽고 2,400년이 지난 뒤 이 언덕 밑에 왕조의 도시가 건설될 것이며, 그 왕조는 위대한 힘을 가진 나라가 될 것"이라고 예언했다고 한다. 2,400년이 지난 시점이 1857년이고, 그 해에 민돈 왕은 아마라뿌라에서 만달레이로 수도를 옮기게 된다. 그래서 이 설화는 민돈 왕이 수도 천도에 명분을 부여하기 위해 지어낸 것이라는 이야기도 있다. 어쨌거나 부처의 손끝은 만달레이 왕궁을 향하고 있다.

"저 곳에 위대한 도시가 탄생할 것이다"

계단을 끝까지 오르면 화려한 수타웅파이 파야 Sutaungpyai Paya가 정상에 도착했음을 알린다. 녹색 유리 조각으로 장식된 아치형 기둥이 은근한 저녁 햇살을 받아 반짝거린다. 사원 한편에 있는 코브라상에도 만달레이 언덕의 창건 설화가 전해진다. 부처가 다녀간 뒤, 우 칸티 U Khanti라는 승려가 이곳에 탑을 세우기로 계획하고 명상을 하던 중, 근처 산에서 네 자매가 나타나 재물과 코브라를 보내 만달레이 언덕의 건립을 도왔다고 한다. 그래서 한 쌍의 코브라상은 만달레이 언덕 반대편에 위치한 산을 바라보고 있다. 택시기사들은 대부분 관광객을 만달레이 언덕 입구에 내려주고 아래에서 기다린다. 언덕 입구에는 만달레이 힐 입구까지 오가는 모터바이크 택시가 있다(편도 K1,500). 만달레이 힐은 천천히 계단으로 오르는 것이 좋지만, 힘들다면 언덕 입구에 있는 엘리베이터를 이용해 정상에 있는 사원까지 갈 수 있다.

만달레이 힐 남쪽 입구

쉐인빈 짜웅 Shwe In Bin Kyaung ရွှေအင်ပင်ကျောင်း

지도 P.192-A3 | 개관 08:30~17:00

쉐인빈 짜웅은 만달레이에서 가장 매력적인 수도원 중 하나다. 1895년, 옥을 판매하던 한 중국 상인에 의해 지어졌다. 튼튼한 티크 원목으로 설계되었는데 상태가 좋은 편이어서 현재도 수도원으로 이용되고 있다. 티크나무 특유의 짙은 색감과 기둥의 흰색 색감이 우아하면서도 조화롭게 어울린다. 난간과 지붕, 처마를 따라 조각되어 있는 아름다운 나무 장식도 놓치지 말자. 도심에서 남서쪽으로 벗어난 곳에 위치해 있는 데다 분위기가 차분해 복잡한 만달레이에서 마치 오아시스를 발견한 기분이 드는 곳이다. 입구에 들어서자마자 우물 옆에 신발을 벗으라는 표식이 보이는데 그곳에서부터 신발을 벗고 흙 마당을 가로지르며 맨발로 돌아다니는 기분도 근사하다.

쉐인빈 짜웅의 지붕 조각

인도야 파야 Eindawya Paya
အိမ်တော်ရာဘုရား

지도 P.193-A2 | 개관 06:00~18:00

1847년 파간 Pagan 왕에 의해 지어진 사원이다. 쩨조 마켓의 서쪽, 불교용품 상점이 몰려있는 인도야 골목 Eindowya Street 끝에 있다. 작고 조용한 사원이지만 과거에 매우 심각한 사건이 벌어졌던 곳이다. 1919년 영국이 미얀마를 점령했던 당시, 이곳을 방문한 영국인들이 신발을 신은 채 경내를 돌아다녔다고 한다. 이는 미얀마에서는 절대 용납될 수 없는 일이다. 미얀마의 불교 사원에서는 부처의 고행을 받들어 신발은 물론 양말까지 벗어야 한다. 누구라도 예외는 없으며 현재도 마찬가지다. 승려들은 그들에게 신발을 벗어달라고 여러 차례 요구했으나 응하지 않자 그들을 사원 밖으로 내쫓았다. 이 일로 인해 당시의 영국 식민지 법원은 네 명의 승려에게 유죄를, 그중 한 승려(우께타야 U Kethaya)에게는 종신형을 선고했다고 한다. 식민지 시절 미얀마에선 이와 유사한 사건이 곳곳에서 많이 발생했으나 아무리 시절이 엄혹해도 미얀마인들에겐 결코 받아들일 수 없는 일임엔 분명하다. 분주한 시장 근처에 자리하고 있지만 사원 안은 차분하고 평화로운 분위기가 감돈다.

시장 골목 끝에 위치한 인도야 파야

쩨조 마켓 Zegyo Market ⓔ헸ⓔ

지도 P.193-A2 | 위치 84th Street, Between 26 & 28 Street

민돈 왕 시절에 설립된 쩨조 마켓은 과거에는 미얀마 최대의 재래시장이었다. 약 1만6,000천평의 대지에 농수산물과 육류, 잡화와 생필품, 사원에 바치는 꽃과 노점식당까지 와글와글 모여 있다. 사실 현재의 시장은 1988년 화재가 일어나 재정비된 모습이다. 그전까지는 금은 보석과 자수 등 수공예 시장까지 겸해 미

쩨조 플라자

얀마에서 알아주는 명물 시장이었다. 화재 뒤 재래시장의 일부가 콘크리트 건물로 세워지고, 2007년 6월 종합쇼핑몰을 표방하는 쩨조 플라자 Zegyo Plaza까지 들어서면서 점차 쇼핑몰로 대체되는 분위기다. 예전보다는 규모가 많이 축소됐지만 여전히 현지인들에게 없어서는 안 될 존재다. 이른 새벽 만달레이 근교에서 온 상인들이 물건을 싣고 내리느라 북적이고, 한낮에는 장을 보러 오는 현지인들로 활기를 띤다.
밤에는 84th Street, Between 28th & 29th Street에 야시장이 열린다. 배터리로 켜는 기다란 형광등을 길 옆으로 늘어놓고 서적, 음악 · 영화 CD, 잡화 등과 노점식당이 차려진다.

나이트 마켓　　　농산물 재래시장 구역　　　만 미얀마 쩨조 플라자
Man Myanmar Zegyo Plaza

Nocutting Says

Road to Mandalay~♬

'Road to Mandalay'라는 팝송을 들어본 적 있나요. 이 노래 때문인지 여행자들은 '만달레이'라는 지명을 꽤 익숙하게 여기는 듯합니다(저도 그랬습니다). 노래는 소설 『정글북』을 쓴 영국 작가 러디어디 키플링 Rudyard Kipling의 시 《Mandalay》에서 제목을 따온 것인데요. 키플링의 시에 프랭크 시내트라가 곡을 붙여 'On the road to Mandalay'라는 노래를 부르기도 했습니다. 시 《Mandalay》는 키플링이 24세인 1890년 3~4월에 쓰여졌는데요. 그전에 키플링은 인도에서 7년을 지냈다

고 합니다. 인도 생활을 마무리 하면서 친구와 함께 증기선을 타고 인도의 꼴까타에서 일본, 샌프란시스코, 미국을 가로지르는 여행을 계획합니다. 꼴까타 이후 처음 도착한 항구가 랑군(지금의 양곤)이었다고 합니다. 그리고 예정에도 없던 모울메인(지금의 몰레먀인)에 들르면서 이 시를 쓰게 되었습니다. 몰레먀인에는 이 시에서 언급된 파고다(P.394 짜익딴란 파야)가 있습니다. 참고로 앞서 이야기한 로비 윌리엄스의 'Road to Mandalay'라는 팝송 가사와 키플링의 시 〈Mandalay〉의 내용은 전혀 다릅니다. 시의 제목과 느낌만 차용한 것이라고 하네요.

TRAVEL ⬤PLUS
버마의 마지막 왕, 띠보

꼰바웅 왕조는 11대 띠보 Thibaw 왕을 마지막으로 화려한 왕조시대를 마감한다. 그는 1878년부터 7년간 재위했으며 1885년 제3차 버마-영국 전쟁에서 패배한 후, 인도로 유배를 가게 되는 비운의 인물이다. 앞서 산다마니 파야에서 이야기했듯이 10대 왕인 민돈은 후계자인 동생 카나웅이 암살당해 후계자를 지목하지 못한 채 세상을 떠나게 된다. 그러자 민돈 왕의 아내인 신뷰마신 왕비는 띠보를 후계자로 지목하여 자신의 딸인 수파야랏 Supayalat과 결혼시킨다. 띠보는 라웅쉐 Laungshe 공주의 아들이었으나 민돈 왕에게 밉보여 궁궐에서 쫓겨나 어린 시절부터 사원에서 생활했다고 알려진 인물이다. 신뷰마신은

띠보 왕과 수파라얏 왕비

띠보를 왕으로 즉위시키면서 왕자들과 일가 친척 80여 명을 살해할 정도로 권력욕이 강했다. 즉, 띠보는 아무런 배경이 없었기 때문에 왕으로 지목될 수 있었던 것이다. 띠보는 다른 왕들과 달리 결혼 후에도 다른 왕비를 두지 않았다고 하는데 이는 신뷰마신에 대한 두려움이 컸기 때문이라고 한다.

띠보가 스무 살의 나이로 왕이 되었을 땐 버마-영국 전쟁이 두 차례나 치러진 후였고, 버마 남부지방은 이미 영국의 손에 넘어간 상태였다. 띠보 왕은 영국과 라이벌 관계에 있던 프랑스와 가까이 지내면서 옛 버마 왕국을 되찾기 위해 노력했다. 당시 영국은 버마 왕실이 독점하고 있던 루비 광산과 티크 림을 차지하고 싶어 혈안이 되어 있었다. 1885년 영국 회사인 봄베이버마 무역회사가 티크목을 수출하는 양을 줄여서 보고하자 버마 왕실은 이 회사에 벌금을 부과한다. 호시탐탐 기회를 노리던 영국은 이를 꼬투리 삼아 제3차 버마-영국 전쟁을 선포, 2주 만에 버마를 접수한다. 가까이 지냈던 프랑스는 자신들의 국내 상황을 신경 쓰느라 공격당하는 버마를 지켜보기만 했고, 버마는 고스란히 영국 손에 넘어갔다.

영국에 의해 폐위된 띠보 왕과 가족은 국민들이 지켜보는 가운데 수레에 태워져 인도 마하라스트라 주의 라트나기리 Ratnagiri라는 곳으로 쫓겨나게 된다. 그리고 영국은 1886년 1월 1일 합병을 선언하고 버마를 자신들의 식민지인 인도의 한 주(State)로 포함시켜 버린다. 이렇게 버마의 군주제는 끝이 나고 기나긴 식민지 시대가 시작된다.

한편 띠보 왕은 버마 땅이 보이지 않는 인도의 서쪽 해안가에서 비참한 유배생활을 하며 30년을 살게 된다. 띠보 왕이 유배생활을 한 지 25년 만인 1910년에 영국은 뭄바이와 고아의 중간에 있는 꽁깐 Konkan 해안 지역의 언덕에 붉은 3층 건물의 석조주택 한 채를 지어주었다. 이곳에서 띠보 왕은 1916년에 세상을 떠났고, 띠보 왕이 사망하자 수파라얏 왕비는 버마 몰레마인으로 돌아왔다. 인도인과 결혼한 딸의 후손들은 평범한 모습으로 아직까지 인도에 살고 있다고 한다. 띠보 왕이 유배시절 살았던 저택은 띠보 팰리스 Thibaw Palace라는 이름으로 불리며 인도에서 관광객들을 맞고 있다. 참고로 띠보 왕과 관련한 한 가지 아이러니한 사실을 덧붙이면, 버마 마지막 왕조의 왕이었던 그의 유해는 아직 돌아오지 못하고 인도에 있다. 반대로 인도 무굴제국의 마지막 황제 무덤은 현재 미얀마에 있다. 두 나라의 마지막 왕의 무덤이 기구하게도 서로 상대방 나라에 엇갈려 있게 된 이유는 '인도 무굴황제의 무덤이 미얀마에 있게 된 사연(→P.93)'을 참고하자.

인도의 띠보 팰리스

eating

결론부터 얘기하자면, 만달레이에는 맛있는 식당이 많다. 음식의 종류를 떠나서 우리 입맛에 잘 맞는 음식이 많다는 뜻이다. 일단 샨족 음식은 한국인의 입맛에 잘 맞으며, 중국인이 많이 거주하는 지역의 특성상 우리에게 익숙한 중국 음식도 쉽게 볼 수 있다. 만달레이에서만 맛볼 수 있는 지방 명물 음식도 빼놓을 수 없다. 만달레이에서는 허리띠를 조금 느슨하게 풀어둘 필요가 있다.

에이밋타 Aye Myit Tar `인기`

지도 P.192-B3 | 주소 81st Street, Between 36th & 37th Street | 전화 (02)31627 | 영업 09:00~21:30 예산 K3,500~

만달레이 시민들에게 가장 인기 있는 미얀마 커리 식당을 하나 꼽으라면, 누구라도 다섯 손가락 안에 이 식당을 꼽고 만다. 타 지역 사람들도 만달레이에 오면 꼭 한 끼 챙겨먹고 가는 식당으로 유명한데, 담백하고 정갈한 정통 미얀마 커리를 맛볼 수 있다. 커리 한 가지를 고르면 5가지 채소 반찬이 사이드로 함께 나오고 밥과 국은 무한 리필된다. 좋은 가격에 좋은 음식, 꾸준한 맛을 유지하고 있는 식당이다.

투투 레스토랑 Too Too Restaurant

지도 P.192-B2 | 주소 27th Street, Between 74th & 75th Street | 전화 (02)74278 | 영업 10:00~21:00 예산 K3,000~

또 하나의 인기 있는 미얀마 커리 식당. 쇼케이스 안에 약 20여 가지의 커리가 진열되어 있다. 커리 한 종류를 고르면 반찬 네 가지와 함께 소박하게 한 상이 차려진다. 볶음이나 무침 등 곁들여 나오는 반찬도 성의 있고 깔끔하다. 커리는 별도로 주문하지 않아도 항상 채소와 국이 따라 나오는데, 이 식당의 특징은 전반적으로 음식이 기름지지 않다는 것.

모곡 도샨 Mogok Daw Shan `추천`

지도 P.192-B2 | 주소 Opposite Diamond Plaza, 33rd & 77th Street | 전화 (02)73412 영업 05:30~21:30 | 예산 K2,500~

다이아몬드 플라자 맞은편에 위치한 샨 주(Shan State) 음식 전문점. 샨 음식은 한국인의 입맛에도 유독 잘 맞는 편인데 이곳은 모곡 지방의 샨 음식을 맛볼 수 있다. 샨 누들부터 모곡 스타일의 미셰, 중국식 튀김 만두와 볶음밥 등 맛있는 음식이 가득하고, 스낵류도 많아 가볍게 간식으로 먹기 좋다.

만묘토 Mann Myo Taw

지도 P.193-B2 | 주소 30th Street, Between 77th & 78th Street | 전화 (02)66817 | 영업 04:00~22:00 예산 K250~

만달레이의 명물 만두가게. 만두의 맛보다도 만두를 쪄내는 풍경이 더 유명한 듯하다. 재미있게도 만두 찜통은 나무 서랍장이다. 서랍을 열면 모락모락 김이 나는 먹음직스런 만두가 서랍 안에 빼곡하게 담겨져 있다. 돼지고기, 닭고기 등의 소를 넣은 만두 한 개에 K250~500. 손님들이 줄을 서서 포장해가고 지나는 차량에서도 창문을 열고 만두를 주문하기 때문에 종업원들은 서랍 문을 여닫느라 바쁘다.

민티하 카페 Min Thi Ha Cafe

지도 P.192-C2 | 주소 Corner of 72nd & 28th Street 전화 (02)33960 | 영업 05:00~17:30 | 예산 K1,500~

만달레이 현지인들의 아침·점심 메뉴가 궁금하다면 이곳으로 가보자. 아니, 딱히 만달레이에서 뭘 먹어야 할지 모르겠다면 이곳을 추천한다. 식사 시간에는 문밖에 내놓은 간이의자까지 꽉 차 자리가 없을 정도로 현지인들의 사랑을 한 몸에 받는 카페. 샨 누들을 비롯해 현지인들이 즐겨 먹는 면 요리와 샐러드, 팬케이크, 튀김 등을 저렴한 가격에 맛볼 수 있다. 간판은 미얀마어로 되어 있지만 차림표는 영문으로 되어 있다.

빤타킨 카페 Pan Tha Kin Cafe

지도 P.193-A1 | 주소 22nd Street, Between 83rd & 84th Street | 영업 05:00~17:45 | 예산 K1,500~

민티하 카페보다는 시내 중심에 있어 찾아가기 조금 더 쉽다. 역시 현지인들에게 인기 있는 카페로 오전에는 모힝가나 난, 로띠 등으로 아침식사를 하고 오후에는 달콤한 라펫예 한 잔과 함께 브런치를 즐기기 좋은 곳이다. 모힝가를 비롯해 샨 누들, 코코넛라이스, 인도 음식인 도사 Dosa와 사모사 Samosa 등 부담스럽지 않고 간단히 먹기 좋은 메뉴가 가득하다.

까라웨익 카페 Karaweik Cafe

지도 P.193-A1 | 주소 22nd Street, Between 83rd & 84th Street | 전화 (02)72283 | 영업 06:00~18:00 예산 K1,500~

빤타킨 카페에서 몇 발짝 가면 같은 도로상에 나란히 사이좋게 있는 또 하나의 카페. 규모도, 파는 메뉴도 비슷하다. 둘 다 워낙 인기 있는 카페라서 현지인들은 두 곳 중 자

만달레이의 지방 음식, 만달레이 미셰

리가 나는 곳으로 가서 일단 앉고 본다. 이곳에선 만달레이에서만 경험할 수 있는 매콤한 비빔국수인 만달레이 미셰를 맛보는 것도 좋겠다. 면 요리는 오전 중에만 가능하다.

판체리 Pann Cherry

지도 P.193-A1 | 주소 25th Street, Between 82nd & 83rd Street | 전화 (02)65887 | 영업 06:30~20:00 | 예산 K2,000~

저렴하게 맛있는 한 끼 식사를 할 수 있는 곳. 가장 인기 있는 메뉴는 샨 누들로 국물 있는 탕(Soup), 국물 없는 비빔(Dry) 스타일로 선택해 주문할 수 있다. 면은 입맛에 따라 쌀면, 밀가루면, 넓은 쌀면, 계란으로 반죽한 면 중에서 고를 수 있다. 볶음밥, 채소볶음 등 단품메뉴도 있고, 주말엔 스페셜 메뉴인 모힝가도 판매된다.

보기엔 평범하지만 맛은 비범하다

라쇼레이 Lashio Lay

지도 P.193-A1 | 주소 No.65, 23rd Street, Between 83rd & 84th Street | 전화 (02)22653 | 영업 10:00~22:00 | 예산 K3,000~

만달레이에서 샨 주가 가깝다보니 유난히 샨 음식점이 많은데, 그중 배낭족들 사이에서 인기 있는 곳이다. 30~40여 가지의 메뉴가 있는데 매콤한 멸치볶음, 담백한 채소볶음 등 외국인도 무난히 먹을 수 있는 음식이 많다. 원하는 메뉴를 2~3가지 골라 밥과 함께 주문할 수 있다.

한국 식당 Korea Restaurant

지도 P.192-B3 | 주소 No.356, 76th Street Between 28th & 29th Street | 전화 (02)71822 | 영업 09:00~21:00 | 예산 찌개류 K3,000~, 삼겹살 K4,000

만달레이에 있는 한국 식당 중 가장 오래된 터줏대감 급이다. 20종이 넘는 한식 메뉴를 갖추고 있는데, 백반정식을 비롯해 한국인들이 좋아하는 김치찌개, 된장찌개, 삼겹살, 자장면은 물론 외국에서 좀처럼 맛보기 어려운 청국장, 콩비지찌개 등 토속적인 메뉴까지 오랜 노하우로 깔끔하게 차려낸다. 곁들이는 반찬 가짓수도 집에서 차려낸 밥상처럼 푸짐하다. Aung Shun Lai 호텔 옆에 위치해 있다.

마하 차이 Maha Chai

지도 P.192-C2 | 주소 No.30, 27th Street, Between 68th & 69th Street | 전화 09-797228654 | 영업 09:00~23:00 | 예산 K4,000~

메뉴 구성, 맛, 가격, 서비스 모두 평균 이상인 태국 음식점. 넓고 편안한 실내 좌석과 자유로운 분위기의 야외 테이블이 갖춰져 있다. 이곳에서 눈길을 끄는 것은 런치 메뉴로, 카우 옵 싸빠롯(파인애플 볶음밥), 팟타이(새콤달콤한 쌀국수 볶음), 팟씨유(달콤짭짤한 맛의 넓적한 쌀국수 볶음) 등 단품 메뉴 20여 가지가 할인된 가격에 제공된다.

커피 코너 Koffee Korner

지도 P.192-C2 | 주소 Corner of 27th & 70th Street
전화 (02)68648 | 영업 08:00~23:00
예산 커피 K2,200~, 식사 K7,000~

만달레이에서 제대로 된 커피를 마실 수 있는 카페 겸
유러피안 레스토랑이다. 실내는 에어컨이 나오는 대신
약간 칙칙하니 나무 그늘이 있는 야외 테이블에 앉아보
자. 에스프레소, 라떼, 카푸치노 등의 커피 메뉴부터
볶음밥, 스테이크, 피자, 파스타, 샌드위치까지 메뉴
를 두루 갖추고 있다.

쉐삐모 카페 Shwe Pyi Moe Cafe

지도 P.192-C2 | 주소 66th Street, Between 26th &
27th Street | 전화 09-771111300 | 영업 06:00~17:00
예산 K2,000~

마리오네드 공연장 옆에 위치한 카페로 만남의 장소로
이용하기 좋기 때문에 언제나 찾는 사람이 많다. 미얀마
식 브런치 카페인 셈인데 달콤한 밀크티 라펫예를 마시
면서 함께 곁들이기 좋은 스낵류가 가득해서 간단한 간
식을 먹기에도 최고의 장소다. 사진 메뉴가 있으니 부담
없이 주문해보자.

더 록 The Rock Gastro Bar

지도 P.192-B3 | 주소 Zawtika Street, Between
32nd & 33rd, 77th & 78th Street | 전화 09-4587
86661 | 영업 10:00~23:00 | 예산 K5,000~

만달레이에서 핫한 바(Bar)로 떠오르
고 있다. 저녁식사를 겸해 술 한 잔 하
기 좋은 장소로 만달레이의 힙스터들
이 즐겨 찾는다. 밤새 신나는 록 음악
이 흘러나오고 맛있는 안주와 다양한
술, 물 담배까지 갖추고 있다. 14:00~17:00는 해피
아워로 모든 음식 메뉴가 20% 할인된다.

나일론 아이스크림 Nylone Ice cream

지도 P.193-A1 | 주소 No.176, Corner of 25th &
83rd Street | 전화 (02)32318 | 영업 09:00~21:00
예산 K1,000~

무더운 만달레이 날씨에 현지인은 물론 여행자들에게도
달콤한 휴식처가 되어준다. 아이스크림을 포함해 푸딩,
주스, 라씨, 셰이크, 냉커피 등 50여 종류의 시원한 메
뉴를 내놓는다. 나일론 호텔 근처에 있다.

shopping

다이아몬드 플라자 Diamond Plaza

지도 P.192-B3 | 주소 78th Street, Between 33rd & 34th Street | 영업 09:00~21:00

2012년에 오픈한 쇼핑몰로 야다나폰제 Yadanarpon Zay(야다나폰 마켓)라고도 부른다. 3~4층엔 푸드코트가 있고, 지하에 대형 마트인 오션 슈퍼센터(Ocean Supercenter)가 있다. 여행 중 필요한 것은 모두 이곳에서 구입할 수 있다.
참고로 만달레이에서 가장 큰 오션 슈퍼센터는 Corner of 29th St., 73rd St.에 있다.

오로라 핸디크라프트 Aurora Handicrafts

지도 P.192-B3 | 주소 78th Street, Between 35th & 36th Street | 전화 09-2014424 | 영업 09:00~17:00

미얀마의 전통 공예품이 한자리에 모여 있는 상점. 바간의 특산품인 대나무 칠기공예 래커웨어, 만달레이 특산품인 마리오네트 인형, 나무 조각 장식품, 자수 벽걸이 등 미얀마의 핸드메이드 기념품을 만날 수 있다. 상점 한쪽에서 타패스트리 수공예 작업 모습을 볼 수도 있다.

entertainment

만달레이 마리오네트 Mandalay Marionette Theater

지도 P.192-C2 | 주소 66th Street, Between 26th & 27th Street 전화 (02)34446 | 공연 20:30~21:30 요금 $10(또는 K15,000)

만달레이는 문화의 도시답게 전통공연이 유명하다. 그중 가장 유명한 것이 마리오네트 인형극이다. 마리오네트는 인형의 관절 마디마디에 줄을 매달아 사람이 조종하는 인형극이다. 내용은 인도의 대서사인 라마야나 Ramayana 신화를 다루고 있는데, 내용에 맞춰 눈을 깜빡이고 팔꿈치나 무릎 등이 굽혀지는 정교한 동작들로 눈을 뗄 수 없게 한다. 이곳은 만달레이에서 가장 유명한 마리오네트 공연장으로 공연장의 규모는 작지만 전통 기능 전승보유자들로 이루어진 실력 있는 팀이 공연을 펼친다. 이들은 미국, 프랑스, 네덜란드 등 해외로 초청공연을 다니는 유명한 팀이다. 1986년 설립해 30년 가까이 만달레이 마리오네트 인형극의 전통을 이어오고 있다. 티켓은 숙소에서 예매가 가능하며 직접 극장에서 예매할 수도 있다.

sleeping

만달레이는 미얀마 제2의 도시답게 배낭족들이 선호하는 저렴한 게스트하우스부터 사업가들을 위한 비즈니스 호텔, 패키지 관광객들을 대상으로 하는 고급호텔까지 숙소 형태가 다양하다. 만달레이로 취항하는 외항사들이 늘어나면서 만달레이도 덩달아 호텔 공사가 한창이다. 저렴한 숙소는 83rd~86th Street, 25th~27th Street 사이에 몰려있으며, 기차역 근처와 다이아몬드 플라자 쇼핑몰 근처에도 최근 중급 숙소가 많이 생겨나고 있다.

피콕 롯지 Peacock Lodge

지도 P.192-C2 | 주소 No.5, 60th Street, Between 25th & 26th Street | 전화 (02)61429, 09-2042059 요금 싱글, 더블 $38~60 | 객실 9룸

1994년 문을 연 숙소로 미얀마에서 홈스테이 하는 기분을 느낄 수 있는 곳이다. 이 집안의 선조가 과거 영국 식민지 시절 만달레이 시장을 역임했다고 한다. 숙소 로비로 활용하고 있는 집안 거실엔 오래된 가구가 놓여 있어 현지인 집에 놀러온 기분이 든다.

객실은 본채와 별채로 나뉘어 있는데 반들반들한 나무 바닥과 보송보송한 침구, 타일로 깔끔하게 마무리된 욕실 등 만족스러운 시설을 갖추고 있다. 도심에서 살짝 벗어나 있지만 모든 시설이 흡족해 그마저도 장점으로 느껴진다. 망고나무가 드리워진 정원에서 아침식사를 할 수 있는 곳은 도심 한복판에는 없으니까. 16:00 전에 예약을 하면 정성스럽게 차려내는 현지식 저녁식사도 가능하다. 미얀마 요리에 관심이 있다면 이곳에서 진행하는 쿠킹 클래스에 신청할 수도 있다. 여러 가지로 여행자들의 호기심을 충족할 만한 요건을 잘 갖추고 있어 비수기에도 종종 방이 없을 정도로 인기 있다.

오스텔로 벨로 만달레이 Ostello Bello Mandalay

지도 P.192-B2 | 주소 No.54, 28th Street, Between 73rd & 74th Street | 전화 (02)64530 | 요금 도미토리 $10~, 더블 $20~ | 객실 도미토리 25룸, 더블 10룸

4 · 6 · 8인실 도미토리와 트윈(더블) 룸을 잘 갖추고 있는 호스텔. 바간과 냥쉐(인레)에도 지점을 두고 있는 체인 호스텔로, 지역마다 찾아 머무는 충성도 높은 여행자들을 확보하고 있다. 깔끔한 도미토리, 자유로운 분위기, 다른 나라의 여행자들을 만나기 좋은 장소로 배낭족들에게 인기가 높다.

마마 게스트하우스 MaMa Guest House

지도 P.192-C2 | 주소 No.5B, 60th Street, Between 25th & 26th Street | 전화 (02)33411 | 요금 더블 $40 객실 10룸

2012년에 오픈한 마마 게스트하우스는 앞서 소개한 피콕 롯지보다 조금 더 고즈넉하고 소박한 분위기를 풍긴다. 정갈한 객실과 기분 좋은 정원, 고풍스러운 분위기의 로비를 갖추고 있다. 투숙객을 세심히 살펴 도와주는 맞춤 서비스까지 흠잡을 데 없다. 특히 이곳에서 진행하는 쿠킹 클래스는 투숙객들 사이에서 인기다.

다운타운 앳 만달레이 Downtown @ Mandalay

지도 P.192-B3 | 주소 No.239, 31st Street, Between 83th & 84th Street | 전화 09-969 071608 요금 도미토리 $8, 더블 $26~ | 객실 11룸

도미토리와 더블, 트윈 룸을 갖추고 있는 숙소. 8인실 도미토리는 혼성과 여성 전용으로 나뉜다. 무난한 시설에 조식은 토스트와 국수로 간단히 차려진다. 다정하고 친절한 직원들은 혼자 온 여행자들끼리 투어를 함께 할 수 있도록 연결해주기도 한다.

나일론 호텔 Nylon Hotel

지도 P.193-A1 | 주소 Corner of 25th & 83rd Street
전화 (02)33460 | 요금 싱글 $20, 더블 $30 | 객실 30룸

배낭족들에게 유명한 호텔로 번화한 사거리에 위치해
이정표 역할을 하는 숙소다. 몇 년째 보수공사를 거쳐
모든 객실을 편차 없이 마무리했다. 객실은 조금 더 환
해지고 깔끔해졌다. 조식을 차려내는 옥상에선 거리 풍
경을 바라보기 좋다. 엘리베이터가 없는 것은 아쉽지만
무거운 배낭은 친절한 직원들이 도와줄 것이다.

로열 게스트하우스 Royal Guesthouse

지도 P.193-A1 | 주소 No.41, 25th Street, Between
82nd & 83rd Street | 전화 (02)31400, 65697
요금 싱글, 더블 $15(선풍기, 공동욕실)/
싱글 $20, 더블 $22(에어컨, 개인욕실) | 객실 18룸

방은 좁지만 환기도 잘되고 청결하게 관리되고 있는 숙
소. 총 11개의 객실은 대체로 좁은 편인데, 구조가 모
두 다르므로 직접 보고 방을 고르는 것이 좋다. 로비 한
쪽 편에 있는 테이블로 간단한 조식이 차려진다. 이 작
고 조용한 숙소는 꾸준히 찾는 배낭족들이 많다. 객실이
약간 좁아 싱글 여행자들에게 더 적당한데 최소 이틀 전
에는 전화로 예약하는 것이 좋다.

더 호텔 노바 The Hotel Nova

지도 P.192-B3 | 주소 No.76, 32nd Street, Between
85th & 86th Street | 전화 (02)60 215
요금 더블 $39~55 | 객실 45룸

2017년에 오픈한 숙소로 3성급 호텔의 제대로 된 가성
비를 보여주는 곳이다. 10층 건물에 산뜻한 객실을 갖
췄으며 자전거 무료 대여, 매일 저녁 무료 퍼펫 공연과
칵테일 한잔을 제공한다. 이른 체크인도 가능하며 아침
일찍 체크아웃 하는 투숙객에겐 도시락을 준비해주는
등 세심한 서비스로 여행자들의 호평을 받는다.

로열 시티 호텔 Royal City Hotel

지도 P.192-B2 | 주소 No.130, 27th Street,
Between 76th & 77th Street | 전화 (02)66559,
31805 | 요금 싱글 $30~40, 더블 $35~45 | 객실 19룸

만달레이 왕궁 동쪽에 위치한 숙소. 큰 창문으로 햇볕이
잘 들어오는 객실을 갖추고 있다. 짙은 나무색 침대나
소파 등 객실의 비품은 올드한 느낌이 들지만 관리를 잘
해 청결하고 소박한 느낌이 든다. 호텔은 2성급이나 상
냥한 직원들의 서비스, 호텔의 위치, 객실의 컨디션은
그 이상이다.

호텔 퀸 만달레이 Hotel Queen Mandalay

지도 P.192-B3 | 주소 No.456, 81st Street,
Between 32nd & 33rd Street | 전화 (02)39805
요금 싱글 $40~60, 더블 $45~65 | 객실 68룸

2011년에 문을 연 숙소로 직원들의 서비스도 좋고, 부
대시설과 객실의 상태가 산뜻하다. 객실은 스탠더드,
수피리어, 스위트 룸으로 구성되어 있으며 타입에 따라
각각 $10 차이가 난다. 싱글·더블 룸의 차이도 각각
$5이다. 로비에 작은 상점과 카페를 겸한 바를 갖추고
있다. 띠보행 버스회사인 이신 Ye Shin 버스회사 맞은
편에 위치해 있다.

로열 펄 호텔 Royal Pearl Hotel

지도 P.193-B2 | 주소 No.196, 29th Street,
Between 80th & 81st Street | 전화 (02)65249
요금 싱글 $36~47, 더블 $40~52 | 객실 25룸

기차역에서 도보 5분 거리에 있는 숙소. 스탠더드, 디
럭스, 수피리어 3가지 타입의 객실이 있다. 객실은 제
법 넓고 욕실도 청결하고 환기가 잘된다. 로비에서 환전
서비스가 가능하며 자상한 직원들이 여행을 돕는다. 중
국인, 단체관광객이 많은 편이어서 옥상 식당에선 주로
간단한 중국 음식을 조식 뷔페로 차려낸다.

실버 스타 호텔 Silver Star Hotel

지도 P.193-A2 | 주소 No.195, Corner of
27th Street & 83rd Street | 전화 (02)33394
요금 싱글 · 더블 $40~65 | 객실 48룸

동쪽으로는 만달레이 왕국, 서쪽으로는 쩨조 마켓 사이에 위치한 호텔. 객실 타입은 수피리어와 디럭스로 나뉜다. $10 요금 차이가 나는데 디럭스룸은 코너에 위치해 창문으로 시내 풍경을 바라보기 좋다. 10년 넘었지만 깨끗하고 청결하게 잘 관리되고 있다. 호텔 입구에 ATM기가 있다.

더 링크 78 만달레이 부티크 호텔
The Link 78 Mandalay Boutique Hotel

지도 P.192-B3 | 주소 No.627, Corner of 78th & 31st Street | 전화 (02)21760 | 요금 더블 $65~
객실 59룸

만달레이 시내 중심에 위치한 3.5성급 호텔. 최근 리모델링을 하면서 객실은 더 넓어졌고 베이지와 화이트 톤의 조합으로 전체적으로 안락한 분위기를 풍긴다. 특히 8층의 식당은 탁 트인 창문으로 도심 전망을 바라보기 좋은 장소다. 신속하고 안정감 있는 직원들의 서비스 등 여러모로 여행자들의 만족도가 높은 숙소다.

바간 킹 호텔 Bagan King Hotel

지도 P.192-C2 | 주소 No.44, corner of 73rd & 28th Street | 전화 (02)4067123 | 요금 더블 $53~ | 객실 29룸

만달레이의 이미지를 잘 반영하고 있는 숙소. 전체적으로 짙은 갈색의 원목과 벽돌로 장식된 실내는 마치 유적지 안에 들어온듯한 기분이 들게 한다. 로비에서부터 고대 분위기를 물씬 풍기는 동상, 유적지처럼 꾸민 입구와 창문, 전통적인 조명 장식, 자수를 놓은 그림 액자 등 소품까지 디테일하게 신경을 쓴 인테리어가 돋보인다. 매일 저녁 푸펫 쇼가 열리며 특히 6층 식당에서 바라보는 도시의 전망도 탁월하다.

호텔 만달레이 Hotel Mandalay

지도 P.192-B3 | 주소 No.652, 78th Street, Between 37th & 38th Street | 전화 (02)71583~7
요금 싱글 · 더블 $95~150 | 객실 84룸

2006년에 문을 연 3.5성급 대형 호텔로 객실은 특별할 것은 없지만 넓고 깔끔하다. 미팅 룸과 비즈니스센터를 잘 갖추고 있으며 1층에 사설 여행사들이 있어 비즈니스맨들이 선호한다. 대형 쇼핑몰인 78 Shopping Centre 옆에 위치해 있다.

세도나 호텔 Sedona Hotel

지도 P.192-C2 | 주소 No.1, 26th & 66th Street
전화 (02)36488 | 요금 싱글 · 더블 $300 | 객실 247룸
사이트 www.sedonasmyanmar.com

미얀마에서 고급호텔로 손꼽히는 세도나 호텔의 만달레이 체인이다. 1994년에 문을 열어 비즈니스 트래블러에게 매우 좋은 평판을 받고 있다. 충실한 조식 뷔페, 수영장과 헬스장 시설, 직원들의 완벽한 서비스, 편안한 객실, 편리한 위치 등 투숙객들이 최고로 꼽는 이유는 다양하지만, 무엇보다 아름다운 전망을 빼놓을 수 없다. 객실에서 보이는 만달레이 왕궁 전망이 근사하다.

머큐어 만달레이 힐 리조트
Mercure Mandalay Hill Resort

지도 P.192-C1 | 주소 No.9, Kwin 416.B, 10th Street At the foot of Mandalay Hill
전화 (02)35638 | 요금 더블 $120~240 | 객실 208룸

'만달레이 힐 리조트 호텔'로도 불린다. 8층 건물의 대형 호텔이다. 입구는 만달레이 왕궁을 연상케 하는 게이트를 통과하게 되어 있다. 비품이 잘 갖춰진 객실을 비롯해 야외 수영장, 스파, 피트니스 센터, 테니스장까지 기본 시설에 부족함이 없다. 만달레이 힐 기슭에 자리해 경관이 좋으며 아침엔 만달레이 왕궁 북쪽 성벽을 따라 산책하기도 좋다.

Mandalay Work Shop

만달레이의 전통 공방 견학하기

만달레이에는 유난히 전통 공예 공방이 많다. 미얀마의 많은
사원에서 불상에 금박을 입히는 모습을 보았을 텐데 그 금박
만드는 공방들이 바로 만달레이에 있다. 실크와 견직물 공방,
나무와 대리석 조각 공방, 마리오네트 인형 공방 등 옛 방식을
고수하며 기계가 아닌 사람 손으로 만들어내고 있다. 이러한
공방은 보통 근교 투어를 할 때 택시기사들이 제안하는 경우도 있고,
딱히 말하지 않아도 그냥 코스처럼 데려다주는 경우도 있다. 모두 도심 외곽에 있어 개인적으로
찾아가려면 택시를 타야 하므로 관심 있다면 투어를 갈 때 미리 말해 들러보도록 하자.

▶▶ 금박 제조 공방 Gold Leaf Workshop

킹 가론 King Galon

지도 P.192-B3 | 주소 No.143, 36th Street, Between 77th & 78th Street | 전화 (02)32135 | 영업 07:00~18:00

아마라뿌라 지역으로 근교 투어를 갈 때 코스처럼
이 공방을 들러 가는 경우가 많다. 공방 밖에서부
터 탕탕 망치 내려치는 소리가 들리는데 안으로 들
어서면 작업장 한쪽에서 청년들이 나란히 서서 망
치질을 한다. 가죽 사이에 금 조각을 넣고, 박이 끊

이지 않도록 하기 위해 허리도 펴지 않고 30분 가까이 망치를 내리쳐 종이보다
얇은 금을 만들어낸다. 명함 크기만 하게 만들어진 금박은 여자들이 방에 둘러
앉아 검수를 하고 포장을 한다. 금박은 종이보다 얇아 작은 말소리에도 쉽게 날
리기 때문에 더운 날씨에도 문을 꽁꽁 닫고, 선풍기도 켜지 않은 채 대화를 최소화하며 작업하는 모습을 볼
수 있다. 금박을 한 작은 동물상이나 불상, 금박종이를 직접 살 수도 있다. 근처에 골드 로즈(Gold Rose,
주소 No.118, 36th Street, Between 78th & 79th Street) 공방도 있다.

▶▶ 나무 조각 공방 Wood Carving Workshop

아웅 난 Aung Nan Myanmar Handicrafts Workshop

주소 No.97, Mandalay-Sagaing Road | 전화 (02)70145 | 영업 07:00~19:00

사가잉 방향으로 투어를 갈 때 이 공방에 들르는 경우가 많다. 건물부
터 나무 조각 장식으로 꾸며놓았다. 직접 나무를 조각하는 모습을 볼
수 있는데, 성냥갑 크기만 한 상자부터
장식용으로 걸어두는 벽걸이 소품까지
다양한 나무 조각품을 만든다. 견직물
로 만든 방석이나 벽에 거는 천 등을 만
드는 공방까지 겸하고 있다.

▶▶ 실크 공방 Silk Wearing Workshop

쉐신타이 Shwe Sin Tai Silk House
지도 P.216 | 주소 Maung Dan Quarter, Amarapura Township
전화 (02)70030 | 영업 07:00~19:00

아마라뿌라 지역은 실크와 면직물로 유명하다. 론지를 제작하는 공방이
유난히 많은데 미얀마 내에서도 아마라뿌라의 론지는 품질이 좋기로 소
문났다. 앳되어 보이는 소녀들이 커다란 베틀 앞에 앉아 맨발로 페달을
밟으며 나염된 실을 한 올 한 올 문양을 넣어 직물 짜는 모습을 볼 수 있
다. 대부분의 공방에서는 직접 제작한 옷과 스카프 등을 판매하는 상점
을 겸하고 있다.

▶▶ 타패스트리 공방 Tapestry Workshop

세인민쉐치도 Sein Myint Shwe Chi Doe
지도 P.192-C2 | 주소 No.42, 62nd Street, Between 16th & 17th Street | 전화 (02)39254 | 영업 09:00~19:00

타패스트리는 천을 사방으로 평평하게 고정시켜놓고 문양을
따라 실로 꿰매듯 자수를 해서 한 폭의 그림을 만들어내는 전
통공예다. 주로 벽걸이 장식품이나 가리개 용도로 사용되는데
대작일 경우는 여러 사람이 달라붙어 한 달 넘게 작업을 하는
경우도 있다. 주로 코끼리나 불교 신화의 내용을 담고 있다.
다채로운 컬러로 염색된 실로 수예를 놓기 때문에 색감이 화
려하다. 만달레이의 기념품 상점에서도 많이 판매된다.

▶▶ 마리오네트 인형 공방 Marionettes Workshop

로카낫 Law Ka Nat Marionettes Workshop
지도 P.192-B4 | 주소 78th Street, Between 44th & 45th Street | 전화 (02)66658 | 영업 08:00~18:00

마리오네트 공연에 사용되는 줄 인형을 만드는 작은 개인
공방이다. 인형은 팔, 다리, 머리 등 관절 마디마다 또는
필요한 부위에 줄을 연결해서 조종한다. 줄을 당기면 인
형의 몸이 따라 움직여야 하기 때문에 많게는 인형 하나
에 수십 개 이상의 줄이 연결되어 있어 보기보다 꼼꼼한
수작업으로 만들어진다. 이곳은 가족이 대를 이어서 하는
작은 공방으로 최근엔 인형극에 사용되는 인형보다 기념
품으로 판매되는 인형을 만들고 있다.

만달레이 근교

아마라뿌라 | 잉와 | 사가잉 | 밍군

만달레이 여행의 하이라이트는 근교 지역이라고 해도 과언이 아니다. 만달레이의 외곽에 있는
아마라뿌라, 잉와, 사가잉, 밍군 지역은 모두 버마의 마지막 왕조인 꼰바웅 왕조의 도읍지였던 곳이다.
그러니 당시에 조성된 화려한 사원과 유적지 등 볼거리가 풍부한 것은 당연한 일이다. 미얀마의
대표 이미지 중 하나인 우베인 브리지가 있는 아마라뿌라, 마차를 타고 고대 시절의 흔적을 거슬러
여행하는 잉와, 사원 언덕의 전망이 탁월한 사가잉, 유유자적 배를 타고 둘러보는 강변 마을 밍군,
모두 만달레이를 더욱 돋보이게 하는 명소들이다. 다행스럽게 모두 묶어서 당일 여행으로 가능하니
이보다 좋을 수는 없다. 만달레이 여행의 화룡점정이 될 만달레이 근교 지역을 꼭 방문해보자.

● 만달레이 근교를 효과적으로 둘러보는 방법

COURSE A 아마라뿌라~사가잉~잉와~
아마라뿌라

만달레이 근교를 한번에 둘러보는 방법이다. 일단, 마하간다용 수도원의 대중공양을 참관하려면 아마라뿌라를 첫 코스로 택하는 것이 좋다. 공양이 시작되는 10:00 전까지 도착해야 하기 때문이다. 잉와, 사가잉은 어느 곳을 먼저 가도 상관없다. 위의 순서대로라면, 사가잉과 잉와 사이에서 점심식사 시간이 되는데 이때 택시 기사들이 손님에게 의향을 물어 사가잉의 식당이나 잉와 강변 입구에 있는 식당으로 안내한다. 식사 후, 잉와를 둘러보고 다시 아마라뿌라의 우베인 브리지에 도착해 일몰을 보고 만달레이로 돌아오는 말끔한 코스다.

COURSE B 따로 또 같이, 밍군

코스 A에 밍군을 추가할 수 있다. 사가잉에서 밍군까지는 차로 30분 정도 소요되므로 아마라뿌라~밍군~사가잉~잉와~아마라뿌라로 이동이 가능하다. 다만 근교는 생각보다 시간이 많이 소요된다. 이동시간까지 생각하면 그만큼 유적지에서 보내는 시간이 줄어들기 때문에 시간 안배가 필요하다. 가장 좋은 것은(시간 여유가 있다면) 밍군을 따로 반나절 여행으로 다녀오는 것이다. 밍군은 만달레이에서 09:00에 출발한 배가 다시 13:00에 만달레이로 돌아오기 때문에 교통편도 편리해 반나절 일정으로 손색이 없다.

● 근교로 가는 교통편

▒ 택시

근교를 둘러보는 가장 일반적인 교통수단으로 대부분의 여행자들이 택시를 이용한다. 세 지역(아마라뿌라+사가잉+잉와)은 K40,000~45,000이고 여기에 밍군을 포함하면 K45,000~50,000이다. 택시는 운전자를 제외하고 4인이 탈 수 있으며 탑승 인원과 상관없이 택시 요금을 내게 된다. 아침부터 저녁(일몰)까지 이용할 수 있으며, 투어를 마감할 땐 숙소로 복귀하지 않고 만달레이 시내의 원하는 식당에 내려달라고 해도 된다. 또는, 근교 투어를 끝내고 바로 다른 도시로 떠날 예정이라면 버스 터미널을 마지막 코스로 포함시키면 된다. 이 경우에는 터미널까지 가는 요금이 추가된다. 아예 호텔 체크아웃을 하고 가방을 택시에 실어놓고 다니다가 투어가 끝나면 터미널로 곧장 가면 된다. 터미널까지 가는 시간도 여유 있게 계산해서 움직이도록 하자. 요금은 투어를 끝내고 지불하면 된다.

▒ 사이클 택시

혼자 온 여행자들이 주로 이용하는 교통수단이다. 일행이 없다면 택시요금은 부담스러울 수밖에 없다. 하루 종일 모터바이크 뒷자리에 앉아 먼지를 뒤집어쓰며 다니는 것은 덥고 피곤한 일이긴 하지만 나홀로 배낭족에겐 최선의 방법이다. 아마라뿌라+사가잉+잉와 세 지역은 K20,000이고 여기에 밍군을 포함하면 K25,000이다.

● 만달레이 지역입장권

만달레이 근교를 여행할 땐 만달레이에서 구입했던 지역입장권을 지참하자. 만달레이 지역입장권은 근교 유적 입장권까지 포함되어 있는 콤보 티켓이다. 일부 유적지에서는 입장권을 확인한다. 없다면 그 자리에서 다시 티켓을 구입해야한다. 만달레이 지역입장권에 관한 내용은 →P.188 참고.

အမရပူရ

아마라뿌라 | Amarapura

고대 팔리어로 '불멸의 도시'라는 뜻의 아마라뿌라는 꼰바웅 왕조 기간 동안 두 번이나 수도였던 곳이다.

꼰바웅 왕조 6대 왕인 보도파야 왕에 의해 1783년 처음 수도로 정해졌다. 뒤를 이은 바지도 왕이 1821년 수도를 아마라뿌라에서 아바 Ava(현재의 잉와)로 옮겼으나, 1842년 타라와디 왕에 의해 다시 아마라뿌라로 옮겨졌다. 1859년 민돈 왕이 즉위하면서 다시 수도를 만달레이로 천도하는데 이때 민돈 왕은 왕실을 원형 그대로 옮기고자 하였다. 왕실 궁전은 물론 도시를 둘러싼 벽까지 모두 해체해 건축자재를 코끼리로 실어 날랐다고 한다. 그리하여 오늘날 아마라뿌라에는 이렇다 할 왕실 건축물은 남아 있지 않지만, 일부 사원과 해자의 흔적을 볼 수 있다. 승려들의 대규모 대중공양으로 유명한 마하간다용 수도원, 긴 나무다

리 위로 아름다운 일몰이 내려앉는 우베인 브리지도 여행자들이 꼭 찾는 아마라뿌라의 명소다.

마하간다용 짜웅 Mahagandhayon Kyaung မဟာဂန္ဓာရုံကျောင်း

지도 P.216 | 개관 04:00~20:00

1,500여 명의 승려가 수행을 하고 있는 미얀마 최대의 수도원이다. 관광객들은 대부분 이곳에 10:00 전에 도착하게 되는데 오전에 진행되는 대중공양(大衆供養)을 보기 위해서다. 대중공양은 신도가 승려들에게 음식을 차려 대접하는 일, 신도가 시주한 음식을 승려들이 다 함께 먹는 일로 보통음식과는 다른 법식(法食)의 의미가 부여된다. 오전 10:15, 대중공양을 알리는 종이 수도원에 울려 퍼지면 승려들이 일제히 한자리에 모인다. 열 살도 채 안 된 어

린 사미승부터 나이 지긋한 노스님까지 예외 없이 두 줄로 서서 맨발로 천천히 걸어오는 행렬은 몹시 엄숙하고 경건하다. 승려들은 음식을 보시한 신도들에게 감사의 기도를 올린 뒤, 큰 식당에 둘러앉아 식사를 한다. 그 많은 승려들이 한데 모여 식사를 하지만 소리 하나 나지 않는다. 오히려 관광객들이 만들어내는 소음이 식사를 방해하지 않을까 하는 생각이 들 정도다. 기억해야 할 것은, 이곳은 관광지가 아니라 수도원이라는 것. 대중공양은 승려들에겐 수행의 일종이므로 관광객들은 승려들의 행렬을 가로지르거나 가까이 다가가 플래시를 터뜨리거나 큰 소리로 잡담하는 등 부산스러운 행동은 삼가야 한다. 1시간여의 대중공양이 끝나면 승려들은 각자의 처소로 돌아가 수행에 전념한다. 수도원에서는 영어로 된 불교 관련 서적들을 판매하며, 원하는 사람은 기부도 할 수 있다.

짜욱또지 파야 Kyauktawgyi Paya ပုထိုးတော်ကြီးဘုရား

지도 P.216 | 개관 06:00~18:00

우베인 브리지를 건너가면 제법 큰 마을이 있다. 학교를 지나 마을을 가로지르면 울창한 나무에 가려진 짜욱또지 파야를 볼 수 있다. 짜욱또지 파야는 1847년 파간 Pagan 왕에 의해 지어졌다. 바간의 아난다 파야를 모델로 지어졌는데 5층 테라스 위에 올린 탑 상부를 도금으로 처리하긴 했지만 딱히 아난다 파야와 닮아 보이진 않는다. 사원 내부는 회랑을 통해 동서남북으로 연결되어 있는데 각 방향으로 안치되어 있는 불상의 상태가 매우 좋은 편이다. 특히 각 계단 입구의 천장에는 별자리를 비롯해 신과 인간의 모습, 풍경화까지 눈길을 끄는 벽화가 남아 있다.

짜욱또지 파야의 천장 벽화

우베인 브리지 U Bein Bridge ဦးပိန်နတံတား

지도 P.216 | 개방 24시간

아마라뿌라 지역에서 가장 인기 있는 여행지는 아마 우베인 브리지일 것이다. 아무리 시간이 없는 여행자라도 이곳만큼은 빼놓지 않을 정도로 널리 알려진 명소다. 미얀마를 소개하는 풍경엽서에 단골로 등장하는 우베인 브리지는 타웅타만 Taungthaman 호수를 가로지르는 1.2km 길이의 나무 다리다. 티크 나무로 지어진 다리로는 세계에서 가장 길고 오래된 것으로 알려져 있다. 우베인이라는 이름은 다리를 건설한 사람의 이름이다. 1850년 아마라뿌라의 시장이었던 우 베인이 잉와 왕궁 건설에 사용하고 남은 목재를 이용해 건설했다고 한다. 우기인 5월~10월에는 호수의 물이 불어나 다리 밑까지 출렁거려 호수 건너편 주민들이 종종 고립되었기 때문이다. 이 다리는 기본적으로 주민들을 위한 통로 수단으로 세워졌지만, 현재는 이 지역의 주요한 관광 소득원이 되고 있다.

우베인 브리지는 1,086개의 나무 기둥으로 건설되었는데 대부분 원형 그대로 남아 있다. 하지만 최근에 도입된 호수 내 물고기 양식 사업으로 호수의 물이 정체되어 나무 기둥이 썩고 측면의 기둥 일부가 분리되고 있어 일부 기둥은 콘크리트로 대체되었다. 이에 미얀마 문화부 고고학과는 우베인 브리지의 보수 필요성을 인식하고 있으나, 워낙 인기 관광지인 터라 일시 폐쇄는 어려워 현재 상태에서 매년 조금씩 보수하고 있다고 한다.

우기에는 배를 타고 호수에서 일몰을 감상할 수도 있다

우베인 브리지의 가장 아름다운 순간은 일몰 때다. 앙상한 나무 다리 위로 지나는 행인들이 붉게 물든 노을과 어우러져 근사한 풍경을 연출한다. 건기에는 다리 아래로 내려갈 수 있는데 다리 밑으로 드러난 밭 풍경이 이채롭다. 여행 성수기에는 어린이 놀이기구 시설이 등장하기도 한다. 노을을 기다리며 맥주나 차를 마시기 좋은 카페도 있고, 다리 아래 선착장에서 나룻배를 타고 일몰을 볼 수도 있다.

파토도지 파야
Pahtodawgyi Paya ပုထိုးတော်ကြီးဘုရား

지도 P.216 | 개관 06:00~18:00

파토도지 파야는 바지도 왕과 그의 세 번째 아내(Nanmadaw Me Nu)에 의해 지어진 사원으로 총 4년의 공사기간을 거쳐 1824년 완공되었다. 공식 명칭은 마하 비자야라마시 Maha Vijayaramsi다. 지금은 성곽이 사라져 성 안과 밖을 구분할 수 없지만 사원의 비문에 의하면, 파토도지 파야는 성 밖에 세워졌던 사원으로 스리랑카에 있는 마하제디 Mahazedi를 모델로 했다고 한다. 아래층 테라스에서는 대리석에 자타카를 새긴 석판을 볼 수 있으며 위층 테라스에 오르면 주변의 아름다운 시골 풍경을 볼 수 있다. 하지만 미얀마의 많은 사원이 그렇듯이 여성은 아쉽게도 위층 테라스에 오를 수 없다.

TRAVEL 💬 PLUS
미얀마를 붉게 물들인 '샤프란 혁명'

2007년 8월 15일, 당시의 군부는 아무런 예고도 없이 국가 유가상승을 이유로 연료가격을 대폭 인상했다. 하룻밤 사이 휘발유는 1.67배, 경유는 2배, 천연가스는 5배가 올랐다. 시위의 직접적인 계기는 갑작스런 유가인상에 대한 것이지만, 군부정권의 오랜 부패와 일방적인 행정에 대한 국민들의 누적된 불만이 터져 나온 것이라고 할 수 있다. 지역 곳곳에서 산발적인 소규모 시위가 진행되었다.

9월 5일, 바간 근처 빠콕꾸(Pakoku) 지역에서 승려와 군인들의 충돌이 벌어져 승려 4명이 체포되었다. 승려들은 공식사과와 석방을 요구했으나 군부가 이에 응하지 않자, 9월 18일부터 본격적으로 시위를 전개하기 시작했다. 국민 대다수가 불교 신자인 미얀마에서 승려들은 국민에게 존경을 받는다. 그런 그들이 앞장선 시위는 사회적으로 영향력이 크게 작용할 수밖에 없다. 승려들은 군인들의 사원 출입과 시주를 금하고 시민들과 함께 거리에서 행진을 벌였다. 승려들이 시위의 선봉에 나서자, 외신들은 가사(승려들이 입는 옷) 색깔이 샤프론 색이라 하여 이를 '샤프론 혁명(Saffron Revolution)'이라고 일컬었다. 동참한 시민들이 집 밖으로 쏟아져 나왔고 거리는 온통 붉은 빛깔로 가득했다. 승려들이 주도한 반정부시위는 평화적, 비폭력적으로 진행되었으나 군부는 시위대를 해산시키려 무력을 동원했다. 승려들이 정치참여로 사회평화와 불교교리를 위반한다며 승려의 외출을 통제했고 전화와 인터넷 등 외부와의 통신수단을 차단시켰다. 군부는 9월 6일부터 양곤과 만달레이에 21:00 이후 통행금지를 발령했고 5명 이상의 집회를 금지했다. 이에 대항해 국민들은 10월 1일부터 군부지도자들의 소식을 전하는 시간대인 20:00에는 15분간 텔레비전을 끄고 소등하는 침묵시위를 벌이기도 했다.

8월~9월 사이 벌어진 샤프란 혁명의 희생자 수는 아직까지 정확하게 밝혀지지 않고 있다. 당시 군부는 11명 부상, 13명 사망이라고 밝혔지만, 미국의 반군부독재단체(버마를 위한 미국운동)는 약 200명이 사망했다고 발표했다. 시위는 무력으로 진압되어 2007년 11월부터 통행금지는 해제되고 전화와 인터넷 사용도 재개되었다. 샤프란 혁명이 벌어지던 당시 유엔에서는 특사를 파견해 미얀마 군정수뇌부와 접촉하는 등 미얀마 사태에 개입하기 시작했다. 대한민국을 포함한 많은 나라에서도 미얀마 군부에 폭력을 중단할 것을 촉구하는 성명을 발표하기도 했다.

အင်းဝ
잉와 | Inwa

잉와는 '호수의 입구'라는 뜻이다. 만달레이에서 남쪽으로 약 24km 거리에 위치해 있는 지역이다. 이곳은 외부에 '아바 Ava'라는 이름으로도 알려져 있다. 현재까지도 잉와, 아바 두 지명이 혼용되어 사용된다. 잉와는 1364년~1841년까지 버마의 여러 왕조를 넘나들며 수도 역할을 했던 곳이다. 바간 왕조가 멸망한 뒤, 1364년 산족 출신의 따도민뱌 Thadawminbya 왕이 잉와 왕조를 건설한 것을 시작으로 1555년 통일 미얀마 왕조시대를 연 따웅우 왕조의 수도가 되기도 했으나, 따웅우 왕조에 반란을 일으킨 몬족이 잉와를 차지하게 된다. 1752년 몬족을 진압하고 꼰바웅 왕조를 건국한 알라웅파야 왕에 의해 잉와 지역이 재건되었다. 그리하여 대를 이은 바지도 왕이 1823년 잉와를 수도로 사용했으나, 1839년 3월 23일 대규모 지진이 잉와를 덮쳤다. 심각한 인명 피해와 함께 복구가 불가능할 정도로 도시가 파괴되자 후대의 왕이었던 타라와디 왕은 잉와를 버리고 1842년 2월, 아마라뿌라로 수도를 천도하게 된다. 그 후로 오랫동안 잉와는 방치되어 왔다. 현재 잉와는 옛 수도의 모습은 찾아볼 수 없는 한적한 농촌 마을이다. 한때 부귀영화를 누리던 유적은 빛이 바래고 훼손된 채 논과 밭 사이에 듬성듬성 폐허처럼 남아 있는 모습이 쓸쓸하면서도 묘하게 평화로운 분위기를 풍긴다. 잉와(아바)라고 불리기 오래전 이곳은 팔리어로 '보석의 도시'라는 뜻의 라트나뿌라 Ratnapura로 불렸다고 한다. 마차를 타고 현재의 한적한 농촌과 고대시절의 잉와 왕국을 상상해 보는 시간은 실로 이름처럼 보석 같은 시간으로 기억될 것이다.

● 잉와의 교통

▒ 배

택시(또는 사이클 택시)기사들은 작은 강 입구에 관광객을 내려놓고 빙긋이 웃으며 강 건너를 가리킨다. 강 건너 마을이 잉와다. 헤엄쳐서 갈 수 있을 만큼 가까워보이는데 나룻배를 타고 건너야 한다. 현지 가이드라면 강 건너까지 동행하지만, 택시 기사나 모터바이크 기사들은 이곳에서 손님을 기다리고 여행자만 잉와 마을에 다녀오게 된다. 배 표는 강둑 입구에서 판매한다. 1인 왕복요금은 K1,400이다.

강을 건너는 데 5분이면 된다

▒ 호스까

강 건너 마을에 도착하면 이번엔 한 무리의 마차들이 기다리고 있다. 마을을 걸어 다니기는 불가능하므로 마차를 타야 하는데 마을 입구에 마차 정액요금을 아예 표지판으로 걸어놓았다. 마차는 한 대에 2명이 탈 수 있으며 요금은 K10,000이다. 기본적으로 4곳을 둘러보게 되는데 바가야 짜웅, 팰리스 타워, 마하 아웅메 본잔, 야다나 신미 파야가 포함된다. 조금 먼 곳에 있는 로카타라피 파야 Lawkatharaphy Paya까지 포함하면 K15,000이다. 잉와를 둘러보는 데 보통 2~3시간 소요된다. 코스는 따로 말하지 않아도 마부가 알아서 유적지로 안내한다.

잉와 마을을 편하게 둘러보려면 마차를 이용해야 한다

Nocutting Says

왕은 왜 자꾸 수도를 옮기나요?

과거 버마 군주시대에는 새로운 왕이 왕위에 오르면, 이전 왕의 도읍지를 물려받는 것이 아니라 수도를 새로운 지역으로 정해 왕궁을 옮기는 것이 일반적이었습니다. 수도를 달리해야 왕권 강화를 위해 더 유리하다고 생각했기 때문입니다. 아무래도 기존 왕과 차별화를 할 수 있을 테니까요. 이는 차차 관습처럼 굳어져 수도를 옮겨야 그 왕조의 국민들도 태평천하를 누린다고 믿게 되었다고 합니다. 같은 왕조라 하더라도 왕마다 수도를 달리하는 전통 때문에 만달레이 주변에는 유난히 도읍지가 많습니다. 만달레이뿐만 아니라, 미얀마에서 어지간히 큰 도시는 모두 옛날 왕조의 수도였다고 보면 됩니다.

사원 복도를 연결하는 독특한 색감의 기둥들

바가야 짜웅 Bagaya Kyaung ဘားကရာကျောင်း

1834년 바지도 왕에 의해 세워진 이 아름다운 수도원은 낮은 양철 지붕을 제외하고는 모두 티크 목재로 지어졌다. 267개의 거대한 티크 목재 기둥이 수도원을 떠받치고 있는데 기둥 하나의 지름이 약 3m, 높이가 18m다. 벽과 기둥 틈새에는 꽃과 공작을 모티브로 한 화려한 조각이 가득해 훌륭한 미얀마 고대 조각예술을 마음껏 감상할 수 있는 기회다. 사원 외벽은 궂은 날씨로 인해 악화되었지만 짙은 티크 나무의 질감 때문에 오히려 더 고풍스럽게 느껴진다. 다크 초콜릿을 연상케 하는 거의 검은 빛에 가까운 나무 외벽과 새하얀 크림을 바른 것처럼 흰색으로 칠한 나무 기둥이 조화롭게 어울린다. 바가야 짜웅은 미얀마에서 흔히 볼 수 없는 종교 건축물로 미얀마 조각예술과 건축의 모델이 되는 매우 중요한 자료다. 이보다 60년 뒤에 지어진 만달레이의 쉐인빈 짜웅에서도 이와 유사한 건축기법과 조각을 볼 수 있는데 바가야 짜웅을 모델로 지어졌을 것으로 짐작된다.

과거 왕실의 수도원으로 사용되었던 바가야 짜웅은 오랜 시간이 흘러 지금은 어린 사미승들과 동네 아이들의 학교로 이용되고 있다. 부처가 모셔져 있는 경내 한편을 교실로 활용하고 있는데 왁자지껄한 수업 풍경 때문에 관광객들은 동심으로 돌아가 한동안 발길을 떼지 못한다. 입구에서 만달레이 지역입장권을 확인한다.

소란스럽지만 정겨운 수업 풍경

섬세하고 아름다운 조각에 오랫동안 눈길이 머문다

씨티 월 City Wall မြို့တော်ခန်းမ

잉와 왕국은 다른 고대 미얀마 도시들과 달리 성벽이 내부 벽과 외부 벽을 각각 둘러 2중으로 건설되었다고 한다. 왕궁은 내부 벽으로 먼저 두르고, 그 바깥에 국가 소유의 공유지를 설정해 건물을 지을 수 없도록 한 뒤 외부 벽을 세웠다고 한다. 지금은 당시의 건축물이 모두 사라져 흔적을 알 수 없지만 현지인들의 이야기에 따르면 현재 남아 있는 벽은 모두 외부 벽이라고 한다. 대부분의 마부들이 성벽을 보여주기 위해 이곳을 지나쳐간다. 유적지로 들어갈 때 또는 둘러보고 나올 때 한 번은 이 성벽을 통과하게 된다.

팰리스 타워 Palace Tower နန်းတော်မျှော်စင်

살짝 기울어진 타워

시계 타워 Clock Tower라고도 불린다. 19세기 초 미얀마 건축양식을 볼 수 있는 건물 중의 하나로 꼽힌다. 높이 30m의 타워는 현재 잡초가 무수한 벌판에 주변 건물 없이 덜렁 남겨져 있지만 원래는 궁전 안에 조성되었던 건축물이라고 한다. 1838년 지진으로 붕괴되었는데 하단을 시멘트로 보수해 비슷하게 균형을 맞춰 놓았다. 하지만 멀리서 보면 타워가 살짝 기울어진 모습이다. 타워에 오르면 마을의 경치가 한눈에 보이긴 하지만, 점점 기울고 있다고 하니 보수되기 전까지는 무리해서 오를 필요는 없을 듯하다.

마하 아웅메 본잔 Maha Aungmye Bonzan Monastery မဟာအောင်မြေ ဘောဇဉ် ဘုန်းကြီးကျောင်း

1822년 바지도 왕의 세 번째 아내인 난마도메누 Nanmadaw Me Nu 왕비에 의해 건설되었다. 왕비의 이름을 따서 메누 옥짜웅 Me Nu Oak Kyaung으로도 불린다. 본래 왕실 수도원 원장인 우 뽀 U Po를 위해 지었으나 2대 수도원 원장인 우 뽁 U Bok에게 제공되었다. 이 수도원 역시 1838년 지진으로 붕괴되었는데 1873년, 민돈 왕의 아내이자 메누 왕비의 딸이었던 신뷰마신 Sinphyumashin 여왕에 의해 동일한 모습으로 복구되었다. 꼰바웅 왕조 시대의 전형적인 건축양식으로 화려하고 웅장한 외관에 비해 내부는 소박하다. 수도원 옆에는 바간 시대 건축물 양식을 하고 있는 파고다가 있으며 상부의 첨탑은 최근에 도금을 한 것이다. 입구에서 만달레이 지역입장권을 확인한다.

야다나 신미 파야 Yadana Sinme Paya ရတနာရှင်မြေဘုရား

바가야 짜웅으로 가는 길에서는 왼편으로, 돌아 나오는 길이라면 오른편으로 보이는 파고
다. 딱히 영어 간판은 없지만 마부들이 알아서 잘 데려다준다. 잉와 왕조 때 지어졌다고
하지만 외관은 시대를 짐작조차 하기 힘들 정도로 탑 일부와 건물터만 남아 있다. 터 한쪽
으로 거대한 화염나무 아래 불상이 안치되어 있는데 불상만큼이나 나무의 수령이 상당해
보여 신비로운 분위기가 감돈다. 잡초 무성한 빈터에 큰 불상이 우뚝 모셔져 있어 그 자리
가 본당이었을 거라고 짐작만 될 뿐이다. 듬성듬성 놓여 있는 크고 작은 불상이 서로 방향
을 달리하고 있지만 전체적으로 조화롭다. 사원의 외관이 없어 불상이 모두 밖으로 드러
나 있다 보니 폐허의 느낌보다는 들판에 조성된 야외 파고다 같은 이색적인 느낌이 든다.

စစ်ကိုင်း

사가잉 | Sagaing

사가잉은 만달레이에서 남서쪽으로 약 20km 거리에 위치해 있다. 사가잉은 에야와디 강과 인접해 있는 지리적 이점 때문에 여러 부족과 왕조가 거쳐 가면서 발전해왔다. 강 지역은 풍요로운 곡창지대가 형성되고 강을 통한 운송이 가능해 버마 왕조들은 주로 강을 끼고 수도를 조성해왔다. 사가잉의 역사는 서기 1세기 쀼족이 거주하면서 시작된다. 9세기 버마족이 이주해와 마을을 형성했으며 11세기 중반에는 바간 왕국의 아노라타 왕에 의해 바간의 일부가 된다. 바간이 멸망하고 1315년 아틴카야 왕이 사가잉 왕국을 건설하며 본격적으로 발전하기 시작했다. 1364년~1555년 아바 왕조, 1555년~1752년 따웅우 왕조의 통치를 받다가 1760년~1764년 나웅도지 왕에 의해 잠시지만 다시 수도가 되기도 한다. 이후 1772년~1885년까지 꼰바웅 왕조의 지배를 받았다. 이렇듯 여러 왕조를 거치면서 사가잉은 미얀마 불교와 수도원의 중심지가 되었다. 사가잉 언덕에 조성된 무수히 많은 불탑을 내려다보면 옛 사가잉 왕국의 저력이 느껴진다. 영국 식민지 시절 만달레이와 사가잉을 연결하는 잉와(아바) 다리가 건설되고 열악한 교통문제가 해소되면서 오늘날 만달레이에서 당일 여행이 가능해졌다.

사가잉 힐 Sagaing Hill စစ်ကိုင်းတောင်

240m 높이의 사가잉 언덕은 정상까지 계단으로 연결
되어 있다. 계단 경사는 급한 편이 아닌 데다, 계단 양
옆으로 돌 벤치가 만들어져 있어 쉬엄쉬엄 오를 수 있
다. 언덕 정상에 도착하면 계단을 올라온 보람이 느껴
질 정도로 탁 트인 전망이 기다리고 있다. 사가잉 언
덕에 조성되어 있는 수많은 불탑과 사원 뒤로 유유히
흐르는 에야와디 강이 한 폭의 그림을 연상케
한다. 사가잉 언덕에 조성된 불교 건축물은
부처를 모신 파고다를 비롯해 불교 연구를 위
한 사원과 수도원, 명상센터까지 약 600여 개
가 있다고 한다. 그 중 쑤암우 뽄냐신 파야
Swam Oo Pon Nya Shin(Soon Oo Pon
ya Shin) Paya는 사가잉에서 가장 오래된 사
원으로 1312년 이 지역의 장관이었던 뽄냐

쑤암우 뽄냐신 파야
우민 똥즈 파야

Pon Nya에 의해 지어졌다. 파고다 축제가 열리는 7월 보름에는 쌀을 시주하려고 찾는 불자들로 붐빈다. 또 하나
사가잉 언덕 꼭대기에서 눈에 띄는 파고다는 우민 똥즈 파야 U Min Thonze Paya다. 우민 U Min은 동굴을, 똥
즈 Thonze는 30을 의미하는데, 30개의 아치형 입구 안에 도금된 45개의 불상이 초승달 모양으로 열을 지어 서
있다. 두 곳 모두 사가잉의 전망을 즐기며 휴식하기 좋은 장소다.

까웅무도 파야 Kaungmudaw Paya ကောင်းမှုတော်ဘုရား

까웅무도 파야는 사가잉 중심에서 북서쪽으로 약
10km 떨어져 있다. 1636년 따웅우 왕조의 따룬
Thalun 왕에 의해 지어졌다. 45m 높이의 파고다
는 둥근 푸딩처럼 돔 모양을 하고 있는데 그 모양
때문에 현지인들 사이에선 우스운 이야기가 전해진
다. 따룬 왕은 스리랑카에서 모셔온 부처의 치사리
를 보관할 탑을 세우기 위해 무척 고심했다고 한다.
몇 날 며칠을 고민만 하고 있자 남편의 우유부단함
을 보다 못한 왕비가 윗도리를 열어젖히고 자신의
가슴을 가리키며 이처럼 만들라고 했다고 한다. 일
부 학자들은 스리랑카에 있는 기원전 140년에 지
어진 루완웰리사야 파야 Ruwanwelisaya Paya를 모델로 했다고 해석한다. 개방시간은 08:00~18:00까지, 입
장료는 무료이나 카메라 촬영료(K500)는 별도다.

မင်းကွန်း

밍군 | Mingun

밍군은 만달레이에서 에야와디 강의 서쪽 연안으로 약 7km 거리에 위치해 있다. 밍군은 작은 강변 마을이지만 세계 최대의 전탑인 밍군 파야와 세계에서 두 번째로 큰 밍군 벨, 아름다운 신뷰미 사원이 있다. 모든 유적지가 도보로 이동할 수 있을 만큼 가까운 거리에 있어 천천히 산책하듯 둘러보기 좋다. 시간이 허락한다면, 만달레이 근교지역 중 밍군만큼은 따로 떼어 오붓하게 여행하길 권한다. 만달레이에서 아침에 출발한 배가 점심 즈음 다시 만달레이로 돌아오기 때문에 반나절 맞춤여행이 가능하다. 물론 밍군 역시 택시로 둘러본다면 근교코스에 묶어 여행할 수 있다.

신뷰미 파야
Hsinbyume Paya

에야와디 강
Ayeyarwaddy River

스낵, 토산품 상점 구역

밍군 벨
Mingun Bell

Buddhist Nurising Home (양로원)

밍군 파야
Mingun Paya

입장권 판매부스

Chinthe (사자 상)

선착장 (현지인용)

Settawya Paya

Pondaw Paya

0   50   100m

밍군
Mingun

로컬식당

선착장 (외국인용)

■ 가는 방법

만달레이의 마얀찬 선착장 Mayan Chan Jetty에서 밍군으로 가는 배가 09:00에 출발하며, 밍군에서 다시 만달레이로 돌아가는 배는 13:00에 출발한다. 1시간~1시간 30분 소요되며 요금은 왕복 K5,000이다. 만달레이 마얀찬 선착장은 Strand Rd & 26th Street에 위치해 있다.

밍군 파야 Mingun Paya မင်းကွန်းဘုရား

꼰바웅 왕조를 건국한 알라웅파야의 아들 보도파야는 왕위에 오르자 야심찬 계획을 세운다. 위대한 왕으로서 그 위용에 맞는 파고다를 세우기로 결심하고 세계에서 제일 큰 파고다를 건설하기로 한다. 밍군 파야가 그것이다. 세계에서 가장 큰 전탑(塼塔: 흙으로 구운 작은 벽돌을 촘촘히 쌓아 올린 벽돌 탑)이지만 미완성 작품이다. 1790년 시작된 밍군 파야 건설에는 수많은 노예가 동원되었는데, 혹독한 노역을 견디다 못한 노예 1,000여 명이 라카잉 주의 북쪽, 인도의 아쌈 Assam 지역으로 달아났다고 한다. 왕의 군대는 도망친 노예를 추격하면서 인도 국경을 넘게 되는데, 당시 인도를 지배하고 있던 영국은 이를 빌미로 버마에 전쟁을 선포한다. 그 후 3차례의 버마-영국 전쟁을 치르게 되었고 참패한 버마는 영국의 식민지가 되었다. 이 사건이 아니었더라도 호시탐탐 버마를 노리고 있던 영국은 당시의 정세로 보아 어떻게든 버마를 침략했을 것이다. 밍군 파야는 원래 계획상으로는 152m 높이였으나 1797년 공사가 중단되면서 100m 높이에서 멈췄다. 현재는 지진으로 인해 벽에 금이 가고 허물어져 내리고 있어 지지대를 받쳐두고 있다. 탑의 오른쪽 계단을 통해 탑 위로 올라가면 에야와디 강의 전망이 한눈에 들어온다.

밍군 벨 Mingun Bell မင်းကွန်းခေါင်းလောင်းကြီး

1808년 완성된 세계에서 두 번째로 큰 종이다. 역시 보도파야 왕에 의해 완성되었으며 옆에 있는 밍군 파야가 완성되면 그 안에 설치할 계획이었다고 한다. 참고로 세계에서 가장 큰 종은 러시아 크렘린 궁에 있는 황제의 종이다. 황제의 종은 높이 6m, 무게 200t이지만 소리가 나지 않으며 일부가 깨진 채로 바닥에 전시되어 있다. 하지만 밍군 벨은 크기로는 세계 두 번째이나 소리를 내는 종이다. 높이 3.3m, 무게는 약 90t인데 1838년 지진으로 종이 바닥으로 떨어져 1904년에 보수하면서 지지대를 걸어놓고 타종을 할 수 있도록 했다. 종 아랫부분의 직경이 4.8m로 관광객들은 아예 종 안으로 들어가 기념사진을 찍기도 한다.

신뷰미 파야 Hsinbyume Paya မြသိန်းတန်ဘုရား

보도파야 왕의 손자인 바지도 왕자(훗날 보도파야 왕의 후계자가 된다)가 아직 왕이 되기 전인 1816년 그의 첫 아내인 신뷰미 Hsinbyume 공주를 기억하기 위해 세운 파고다이다. 신뷰미는 1812년 출산 중에 사망했다고 한다. 그녀의 이름을 따 '먀떼인단 파야 Mya Thein Dan Paya'라고도 불린다. 환색의 이 파고다는 무척 독특한 모습을 하고 있다. 불교의 우주관에서 세계의 중심에 있는 수미산(힌두교에서는 메루산)을 표현하고 있다. 기단을 두른 유려한 곡선은 우주의 바다를 상징하고, 일곱 층의 테라스는 수미산까지 가는 범위를 나타낸다. 기단 위의 탑들은 수미산을 상징하듯 산봉우리 모양으로 만들어져 있다. 수미산의 정상에는 하늘을 관장하는 제석천이 거주하는 술라마니가 있다고 하는데 그 자리에 부처를 모시고 있다. 상단에 있는 불상 뒤에는 작은 불상이 하나 더 있는데 도굴꾼들에 의해 훼손되어 다시 조성된 것이다. 파고다는 1838년 지진으로 파손되었다가 1874년 민돈 왕에 의해 복구되었다.

만달레이 근교 투어 할 때 점심 먹기 좋은 곳

만달레이 근교 투어 중에는 점심식사 할 식당이 마땅치 않은데요. 투어 코스에 따라 다르겠지만 보통 잉와 또는 사가잉에서 식사를 하게 됩니다. 택시기사들은 어디에서 식사할 것인지 손님에게 의견을 묻는데요. 잉와라고 하면 대부분 잉와 선착장 앞에 있는 식당으로 안내합니다. 이곳은 맛도, 서비스도 값에 비해 비싸게 느껴집니다. 시차를 두고 다시 가보아도 여전히 나아지지 않는 것이 약간 아쉽습니다. 식당 선택의 여지가 별로 없는 잉와보다는 시간을 잘 조절해서 사가잉에서 식사를 하는 것이 좋습니다. 사가잉에는 괜찮은 식당이 몇 군데 있는데요. 그중 'Sagaing Hill Restaurant'을 추천합니다. 관광객을 대상으로 하지만 적절한 값에(볶음밥 K2,500정도) 맛도 분위기도 괜찮은 식당입니다.

미얀마 북부

Northern Myanmar

삔우른

ㅁ른ဦးလွင်

Pyin Oo Lwin

삔우른은 '만달레이에서 동쪽으로 67km 거리 밖에 되지 않지만 만달레이와는 분위기가 사뭇 다르다. 해발 1,070m의 산 고원에 자리 잡은 삔우른은 일단 피부에 닿는 온도부터가 다르다. 쾌적하고 시원한 공기, 하늘로 솟아오른 낙엽송과 편백나무, 마을 곳곳에 남아 있는 영국풍 건물, 그 사이를 활보하는 4륜 마차가 어우러져 매우 이국적인 풍경을 만들어낸다. 이 작은 마을은 보도파야(1782~1819) 왕의 통치기간에 발행된 문학기록에서 '팃타빈 따웅 Thit Tabin Taung(나무가 있는 낮은 언덕 마을)'이라는 이름으로 세상에 알려졌다. 그 뒤 1896년 영국 식민지 시절 군사 전초기지로 조성되었다. 당시 영국은 만달레이에서 삔우른을 거쳐 라쇼 Lashio 지역까지 연결되는 산악 철로를 만들고, 여름에는 습한 양곤을 탈출해 삔우른을 여름철 행정수도로 이용하였다. 현재는 미얀마 육군사관학교인 탓마도 Tatmadaw가 세워져 있다. 식민지 시절에는 이곳에 주둔했던 영국군 총독 메이 May 대령과 미얀마어로 마을을 뜻하는 묘 Myo를 합쳐 '메이묘 Maymyo'라 불렸다. 독립 후, 미얀마 정부는 삔우른으로 이름을 바꾸었는데 현지인들은 꽃의 도시라는 뜻의 판묘도 Pan Myo Daw라고도 부른다. 기후가 좋아 사시사철 꽃이 피고 과일이 열려 과일로 만든 잼과 과일 와인, 커피 등의 재배가 탁월한 것으로 유명하다.

Access
삔우른 드나들기

지역번호 (085) | 옛이름 메이묘 Maymyo

삔우른 여행은 만달레이에서 출발하는 것이 일반적이다. 또는 만달레이에서 삔우른 위쪽 지방인 시뻐나 라쇼 지역으로 먼저 갔다가 만달레이로 복귀하는 길에 삔우른에 들르기도 한다.

▌ 셰어 택시
만달레이에서

가장 편하게 이동하는 방법은 택시다. 만달레이~삔우른까지는 셰어 택시로 2시간 소요된다. 좌석에 따라 요금이 다른데 조수석은 K8,000, 뒷좌석은 K7,0000이다. 조수석은 혼자 앉지만 뒷좌석은 3~4인이 촘촘하게 앉기 때문이다. 합승 없이 택시 한 대를 통째로 빌리는 것은 K30,0000이다. 호텔에서 예약할 수 있는데 출발 하루 전에는 예약해야 한다.
이와는 별도로 픽업트럭도 운행된다. 픽업트럭은 출발 시간이 부정확하고 만석이 되어야 출발하는데 요금은 K3,0000이며 3시간 소요 된다.

▌ 버스
시뻐에서

라쇼에서 출발한 버스가 시뻐에 정차한 뒤, 삔우른을 거쳐 만달레이로 향한다. 버스는 Mandaly-Lashio Road에 정차하는데 08:30, 10:00, 19:00에 출발한다. 5시간 소요되며 요금은 K5,0000이다.

▌ 기차

열차는 만달레이~삔우른~시뻐~라쇼 구간을 운행한다. 열차는 하루 한 편, 만달레이에서 04:00에 출발해 삔우른에 07:52에 도착한다. 요금은 Upper K1,200/Ordinary K5500이다. 하행하는 열차도 하루 한 편, 시뻐에서 09:40에 출발, 삔우른에 16:05에 도착한다. 요금은 Upper K2,750/Ordinary K1,2000이다.

Transport
삔우른 시내교통

▌ 마차

삔우른의 명물인 4륜 우마차는 거리에서 쉽게 볼 수 있다. 바간의 마차와는 약간 다른 모습인데 현지어로 '야타 론'이라고 부른다. 마차는 주로 관광객이 이용한다. 마차는 조금 비싼 편으로 시내 가까운 거리는 K1,500 정도. 공식요금은 시간당 K5,000으로 정해두고 있지만 하루 이용요금은 K20,000~25,000 정도. 반나절 이용요금은 K10,000~12,000 정도로 흥정할 수 있다.

▌ 모터바이크 · 자전거

모터바이크나 자전거를 렌트할 수도 있다. 모터바이크 이용요금은 하루 K12,000~15,0000이고 자전거는 K3,0000이다. 보통 08:00~18:00까지 이용할 수 있다. 대여점은 만달레이~라쇼 로드에 몇 군데 있으며 일부 숙소에서도 렌트가 가능하다.

▌ 사이클 택시(모터바이크 택시)

마차는 너무 비싸고, 자전거나 모터바이크는 지리를 몰라 부담스럽다면 사이클 택시를 이용하면 된다. 보통 시내에서 깐도지 공원까지는 K2,000, 페카욱 폭포까지는 K6,0000이다. 하루 종일 이용료는 K15,000~20,0000이다. 하루 투어를 할 사이클 택시는 숙소에 문의하면 연결해준다.

Course
삔우른 둘러보기

삔우른은 크게 시내 지역인 타운 센터 Town Centre와 정원이 있는 가든 구역 Garden Area으로 나뉜다. 타운 센터는 시내 한복판에 세워져 있는 시계탑 버셀 타워를 중심으로 마을이 형성되어 있다. 시계탑 근처에 있는 마켓을 따라 마을을 한 바퀴 둘러보자. 가든 구역은 국립 깐도지 공원을 중심으로 써큘러 로드 Circular Road와 포레스트 로드 Forest Road를 따라 남아 있는 운치 있는 영국식 건물을 찾아보며 산책하기 좋다.

COURSE A 삔우른의 숲 속 산책하기

삔우른 가든 구역의 순환도로인 써큘러 로드 Circular Road를 따라 숲 속을 이리저리 누비며 옛 영국식 건축물을 감상해보자. 오후에는 국립 깐도지 공원을 산책하며 아름다운 꽃과 호수 주변을 거닐며 느긋하게 산책해보자. 걷는 것만으로도 힐링이 되는 하루다.

COURSE B 삔우른을 하루에 훑어보기

마하안투까타 파야~삐익친 먀웅 동굴~페카욱 폭포~찬탁 사원~국립 깐도지 정원

가장 먼거리에 있는 삐익친 먀웅 동굴 파야에 가기 전에 마하안투까타 파야에 잠시 들렀다 가자. 페카욱 폭포, 삐익친 먀웅 동굴에 들렀다 돌아오는 길에는 중국 윈난 사람들이 세운 찬탁 사원에 들러 국립 깐도지 정원으로 향하자. 돌아오는 길에 시간이 남으면 순환도로를 조금 걸어도 좋겠다.

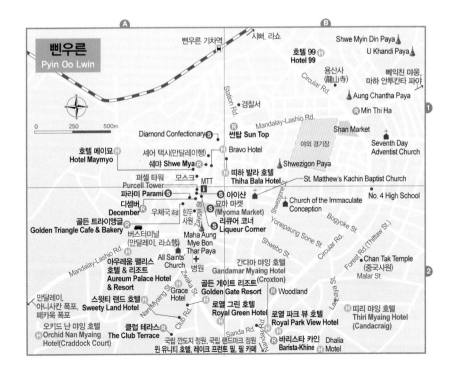

국립 깐도지 정원 National Kandawgyi Garden
အမျိုးသားကန်တော်ကြီးဥယျာဉ်

주소 Nandar Road | **개관** 08:00~18:00 | **입장료** $5 | **사진 촬영료** K1,000

현지어로는 '아묘다 깐도지 우인'이라고 부른다. 시내에서 남쪽으로 약 5km 떨어진 거리에 위치한 아름다운 정원이다. 2000년 전까지는 국립 식물원이었다. 1915년 식물학자인 커프 Cuffe와 숲 연구가인 알렉스 로저 Alex Roger에 의해 설립되었다. 식물원을 조성한 이들은 1차 세계대전 중의 포로였던 터키군인들이었다고 한다. 영국 런던 남서부 지역에 있는 큐 가든 Kew Garden을 모델로 했는데 규모는 그보다 크다. 전체 면적은 숲을 포함해 약 540만 평에 이르며 그중 20만 8,000여 평이 숲으로 이루어져 있다. 정원엔 토착 식물과 외래품종 식물 등 총 589종이 자라고 있다. 정부는 1924년부터 산림보호구역으로 지정해 각별하게 관리해오다 2000년에 국립 깐도지 정원으로 정식 명칭을 지정, 휴양 정원으로 공개했다. 정원 안에는 다양한 조류가 서식하고 있으며 화석, 나무, 나비 박물관과 공중산책로, 늪이 형성되어 있다. 정원은 호수 사이에 배치되어 있어 천천히 주변 풍경을 감상하며 산책하기 좋다. 대충 둘러본대도 최소 2시간은 예상해야 할 정도로 넓은데, 산언덕의 멋진 전망을 감상할 수 있는 전망대 난민 타워 Nan Myint Tower도 놓치지 말자. 타워 입구에서 엘리베이터를 타고 올라가면 깐도지 호수에 둘러싸인 정원 풍경이 내려다보인다. 난민 타워까지 걸어가기 힘들다면 정원 내에서만 운행하는 셔틀차를 탈 수도 있다(20분 운행, K8,000). 정원 안에는 음료와 간단한 식사를 판매하는 카페도 있어 휴식을 취할 수 있다. 작은 수영장(이용료 K1,000)도 있다. 시내에서 국립 깐도지 정원까지 마차로 약 15~20분 소요, 마차 왕복요금은 K5,000~6,000이다.

전망대 Nan Myint Tower

국립 랜드마크 정원 National Landmarks Garden အမျိုးသားအထိမ်းအမှတ်ဥယျာဉ်

개관 08:00~18:00 | 입장료 $4 | 카메라 촬영료 K1,000

국립 깐도지 정원 옆에 있는 또 다른 정원이다. 현지어로는 '아묘
다 테인빠 우인'이라 부른다. 2006년에 설립된 일종의 테마공원
이다. 6만여 평의 면적에 미얀마에서 이름난 건축물을 한자리에
모아 놓았다. 사원과 탑, 궁전, 심지어 유
명한 산과 동굴까지 모형으로 축소해 놓았
다. 모형이라는 것 때문에 기대치는 약간
떨어지지만, 거대해서 잘 둘러보지 못했던
건축물을 축소시켜 한눈에 관찰할 수 있다는
정도에 의미를 두면 될 듯하다.

파웅도우 파야(Inlay Lake)

타웅쩨 파야(Kayah)

퍼셀 타워 Purcell Tower ပြင်ဦးလွင်နာရီစင်

지도 P.233-A2

삔우른 시내의 중심에 세워져 랜드마크 역할을 하고 있는 시계탑이
다. 영국 조지 5세 왕의 실버 주빌리 Silver Jubilee 즉, 왕위 즉
위 25주년을 기념하기 위해 식민지 국가에 세웠던 건축물 중 하나
다. 1935년 질레트 & 존슨 회사에 의해 설계되어 1936년 9월 완
성되었다. 영국 런던 국회의사당 옆에 있는 빅벤 Big Ben 종을 모
델로 지어졌는데 높이는 22.86m, 매 시간마다 종소리가 울린다.

Nocutting Says

삔우른의 심벌, 4륜 마차

삔우른의 마차는 미얀마의 다른 지역에서 보았던 것과는 조금 다르지요? 웨건
Wagon 형식의 멋진 마차인데요. 현지어로는 '야타론'이라고 부릅니다. 거리를
누비는 이 마차가 삔우른의 분위기를 한층 이국적이게 만듭니다. 2003년 삔우른
에는 153개의 마차가 있었는데요. 10년이 지난 2013년에는 절반 이하인 62개
의 마차만 남아있다고 합니다. 사실 마을 사람들은 대부분 모터바이크를 이용하기
때문에 마부들은 전적으로 관광객에게 생계를 의지할 수밖에 없는데요. 모든 것이 빠르게 변하고 있는 미얀마에서
조금 느리게, 조금 여유있게 마차를 타고 여행 해보는 건 어떨까요. 더군다나 이렇게 예쁜 4륜 마차는 삔우른에서
만 탈 수 있으니까요!

묘마 마켓 Myoma Market

지도 P.233-A2

퍼셀 타워에서 왼쪽으로 난 길을 따라가면 위치해 있는 재래시장으로 삔우른의 중앙시장이다. 야트막한 내리막길을 따라 길 양옆으로 상점과 노점이 늘어서 있다. 저녁이 되면 국수와 족발, 어묵 꼬치 등을 파는 간이노점이 들어서는 야시장으로 둔갑한다. 길의 끝까지 내려가면 채소, 생선, 고기, 과일, 꽃 등을 파는 재래시장이 펼쳐진다. 시장 골목 안에도 잡화상점이 빼곡하게 들어차 있다.

페카욱 폭포 Pwe Kauk Waterfalls ပွဲကောက်ရေတံခွန်

사진 촬영료 K500

삔우른 시내에서 약 8km 떨어진 곳에 자리한 페카욱 폭포는 B.E Waterfalls로도 불린다. 삔우른에는 크고 작은 아름다운 폭포가 많은데 시내에서 가장 가까우며 가장 대중적(?)인 폭포다. 영국 식민지 시절에는 햄프셔 폭포 Hampshire Falls로 불리며 피크닉 장소로 애용되던 곳이다. 사실 폭포라기보다는 넓고 얕은 계곡물이 흐르는 자연 풀장 같은 곳으로, 아이들을 동반한 가족 단위 관광객들의 주말 나들이 장소로 인기 있다. 주변에 지역 특산품을 파는 토속상점이 늘어서 있다.

오전에 가면 숲 속으로 쏟아지는 아침 햇살이 기분 좋은 곳이다

아니사칸 폭포 Anisakahn Waterfalls အနီးစခန်းရေတံခွန်

만달레이와 삔우른 중간에 위치한 아니사칸 Anesakhan 마을에 있는 폭포다. 삔우른에서 약 8km 정도 떨어져있다. 닷터지아익 폭포 Dat Taw Gyaik Waterfall라고도 부른다. 낙차가 약 45m 되는 장엄한 풍경을 볼 수 있지만 그만큼 약간의 수고도 감수해야 한다. 폭포를 보려면 깊은 계곡을 향해 가파른 산길을 내려가야 한다. 시원한 공기를 맞으며 초록 숲 사이로 들어가면 석회암의 작용으로 생성된 높이 약 122m, 깊이 약 92m의 계곡에 장쾌하게 쏟아지는 폭포를 볼 수 있다. 만달레이행 픽업트럭을 타고 갈 수도 있다. 기사에게 닷터지아익 Dat Taw Gyaik Waterfall 간판이 있는 곳에 내려달라고 하자. 길을 좀 걷다보면 작은 찻집이 있는데 그곳에서부터 가파른 산길을 30분 정도 내려가야 한다. 폭포가 외곽에 있는데다 오가는 시간까지 제법 소요되므로 이곳을 가려면 시간을 넉넉히 잡아야 한다. 특히 길이 미끄러울 때는 두 배의 시간을 잡아야 하므로 우기에는 추천하지 않는다.

마하 안투칸타 파야 Maha Anthtookanthar Paya မဟာအံ့ထူးကံသာဘုရား

사진 촬영료 K300

마하 안투칸타 파야에는 삔우른에서 가장 추앙받는 불상이 모셔져 있다. 본당에 모셔진 대리석 불상은 높이가 4.5m, 양 무릎 사이의 폭은 2.5m, 무게는 약 17t이다. 불상은 그리 오래되진 않았지만 신비한 이야기가 전해진다. 1997년 만달레이에서 제작한 3개의 불상을 중국으로 옮기는 중이었다고 한다. 중국까지는 만달레이~라쇼~무세(Mandalay~Lashio~Muse) 지역을 통해 가게 되는데, 만달레이를 벗어나 이 마을 근처를 지나다가 트럭이 무게를 이기지 못해 전복되었다. 그때 3개의 불상 중 하나가 차에서 떨어졌는데 불상은 무겁기도 하지만 온갖 방법

을 동원해도 꿈쩍하지 않았다고 한다. 지역의 덕망 높은 스님 한 분이 불상 옆에서 명상을 하고, 경전 낭송을 시작한 지 일주일이 지나서야 겨우 불상이 땅에서 떨어져 옮길 수 있었다고 한다. 현지인들은 이 불상은 중국으로 가고 싶어 하지 않는다고 생각해 불상이 떨어졌던 장소에 마하 안투칸타 파고다를 짓고 2000년에 그 불상을 안치시켰다. 파고다는 언덕 위에 조성되어 있어 주변 전망을 감상하기 좋다. 시내에서는 약 8km 지점에 위치해 있는데 폭포나 삐익친 먀웅 동굴 사원 가는 길에 볼 수 있다.

주변 전망을 감상하기 좋다

삐익친 먀웅 Peik Chin Myaung ပိတ်ချင်းမြောင် လှိုဏ်ဂူ

사진 촬영료 K300

삔우른에서 동쪽으로 약 20km 지점의 웨툰 Wetwun 마을에 위치해 있는 동굴 사원으로 마하 난다무 파야 Maha Nandamu Paya라고도 부른다. 현지인들의 이야기에 따르면, 원래는 네팔인들이 만든 힌두 동굴 사원이었으나 정부에서 불교사원으로 바꿔버렸다고 한다. 석회암 동굴 자체는 2억 3,000만 년~3억 1,000만 년 전에 생성되었을 것이라고 추정한다. 동굴 입구의 폭은 약 6m, 동굴의 길이는 500여m로 상당히 길다. 동굴의 총면적은 약 1,224평으로 내부에는 크고 작은 불상

들이 각 모서리와 틈새를 가득 메우고 있다. 동굴 내부에는 서로 다른 방향으로 지하 온천이 흐르고 있는데, 온천물이 동굴 벽에 스며들어 바위와 석회암에 떨어지면서 종유석을 형성하고 있다. 현지인들은 벽에서 떨어지는 물이 피부질환에 치유효과가 있다며 물을 담아가기도 한다. 동굴 밖에도 불상을 조성해 놓았으며 동굴 근처에도 작은 폭포가 있다.

깐도지 정원으로 가는 길

삔우른의 힐링 산책,
삔우른의 순환 도로

삔우른은 마을 곳곳에 남아 있는 영국식 건물 덕분에 이국적인 분위기가 물씬 풍긴다. 특히 시내 남동쪽 숲 속에 분위기 있는 건축물이 많이 남아 있다. 도로는 시내를 기점으로 한 바퀴 빙 두르는 순환도로로 되어 있다. 마을 북동쪽에서 남쪽 아래로 이어지는 써큘러 로드 Circular Road와 동쪽의 포레스트 로드 Forest Road는 반나절 정도 걷기 좋은 길이다. 지금은 호텔이나 식당으로 이용되고 있는 고풍스러운 1920년대의 영국식 저택과 교회, 중국 사원, 모스크 등 다양한 종교 건축물을 볼 수 있다. 주요 볼거리를 소개하자면, Circular Road 북쪽에 음식 노점이 늘어서 있는 샨 마켓 Shan Market(지도 P.233-B1)이 있다. 이 근처에는 몇 개의 사원이 모여 있는데 중국 사원인 용산사 龍山寺(지도 P.233-B1)와 아웅찬따 파야 Aung Chantha Paya(지도 P.233-B1), 우칸디 파야 U Khandi Paya(지도 P.233-B1), 쉐만띤 파야 Shwe Myan Tin Paya(지도 P.233-B1)가 있다. 아래쪽으로 독특한 외관의 제칠일 안식일 교회 Seventh Day Adventist Church(지도 P.233-B1)가 있다. 순환도로를 따라 내려오다 제4고등학교 Number 4 Hight School 정문 맞은편으로 난 길을 가로지르면 마을 중심에 세워진 쉐지곤 파야 Shwezigon Paya(지도 P.233-B1)를 만나게 된다.

올 세인츠 교회

뻗은른의 숲 속 도로

파고다에서 남쪽의 보족 스트리트 Bogyoke Street를 따라 서쪽으로는 까친 침례교회 St. Matthew's Kachin Baptist Church(지도 P.233-B2), 동쪽으로는 성모 교회 Church of the Immaculate Conception(지도 P.233-B2)가 있다. 순환도로를 계속 내려가다 동쪽으로 빠지는 포레스트 로드 Forest Road로 접어들면 중국 윈난에서 온 이주자들이 지은 넓고 화려한 찬탁 사원 Chan Tak Temple(지도 P.233-B2)이 있다. 이 근처엔 분위기 있는 숙소가 많은데, 동쪽으로 띠리 마잉호텔 Thiri Myaing Hotel(지도 P.233-B2)과 순환도로의 교차지점에 있는 간다마 마잉 호텔 Gandamar Myaing Hotel(지도 P.233-B2)은 머물지 않는다 하더라도 한번쯤 둘러볼 만한 곳이다. Ziwaka Street에 있는 올 세인츠 교회 All Saints Church(지도 P.233-A2)도 둘러보자. 이 외에도 시내에 있는 힌두사원 Hindu Temple(지도 P.233-A2)과 모스크 Mosque 등 다양한 종교 건축물을 볼 수 있다. 자, 위의 코스대로 산책하다가 띠리 마잉 호텔 앞에서 산책이 끝나면, 남쪽으로 이어진 국립 깐도지 정원으로 코스를 연결하면 된다. 물론 깐도지 정원을 먼저 둘러보고 북쪽으로 거슬러 올라가 순환도로를 걸어도 좋다. 순환도로는 상당히 긴 데다 샛길이 많아 헷갈릴 수 있다. 시간을 넉넉히 갖고 자전거나 모터바이크를 빌려 자유롭게 둘러보거나, 일부 구간은 사이클 택시나 마차를 이용해도 좋겠다.

깐도지 호수

찬탁 사원

삔우른 숲 속에서의 호젓한 하룻밤

가든 지역의 일부 숙소에서는 특별한 경험을 할 수 있다. 삔우른의 남동쪽 언덕 기슭에는 영국 식민지 시절에 지어진 아름다운 건축물이 많이 남아 있다. 2차 대전 중 일본의 폭격에 의해 대부분 파괴되었지만 그중 일부는 아직도 건재해 호텔로 이용되고 있다. 특히 아래 소개하는 3개의 호텔은 단순히 숙박업소의 의미를 떠나 삔우른의 관광명소가 되고 있다. 영국 중세시대의 빅토리안, 튜더, 에드워디안 양식으로 지어진 고풍스러운 저택에서 호젓하게 하룻밤 머물 수 있는 기회를 놓치지 말자. 저택을 개조한 숙소이다 보니 객실은 많지 않아 일찌감치 만실이 되므로 예약은 필수다. 머물지 않는다 하더라도 분위기 좋은 숲 속에 위치해 있으니 산책삼아 구경해보는 것도 좋겠다.

오키드 난 먀잉 호텔 Orchid Nan Myaing Hotel

지도 P.233-A2 | **주소** 5th Quarter, Mandalay-Lashio Road | **전화** (01)9010061~64, 09-254614813
요금 도미토리 $12, 싱글 $41~, 더블 $60~ | **객실 32룸**

튜더 왕조 스타일로 디자인된 이 건축물은 과거에는 '크래독 법원(Craddock Court)'이었다. 1918년에 짓기 시작해 1922년에 완공되었다. 버마 독립 후, 1948년 게스트하우스로 시작해 1982년 10월 2일 호텔로 승격되어 운영되고 있다. 낡은 객실 일부는 1995년에 보수 공사를 마무리했다.

객실은 약 1만 8,700여 평의 거대한 면적에 넓은 정원을 사이에 두고 두 개 동으로 나뉘어져 있다. 스탠더드 12룸, 수피리어 4룸, 스위트 16룸을 갖추고 있는데 그

중 한 객실을 6인실 도미토리 룸으로 만들어 혼자 온 여행자도 부담 없이 머물 수 있다. 객실마다 크기와 구조가 조금씩 다르다. 일부 객실은 문을 열고 들어서면 벽난로가 있는 넓고 아늑한 응접실이 나오는데, 그곳에서 다시 침실로 연결된다. 전체적으로 세련되진 않지만 오래된 것의 아름다움을 잘 살린 호텔이다. 자전거 무료 대여, 기차표 대행, 기차역까지 무료 픽업서비스를 제공한다. 시내에서는 조금 떨어져 있지만 정원에 앉아있으면 마치 딴 세상에 온 것 같은 평화로움을 주는 곳이다.

간다마 마잉 호텔 Gandamar Myaing Hotel

지도 P.233-B2 | 주소 Myo Pat Street 6th Quarter
전화 (085)22007 | 요금 싱글 $42~, 더블 $52~ | 객실 5룸

과거에는 'Croxton'이라는 이름으로 알려진 이 티크 목
조 건물은 1903년 봄베이-버마 무역회사 직원들의 여
름용 별장으로 지어졌다. 버마 독립 후, 1948~1989
년까지는 세라믹 주식회사가 사용하였다. 1990년 4월
4일 현재의 이름으로 문을 열고 호텔 영업을 시작,
2003년~2004년에 걸쳐 말끔하게 보수공사를 끝냈
다. 3,600여 평의 면적에 호텔보다 오히려 정원이 더
넓다. 호텔 건물은 2층, 게다가 객실은 5개밖에 없다.
객실은 대체로 넓고 세련된 가구는 아니지만 아늑한 분
위기를 풍긴다. 다만, 더운 물이 나오지 않기 때문에 양
동이로 더운 물을 받아다 써야 한다.
깐도지 정원으로 가는 길에 Myo Pat Street와 Lann
Taryar Street가 교차하는 코너에 위치해 있다.

띠리 마잉 호텔 Thiri Myaing Hotel

지도 P.233-B2 | 주소 Anawrahta Road 6th Quarter
전화 (085)22047 | 요금 싱글·더블 $69~ | 객실 7룸

1904년에 세워진 이 저택은 과거 'Candacraig'라는
이름으로 알려졌다. 봄베이-버마 무역회사의 건물로 지
어졌으나 독립 후에는 농림부 건물로 이용되었다.
1972년 9월 20일 메이묘 게스트하우스로 문을 열어
1989년 호텔로 승격되었다. 호텔은 비스듬한 숲 언덕
에 위치해 주변 경관이 뛰어나다. 숙소 건물도 상당히
운치 있는데 벽 한 면이 초록 넝쿨로 뒤덮여 있고 벽난
로가 있는 객실(특히 2층)과 햇볕이 잘 드는 식당 등 둘
러보는 것만으로도 기분 좋아지는 곳이다. 2018년 현
재 이곳은 잠정 휴업 중이다. 참고로 이 장에 소개하고
있는 오키드 난 마잉, 간다마 마잉, 띠리 마잉 이 3개의
호텔은 미얀마 정부가 2013년 7월 경매를 통해 민간 기
업에게 매각했다. 인수한 기업들은 리모델링을 진행 중
인데, 이곳 띠리 마잉 호텔 역시 고급 호텔로 새롭게 문
을 열 예정이라고 한다. 밖에서 외관은 둘러볼 수 있다.

:-:

eating

:-:

레이크 프런트 필 Lake Front Feel

주소 Kan taw Lay, Kand Park Street,
Nandar Road | 전화 (085)22083
영업 09:30~21:30 | 예산 K6,000~

2009년 문을 연 식당으로 메뉴가 점점 버라이어티해지
고 있다. 커리와 볶음밥, 스테이크와 파스타, 사시미와
스시 등 동서양 메뉴를 망라한다. 350명을 수용할 수
있는 규모로 모임이나 연회장소로도 종종 이용된다. 깐
도지 정원 가기 전 깐도레이 Kandawlay 호수 옆에 위
치해 조명을 켜놓는 저녁에 특히 운치 있다.

쉐먀 Shwe Mya

지도 P.233-A1 | 주소 Mandalay-Lashio Road
전화 (085)21979 | 영업 06:30~20:00 | 예산 1,000~

담백하고 맛있는 샨 누들을 맛볼 수 있다. 양은 많지 않
지만 저렴하고, 한 끼 간단히 먹기에 샨 누들만 한 것이
없다. 양이 부족하면 테이블에 놓여 있는 고소한 샨 두
부튀김을 곁들이자. 영어 간판은 없지만 브라보 호텔
Bravo Hotel 맞은편에 위치해 있어 찾기 쉽다.

필 카페 Feel Cafe `추천`

주소 Sandar Road | 전화 (085)23170
영업 06:00~20:00 | 예산 K1,500~

미얀마 현지음식을 전문으로
하는 식당 겸 카페. 현지인들에
게 인기 있는 명소로 언제나 손
님이 많다. 현지인들이 좋아하
는 음식이 궁금하다면 이곳으
로 가보자. 딤섬이나 스낵류,
면류를 간식으로 먹기 좋은 곳
이다. 삔우른의 유기농 로컬 커피도 마셔보자.

클럽 테라스 The Club Terrace `인기`

지도 P.233-A2 | 주소 No.25, Club Road
전화 (085)23311 | 영업 08:00~22:00 | 예산 K4,000~

영국 식민지 시대의 건물을 개조한 아담한 식당. 중
국·말레이시아 스타일의 면요리, 태국식 커리, 유럽식
샌드위치와 파스타 등을 만들어낸다. 정원 테라스에서
식사할 수 있는 분위기도 좋지만 음식 맛도 수준급이
다. 삔우른을 대표하는 와인인 May Rose를 비롯해
미얀마 와인리스트도 잘 갖추고 있다. 맛과 분위기 모
두 훌륭해 현지인들의 결혼 피로연이나 생일 파티 장소
로도 인기 있는 곳이다.

골든 트라이앵글 Golden Triangle Cafe & Bakery

지도 P.233-A2 | 주소 Mandalay-Lashio Road
전화 (085)21288 | 영업 07:00~22:00 | 예산 K1,500~

뉴욕 출신의 미국인이 운영하는 카페로 삔우른에서 제대로 된 커피를 맛볼 수 있는 곳이다. 에스프레소 기계에서 신선한 커피를 뽑아내는데 이곳에서 직접 만드는 크루아상과 페이스트리 등 빵맛도 일품이다. 케이크 종류도 제법 많으며 버거, 샌드위치, 피자와 샐러드, 누들 등 간단한 메뉴도 갖추고 있다. 직접 볶은 커피와 삔우른 특산품인 과일 와인도 판매한다.

썬탑 Sun Top Burger & Fast Food

지도 P.233-B1 | 주소 No.12, Block 3, Mandalay-Lashio Road | 전화 09-47129240
영업 10:00~20:00 | 예산 K1,000~

삔우른의 맥도널드 같은 곳. 치킨, 생선, 새우, 치즈 등을 메인 재료로 하는 10여 종의 햄버거를 만들어낸다. 어떤 재료를 추가 토핑 하느냐에 따라 가격이 달라지지만 대체로 저렴한 가격에 썩 괜찮은 햄버거를 맛볼 수 있다. 볶음밥과 버미첼리 볶음면 등의 메뉴도 있다. 모든 메뉴가 포장이 가능하다.

바리스타 카인 Barista-Khine

지도 P.233-B2 | 주소 Corner of Ziwaka Road & Pyidawthar 2-Street | 전화 (09)33144369
영업 07:30~17:30 | 예산 K600~

고소한 냄새 때문에 발걸음을 멈추게 하는 이곳은 프렌치토스트로 유명한 노점이다. 천막 아래 테이블에서 커피와 토스트로 간식을 먹고 가는 현지인들이 많다. 포장도 가능하다.

디셈버
December Fresh Milk, Food & Bakery

지도 P.233-A2 | 주소 Near Central Market
영업 09:00~10:00 | 예산 K800~

우유와 요거트, 셰이크 등 유제품 음료 전문점. 딸기 아이스크림이나 블루베리 아이스크림 등도 맛볼 수 있다. 우유를 연상케 하는 흰색 천막과 간판으로 인테리어를 해놓고 입구에 커다란 소 모양의 입간판을 내놓아 쉽게 눈에 띈다. 이곳은 묘마 마켓 입구에 위치해 있는데 샨 마켓 근처에도 지점이 있다.

shopping

리큐어 코너 Liqueur Corner

지도 P.233-A2 | 영업 07:00~21:00

버셀타워 근처에 위치한 와인 상점. 이곳에서 가장 많이 팔리는(직원이 추천하는) 와인은 댐슨 Damson 와인이다. 댐슨은 우리나라에서는 볼 수 없는 자두과 과일로 짙은 보라색을 띠는 작은 열매다. 과일 잼으로도 많이 만드는데 댐슨은 잼보다는 와인 맛이 더 좋다고 알려져 있다. 2000년산 750㎖ 한 병이 K5,000 수준이다.

아이샨 삔우른 & 샨 특산물 상점

지도 P.233-A2 | 영업 08:00~20:00

삔우른과 샨 지역의 가공식품 특산물을 모아놓은 상점. 이 지방에서 생산되는 와인 중에서 인기 있는 것만을 엄선해 놓은 와인리스트가 돋보인다.

삔우른은 딸기로도 유명한데, 딸기, 파인애플, 오렌지 마말레이드, 포도 등의 과일 잼과 말린 과일 등을 판매한다. 간판은 미얀마어로 적혀 있지만 딸기를 연상케 하는 빨간색 바탕에 과일 그림이 그려져 있으니 주의 깊게 찾아 볼 것. 묘마 마켓 초입에 위치한다.

파라미 Parami

지도 P.233-A2 | 영업 09:00~18:00

1973년에 문을 연 상점으로 인도인 주인이 '삔우른의 맛'을 총집합했다고 자부하는 곳이다. 잡화까지 겸해 거의 수퍼마켓 같은데 삔우른 특산품인 과일 잼과 삔우른 지역에서 재배된 커피가 눈에 띈다. 미얀마 서부 친 주 Chin State에 있는 해발 3,100m의 산에서 재배된 아라비카 품종의 커피도 취급하고 있다. 커피는 원두 형태와 파우더 형태로 판매한다.

TRAVEL 💬 PLUS
미얀마의 커피 이야기

미얀마 땅의 일부는 브라질의 커피농장 토양과 동일한 유형을 가지고 있다고 한다. 그럼에도 미얀마는 매년 미국에서 약 100만 달러의 커피 원두와 인스턴트 커피믹스를 수입하고 있다.

미얀마의 농업전문가 툰 순(Tun Win)의 주장에 따르면, 가장 큰 이유는 샨 주에 있는 삔우른, 나웅초 Nyaungcho, 짜욱메 Kyaukmae의 무려 1억 2,000만 평이 넘는 농지를 과거 군사 정부가 압수해버렸기 때문이라고 한다. 농지는 지금까지 아무것도 경작되지 않은 채로 비어 있다. 농부들이 자신들의 땅을 요구하면 체포되어 감옥에 보내졌다고 한다(미얀마의 종합주간지 위클리 일레븐의 2013년 8월 13일자 기사). 참고로 베트남은 미얀마에 비해 토양이 비옥하지 않지만 1988년부터 국제시장에 수출할 수 있는 세계 수준의 커피를 생산해내고 있다. 미얀마도 현재의 상황이 해결되면 경쟁력 있는 커피를 충분히 생산해낼 가능성이 있는 것이다.

그렇다고 미얀마에서 커피를 전혀 생산하지 않는 것은 아니다. 삔우른을 비롯해 일부 고산지대에서는 현재 커피를 재배하고 있다. 삔우른의 일부 호텔에서는 커피농장과 가공공장을 방문해 그 자리에서 갓 뽑아낸 신선한 커피를 마실 수 있는 프로그램을 진행하고 있으니 관심 있다면 방문해보자.

sleeping

삔우른의 숙소는 시내 구역과 가든(정원) 구역으로 나뉜다. 일단 시내에 있는 숙소는 요금이 저렴한 편이며 아무래도 마켓과 식당을 오가기가 편하다. 이에 반해 가든 구역에는 값비싼 고급 호텔이 몰려 있다. 교통은 불편한 대신 숲 속에 조성되어 있어 운치 있게 머물 수 있다. 최근에 숙소가 많아지고 있으나 삔우른은 현지인들에게도 유명한 관광지이므로 사전 예약을 하는 것이 좋다. 삔우른의 모든 숙소에서는 당일여행을 위한 택시나 마차 등 교통편을 연결해 주는 여행 편의 서비스를 제공한다.

호텔 메이묘 Hotel Maymyo

지도 P.233-A1 | 주소 No.12, Ya Da Na Street
전화 (085)28440, 28441 | 요금 싱글 $45~55,
더블 $55~65 | 객실 40룸

2014년 2월에 문을 연 중급 호텔. 시내 중심에 위치해 교통이 무척 편한데다 메인도로에서 한 블록 뒤로 살짝 물러나 있어 조용하다. 흰색 타일이 깔린 바닥과 심플한 가구가 배치된 객실은 넓고 산뜻하다. 일찍 체크아웃 하는 손님에게 조식 도시락도 성의 있게 챙겨준다.

로열 그린 호텔 Royal Green Hotel

지도 P.233-A2 | 주소 No.17, Corner of Ziwaka Road & Pyitawthar 1st Street | 전화 (085)28411
요금 싱글 · 더블 $35~55 | 객실 17룸

2013년 11월에 문을 연 호텔. 이름처럼 연한 그린색 페인트를 칠한 외관이 눈에 띈다. 아담한 2층 건물의 숙소로 스탠더드 3룸, 수피리어 8룸, 디럭스 4룸을 갖추고 있다. 건물 뒤뜰로 돌아가면 숨겨놓은 듯한 방갈로 2채가 나란히 있다. 모든 객실이 햇볕도 잘 들어오고 깔끔하게 관리되고 있다.

골든 게이트 리조트 The Golden Gate Resort Guest House

지도 P.233-A2 | 주소 91-B, Club Road,
Near Golf Club | 전화 09-253450399
요금 싱글 · 더블 $25~35 | 객실 10룸

호텔 간판보다 부속 식당인 샌프란시스코 San Francisco 간판이 눈에 더 잘 들어오는데, 입구로 들어서면 기분 좋은 정원이 펼쳐진다. 정원 사이사이에 다양한 형태의 방갈로로 객실이 숨겨져 있다. 국내 최초라는 황토 방갈로 객실도 있다. 모든 방갈로는 창문이 많이 나 있어 밝고 객실도 꽤 넓은 편이다. 시간을 보내기 좋은 정자도 있어 여유롭게 머물기 좋다.

스윗티 랜드 호텔 Sweety Land Hotel

지도 P.233-A2 | 주소 Club Road, Near Golf Club
전화 (085)21348 | 요금 싱글 · 더블 $40~60 | 객실 16룸

10년 넘은 호텔임에도 매년 비수기마다 보수 공사를 해 깔끔하게 유지되고 있다. 모든 객실은 방갈로 타입으로 널찍하게 지어져 있다. 객실 크기는 거의 비슷하지만 일부 객실은 세면대가 방에 설치되어 있는 등 구조가 조금씩 다르니 둘러보고 결정하자.

윈 유니티 호텔 Win Unity Hotel

주소 8B/3, Nandar Road, 6th Quarter
전화 (085)23079 | 요금 싱글 · 더블 $45~55 | 객실 23룸

가든 구역에 위치한 숙소로 2010년에 문을 열었다. 2014년에 리모델링을 한 번 더 하면서 더욱 말끔해졌다. 식민지풍의 3층 건물에 잘 정돈된 스탠더드, 디럭스, 스위트 룸 객실과 야외수영장을 갖추고 있다. 조식을 제공하는 아늑한 식당은 저녁엔 아시아 요리 단품과 와인을 판매한다. 시내에선 조금 떨어져있지만 깐도지 정원까지 도보로 걸어갈 수 있고 정원 주변에서 한적하게 머물기 좋은 곳이다.

로열 파크 뷰 호텔 Royal Park View Hotel

지도 P.233-B2 | 주소 No.107, Lanthaya Street
전화 (085)22641, 21915 | 요금 싱글 · 더블 $50(선풍기)/
$75(에어컨) | 객실 30룸

가든 구역에 위치한 숙소. 다정한 직원들과 아담한 객
실로 여행자들에게 좋은 평가를 받고 있다. 객실 내부
는 반들반들한 나무 바닥과 단정한 침대, 작은 TV, 금
고까지 잘 갖추고 있으며 방마다 작은 테라스도 딸려 있
다. 이곳은 몇 가지 재미난 프로그램을 운영한다. 삔우
른 커피공장과 샨 두부 · 누들 공장 견학 프로그램, 리수
족을 볼 수 있는 빌리지 투어(Sinlan Village) 프로그
램 등이 있다.

호텔 99 Hotel 99

지도 P.233-B1 | 주소 No.172/B, Sagawar St., Block 1
전화 09-5074070 | 요금 싱글 · 더블 $28~ | 객실 19룸

2015년에 문을 연 2층 규모의 소박한 숙소. 객실 컨디
션은 모두 같지만 산을 전망으로 하는 객실과 전망 없는
객실로 나뉜다. 기차표 대행부터 일일투어까지 투숙객
의 교통편을 일일이 체크해주는 직원들의 세심한 서비
스가 돋보인다. 조식을 차려내는 옥상 테라스는 햇볕과
바람이 좋아 많은 시간을 보내게 되는 곳이기도 하다.

띠하 발라 호텔 Thiha Bala Hotel

지도 P.233-B1 | 주소 No.13, YMBA Block 4, 7th
Quarter | 전화 (085)23120 | 요금 더블 $26~45
객실 15룸

큰 특징은 없는 평범한 숙소지만 최근 리모델링을 해 전
체적으로 산뜻해졌다. 외관은 크리스마스를 연상시키는
초록과 빨강색으로 칠하고, 실내는 흰색으로 깔끔하게
마감했다. 퍼셀 타워 시계탑에서 도보 5분 거리의 좋은
위치, 볶음밥 · 팬케이크 등으로 간단하게 차려지는 조
식 뷔페, 자전거 무료 대여, 기차역까지 무료 픽업 · 드
롭 서비스 등으로 마음 편하게 머물 수 있다.

아우레움 팰리스 호텔 & 리조트 Aureum Palace Hotel & Resort

지도 P.233-A2 | 주소 Ward 5, Governor's Hill,
Mandalay-Lashio Highway Road
전화 (085)21901 | 요금 싱글 · 더블 $80~ | 객실 40룸

삔우른의 고급형 리조트로 4.5성급 시설을 갖췄다. 퍼셀
타워 시계탑에서 만달레이 방향으로 도보 15분 거리로
위치도 괜찮은 편이다. 주변 환경도 탁월한데 논과 밭으
로 둘러싸인 한적한 들판에 세워져 있다. 아름다운 고가
구를 배치한 넓은 객실과 수영장, 정원이 내다보이는 테
라스, 수준 높은 조식, 빠른 서비스 등 모든 것이 만족스
럽다. 인터넷이 로비에서만 되는 점은 조금 아쉽다.

외국인은 Not Allowed!

삔우른에서 분명히 GUEST HOUSE, HOTEL 간
판을 보고 들어갔는데 방을 줄 수 없다는 얘기를 들
은 적이 있나요? 미얀마는 외국인 숙박 라이선스를
갖춘 곳만 외국인 손님을 받을 수 있는데, 삔우른은
유독 내국인 전용호텔이 많습니다. 현지인들에게 인
기 있는 관광지인 데다 미얀마 육군사관학교(탓마
도)가 있어 내국인 방문이 많은 지역이거든요. 내국
인은 외국인 전용 숙소에 머물 수 있지만, 반대로 외
국인은 내국인 전용 숙소에 머물 수 없습니다. 최근
숙소가 많이 생기고 있긴 하지만 내국인 전용 숙소
가 더 많은 편입니다. 해서 내국인 전용 숙소들은 외
국인 손님을 받을 수 있도록 시설 보수 공사가 한창
입니다. 미얀마 언론에 의하면, 최근 삔우른에 투자
하는 많은 외국 기업과 민간 기업이 호텔 프로젝트
를 구상 중이라고 하는데요. 거기에 여름 휴양지로
이용하기 위해 별장을 사들이는 미얀마의 부자들까
지 가세해 삔우른의 땅값이 치솟고 있다고 합니다.
어쨌거나 아직까지 시내 구역은 내국인을 위한 숙소
가 많고, 가든 구역에 있는 숙소는 대부분 외국인들
이 머물 수 있습니다.

TRAVEL 💬 PLUS
세계에서 두 번째로 높은 곡테익 철교(Gokteik Viaduct) 여행

만달레이에서 북동쪽으로 약 100km 거리에 위치해 있는 곡테익 철교는 높이 102m, 길이 689m로 미얀마에서 가장 높고 긴 철교다. 미국 펜실베이니아에 있는 킨주나 철교 Kinzua Viaduck 다음으로 세계에서 두 번째로 높다. 이 역시 1899년 펜실베이니아 철강회사에 의해 세워졌다. 1900년 1월 1일 정식 개통하였으나 너무 낡아 1990년 보수를 했다. 하지만 열차가 곡테익 철교를 지날 때는 여전히 덜컹거려 승객들을 긴장시킨다. 평화롭게 펼쳐진 고원을 달리던 열차가 낭떠러지 같은 철교를 지날 땐 속도를 천천히 늦추는데 이때는 유난히 삐거덕거려 손에 절로 땀이 나면서 아찔해진다. 열차 노선 상에 곡테익 역이 있지만, 철교는 이 역을 지나야 본격적으로 펼쳐진다. '곡테익~나웅펑' 구간이 바로 곡테익 철교 구간이다.

이 곡테익 철교 구간을 체험하려면 삔우른~시뻐 가는 길에 기차를 타는 것이 좋다. 열차는 만달레이~라쇼 구간을 운행하지만 전체구간을 타는 것은 지루한데다, 만달레이와 라쇼에서는 열차가 이른 새벽에 출발한다. 시간이 약간 아슬아슬하지만 당일 곡테익 철교여행도 가능하다. 삔우른에서 나웅펑까지 표를 끊은 후 곡테익 철교를 지나 나웅펑에 도착(12:25), 바로 반대방향으로 출발(12:30)하는 남행 열차를 타면 삔우른~만달레이로 돌아오게 된다. 알아둬야 할 것은, 곡테익 열차는 연착이 무척 잦다는 것이다. 제 시간에 열차가 도착, 출발하지 않을 수도 있다는 점을 기억하자. 운행시간은 아래 열차시각표를 참고하자.

참고로 필자의 경험을 이야기하면, 2015년 10월 9일 곡테익 열차를 타고 가던 중 열차가 가다 서다를 반복하더니 결국 짜욱메에서 아예 멈춰버렸다. 이런 경우는 흔한 일로 곡테익 열차 이동은 여행 일정이 빠듯하다면 잘 생각해야 한다. 의외의 상황이 발생할 수 있음을 감안해야 하는 여행이다.

만달레이~라쇼 열차 시각표

131Up	역명	132Dn
04:00	▼ Mandalay	22:40
05:10	▼ Sedaw	▲ 21:22
05:25		21:02
07:52	▼ Pyin Oo Lwin	▲ 17:40
08:22		16:05
10:23	▼ Nawnghkio	▲ 14:00
10:38		13:55
11:03	▼ Gokteik Viaduct	▲ 13:25
11:08		13:23
11:58	▼ Nawngpeng	·▲ 12:30
12:25		12:22
13:19	▼ Kyaukme	▲ 11:25
13:39		11:05
14:55	▼ Hsipaw	▲ 09:40
15:15		09:25
19:35	Lashio	▲ 05:00

* 위 열차시각표는 2018년 기준으로 현지 사정에 따라 지연, 변경, 취소될 수 있다.

알아두기

1. 삔우른~시뻐 구간 요금은 Upper K2,750 / Ordinary K1,200이다. 외국인이든 현지인이든 요금은 같다.
2. 표를 끊을 때 좌석을 선택할 수 있다. 시뻐행을 탈 때는 왼편에 앉아야 철교가 잘 보인다. 역무원이 알아서 왼쪽 좌석으로 끊어줄 것이다.
3. 열차는 많이 흔들리므로 선반에 짐을 올리지 않도록 한다.
4. 열차 운행 중에 창문 밖으로 손을 내미는 행위는 원칙적으로 금지되어 있다. 제재하는 사람은 없지만 우거진 나무가 창문 안으로 들어오기도 해서 위험할 수 있으니 주의하도록 하자.

သီပေါ

시뻐 | Hsipaw

시뻐는 만덜레이에서 북동쪽으로 약 214km에 위치한 샨 주에 있는 마을이다. 작은 산골짜기 마을이지만
오랜 전통과 역사를 지닌 곳이다. 시뻐를 가장 잘 나타내는 말은 사오파 Saopha일 것이다.
미얀마어로는 소브와 Sawbwa라고 하는데 이는 특정 지역만을 다스리는 번왕(藩王)을 뜻한다.
과거 샨족은 통합된 왕조국가를 형성하는 버마족과 달리 전통에 따라 사오파를 중심으로 하는 정치구조를
형성해왔다. 샨 주는 2차 대전 후까지도 사오파가 다스리는 여러 개의 작은 나라로 나누어져 있었다.
1959년 샨 주의 모든 사오파는 자치권을 미얀마 정부에 반환했는데 이때 반환된 번왕국 수가 34개국이나 된다.
그중 가장 부유하고 강력한 파워를 지녔던 번왕국이 바로 시뻐였다. 불과 몇십 년 전인 1962년까지 마지막 사오파가
살았던 궁전이 시뻐에 남아 있다. 시뻐는 관광 인프라가 잘 구축된 곳은 아니다. 거창한 볼거리가
있는 곳은 아니지만 북부 미얀마의 자연과 특유의 차분한 마을 분위기가 여행자들의 마음을 사로잡는다.
참고로 이 지역의 공식적인 이름은 시뻐이나 '띠보(Thibaw, Tipaw)'로 흔히 불린다.

Access
시뻐 드나들기

지역번호 (082) | 옛이름 띠보 Thibaw

🔳 버스
만달레이에서

05:00, 13:30에 버스가 출발한다. 6시간 소요되며 요금은 K5,000이다. 셰어택시는 만달레이에서 출발할 때는 K11,000~13,000 정도, 시뻐에서 만달레이로 출발할 때는 K14,000~16,000 정도. 셰어택시는 호텔을 통해 예약할 수 있다.

삔우른에서

07:00, 09:00, 16:00에 버스가 출발한다. 시뻐까지 약 4시간 소요되며 요금은 K6,000이다. 셰어택시는 K14,000~16,000 정도다.

라쇼에서

10:00, 12:00에 버스가 출발한다. 2시간 30분 소요되며 요금은 K3,000이다. 라쇼~시뻐 구간을 셰어택시로 갈 수 있다. 택시 한 대당 요금은 K50,000이다.

🔳 기차
열차가 하루 한 편, 만달레이~삔우른~시뻐~라쇼 구

시뻐에서 출발하는 버스

목적지	출발시각	요금	소요시간
양곤	15:30, 16:30, 17:30	K16,500~21,300	14시간
만달레이	05:30, 07:00, 10:00	K5,000~7,300	6시간
바간	08:30, 17:30, 19:30, 21:30	K10,000~15,500	7시간
인레	15:30, 16:30	K16,500~17,500	14시간
삔우른	08:30, 10:00, 19:00	K6,300	4시간
라쇼	05:30, 07:00	K3,000	2시간

* 삔우른/만달레이행은 같은 버스로 시뻐~삔우른~만달레이로 연결된다.
* 라쇼행 07:00 버스는 짜욱메에서 출발해 시뻐~라쇼 구간을 운행한다.

간을 운행한다. 만달레이에서 04:00에 출발해 삔우른에 07:52에 도착, 삔우른에서 08:22에 출발해 시뻐에 14:55에 도착한다. 만달레이~시뻐는 Upper K3,950, 삔우른~시뻐는 Upper 2,750이다. 반대로 하행하는 열차도 하루 한 편, 라쇼에서 05:00에 출발해 시뻐에 09:25에 도착한다.

Transport
시뻐 시내교통

🔳 자전거 · 모터바이크
시뻐 시내는 모두 도보로 돌아다닐 수 있지만 외곽으로 나가려면 교통수단이 필요하다. 자전거 대여료는 하루 K3,000, 모터바이크는 K10,000이다. 많진 않지만 사이까도 있으며 사이클 택시나 일반 택시는 숙소에 문의하면 연결해준다.

Course
시뻐 둘러보기

시뻐는 두타와디 Duthawadi 강의 서쪽 강둑에 위치해 있다. 중심구역인 티야웅 묘 Tyaung Myo 마을은 20세기에 조성되었으며 바둑판처럼 네모반듯하게 도로가 정비되어 길을 찾기가 쉽다. 마을 중심에서 북쪽에 있는 먀욱 묘 Myauk Myo라 불리는 마을은 그보다 더 오래된 지역으로 150년 이상 된 사원과 유적이 남아 있다.

마을 서쪽에는 논길을 지나 남툭 Namtok 폭포가 있으며, 마을 남쪽에는 만달레이의 마하무니 파야를 본뜬 대형 황동불상을 모신 마하미얏무니 파야 Mahamyatmuni Paya가 있다. 남쪽으로 두타와디 강을 건너면 산언덕에서 마을의 평화로운 풍경이 내려다보인다.

COURSE A 시뻐 마을 산책

새벽 5시 전후로 일찍 일어날 수 있다면 활기찬 모닝 마켓을 다녀오자. 아침 식사 후에는 가벼운 차림으로 본격적인 마을 산책을 나서보자. 마을 북쪽에 있는 먀욱 묘 마을은 반나절 산책 코스로 적당하다. 농가를 기웃거리며 근처의 리틀 바간과 뱀부 사원을 둘러보고 길가의 노점에서 간식도 사먹자. 오후에는 샨 팰리스에 들렀다 해질 무렵 선셋 힐에 올라 노을을 보며 시뻐의 하루를 마무리하자.

COURSE B 샨 빌리지 트레킹

시뻐는 아무것도 안하고 푹 쉬기 좋은 마을이지만 조금 활동적인 시간을 보내고 싶다면, 외곽에 있는 남툭 폭포를 다녀오거나, 두타와디 강에서 보트여행을 즐겨보자. 샨 빌리지 트레킹을 다녀올 수도 있다. 이런 곳들은 혼자 가기는 어려우므로 팀에 합류하는 것이 좋다. 다양한 시뻐 투어프로그램을 운영하는 '미스터 찰스 게스트하우스(P.256)에 신청할 수 있다. 투숙객이 아니더라도 신청 가능하다.

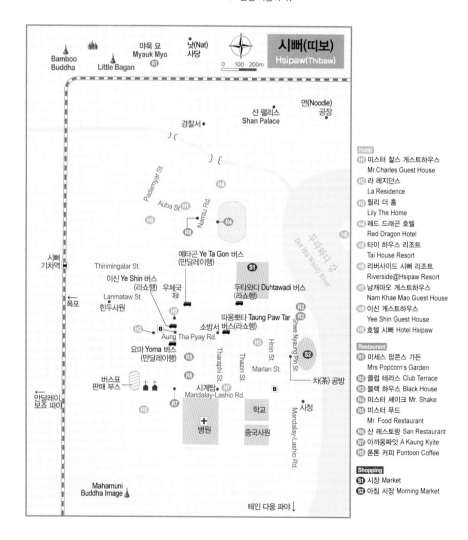

시뻐(띠보)
Hsipaw(Thibaw)

Bamboo Buddha
Little Bagan
마욱 묘 Myauk Myo R1
낫(Nat) 사당
0 100 200m

경찰서 •
샨 팰리스 Shan Palace
면(Noodle) 공장

Padamyar St.
Auba St. H1
H9
R8
Namtu Rd.
H4
R4
두타와디 강 Dot Hat Waddy River
H6

시뻐 기차역
Thirimingalar St.
예타곤 Ye Ta Gon 버스 (만달레이행)
S1

↑ 폭포
이신 Ye Shin 버스 (라쇼행)
Lanmataw St.
힌두사원
우체국
H8
두타와디 Duhtawadi 버스 (라쇼행)

H2
Aung Tha Pyay Rd.
B
따웅뽀타 Taung Paw Tar
소방서 버스(라쇼행)
H3
R2
R3
Shwe Nyang Pin St.

요마 Yoma 버스 (만달레이행)
R5
Tharaphi St.
Hnin St.
Marlan St.
S2

↑ 만달레이 보쬬 파야
버스표 판매 부스
R6
R7
시계탑 Mandalay-Lashio Rd.
H7
Thazin St.
차(茶) 공방
B
• 시청

H5
학교
Mandalay-Lashio Rd.

✚ 병원
중국사원

Mahamuni Buddha Image ▲

테인 다웅 파야 ↓

Hotel
H1 미스터 찰스 게스트하우스 Mr.Charles Guest House
H2 라 레지던스 La Residence
H3 릴리 더 홈 Lily The Home
H4 레드 드래곤 호텔 Red Dragon Hotel
H5 타이 하우스 리조트 Tai House Resort
H6 리버사이드 시뻐 리조트 Riverside@Hsipaw Resort
H7 남캐마오 게스트하우스 Nam Khae Mao Guest House
H8 이신 게스트하우스 Yee Shin Guest House
H9 호텔 시뻐 Hotel Hsipaw

Restaurant
R1 미세스 팝콘스 가든 Mrs Popcorn's Garden
R2 클럽 테라스 Club Terrace
R3 블랙 하우스 Black House
R4 미스터 셰이크 Mr. Shake
R5 미스터 푸드 Mr. Food Restaurant
R6 산 레스토랑 San Restaurant
R7 아까웅짜잇 A Kaung Kyite
R8 폰톤 커피 Pontoon Coffee

Shopping
S1 시장 Market
S2 아침 시장 Morning Market

sights
··· 시뽀 ···

도금이 된 뱀부 불상

먀욱 묘 Myauk Myo ေြာက်မြို့

지도 P.250

먀욱 묘는 시뽀에서 가장 오래된 지역이다. 마을의 남북으로 난 메인 도로인 Namtu Road(Min Pon Street)를 따라 북쪽으로 올라가면 강이 흐르는 작은 다리를 건너게 된다. 조금 더 북쪽으로 올라 철길을 건너면 왼편으로 농가가 몇 채 보이는데 이곳이 먀욱 마을이다(현지어로 '묘'는 마을이라는 뜻). 마을의 골목을 따라 계속 서쪽으로 가자. 이곳 농가는 제주도의 출입문과 닮은 정낭(가로지르는 4개의 작대기)으로 문을 만들어두고 있다. 구불구불한 마을 시골길을 계속 따라가면 오른편으로 수도원이 있다. 수도원 주변과 맞은편으로 오래된 탑과 무너져 내린 벽돌 덩어리가 여기저기 흩어져 있어 현지인들은 이곳을 '리틀 바간 Little Bagan'이라 부른다. 길을 따라 조금 더 걸어가면 오른편으로 뱀부 불상 Bamboo Buddha이 있다. 150년 전에 대나무로 조성된 불상인데 지금은 그 위에 금박을 덧입혔다. 길을 돌아 나오는 길에 길가에 있는 팝콘스 가든 Popcorn's Garden 카페도 들러보자. 샨 카페라테와 로컬 꿀을 넣은 민트차 등을 마시며 정원 테이블에 앉아 한가로이 휴식하기 좋다. 마을 입구에서 조금 아래쪽으로 내려가면 마을의 수호신을 모신 샤오푸사오나이 Sao Pu Sao Nai 낫 사당이 있다.

샨 팰리스 Shan Palace ရှမ်းနန်းတော်

지도 P.250 | 개방 09:00~12:00, 15:00~18:00

샨 주의 가장 유력한 번왕국 시뻐의 마지막 사오파가 살았던 궁전
이다. 샨 궁전은 이탈리아에서 수입한 대리석과 미얀마의 티크 목
재를 이용해 1924년에 호화롭게 지어졌다. 세월이 흘러 지금은
화려함보다는 운치가 감도는 이 건축물엔 슬픈 역사가 스며 있다.
마지막 사오파였던 사오짜셍 Sao Kya Seng 왕자는 미국 유학
중에 만난 오스트리아 여성 잉게 사전트 Inge Sargent와 결혼
해 두 딸과 함께 이 궁전에서 지냈다. 그러던 중 1962년 네윈이
군사 쿠데타를 일으키며 사오짜셍과 그의 동생(현재 거주자인 사
오우짜 씨의 아버지)이 체포되었다. 그 후 그들은 실종 상태로 지
금까지 생사를 알 수 없다. 훗날 사오짜셍의 아내 잉게 사전트가
쓴 자서전 『Twilight Over Burma: My Life as a Shan
Princess』에 의하면, 샨 주의 마지막 사오파였던 남편은 과거
정권에 의해 살해되었다고 추정한다.

현재 궁전에는 사오짜셍 왕자의 조카인 사오우짜 Sao Oo Kya
씨와 그의 아내 사오삼퐁 Sao Sarm Hpong 씨가 살고 있다. 사오우짜 씨 역시 2005년에 13년 징역형을 선고받
았다. 샨 왕조를 부정하는 군사독재정부는 마땅한 죄목을 찾아내지 못하자, 외국인 관광객들이 기념으로 주고 간 얼
마 되지 않는 각국 화폐와 방명록을 트집 잡아 외화 불법소지와 국가기밀이 공유되었다는 죄를 뒤집어 씌웠다. 사오
우짜 씨는 4년을 복역하고 2009년 일반 사면되어 풀려났다. 사오우짜 씨가 감옥에 수감되어 있는 동안 이 저택은 일
시적으로 문을 닫고 외부인들에게 공개되지 않았다. 사실 이곳은 관광지라기보다는 현재 사오파의 후손이 살고 있는
개인 주거지라서 건물의 개방 여부는 전적으로 그들의 뜻에 따라야 할 것이다. 시국이 어수선하면 가끔 문을 닫긴 하
지만 현재 샨 팰리스는 다시 대문을 활짝 열어놓고 있다. 2014년부터는 집 안 내부도 일부 공개하고 있어 당시 사오
짜셍 부부의 결혼식 사진과 가족사진 등을 볼 수 있다. 운이 좋으
면 관광객을 반갑게 맞이하는 사오우짜 씨의 아내에게 이 집안의
이야기를 직접 들을 수도 있을 것이다. 참고로 외국인들에게 사오
우짜 씨는 Mr. Donald, 아내인 사오삼펑 씨는 Mrs. Fern 이라
는 이름으로 불린다.

시뻐의 역대 사오파

1788~1809	Sao Hswe Kya
1809~1843	Sao Hkun Hkwi
1843~1853	Sao Hkun Paw
1853~1866	Sao Kya Htun
1866~1881	Sao Kya Hkeng
1881~1886	–
1886~1902	Sao Hkun Saing
1902~1928	Sao Khe
1928~1959	Sao On Kya
1959~1962	Sao Kya Seng

방문객에게 샨 팰리스에 대해 설명하는 사오삼펑 씨

테인 다웅 파야 Thein Daung Paya သိန်းတောင်ဘုရား

시뻐 마을의 풍경이 파노라마처럼 한눈에 펼쳐지는 곳으로 시뻐의 대표적인 선셋 힐 Sunset Hill로 통한다. 관광객들은 전망을 보러 오지만 사실 이곳은 수행자들이 명상하는 사원이라서 방문할 때 각별히 주의해야 한다. 밤이 소란스럽다 싶으면 이내 주지스님이 나와 관광객에게 주의를 주곤 한다. 덕분에 빨간 석양이 마을로 포근하게 내려 앉는 절정의 순간을 차분한 분위기에서 만끽할 수 있다. 일몰을 보려면 16:30 까지는 사원에 도착해야 한다. 마을 남쪽에 있는 두타와디 강 다리를 건너면 오른편으로 아치형 게이트가 보인다. 게이트를 통과해 언덕으로 올라가면 언

5개의 작은 불상이 있어 Five Buddha Hill이라고도 부른다

덕 끝에 위치해 있다. 찾아가는 방법은 어렵지는 않으나 도보나 자전거는 아무래도 산비탈을 올라야 해서 힘들 수 있다. 오토바이를 렌트해서 가는 여행자들도 있지만 마땅한 이정표가 없고, 현지 지리에 익숙하지 않아 길을 헤맬 수도 있어서 사이클 택시(모터바이크 택시)나 일반택시를 이용하는 게 좋다.

보죠 파야 Bawgyo Paya ဘောကြီဘုရား

12세기 샨 스타일로 지어진 파고다로 샨 주에서 가장 존경받는 파고다이다. 전설에 의하면, 하늘의 왕이 바간의 나라파티시투 NaraPatisithu(1174~1211) 왕에게 4개의 나무 조각을 주었는데 내부에 모신 4개의 불상이 그 나무 조각으로 만든 것이라고 한다. 본당을 둘러싼 회랑은 샨 양식의 지붕으로 덮여 있고, 지붕을 받치는 기둥은 유리 모자이크로 장식되어 있어 눈부시다. 회랑의 한가운데는 큰 탑이 있고 돔으로 된 탑 안에 다시 파고다를 만든 독특한 구조인데 아쉽지만 여성은 탑 안으로 들어갈 수 없다.

만약 3월 따바웅 Tabaung 축제기간에 시뻐에 있다면 이 사원을 방문하기 가장 좋은 때다. 축제는 3월 첫 달이 뜨면서 보름달이 될 때까지로 보통 3월 14일~17일 경이다. 그때에는 두타와디 강에서 보트 경주가 진행되는 등 시뻐 전역이 축제 분위기로 들썩이는데 특히 보죠 파야가 가장 볼 만하다. 불상에 금박을 입히고, 차를 만드는 고산족인 빨라웅 Palaung족들이 일년 내내 수확한 찻잎을 들고 축제에 참석한다. 사원 주변으로 온갖 수공예품 장사꾼과 노점 포장마차가 들어서서 축제의 흥을 돋운다. 보죠 파야는 시뻐 시내에서 짜욱메, 만달레이행 버스를 타고 가다 약 8km 지점에서 오른편으로 모습이 보인다.

마지막 샨 공주는 이방인이었다

샨 팰리스에 살았던 마지막 왕자의 아내가 이방인이었다는 사실을 아시나요. 샨 팰리스에는 동화 같은 로맨스(실화)가 담겨 있어 흥미로운데요. 『Twilight Over Burma: My Life as a Shan Princess』는 마지막 사오파(왕자)였던 사오짜셍의 아내인 오스트리아인 잉게 사전트가 쓴 회고록입니다. 책에 의하면, 1951년 그녀는 콜로라도 여성대학에, 사오짜셍은 콜로라도 광업대학교에 다니고 있었다고 합니다. 국제학생들을 위한 파티에서 만난 두 사람은 사랑에 빠지게 되고 1953년 친구의 집에서 결혼을 합니다. 그녀가 회고하는 사오짜셍은 매우 친절하고 따뜻한 사람이었습니다. 두 사람은 결혼 후 새 삶을 시작하기 위해 버마로 돌아오는데요. 랑군(현재의 양곤) 부두에 도착했을 때의 일화가 재미있습니다. 수많은 군중이 꽃다발을 들고 밴드가 환영 연주를 하고 있었기 때문에 그녀는 남편에게, 누군가 중요한 사람이 도착할 모양이라고 말했다고 합니다. 사오짜셍의 이름이 적힌 배너를 보고서야 그 중요한 사람이 남편이란 걸 알고 깜짝 놀랐다고 해요. 남편이 한 왕국의 왕자였고 그 자리에 모인 군중이 남편을 기다리는 백성이었으니까요. 실제로 사오짜셍이 샨 왕국의 왕자였던 걸 안 사람은 그가 다녔던 콜로라도 대학의 학장뿐이었다고 합니다.

남편을 따라 버마에 정착하게 된 그녀는 샨 생활에 빠르게 적응했습니다. 이방인이긴 하지만 그녀에게도 기회를 주어야 한다고 생각하는 친절하고 관대한 샨 사람들 덕분이었습니다. 사오짜셍은 주민들에게 자신의 땅을 전부 나눠주었습니다. 그리고 원시적인 생활을 개선하기 위해 학교를 세우고, 농업기술을 가르치고, 보석과 광물산업을 시작합니다. 그녀는 마을의 출산 시스템과 주민들의 영양관리를 점검하는 등 두 사람은 정열적으로 개혁을 시작해 당시 동남아시아에서 가장 영향력 있는 왕국으로 인기가 자자했다고 합니다. 그러던 중, 1962년 네윈의 군사정부가 쿠데타를 일으킵니다. 샨족은 버마족과 달리 사오파를 중심으로 하는 정치구조를 형성하고 있었는데요. 즉, 사오파는 특정지역만을 다스리는 실질적인 군주였던 셈입니다. 네윈은 세력이 분산되는 것을 막기 위해 사오짜셍을 포함한 샨족의 사오파들을 체포합니다. 그녀는 두 딸과 함께 가택연금을 당하게 되는데요. 쿠데타가 일어났을 때, 사오짜셍은 자신에게 무슨 일이 생기면 그녀에게 본국으로 돌아가라고 당부했다고 합니다. 그녀는 오스트리아 시민권이 있었기 때문에 군사정부도 외국인인 그녀를 어떻게 할 수는 없으니까요. 어쨌거나 2년 뒤인 1964년 그녀는 두 딸과 3개의 트렁크만을 들고 버마를 빠져나갑니다. 그 후 오스트리아에서 미국으로 건너가 1968년 재혼을 해 새 가정을 꾸렸습니다. 그리고 1994년 지난날을 회고하며 이 책을 출간했는데요, 책의 수익금은 미얀마 난민들을 위해 기부하고 있습니다.

태국과 방글라데시에 있는 미얀마 난민들에게 물과 식량, 의료서비스를 제공하는 비영리단체를 설립해 활발한 활동을 펼쳐 2000년 유엔협회의 국제 인권상을 수상하기도 했습니다. 하지만 체포된 사오짜셍은 공식적으로는 아직까지 실종 상태입니다. 시신 확인이나 정부의 어떠한 공식적인 발표나 기록이 없는 상태니까요.

이런 사연을 알고 나서 둘러보는 샨 팰리스는 어쩐지 더 쓸쓸하게 다가옵니다. 시뽀에서 가장 인상적인 장소로 남을 샨 팰리스를 들러보세요.

eating

미스터 푸드 Mr Food

지도 P.250 | 주소 Kan taw Lay, Kand Park
Street, Nandar Road | 전화 (085)22083
영업 08:30~21:30 | 예산 K6,000~

시뻐의 대표적인 중국 식당. 로우춘 Law Chun이라고
도 불린다. 70여 가지의 다양한 중식 메뉴가 있는데 특
별한 맛이 있다기보다는 비교적 저렴한 가격에 두부, 채
소 볶음, 생선 튀김, 볶음밥과 볶음면 등 무난하게 먹을
수 있는 메뉴를 갖추고 있다.

산 레스토랑 San Restaurant

지도 P.250 | 주소 Min Pon Street
전화 (082)80215 | 영업 08:00~21:30 | 예산 K2,000~

BBQ & Chicken, Duck이라는 간판 문구가 무색하
지 않게 바비큐 요리가 가득하다. 쇼 케이스에 있는 꼬
치메뉴를 직접 고르면 숯불에 구워준다. 이곳의 인기 메
뉴는 숯불에 구워내는 오리 바비큐로 생맥주와 곁들이
기 좋다. 새콤달콤한 소스에 버무려내는 각종 고기 요리
와 채소볶음, 감자튀김 등도 있다.

클럽 테라스 The Club Terrace

지도 P.250 | 주소 No.35, Shwe Nyaung Pin Street
전화 09-402676624 | 영업 10:00~22:00 |
예산 K3,000~

두타와디 강변에 위치한 클럽 테라스는 한가하게 강변
을 바라보며 식사하기 좋은 곳이다. 딱히 대표 메뉴는
없지만 각종 고기와 채소, 면 등을 중국식과 태국식, 말
레이시아식 등으로 무난하게 만들어낸다. 미얀마 로컬
와인도 갖추고 있다.

미스터 셰이크 Mr. Shake

지도 P.250 | 주소 Mine Pun Road
전화 09-403731865 | 영업 10:00~20:00
예산 K1,500~

약 20여 가지의 상큼한 셰이크
를 맛볼 수 있는 곳. 아보카도,
오렌지, 파인애플, 사과 등 제철
과일로 만들어내는 셰이크 맛이
일품이다. 좋아하는 과일을 골
라 섞어달라고 해도 된다. 메뉴
가 많아 고르기 어렵다면 오늘의
쉐이크를 주문해보자.

패션프루트+오렌지 쉐이크

sleeping

릴리 더 홈 Lily The Home

지도 P.250 | 주소 No.108, Aung Thapye Street
전화 (082)80318 | 요금 싱글 · 더블 $30~40 | 객실 38룸

시뻐에서 유일하게 엘리베이터가 있는 숙소. 2014년 게스트하우스에서 호텔로 새 단장했다. 앞 빌딩의 객실은 깔끔하고 환하며 뒷마당에는 공용욕실을 사용하는 저렴한 객실이 있다. 이곳의 하이라이트는 옥상 식당이다. 아침엔 조식을 먹으러, 저녁엔 시뻐의 석양을 보기 위해 많은 시간을 머물게 되는 곳이다.

라 레지던스 La Residence

지도 P.250 | 주소 No.27, Aung Thapye Street
전화 09-256028188 | 요금 싱글 · 더블 $20~30 | 객실 10룸

2014년 10월에 문을 연 호텔. 90년 된 건물을 원형을 훼손하지 않고 그대로 리모델링해 멋지게 복원해낸 숙소다. 그렇다보니 방마다 화장실을 따로 설치하지 않고 방은 방대로 놔두고, 화장실을 별도로 만들어 각 방마다 전용화장실을 마련해 둔 아이디어가 정성스럽다. 마당 한쪽에는 방갈로 객실도 있다. 작은 식당도 겸하고 있다.

레드 드래곤 호텔 Red Dragon Hotel

지도 P.250 | 주소 Mahaw Gani Street
전화 09-258910822 | 요금 싱글 $12, 더블 $24 | 객실 32룸

2015년에 문을 연 호텔로 침대만 있는 간소한 객실을 갖추고 있다. 모든 객실은 청결하고 창문이 크게 나 있어 환하다. 옥상에선 두타와디 강과 마을 전경이 한눈에 내려다보인다. 숙소에서 자전거도 렌트할 수 있다. 하루 이용료 K2,000.

미스터 찰스 게스트하우스 Mr. Charles Guest House

지도 P.250 | 주소 No.105, Auba Street
전화 (082)80105 | 요금 싱글 · 더블 $28~55 | 객실 50룸

시뻐에서 여행자들에게 가장 사랑받는 숙소. 빌딩 두 채가 붙어 있는데 옛 빌딩의 객실은 조금 더 저렴하다. 객실 시설, 서비스도 흡족하지만 이곳의 강점은 다양한 투어 프로그램이다. 라쇼까지 다녀오는 투어부터 시뻐 반나절 투어, 빌리지 트레킹까지 다양한 프로그램이 있다. 가이드가 상주해 있어 직접 설명을 들을 수 있다.

타이 하우스 리조트 Tai House Resort

지도 P.250 | 주소 No.38, Jamine Road
전화 (082)80161 | 요금 싱글 · 더블 $40~60 | 객실 20룸

2014년 8월에 문을 연 고급 호텔. 라임 나무를 포함해 온갖 나무와 화초와 꽃이 어우러진 멋진 정원을 방갈로 타입의 객실이 둘러싸고 있다. 대나무로 만들어진 스타일의 객실이 정원과 잘 어울려 운치 있다. 다정한 직원들의 서비스도 편안한 숙소 분위기에 한 몫 더한다.

리버사이드 시뻐 리조트 Riverside @ Hsipaw Resort

지도 P.250 | 주소 No.29/30, Myohaung Village
전화 (082)80721 | 요금 싱글 · 더블 $100~ | 객실 20룸

2013년 문을 연 시뻐 최고의 호텔. 두타와디 강을 바라보고 방갈로가 나란히 지어져 있다. 최고급 호텔임에도 투숙객이 온전한 휴식을 취할 수 있도록 일부러 TV를 설치하지 않았다. 객실은 붉은 벽돌로 차분하게, 가구와 비품도 최대한 나무의 느낌을 살려 자연스럽게 꾸몄다. 발코니에 앉아 강을 바라보고 있는 것만으로도 힐링이 될 것만 같은 환상적인 호텔이다. 마을을 빙 둘러 도로로 가려면 30분 이상이 걸리므로 마을에서 호텔 셔틀보트를 타고 강을 바로 건널 수 있다.

라쇼 | Lashio

라쇼는 만달레이에서 북동쪽으로 약 291km, 해발 770m의 샨 주 북부 고원에 자리 잡고 있다. 라쇼는 샨족과 산지의 이동 농경민인 까친족, 빨라웅족이 교역하는 상업 중심지이자 샨 북부의 교통 중심지다. 만달레이에서 출발한 열차는 삔우른~시뻐를 거쳐 라쇼를 종점으로 한다. 사실 라쇼는 아직까진 여행자들이 즐겨 찾는 지역은 아니다. 라쇼는 중국 국경과 인접한 도시인 '무세 Muse'로 가는 길목이라서 주로 라쇼~무세를 통해 중국과 무역을 하는 사업가들이 찾는다. 처음 라쇼를 방문하면 약간 당황스러운 느낌이 든다. 중국의 한 도시에 와 있는 듯한 착각이 들기 때문이다. 당연하다. 라쇼에서 중국 국경까지는 직선거리로 따지면 불과 120km밖에 되지 않는다. 그러니 거리에서 한자 간판을 어렵지 않게 볼 수 있고 시장에 중국산 제품이 즐비한 것은 어쩌면 자연스러운 일일 것이다.

라쇼는 예로부터 중국을 연결하는 교통의 요지이자 '버마 로드 Burma Road'의 기점이 되는 도시다. 1937년 중일(中日) 전쟁 때 일본군이 중국의 연안지방을 점령하자 연합군은 장찌에쓰 蔣介石가 이끄는 중국 국민당을 지원하기 위해 라쇼에 군수 보급로를 뚫기로 한다. 라쇼에서 중국 윈난성 雲南省의 쿤밍 昆明까지 전장 1,153km의 도로를 건설하는데 이것이 그 유명한 버마 로드다. 중국에서는 띠엔미엔꽁루 滇緬公路24拐 라고 불리는 이 도로는 '24-zig'라는 별칭이 붙어 있다. 높고 거친 산맥을 지그재그로 된 24개의 커브 길로 연결했는데 20만 명의 중국인들이 동원되어 2년에 걸쳐 완성되었다. 연합군은 양곤에 물자를 집약시킨 후 철도를 통해 라쇼까지 보낸 뒤, 이 버마 로드를 통해 중국으로 물자를 보낼 수 있었다. 즉, 버마 로드는 중국 본토와 해양을 잇는 유일한 루트였다.

그러나 1942년 일본군이 미얀마를 점령하면서 버마 로드가 차단되자 연합군은 영국령 인도의 아쌈 Assam 주에서 히말라야 산맥을 지나는 레도 로드 Ledo Road를 새롭게 건설한다. 레도 로드는 중간에 버마 로드와 접속하게 된다. 한편 미얀마를 점령한 일본군은 라쇼를 통해 중국 윈난성까지 진격했으나 연합군의 반격으로 많은 사상자가 발생하면서 라쇼도 폭격을 당하게 된다. 연합군에 의해 버마 로드는 1945년 1월 27일 다시 개통되었으나 얼마 뒤인

©go-myanmar.com

National Museum of the U.S. Air Force photo

3월 7일 이번엔 중국 장찌에쓰 군대에 의해 라쇼
가 점령된다. 연합군에 의해, 일본군에 의해, 중
국군에 의해 힘겨루기 싸움이 벌어질 때마다 전초
기지 라쇼는 폭격을 당하는 비극의 땅이기도 했
다. 전쟁이 끝나고 샨 주의 독립을 부르짖는 반정
부 세력이 라쇼 주변을 장악하면서 라쇼는 외국인
출입금지 구역이 되었다. 설상가상으로 1988년
라쇼에 큰 화재가 발생해 도시 전체가 폐허가 되
어 버렸다. 국내선 공항을 비롯해 모든 주택이 재
건되었다. 1990년대 들어서 반정부군과 정부의
정전 협정이 이루어지면서 여행자들은 라쇼까지
출입할 수 있게 되었다. 라쇼에 그다지 흥미로운
볼거리는 없지만 여행자들이 라쇼를 찾는 이유는
주로 국내선 항공을 이용하기 위해서다. 시뽀에
는 공항이 없기 때문에 라쇼 공항을 이용한다. 시
뽀에서 라쇼까지 버스로 2시간(요금은 K3,000)이며 라쇼 시내에서 공항까지는 툭툭으로 약 20분 소요된다(요금
K5,000~6,000). 라쇼 공항에서 국내선 비행기를 이용해 인레, 바간, 양곤, 만달레이 등지로 오갈 수 있다.

중국 국경마을, 무세 Muse

라쇼에서 북쪽으로 차를 타고 5시간 정도를 가면 중국과 국경을 맞댄 무세 Muse 마을이 있다. 2013년 5월부터 버마 로드를 따라
중국 국경에 위치한 무세까지 외국인도 출입할 수 있게 되었다. 그전까지는 무세에 가려면 현지 가이드와 차량을 의무적으로 포함
하고 퍼밋을 받아야 했으나 현재는 외국인도 자유롭게 출입이 가능하다. 무세는 중국의 루이리 瑞麗와 국경을 맞대고 있는데 이 지
역을 통과하면 중국의 윈난 雲南 지방으로 갈 수 있게 된다. 하지만 아직까지 무세~루이리 국경이 공식적으로 개방된 상태는 아니
기 때문에 미얀마 국내여행은 무세까지만 가능하다. 무세는 중국계 미얀마인이 많이 거주해 라쇼보다 더 중국스러운 분위기를 느낄
수 있다. 기억해야 할 것은, 국경 인접지역은 국내외 정치상황 등 민감한 일이 발생하면 가장 먼저 영향을 받는 곳이다. 현지 상황
에 따라 외국인의 출입이 제한되기도 한다. 따라서 무세까지의 여행을 계획 중이라면 현지에서 미리 정보를 파악하는 것이 중요하
다. 양곤의 MTT(→P.66) 또는 만달레이의 관광안내센터(MTT)→P.188에서 확인이 가능하다.

인레 &
미얀마 동부

Inle & Eastern Myanmar

삔다야 따웅지
깔러   냥쉐   따치레익
인레 호수 까꾸

양곤

냥쉐
ညောင်ရွှေ
Nyaung Shwe

인레 호수는 미얀마를 찾는 여행자들에게 다섯 손가락 안에 꼽히는 여행지다. 호수가 유명하다 보니 이 지역을 흔히 '인레'라고 부르지만 이는 호수의 이름이고, 마을의 정확한 명칭은 '냥쉐'다. 냥쉐는 해발 875m의 산 고원에 위치한 산정호수 마을로 오래전에는 양웨 Yaunghwe로 불렸다. 1948년 식민지 독립 후 정부에 의해 황금 반얀나무라는 뜻의 냥쉐 Nyaung Shwe로 개명되었다. 냥쉐는 인레 호수를 둘러보기 위한 베이스캠프가 되는 마을이다. 여행자들은 대부분 냥쉐에 머물며 인레 호수를 투어로 다녀오게 되는데 병풍처럼 아늑하게 둘러싸인 호수 안에서 독특한 생활방식으로 살아가는 소수부족의 삶을 엿볼 수 있다. 호수의 아름다움에 매료되어 여행자들의 발길을 한없이 늘어지게 하는 냥쉐는 여행의 초반보다는 후반에 머물며 여행을 마무리하기에 좋은 곳이다. 워낙 인기 있는 여행지라서 1년 내내 관광객이 끊이지 않지만 호수 덕분에 마을 분위기는 여느 도시와 다르게 차분하고 여유롭다.

Information

기본정보

지역번호 (081) | 옛 이름 **양웨** Yaunghwe

환전 · ATM

마을 곳곳에 ATM기가 있으며 메인로드에 KBZ 은행 등이 있다. 은행에서 미국 달러를 미얀마 화폐로 환전할 수 있으며 일부 숙소에서도 환전이 가능하다.

관광안내센터(MTT)

인레 호수의 선착장 옆에 관광안내센터인 MTT (Myanmar Travels & Tours)가 있다. 샨 주에서 열리는 5일장(5-day Market)을 비롯해 인레 호수 여행에 대한 전반적인 정보를 접할 수 있다. 잠시 쉬어가기 좋은 카페(Genius Kafe)를 겸하고 있다.

인레 지역입장권

낭쉐(인레 호수) 마을은 '인레 존 Inle Zone'으로 지정되어 있어 마을에 들어서면 외국인은 일단 입장권 (K13,500 또는 $10)을 구입해야 한다. 매표소(체크포인트)는 낭쉐 마을 입구로 들

어오기 전, 쉐얀삐 짜웅 Shwe Yan Pyay Kyaung 옆에 있다. 새벽에도 문을 열어 모터바이크를 타고 오든, 자동차를 타고 오든 외국인을 태운 기사들은 모두 이곳에 멈춘다. 낭쉐 마을 안쪽까지 들어오는 장거리 버스 역시 잠시 정차해 외국인 승객들에게 입장권을 구입하게 한다. 트레킹으로 깔러에서 인레까지 걸어서 도착할 경우 인레 호수 선착장에 도착하면 어디선가 검표원

이 나타나 입장권을 건넨다. 입장권은 잘 보관해야 하지만 사실 머무는 동안 입장권을 보여 달라고 요구하는 사람은 아무도 없다.

낭쉐 마을의 초입

Access

낭쉐 드나들기

많은 버스들이 대부분 낭쉐 마을에서 11km 떨어진 쉐냥 Shwe Nyaung으로 도착하며, 흔히 쉐냥 정션 Shwe Nyaung Junction이라고 부른다. 쉐냥 정션에 내리면 인레 호수가 있는 낭쉐 마을로 이동해야하는데, 성수기에는 낭쉐 마을까지 버스가 들어오기도 한다. 낭쉐에서 다른 도시로 출발할 때도 마찬가지다. 따라서 버스표를 구입하면 종점이 쉐냥 정션인지, 낭쉐인지 꼭 확인하도록. 낭쉐~쉐냥 정션까지 택시는 K10,000, 사이클 택시(모터바이크 택시)는 K7,000이다.

■ 공항

낭쉐(인레)는 국내선을 이용해 여행하는 관광객이 많은 편이다. 낭쉐에서 가장 가까운 공항은 헤호 Heho 공항이다. 낭쉐에서 북서쪽으로 약 32km 거리에 있으며 택시로 약 1시간 소요된다. 택시요금은 낭쉐에서 헤호 공항으로 갈 때는 보통 택시 한 대당 K15,000(1~2인승)/K25,000(4~5인승)이고, 공항에서 낭쉐로 갈 때는 인원과 관계없이 한 대당 K25,000이다. 성수기에는 사설버스 회사에서 낭쉐~헤호 공항 구간 셔틀버스를 운행하기도 하는데 이는 비정기적이므로 현지에서 확인할 것. 택시는 대부분의 숙소에서 예약이 가능하다.

낭쉐행 국내선

출발지	요금	소요시간
양곤	$115~120	55분~1시간 25분
만달레이	$65~75	35분
바간	$85~90	40~60분
탄드웨(나빨리)	$130~149	60분
따치레익	$120	60분

* 인레에서 출발하는 항공편은 만달레이 경유편이 많음.
* 위 기준은 2018년 1월 기준임.

▒ 기차역

기차역은 수기냥에 있다. 열차는 따지~깔러~쉐냥을 연결한다. 열차는 하루 두 편 05:00, 07:00에 따지에서 출발한다. 따지~깔러는 6시간 30분 소요, 깔러~쉐냥까지는 3시간 소요된다. 요금은 따지~깔러는 K1,850(Upper), 따지~쉐냥은 K3,000(Upper)이다.

Hotel
- ⒣ 뷰 포인트 롯지 View Point Lodge ·············· **A1**
- ⒣ 81 호텔 인레이 81 Hotel Inlay ············· **A2**
- ⒣ 조이 호텔 Joy Hotel ·············· **A1**
- ⒣ 인레 스타 모텔 Inle Star Motel ············· **A1**
- ⒣ 베스트 웨스턴 사우전드 아일랜드 호텔 ············· **A2**
  Best Western Thousand Island Hotel
- ⒣ 집시 인 Gypsy Inn ·············· **A2**
- ⒣ 오스텔로 벨로 냥쉐 Ostello Bello Nyaung Shwe ·········· **A1**
- ⒣ 나웅 캄 Nawng Kham the Little inn ············· **A2**
- ⒣ 골드 스타 호텔 Gold Star Hotel ············· **A2**
- ⒣ 골든 드림 호텔 Golden Dream Hotel ············· **A1**
- ⒣ 카시오페이아 호텔 Cassiopeia Hotel ············· **B1**
- ⒣ 더 매노 호텔 The Manor Hotel ············· **A2**
- ⒣ 메이 게스트하우스 May Guest House ············· **B2**
- ⒣ 리멤버 인 Remember Inn ············· **B1**
- ⒣ 호텔 어메이징 냥쉐 Hotel Amazing Nyaungshwe ······· **B1**
- ⒣ 라 메종 비만 인 부티끄 La Maison Birmane Inn & Boutique **A2**
- ⒣ 난다운 호텔 Nan Da Wunn Hotel ············· **B1**
- ⒣ 임마나 그랜드 인레 호텔 Immana Grand Inle Hotel ······· **B1**
- ⒣ 골든 엠프레스 호텔 Golden Empress Hotel ············ **A2**
- ⒣ 밍갈라 인 Min Ga Lar Inn ············· **A2**
- ⒣ 인레 코티지 부티끄 호텔 Inle Cottage Boutique Hotel ····· **A2**

Restaurant
- ⒭ 칠랙스 비스트로 Chillax Bistro ············· **A2**
- ⒭ 라이브 딤섬 하우스 Live Dim Sum House ············· **B1**
- ⒭ 무세 Muse ············· **A1**
- ⒭ 인레 팬케이크 킹덤 Inle Pancake Kingdom ············· **A2**
- ⒭ 그린 칠리 Green Chilli ············· **A2**
- ⒭ 벨루 Belu Bar & Cafe ············· **A2**
- ⒭ 펍 아시아티코 인레 Pub Asiatico Inle ············· **B1**
- ⒭ 나웅 인레이 Naung Innlay ············· **B1**
- ⒭ 민따미 Minthamee Bar & Bistro ············· **A2**
- ⒭ 로터스 Lotus ············· **B1**
- ⒭ 유니크 Unique ············· **A1**
- ⒭ 더 프렌치 터치 The French Touch ············· **A1**
- ⒭ 골든 카이트 Golden Kite ············· **B1**
- ⒭ 뷰 포인트 View Point Lodge & Fine Dining ············· **A1**
- ⒭ 신요 Sin Yaw ············· **B1**
- ⒭ 세인 야다나 비비큐 Sein Yadanar BBQ ············· **B1**
- ⒭ 도사 킹 Dosa King ············· **A1**
- ⒭ 진키 Ginki ············· **B1**
- ⒭ 원 아울 그릴 One Owl Grill ············· **B1**
- ⒭ 내츄럴 베이커리 Natural Bakery ············· **B2**
- ⒭ ST 베이커리 ST Bakery ············· **A1**
- ⒭ 나이트 마켓 Night Market(Night Bazar) ············· **A2**

Shopping
- ⒮ 트리니티 패밀리 숍 Trinity Family Shop ············· **A1**
- ⒮ 밍갈라 마켓 Mingala Market ············· **B1**

Entertainment
- ⒠ 아웅 푸펫 쇼 Aung Puppet Show ············· **B1**
- ⒠ 윈뉸우 마사지 Win Nyunt Massage ············· **B1**
- ⒠ 갤러리 19 Gallery 19 ············· **B1**
- ⒠ 아마라다비 데이 스파 Amaradavi Day Spa ············· **B1**
- ⒠ 아쿠아 릴리스 Aqua Lilies Massage ············· **B1**

▒ 픽업트럭

따웅지에서

픽업트럭이 06:00 ~17:00까지 따웅지~인레 구간을 운행한다. 약 1시간 소요되며 요금은 K1,000 ~1,500이다. 픽업트럭은 인원이 모두 차야 출발하므로 출발시간은 부정확하다. 09:00 전까지는 그나마 인원이 빨리 차는 편이다. 거리는 짧지만 이 구간의 픽업트럭은 사람보다 짐을 더 많이 싣기 때문에 짐짝처럼 실려 갈 마음의 준비를 단단히 해야 한다.

냥쉐~따웅지
구간의 픽업트럭

▒ 버스터미널

버스회사마다 다르지만 일반버스는 대부분 쉐냥 정선에서 출발한다. 버스회사에서 픽업트럭으로 숙소를 돌며 예약한 승객들을 태워 쉐냥 정선까지 데려다주기 때문에 버스 요금에 픽업비가 포함되어 있다. 냥쉐에서 쉐냥 정선까지는 30분 소요된다. 반면, VIP버스는 대부분 냥쉐 마을에서 출발한다. 표를 구입할 때 픽업여부와 출발지를 확인하도록 하자.

냥쉐에서 출발하는 버스

목적지	출발시각	요금	소요시간
양곤	07:00/17:00(VIP)	K15,000/23,000(VIP)	10~12시간
만달레이	08:00(미니밴)/18:30(VIP) 09:00(셰어택시) 19:00(일반버스)	K15,000(미니밴,VIP) K35,000(셰어택시) K11,000(일반버스)	7시간/10시간 8시간 9~10시간
바간	08:00, 19:00	K11,000~21,000(VIP)	8시간
시뻐	09:00(미니밴), 15:30	K17,000	14시간
바고	17:30/18:00(VIP)	K15,000/23,000(VIP)	12시간
파안	16:00	K26,000	17시간
삔우른	19:00	K17,000	10시간

* 성수기에는 냥쉐~몰레마인행 버스도 운행한다.

▒ 버스

양곤에서

양곤의 아웅 밍갈라 버스터미널에서 냥쉐(깔러, 따웅지)행 버스를 타면 된다. 버스는 08:00, 17:00, 18:00, 18:30, 19:00에 출발하며 요금은 K16,000 ~27,000이다. 10~12시간 소요된다.

만달레이에서

버스는 만달레이에서 출발해 깔러~쉐냥~따웅지로 향한다. 09:00, 19:00에 하루 두 편 출발하며, 요금은 K12,000~20,000(VIP)이다.

이 구간의 요금은 목적지가 어디든 종점인 따웅지까지의 요금을 내야한다. 깔러까지는 7시간, 쉐냥은 8시간, 따웅지는 9시간 소요된다. 이 버스는 냥쉐(인레) 마을까지 들어가는 것이 아니라 쉐냥 정선에 정차한다. 쉐냥 정선에서 사이클 택시 등을 이용해 냥쉐까지 다시 이동해야 한다.

바간(냥우)에서

냥쉐(깔러)행 버스가 07:30, 08:00(미니밴), 19:00, 20:30(VIP)에 출발한다. 일반버스는 K11,000, 미니밴은 K12,000, VIP버스는 K18,000이다. 약 10시간 소요된다. 일반버스는 대부분 쉐냥 정선에 도착한다.

깔러에서

미니버스와 픽업트럭이 07:00 ~15:00 사이 쉐냥 정선까지 운행한다. 요금은 K4,000이며 2시간 소요된다. 오전에는 시내 중심에 있는 아웅찬타 제디 Aung Chan Tha Zedi 근처에서, 오후에는 위너호텔 앞의 버스정거장에서 출발한다.

Transport
냥쉐 시내교통

자전거

냥쉐 마을을 돌아다니는 가장 좋은 방법은 자전거를 타는 것이다. 자전거를 대여해주는 숙소도 많으며 시내에도 자전거 대여점이 있다. 아침부터 저녁까지 하루 이용료는 보통 K1,500이다.

사잉게까

사잉게까는 모터바이크를 개조해 손님과 짐을 실을 수 있게 만든 모터바이크 택시다. 메인 로드의 정거장에서 대기하고 있는 사잉게까를 쉽게 볼 수 있다. 마을 내에서는 사잉게까를 탈 일이 거의 없지만 까웅 다잉 온천이나 레드마운틴 포도농장, 외곽의 수도원 쉐양웨 짜웅을 가는 데 이용하면 좋다.

Nocutting Says

쉐냥? 냥쉐? 인레? 여긴 지금 어디?

앞서 이야기했듯이 '인레'는 호수 이름입니다. 인레 호수가 있는 마을이 냥쉐 'Nyaung Shwe'고요. 대부분 여행자들은 냥쉐 마을에 머뭅니다. 정확한 마을 이름은 냥쉐이나 인레라고 불러도 무관합니다. 현지인들도 냥쉐＝인레 혼용해서 부릅니다.

자, 이 냥쉐 마을에서 11km 북쪽에 위치한 도시 '쉐냥 Shwe Nyaung'도 기억해야 합니다. 쉐냥은 냥쉐로 들어오는 관문 지역으로 기차역이 있고요, 양곤, 만달레이, 따웅지 등으로 오가는 버스가 모두 거쳐 갑니다. 그래서 쉐냥 정션(Shwe Nyaung Junction)이라고 부르지요. 쉐냥, 냥쉐, 거꾸로 부르면 이름도 같고 영어 스펠링도 같아 헷갈립니다. 정 헷갈린다면 쉐냥 정션은 그냥 정션이라고만 불러도 상관없어요.

Course
냥쉐 둘러보기

여행자들은 보통 냥쉐에 인레 호수를 보러 오지만 이곳엔 호수만 있는 것이 아니다. 하루를 투자해야 하는 인레 호수 투어는 당연히 '필견'이고, 정감 있는 분위기가 흐르는 냥쉐 마을 자체도 매력적이다. 마을의 거리는 바둑판처럼 네모반듯해 자전거를 타고 둘러보기 좋다.

마을 근처에 있는 온천과 산언덕에 있는 와이너리, 인근 고산족 마을을 다녀오는 당일 트레킹 등 소소하지만 은근히 할거리가 많아 미얀마 여행의 마지막 장소로 3~4일 머물며 푹 쉬기 좋다.

COURSE A 인레 호수 투어

인레 호수 투어는 냥쉐 여행의 하이라이트다. 인레 호수 투어는 두 가지로 나뉜다. 호수의 중간부분까지 둘러보는 표준 코스와 남쪽의 인데인 사원을 포함하는 코스로 둘 다 아침에 출발해 18:00 전후에 돌아온다. 둘 중 적당한 것을 골라 하루 종일 호수를 둥둥 떠다녀보자.

COURSE B 냥쉐 마을 투어

자전거를 타고 냥쉐 마을 곳곳을 누벼보자. 경치 좋은 산언덕 와이너리에서 와인 시음을 하는 것도 좋고, 근처의 온천에서 온천욕을 해도 좋다. 조금 더 시간 여유가 있다면 냥쉐 밖에 있는 쉐양삐 수도원까지 다녀오자.

COURSE C 당일 트레킹

깔러~인레 트레킹을 하지 못해 아쉽다면 냥쉐에서 당일 트레킹을 할 수 있다. 냥쉐 마을 트레킹은 한적하고 평화로운 시골 마을을 걷는 것으로 별다른 준비 없이 바로 시작할 수 있다. 산마을에서 검은 옷을 입는 빠오족 사람들을 만나보자.

sights
··· 냥쉐 ···

야다나 만 아웅 파야 Yadana Man Aung Paya
ရတနာမာန်အောင်ဘုရား

지도 P.263-A2 | 주소 Phaung Taw Seit Road | 개방 06:00~22:00

냥쉐에서 가장 오래된 파고다
이다. BC 218년 띠리 담마 타
카 Thiri Dhamma Thawka
왕이 세운 8만4,000개의 파고다
중 하나라고 한다. 민돈 왕을 비롯한 많
은 왕들에 의해 연속적으로 조금씩 개축되었는
데 마지막으로 이 지역 사오파였던 사오 마웅 Sao Maung 왕자에 의해 증
축되었다. 1274년 이 지역에 탑이 넘어갈 정도로 큰 지진이 발생했는데 사
오 마웅 왕자가 당시 길이를 재는 단위였던 큐빗 Cubit(팔꿈치에서 가운뎃손
가락 끝까지의 길이)으로 높이 70큐빗, 둘레 160큐빗을 새로 지어 올렸다고
한다. 야다나 만 아웅은 사오 마잉 왕자의 또 다른 이름이기도 하다. 사원 스
님들이 수집해온 작은 불상 조각품도 전시되어 있다.

밍갈라 마켓 Mingala Market မင်္ဂလာဈေး

지도 P.263-B1 | 주소 Yone Gyi Road | 개관 06:30~17:00

냥쉐 마을 중심에 있는 재래시장. 이른 아침부터 싱싱한 꽃을 사원에 바치려는 사람들과 반찬거
리를 사려는 주부들로 북적인다. 일상 잡화와 근처 지역에서 재배한 농작물, 인레 호수에서 잡
은 생선 등을 판매하는 노점이 열린다. 여행자들은 이곳에서 딸기, 포도, 아보카도, 바나나 등
미얀마의 제철 과일을 살 수 있다. 시장 안쪽에 튀김, 국수 등을 파는 노점도 있다.

문화 박물관 Cultural Museum ယဉ်ကျေးမှုပြတိုက်

지도 P.263-B1 | 주소 Museum Road | 개관 수~일요일 10:00~16:00 휴관 월, 화, 국가 공휴일 | 입장료 K2,000 | 사진 촬영 금지

과거 사오파(샨 족의 통치자)의 궁전이었던 이 건축물은 중요한 샨 유물 중 하나다. 과거
마을 이름이 양웨(냥쉐의 옛 이름)였던 시절에는 양웨 역사박물관이었다. 양웨 역사박물
관 당시에는 사오파가 착용했던 의복과 고대 무기, 칠기 등의 유물이 전시되어 있었으나
미얀마 정부가 2008년 5월 모든 유물을 공식 수도인 네삐더로 옮겼다. 그 뒤 박물관의

이름을 '붓다 뮤지엄 Buddha Museum'으로 변경했으나 박물관 이름과 유물이 크게
연관성이 없기도 해서 2015년 현재의 이름으로 변경되었다. 15~18세기에 제작된 불
상들과 샨 주의 파고다 사진 등이 전시되어 있기는 하지만, 문화 박물관이라는 이름에는 미치지 못할 정도로 공간에
비해 전시품이 적어 휑한 느낌이 든다.

까웅 다잉 온천 Khaung Daing Natural Hot Spring

지도 P.271 | 주소 Khaung Daing Village | 전화 09-49364876 | 개관 05:00~18:00

인레 호수로 가는 선착장 입구의 다리를 건너 호수 서쪽으로 가
면 까웅 다웅 빌리지가 있다. 이 마을 근처에는 여독을 풀기 좋
은 온천이 있다. 물의 온도는 약 70℃, 3개의 작은 풀장으로
된 노천탕과 개인 온천탕을 갖추고 있다. 노천탕은 남녀 혼욕
온천탕으로 수영복을 착용해야만 입장이 가능하다. 개인탕은
작은 객실 안에 욕조만 설치되어 있다. 노천탕은 $10, 개인탕
은 $5이다. 매일 저녁 풀장의 물을 모두 빼내고 청소를 하기
때문에 청결한 상태로 유지되고 있다. 우기와 겨울에도 문을
연다.

온천에 가는 방법은 세 가지. 여행자들은 자전거로도 많이 가는데 자전거로는 냥쉐 마
을에서 약 1시간30분 정도 소요된다. 보트로는 냥쉐 선착장에서 까웅 다잉 마을 입구
까지 약 30분 이동한 다음, 온천까지 20분 정도 걸어가면 된다(약 2km). 보트요금은
왕복 K8,000이다. 사이클 택시는 왕복요금 K15,000~20,000이다. 보트나 사이클
택시 기사는 손님이 온천을 하는 동안(2~3시간) 기다려준다.

레드마운틴 포도농장 & 와이너리 Red Mountain Estate Vineyards & Winery

지도 P.271 | 주소 Htone Bo, Aythaya-Taunggyi | 전화 (81)209366 | 개관 09:00~18:00

2002년 미얀마에 처음 세워진 포도농장이다. 산언덕의 황무지를 개간해 미얀마 토종 품종 포도와 프랑스, 이스라
엘, 스페인 등 유럽 품종의 포도를 재배하기 시작해 4년 만인 2006년에 첫 와인 1,000병을 생산해냈다. 2012년
까지 10년 동안 12만 병의 와인을 생산하면서 미얀마의 대표 와인으로 자리 잡아가고 있다. 화이트 와인 30%, 레
드 와인 70%의 비율로 생산되는데 이탈리아
에서 수입한 기계를 갖춘 와인 제조 공장을
견학할 수 있다. 애주가들을 즐겁게 하는 프
로모션도 있다. K2,000을 내면 소비뇽 블
랑을 포함해 4종류의 와인을 한자리에서 시
음할 수 있다. 시음용 와인 외에 잔술과 병으
로 된 다양한 종류의 와인도 판매한
다. 산언덕에서 바람에 실려오
는 달콤한 내음을 맡으며 달
달하고 느슨한 시간을 보
내보자.

레드마운틴 포도농장 & 와이너리 게이트

쉐양삐 짜웅 Shwe Yan Pyay Kyaung ရွှေရန်ပေးကျောင်း

지도 P.271 | 개관 06:00~19:00

냥쉐에서의 일정이 여유롭다면 마을 밖으로 나가보자. 냥쉐 마을에서 조금 떨어져 있긴 하지만 자전거 타고 가기 좋은 거리로 19세기에 지어진 수도원과 금탑을 올린 운치 있는 파고다를 볼 수 있다. 독특한 타원형 나무 창문과 붉고 푸른 색감으로 화려하게 칠해진 벽에 석조 불상들이 마치 선반에 진열된 듯 가득한 모습이 이색적이다. 공부하는 어린 승려들 사이로 태연하게 어슬렁거리는 고양이까지 가세해 정겨운 순간을 포착할 수 있다. 따로 가기 번거롭다면 냥쉐 마을로 들어서기 전에 위치해 있으므로 헤호 공항을 오가기 전에 들러도 된다.

TRAVEL 💬 PLUS
샨 주의 전통 5일장 Five Days Market

샨 지역에서는 5일에 한 번씩 장이 열린다. 인레 호수를 포함해 냥쉐, 깔러, 따웅지, 삔다야 등 샨 지역에서만 볼 수 있는 전통 5일 시장이다. 장은 3~5개 지역에서 동시에 열린다. 육지 마을은 육지에서, 호수 마을은 호수에서 각각 열리는데 호수 마을 시장은 수상시장(Floating Market)이어서 더 흥미롭다. 장날에는 검은 옷을 입은 빠오족, 호수 위의 인따족, 육지에 사는 샨족이 모두 한자리에서 만난다. 인따족은 호수에서 잡은 물고기를 팔아 수상가옥을 보수할 대나무를 사고, 빠오족은 대나무를 팔아 산에서 구할 수 없는 생선을 사간다. 부모를 따라 장 구경을 따라나선 산속 소수 부족 소녀들은 도시에서 공수되어 온 매니큐어나 립스틱을 고르는데 여념이 없다. 산에서 내려온 부족은 새벽부터 마을까지 걸어오는데 해 떨어지기 전에 온 길을 부지런히 되돌아가야 해서 점심시간이 지나면 시장은 한산해진다. 활기찬 시장을 구경하려면 오전에 가는 것이 좋다. 지금 있는 곳에서 5일장이 열리는 가장 가까운 지역이 어디인지 체크해보자. 5일장은 A~E까지 그룹별로 돌아가면서 열리며 *은 수상시장을 뜻한다.

A	B	C	D	E
• Heho(헤호)	• Taunggyi	• Maing Thauk	• Shwe Nyaung	• Nyaung Shwe
• Taungto*(따웅토)	(따웅지)	(마잉타욱)	(쉐냥)	(냥쉐)
• Thentaung*	• Ywama*(요마)	• Phaung Daw Oo	• Khaung Daing*	• Nampan* (남판)
(뗀타웅)	• Aungban	(빠웅도우)	(까웅다잉)	• Pindaya(삔다야)
• Loikaw(로이코)	(아웅반)	• Pwae Hia(웨이아)	• Indein(인데인)*	• Samkar(삼카르)
			• Kalaw(깔러)	• Ywangan(왕간)
			• Pekon(페콘)	

트레킹 중에 만나게 되는 동굴 사원

냥쉐 당일 트레킹

깔러에서 인레까지 1박 2일에 걸친 트레킹을 못해 아쉬움이 남는다면 냥쉐에서 당일 트레킹을 시도해보자. 냥쉐 마을 동쪽에 있는 고산족 마을을 다녀오는 트레킹이다. 길은 전체적으로 험하지 않다. 타박타박 시골 길을 걷는 기분으로 큰 준비 없이 운동화에 청바지 차림으로도 가능하다. 길을 안내해줄 현지가이드가 동행하는데 08:00 전후로 출발해 18:00 즈음하여 냥쉐 마을로 돌아온다. 트레킹 중에는 동굴과 사원, 여러 부족의 마을을 지나게 된다. 점심시간에는 가이드가 준비해 온 음식으로 현지인의 집에서 간단하게 점심을 차려준다. 코스는 산속 마을을 한 바퀴 빙 둘러 인레 호수 동쪽에 있는 마잉 타욱 Maing Thauk 마을로 돌아오게 된다. 여기에서 냥쉐 마을까지 호수 옆으로 나 있는 길을 따라 걸어서 복귀할 수도 있고, 보트를 타고 인레 호수를 가로질러 도착할 수도 있다. 보트를 타고 돌아올 경우 보트 비용은 별도다.

깔러~인레 트레킹만큼 유명하진 않지만 호젓하게 걷는 것을 즐기는 여행자라면 즐거운 산책이 될 것이다. 냥쉐의 많은 숙소에서 당일 트레킹 프로그램을 취급하고 있는데 숙소마다 요금은 다르지만 보통 K15,000 정도다.

당일 트레킹 코스

냥쉐에서 출발하는 트레킹 중에는 아래와 같은 마을을 지나게 된다. 로웨킨 마을에서는 검은 옷을 입는 빠오족을 볼 수 있으며 콩손, 다라핀 마을에서는 타웅우족을 만날 수 있다. 트레킹은 대부분 당일로 하는 경우가 많지만 1박 2일로 연장하는 것도 가능하다.

냥쉐

마잉 타욱 Maing Thauk → 인따 Inn Thar → 다라핀 Da La Pin → 로웨커 Lwe Kore → 콩손 Kone Sone → 로웨킨 Lwe Kin → 텟엔 동굴 Htet Hein Cave → 텟엔 Htet Hein → 냥쉐

분위기 있는 시골 길을 걷는 트레킹

အင်းလေး

인레 호수 | Inle Lake

해발 875m의 고원에 위치한 인레 호수는 남북의 길이 22km, 동서의 폭 11km로 미얀마에서 두 번째로 큰 호수다. 병풍처럼 아늑한 산이 호수를 둘러싸고 있는데 호수 안쪽에는 약 10만 명의 인따 Intha족 사람들이 살아가고 있다. '호수의 아들'이라는 뜻의 인따족은 드넓은 인레 호수를 터전삼아 호수 위에 집을 짓고, 호수 위의 사원에서 기도를 드린다. 호수 위에서 태어난 아이들은 걸음마를 떼면서부터 헤엄치는 법을 배우고 호수 위의 학교를 다닌다. 그들만의 독특한 삶의 방식을 볼 수 있는 인레 호수 투어는 이미 미얀마의 대표 관광상품으로 자리 잡았다.

인레 호수의 가장 독특한 풍경 중 하나가 어부다. 어부는 작은 나룻배에 서서 한쪽 발로 노를 젓는다. 그러다가 대나무로 만든 원뿔 모양의 덫을 물속으로 밀어 넣어 물고기를 잡는다. 이 장면은 미얀마를 소개하는 매체에 단골로 등장할 정도로 유명한 풍경이다.

인따족은 물고기만 잡는 것이 아니다. 호수 위에서 농사도 짓는다. 비교적 수심이 얕은 곳에 갈대를 이용해 밭을 만들고 그 위에 흙을 덮는다. 그러곤 대나무의 부력을 이용해 밭을 물 위로 띄운다. 농약이나 비료를 전혀 사용하지 않는 농사법으로도 유명하다. 호수 생태계를 위해서이기도 하지만 호수는 목욕도 하고 빨래도 하는 그들의 생활공간이다.

해서 그들은 호수의 수초를 거름으로 사용하는 친환경 농사법을 고안해냈다. 수경재배로 가장 많이 생산되는 작물은 토마토다. 물 위에 둥둥 떠 있는 밭에는 유기농 토마토가 주렁주렁 매달려 있다. 호수 위에 있는 밭은 이동식이라 필요한 만큼 떼서 옮겨 붙일 수 있다. 배 뒤에 밭을 달고 다니다가 이쪽에서 저쪽으로 퍼즐처럼 붙이는 모습이 흥미롭다. 대를 이어 오랜 세월 호수와 더불어 살아가는 인따족의 모습은 땅 위에 사는 여행자에겐 오래도록 기억에 남을 경이로운 풍경이다.

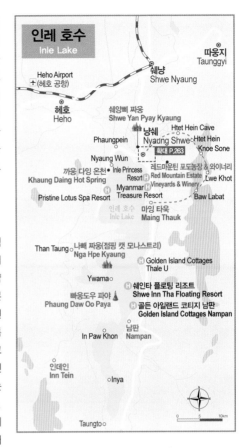

보트 투어

냥쉐의 모든 숙소에서는 인레 호수 투어 프로그램을 운영한다. 보트를 타고 하루 종일 호수를 둘러보는 것인데 코스는 비슷하나 가격은 숙소마다 약간씩 차이가 난다. 코스는 두 가지로 기본(Normal) 코스와 인데인(Inn Dein) 코스로 나뉜다. 기본 코스는 호수 위의 사원과 수상시장, 특산품 상점 등 주요 볼거리를 둘러본다. 인데인 코스는 기본 코스에 호수의 남서쪽에 있는 인데인 마을 Inthein Village을 추가한다. 기본 코스는 보통 K15,000, 인데인 코스는 K18,000이다. 보트는 뱃사공을 제외하고 5명까지 탈 수 있는데 일행이 없다면 요금이 부담스러울 수 있다. 투어를 예약할 때 다른 여행자들과 셰어를 신청하면 숙소에서 최대한 인원을 맞춰 팀을 꾸려준다.

보트 투어를 예약하면 아침 일찍 뱃사공이 숙소로 손님을 데리러 온다. 뱃사공을 따라 선착장으로 이동해 하루 종일 호수 위를 누비게 되는데, 코스는 뱃사공이 알아서 안내한다. 점심시간이 되면 마땅한 식당으로 역시 뱃사공이 알아서 데려다준다. 투어는 보통 09:00에 시작해 18:00 전후로 끝이 난다. 일출이나 일몰을 보기 위해 더 오래 보트를 타려면 미리 이야기를 하고 추가요금을 내면 된다. 따로 선셋만 보는 것도 가능하다. 오후에 선착장으로 나가면 선셋 투어를 호객하는 뱃사공들이 많은데 15:00~17:30까지 약 K10,000~12,000 정도다. 모든 보트에는 구명조끼가 준비되어 있다. 온종일 호수 위에 있다 보면 한기가 느껴지므로 바람막이용 얇은 점퍼나 긴 소매 상의를 갖추는 것이 좋고 자외선 차단크림, 선글라스, 모자, 햇빛 차단용 우산을 따로 준비해도 좋다.

한쪽 발로 노를 젓는 어부

호수 위의 밭농사

호수 위의 집

sights
··· 인레 호수 ···

인데인 Inn Tein အင်းသိမ်

지도 P.271 | 사진 촬영료 K500

인레 호수의 서쪽에 위치한 인데인(Inn Dein 또는 Inn Dain) 지역은 '인뎅'이라는 발음으로 들리기도 한다. 이 지역은 흙이 특별히 좋아 현지인들 사이에선 옹기 굽는 마을로 유명한데, 여행자에겐 정글에 세워진 고대 스투파를 볼 수 있는 매력적인 곳이다. 스투파는 크게 두 그룹으로 나뉜다. 먼저, 마을 뒷편의 냥왁 Nyaung Ohak 그룹에서는 이끼가 감싸고 있지만 일부 화려하게 조각된 동물과 신 문양이 남아있는 탑을 볼 수 있다. 두 번째 그룹은 마을에서 언덕까지 계단으로 연결되어 있다. 계단을 따라 마리오네트 인형, 칠기그릇, 대나무 모자 등 기념품 상점이 늘어서 있다. 계단 밖 양옆으로도 스투파가 군데군데 남아 있으며 언덕 끝까지 오르면 쉐인데인 파야 Shwe Inn Dein Paya 그룹이 펼쳐진다. 바래진 흰빛과 최근에 덧칠해진 금빛의 파고다가 뒤섞여 있는 모습이 산 주에 있는 또 하나의 거대한 파고다 그룹인 까꾸 Kakku 유적지를 연상케 한다.

인데인의 파고다는 아직까지 건축 시기를 비롯한 모든 것이 미스터리로 남아 있다. 비문에 의하면, BC 273년~232년 스리 담마소카 Siri Dhamma Sawka 왕이 세웠다고 한다. 가장 안쪽에 위치한 중앙 스투파가 왕이 세운 것으로 전해진다. 미얀마 사료에 남아있는 기록은 없지만 샨 연대기의 내용으로 이를 추측한다고 한다. 이곳의 스투파는 11세기~18세기의 건축기법, 공예, 조각, 벽화 등이 섞여 있어 일부 역사학자들은 당시의 바간 왕이었던 아노라타 왕이 중앙 스투파를 에워싸고 더 많은 스투파를 세웠을 것이라고 추정한다. 인도 신화에 등장하는 신의 모습이 조각되어 있어 인도 아소카 왕이 세웠다는 설도 있지만 역시 이를 뒷받침하는 자료는 없다. 고고학 유적협회에 의해 개수만 현재 파악된 상태인데 1999년 확인된 스투파는 총 1,054개다. 지역 주민들과 불자들의 기부로 스투파는 더디지만 조금씩 보수되고 있다.

10년 전까지만 해도 인데인 유적지는 외부인에겐 공식적으로 개방되지 않았다. 일부 뱃사공에게 추천받은 운 좋은 여행자만 다녀갔을 뿐이다. 당시엔 계단도 없고, 울창한 정글 속에 스투파가 숨어 있어 제대로 탐험하는 기분이 들었으나 개방되면서 스투파 주변 길이 정리되었다. 그러나 유적 자체가 완전히 보수된 건 아니어서 여전히 스투파는 폐허 상태로 남아 있다. 아이러니하게도 폐허의 모습에서 시간을 가늠할 수 없는 아득함이 느껴져 더욱 신비스럽게 다가온다. 언덕에서 바라보는 마을 풍경도 아름다워 여유로운 시간을 보내기 좋다. 인데인 코스는 기본 코스에서 벗어나 거리도 조금 더 멀고 요금이 추가되지만 인상적인 장소이므로 꼭 둘러보길 권한다.

인데인 마을 입구   쉐인데인 파야 그룹

나빼 짜웅 Nga Hpe Kyaung ငဖေၵျာင်း

지도 P.271

인레 호수의 동쪽에 위치한 일명 '점핑 캣 모나스트리
Jumping Cat Monastery'라 불리는 수도원. 과거 이곳
에서는 잘 훈련된 고양이가 승려의 구령에 맞춰 훌라후프 안
으로 펄쩍 뛰어 통과하는 묘기를 펼쳐 이러한 이름이 붙었
다. 묘기를 본 관광객들은 재밌어하며 관람료처럼 약간의 시
주를 하곤 했는데 일부에서 바라보는 시각은 곱지 않았다.
경건해야 할 수도원에서 고양이를 앞세워 불경스러운 장사
를 한다, 동물을 학대한다 등의 비난이 일자 승려 대신 일반

고양이 앞에서 자리를 떠나지 못하는 여행자들

인이 고양이를 지휘하다가 2012년부터
아예 고양이 점프 쇼는 사라졌다. 고양이
들은 더 이상 재주를 부리지 않고 수도원
바닥에서 뒹굴 거리며 잠을 자거나 놀 뿐
이다. 하지만 여행자들은 혹시나 하면서
고양이 주위를 떠나지 못한다. 그러나 실
망하진 말자. 고양이 쇼에 가려져 눈에 띄
지 않았지만 1844년에 세워진 이 수도원
은 아름다운 불상과 온통 티크 나무로 지
어진 건물 자체만으로도 둘러볼 만한 가
치가 있다. 수도원 내부에서 기념품 가게

모든 자재가 티크 나무로만 지어진 수도원

로 이어진 복도를 따라가면 시원한 바람이 불어오는 경치 좋은 테라스가 있다.

인레 호수의 어부 모델

당신은 지금 인레 호수 위 보트 안에 있습니다. 발로 노를 젓는 어부를 발견
하고 사진을 찍고 있습니다. 어부도 당신을 보았는지 노를 젓다 말고 정지
자세로 서 있군요. 사진 찍기 좋게요. 심지어 그물 망태를 들고 한쪽 다리를 멋지게 들어 올립니다. 약간 과장된 몸
짓이라고 느껴지는데 이번엔 미리 잡아놓은 물고기를 들고 포즈를 취합니다. 당신은 이때다 싶어 셔터를 마구 눌러
댑니다. 간혹 어부에게 포즈를 취해달라고 하는 여행자들도 있습니다. 그러고 나면 이제 어부는 당신에게 다가와
팁을 요구합니다. 물론 모든 어부가 그런 것은 아니고 인레 호수의 어부들이 전부 모델로 나설 일도 없을 테지만,
한쪽에서 묵묵히 제 할 일을 하는 어부들을 보면 어쩐지 미안한 마음도 듭니다. 의도하든 의도하지 않았든 우리 여
행자들의 과한 행동이 현지 분위기를 해치지는 않는지 한번쯤 돌아봐야 할 것입니다.

마잉 타욱 Maing Thauk ၀င်းသောက်

지도 P.271

인레 호수의 동쪽에 위치한 마을. 냥쉐 마을에서 당일 트
레킹을 시작하면 동쪽의 산마을을 빙 둘러 마잉 타욱 마을
로 돌아오게 된다. 즉, 당일 트레킹의 마지막 지점이 되
는 곳이다. 호수 안쪽에 위치해 있는 데다 냥쉐까지 도로
로 연결되어 있어 영국 식민지 시절 요새 역할을 했던 지역
이다. 이곳에서 냥쉐까지는 호수 옆으로 난 길을 따라 자
전거로 약 1시간 정도 소요된다. 자전거를 타거나, 트레
킹을 하지 않는 이상은 인레 호수를 가로질러 보트로 가는
방법이 일반적이다. 마을 입구는 우베인 브리지를 연상케 하는 운치 있는 나무다리가
400m가량 연결되어 있다. 작은 식당과 학교, 수도원, 갤러리 등이 있는 작고 평화로
운 마을로 구석구석 걸어 다니기 좋다. 이 마을의 5일장은 마을의 메인도로를 따라 한
20분 걸어가면 있는 큰 나무 아래에서 열린다. 장날에는 산에서 사는 빠오족들이 내려
와 재배해 온 농작물을 팔고 잡화용품을 사간다. 보트투어를 하는 날이 마침 장날이라
면 뱃사공은 이곳을 코스에 넣지만, 장날이 아니면 마을을 들르지 않는 경우도 많다.

마잉 타욱 5일장

남판 Nampan နန်ပန်း

지도 P.271

남판 시장의 입구

남판의 5일장이 열리는 날 보트 투어를 하게 된다면 그야
말로 행운이다. 남판 시장은 호수에서 열리는 수상시장
중 가장 규모가 크고, 거래되는 품목이 다채로워 인기 있
다. 장날이라면 대부분의 뱃사공은 첫 코스로 이곳을 택
한다. 오전에 가면 활기찬 시장의 모습을 볼 수 있기 때문
이다. 마을 어귀부터 관광객과 인근 주민들이 타고 온 배
가 뒤섞여 심각한 주차난(?)을 보이는 것부터가 다른 수
상시장과 다른 모습이다. 진흙으로 된 모래톱을 밟고 마
을로 들어서면, 호수에서 잡아 올린 생선과 산에서 재배
된 곡물과 채소, 육지에서 공수된 면(noodle)과 잡화용품이 한자리에 펼쳐진다. 서로 가져온 것을 팔고 각자 필요
한 것을 사가는 화기애애한 풍경 속에 고소한 음식 냄새가 진동하는 간이노점까지, 실로 푸짐하고 풍요로운 장터다.
수상시장을 보러 오는 관광객이 많아지면서 최근엔 공예품과 기념품을 파는 노점도 한 자리 차지하고 있다.
장이 서지 않는 날에는 남판 마을을 지나치는 경우가 많은데 이곳엔 인레 호수에서 가장 오래된 파고다인 알로더 파
욱 Alodaw Pauk 파야가 있다. 보석이 박힌 흰색 사원 안에 샨 스타일의 불상을 모시고 있다. 남판 마을엔 잎담배
인 궐련을 만드는 가내공장과 상점이 몰려 있다. 장이 열리지 않더라도 뱃사공이 잎담배 상점으로 안내할 것이다.

빠웅도우 파야 Phaung Daw Oo Paya ဖောင်တော်ဦးဘုရား

지도 P.271

사원에 보관되어 있는 반야용선, 힌타 모양의 배

인레 호수의 요마 Ywama 마을 남쪽에 위치한 파고다. 본당에는 조금 독특한 5개의 불상이 안치되어 있다. 불상이라기보다는 둥근 금덩어리로 보이는데 이는 현지인들이 열심히 금박을 붙여댔기 때문이다. 얼마나 금이 과하게 붙여졌는지는 경내에 걸린 사진에서 짐작할 수 있는데, 이 불상을 숭배하게 된 데는 이유가 있다.

현지인들의 이야기에 따르면, 1960년 우기 중에 큰 비와 바람이 일어 이 사원 안으로 호수 물이 범람했다고 한다. 주민들이 급히 불상을 싣고 옮기던 중 배가 뒤집히는 바람에 불상 하나가 호수 한가운데 빠져버렸다. 그러나 비가 그치고 주민들이 사원으로 돌아와 보니 놀랍게도 그 잃어버렸던 불상이 먼저 사원에 도착해 있었다고 한다. 그 뒤 빠웅도우 파야는 샨 주에서 가장 추앙받는 사원이 되었고 주민들은 부지런히 금박을 입히고 있다. 하지만 미얀마의 많은 사원이 그러하듯 여성은 불상에 다가갈 수도, 금박을 붙일 수도 없다. 매년 10월 이 사원을 중심으로 빠웅도우 축제가 열린다. 무려 18일 동안 이어지는 이 축제는 미얀마에서 성대한 불교 축제 중 하나로 꼽힌다. 축제 기간에는 1개의 불상(호수에 빠졌다가 다시 돌아온 불상)은 사원을 지키고, 나머지 4개의 불상은 '힌타'라고 부르는 전설의 새 모양을 한 배에 태워져 낮에는 인레 호수를 시계 방향으로 순례한다. 그러다 밤이 되면 호수 근처 마을의 사원으로 매일 밤 옮겨 다니며 안치된다. 이는 호수 사람들에겐 매우 중요한 의식이다. 신령한 불상이 호수 마을을 돌아다니며 1년 내내 물이 범람하지 않게 마을을 지켜주며 풍년 농사를 짓게 해주는 축복을 내려준다고 믿는다. 빠웅도우 파고다 축제 기간에는 인레 호수의 어부들이 모두 참여해 한 발로 노를 젓는 성대한 대회도 펼쳐진다.

빠웅도우 파야 축제 중 노 젓기 대회

빠웅도우 파야 축제 중 불상을 태우고 호수를 순례하는 힌타

빠웅도우 파야의 5불상

▒ 호수 위의 상점

투어에는 특산품 상점을 돌아보는 코스가 포함되어 있다. 따로 요구하지 않아도 뱃사공이 알아서 작은 가내수공업을 겸한 2~3곳의 상점으로 안내한다. 상점 측은 방문객에게 차를 한 잔씩 대접하고 상점의 특산품을 영어로 설명하는 안내자가 있을 정도로 관광지화되었다. 호수 위의 상점도 점점 늘어나고 있는데 그중 목에 링을 끼우고 살아가는 빠다웅 Padaung족이 운영하는 상점을 들르기도 한다. 빠다웅족은 샨 주와 까야 주에 살고 있는 소수 부족으로 기념품 판매가 그들의 수입원이다. 간혹 뱃사공이 상점을 들르는 것에 대해 불편해하는 여행자도 있는데 쇼핑을 의무적으로 해야 하는 것은 아니니 인레 호수의 특산품을 둘러본다는 기분으로 가볍게 들러보자.

● 잎담배(Cigarette)

담배 잎사귀를 자르지 않고 그대로 말려 둘둘 말아 필터 없이 피우는 잎담배. 초콜릿 향 등을 가미하기도 한다. 담배 잎의 모양과 직접 제조하는 모습을 볼 수 있는데 그 자리에서 피워볼 수도 있다. 선물용은 예쁜 래커웨어 박스에 넣어 판매한다.

● 실크 & 면(Lotus, Silk, Cotton)

연꽃에서 추출한 실을 염색해 그 실로 짠 스카프, 가방, 옷 등도 인레 호수의 특산품이다. 연꽃에서 가느다란 실을 뽑아내는 과정, 베틀에 앉아 직물을 짜는 모습을 볼 수 있다. 모든 과정이 수공예로 하는 작업이다 보니 섬세하기도 하지만 가격도 그만큼 비싼 편이다.

● 공예품(Handicraft)

민물조개 껍데기로 만든 셀 공예품도 눈에 띄는 특산품이다. 숟가락, 포크, 양념통, 접시 등의 주방용품과 목걸이, 귀걸이 등의 액세서리를 만든다. 이외에 작은 나무 상자에 한 가족을 나무로 조각해 넣은 인형 세트, 물고기를 잡고 있는 어부를 조각한 열쇠고리 등 정교하다고는 할 수 없지만 앙증맞은 공예품이 많다.

● 조각품(Carving)

나무, 청동에 불상이나 승려를 조각한 조각품은 5일장이나 호수 상점에서 쉽게 볼 수 있다. 대나무에 새긴 불경이나 불화 등도 있다. 공장에서 찍어낸 것이 아닌 핸드메이드라서 같은 모양이 하나도 없다. 그리 오래된 것은 아니지만 꼼꼼히 살펴보면 진짜 골동품을 발견할 수 있을지도 모른다!

● 금 & 은(Gold & Silver)

딱히 금, 은이 이 근처에서 나는 것은 아니지만 보석이 많이 나는 미얀마에서, 더군다나 관광지에서 금, 은, 보석 제품을 파는 것은 낯설지 않은 풍경이다. 인레 호수도 예외는 아니다. 호수에는 주로 세공을 하는 상점들이 있는데 목걸이, 귀걸이 등의 액세서리를 판매한다.

▨ 호수 위의 식당

호수 위의 식당은 대부분 샨식, 중국식, 유럽식, 미얀마식 등을 판매한다. 점심시간이 되면 뱃사공이 투어 코스에 따라 적당한 곳으로 손님을 안내한다. 기본 코스로 보트 투어를 한다면 보통 빠웅도우 파야 근처에서 점심식사를 하게 된다. 이 근처에 식당이 몰려 있기도 하지만 이동시간을 단축하기 위해서다. 뱃사공들은 손님에게 점심 식사 전후로 빠웅도우 파야를 둘러보게 해 코스에 포함시킨다. 식당의 메뉴는 거의 비슷하지만 상당히 괜찮은 맛을 보유한 식당이 몇 군데 있다. 하지만 꼭 아래 식당을 고집할 필요는 없다. 보트 투어 코스에 따라 방향이 다를 수 있으므로 뱃사공이 이동하기 편한 동선에 따라 안내를 받는 것도 괜찮다.

● 웨진요 Ngwe Zin Yaw

빠웅도우 파야 풍경을 내려다보며 식사하기 좋은 장소다. 식당도 청결하지만 차려내는 음식도 모두 정갈하고 맛도 수준급이다. 빠웅도우 파야 앞에 있는 나무 다리 건너 맞은편에 위치해 있다. 빠웅도우 페스티발이 열릴 때는 이 식당이 명당이다!

● 골든 문 Golden Moon

예쁜 테라스가 있는 식당이다. 간판 옆에 적어놓은 No MSG라는 문구가 식당을 들어서는 여행자들을 일단 안심시킨다. 조금 비싸긴 하지만 맛도 분위기도 대체로 좋아 뱃사공들이 손님을 많이 데려가는 식당 중 한 곳이다.

TRAVEL 💬 PLUS
목이 긴 여인, 빠다웅족

미얀마의 소수 종족 중에는 목에 링(Ring)을 치렁치렁 걸고 있는 목이 긴 여인들이 있다. 이들은 빠다웅족(까얀족 Kayan)으로 미얀마 동부의 샨 주(Shan State)와 미얀마 남부 까야 주(Kayah State)의 고산지대에 거주한다. 산에서 농사를 지으며 살아가는 이들은 인구 약 7,000여 명 정도로 추산된다. 빠다웅족의 여성은 전통에 따라 5세 정도가 되면 약 1kg의 링을 걸기 시작한다. 이후 2~3년 단위로 링을 추가해 결혼 적령기가 되면 목 길이는 최대 25cm까지 늘어나게 된다. 목이 길어지는 것이 아니라 링의 압박으로 어깨와 쇄골이 밀려나는 것이다. 목을 떠받치고 있는 링을 제거하면 목에 힘이 없어 위험해지기 때문에 특별한 일이 있지 않고서는 링을 풀지 않는다고 한다. 한 번 링을 걸면 죽기 전까지 벗을 수 없는 것이다. 정확한 기원은 알 수 없으나 산짐승의 공격에 살아남기 위해서라는 설도 있고, 다른 종족으로부터 여자들을 보호하기 위해서라는 설도 있다. 목 외에도 손목과 종아리에도 링을 감고 있는데 최근 이러한 관습은 조금씩 사라지고 있다.

이웃 나라인 태국에도 미얀마의 빠다웅족이 600여 명 살고 있다. 약 20년 전 태국으로 넘어간 그들은 태국 매홍쏜에 거주한다. 그들은 난민 신분이라 태국 내에서 경제적인 활동이 금지되어 있는데, 태국 정부는 난민캠프를 관광지로 개발해 외국인들에게 비싼 관람료를 받고 목이 긴 여인들을 구경시킨다. 그 대가로 그들은 태국 정부로부터 매달 생활비(원화 약 8만 원 정도)를 받는다. 하지만 미얀마에 남아 있는 빠다웅족은 그들보다 경제적으로 궁핍한 삶을 살고 있다. 그래서 일부 빠다웅족은 인레 호수까지 나와 관광 수입으로 생활비를 보충하고 있다.

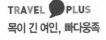

eating

여행에서 음식이 차지하는 비중이 큰 여행자라면 분명 냥쉐에서는 여행의 만족도가 상승 곡선을 그릴 것이다. 냥쉐는 외국인 관광객이 많이 찾는 지역인 만큼 다양한 음식을 맛볼 수 있다. 지역 음식인 샨 음식을 포함해 유럽식, 중식, 미얀마식, 한식 등 다국적 식당이 가득하다. 참고로 샨 음식은 대체로 한국인 입맛에 무난하게 맞아 실패할 확률이 적다.

무세 Muse Noodle Restaurant

지도 P.263-A1 | 주소 No.72, Yone Gyi Street
전화 (081)209213 | 영업 06:00~13:00 | 예산 K1,000~

샨 북부 무세 지역에서 온 부부가 2010년 문을 연 샨 음식점. 냥쉐에서 가장 성의 있고 담백한 샨 누들(샨 카우쇠)을 맛볼 수 있는 곳이다. 샨 누들은 식성에 따라 국물 없는 샐러드 타입인 아똑, 국물 있는 수프 타입인 아예로 각각 주문할 수 있다. 샨 김치인 친빳 대신에 양배추를 소금에 절인 무세 스타일 김치가 곁들여 나온다. 그 외에 샨 스타일의 고기 커리와 채소 커리도 준비되어 있다. 주로 현지인들의 아침식사 장소로 인기

국물 없는 샨 누들, 아똑

있는 곳이라 새벽부터 문을 연다. 따라서 재료가 떨어지면 바로 문을 닫기 때문에 점심시간이 되기 전에 문을 닫는 경우도 종종 있다.

로터스 Lotus

지도 P.263-B1 | 주소 Museum Rd. | 전화 09-42831 3717 | 영업 08:30~09:00 | 예산 K3,500~

성실한 부부가 운영하는 작은 식당. 냥쉐 마을 북동쪽의 한가한 지역에 위치해 있다. 부부가 냥쉐의 호텔에서 오랫동안 일한 경험이 있어서 여행자들이 무엇을 원하고 좋아하는지 잘 알고 있는 듯하다. 미얀마 커리를 포함해 중국식 볶음면과 볶음밥, 구운 토마토와 감자 샐러드 등 외국인들이 무난하게 먹을 수 있는 음식들이 많다. 매년 값이 오르긴 하지만 관광지인 냥쉐의 물가에 비하면 저렴한 편이며, 여전히 좋은 맛을 유지하고 있다. 주인장(Mr. Pyone Cho)은 냥쉐 마을 트레킹 가이드를 겸하고 있어 트레킹에 관한 정보를 얻을 수 있다.

나웅 인레이 Naung Innlay Restaurant

지도 P.263-B1 | 주소 Yone Gyi Road
영업 07:30~20:00 | 예산 K1,000~

저렴한 가격으로 배낭족들에게 사랑받는 식당. 샨 누들과 채소, 닭고기 등을 넣은 볶음밥 등 간단하게 한 끼 먹을 수 있는 메뉴를 갖추고 있다. 정이 많은 한국인 배낭 여행자들이 친절하게 한글로 적어놓은 차림표가 눈에 띈다. 인심 좋은 주인아주머니가 양을 꾹꾹 눌러 담으니 그리 배가 고프지 않으면 스몰 사이즈를 주문하자.

국물 있는 샨 누들, 아예

인레 팬케이크 킹덤 Inle Pancake Kingdom
추천

지도 P.263-A2 | 주소 No.27, Win Quarter
전화 (081)209288 | 영업 09:00~21:00 | 예산 K1,500~

식당 슬로건인 'Are you tired of rice?'라는 문구에 고개가 끄덕여진다면 이곳이 정답이 될 수 있다. 미얀마 여행을 하면서 미얀마 커리 & 라이스가 지겨웠던 여행자들은 이곳으로 가보자. 킹덤이라는 표현이 무색하지 않을 정도로 치즈, 토마토, 양파, 아보카도, 마늘, 버섯 등을 토핑한 팬케이크와 샌드위치 메뉴가 넘친다. 오믈렛, 감자튀김, 요거트인 라씨와 계절 과일주스 등도 있다.

골든 카이트 Golden Kite Restaurant

지도 P.263-B1 | 주소 Yone Gyi Road
전화 (081)209327 | 영업 08:00~22:00 | 예산 K7,000~

냥쉐에서 가장 괜찮은 이탈리안 음식을 맛볼 수 있는 곳. 10여 종류의 피자와 팬케이크, 16종류의 파스타를 요리한다. 식사 시간에 가면 외국인 단체 관광객들이 몰려들어 음식이 늦게 나오지만 기다린 시간이 아깝지 않을 만큼 흡족한 맛이다. 인레 호수의 남판 마을에도 체인점이 있다.

펍 아시아티코 인레 Pub Asiatico Inle

지도 P.263-B1 | 주소 No.129, Museum Street
전화 09-258955552 | 영업 11:00~23:00
예산 K10,000~

마을 북동쪽으로 주택가 사이에 근사한 2층의 검은 목조건물이 눈에 띈다. 버거, 스파게티, 그라탕, 야끼소바, 피자 등을 맛볼 수 있는 펍 & 피자 전문점이다. 피자는 모두 16가지로 포장도 가능해 현지인들에게도 인기 있다. 맛에 비해 가격은 약간 비싼 듯한데 분위기 하나는 최고다. 해피아워인 17:00~20:00에는 모히또가 K2,000이다.

더 프렌치 터치 The French Touch

지도 P.263-B1 | 주소 No.23, Kyaung Taw Shayt Street | 전화 09-49360030 | 영업 07:30~22:00
예산 K4,000~

프렌치 식당. 일단 주황색 산뜻한 테이블에 앉으면 무지막지하게 큰 메뉴판을 내어오는데 프렌치 음식 외에 샨지역 음식과 베이커리, 아이스크림, 빠리 스타일 커피, 칵테일 등 메뉴가 무려 100여 가지가 넘는다. 먹거리만큼 볼거리도 많은 곳이다. 식당 안쪽 뜰은 사진을 전시한 야외 갤러리로 꾸며져 있으며, 매일 저녁 19:30에 인따 영화를 상영한다.

벨루 Belu Bar & Cafe 추천

지도 P.263-A2 | 주소 No.16, Phaung Daw Pyan Road | 전화 (081)209946 | 영업 11:30~14:00, 16:30~21:00 | 예산 K6,000~

더 매노 호텔 The Manor Hotel의 부속 식당. 호텔 입구 왼편에 있는 계단을 오르면 2층 식당으로 연결된다. 버거, 샌드위치, 파스타, 스테이크 등 유러피안 메뉴와 인따 스타일의 피쉬 커리, 샨 음식 등의 메뉴를 골고루 갖추고 있다. 냥쉐에서 몇 안 되는 에스프레소 머신을 갖추고 있는 곳 중의 하나로 제대로 된 커피도 맛볼 수 있다. 이 우아한 목조 건축물은 저녁이 되면 외부 조명을 받아 한층 운치 있어진다. 슬렁슬렁 저녁 산책하다 들러 칵테일 한 잔 마시기 좋은 장소다.

그린 칠리 Green Chilli Restaurant

지도 P.263-A2 | 주소 Hospital Road
전화 (081)209132 | 영업 11:00~21:00 | 예산 K5,000~

냥쉐 마을 남쪽 끝자락의 한적한 곳에 위치한 식당. 로맨틱하고 우아한 분위기에서 식사할 수 있는 고급식당이다. 미얀마와 태국 음식을 판매하는데 냥쉐에서 가장 제대로 된 태국 음식을 맛볼 수 있는 곳이다. 가격은 약간 비싼 편이지만 분위기와 맛은 충분한 값어치를 한다. 인레 호수의 남판 마을에도 체인점이 있다.

라이브 딤섬 하우스 Live Dim Sum House

지도 P.263-B1 | 주소 No.43, Yone Gyi Road
전화 09-428136964 | 영업 09:00~21:00
예산 K3,500~

양곤의 새도나 호텔과 두바이의 5성급 호텔에서 10년 가까이 근무한 경력의 주방장이 맛깔난 딤섬을 차려낸다. 상하이식 군만두, 만둣국인 완탕, 볶음밥과 볶음면도 있다. 딤섬 종류가 많아 고르기 어렵다면 4종류의 딤섬을 각각 2개씩 넣어 세트메뉴로 내놓는 스팀 플래터 Steamed Platter를 주문해보자.

민따미 Minthameeo Bar & Bistro 추천

지도 P.263-A2 | 주소 No.136/21, Nanpan Quarter
전화 (081)209305 | 영업 10:00~21:30 | 예산 K4,000~

술과 식사를 겸하기 좋은 곳으로 샨 음식과 태국·미얀마식 커리류, 안주로 겸하기 좋은 가벼운 스낵 등을 판매한다. 주류는 맥주와 로컬와인, 칵테일 등이 있는데 2016 아시아 맥주 어워드에서 은메달을 수상한 저먼 바이젠 German weizen, 양곤 유일의 양조장인 버브릿 브루어리 Burbrit brewery에서 생산한 랑군 블론디 Rangoon Bloonde 등을 맛볼 수 있다.

도사 킹 Dosa King

지도 P.263-A1 | 주소 Yone Gyi Street Winter Road
전화 09-265206033 | 영업 09:00~23:00
예산 K5,000~

싱싱한 바나나잎을 연상케 하는 초록빛으로 외관을 온통 칠한 이곳은 남인도 음식점이다. 대표적인 남인도 음식인 도사 Dosa를 맛보자. 식당 이름이 도사 킹이기도 하니깐! 도사는 쌀가루 반죽 안에 다진 감자, 양파 등을 넣어 얇고 바삭하게 굽는 인도식 크레페다. 메인 요리 중에선 매콤 달콤한 치킨 띠까마살라 커리가 괜찮다.

신요 Sin Yaw

인기

지도 P.263-B1 | 주소 Mingalar Ashae Street
전화 09-428338084 | 영업 10:00~22:00
예산 K3,000~

외관은 평범해 보이지만 맛만큼은 절대 평범하지 않은 식당. 물가 비싼 냥쉐에서 적당한 가격에 꽤 만족스런 식사를 할 수 있다. 간단하게 먹을 수 있는 중국식 볶음밥과 볶음면 외에도 부드럽게 매콤한 맛이 특징인 샨 음식, 숯불에 생선을 조리하는 인레 음식을 두루 갖추고 있다. 원하는 메뉴의 매운맛 정도를 조절해 주문할 수 있다. 일행이 있다면 7가지 반찬이 둥근 찬합도시락에 나오는 샨 정식을 맛봐도 좋겠다.

맨맨 카페 Mann Mann Cafe

주소 No.139, Kan Thar Quarter(4)
전화 09-264579095 | 영업 10:00~21:30 | 예산 K3,000~

2017년 12월 오픈한 루프탑 카페 겸 식당. 냥쉐 마을로 진입하기 전 게이트 밖에 위치해 있다. 수입산 스페인 커피와 미얀마산 커피를 고루 갖추고 있으며 파스타, 샌드위치 등의 기본 메뉴와 쉐프가 개발한 창의적인 안주 메뉴도 있다. 근처의 묘우제디 Myo Oo Ze Dhi가 내려다보이는 루프탑 바에서 한산한 시간을 보내기 좋다.

ST 베이커리 ST Bakery

지도 P.263-A1 | 주소 Main Road & Myoe Lal Quarters No.6 Street | 전화 09-5214489
영업 09:30~20:30 | 예산 K1,000~

냥쉐를 대표하는 베이커리. 치즈, 블루베리, 과일 잼 등을 넣은 빵 종류가 제법 많다. 망고, 파인애플 맛 등의 아이스크림도 있다.

나이트 마켓 Night Market(Night Bazar)

지도 P.263-A2 | 위치 독립기념탑 근처의 공터
영업 16:00~23:00

2017년 1월부터 열리고 있는 냥쉐 야시장. 꼬치와 간단한 스낵류를 판매하는 약 20여 개의 노점과 전통 수공예품을 파는 상점이 넓은 공터에 모여 있다. 미얀마호텔업협회와 미얀마식당업협회에서 지역 개발과 관광 명소 활성화를 위해 약 2억 달러를 투자해 조성했다. 규모는 아직 큰 편은 아니지만 2018년부터 정부 관광관련부서에서 지원하기로 해 점차 활성화될 전망이다.

shopping

트리니티 패밀리 숍 Trinity Family Shop

지도 P.263-A1 | 주소 No.10, Lan Ma daw Road
전화 (081)209152 | 영업 09:00~22:00

2006년에 문을 연 상점. 주인장의 고향인 삔다야에서 공수해오는 핸드메이드 제품들이 가득하다. 특히 질기면서도 감촉이 고운 샨 페이퍼로 만든 제품들이 많은데 한지에 꽃잎을 문양으로 넣어 은은하게 만든 전등 갓, 대나무 살과 종이로 만든 인테리어용 종이우산, 대나무로 만든 공(친롱)과 바구니, 미얀마 풍경을 담은 기념엽서와 그린 티 등의 제품을 판매한다.

TRAVEL 💬 PLUS
미얀마인의 이름에는 성(姓)이 없다

미얀마인의 이름에는 성(姓: family name)이 없고 이름만 존재한다. 우리나라는 태어난 해에 따라 띠가 정해지지만, 미얀마에서는 태어난 요일에 따라 띠가 정해지고 이름도 요일에 따라 짓는다. 각 요일마다 몇 가지 정해진 자음 중 그 음절에 맞는 좋은 의미의 단어를 골라 이름을 짓는다. 또는 부모의 이름 중 한 두 글자를 넣어 짓기도 한다. 20세기 중반까지는 2음절의 이름을 많이 지었는데, 요즘은 3~4음절, 더 긴 이름도 많다. 예외의 경우도 있다. 아웅산 수찌의 이름을 예로 들면, 아웅산(아버지 이름)+수찌(자신의 이름)인데 수는 할머니 이름에서, 찌는 어머니의 이름에서 각각 한 음절씩 가져온 것이다. 즉, 아웅산 수찌의 이름에는 온 가족의 이름이 들어있는 셈이다.
성이 없으니 결혼한 여자도 이름이 바뀌지 않고, 자녀에게 물려줄 성도 없다. 이름을 부를 때는 성이 없기 때문에 이름을 모두 불러주는 게 예의인데, 성이 없는 대신 나이나 직책에 따라 이름 앞에 호칭을 붙인다.
남자의 경우 20세 전후의 청년에겐 '마웅(Maung)', 중년에겐 '꼬(Ko)', 나이가 많거나 사회적 지위가 높은 경우 '우(U)'를 붙인다. 유엔 사무총장을 역임한 우 탄트, 미얀마의 초대수상 우 누처럼.
여자의 경우는 주로 '마(Ma)'를 붙이며, 나이가 많거나 사회적 지위가 높은 경우 '도(Daw)'를 붙인다. 아웅산 수찌 역시 호칭을 붙여 '도 수(Daw Suu)'라고도 흔히 부른다.

entertainment

갤러리 19 Gallery 19

지도 P.263-B1 | 주소 No.19, Shwe Chan Thar St.
전화 09-450006097 | 개관 11:00~18:00 | 휴관 월요일

산 지역의 풍경을 담아내는 미얀마 사진작가 짜우짜우 윈(Kyaw Kyaw Win)의 갤러리. 마을, 사원, 승려, 일몰과 일출, 인레 호수의 어부와 새, 소수민족의 전통 의상 등 사진을 통해 산 지역의 풍경과 문화를 엿볼 수 있다. 작가는 특히 소수민족의 전통과 생활방식에 관심이 많아서 사라져가는 소수부족을 찾아다니며 촬영하고 그들의 흔적을 기록한다. 작가의 사진을 프린트한 엽서도 판매한다.

아마라다비 데이 스파 Amaradavi Day Spa

지도 P.263-B1 | 주소 Yone Gyi Rd. | 전화 09-4312
8615 | 영업 10:00~22:00 | 요금 전신 마사지 $10(60분)

미얀마 마사지는 기본이고 태국 마사지, 발리 마사지까지 받을 수 있는 곳. 전신마사지 외에도 발, 머리 · 어깨, 등 · 허리만 따로 받을 수 있다. 오일 마사지와 소금, 커피를 이용한 바디 스크럽도 있다. 언제 찾아가도 편차 없는 실력으로 성의 있는 마사지를 받을 수 있어 여행자들에게 평판이 좋다. 이곳에선 미얀마 마사지를 추천한다(Myanmar Traditional Massage).

아웅 푸펫 쇼 Aung Puppet Show

지도 P.263-B1 | 주소 Yone Gyi Road
공연 19:00, 20:30 | 요금 K5,000

5대에 걸쳐 전통 인형극 공연을 가업으로 하고 있는 곳. 현재 인형극을 진행하는 아웅(Mr. Aung) 씨의 이름을 걸고 운영하고 있다. 아웅 씨의 고조할아버지부터 아버지까지 모두 전통 인형극 전수자이며, 아웅 씨 역시 1985년 국가로부터 인형극 전수자 라이선스를 취득했다. 온 집안 식구가 함께 소극장을 운영하는데 극장 무대는 형제들이, 인형은 삼촌이 만든다고 한다. 음악에 맞춰 움직이는 인형극은 30분의 공연시간이 아쉬움이 남을 정도로 짧게 느껴진다. 공연이 끝나면 아웅 씨가 인형을 어떻게 움직이는지 시범을 보여주고 질문도 받는다. 아직 다른 지역에서 인형극을 본 경험이 없다면 들러보자. 냥쉐에서 유쾌한 저녁시간을 보낼 수 있다.

윈니운 마사지 Win Nyunt Massage

지도 P.263-B1 | 주소 Yone Gyi Rd. | 전화 09-428338045
영업 08:00~20:00 | 요금 전신 마사지 K7,000(1시간)

최근 냥쉐에도 마사지 숍이 늘어나고 있지만 이곳이 냥쉐에서 가장 먼저 생긴 곳이다. 8대째 내려오는 버마 전통 마사지 숍이다. 손님이 단체로 오면 아들, 할머니, 며느리가 모두 동원되어 손님을 맞는다. 디테일하다기보다는 이  불을 덮고 그 위에 올라 서서 몸을 꾹꾹 밟는데 은근히 시원하다. 깔러에서 냥쉐까지 트레킹으로 도착했다거나 야간 버스 여행으로 온몸이 찌뿌듯하면 찾아가 보자. 기다리지 않으려면 미리 예약하는 것이 좋다.

인레
호수 위에서의
로맨틱한
하룻밤

인레에서 특별한 밤을 보내고 싶다면 호수로 나가자. 숙소는 냥쉐 마을에만 있는 것이 아니다. 인레 호수에는 현지인들이 사는 수상가옥 외에 관광객을 대상으로 하는 '플로팅 리조트 Floating Resort'가 있다. 플로팅 리조트는 인레 호수에 사는 부족인 인따족의 집을 본떠 만들어졌다. 나무 방갈로의 기둥이 물속으로 잠겨 있는 외관은 거의 비슷해 보이지만 리조트는 일반 수상가옥과는 달리 내부를 들여다보면 깜짝 놀라게 된다.

일단 방이 호수 위에 있으니 침대에 누워 내다보는 호수 풍경은 말할 것도 없고, 우아한 원목으로 인테리어한 객실 내부와 욕조까지 준비된 욕실 등 호수 위에 최신식 설비를 갖춰놓은 것이 신기하고 놀랍기만 하다. 위성TV와 에어컨, 냉장고, 수영장, 스파, 심지어 호수 한가운데에서 와이파이까지 사용할 수 있다. 낮에는 산과 호수에 둘러싸인 평화로운 풍경에, 밤에는 조명을 켜 한껏 운치 있는 풍경에 여행자들은 호수 위의 다리를 걸으며 연신 '뷰티풀!'을 외쳐댄다.

플로팅 리조트는 인레 호수에서의 잊지 못할 하룻밤임에는 의심의 여지가 없으나, 호수 한가운데에 위치해 있다 보니 그만큼 숙박비가 비싼 것도 사실이다. 호텔 예약사이트를 통하면 할인된 요금이 적용되며 비수기에는 프로모션을 하는 리조트가 많아 조금 더 저렴하게 머물 수 있다. 대부분의 리조트는 예약자에 한해 헤호 공항까지 무료 픽업을 나온다. 직접 찾아간다면 선착장에서 리조트까지의 보트 비용은 본인이 지불해야 하므로 인터넷에서 미리 예약하고 가는 것이 여러모로 좋다. 한가지 더 고려해야 할 것은, 플로팅 리조트에 머물면서 시내를 오가는 사실 불편하다는 점이다. 리조트마다 택시 역할을 하는 전용 셔틀 보트가 있긴 하지만 냥쉐 선착장 입구까지 거리가 상당하다. 보통 보트로 편도 1시간가량 소요된다.

그럼에도 불구하고 오래오래 기억될 인레 여행이 된다는 것 또한 사실이기도 하다. 장담컨대, 플로팅 리조트에 묵게 되면 호수 밖으로 나가고 싶지 않을 것이다. 그저 숙소에 앉아 아름다운 호수를 하염없이 바라보는 것만으로도 충분하니까. 인레 호수에는 약 20개의 플로팅 리조트가 운영 중이다. 외국 자본이 투자하는 리조트 개발 프로젝트가 진행 중이어서 앞으로 리조트는 더 늘어날 전망이다. 인레 호수의 플로팅 리조트 중에서 현재 여행자들에게 가장 좋은 평판을 얻고 있는 곳을 일부 소개한다.

쉐인타 플로팅 리조트
Shwe Inn Tha Floating Resort

지도 P.271 | 전화 09-5192952, 09-49351315
요금 싱글 · 더블 $170~ | 객실 40룸
사이트 www.inlefloatingresort.com

1996년에 문을 연 플로팅 리조트. 인레 호수 중간 지점인 요마 빌리지(Ywama Village) 근처에 위치해 있다. 선착장에서 보트로 약 1시간가량 소요된다. 호수 한가운데에 영역을 표시하듯 거대하게 둘러쳐진 대나무 담장 게이트를 통과해서 리조트로 입장하게 된다. 특히 이곳은 유럽 여행객들이 가장 좋아하는 숙소로 나이 지긋한 부부들과 소규모 그룹 여행객들이 주로 찾는다. 객실은 모두 디럭스 룸으로 구성되어 있으며 내부는 앤티크 느낌이 물씬 나는 장식과 티크 나무로 꾸며졌다. 최대 100여 명을 수용할 수 있는 부속 식당, 호수와 눈높이를 맞출 수 있는 호수 위의 수영장, 호수 한가운데 떠있는 작은 방갈로에서 받는 마사지 등 5성급 그 이상의 시설과 서비스를 느낄 수 있다. 체크인은 14:00, 체크아웃은 11:00이다.

■ 그 외의 플로팅 리조트

파라다이스 인레 리조트 Paradise Inle Resort
전화 (081)3334009, 3334010 | 요금 $120~220
객실 55룸 | 사이트 www.kmahotels.com/paradise-inle-resort

인레 프린세스 리조트 Inle Princess Resort
전화 09-5251407, 5251232 | 요금 $160~
객실 40룸 | 사이트 www.inle-princess.com

골든 아일랜드 코티지 남판
Golden Island Cottages Nampan

지도 P.271 | 전화 (081)209390, 09-5210182
요금 싱글 · 더블 $120~ | 객실 40룸
사이트 www.gichotelgroup.com

영문 이름의 앞 글자를 따서 흔히 GIC로 불린다. 인레 호수에는 두 개의 GIC 리조트가 있다. 1996년에 문을 연 GIC 남판 Nampan과 1998년에 오픈한 GIC 탈레우 Thale U가 그것이다. 이곳은 남판 빌리지 Nampan Village에 위치한 'GIC 남판'이다. 객실은 원목 가구와 흰색 커튼, 침구로 심플하면서도 단정하게 꾸며졌다. 객실은 3가지 형태로 스탠더드, 수피리어, 디럭스 룸으로 구성되어 있다. 특히 스탠더드 룸은 비수기 때 $70~80에 내놓는 프로모션을 종종 진행해 비교적 저렴하게 머물 수 있다. 성수기에는 100여 명을 수용할 수 있는 부속 식당에서 전통 공연을 열어 여행자들에게 큰 호응을 얻고 있다. 전통의상을 차려입은 웃음 많은 직원들이 여행자들을 환하게 맞는 기분 좋은 숙소다. 체크인은 14:00, 체크아웃은 11:00이다.

인레 레이크 뷰 Inle Lake View
전화 (081)23656, 209332, 209483 | 요금 $160~
객실 40룸 | 사이트 www.inlelakeview.com

인레 리조트 Inle Resort
전화 09-5154444, 49382100 | 요금 $100~180
객실 54룸 | 사이트 www.inleresort.com

스카이 레이크 리조트 Sky Lake Resort
전화 (081)209128, 209692 | 요금 $60~90
객실 47룸 | 사이트 www.skylakeinleresort.com

sleeping

낭쉐(인레)는 숙소에 관한 한 미얀마 여행 중 가장 쾌적하고 기분 좋게 머물 수 있는 곳이다. 이름난 관광지답게 다른 도시에 비해 숙소 시설이 가격 대비 좋은 편이다. 저렴한 게스트하우스부터 인레 호수 위에 세워진 리조트까지 종류도 다양하고 가격도 천차만별이다. 점차 늘어나는 관광객에 호응하기 위해 숙소도 꾸준히 보수 공사를 하고 있어 컨디션은 점점 나아지고 있다. 물론 리모델링이 끝나면 덩달아 숙박요금도 오른다. 특히 인레 호수에서 따웅도우 축제가 열리는 10월, 띤잔 축제가 열리는 4월은 숙소를 포함해 이 지역의 모든 물가가 일제히 오른다.

숙소는 한곳에 집중되어 있지 않고 마을의 동서남북에 넓게 퍼져 있다. 마을은 모두 걸어 다닐 수 있는 거리이고 길은 격자로 되어있어 길 찾기는 쉽지만, 예약 없이 간다면 숙소를 찾아 사방팔방으로 헤매게 된다. 서쪽 끝에서 동쪽 끝까지 도보로 이동하기엔 생각보다 시간이 걸리기 때문에 아래 구역별 특징을 참고해 머물 구역을 미리 생각해두자. 딱히 구역이 상관없다면 마음에 드는 숙소를 먼저 정해도 좋다.

마을 서쪽 마을 서쪽에는 인레 호수로 진입하는 보트 선착장이 있다. 선착장 주변엔 저렴한 게스트하우스가 몰려있는 반면, 아침부터 호수를 드나드는 보트들의 엔진 소음을 감수해야 한다.

마을 중앙 아무래도 마을 중심은 유동인구가 많아 약간 번잡하긴 하다. 하지만 마트, 선착장, 식당, 은행 등을 수시로 들락거리기 편리한 위치다.

마을 동쪽 낭쉐 마을 초입에 위치한 구역으로 정확하게는 마을의 북동쪽이다. 아직까지 크게 번잡하진 않다. 주택 사이로 띄엄띄엄 작은 식당과 숙소가 있다.

마을 남쪽 낭쉐에서 가장 조용한 구역으로 우체국 근처에 한적하게 머물 수 있는 숙소가 많다. 시내 중심에서 조금 떨어져 있긴 하지만 산책하듯 걷기 좋을 만큼의 거리다.

인레 스타 모텔 Inle Star Motel
서쪽

지도 P.263-A1 | 주소 No.49, Kann Nar Road
전화 (081)209745 | 요금 싱글 $25~30, 더블 $35~45
객실 20룸

선착장 초입에 위치한 짙은 붉은 벽돌 건물의 2층 숙소로 2013년 2월 문을 열었다. 깨끗한 침구와 청결한 욕실 등 모든 시설이 잘 관리되고 있다. 이곳에는 객실만큼 기분 좋은 공간이 있다. 파라솔과 테이블을 펴놓은 옥상 카페 'Sun Set Bar'가 그것이다. 선착장 풍경을 내려다보며 저녁 시간을 보내기 좋은 곳으로 과일주스와 맥주 등을 판매한다. 옥상 카페는 투숙객이 아니더라도 이용할 수 있으며 16:00~20:00까지 문을 연다.

뷰 포인트 롯지 View Point Lodge
서쪽

지도 P.263-A1 | 주소 Taik Nan Bridge and Canal
전화 (081)209062 | 요금 싱글 · 더블 $120~ | 객실 20룸

인레 호수 선착장 초입의 다리 옆에 위치해 있는 호텔. 파인 다이닝 Fine Dining 이라는 고급 식당을 함께 운영하고 있다. 호텔은 식당 뒤쪽의 고즈넉한 호수 위로 놓인 나무다리를 따라 방갈로 타입 객실이 연결되어 있어 운치있다. 객실을 채우고 있는 비품도 분위기 있다. 일부 객실은 옛날 샨 공주가 사용했다는 화장대 등 이미테이션한 고가구를 배치해 클래식하면서도 멋스럽다.

베스트 웨스턴 사우전드 아일랜드 호텔 Best Western Thousand Island Hotel
서쪽

지도 P.263-A2 | 주소 Corner of Kan Nar Street & Poung Daw Side Street | 전화 (081)209951
요금 싱글 · 더블 $65~ | 객실 42실

2017년 6월 오픈한 숙소로 선착장 근처에 위치해있다. 미얀마 전통의 멋과 현대적인 감각을 잘 조화시킨 호텔로 데코레이션에 신경을 많이 썼는데, 호텔 곳곳에 고가구를 배치해 우아한 분위기가 물씬 풍긴다. 마을의 전망을 볼 수 있는 객실의 탁 트인 발코니도 좋고, 선착장이 내려다보이는 루프탑 바도 느긋하게 시간을 보내기 좋다.

오스텔로 벨로 냥쉐
Ostello Bello Nyaung Shwe

지도 P.263-A1 | 주소 Yone Gyi Street | 전화 (081) 209308 | 요금 도미토리 $13~ | 객실 32룸

여행자들에게 인기 있는 오스텔로 벨로의 냥쉐 지점이다. 2인실과 합리적인 가격의 5~8인실 도미토리를 갖추고 있다. 바비큐 파티, 미얀마어 레슨, 칵테일파티 등 요일별로 열리는 다양한 이벤트는 여행자들에게 특별한 추억을 선사하며 큰 호응을 얻는다. 이벤트는 매일 밤 17:00~21:00에 루프탑 테라스에서 열린다.

81 호텔 인레이 81 Hotel Inlay

지도 P.263-A2 | 주소 No.56, Phaungdaw Site Road 전화 (081)209904 | 요금 싱글 · 더블 $40~ | 객실 22룸

냥쉐에도 현대적인 분위기의 호텔이 등장했다. 이곳은 2014년 3월 문을 연 호텔로 싱가포르의 유명한 체인호텔 Hotel 81의 이름과 로고, 칼라가 비슷하긴 하지만 체인은 아니다(이곳은 81 Hotel). 평면 TV, 개인금고 등을 갖춘 깔끔한 객실은 볕이 잘 들어와 환하다. 아직까진 모든 시설이 짱짱해 여행자들에게 좋은 반응을 얻고 있다. 근처에 이보다 두 배 큰 규모의 체인 호텔 '81 Central Hotel'도 오픈했다. 하지만 이곳이 약간 더 가족적인 분위기를 선사한다.

골든 드림 호텔 Golden Dream Hotel

지도 P.263-A1 | 주소 No.5, Yone Gyi Street 전화 (081)209764 | 요금 더블 $25~ | 객실 30룸

마을 중앙에 위치한 동급 숙소 중에선 가격대비 만족도가 가장 뛰어난 곳이다. 동급 숙소 대비 객실이 넓은 편인데 스탠더드 룸을 제외하고 수피리어와 디럭스 룸은 발코니가 딸려 있다.
4층의 소박한 식당에서 조식을 제공한다. 전반적으로 조용하고 차분한 분위기를 풍기는 숙소이며, 신속하고 세심하게 여행객을 챙기는 직원 서비스도 무척 인상적이다.

더 매노 호텔 The Manor Hotel

지도 P.263-A2 | 주소 No.16, Phaung Daw Pyan Road | 전화 (081)209946~7 | 요금 싱글 · 더블 $55~80 객실 16룸 | 사이트 www.themanorinle.com

2015년 3월 오픈한 숙소로 한국인이 운영한다. 1968년 지어진 대저택을 아름답게 리모델링했다. 최대한 옛 모습을 유지하려고 애썼는데 특히 2층의 밖여닫이 나무 창문은 원형 그대로의 모습이다. 객실은 깔끔하고 호텔 2층 로비와 복도는 바닥과 벽을 나무로 마감해 아늑한 느낌이 든다. 분위기 좋은 부속 식당(Belu Bar)에서 아침식사를 할 수 있다는 것도 매력적이다.

골든 엠프레스 호텔 Golden Empress Hotel

지도 P.263-A2 | 주소 No.19, Phaung Taw Pyan Rd. 전화 (081)209037 | 요금 싱글 · 더블 $40~ | 객실 13룸

외관은 다소 평범해 보이지만, 안으로 들어서면 로비에 놓여있는 샨 스타일의 침대부터 예사롭지 않은 느낌이 든다. 곳곳에 주인장이 수집한 고가구와 골동품 덕분에 홈스테이 하는 기분이 드는 숙소다. 객실 내부는 온통 반들반들한 나무로 마감되어 있어 차분한 분위기를 풍긴다. 객실은 1, 2층으로 나뉘는데 1층 객실(4룸)은 발코니가 없고, 2층 객실(9룸)은 발코니와 에어컨이 포함된다.

니웅 캄 Nk The the Little Inn

지도 P.263-A2 | 주소 Phaung Daw Pyan Road 전화 (081)209195 | 요금 수피리어 싱글 $20~25, 더블 $23~30 /스탠더드 싱글 $15, 더블 $18 | 객실 16룸

오랫동안 여행자들의 사랑을 듬뿍 받고 있는 숙소. 화답이라도 하듯 2015년 리모델링을 하면서 객실을 두 배로 늘렸다. 과거 객실은 스탠더드 룸(선풍기 룸)이고, 정원 한쪽에 새로 지은 객실은 수피리어 룸(에어컨 룸)이다. 간판을 뒤덮던 아름다운 부겐빌레아 꽃은 여전하며, 비밀의 화원 같던 안뜰은 과거에 비해 약간 줄어들고 심심하게 정돈되었지만, 옆 사원에서 정원 가득 은은하게 울려 퍼지는 종소리 역시 여전하다.

라 메종 비만 인 부티끄
La Maison Birmane Inn & Boutique

지도 P.263-A2 | 주소 Corner of Zizawa Street & Say Yone St. | 전화 09-426088811 | 요금 더블 $85~110 | 객실 13룸

2012년 오픈한 이 아름다운 부티크 호텔은 냥쉐 마을 남쪽 끝에 마치 비밀의 화원처럼 숨겨져 있다. 객실은 훌쩍 큰 나무와 수풀이 담장처럼 두르고 있는 방갈로 형태다. 온전한 휴식을 취할 수 있도록 일부러 TV 등의 전자제품을 설치하지 않은 대신, 넓고 푹신한 침대와 어메니티 등 비품에 더 신경을 썼다. 방갈로 앞 테라스에 앉아 새소리를 들으며 그냥 빈둥대기만 해도 방값이 아깝지 않은 숙소다.

메이 게스트하우스 May Guest House

지도 P.263-B2 | 주소 No.85, Myawaddy Road 전화 (081)209417 | 요금 싱글 $20, 트윈 $30 | 객실 10룸

오랜 단골 배낭족을 확보하고 있는 숙소. 20년 가까이 메이 게스트하우스의 심벌인 커다란 마차 바퀴가 담장을 두르고 있다. 최근 리모델링을 해 내부 객실을 산뜻하게 마무리했다. 복도를 따라 한쪽 편으로 난 객실이 약간 붙어 있는 느낌이 들긴 하지만 방 자체는 그리 작은 편은 아니다. 객실은 싱글, 트윈, 트리플 룸으로 구성되어 있다. 분위기 있는 숙소 정원에서 조식을 차려낸다.

카시오페이아 호텔 Cassiopeia Hotel

지도 P.263-B1 | 주소 No.15, Yone Gyi Road 전화 (081)209902 | 요금 싱글·더블 $40 | 객실 20룸

그리스 신화에 등장하는 이름처럼 입구는 그리스 신전처럼 꾸며졌다. 호텔 안으로 들어서면 널찍한 마당에 방갈로 형태의 숙소가 나란히 늘어서 있다.
넓은 면적에 비해 정원은 약간 썰렁하지만 나무를 덧대 마감한 객실 내부는 상당히 깔끔하고 단정하다. 욕조와 비품도 잘 갖추고 있다. 전체적으로 차분한 분위기에서 머물 수 있는 호텔이다.

리멤버 인 Remember Inn

지도 P.263-B1 | 주소 Museum Rd. | 전화 (081)209257 요금 싱글 $15~35, 더블 $25~40 | 객실 44룸

컬처럴 뮤지엄 맞은편에 위치한 숙소로 샨족 가족이 운영한다. 객실은 정원에 조성된 방갈로 타입과 메인 건물인 빌딩 타입으로 나뉜다. 빌딩 타입의 객실은 방이 꽤 넓은 편이고, 방갈로 객실은 아늑하고 산뜻하다. 인근의 동급 숙소 중에선 가격 대비 시설이 괜찮은 편이다. 일일 트레킹, 보트투어, 버스표 등의 대행서비스도 신속하고 신뢰감 있게 진행한다. 옥상에서 차려내는 조식 메뉴는 무려 5가지. 토스트를 포함해 팬케이크, 샨 누들, 모힝가, 볶음밥 중에서 고를 수 있다.

임마나 그랜드 인레 호텔
Immana Grand Inle Hotel

지도 P.263-B1 | 주소 No.129, Museum Street 전화 09-258955552 | 요금 더블 $70~ | 객실 40룸

2017년 10월 문을 연 중급 숙소로 마을의 북동쪽에 위치해 있다. 이 구역이 원래 조용하기도 하지만 객실을 반들반들한 나무 바닥과 깔끔한 침구로 단장해 한층 고즈넉한 분위기를 풍긴다. 객실의 창문도 유난히 크고 환하다. 작고 아담한 수영장, 다양한 뷔페 조식, 직원들의 다정한 서비스 등 조만간 인기 호텔 순위에 오를 것으로 전망되는 숙소다.

호텔 어메이징 냥쉐
Hotel Amazing Nyaung Shwe

지도 P.263-B1 | 주소 Yone Gyi Road 전화 (081)209477 | 요금 싱글·더블 $98~140 | 객실 15룸

미얀마 전통 스타일을 콘셉트로 한 부티크 호텔이다. 호텔은 2층 규모로 아담한데 객실은 모두 한 방향으로 나 있다. 요금은 크게 두 시즌으로 나뉜다. 5월~9월은 비수기, 10월~4월은 성수기 요금이 적용된다. 성수기에는 싱글·더블 룸이 $140~220까지 치솟는다. 입구에 있는 아담한 부속 식당(Mai Li Restaurant)도 있다.

따웅지 | Taunggyi

해발 1,430m의 샨 고원에 자리하고 있는 따웅지는 인레 호수에서 북동쪽으로 약 30km 거리에 위치해 있다. 미얀마어로 '따웅'은 산(山), '지'는 크다는 뜻으로 '큰 산'을 의미한다. 도시 동쪽에 있는 능선 Sin Taung의 이름에서 유래되었다. 따웅지는 오래전 이 능선을 따라 오두막 몇 채 있는 작은 산마을이었다. 1894년 식민지 시절부터 개발되기 시작해 현재는 샨 주의 주도가 되었다. 샨 주이긴 하지만 샨족 인구 보다는 빠오족, 인도계 미얀마인과 중국계 미얀마인이 지배적이다. 그 중에서도 특히 빤데 Panthay라고 불리는 미얀마 거주 중국계 무슬림의 후손이 많다. 다양한 인종 때문에 불교 사원을 포함해 교회, 모스크, 힌두 사원까지 건축물도 다채롭다.

고산지대이지만 1년 내내 온화한 기후를 보여 전국에서 가장 날씨가 좋은 곳이기도 하다. 따웅지 자체는 여행자들이 흥미로워할 요소는 적지만 관공서와 주요 은행, 항공사 등의 사무실이 모두 밀집해 있는 샨 주의 중심도시로 까꾸 Kakku, 인레 호수, 삔다야 등을 방문하려면 한번쯤 들르게 되는 교통의 요지다.

지역번호 (081)

환전(ATM) · 관광안내센터(MTT)

샨 주의 주도답게 메인로드(보족 아웅산 로드)에서 은행과 ATM기를 쉽게 볼 수 있다. 관광안내센터는 도심 남쪽에 있는 따웅지 호텔 Taunggyi Hotel 안에 있다.

■ 공항

따웅지에는 공항이 없다. 가장 가까운 공항은 26km 거리에 있는 헤호 공항이다. 따웅지 시내에서 공항까지 택시로 약 1시간 소요되며 요금은 K25,000이다.

■ 여행사 · 버스터미널

메인 로드인 보족 아웅산 로드 Bogyoke Aungsan Road의 북쪽에 여행사가 몰려 있다. 주요 도시인 양곤, 바간, 만달레이 등지로 가는 버스 티켓을 판매하는데 입간판을 내놓고 있어 어렵지 않게 찾을 수 있다. 보족 아웅산 로드의 남쪽에도 여행사와 항공사 사무실이 많이 있다. 버스 티켓을 살 때 확인해야 하는 것은, 버스회사에 따라 구입한 곳에서 무료로 픽업을 해주는 경우도 있고, 직접 장거리 버스터미널로 가야 하는 경우도

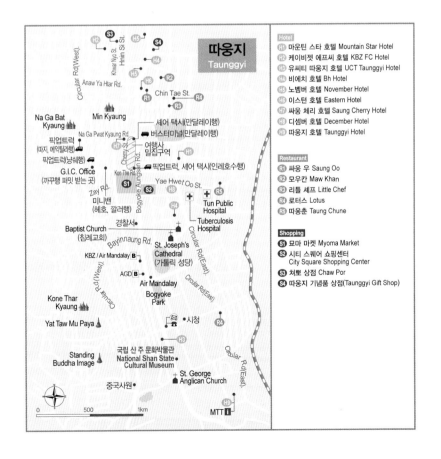

Hotel
- **H1** 마운틴 스타 호텔 Mountain Star Hotel
- **H2** 케이비젯 에프씨 호텔 KBZ FC Hotel
- **H3** 유씨티 따웅지 호텔 UCT Taunggyi Hotel
- **H4** 비에치 호텔 Bh Hotel
- **H5** 노벰버 호텔 November Hotel
- **H6** 이스턴 호텔 Eastern Hotel
- **H7** 싸웅 체리 호텔 Saung Cherry Hotel
- **H8** 디셈버 호텔 December Hotel
- **H9** 따웅지 호텔 Taunggyi Hotel

Restaurant
- **R1** 싸웅 우 Saung Oo
- **R2** 모우칸 Maw Khan
- **R3** 리틀 셰프 Little Chef
- **R4** 로터스 Lotus
- **R5** 따웅춘 Taung Chune

Shopping
- **S1** 묘마 마켓 Myoma Market
- **S2** 시티 스퀘어 쇼핑센터 City Square Shopping Center
- **S3** 처뽀 상점 Chaw Por
- **S4** 따웅지 기념품 상점(Taunggyi Gift Shop)

있으니 꼭 문의하자. 버스는 대부분 장거리 터미널인 에타야 Aye Thar Yar 버스터미널에서 모여 출발한다. 시내에서 에타야 버스터미널까지는 택시로 20분 소요되며 요금은 K3,000이다.

버스

양곤에서

양곤의 아웅 밍갈라 버스터미널에서 출발하는 따웅지행 버스는 주로 17:00~ 19:00 사이에 집중되어 있다. 오전에도 버스가 출발하지만 저녁 시간대에 더 많은 버스회사가 운행하며 최근 이 구간에 VIP 버스도 등장했다. 따웅지까지는 10~12시간 소요되며 요금은 K16,000~27,000(VIP)이다.

만달레이에서

만달레이의 쮀세칸 버스 스테이션에서 따웅지행 버스가 09:00, 19:00에 출발한다. 10~12시간 소요되며 요금은 K12,000~20,000(VIP)이다.

바간에서

바간 터미널에서 07:30, 08:00, 19:00, 20:30에 따웅지행 버스가 출발한다. 11시간 소요되며 요금은 K11,000~18,000(VIP)이다.

삔다야에서

06:00 출발 버스는 3시간(K3,500) 소요, 14:00 출발은 1시간 30분(K4,000) 소요된다.

따웅지에서 출발하는 버스

목적지	출발시각	요금	소요시간
양곤	17:00	K15,000	12시간
만달레이	18:00, 19:00	K10,000	10시간
바간	18:00	K10,000	8~9시간
삔다야	07:00, 13:00, 14:00	K4,000	3시간
냥쉐(인레)	06:00~17:00(픽업트럭)	K1,000	1시간

픽업트럭

묘마 마켓 근처(Merchant Street 북쪽)에서 픽업트럭이 출발한다. 픽업트럭은 보통 06:00~17:00 까지 운행하지만 인원이 모두 차야 떠나므로 딱히 정해진 출발시간은 없다. 가장 많이 이용되는 노선은 냥쉐(인레 호수)로 가는 픽업트럭으로 냥쉐까지는 1시간 소요되며 요금은 K1,000이다.

사람보다 짐을 더 많이 싣는 냥쉐행 픽업트럭

냥쉐행 픽업트럭은 쉐냥에 정차하므로 쉐냥 정션에서 하차도 가능하다. 쉐냥 정션까지는 30분 소요되며, 요금은 같다. 깔러, 헤호 공항, 메익틸라까지 픽업트럭도 운행한다.

Transport
따웅지 시내교통

택시

따웅지에는 사이클 택시가 없다. 일반 택시를 이용해야 한다. 택시는 묘마 마켓 근처의 버스정거장과 보족 아웅산 로드에 있는 Empire Hotel 근처에 많이 있다. 숙소에서도 택시를 예약할 수 있다. 냥쉐까지는 택시로 K20,000, 헤호 공항까지는 K25,000이다. 보통 시내에서 터미널까지는 K3,000이다.

Course
따웅지 둘러보기

따웅지는 샨 주의 주도답게 크고 넓은 도시이지만 그에 비해 여행자의 흥미를 끄는 요소는 많지 않다. 축제 기간이 아니라면 주로 근교의 까꾸를 다녀오기 위해 찾는다. 따웅지에 도착해 까꾸 당일 여행을 끝내고 가까운 냥쉐(인레)나 야간 버스를 이용해 같은 날 다른 도시로 이동이 가능하다. 시간 여유가 있다면 샨 주 문화박물관과 활기 넘치는 시장을 방문해보자.

묘마 마켓 Myoma Market

지도 P.291 | 주소 Bogyoke Aungsan Road

따웅지는 샨 주의 주도답게 전통 5일장도 제법 크게 열린다. 따웅지의 대표 시장인 묘마 마켓은 상시 열리는 재래시장으로 늘 현지인들이 가득한데, 특히 5일장이 열리는 날은 외국인 관광객까지 가세해 더욱 분주해진다. 5일에 한 번 지역 주민들은 전통 식품, 농수산물, 잡화 등을 거래하기 위해 한 자리에 모여든다. 연중 내내 온화한 계절 덕분에 고산지 과일과 채소가 풍요로운 것도 특징이다. 빠른 도시화에도 불구하고 여전히 샨 주의 외딴 지역들을 연결하는 중요한 역할을 한다. 장이 열리는 날을 체크하려면 '샨 주의 전통 5일장 P.268' 참고.

국립 샨 주 문화박물관 National Shan State Cultural Museum ရှမ်းအမျိုးသားပြတိုက်

지도 P.291 | 주소 Bogyoke Aung San Road | 전화 (081)21201160
개관 화~토요일 10:00~16:00 | 휴관 일~월요일 | 입장료 K2,000 | 사진 촬영 금지

1989년에 세워진 2층 건물의 샨 주 문화박물관이다. 과거 샨 왕국의 통치자였던 사오파의 소장품 일부를 볼 수 있다. 가구나 칼, 당시에 사용되었던 동전과 그림, 그 외에 샨족 전통 의상을 전시하고 있다.

TRAVEL PLUS

미얀마의 아름다운 스포츠, 친롱

공터에서 현지인들이 삼삼오오 모여 공놀이 하는 모습을 심심찮게 볼 수 있다. 이는 미얀마의 국민스포츠인 친롱 chinlone이다. 6명이 한 팀을 이뤄 등나무로 만들어진 둥근 공을 손을 제외한 발과 무릎, 머리를 이용해 땅에 떨어뜨리지 않고 차올리는 경기다. 세팍타크로 Sepaktakraw와 비슷한데, 친롱은 다른 스포츠와 달리 승패의 구분이 없는 비경쟁적인 스포츠라는 것이 색다르다. 친롱은 미얀마에 1500년 이상 내려오는 역사 깊은 전통 스포츠로 그동안 공을 차는 방법을 200가지 이상 개발했다고 한다. 공을 차올리는 동작이 묘기 같기도 하고, 춤을 추는 것처럼 유려해서 구경하다보면 시간 가는 줄 모른다. 발등으로 통통 공을 튀기는 경쾌한 소리도 보는 재미를 더한다.

eating

모우칸 Maw Khan

지도 P.291 | 주소 No.216, Shan Street
전화 (081)2122592 | 영업 11:00~20:00 | 예산 K5,000~

식당 간판은 Maw Khan, 식당 명함은 Moul Kham, 현지인들은 Mao Kham이라고 부르는 식당. 이름이야 어떻게 불리든 현지인들에게 가장 인기 있는 샨 음식점이다. 샨 음식은 대체로 담백하게 매콤한 것이 특징인데 고기, 생선 등 식감 좋은 재료들이 어우러져 맛의 조화를 이룬다. 감칠맛 나는 제철 채소 볶음도 함께 곁들여보자. 현지 식당이 몰려 있는 친테 스트리트 Chin Tae Street 근처의 골목에 위치해 있다.

리틀 셰프 Little Chef

지도 P.291 | 주소 Aok All Road | 전화 09-4957 7706 | 영업 10:00~22:00 | 예산 1인 K6,500~

현지 젊은이들이 즐겨 찾는 핫 폿 Hot Pot & 바비큐 BBQ 뷔페 식당. 핫 폿은 중국식 샤브샤브인 휘궈(火鍋)로 담백한 맛의 백탕, 매운맛의 홍탕 두 가지로 나뉜 육수에 채소와 고기를 데쳐 먹는다. 바비큐는 전골냄비 같은 불판에 고기를 올려 구워 먹는다. 둘 중 선택해 주문할 수 있으며 재료는 식당 한쪽의 냉장고에서 가져다 먹는 시스템이다. 음료는 무료로 제공된다.

shopping

시티 스퀘어 쇼핑센터
City Square Shopping Center

지도 P.291 | 주소 Corner of Bogyoke Aung San Road & Yay Htwet Oo Road | 영업 09:00~21:00

2017년 따웅지에 대형 쇼핑몰이 입점했는데 그것도 재래시장인 묘마 마켓 맞은편에 자리 잡았다. 이 안에는 미얀마의 유명한 마트 체인인 오션 슈퍼센터 Ocean Super Center가 입점해 있는

데, 이곳에서 여행 중 필요한 물품을 모두 구입할 수 있다. 그리고 무엇보다도 4층에 푸드 타운이 형성되어있는데, KFC치킨부터 피자, 샤브샤브 등의 음식 코너와 앉아서 먹을 수 있는 좌석이 마련되어 있다.

TRAVEL ●PLUS
샨 주의 전통 간식을 맛보자

샨 주의 시장에서 흔히 볼 수 있는 쳐뽀(Khaw Pote, Khow Poat)는 샨 사람들의 오래 전부터 먹어온 간식이다. 찹쌀 흑미, 참깨, 코코넛 등을 첨가해 만든 쌀 케이크로 식감은 쫄깃하면서도 폭신하다. 쳐뽀는 둥근 달 모양으로 만들어 따웅지의 보름달 축제인 따징쥬 축제 때 먹던 음식인데, 요즘엔 이와 상관없이 평상시에 즐겨 먹기도 하고 주로 겨울에 많이 먹는다. 표면에 마르지 않도록 바나나 잎에 싸서 보관하는데 둥근 빵 1팩에 K1,000 정도이다. 시장에서는 먹기 좋도록 잘라서 팔기도 한다.

sleeping

따웅지는 여행자보다는 비즈니스맨들이 더 많이 찾는 지역이다 보니 숙박료가 비싼 편이다. 숙소 밀집구역은 따로 없지만 대부분 메인 로드인 보족 아웅산 로드를 따라 대로변에 위치해 있다. 대도시인데도 외국인이 머물 수 있는 숙소보다 현지인 전용 숙소가 더 많으므로 따웅지 축제가 열리는 10~11월에는 반드시 예약해야 한다. 하지만 방을 못 구하면 숙소가 많은 냥쉐(인레)로 가면 되므로 크게 문제되진 않는다. 냥쉐는 따웅지에서 1시간 거리로 사실 여행자들은 냥쉐에서 머무는 것이 여러모로 더 효율적이다.

케이비젯 에프씨 호텔 KBZ FC Hotel

지도 P.291 | 주소 No.157, Khwar Nyo Street
전화 (081)2122009, 2123586 | 요금 싱글 $27,
더블 $37~57 | 객실 19룸

한적한 주택가에 위치해 있는 조용한 숙소. 보송보송한 침대 시트와 햇볕이 잘 들어오는 방, 환기가 잘되는 욕실 등 쾌적한 시설을 갖추고 있다. 상냥한 직원들의 신속한 서비스로 기분 좋게 머물 수 있는 숙소다. 메인 도로에서 조금 안쪽으로 들어가야 하지만 택시 예약 등 교통편 서비스를 부족함 없이 지원한다.

이스턴 호텔 Eastern Hotel

지도 P.291 | 주소 No.27, Bogyoke Aung San
Road | 전화 (081)2122243, 2122729
요금 싱글 $20~46, 더블 $25~50 | 객실 19룸

따웅지에서 저렴하게 머물 수 있는 숙소. 2등급 호텔이지만 약간 오래되어 게스트하우스처럼 느껴지기도 한다. 스탠다드 룸은 조금 좁고 수피리어 룸부터는 욕조가 포함된다. 심플한 침대와 냉장고, TV를 갖추고 있다. 근처에 식당과 찻집 등이 있어 위치는 좋다.

유씨티 따웅지 호텔 UCT Taunggyi Hotel

지도 P.291 | 주소 No.4, Bogyoke Aung San St.
전화 09-442346688 | 요금 더블 $45~ | 객실 32룸

보족 아웅산 대로변에 위치한 4층 건물의 중급 숙소로 2015년 오픈했다. 객실은 특별할 것은 없지만 채광이 좋고 보송보송한 침대 시트에 환기가 잘되는 욕실 등 쾌적한 시설을 자랑한다. 시내 중심과는 약간 거리가 있는 보족 아웅산 로드 남쪽에 위치해 있으며 시장(묘마 마켓)까지 도보로 약 15~20분 소요된다.

마운틴 스타 호텔 Mountain Star Hotel

지도 P.291 | 주소 No.64, East Circular Road
전화 (081)2125617 | 요금 더블 $50~ | 객실 51룸

2017년 오픈한 숙소라 아직 모든 시설이 반짝반짝하다. 객실도 널찍하며 침구나 가구 등 비품도 깔끔하다. 객실은 냉난방기를 갖춰 쌀쌀한 날씨에도 안락하게 머물 수 있다. 특히 뷔페 조식이 차려지는 8층 식당은 음식도 좋지만 주변 산과 호수를 내려다 볼 수 있는 전망이 탁월하다. 호텔 로비에 ATM기도 있다. 마땅한 숙소가 별로 없는 따웅지에서 가격대비 만족스런 시설을 갖춘 곳으로 여행자와 비즈니스맨들에게 알음알음 입소문이 나고 있다.

비에치 호텔 Bh Hotel

지도 P.291 | 주소 La/185, Ba Yint Naung Lane,
Corner of St. Joeseph Catholic Church
전화 09-785152827 | 요금 더블 $35~ | 객실 27룸

메인 도로에서 한 블록 뒤로 물러나 있어 조용하게 머물 수 있는 숙소다. 상점, 시장 등 모두 도보로 다닐 수 있는 거리에 있다. 건물 자체는 오래되었지만 최근 새 단장을 해 모든 편의시설이 깔끔해졌다.
쾌적한 객실, 성의 있는 조식, 친절한 서비스로 하룻밤 머물기 괜찮은 곳이다.

Kakku
ကက္ကူ

까꾸, 2,478개의 고대 스투파를 찾아서

따웅지까지 힘들게 왔는데 그다지 볼 것이 없어 실망스럽다면 이곳으로 가보자. 아니, 따웅지에 온 이유가 까꾸를 가기 위함이라면 몹시 탁월한 선택이다. 까꾸는 따웅지에서 가장 쉽고 편하게 갈 수 있기 때문이다. 까꾸에서는 미얀마의 어디에서도 볼 수 없는 신비롭고 경이로운 풍경을 마주할 수 있다. 그러니 예정에 없더라도 따웅지까지 와서 이 매력적인 장소를 지나친다면 두고두고 아쉬움으로 남을 터, 시간을 내어 까꾸를 방문해보길 권한다. 참고로 현지에선 까꾸를 '깨꾸'로 발음하기도 한다. 자, 까꾸에 대해 이야기하기 전에 일단 가는 방법을 먼저 소개한다.

▸▸ 까꾸 가는 방법

전통 의상을 입은 빠오족 가이드가 동행한다

까꾸를 가기 위해선 몇 가지 규칙을 따라야 한다. 이 지역은 외국인은 혼자 갈 수 없다. 반드시 빠오족 현지 가이드가 동행해야 한다. 가이드는 여행자가 직접 섭외하는 것이 아니라 GIC(Golden Island Cottages Hotel Group)를 통해야 한다. 먼저 따웅지에 있는 GIC 사무실에 들러 까꾸 지역 방문을 신청한다. 가이드 비 $5, 지역 입장료 $3를 선불로 지불하면 GIC 사무실에서 빠오족 현지 가이드를 그 자리에서 배정해준다. GIC 사무실에는 영어로 유적을 안내할 빠오족 가이드 30여 명이 대기하고 있다. 이때 차량 교통비는 여행자가 부담해야 한다. 미리 차를 빌려 GIC 사무실로 가는 것이 좋은데, 차량을 예약하지 못했다면 GIC에서 차량을 수배해주기도 한다. 봉고차 한 대 렌트 요금은 K35,000이다. 까꾸에는 외국인 숙박시설이 없기 때문에 당일 투어만 가능하다. 따웅지에서 까꾸까지는 약 43km로 왕복 4시간, 유적지를 둘러보고 점심식사까지 포함해 약 2시간 소요된다.

GIC 사무실
- **주소** | No.18, Circular Road(West Town)
- **전화** | (081)2123136
- **영업** | 08:00~16:00
- **비용** | Kakku Zone Entrance Fee $3
　　　 Pa-Oh Language Tour Conductor Fee $5
　　　 (5인 이상일 경우 $10)
　　　 따웅지~까꾸 봉고차 대여비 K35,000

GIC 사무실

즉, 최소 5~6시간 정도는 예상해야 된다. 점심식사는 까꾸 유적지 바로 맞은편에 있는 라잉꼰 레스토랑 Hlaing Konn Restaurant에서 할 수 있다. GIC 사무실에서 운영하는 식당으로 매우 괜찮은 음식을 맛볼 수 있다.

까꾸는 빠오족 영토 안에 있는 유적지다. 이 지역은 정부군과 반군의 지난한 전투 끝에 휴전협정이 체결되어 1991년부터 빠오족 자치 관할지역으로 인정되었다. 현재 빠오족은 이 지역 안에 있는 비취옥 광산과 까꾸 유적지를 자체적으로 규칙을 만들어 운영하고 관리한다. 빠오족 가이드를 동행해야만 하는 이유도 여기에 있다. 빠오족은 2000년 9월부터 까꾸를 여행자들에게 개방하고 있다.

한적한 논과 밭 사이의 울퉁불퉁한 흙길을 한참 달려 빠오족 민가가 하나둘 보이기 시작할 즈음, 가이드가 왼편을 가리키며 까꾸에 도착했음을 알린다. 손짓을 따라 고개를 돌리는 순간, 숨이 멎을 듯한 장면과 맞닥뜨리게 된다. 한 면적이 완벽하게 탑으로 채워진 거대한 스투파 그룹이 그림처럼 눈앞에 펼쳐진다. 황량한 벌판에 느닷없이 나타난 이 장면은 마치 빽빽하게 세워진 파고다 숲 같아 더욱 몽환적으로 다가온다. 까꾸는 고대 건축 양식과 전통 예술의 훌륭한 자료가 되는 동시에 많은 소수민족이 더불어 사는 미얀마에서 한 소수부족이 이룩한 종교적 헌신에 대한 증거다. 오래전부터 이곳에서 농사를 지으며 살아온 빠오족에게는 대를 이어 내려오는 위대한 유산이기도 하다.

까꾸의 탑은 산 주에 있는 최대 규모의 탑이자 가장 화려한 고대 유적이다. 여러 세기를 거슬러 올라가며 세워진 탑의 개수는 총 2,478개. 약 30만 평의 면적에 40m 높이의 탑이 매우 긴밀하고 질서정연한 모습으로 세워져 있는 모습이 아름답다. 문헌은 남아 있지 않지만 역사학자들은 까꾸의 첫 번째 탑은 12세기 바간의 알라웅시투 Alaungsithu 왕에 의해 제작되었다고 추정한다. 그 뒤로 이 지역의 지배자가 집집마다 하나씩 스투파를 세우게 해서 이 많은 스투파가 조성되었다고 한다. 각각의 탑은 다양한 조각이 새겨져 있는 하나의 완전한 작품이다. 탑에 새겨진 장식과 조각은 대부분 17세기~18세기 것이지만 그보다 더 오래된 12세기 것들도 섞여 있다. 이곳에선 첨탑 위에 올려진 우산 장식인 티(Hti)의 다양한 모습을 볼 수 있다. 일부는 기울어져 있지만 산족 · 버마족 · 빠오족 스타일의 세 가지 타입의 티를 모두 볼 수 있다. 빠오족의 티는 용의 조각이 달려있다.

버마 스타일   산 스타일   빠오 스타일

참고로 빠오는 임신한 암컷 용(Dragon)이라는 뜻으로 빠오족은 자신들을 용의 자손이라고 생각한다. 탑의 일부는 시멘트로 보수하여 색이 아주 다르긴 하지만 전체적으로 상태가 좋은 편이다. 특히 탑에 새겨진 조각상이 매력적인데 부처를 포함해 춤을 추는 여신이나 천상의 요정 등이 매우 창의적이어서 학자들은 당시 빠오족의 재

탑의 조각은 대부분 17~18세기 양식이다

능이 뛰어났음을 인정하고 있다. 탑과 조각은 지진 등으로 일부 훼손되었으나, 최근 유적의 입장료 수익과 후원자들의 기부를 통해 조금씩 복원되고 있는 상태다.

오래전 한 노부부가 숲에서 밝은 빛이 새어 나오는 것을 발견했다고 한다. 그 빛을 따라가니 빛은 땅에서 새어 나오고 있었다. 그때 어디선가 멧돼지 한 마리가 나타나 코로 땅을 파주었는데 땅속에서 금, 은, 불상이 가득 나왔다고 한다. 그 자리에 흙을 메꾸고 작은 탑을 세운 것이 까꾸의 유래라고 한다. 그 후 이 지역을 왜꾸 Wet-Ku라고 부르게 되었는데 이는 빠오족 언어로 '돼지가 도와주었다'라는 뜻이다. 왜꾸라는 이름이 변해 오늘날 까꾸가 되었다고 한다. 3월의 따바웅 보름달 축제 동안 까꾸 사원에서는 성대한 축제가 열린다. 그 기간에는 마을 사람들이 모두 이곳에 모여 예불을 드린다.

아침 일찍 따웅지에 도착하면 까꾸에 들렀다가 당일 오후에 인레 호수나 다른 도시로 야간 버스를 타고 이동할 수도 있다. 혹시 따웅지에서 까꾸를 가지 못하게 될 상황이라면 냥쉐(인레)에서도 출발이 가능하다. 냥쉐의 숙소에 문의하면 GIC 서비스를 대행해준다.

ကလော

깔러 | Kalaw

깔러는 샨 주의 주도인 따웅지에서 서쪽으로 약 70km, 인레 호수에서 북서쪽으로 약 50km에 위치한 작은 산마을이다. 해발 1,320m에 자리 잡은 이 마을은 주변의 아름다운 자연을 활용한 트레킹으로 유명하다. 산속 지름길로 걸어가면 인레 호수까지 1박 2일이면 닿을 수 있다. 그 길에서 산속에 사는 소수부족을 만나고 그들의 집에서 하룻밤 머물 수도 있다. 꾸미지 않은 자연 그대로의 여행, 그리고 그 자연을 닮은 사람들을 만날 수 있다는 사실에 여행자들은 알음알음 깔러로 모여든다. 전체적인 마을 분위기가 인도 다르질링이나 네팔 포카라와 비슷한데, 이는 영국 식민지 시절 철도를 놓기 위해 인도, 네팔 등지에서 많은 노동자가 동원되었기 때문이다. 산족과 더불어 그들의 후손이 아직까지 깔러에 많이 살고 있다. 깔러에는 산마을 특유의 차분하면서도 맑은 분위기가 감돈다. 마음까지 보송보송하게 하는 눈부신 햇살, 밖으로 나와 걸어보라고 유혹하는 따뜻한 바람, 그 바람에 실려오는 청명한 공기가 가득한 마을은 거니는 것만으로도 힐링이 된다. 모든 것이 슬로모션처럼 천천히 흐르는 듯한 깔러에선 사람들도 서두르는 법이 없다. 잠시 여행의 호흡을 가다듬기 좋은 곳이다.

Information

지역번호 (081)

환전 · ATM & 관광안내센터

메인 로드에 있는 KBZ 은행에서 환전과 ATM기 이용
이 가능하다. 정부에서 운영하는 관광안내센터는 따로
없지만 시내에 사설 여행사가 많다. 모든 여행사에서 기
본적으로 트레킹 프로그램을 운영하고 있으며 트레킹
정보 외에도 산 주의 여행정보를 얻을 수 있다.

Access

깔러 드나들기

▥ 공항

깔러에는 공항이 없다. 가장 가까운 공항은 헤호 Heho
공항이다. 헤호 공항은 깔러 시내에서 택시로 약 1시간
30분 소요되며 요금은 K25,000이다.

▥ 기차

따지 Thazi~깔러~쉐냥을 연결하는 로컬 열
차가 하루 두 편 깔러에 정차한다. 쉐냥행 열
차는 깔러에서 11:40, 13:30 출발, 쉐냥에
서 출발하는 깔러행 열차는 08:00, 09:40
이다. 3시간 30분 소요되며 요금은 K3,000
이다.

▥ 미니버스

깔러에서 냥쉐(인레)와 따웅지로 미니버스가
운행한다. 미니버스는 06:30~09:00까지
30분 간격으로 출발한다. 냥쉐(인레)까지는
2시간, 따웅지까지는 2시간 30분 소요되며
요금은 모두 K2,500으로 같다. 메인 로드에
있는 정거장(재래시장 맞은편)에서 출발한다.

▥ 버스

양곤, 만달레이, 바간, 메익틸라 등에서 출발하는 버스
는 모두 깔러~냥쉐(인레)~따웅지를 연결한다. 깔러에
서 1시간을 더 가면 냥쉐이며, 1시간을 더 가면 따웅지
에 도착한다. 요금은 출발지와 상관없이 모두 종점인 따
웅지까지의 요금으로 계산된다.

양곤에서

양곤의 아웅 밍갈라 버스터미널에서 08:00, 17:00,
18:00, 18:30, 19:00에 버스가 출발한다. 요금은
K16,000~27,000(VIP)이며 10~12시간 소요된다.

바간(냥우)에서

07:30, 08:00, 19:00, 20:30에 버스가 출발한다.
요금은 K11,000~18,000(VIP)이며 8~9시간 소요
된다.

만달레이에서

만달레이의 쮀세칸 버스터미널에서 09:00, 19:00에
버스가 출발한다. 요금은 K12,000~20,000(VIP)이
다. 깔러까지는 7시간 소요된다.

깔러에서 출발하는 버스

목적지	출발시각	요금	소요시간
양곤	10:00, 20:00	K15,000~15,500	10~12시간
바간	09:00, 20:30	K12,000	7~8시간
만달레이	11:00, 21:00	K12,000~15,000	5~8시간
삔우른	22:00	K18,500(VIP)	9시간
시뻐	15:00	K16,000	11시간
라쇼	15:00	K16,000	14시간
무세	15:00	K23,500	20시간
몰레마인	13:30	K23,000	17시간
삐이	19:30	K16,000	12시간
파안	07:00	K27,000	14시간

Transport
깔러 시내교통

▨ 택시

깔러는 마을이 작아 마을 안에서는 특별한 교통수단은 필요 없다. 다만 깔러 근교를 당일 여행으로 다녀오거나 외곽으로 이동할 때는 버스 배차 간격을 맞추기가 어려워 여행자들은 주로 택시를 이용한다. 당일 여행으로 가장 많이 다녀오는 곳은 삔다야다. 삔다야까지는 이동하는 데 왕복 4시간, 둘러보는 데 2시간, 총 6시간 소요된다. 아침 일찍 출발하면 14:00~15:00엔 돌아올 수 있다. 택시 왕복 한 대 요금은 K35,000이다.
참고로 냥쉐까지는 편도 요금으로 K40,000이고 따웅지까지도 K40,000이다.

▨ 자전거 · 모터바이크

마을 남쪽에 자전거와 모터바이크 대여점인 '나잉 나잉 Naing Naing(영업 08:30~18:30)'이 있다. 모터바이크 1일 이용료는 K15,000, 자전거는 일반 자전거부터 산악자전거까지 종류가 다양하며 이용료는 K3,000~7,000이다. 전동자전거인 이바이크(E-bike)는 K10,000이다.

Course
깔러 둘러보기

어느 지역에서 오든 대부분 깔러에 매우 이른 시각에 도착하게 된다. 버스는 대부분 위너 호텔 Winner Hotel 앞에서 정차한다. 일단 숙소에서 눈을 붙인 후 시장 구경을 나서자. 마을을 어슬렁거리나 마을 주변으로 반나절 도보산책을 떠나는 것도 좋다. 깔러~냥쉐(인레 호수) 트레킹을 할 예정이라면 하루 전날 신청하는 것도 잊지 말 것.

▶ COURSE A 마을 산책하기

오전에는 마켓을 중심으로, 오후에는 마을 남쪽의 사원을 중심으로 마을을 둘러보자.

▶ COURSE B 깔러~인레 트레킹

깔러 여행의 하이라이트인 트레킹에 도전해보자. 1박 2일, 또는 2박 3일 등 일정에 따라 고를 수 있다.

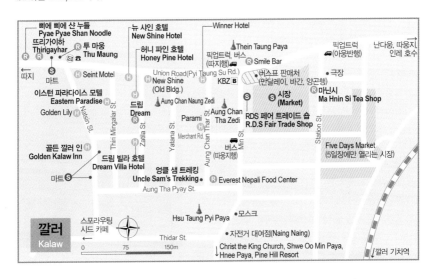

깔러 시장 입구

깔러 시내 산책

깔러 시내 깔러 시내는
크지 않기 때문에 슬슬 걸
어 다니기 좋다. 먼저 마을의
북쪽에서 동서로 지나는 큰 도로가 유니
온 로드 Union Road(Union Highway)인데 현지어로는 피타
웅수 로드 Pyi Taung Su Road로 불린다. 이 길은 인레, 따웅
지로 향하는 도로로 길을 따라 양 옆으로 여행사, 식당, 은행 등이
있다. 도로 건너편의 언덕을 약 1시간30분 정도 오르면 떼인따웅
파야 Thein Taung Paya가 있는데, 이곳에서 마을의 풍경이 한
눈에 내려다보인다. 마을은 유니온 로드의 남쪽에 조성되어 있고,
마을 중심에 남북으로 나있는 민 로드 Min Road(Myoma
Road)를 따라 내려가면 오른편으로 아웅찬타 제디 Aung Chan
Tha Zedi가 있다. 금과 은, 유리 모자이크로 뒤덮인 유려한 모습
의 파고다로 마을 중심에 위치해 있다. 마을 동쪽에는 재래시장이
있다. 말린 과일, 찻잎 등 지역 특산품과 잎담배, 고산에서 자라는
채소를 파는 상점, 관광객들을 대상으로 하는 골동품 상점이 사이
좋게 붙어 있다. 평소에는 한산한 편인데 5일장이 열리는 날은

아웅찬타 제디

깔러 주변의 산마을 부족들이 내려와
활기를 띤다. 메인 로드를 따라 남쪽으
로 내려가면 오른편에 순례자들의 기부
금으로 복원된 수타웅삐 파야 Hsu
Taung Pyi Paya가 있다.

깔러 외곽 자, 내친김에 조금 더 걷고
싶다면 계속 마을의 남쪽으로 내려가
자. 이제부터 반나절 정도 소요되는 본
격적인 도보 산책이다. 수타웅삐 파야
에서 남쪽으로 메인로드를 따라 내려가
면 경찰서가 나오고, 계속 직진하면 교
차로에서 깔러 타워가 보인다. 타워 오

쉐우민 파야 그룹

른편으로 소나무가 늘어선 언덕을 따라 올라가자. 파인 뷰 인 Pine View Inn
호텔을 지나 교차로에서 계속 유니버시티 스트리트를 따라 왼편 길로 올라가면
깔러 가톨릭교회(Christ The King Church)가 나온다. 1930년 미얀마에 선
교사로 온 이탈리안 성직자에 의해 지어진 이 아담한 교회는 2차 대전 중에는 일본
군의 통신소 역할을 했다. 교회 안에 그의 묘비가 있으며 매주 일요일 08:00, 16:00

동굴 안의 불상들

에 예배가 진행된다. 온 길을 되돌아 내려가서 파인 힐 리조트 Pine Hill Resort 간판이 있
는 교차로까지 걷는다. 여기에서 좌회전하면 쉐우민 스트리트 Shwe Oo Min Street다. 길을 따라 약 10분 정도
가면 왼편으로 동굴 안에 황금 불상들이 안치되어 있는 쉐우민 파야 Shwe Oo Min Paya 그룹이 있다. 동굴을 본
뒤 진행 방향으로 계속 길을 따라가다 T자 사거리에서 우회전하여 직진, 다시 사거리(Rose Junction)에서 왼쪽으
로 가면 뱀부 파고다(Bamboo Strip Pagoda)가 있다. 대나무 위에 금박을 덧입혀 지금은 황금빛 불상의 모습을
하고 있다. 외곽 산책길 자체는 길이 잘 나있는 편이지만 이정표가 적재적소에 있지 않고 샛길이 많아서 헷갈릴 수
있다. 낯선 숲길을 혼자 걷는 것은 여러모로 권하지 않는다. 혼자라면 숙소에 문의해 현지인 가이드나 일행을 구해
함께 걷기를 권한다.

깔러 타워

깔러 가톨릭 교회

:|:|:|:|:|:|:|:|:|:|:|:|:|:|:|:|:|:|:|:|:|:|:|:|:|:|:|:|:|:|:|:|:|:|:|

eating

:|:|:|:|:|:|:|:|:|:|:|:|:|:|:|:|:|:|:|:|:|:|:|:|:|:|:|:|:|:|:|:|:|:|:|

깔러는 영국 식민지 시절 인도, 네팔 노동자들이 철도 노동자로 머물면서 자연스럽게 인도, 네팔 음식이 자리를 잡았다. 조식으로 인도 음식인 짜파티를 내놓는 숙소도 있으며 일반 식당은 샨 음식을 비롯해 미얀마, 인도, 중국, 네팔, 최근엔 유럽식 메뉴를 갖춘 식당도 늘고 있다.

삐에 삐에 샨 누들 Pyae Pyae Shan Noodle

지도 P.301 | 주소 No.8, Union Road
전화 (081)50798 | 영업 06:30~20:00 | 예산 K1,500~

다양한 샨 누들을 맛볼 수 있는 소박한 식당. 쌀, 밀가루, 버미첼리 면 등으로 만들어내는 약 15가지 이상의 면 요리가 있다. 뚝배기에 끓여내는 매콤한 메오 미셰도 인기 메뉴. 볶음면, 볶음밥 등의 단품 메뉴도 있다. 식당 건물 옆에 별도로 테이블을 내놓은 야외 자리도 있다.

투 마웅 Thu Maung

지도 P.301 | 주소 No.6, Pyi Taung Su Road
전화 (081)50207 | 영업 08:00~21:00 | 예산 K4,000~

현지인들에게 가장 인기 있는 미얀마 정식 식당. 닭고기, 돼지고기, 양고기, 생선 등을 첨가한 미얀마 정통 커리와 튀기고 볶는 중국식 단품 메뉴를 갖추고 있다. 특히 미얀마 커리와 함께 나오는 채소가 신선하고 사이드 반찬도 감칠맛이 나서 언제나 현지인들로 북적인다.

드림 Dream Restaurant

지도 P.301 | 주소 No.5/47, Zatila Street
전화 (081)50554 | 영업 08:00~10:00 | 예산 K4,000~

드림 빌라 호텔에서 운영하는 식당으로 다양한 재료와 조리법으로 미얀마 커리부터 유럽 음식까지 폭 넓은 메뉴를 선보인다. 가격은 조금 비싼 편인데 잘 꾸며놓은 인테리어 때문에 유럽 단체여행객을 인솔하는 가이드들이 선호한다. 샨 주의 대표 와인인 Red Mountain Wine과 Aye Tha Ya Wine을 잔술(K4,000~5,000)로 판매한다. 참고로 이 식당은 2018년 1월 취재 당시 리모델링 공사 중이었다. 2018년 하반기에 재오픈 될 예정이다.

뜨리가이하 Thirigayhar Restaurant `인기`

지도 P.301 | 주소 No.7, Pyi Taung Su Road
전화 (081)50216 | 영업 08:00~10:00 | 예산 K4,000~

일명 '세븐 시스터즈(7 Sisters)'라는 이름으로 더 유명한 식당. 일곱 자매를 둔 작은 가정집에서 시작해 지금은 가족 구성원이 바뀌었지만 20년 넘게 한 자리에서 영업을 하고 있다. 미얀마, 중국, 인도, 유럽, 샨 음식과 채식주의자를 위한 별도의 메뉴까지 갖추고 있다. 가격은 약간 비싼 편이지만 예쁘게 개조된 가정집 같은 분위기로 외국인 여행자들에게 인기가 많다.

스포라우팅 시드 카페 Sprouting Seeds Cafe

지도 P.301 | 주소 No.85, Thida Lan | 전화 09-2561
76920 | 영업 09:00~19:00 | 예산 K3,000~

마을 남쪽의 한적한 밭 사이에 위치한 카페로 베이커리와 에코 상점을 겸하고 있다. 직접 구운 빵과 수제 요거트, 채식주의자를 위한 샐러드 메뉴 등을 선보인다. 넓은 마루에서 뒹굴 수도 있는 이곳은 베이커리 트레이닝 센터를 겸해 인근 지역의 청소년과 여성을 대상으로 실용적인 기술 훈련을 지원하고 있기도 하다.

마닌시 티 숍 Ma Hnin Si Tea Shop

지도 P.301 | 주소 Butar Street | 영업 06:00~20:30
예산 K2,000~

오크라, 죽순 등 채소를 넣은 튀김과 산 두부 튀김 등 산 지역의 명물 간식을 맛볼 수 있는 티 숍. 미얀마 밀크 티(라팻예)가 지겹다면 인도식 밀크티인 짜이 Chai를 곁들여 보자. 짜이는 인도, 네팔에서 마시  는 밀크티로 홍차에 우유를 넣고 향신료를 가미한다. 라팻예보다 조금 더 진하며 독특한 향이 난다. 짜이 또는 마살라 티 Masala Tea라고 주문하면 된다.

shopping

RDS 페어 트레이드 숍 R.D.S Fair Trade Shop

지도 P.301 | 주소 Min Street | 영업 07:00~21:00

RDS(Rural Development Society) 공정무역 상점. RDS 깔러는 1993년 설립된 비영리적 단체로 판매 수익금을 지역사회에 환원하고 여성의 사회 참여를 촉진시키는 데 사용한다. 찻잎을 담은 천에 스티커가 아닌 수를 놓아 커피 원산지를 새기고, 일일이 손으로 꿰매 만든 옷과 소수부족 인형 등 소박한 수공예 제품들이 가득하다.

마켓

지도 P.301 | 개장 07:00~17:00

어느 지역이나 그렇지만 재래시장은 현지인들의 생생한 삶을 보기 좋은 곳이다. 고산 지대에서 재배하는 채소나 차(茶), 장거리 버스 안에서 먹기 좋은 말린 과일이나 호박씨 등 간식을 구입할 수 있다. 상점 사이사이 불상 조각이나 마리오네트 인형, 구슬로 만든 액세서리 등 기념품 좌판이 숨어 있다.

sleeping

깔러의 숙소는 전반적으로 저렴한 편이다. 대부분의 숙소에서 트레킹 프로그램을 운영하고 있기 때문이다(그렇다고 머무는 숙소에서 꼭 트레킹을 신청할 필요는 없다). 깔러는 여름에도 에어컨이 필요 없을 정도로 선선하다. 대신 더운물이 잘 나오는지 확인하는 것이 중요하다. 한 가지 기억해야 할 것은, 깔러는 장거리 야간버스를 타고 도착하는 경우 매우 이른 시각(새벽 3시 전후)에 도착하게 된다는 사실이다. 미리 숙소 예약을 하거나 픽업을 요청하는 것이 현명하다. 그렇지 않으면 컴컴한 새벽에 불 켜진 숙소를 찾아 헤매게 된다. 따라서 예약할 때 이른 체크인을 하게 되면 오버차지 금액이 발생하는지 문의해둘 필요가 있다. 숙소는 보통 12:00 이후에 체크인을 할 수 있는데, 호텔 측은 거의 한밤중 같은 새벽에 찾아온 손님을 일단 남는 빈방(도미토리 객실 등)에 머물게 한 뒤 12:00 이후에 예약한 방으로 옮겨주는 경우가 많다. 이럴 경우엔 도미토리 객실 추가요금이 발생할 수 있다. 물론 그렇게 해서라도 일단 체크인을 하는 편이 낫다.

드림 빌라 호텔 Dream Villa Hotel

지도 P.301 | 주소 Zatila Street | 전화 (081)50144
요금 싱글 $40, 더블 $45~ | 객실 24룸

예전에도 수압이 낮은 것만 제외하곤 꽤 괜찮은 숙소였는데, 최근 리모델링을 통해 더욱 말끔해졌다. 마을 중심에 위치해 일단 위치부터 합격, 객실 바닥과 벽은 매끈한 나무로 깔끔하게 마감하고 원목 가구를 어울리게 배치했다. 흰색 침구와 커튼으로 포인트를 주어 산뜻한 느낌을 더했다. 특히 코너에 있는 객실은 창문을 ㄱ자로 내어 햇볕이 잘 들어온다. 일부 비싼 객실은 주변 산 전망이 잘 보이는 발코니와 욕조, 미니바가 갖춰져 있다. 여행자들이 선호하는 숙소로 언제나 소규모 투어 그룹이 점령하기 때문에 일찌감치 예약해야 하는 곳이다.

허니 파인 호텔 Honey Pine Hotel

지도 P.301 | 주소 No.44, Zatila Street
전화 (081)50728 | 요금 싱글 · 더블 $25~45 | 객실 24룸

외관은 평범하지만 컨디션이 좋은 객실을 갖추고 있다. 객실은 흰색 페인트와 나무를 덧대 깔끔하다. 싱글 룸은 방이 조금 작지만 길고 큰 창문이 있으며, 더블(수피리어) 룸은 방이 꽤 넓으며 미니 냉장고와 TV를 배치해 두었다. 눈에 띄는 특징은 없지만 좋은 위치, 무난한 시설, 적당한 요금으로 하룻밤 머물 수 있는 호텔이다.

티토 레이 하우스 Thitaw Lay House

지도 P.301 | 주소 Maing Lown Tawn Road | 전화 09-420274273 | 요금 싱글 $40~48, 더블 $50~60 | 객실 3룸

티토 레이 하우스는 '작은 숲의 집'이란 뜻처럼 한적한 숲속에 있는 작은 숙소다. 요리 솜씨 좋은 가족이 운영하는 B&B로 나무 목조로 지어진 방갈로를 갖추고 있다. 편안한 침대와 따스한 햇볕이 잘 드는 베란다가 아름다운 정원에 둘러싸여 있다. 특히 조식이 남다른데 직접 만든 바나나케이크와 잼 등을 차려낸다. 시내와 조금 떨어져있지만 그 불편함을 보상받을 만큼 만족스러운 곳이다. 시내에서 숙소까지 오토바이 택시는 K2,000, 택시는 K3,000이다.

이스턴 파라다이스 모텔 Eastern Paradise Hotel

지도 P.301 | 주소 No.15, Thiri Mingalar Street
전화 (081)50315 | 요금 싱글 · 더블 $20~40, 객실 16룸

골목에 위치해 조용하게 머물 수 있는 숙소. 친절하고 다정한 주인부부가 운영한다. 심플한 나무 침대가 있는 객실은 약간 낡은 느낌이 들지만 청결하다. 룸은 스탠더드, 수피리어 타입으로 나뉜다. 대체로 깔러의 숙소들이 수압이 약한 편인데 이곳은 수압 하나는 최고다. 뜨거운 물이 콸콸 나온다는 것만으로도 충분히 머물 이유가 된다.

골든 깔러 인 Golden Kalaw Inn

지도 P.301 | 주소 No.5/92, Natsin Street
전화 (081)50311 | 요금 구관 싱글 · 더블 $10(화장실,
공용욕실) / 신관 싱글 $15~25, 더블 $20~30 | 객실 35룸

깔러에서 저렴하게 머물 수 있는 게스트하우스 중 한
곳. 연한 핑크빛으로 칠해진 건물은 2015년 리모델링
을 하면서 객실이 두 배로 늘어났다. 객실은 침대만 덜
렁 놓여있는 도미토리 룸과 욕실이 갖춰진 룸으로 구분
된다. 대체로 새벽에 도착하면 일단 도미토리에서 눈을
붙이고 예약한 객실로 옮기게 되는데, 이때는 도미토리
추가요금 $10을 내게 된다. 객실 요금이 저렴해 미얀마
의 젊은이들도 그룹으로 많이 머무는 숙소라서 언제나
손님들로 붐빈다.

유니크 비앤비 Unique Bed and Breakfast

지도 P.301 | 주소 No.152, Wingabar Lane, West
Bo Kone, Ward 10 | 전화 09-797169504
요금 더블 $33~ | 객실 7룸

친절한 가족이 운영하는 숙소로 깔러 언덕 위에 위치해
아늑하다. 7개의 객실은 제각각 크기도 다르지만 모두
다른 인테리어로 독특하게 꾸며놓았다. 집 앞에는 샨 주
의 특산품인 댐슨(damson) 열매와 아보카도 등을 재
배하는 싱그러운 밭이 펼쳐져 있다. 휴식을 취하거나 일
광욕을 즐기며 한가로운 시간을 보내기 좋은 옥상도 매
력적이다. 이른 체크인을 하면 $10가 추가된다.

뉴 샤인 호텔 New Shine Hotel

지도 P.301 | 주소 No.21, Union Road
전화 (081)50188 | 요금 싱글 · 더블 $32~45, 객실 36룸

신관, 구관으로 객실이 나뉘어 있다. 구관은 24룸, 신
관은 12룸을 갖추고 있다. 신관이라고 해도 그리 새로
운 느낌은 들지 않지만 스탠더드, 수피어리어 2가지 타입
의 객실을 갖추고 있다. 1층보다는 2층이 낫긴 한데 흰
벽에 나무로 된 심플한 침대를 갖추고 있다.

네이처 랜드 호텔 2 Nature Land Hotel II

지도 P.301 | 주소 No.10, Thida Street, In front of
middle school | 전화 09-428152149
요금 싱글 · 더블 $40~50 | 객실 12룸

마을 서쪽으로 네이처 랜드 호텔 1이 있는데 이곳은 남
쪽에 있는 네이처 랜드 호텔 2이다. 맑은 공기에 둘러싸
여 있는 숙소로 완벽한 휴식을 취할 수 있는 곳이다. 입
구의 식당과 프런트 사이 계단을 내려가면 양 옆으로 독
채 방갈로가 있다. 방갈로는 천장이 높고 넓어 쾌적하
다. 가족이 머물기 좋은 복층 구조도 있다. 도보로 이동
할 경우 마을 중심에서 30분 정도 소요된다.

Nacutting says

깔러가 배경이 된 소설

뉴욕의 잘나가는 변호사였던 한 남자가 어느 날 흔
적도 없이 사라집니다. 아무런 메시지도 남기지 않
아 가족은 불안과 혼란에 휩싸입니다. 가족은 남자
가 한 미얀마 여인(미미)과 주고받은 편지를 발견
하게 되고, 남자의 딸(줄리아)은 아버지를 찾아 나
섭니다. 편지봉투에 적힌 주소 하나만 가지고요.
그곳이 깔러입니다. 깔러에 도착한 줄리아는 수소
문 끝에 아버지를 기억하는 한 남자를 만나게 되고
미미가 살았던 산속 마을로 가게 됩니다. 그곳에서
아버지의 젊은 시절에 대해 듣게 되는데…….
소설 『The Art of Hearing Heartbeats』 이야
기입니다. 독일 함부르크 출신의 작가 얀 필립 젠드
커 Jan-Philipp Sendker가 쓴 이 소설의 배경
은 깔러입니다. 1995년~1999년 〈슈테른 Stern〉
지의 아시아 특파원으로 일했던 작가는 1995년 미
얀마에 잠시 머물렀다고 합니다. 그래서인지 깔러
마을에 대한 분위기나 묘사가 흥미롭습니다.
이 책은 2002년 독일에서 출간 당시 베스트셀러가
되었는데요. 한국에서는 2014년에 《심장박동을
듣는 기술》이란 이름으로 번역 출간되었습니다. 깔
러를 여행할 계획이라면 한번 읽어보세요.

Kalaw Trekking

풍경화 속을 걷는 길, 깔러 트레킹

자, 깔러 마을 산책을 끝냈으면 이제 대망의 깔러 트레킹을 할 차례다. 트레킹은 마을의 주요 수입원인 만큼 코스는 당일부터 3박 4일까지 다양하게 개발되었다. 보통 트레킹은 아침식사 후 09:00 전후로 출발해 16:00 정도까지 걷게 된다. 하루 걷는 거리는 평균 약 15~18km로 제법 되지만 길이 험하지 않고, 천천히 걸으며 점심 식사와 휴식 시간이 있어 간간이 쉬기도 하기 때문에 걷는 시간만 환산한다면 속도에 따라 5~7시간 정도다. 밀림이 우거진 정글이 아닌 평탄한 들길을 걷고, 험난한 계곡이 아닌 잔잔한 냇가를 건너고, 숨이 턱턱 막히는 가파른 산이 아닌 소달구지 지나는 야트막한 언덕을 오르는 길이다. 그러니 미안마를 여행하다가 깔러에 들르면 누구라도 특별한 장비 없이 바로 트레킹을 시작할 수 있는 것 또한 매력이다.

깔러 트레킹에선 한마디로 총천연색 자연을 만날 수 있다. 이 지역 흙은 고유한 색조를 띠고 있는데 들판 사이로 붉은 밭이 퀼트 조각보를 덧붙여놓은 듯하다. 그 아래로 계단식 밭고랑이 무늬처럼 펼쳐지고, 그 주변을 둥글고 앙증맞은 파인 트리가 수를 놓은 듯 세워져 있다. 선명하게 붉은 땅, 새파란 하늘, 싱그러운 초록 나무, 그 사이로 흐르는 따뜻한 바람. 마치 자연을 한 폭의 풍경화로 옮겨놓은 듯하다. 그렇다. 깔러 트레킹은 풍경화 속으로 걸어 들어가는 일이다.

깔러 트레킹이 더욱 특별한 이유는 산속에 사는 소수부족인 빠오 Pa-O족, 다누 Danu족, 빨라웅 Palaung족을 만날 수 있다는 것이다. 이들이 풍경화 속의 주인공들인 셈이다. 당일 트레킹은 소수부족 마을 한두 군데를 들르는 일정이고, 1박 2일 트레킹부터는 소수부족의 대나무 방갈로 집에서 숙박을 하게 된다. 깔러 트레킹이 상품화되면서 일부 부족 마을은 트레킹 손님을 대상으로 홈스테이를 겸하고 있다. 그들도 트레킹으로 부수입을 올리지만, 손님에게 쓰던 방을 내주고 온 식구가 한데 모여 자는 그들의 도움 없이는 깔러 트레킹은 불가능하다. 그들은 하룻밤 머물러 온 홈스테이 손님을 도시에 사는 먼 친척이 놀러온 것처럼 극진히 대한다. 전기도, 가스도 들어오지 않는 부엌에서 모닥불을 피워 밥을 짓고 붉은 밭에서 경작한 감자, 토마토, 브로콜리 등 귀한 채소로 뚝딱뚝딱 음식을 차려내는데 그 솜씨와 맛이 황홀하다. 그 밤, 고요한 산속 마을의 밤하늘엔 별이 쏟아질 것처럼 가득해 여행자들은 그제야 도시에서 멀리 떠나왔다는 것을 실감하게 된다.

다음 날, 하룻밤 사이 정든 부족 집 꼬마는 낯선 이방인이 멀어질 때까지 손을 흔들고 어른들은 여느 때와 다름없이 곡괭이와 호미를 들고 다시 밭으로 향한다. 순박하고 따뜻한 산속 사람들과의 하룻밤은 그 어떤 책에서도 배울 수 없는, 미안마를 알아가기에 더 없이 좋은 시간이다.

▶▶ 트레킹 하기 전에

트레킹을 신청하기 전에 선행되어야 할 것은 도착지인 냥쉐(인레)의 숙소를 정하는 일이다. 이는 매우 중요하다. 깔러에서는 트레킹 출발 전에 여행자의 짐을 냥쉐의 숙소(여행자가 미리 예약해 둔 숙소)로 보내주는 서비스를 실시한다. 그래야 작은 배낭만을 메고 가뿐하게 걸을 수 있기 때문이다. 이것이 깔러 트레킹이 힘들지 않은 이유다. 가이드는 여행자의 가방을 들어주지 않고, 짐을 들어주는 포터도 따로 없다. 그러니 최대한 짐을 보내고 출발해야 한다. 불가

트레킹 출발 전에 큰 짐은 모두 냥쉐로 보낸다

피하게 예약을 하지 못했다면, 트레킹을 신청한 곳에서 임의의 장소를 정해 보내주기도 한다. 그러나 냥쉐에 도착해 짐을 찾아 또 숙소로 이동해야 하므로 번거롭다. 냥쉐에서 머물지 않고 바로 떠날 예정이 아니라면, 무조건 냥쉐의 숙소를 미리 예약해두는 것이 현명하다.

▶▶ 트레킹 예약하기

깔러 대부분의 숙소에서는 기본적으로 트레킹 프로그램을 운영한다. 머문다고 해서 꼭 그 숙소에서 트레킹을 해야 하는 것은 아니다. 시내에는 트레킹 전문 여행사가 많으니 여기저기 둘러보며 가격과 코스, 운영방식이 마음에 드는 곳으로 취향껏 고르면 된다. 여행사나 숙소에 트레킹을 신청하면, 지도와 지역 사진을 보여주며 코스에 대해 설명해준다. 금액은 거의 평준화되어 있지만 크게 $10 이상 차이가 나기도 하므로 몇 군데를 둘러보고 포함, 불포함 조건을 잘 따져 선택하도록 하자.

▶▶ 출발 인원과 트레킹 요금

트레킹에는 기본적으로 현지 가이드가 동행한다. 팀은 가이드를 제외하고 최소 4인으로 출발한다. 물론 그 이하로도 출발 가능하지만 요금이 조금 달라진다. 요금 책정기준을 한가지 예로 들면, 깔러 트레킹이 끝나고 인레 호수에서 냥쉐로 이동할 때 타게 되는 보트는 5인승이다. 4인이 그 금액을 1/n로 계산하게 된다(가이드 제외). 따라서 인원이 4인 이하면 추가요금이 붙고, 인원이 많아지면 요금은 조금 저렴해진다. 하지만 가능하면 소그룹에 참여하는 것이 좋다. 성수기에는 15명 이상이 한 팀이 되는 경우도 있는데 이는 여행자에게도 좋지 않다. 인원이 많으면 이동하는 데 시간이 많이 소요되고 음식이나 잠자리 등 모든 준비가 지체된다. 10인 이하의 그룹이 적당하며, 인원이 적으면 적을수록 좋다.

프로그램을 신청할 때 포함, 불포함 사항도 확실하게 확인해야 한다. 트레킹에 포함되는 전반적인 비용 모두를 예약할 때 한꺼번에 내기도 하고, 가이드 비용만 먼저 내고 숙식에 관한 비용은 트레킹 중 집주인에게 직접 준다거나, 보트를 탈 때 보트비를 따로 낸다거나 하는 경우도 있다. 먼저 한꺼번에 모든 금액을 지불하느냐, 그때그때 지불하느냐의 차이인데 따져보면 요금에 큰 차이는 없다. 출발 전, 한 번에 모두 내는 것이 신경 쓸 일이 없어 편하다.

트레킹 요금은 코스와 출발인원에 따라 다르다. 보통 2인 출발기준으로 당일 트레킹 1인 요금은 K15,000~20,000, 1박 2일은 $46~50, 2박 3일은 $54~60이다. 인원이 많아질수록 요금이 저렴해진다.

트레킹 요금에는 가이드비, 냥쉐의 숙소로 손님의 배낭을 미리 보내주는 수하물 샌딩비, 트레킹 출발지점까지 이동하는 택시비, 소수부족 마을에서 하룻밤 머무는 숙박비, 트레킹 중의 모든 식사비, 도착지점인 인레 호수에서 냥쉐 선착장까지 이동하는 보트비가 포함된다. 개인적으로 사 마시는 생수나 음료, 인레 지역 입장권($10)은 불포함이다.

▶▶ 트레킹 코스

트레킹 코스는 여행자의 시간과 비례한다. 1박 2일부터 3박 4일, 심지어 일주일 코스까지 본인에게 얼마나 시간이 허락되는지에 따라 달렸다. 가장 인기 있는 프로그램은 1박 2일인데 이 역시 다양한 루트가 있고, 신청자의 목적에 따라 코스를 짜주기도 한다.

당일 트레킹은 북쪽 코스와 남쪽 코스로 나뉘는데, 일부 소수부족 마을을 방문하는 것에 초점이 맞춰져 있다. 북쪽 코스는 08:00에 출발해 1시간30분 도보 후 다누 빌리지 방문, 다시 2시간 도보 후 빨라웅 빌리지에서 점심 식사를 한 뒤 오후에 차 밭을 방문하고 돌아온다. 이에 반해 남쪽 코스는 약간 단조로운데 빌리지 방문 후 네팔리 식당에서 점심 식사 후 하산하게 된다.

1박 2일은 시간 부담이 적어 여행자들이 선호한다. 먼저 깔러에서 약 1시간가량 지프트럭을 타고 이동해 시작한다. 이는 2박 3일 트레킹의 둘째 날 코스가 시작되는 지점이기도 하다. 하루만치의 거리를 차편으로 이동한 뒤 걷는 것이다. 밤에는 소수부족 마을의 민가에서 머문다. 이틀 만으로도 깔러의 대자연을 만끽하기에 부족함이 없다.

2박 3일은 보통 깔러에서부터 걸어서 출발한다. 하루는 소수부족 마을의 민가에서, 하루는 사원에서 머문다. 조금 더 여유 있게 걷고 더 많은 부족 마을을 지나가긴 하지만 조금 지루하게 느껴질 수도 있다.

트레킹의 도착 지점은 크게 두 지역으로 나뉜다. 인레 호수 북쪽의 까웅 다잉 Kaung Daing 마을에 도착하기도 하고, 남쪽의 인데인 Inn Dein 마을에 도착하기도 한다. 두 곳 모두 보트를 타고 인레 호수를 가로질러 냥쉐로 이동하게 된다.

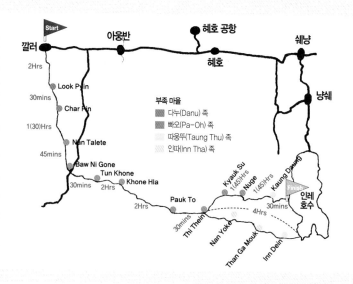

▶▶ 준비물

큰 배낭은 냥쉐로 보내고 걷기 좋게 간단한 배낭 하나만 메고 가자. 선크림, 모자, 선글라스, 긴팔 옷, 수건, 랜턴, 카메라와 귀중품, 간단한 세면도구만 챙기자. 낮에는 태양이 뜨겁지만 밤에는 춥다. 더운 물을 기대하기 어려우므로 하루 정도 샤워는 참도록. 전기가 들어오지 않으므로 핸드폰이나 카메라 충전기도 필요 없다. 깔러에서 배터리를 충분히 충전해 가자. 그 외에 물티슈, 꼬마 침낭, 사탕이나 초콜릿 등 개인 간식을 준비해도 좋다(침낭은 일부러 트레킹을 위해 살 필요는 없다).

▶▶ 숙박 & 음식

트레킹에는 기본적으로 모든 식사와 잠자리가 포함된다. 1박 2일 일정은 소수부족 마을의 민가에서 머문다. 2박 3일 일정은 하루는 민가, 하루는 사원에서 머문다. 과거에는 사원에서 묵는 경우가 많았으나, 소란스러워져 여행자를 받지 않는 사원이 차츰 늘고 있다고 한다. 사원이든 민가든 모두 여행자에겐 특별한 경험이다. 사원에서는 넓은 경내에 이불을 깔고 도미토리처럼 나란히 누워 자게 된다. 민가는 소수부족의 전통 가옥으로 나무로 지어진 방갈로다. 이는 현지 상황에 따라 미리 예약을 하는 경우도 있고, 마을에 도착해 가이드가 직접 민가를 수배하기도 한다. 제법 큰 마을엔 게스트하우스처럼 지어놓은 숙소 건물도 있긴 한데 주로 몇 달 전 예약한 패키지 팀들이 점령한다. 트레킹 중 식사는 점심은 커리와 짜파티, 또는 산 누들 등으로 간단하게, 저녁은 커리와 밥, 5~6가지의 채소볶음 반찬과 함께 푸짐하게 차려낸다. 아침은 팬케이크와 과일주스 또는 사모사와 밀크 티 등 현지 식으로 차려낸다. 마지막 날은 목적지에 도착하기 위해 오전 내내 걷게 되는데 냥쉐로 가는 보트 위에서 미리 준비해 온 점심식사(볶음국수)를 하게 된다. 소규모 그룹은 가이드가 직접 음식을 만드는 경우도 있고, 대규모 그룹은 요리를 할 요리사가 동행하기도 한다. 부엌을 제공하는 집주인도 가이드와 요리사를 도와 음식을 같이 만든다.

▶▶ 주의사항

트레킹뿐만이 아니라 여행지에서 늘 조심해야 하는 사항이긴 하지만, 트레킹 중 자신의 짐은 스스로 잘 관리하도록 하자. 산속 마을이고 민가라고 해서 가방을 문 발치에 아무렇게나 놔두거나, 중요한 것이 없다고 해서 가방 문을 열어놓거나 하지 않도록 한다. 특히 귀중품은 늘 몸에 휴대하자. 트레킹 중에 하룻밤 자고 일어났더니 가방 안에 넣어둔 돈이 없어졌다는 여행자를 본 적이 있다. 누구를 의심하겠는가. 가이드? 집주인? 팀원? 여행자 스스로에게도 불행한 일이지만 누군가에게 견물생심이 일게 하는 일이 없도록 주의하자.

깔러 최초의 트레킹 전문회사 Uncle Sam's Travel & Tours

트레킹 업체를 고르기가 어렵다면 '엉클 샘스' 트레킹 회사를 들러보세요. 1990년 시작한 깔러 최초의 트레킹 에이전시입니다. 산 지역의 자연과 소수부족 문화에 대한 전문지식을 갖춘 경험 많은 60여 명의 남녀 트레킹 가이드를 확보하고 있는 곳입니다. 트레킹을 신청하면 일정부터 루트까지 자세한 설명을 들을 수 있는데요. 신청자의 스케줄에 따라 일정을 맞춰줍니다. 헤호 공항(Heho Airport)으로 도착하면 여행자를 픽업해서 바로 트레킹이 가능하도록 주선하기도 합니다.

예약문의 전화 09-458040368 | **메일** samtrekking@gmail.com

▶▶ **사진으로 미리 걷는 깔러 1박2일 트레킹**

깔러 트레킹은 풍경 속으로 걸어 들어가는 일이다.

붉은 흙, 파란 하늘, 초록 나무, 그 사이를 거니는 일

하늘엔 구름이, 땅에는 밭이 무늬를 낸다.

산에서는 나무가 이정표 역할을 한다.

산골 마을의 학교에서 만나는 아이들

아이들은 카메라에 찍힌 제 사진을 보여 달라고 조른다.

잠시 들러 점심을 먹게 되는 빠오족의 집

꼭 필요한 것만 있는 간소한 부엌 살림살이

숟가락은 대나무 벽에 꽂아둔단다.

짜파티와 채소 커리, 한 잔의 차. 소박한 점심

인자한 웃음으로 환대하는
빠오족 할머니. 검은 옷을
입는 것이 빠오족의 전통이다.

보고 또 봐도 질리지 않는 그림 같은 풍경

혼자라도 좋고, 둘이 걸어도 좋은 길

마침내 하룻밤 묵게 될 마을에 도착한다.

고즈넉한 마을의 수도원

부엌에 옹기종기 모여 저녁식사를 준비하는 가족들

전기도 가스도 없는 산골에서 차려낸 진수성찬

저녁상을 물리고 집주인과 이방인 손님은 몸짓으로 대화를 나눈다.

하늘엔 별이, 마음엔 불씨가 타오르는 밤

날이 밝자 집주인은 밭일을 나가고

여행자도 제 갈 길을 간다.

달콤한 향기 가득한 사탕수수밭을 지나

한참을 걷다 보면 서서히 시작되는 강줄기

마침내 눈앞에 펼쳐지는 인레 호수, 산이 끝나는 곳에서 호수는 시작된다.

ပင်းတယ

삔다야 | Pindaya

삔다야는 깔러에서 북동쪽으로 약 40km, 따웅지에서는 북서쪽으로 약 79km 거리에 위치해 있다.
해발 1,176m에 자리 잡은 이 작고 조용한 마을은 산과 호수에 둘러싸여 청량한 공기와 상쾌한 호수
바람이 아늑하게 마을을 감돈다. 삔다야는 미얀마에서 가장 인상적인 동굴 사원이 있는 곳으로 유명하다.
자연적으로 조성된 석회암 동굴 안에 8,000여 개의 불상이 들어찬 압도적인 풍경은 불자가 아니더라도 감동의
전율을 느끼게 한다. 삔다야는 깔러와 따웅지의 중간 지점에 위치해 여행자들은 대부분 이 마을을 당일 여행지로
거쳐 가지만, 미얀마 사람들에겐 동굴 사원을 포함해 근처에 사원과 수도원이 많이 있어 불교 성지순례를 하듯
들르는 곳이다. 산 중턱의 동굴 사원에 서면 마을이 한눈에 내려다보인다. 아늑한 평원 사이로 하늘과 땅, 호수와
동굴이 펼쳐진 원시적인 아름다움을 오롯이 간직하고 있는 삔다야는 당일 여행으로 다녀가기엔 심히 아쉬운 곳이다.

Access
뻰다야 드나들기

지역번호 (081)

뻰다야는 샨 주에서 대중교통으로 여행하기 까다로운 지역이다. 일단, 주요 도시에서 뻰다야까지 직행하는 버스가 없다. 그나마 샨 주의 주도인 따웅지에서 하루 2편의 버스가 운행한다. 그 외에는 모두 아웅반 Aungban까지 이동한 뒤, 아웅반에서 다시 버스, 택시 등을 이용해 뻰다야로 가야한다. 참고로 최근에 뻰다야~헤호 구간의 새 도로가 신설되었다. 뻰다야~아웅반~따웅지까지는 옛 도로(Old Road)를 이용해 3시간 소요되지만, 뻰다야~헤호~따웅지까지는 새 도로(New Road)로 운행하므로 1시간30분 소요된다. 따라서 뻰다야를 오가는 버스가 어느 도로로 가는지를 확인해야 한다.

■ 버스 · 택시 · 사이클 택시

깔러에서

깔러에서 냥쉐(인레), 따웅지 방향으로 가는 픽업트럭이 운행한다. 픽업트럭은 07:00~15:00까지 운행하는데 손님을 다 채워야 출발한다. 아웅반까지는 30분 소요된다. 아웅반에 도착해 로컬 버스나 택시로 갈아타야 한다.
깔러에서는 뻰다야를 택시로도 갈 수 있다. 편도는 K30,000이고 2시간 기다려주는 요금이 포함된 왕복요금은 K35,000이다. 참고로 깔러에서 뻰다야를 갔다가 냥쉐(인레)로 갈 수도 있다. 뻰다야에 들러 2시간 관광 후 냥쉐까지의 택시 요금은 K75,000이다.

따웅지에서

버스는 하루 2편밖에 없지만 아웅반에서 갈아타지 않아도 되기 때문에 그나마 뻰다야로 가는 가장 편한 방법이다. 하루 세 번 07:00(미니버스), 13:00(일반버스), 14:00(미니버스)에 출발한다. 미니버스는 1시간30분 소요되며

요금은 K4,000, 일반버스는 3시간 소요되며 요금은 K3,500이다. 버스는 인레 호수의 관문인 쉐낭 정선에서도 탈 수 있는데, 위 3대의 버스는 따웅지에서 출발해 30분 뒤에 쉐낭 정선에 정차하고 07:30, 13:30, 14:30에 다시 출발한다. 요금은 같다.

아웅반에서

뻰다야행 직행버스를 타거나 택시를 이용하지 않는 이상, 모두 아웅반에서 내려 뻰다야 가는 교통편으로 갈아타야 한다. 뻰다야 가는 방법은 3가지다.

아웅반 로터리

일단, 아웅반에서 뻰다야까지 10:30, 12:30 하루 두 편의 로컬 버스가 출발한다. 이 버스를 놓치면 택시나 사이클 택시를 타야 한다. 로컬 버스로는 2시간 소요되며 요금은 K2,000이다. 버스는 아웅반 도심의 북쪽 끝 로터리에 있는 뷰 포인트 호텔 View Point Hotel 맞은편에서 출발한다.
택시는 가장 편한 방법이긴 하지만 요금은 비싼 편이다. 아웅반에서 뻰다야까지 택시로는 약 1시간 정도 소요되며 편도요금은 K30,000이다. 뻰다야의 주요 볼거리인 동굴만 보고 다시 아웅반으로 돌아오는 것도 가능하다. 2시간 기다려주는 시간이 포함된 왕복요금은 K35,000이다.
힘들긴 하지만 사이클 택시로도 갈 수 있다. 편도요금은 K7,000이고 기다려주는 시간이 포함된 왕복요금은 K10,000이다.

뻰다야에서 출발하는 버스

목적지	출발시각	요금	소요시간
따웅지	06:00, 14:00	K3,500~4,000	3시간
쉐낭	06:00, 14:00	K3,500~4,000	2시간30분
아웅반(미니버스)	10:30, 12:30	K2,000	1시간
아웅반→양곤	19:00, 20:00	13,000	10시간
아웅반→바간	19:00	K10,000~11,000	7시간
아웅반→만달레이	19:00, 20:00	K10,000	7시간

* 뻰다야~따웅지/쉐낭은 같은 버스다. * 양곤, 바간, 만달레이는 아웅반에서 출발하는 버스다.

■ 버스 터미널

버스티켓 판매소

딱히 버스 터미널이라기보다는 호수의 북서쪽 모퉁이에 있는 공터에서 버스가 출발하고 도착한다. 일반버스는 이곳에서 출발하지만 미니버스를 예약하면 숙소로 픽업을 오기도 하므로 티켓을 구입할 때 한 번 더 확인하자. 버스 티켓 판매소는 마켓 맞은편에 있다.

Transport
삔다야 시내교통

■ 자전거

삔다야에도 마차가 있긴 하지만 딱히 탈 일은 없다. 작은 마을이어서 자전거도 그다지 필요하지 않지만, 슬슬 자전거 페달을 밟으며 호수 주변을 둘러보기 좋다. 자전거는 퀀커러 리조트 Conqueror Resort 호텔과 삔다야 인레 인 Pindaya Inle Inn 호텔에서 대여할 수 있다. 1일 이용료는 K3,000이다.

Course
삔다야 둘러보기

삔다야는 마을 가운데에 자리 잡은 호수 덕분에 차분한 분위기가 감돈다. 당일 여행이라면 쉐우민 동굴만 바쁘게 둘러보고 가야 하지만, 하루 머문다면 호숫가를 호젓하게 산책하고 시장을 둘러보는 등 한가한 시간을 보낼 수 있다. 관심 있다면 주변의 소수부족 마을을 다녀오는 당일 트레킹이나 종이를 만드는 전통공예 마을을 방문해도 좋다. 숙소에 문의하면 현지 가이드를 연결해준다.

Nocutting

삔다야의 심벌 '거미'

삔다야라는 이름은 미얀마어로 '거미를 잡다'라는 뜻의 삔구야 Pinguya에서 온 것이라고 합니다. 마을의 전설에 의하면, 이 지역의 일곱 공주가 쉐우민 동굴에 사는 거대한 거미에게 붙잡혀 위험에 처했을 때, 지나가던 양웨(냥쉐의 옛 이름)의 쿠마파야 Kummabhaya 왕자가 활을 쏴 거미를 무찌르고 공주들을 구해냈다고 합니다. 그 뒤로 거미는 삔다야 마을의 상징이 되었습니다. 쉐우민 동굴 입구에는 모형으로 만들어진 대형 거미와 활을 쏘고 있는 왕자의 동상이 세워져 있습니다.

쉐우민 동굴 사원 Shwe Oo Min Natural Cave Paya ၐၞၒၙၣၜၹ

지도 P.316 | 개관 06:00~18:00 | 입장료 K3,000(또는 $3) | 사진 촬영료 K300

산 주에는 많은 동굴 사원이 있는데 그중 가장 인상적인 동굴 사원은 삔다야의 쉐우민 동굴 사원이다. 지역 이름을 따서 '삔다야 동굴 Pindaya Caves' 사원이라고도 부른다. 마을 남쪽에 위치해 있는 석회암 동굴 안에는 무려 8,094개의 불상이 있다. 동굴 사원은 높이 약 15m, 내부 길이 약 150m의 구불구불한 미로로 연결되어 있는데 크고 작은 불상이 발 디딜 틈 없이 가득하다. 불상은 석고, 티크 목재, 대리석, 벽돌, 칠기, 시멘트, 흙 등 소재도 다양하다. 대부분 그 위에 금박을 덧붙여 번쩍번쩍 빛이 난다. 주요 불상은 11세기~12세기에 조성된 것이지만 최근 세계 각국의 불자들의 기부로 조성된 불상으로 점점 채워지고 있다. 불상으로 가득 채워진 동굴 내부도 경이롭지만, 동굴 외부의 풍경도 아름답다. 산 중턱에 있는 동굴 사원에서는 마을 풍경이 한눈에 내려다보인다. 오후에 가면 한적한 자연 동굴의 분위기를 만끽하며 감상할 수 있다.

쉐우민 동굴은 마을에서 걸어갈 수 있다. 마을 중심에서 뽄딸룩 호수를 왼편으로 두고 쉐우민 파야 로드 Shwe Oo Min Paya Road를 따라 걸어가자. 오른편으로 골든 케이브 호텔 Golden Cave Hotel을 지나면 길이 두 갈래로 나뉘는데 오른쪽 길로 접어들자. 조금 더 걸어가면 퀀커러 리조트 Conqueror Resort 호텔이 있다. 호텔 앞으로 난 길을 따라가면 오른편으로 동굴 사원으로 오르는 계단이 있다. 계단을 직접 올라가도 되고, 여기에서 쉐우민 파야 앞까지 언덕길에 사이클 택시를 이용할 수 있다(편도 K1,000). 쉐우민 파야 입구에는 삔다야의 상징인 거대한 거미가 모형으로 전시되어 있다. 이곳에서 입장료와 사진 촬영료를 내고 신발을 맡긴 후 엘리베이터를 타고 동굴 사원을 오르게 된다. 엘리베이터 운행시간은 09:00~12:00, 13:00~16:00까지다.

쉐우민 동굴(삔다야 동굴)
Shwe Oo Min Cave(Pindaya Cave)

뽄딸록 호수 Pone Taloke Lake ပုန်းတလုတ်ရေကန်

지도 P.316

현지어로는 '뽄딸록 예까'라고 부른다. 삔
다야 마을에 들어서면 입구에서부터 호수
가 펼쳐져 마을의 중심이 땅이 아니라 호수
인 것만 같다. 뽄딸록 호수 덕분에 마을의
분위기가 한층 더 고요하고 차분하게 느껴
진다. 호수는 두툼한 버선 모양을 하고 있
는데 호수를 따라 한 바퀴 돌면 사실상 마
을을 한 바퀴 돈 셈이다. 호수의 서쪽에는
유난히 큰 나무가 눈에 띄는데 나무그늘 아
래 마을 노인들이 모여앉아 담소를 나누는
정겨운 풍경을 볼 수 있다. 호숫가의 북동쪽 모퉁이에 있는 수

도원에도 들러보자. 은은한 종소리가 울려 퍼지는 평화로운 곳이
다. 그곳에서부터 남쪽으로 호숫가를 따라 난 길을 걷자. 저
녁이 되면 호수로 나와 샤워를 하며 하루를 유쾌하게 마감하는
현지인들을 볼 수 있다. 호수가 마을 한 가운데 있는 덕분에 주
민들은 호수 주변을 지나다 노을이 질 때면 호숫가 벤치에 잠
시 앉아 일몰을 즐기는 여유를 부린다.

TRAVEL 💬 PLUS
삔다야의 관문, 아웅반

삔다야를 드나들려면 '아웅반'이라는 곳을 기억해야 한다. 아웅반은 샨 주의 모든 버스가 지나는 교통의 거점이 되
는 도시다. 이 일대의 버스 여행은 노선을 이해하면 대략의 방향감각을 잡을 수 있다. 아래의 노선을 눈여겨보자.

버스는 깔러~아웅반~헤호~쉐냥~
따웅지를 연결한다. 어디에서 오든 버
스는 모두 아웅반에 정차한다. 즉, 아
웅반이 삔다야로 들어가는 길목이다.
따웅지에서 출발하는 삔다야행 버스
외에는 모두 아웅반에서 내린 뒤, 다
시 삔다야행 교통편으로 갈아타야 한
다. 다만, 아웅반에서 내려도 종점까
지의 요금을 내야 한다. 즉 깔러에서
타면 따웅지까지의 요금을, 따웅지에
서 타면 깔러까지의 요금을 내야 한다.

eating

우아쌕 U Asak Rice & Noodle

지도 P.316 | 주소 No.165, Zay-Dan Quarter
전화 (081)66225 | 영업 09:00~20:00 | 예산 K3,000~

호수 북쪽에 위치한 중국 식당. 맛과 양, 합리적인 가격 면에서 충실한 음식을 선보이고 있어 현지 주민들에게 신뢰를 얻고 있다. 간단히 먹을 수 있는 볶음밥과 볶음면을 비롯해 다양한 채소 볶음과 누들 수프 종류가 있고 새우, 생선, 돼지고기, 닭고기 등을 이용한 중국식 메뉴도 갖추고 있다.

메멘토 Memento Restaurant

지도 P.316 | 주소 Shwe Oo Min Cave Road
전화 (081)23436 | 영업 09:00~18:00 | 예산 K4,000~

이 식당은 때를 잘 맞춰가는 것이 중요하다. 손님이 바글바글할 때가 있는가 하면 문을 닫았나 싶을 정도로 텅 비어있기도 하다. 그럴 것이 주로 가이드들이 단체 손님을 데리고 가는 식당이기 때문. 채소와 감자를 함께 찐 요리, 콩 수프, 토마토를 넣은 닭고기 스튜, 생선구이 등 다누 Danu족의 전통 음식을 맛볼 수 있다.

그린 티 Green Tea Restaurant

지도 P.316 | 주소 Shwe Oo Min Cave Road
전화 (081)66344 | 영업 12:00~21:00 | 예산 K5,000~

삔다야에서 규모나 인테리어가 제일 그럴듯한 식당. 유럽식, 중국식, 태국식, 미얀마식 메뉴를 고루 갖추고 있다. 가격은 비싸지만 잘 꾸며놓은 분위기 덕분에 외국인 관광객들에게 인기가 있다. 식당 한편에 샨 커피 등을 파는 기념품 코너도 있다.

shopping

아웅 엄브렐러 Aung Umbrella

지도 P.316 | 주소 Pyitawtha Quarter
전화 09-49358273 | 영업 06:00~19:00

마을에서 쉐우민 동굴을 가는 길 중간에 위치한 종이우산 공방 겸 상점. 대나무를 직접 손질해 우산살부터 손잡이를 만들기까지, 뽕나무에서 종이를 추출하는 공정부터 종이가 되어 우산에 그림을 그리기까지 손으로 하나하나 제작하는 모습을 볼 수 있다. 종이우산은 일상에서 사용하기보다 인테리어 소품으로 활용하기 좋다. 종이로 만든 노트, 전등 갓, 쇼핑백 등도 판매된다.

sleeping

삔다야는 교통이 불편해서 대부분의 여행자들은 차를 빌려 당일여행으로 다녀가는 경우가 많다. 그렇다보니 숙소는 언제 찾아도 크게 붐비지 않는다. 삔다야의 숙소는 컨디션이 좋은 편이며 대부분의 숙소는 뽄딸록 호수의 서쪽에 있다.

삔다야 인레 인 Pindaya Inle Inn

지도 P.316 | 주소 Mahabandoola Road
전화 (081)66280 | 요금 싱글 · 더블 $95~120 | 객실 36룸

삔다야 마을로 진입하는 메인 도로에 위치하고 있다. 1996년 문을 연 숙소로 20년 가까이 잘 관리하고 있어 여행자들의 평판이 좋다. 방갈로 타입의 객실에는 푹신한 침대와 깔끔한 시트 등 부대시설이 잘 갖춰져 있다. 야외 테이블을 내어놓은 기분 좋은 정원이 있다. 이곳에서 자전거를 대여해주는데 하루 이용료는 K3,000이다.

퀀커러 리조트 Conqueror Resort

지도 P.316 | 주소 Singong Quarter | 전화 (081)66106
요금 싱글 $75~150, 더블 $80~150 | 객실 50룸
사이트 www.conquerorresorthotel.com

현지인들의 발음은 '콘카라'라고 들린다. 쉐우민 동굴사원 가기 전에 위치해 있어 눈에 잘 띄는데 일단 매우 넓은 면적을 자랑한다.
객실은 3가지 타입으로 디럭스 룸, 수피리어 룸, 전통스타일 룸으로 구성되어 있다. 모두 방갈로 타입으로 프라이버시가 완벽하게 보장되도록 널찍하게 떨어져 있으며, 실내는 목조로 인테리어를 꾸며 우아한 분위기가 풍긴다. 디럭스 룸에는 벽난로도 설치되어 있다. 삔다야에서 유일하게 수영장을 갖추고 있는 숙소다.

골든 케이브 호텔 Golden Cave Hotel

지도 P.316 | 주소 Shwe Oo Min Pagoda Road
전화 (081)66166 | 요금 싱글 $35, 더블 $45 | 객실 29룸

동굴과 마을의 중간 지점에 자리한 3성급 호텔. 단체 관광객들이 주로 이용하며, 소박하고 깔끔한 객실을 갖추고 있다. 이곳은 흥미로운 투어 프로그램을 운영하고 있는데, 소수민족 마을을 방문하는 트레킹이 바로 그것이다. 다누 Danu족(See Kya In Village)과 빨라웅 Palaung족(Ya Za Gy Village) 마을을 방문하게 되며, 일정은 당일, 1박 2일로 나뉜다. 이 프로그램 덕분에 유럽 단체 관광객들이 많이 머문다.

밋피야쏘지 호텔 Myit Phyar Zaw Gji Hotel

지도 P.316 | 주소 No.106, Zaytan Quarter
전화 (081)66325 | 요금 싱글 $15, 더블 $25 | 객실 38룸

호수 북쪽에 위치한 산뜻한 분홍색 건물의 숙소로 마을 초입에 위치해 있다. 방값이 비싼 삔다야에서 저렴한 축에 속하는 가성비 좋은 숙소다. 객실은 필요한 것만 간소하게 갖춰져 있는데, 2층 객실에서 내려다보이는 호수 전망이 좋다. 요금이 저렴한 만큼 대단한 시설이 있는 것은 아니지만 하룻밤 머물기에 부족함이 없다. 새벽 버스를 타는 투숙객까지 아침식사를 정성껏 챙겨준다.

삔다야 호텔 Pindaya Hotel

지도 P.316 | 주소 Shwe Oo Min Pagoda Road
전화 (081)66189 | 요금 싱글 · 더블 $40~50 | 객실 38룸

호수 동쪽에 위치해 있는 숙소. 객실은 2개 동으로 나뉘어 있다. 정면에 있는 본관 건물은 보수 공사를 통해 외관과 내부를 온통 흰색으로 말끔하게 칠했다. 왼편 단층 건물의 객실은 나무로 도배를 해 전통적인 모습이 풍긴다. 객실도 수피리어 룸과 디럭스 룸으로 나뉜다. 웃음 많은 직원들이 손님을 기분 좋게 대하는 곳이다.

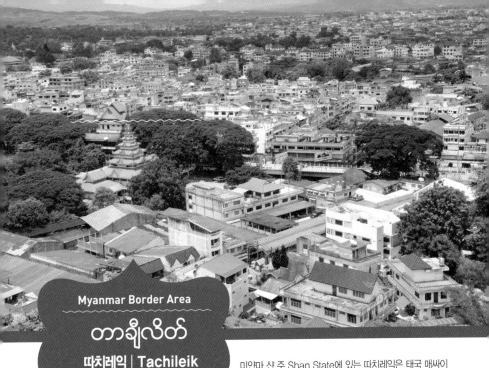

တာချီလိတ်
따치레익 | Tachileik

미얀마 샨 주 Shan State에 있는 따치레익은 태국 매싸이와 싸이 강 Mae Nam Sai를 사이에 두고 있는 국경 마을이다. 5m 폭의 강을 경계로 미얀마와 태국이 마주하고 있다. 미얀마에서 일부러 따치레익만을 여행하기 위해 들르는 여행자들은 거의 없다. 미얀마 내에서 따치레익까지는 아직 육로 이동이 불가능하기 때문이다. 굳이 이 국경마을을 방문하려면 미얀마 내에선 국내선 비행기로 이동해야 한다. 그리고 난 뒤 육로 국경을 통해 태국으로 건너갈 수 있다. 반대로, 태국에서 입국한다고 해도 따치레익에 도착해 국내선을 타고 미얀마 안으로 이동할 수 있다. 이곳에서 보게 되는 외국인들은 대부분 태국 내에 거주하는 외국인들과 장기 여행자들로 비자 갱신을 위해 따치레익~매싸이 국경을 방문한다. 태국 현지인들은 태국 최북단 땅인 매싸이를 여행하고 흥미로운 국경 시장을 구경하기 위해 국경을 넘어 따치레익을 방문한다.

미얀마 쪽에서 미얀마 출입국관리사무소를 통과하기 전 왼편으로 제법 큰 국경 시장이 형성되어 있다. 중국에서 넘어온 DVD, 스마트폰 등 짝퉁 전자제품과 가공되지 않은 미얀마의 보석, 밀수된 군수용품, 기념우표와 화폐, 의류와 기념품 등을 판매한다. 고가로 거래되는 것들은 대부분 진짜처럼 보이는 가짜 제품이지만 하도 그럴듯해서 구경하는 재미가 쏠쏠하다.

또 하나의 볼거리는 국경에서 약 2km 거리에 있는 쉐다곤 파야다. 쉐다곤은 그 이름만으로도 미얀마 사람들에게

국경 시장

따치레익 국경

쉐다곤 파야

정신적인 지주가 되는 파고다이다. 국경에도 같은 이름의 파고다를 세워 미얀마인들의 불심을 드높인다. 쉐다곤 파야는 언덕 위에 세워져 있어 따치레익의 주변 경관이 한눈에 들어온다.

2018년 1월 취재 당시 따웅지~짜잉똥~따치레익 구간 중 따웅지~짜잉똥까지는 육로 이동이 불가능하지만, 짜잉똥~따치레익은 육로로 이동이 가능했다. 따치레익에선 짜잉똥 Kyaingtong(껭뚱 Kengtung)과 만가라 Mengla(몽라 Mongla)로 여행할 수 있다. 짜잉똥은 따치레익에서 북쪽으로 163km 떨어져 있는데 태국어로는 치앙뚱 Chiang Tung이라고 부른다. 이 지역은 한때 란나 왕국에 속해 있던 땅이어서 태국 관광객들도 많이 찾는다. 만가라는 짜잉똥에서 북쪽으로 약 85km를 더 가면 되는데 중국 윈난성과 국경을 접한 마을이다. 이 국경은 윈난성 서남부인 징훙 景洪으로 연결되지만 현재는 폐쇄되어 갈 수 없다. 만가라는 미얀마 땅이지만 중국 위안화가 통용될 정도로 중국 분위기가 짙게 풍기는 곳이다.

Access
따치레익 드나들기

미얀마내에서 외국인이 따치레익으로 가는 유일한 방법은 국내선 비행기를 이용하는 것이다. 양곤, 만달레이 등에서 따치레익행 국내선 비행기가 매일 운항한다. 미얀마 내에서 따치레익까지 육로로 이동하는 방법은 아직 불가능하다. 샨 주의 주도인 따웅지에서 따웅지~짜잉똥~따치레익을 연결하는 도로가 있긴 하지만, 현재 외국인은 따웅지~짜잉똥(450km) 구간은 육로 이동이 불가능, 짜잉똥~따치레익(163km) 구간은 버스 이동이 가능하다. 다만, 사전에 허가를 받은 카라반투어는 일부 가능하기도 하다. 어쨌거나 개인 여행자들의 따치레익까지의 공식적인 출입은 아직까지 비행기 이동이 유일하다.

따치레익~짜잉똥은 버스가 운행한다. 하루 세 편 오전에 버스가 출발하는데 시간은 불규칙적이다. 택시를 전세내는 것이 편한데 택시는 편도 $20 내외, 짜잉똥까지 4~5시간 소요된다. 하지만 역시 짜잉똥에서부터는 미얀마 내로 육로 이동이 아직까진 불가능하다.

매싸이 태국출입국관리소

매싸이에서 출발하는 버스

매싸이 국경에서 매싸이 버스 터미널(버커써 매싸이)까지는 약 4km 거리다. 빨간색 썽태우가 국경과 버스 터미널 사이를 오간다. 편도 요금은 15B이다.

목적지	출발시각	요금	소요시간
방콕	07:00, 16:30, 17:40 (VIP 버스)	966B	12~13시간
	16:30, 17:00, 17:15, 17:30, 18:00	483~631B	
치앙라이	05:45~18:00(20분 간격)	39B	1시간30분
치앙마이	08:15, 09:45, 14:30, 15:30, 18:15	212~330B	5시간
매쏫	06:15 06:45	388~499B	12시간

* 태국 버스는 VIP, 1등 에어컨, 2등 에어컨 버스에 따라 가격이 다르다.

매싸이 | Maesai

미얀마 따치레익 출입국사무소에서 출국 도장을 받고 다리 하나만 건너면 태국 땅 매싸이다. 반대로 태국에서 온다면 이곳 매싸이를 통과해서 미얀마의 따치레익으로 넘어오게 되는 것이다. 치앙라이에서는 62km, 방콕에서는 891km 떨어져 있는 지점이다. 특별한 볼거리는 없지만 태국 최북단이라는 표지가 세워져 있어 태국인들에게는 조국의 최북단에 발을 디뎠다는 뿌듯한 자부심을 갖게 한다.

매싸이 시내 풍경

미얀마에서 출국한다면, 출입국사무소를 지나 다리 건너 태국으로 연결되는 메인 도로가 타논 파혼요틴 Thanon Phahonyothin다. 태국 출입국사무소 근처에도 국경 시장이 형성되어 있다.

메인 도로에 있는 중국 사원 앞에서 우측으로 10분 정도 걸어가면 있는 태국 사원 왓 프라탓 도이 와오 Wat Phra That Doi Wao를 들러보자. 미얀마에서 사원은 지겹게 봤겠지만, 이 사원은 중국 국민당 군대에 대항하다 전사한 미얀마 병사들을 추모하기 위해 1960년대에 건립되었다. 이곳에서는 국경과 미얀마 땅이 한눈에 내려다보인다. 전망대 내부에는 태국 역사에서 위대한 국왕으로 칭송받는 나레쑤언 Naresuan의 사진이 걸려 있다. 아유타야 왕국이 미얀마의 침략으로 인해 15년 동안 속국으로 전락한 치욕의 역사를 끝낸 인물로 국경 지대인 만큼 태국인들에게 자긍심을 고취할 목적으로 세워졌다.

매싸이의 게스트하우스. 강 건너면 미얀마 땅이다

매싸이에서 머무는 여행자는 거의 없다. 매싸이에서 가장 가까운 치앙라이까지 버스로 1시간30분이면 도착하기 때문에 국경에 머물 이유가 없다. 바로 태국 도시로 들어갈 예정이면 간단하게 식사를 한 뒤 버스 터미널로 이동해 버스를 타면 된다.

따치레익 매싸이 국경 근처의 노점상

태국 최북단 표지

매싸이 국경

미얀마에서 위파사나 명상하기

미얀마가 여행지로 알려지기 훨씬 전부터 세계 곳곳의 명상 수행자들은 미얀마를 꾸준히 드나들고 있었다. 불교의 나라답게 미얀마에는 부처가 깨달은 수행법인 위파사나 Vipassana 명상을 지도하는 세계적인 수준의 명상센터가 많기 때문이다. 최근에는 미얀마 여행을 다녀와서 명상을 위해 미얀마를 다시 찾는 일반인들이 늘어나고 있다. 위파사나 명상의 메카인 미얀마에서 명상에 흥미를 갖는 것은 자연스러운 일일 것이다. 일부 명상센터는 3일, 7일 등의 단기명상을 할 수 있는 곳도 있으니 평소 명상에 관심이 있다면 미얀마에서의 특별한 시간을 가져보는 것도 좋겠다.

▸▸ 미얀마의 명상센터

미얀마의 명상센터에 들어가려면 먼저 수행비자 (Meditation Visa)라는 것을 받아야 한다. 관광비자로는 명상을 할 수 없다. 과거에는 관광비자로도 단기 명상을 할 수 있었으나, 현재는 모든 명상센터에서 철저하게 수행비자를 받는 것을 원칙으로 하고 있다. 이것은 미얀마 입국 전에 이루어져야 하는 것으로, 원하는 명상센터에 미리 연락해 초청장(Sponsorship Letter)을 받은

양곤의 마하시 명상센터 본원

후, 한국대사관에 서류를 제출하고 수행비자를 신청하면 된다. 현지에서 관광비자는 연장이 안 되지만 수행비자는 명상이 길어질 경우 연장이 가능하다.

명상센터에서 기본적인 숙식은 무료로 제공하는데, 몇몇 명상센터에서는 외국인인 경우 특별기부금을 받고 방을 배정하는 경우도 있다. 그 외의 비용은 따로 정해져 있지 않으며 모든 것은 자율적인 기부로 행해진다. 모든 명상센터는 견학이 가능하다. 명상에 관한 안내를 받을 수 있으니 관심이 있다면(현지에 있다면) 둘러보고 계획을 세워도 좋을 것이다. 방문할 경우, 수행자들에게 방해가 되지 않도록 조심해야 하며, 명상 외의 목적으로 명상센터에 머무는 행위는(물론 그런 여행자는 없겠지만) 허용되지 않는다. 일단 명상센터에 등록하면 각 센터에서 정해놓은 프로그램과 규칙에 따라야 한다.

▸▸ 위파사나란 무엇인가

위파사나(Vipassana) 또는 위빠사나, 비파사나 모두 발음의 차이일 뿐 같은 말이다. 위(vi)+파사나 (passana)는 합성어로 '위'는 불교의 기본 교리이자 몸과 마음의 세 가지 특성인 삼법인(三法印)을 뜻한다. 삼법인은 제행무상(諸行無常), 제법무아(諸法無我), 열반적정(涅槃寂靜)을 뜻하는데, 세상에는 영원한 것이 없고 괴로운 일만 있으며, 이를 느끼고 아는 몸과 마음 또한 고정된 실체가 없다는 것을 의미한다. 파사나(passana)는 깨달음을 뜻하는 말로 삼법인에 대한 깨달음을 의미한다. 즉, 위파사나 수행은 삼법인을 꿰뚫는 지혜를 통해 '고통의 소멸'에 이르게 하는 수행법이다.

위파사나에서는 망상이나 일체의 생각들이 모두 수행의 대상이 된다. 즉 숨을 쉬고 내뱉는 호흡부터 보고, 듣고, 느끼고, 먹고 하는 일상의 모든 동작과 느낌을 마음이 항상 주시하도록 훈련한다. 외국인들이 많이 찾는 센터는 영어로 법문이 진행되며 지도 스님과의 인터뷰를 통해 각자의 수행을 점검하고 지도를 받게 된다. 한국인 수행자들도 많아 몇몇 센터는 한국어로 된 부교재를 제공하기도 하고, 현지 통역사가 자원봉사

활동을 하는 곳도 있다. 미얀마에서 외국인이 수행할 수 있는 명상센터 몇 곳을 소개한다.

마하시 명상센터 Mahasi Sasana Yeiktha Meditation Centre မဟာစည်ရိပ်သာ

주소 No.16, Sasana Yeiktha Road, Bahan Township | 전화 (01)545918
이메일 mahasi-ygn@mptmail.net.mm

전 세계에 약 40곳의 분원, 미얀마에만 약 500곳의 분원을 두고 있는 마하시 명상센터의 본원이다. 미얀마의 위파사나 명상 이론을 정리하고 수행을 체계화시킨 마하시 대선사(1904~1982)에 의해 1974년 설립되었다. 마하시 대선사가 입적한 뒤, 제자인 우 판디타 스님이 한동안 가르침을 폈고 지금은 그의 제자들이 뒤를 이어 수행지도를 하고 있다. 2만5,000평의 면적에 최대 1,200명을 수용할 수 있는 명상센터로 내국인과 외국인의 수행공간이 분리되어 있다. 개인용 숙소는 약 3평 정도에 책상, 침대, 개인욕실을 갖추고 있는데 외국인 단체 수행공간은 에어컨을 설치하는 등 특별 배려를 하고 있다. 국제적인 명성답게 체계적인 운영체계를 갖추고 있다. 한국인 수행자를 위해 주 2회 현지 통역을 통해 수행에 도움을 주고 있다. 스님들은 매일 아침 탁발을 하지만 수행자들은 센터에서 준비한 식사를 하게 된다. 명상센터의 식사는 모두 보시로 이루어지는데 식사 때마다 음식을 보시한 사람의 이름을 칠판에 적어 수행을 위한 소중한 보시임을 알게 한다.

쉐우민 명상센터 Shwe Oo Min Dhamma Sukha Tawya ရွှေဦးမင် ဓမ္မသုခတောၚ

주소 Aung Myay Thar Yar Street, Kon Tala Paung Village | 전화 (01)638170
이메일 shweoomindsk@myanmar.com.mm

마하시 대선사의 제자 가운데 가장 연장자인 쉐우민(Shwe Oo Min) 스님에 의해 1999년 문을 연 수행센터다. 쉐우민 스님은 평소 깊이 있는 수행과 엄격한 규율을 지키는 성품으로 유명하였는데, 2002년 입적한 뒤 지금은 그의 제자인 우 테자니(U Tejaniya) 스님이 지도를 하고 있다. 위파사나 명상은 현상을 있는 그대로 관찰하기 위해 '신수심법(身受心法)'의 사념처(四念處)를 모두 활용하는데, 쉐우민은 그중에서도 마음을 따라서 관찰하는 심념처(心念處)가 가장 발달된 수행처로 유명하다. 즉, 관찰 대상을 마음으로 주시하면서 그 대상을 알고 있는 마음의 반응을 살피는 것이다. 쉐우민 명상센터도 한국인 수행자들이 많이 찾는 명상센터 중 한 곳으로 한국인 스님이 상주하면서 한국인 수행자들에게 도움을 준다.

찬미애 명상센터 Chanmyay Yeiktha Meditaion Centre ချမ်းမြေ့ရိပ်သာတရားစခန်း

주소 No.55A, Kaba Aye Pagoda Road, Mayangone Township | 전화 (01)661479, 652585
이메일 chanmyay@mptmail.net.mm

1977년에 설립된 명상센터로 마하시 명상센터와 함께 외국인들이 많이 찾는 센터 중 하나다. 지도 스님인 우 자나카(U Janaka) 스님은 마하시 명상센터에서 마하시 대선사의 영어 통역을 담당했고, 외국으로 수행지도를 떠난 경험이 많아 외국인 수행지도에 능숙하다고 알려져 있다.

326

빤디따라마 명상센터 Panditarama Shwe Taung Gon Sasana Yeiktha ရွှေတောင်သာသနာ့

주소 80A, Than Lwin Road, Shwe-gon-dine, Bahan Township | 전화 (01)535448, 705525
이메일 com2panditarama@gmail.com

마하시 대선사의 제자인 우 판디타(U Pandita) 스님이 1990년에 설립한 명상센터. 우 판디
타 스님은 마하시 센터에서 주로 비구 스님들의 지도를 맡았다. 주로 외국으로 강연을 다니
며 지도했는데 수행을 받은 많은 외국인 제자들이 전 세계적으로 퍼져 분원을 설립, 위파사
나 수행 보급에 앞장서고 있다. 빤디따라마 센터는 바고 Bago 지역에 분원이 있는데 숲과
호수 등 경치 좋은 곳에 위치해 특히 외국인들이 선호한다.
(바고 분원 Panditarama Forest Center | 주소 Hse Main Gon, Bago Township |
전화 95-949450787, 95-95300885, 95-95302500)

미얀마의 위파사나 명상을
정리한 마하시 대선사

▶▶ 명상센터의 하루 일과

아래 소개하는 프로그램은 마하시 명상센터의 하루 일과
다. 대부분의 명상센터 프로그램이 이와 비슷하다. 개인
좌선과 행선, 단체 좌선 등이 반복적으로 이루어지는 프
로그램으로 하루 14시간 정도 수행하게 된다. 단체 법문
을 듣는 시간과 궁금증을 질문할 수 있는 인터뷰 시간도
있다. 식사는 하루에 두 번, 보시자들이 시주한 음식을
제공받는다.

Time	Program	Time	Program
03:00~04:00	Wakening-up Freshening	14:00~15:00	Group Sitting
04:00~05:00	Group Sitting	15:00~16:00	Walking Meditation
05:00~06:00	Walking Meditation, Breakfast	16:00~17:00	Group Sitting
06:00~07:00	Group Sitting	17:00~18:00	Bath, Walking Meditation
07:00~08:00	Walking Meditation	18:00~19:00	Group Sitting
08:00~09:00	Group Sitting	19:00~20:00	Walking Meditation
09:00~11:00	Bath, Lunch etc.	20:00~21:00	Sitting Meditation
11:00~12:00	Walking Meditation	21:00~22:00	Walking Meditation
12:00~13:00	Group Sitting	22:00~23:00	Sitting Meditation
13:00~14:00	Walking Meditation	23:00~ 다음 날 03:00	Sleeping Time

미얀마 서부

Western Myanmar

씨트웨 먀욱우

나빨리

차웅따 양곤
웨이싸웅 빠떼인

ပုသိမ်

빠떼인 | Pathein

에야와디 구 Ayeyarwady Division의 수도인 빠떼인은 양곤에서 서쪽으로 181km 거리에 위치해 있다. 빠떼인이라는 이름은 미얀마어로 무슬림을 뜻하는 빠티 Pathi에서 유래된 것으로 과거 이슬람교를 믿는 인도 상인들이 이 지역에 이주해 와서 마을을 형성하면서 붙여진 이름이다. 한때 몬 왕국의 일부였으나 현재는 몬족보다는 버마족과 까렌족, 인도계 미얀마인이 주민의 대다수다. 빠떼인은 에야와디 강 삼각주의 서쪽 가장자리 곡창지대에 위치해 항구 역할을 하는 한편, 미얀마의 쌀 생산지로서의 위치를 점하고 있다. 쌀과 더불어 빠떼인의 화려한 전통 우산(파라솔)도 미얀마 전역에 널리 알려져 있을 만큼 유명하다. 차웅따 또는 웨이싸웅 해변으로 가기 전에 하루 들러 여행하기 적당한 도시다.

Access
빠떼인 드나들기

지역번호 (042) | 옛 이름 **바세인 Bassein**

버스
양곤에서

양곤의 다곤 에야 버스터미널에서 06:30~14:00에 버스가 출발한다. 요금은 K3,600~6,000이며 5~6시간 소요된다. 06:00, 07:00, 10:00에 출발하는 버스는 K8,000이다.

버스터미널

빠떼인의 버스터미널은 세 곳이다. 차웅따 해변으로 가는 버스는 도심의 북동쪽에 있는 터미널(Yadayaagone Street), 웨이싸웅 해변으로 가는 버스는 북서쪽에 있는 터미널(Strand Road), 양곤으로 가는 버스는 도심 남쪽에 있는 장거리 버스터미널에서 출발한다. 쉐모또 파야 앞에서 장거리 버스터미널행 픽업트럭이 운행한다. 빠떼인에서 출발하는 버스는 배차 간격이 길어 표를 구하지 못하면 오래 기다리거나 입석으로 가야하기 때문에 미리 예매를 해두는 것이 좋다. 차웅따와 웨이싸웅행 교통편은 미니버스다.

Transport
빠떼인 시내교통

사이클 택시 · 택시

시내 도심은 모두 도보로 이동이 가능하지만 외곽에 있는 파고다나 우산(파라솔) 공방을 가려면 사이클 택시를 이용해야 한다. 터미널까지는 K1,000, 외곽으로 가는 경우는 K1,500~2,000이다. 사이클 택시는 길에서 쉽게 볼 수 있다. 자주 이용할 일은 없지만 택시도 있는데 시내에서 터미널까지 요금은 K3,000이다.

Course
빠떼인 둘러보기

빠떼인은 유명한 볼거리가 있는 곳이 아니어서 여행자들은 주로 차웅따 또는 웨이싸웅 해변으로 가기 전에 하루 정도 머무는 것이 일반적이다. 쉐모또 파야와 셋토야 파야, 우산(파라솔) 공방을 둘러보고 저녁엔 Strand Road에서 열리는 야시장을 들러보자.

빠떼인에서 출발하는 버스

목적지	출발시각	요금	소요시간
양곤	04:30~06:00(30분 간격), 16:30	K7,000	4~5시간
차웅따	06:00~16:00(2시간 간격)	K3,000	3시간
웨이싸웅	06:00~12:00(2시간 간격)	K4,000	2시간

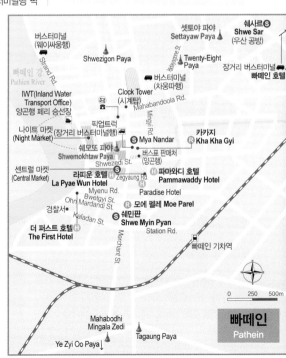

빠떼인에는 크고 작은 파고다가 곳곳에 흩어져 있다. 아래 소개하는 파고다 외에 더 많은 파고다를 둘러보고 싶다면, 도심의 남쪽으로 가보자. 머천트 스트리트 Merchant Street를 따라 남쪽으로 내려가면 우아한 회벽 파고다가 인상적인 타가웅 파야 Tagaung Paya, 그곳에서 강쪽 방향으로 가면 인도 보드가야의 마하보디 사원을 모방해 지은 마하보디 밍갈라 제디 Mahabodhi Mingala Zedi, 남쪽으로 1.5km 더 내려가면 바간의 아난다 사원을 모델로 한 레익쭌나웅 파야 Leikyunynaung Paya가 있다.

쉐모또 파야 Shwemokhtaw Paya ‌

지도 P.329 | 개관 05:00~21:00

도심 한복판에 있는 파고다로 빠떼인을 대표하는 파고다이다. 전설에 의하면, 기원전 305년 인도의 아쇼카 왕에 의해 세워진 것으로 건설 당시에는 높이 2.2m인 아담한 파고다였다. 그 뒤 1115년 바간의 알라웅싯투 Alaungsithu 왕을 시작으로 많은 왕들이 조금씩 증축하여 현재 46.6m 높이의 모습을 갖추었다. 사리탑의 첨탑 꼭대기인 티 Hti 부분에는 6.3kg의 금을 올렸고 그 주변은 829개의 다이아몬드 조각, 843개의 루비, 1,588개의 준보석으로 장식되어 있다. 남쪽 사당에는 띠호신 폰더삐 Thihoshin Phondawpyi 라는 이름으로 불리는 불상이 안치되어 있다. 현지인들의 이야기에 의하면, 오래전 스리랑카의 한 불상 조각가가 보리수나무와 시멘트 등을 섞어 4개의 불상을 만든 뒤 바다에 띄워 표류시켰다고 한다. 불상은 각각 다웨이 Dawei, 짜익까미 Kyaikkami, 짜익티요 Kyaiktiyo 그리고 빠떼인 남쪽 어촌마을의 강기슭으로 흘러들었는데, 그 중 바로 이 불상이 빠떼인으로 도착한 불상이라고 한다. 사원 북서쪽 모서리에는 힌두 신 중의 하나인 가네쉬를 모시고 있다.

쉐모또 파야 공사 중 모습

셋토야 파야 Settayaw Paya ‌

지도 P.329 | 개방 05:00~21:00

도심에서 북동쪽으로 약 2km 거리에 위치해 있는 셋토야 파야는 도시를 감싸고 있는 야트막한 언덕 위에 조성되어 있다. 동남아시아를 순례하던 한 수행자가 붓다의 발자취를 기리기 위해 제작했다는 91cm의 붓다 발자국을 볼 수 있다. 셋토야 주변으로 여기저기 작은 사원이 세워져 있다.

eating

카카지 Kha Kha Gyi Restaurant

지도 P.329 | 주소 No.68, Mingalar Street
전화 (042)25190 | 영업 09:00~21:00 | 예산 K3,000~

쉐모또 파야 입구에 위치
한 식당. 정갈한 미얀마
식 커리를 맛볼 수 있다.
쉐모또 파야와 가까워 관
광객들이 많이 찾는 식당
이다 보니 입구에 빠떼

인 특산품을 파는 간이매장을 설치해 두었다. 가판대에
진열된 제품들이 모두 빠떼인을 대표하는 특산품이라고
보면 된다.

모에 펠레 Moe Parel

지도 P.329 | 주소 No.52, Merchant Street
전화 (042)24515 | 영업 07:00~20:30 | 예산 K2,000~

인도식 볶음밥인 비리야니 Biriyani를 맛볼 수 있는 식
당. 특히 치킨 비리야니가 인기 있다. 비리야니는 정확
하게는 볶음밥이라기보다는 길쭉한 인도산 바스마티 쌀
과 닭고기, 채소, 향신료 등을 넣고 찜통에 쪄내는 것인
데, 닭고기 기름과 향신료가 적당히 밥에 스며들어 고소
한 맛을 낸다. 미얀마 커리가 지겹다면 찾아가 보자. 간
판은 미얀마어로 되어 있지만 문 앞에 커다란 찜통을 내
어놓고 있어 쉽게 눈에 띈다.

shopping

쉐사르 우산 공방 Shwe Sar Umbrella Workshop

지도 P.329 | 주소 No.653, Taw Ya Kyuang Road
전화 (042)25127 | 영업 07:00~21:00

가업을 이어 '빠떼인 티'라
고 부르는 빠떼인 전통 우
산(파라솔)을 만드는 공방
이다. 뒷마당으로 가면 제
작과정을 견학할 수 있다.

천연염색과 코팅, 건조까지 작은 우산 하나를 만드는
데 최소 5일이 소요될 정도로 많은 수고가 들어가는 수
작업을 한눈에 볼 수 있다.
빠떼인 전통 우산은 순면으로 된 천으로 만드는데 Tae
Fruit라고 하는 과일의 씨앗을 발효시켜 그 위에 코팅
처리를 하는 것이 비법이다. 이는 천을 더욱 강하고 단
단하게 만들어 오래 사용할 수 있게 한다. 근처에 작은
우산 공방 몇 군데가 더 있다.

쉐민판 Shwe Myin Pyan

지도 P.329 | 주소 No.49/B, Merchant Street
전화 (042)24354 | 영업 06:00~18:00

빠떼인의 우산만큼이나 유명한 것이 빠떼인의 라이스
케이크다. 풍요로운 곡창지대답게 쌀로 만든 음식이 잘
발달했는데, 빠떼인 할라와 Phathein Halawa라고
부르는 쌀 케이크가 대표적이다. 찹쌀에 설탕, 코코넛
기름, 땅콩기름, 버터기름, 참깨를 넣어
쪄낸 것으로 달콤하고 고슬고슬한 것
이 우리나라의 약식과 비슷하다. 작은
플라스틱 통에 넣어 파는데 특산품을
파는 시내 상점에서도 쉽게 볼 수 있다.

sleeping

빠떼인 호텔 Pathein Hotel

지도 P.329 | 주소 Kathonesint, Pathein-Monywa
Road | 전화 (042)24323 | 요금 싱글 $53, 더블 $63
객실 28룸

1991년에 문을 연 빠떼인의 첫 번째 호텔이다. 컨디션
좋은 객실에서 조용하게 머물 수 있긴 하지만 시내와 약
1.8km 떨어져 있어 뚜벅이 배낭족들에겐 약간 불편할
수 있다. 차량을 렌트한 단체 관광객들이 주로 머문다.
중국음식을 하는 부속 식당도 갖추고 있으며 조식도 제공
된다. 마하반둘라 로드 Mahabandoola Road를 따라
동쪽으로 가면 외곽에 있는 골프장 옆에 위치해 있다.

라피운 호텔 La Pyae Wun Hotel

지도 P.329 | 주소 No.3o, Min Gyi Street
전화 (042)24669 | 요금 싱글 $25, 더블 $35 | 객실 40룸

시내 중심부에 있는 숙소로 관리가 잘 되고 있다. 객실은
큰 창문과 하얀 타일로 깔끔하게 마감을 했는데 모두 트
윈 룸으로만 구성되어 있다. 냉장고와 TV, 꽤 넓은 욕
실에는 욕조까지 갖추고 있다. 전체적으로 쾌적하지만
조식이 제공되지 않아 가격 대비 조금 비싼 느낌이다.

파마와디 호텔 Pammawaddy Hotel

지도 P.329 | 주소 No.14/A, Min Gyi Street
전화 (042)21165 | 요금 싱글 $15, 더블 $35 | 객실 22룸

라피운 호텔 맞은편에 위치해 있다. 2012년 6월 리뉴
얼을 통해 산뜻하게 재단장했다. 싱글 룸 가격은 합리적
인 편으로 말끔하게 페인트칠을 한 객실은 간소하며 화
장실은 좁지만 깔끔하다. 조식은 제공되지 않는다.

더 퍼스트 호텔 The First Hotel

지도 P.329 | 주소 No.43., Strand Street
전화 (042)22622 | 요금 싱글 $25, 더블 $30~ | 객실 22룸

빠떼인 강변에 위치한 조용한 숙소로 2018년 1월 오픈
했다. 넓은 객실과 조식을 차려내는 멋진 옥상 식당까지
모든 시설이 산뜻하다. 시스템과 서비스는 점차 자리가
잡히면서 더 좋아질 것으로 전망된다. 투숙객에 한해 자
전거를 대여해주는데 1일 이용료는 K4,000($3).

TRAVEL 💬 PLUS
미얀마의 도량형

미얀마에는 고유의 도량형이 존재한다. 재래시장에
선 흔히 미얀마식 도량형으로 거래된다. 과일을 살
때 외국인에게는 개수로 팔기도 하지만, 현지인처럼
사려면 무게 단위를 알고 있어야 한다. 과일은 1비스
(1.5kg)나 50티칼(750g) 정도로 사면 적당하다.
과거 식민지 영향으로 거리는 킬로미터가 아닌 마일
을 사용하는 등 영국식 도량형도 일부 사용된다.

종류	단위	한국형 환산
길이	1인치(in)	2.54cm
	1피트(ft)	30.48cm
	1기케(gaik) = 1야드(yd)	91.438cm
	1타웅(taung)	45.5cm
	1타(hta)	22.75cm
	1미트(might)	11.37cm
거리	1마일(mile)	1.609km
무게	1파운드(lb)	450g
	1비스(viss)	약1.5kg
	1티칼(tical)	약15g
넓이	1에이커(ac)	4,046㎡
	1헥타르(ha)	10,000㎡(3,025평)

ချောင်းသာ

차웅따 | Chaungtha

차웅따는 빠떼인에서 서쪽으로 60km 떨어진 곳에 위치한 미얀마 서남부의 해변 마을이다. 반달 모양의 해변이
굽이쳐 펼쳐지는 아름다운 백사장 뒤로 야자수 나무숲이 아늑한 그늘을 만들어낸다. 차웅따는 양곤에서 가장 가까운
해변이자 미얀마 사람들에게 가장 인기 있는 휴양지다. 한마디로 미얀마의 대중적인 해변이라고 할 수 있는데
성수기인 10월~4월 사이, 주말이나 공휴일, 특히 축제기간에는 방을 구할 수 없을 정도로 현지인들로 붐빈다.
근처의 웨이씨웅 Ngwe Saung이나 동부의 나빨리 Ngapali 해변보다 물가가 저렴한 것이 인기 요인이기도
하다. 물 반, 사람 반이라고 표현해야 할 정도로 언제나 붐비기 때문에 고즈넉한 해변을 연상하고 왔다가
실망하는 외국인들도 있다. 하지만 현지인들이 만들어내는 소박하고 활발한 정취가 가득한 해변,
미얀마 사람들을 닮은 소박하고 정감 넘치는 풍경, 그것이 바로 차웅따 해변의 매력이다.

Information

기본정보

지역번호 (042)

환전·ATM

환전이 가능한 은행이나 ATM기는 아직 없다. 기본적으로 모든 숙소에서 미국 달러가 통용되기 때문에 숙소에서 환전이 가능하다.

관광안내센터(MTT)

버스터미널 근처에 관광안내센터가 있긴 하지만 성수기에도 종종 문이 닫혀 있어 정보를 기대하긴 어렵다. 차라리 숙소에 문의하는 것이 더 도움이 된다.

Access

차웅따 드나들기

 버스

양곤에서

평소에는 양곤의 다곤 에야 버스터미널에서 06:00, 06:30에 버스가 출발한다. 6~7시간 소요되며 요금은 K7,000~10,000이다. 그러나 성수기에는 버스가 증편되어 아웅산 스타디움에서 07:30, 21:00, 21:30 출발하는 버스가 추가되는데 이때 요금은 K12,000 ~13,000이다. 참고로 평소에는 쉐삐린 Shwe Pyi Lwin 회사의 버스가 차웅따, 웨이싸웅을 운행한다. 하지만 비수기는 버스가 운행하지 않거나 부정기적으로 출발한다. 이때에는 양곤~빠떼인까지 버스로 이동한 후, 빠데인~차웅따 구간을 다시 버스로 이동하면 된다.

빠떼인에서

빠떼인에서 출발하는 버스는 미니버스다. 출발시간은 06:00~16:00까지, 2시간 간격으로 운행한다. 요금은 K4,000이며 3시간 소요된다(표를 끊을 땐 1시간 30분 소요된다고 하지만 수시로 정차하는 로컬 버스라서 거의 3시간 가까이 소요된다).

빠떼인에서 택시를 대절해서 이동할 수도 있다. 택시로는 약 1시간 30분~2시간 소요되며 택시 한 대 편도요금은 K50,000이다.

웨이싸웅에서

차웅따~웨이싸웅 구간은 사이클 택시(모터바이크 택시)로 이동할 수 있다. 요금은 편도 K15,000이며 2시간~2시간 30분 정도 소요된다. 사이클 택시는 숙소에 문의하면 연결해준다. 다만 사이클 택시는 오토바이라서 기동성 있게 움직일 수는 있지만 따로 짐을 싣는 칸이 없으므로 짐을 최소화해야 한다. 배낭 하나 정도라면 가능하다.

 택시

차웅따 구간을 오가는 버스는 배차 간격이 넓기 때문에 택시를 이용하는 여행자들이 많다. 일행이 3~4명일 경우 택시로 이동하는 것이 시간 대비 효율적인 방법이다. 차웅따에서 빠떼인까지는 K50,000, 웨이싸웅까지는 K50,000, 양곤까지는 K150,000이다. 숙소에 문의하면 합승택시를 셰어 할 손님을 연결해주기도 한다.

Course

차웅따 둘러보기

마을의 중심 도로(Pathein-Chaungtha Main Road)를 따라 대부분의 숙소와 식당, 노점이 양 옆으로 늘어서 있다. 버스터미널 남쪽으로 마을이 형성되어 있으며 주로 현지인들을 대상으로 하는 숙박업소와 식당, 조개껍데기로 만든 장식품 등 해변 특유의 기념품을 판매하는 상점들이 옹기종기 모여 있다.

차웅따에서 출발하는 버스

목적지	출발시각	요금	소요시간
양곤	06:00	K10,000	6~7시간
빠떼인	06:00~16:00 (2시간 간격)	K4,000	3시간

차웅따 해변 Chaungtha Beach

차웅따 해변은 전체 길이가 약 3.2km로 그리 긴 편은 아니지만 바다가 하나의 거대한 유원지를 연상케 한다. 바다로 소풍 나온 듯한 가족 단위의 여행객들이 바다를 멋지게 활용하고 있다. 바다 한가운데에는 파도를 따라 고무보트가 넘실거리고, 백사장에서는 바다를 골문으로 축구 경기가 한창이다. 그 사이로 자전거와 오토바이가 질주한다. 가뜩이나 붐비는 백사장에 조랑말과 소달구지까지 합세해 관광객을 태우고 어슬렁거리며 해변을 거닌다. 그 사이를 비집고 해산물을 파는 상인까지 등장하면 마침내 해변이 꽉 차는 느낌이다. 차웅따 해변은 이런 왁자지껄하고 활기찬 풍경이 오히려 정겹고 따뜻하게 느껴지는 곳인데, 성수기에는 관광객으로 포화상태가 된다. 숙소도 계속 생겨나고 있지만 아무래도 관광객 유입 속도를 따라잡지 못하는 듯하다. 하지만 여전히 존재 자체만으로 현지인들의 사랑을 한몸에 받고 있는 해변이다.

eating

해변에서의 즐거움 중 하나는 해산물(Seafood)을 저렴한 가격에 맛볼 수 있다는 것이다. 해산물의 재료나 조리 방법은 대부분 비슷하므로 머물고 있는 숙소의 부속식당을 이용하는 것도 좋다. 모든 호텔에는 식당이 딸려 있는데 고급 호텔은 같은 재료와 조리 방법이라도 당연히 비싸고, 마켓 주변에 형성되어 있는 현지 식당은 저렴한 편이다. 저녁이 되면 해변에 테이블을 내어놓고 간단한 해산물을 파는 노점은 그보다 더 저렴하다. 그래도 바닷가다 보니 기본적으로 가격은 조금 있기 마련인데, 차웅따에서 합리적인 가격에 해산물을 맛볼 수 있는 식당을 소개한다.

쉐야민 레스토랑 쉐야민 게스트하우스의 부속 식당으로 오징어, 새우, 대합조개, 고동, 생선 등의 해산물을 무난한 방법

차웅따 해변의 이동 상인들이 파는 해산물

으로 요리해낸다. 예를 들면 달콤한 간장소스나 크림소스 등으로 조리하는 등 외국인들이 거부감 없이 먹을 수 있는 메뉴가 가득해 외국인 여행자들에게 인기가 좋다.

윌리엄 레스토랑 윌리엄 게스트하우스의 부속 식당으로 역시 저녁이면 현지인들이 가득 들어찰 정도로 인기 있는 곳이다. 랍스터, 전복 등의 메뉴를 두루 갖추고 있는데 대부분 중국식 조리법으로 맛깔나게 만들어낸다.

차웅따 해변의 해산물을 파는 노점

sleeping

빠떼인 - 차웅따 메인 로드 Pathein-Chaungtha Main Road를 중심으로 숙소가 양쪽으로 나뉘어 있다. 바다를 전망으로 하는 숙소는 비싸고, 도로 건너편 숙소는 그보다 저렴하다. 시장 근처에는 현지인들을 상대로 하는 저렴한 숙박업소가 몰려 있다. 성수기인 10월~4월, 특히 미얀마 축제기간에는 현지인들이 몇 개월 전부터 예약을 해놓기 때문에 방을 구하기가 매우 어렵다. 차웅따 해변은 비수기에도 문을 여는 숙소가 많으며 대부분의 숙소는 전기 공급 시간(18:00~다음 날 06:00)이 정해져 있다. 아래 요금은 호텔에서 제시하는 공시요금으로 비수기에는 10~20% 할인이 된다.

쉐야민 게스트하우스
Shwe Ya Minn Guest House

지도 P.335 | 주소 Pathein-Chanugtha Main Road
전화 (042)42126~7 | 요금 싱글 $20, 더블 $25 | 객실 20룸

합리적인 가격으로 배낭족들에게 인기 있는 숙소. 식당 뒤편으로 야자수 나무가 있는 뒷마당에 객실이 갖춰져 있다. 모기장이 설치된 객실은 햇볕이 잘 들어오며 청결하게 관리되고 있다. 비수기에는 공시요금에서 $5가 할인된다.

뉴 차웅따 롯지 New Chaungtha Lodge

지도 P.335 | 주소 Pathein-Chanugtha Main Road
전화 (042)42367~9 | 요금 싱글 · 더블 $25(선풍기), $45(에어컨) | 객실 27룸

미얀마의 가족 단위 여행객들에게 인기 있는 숙소. 바다를 전망으로 하는 객실(7룸)은 에어컨을 갖추고 있고, 그 뒤편으로 바다 전망은 없지만 선풍기 룸을 갖춘 저렴한 객실(20룸)이 있다. 시설은 평범하지만 상냥하고 친절한 스태프들이 관광객들을 따뜻하게 반기는 곳이다.

윌리엄 게스트하우스 William Guest House

지도 P.335 | 주소 Pathein-Chanugtha Main Road
전화 (042)42377 | 요금 싱글 · 더블 $15 | 객실 6룸

2009년에 문을 연 게스트하우스. 사실 게스트하우스보다는 식당을 메인 사업으로 하는 곳이다. 식당 뒤편으로 6개의 객실을 준비해놓고 있다. 실내는 약간 침침하지만 하룻밤 머물기엔 문제없다. 차웅따 해변에서 비교적 저렴하게 머물 수 있는 곳이긴 하지만 객실이 얼마 없어 늘 만실이 되곤 한다. 비수기인 5월~ 8월에는 문을 닫는다.

골든 비치 호텔 Golden Beach Hotel

지도 P.335 | 주소 Pathein-Chanugtha Main Road
전화 (042)42350~2 | 요금 싱글 · 더블 $45~60,
패밀리 룸 $100 | 객실 62룸

붉은 지붕을 올린 방갈로 형태의 숙소. 객실도 청결하고 주변 정원도 깔끔하게 조성되어 있다.
무엇보다 이곳의 장점은 잘 준비된 여행사를 갖추고 있다는 것. 인근에 있는 화이트샌드 섬 Whitesand Island으로의 그룹투어를 진행해주고 스노클링이나 보트, 버스표, 자가용 렌트 등 차웅따에 관한 전반적인 여행 서비스를 제공한다.

호텔 맥스 Hotel Max

지도 P.335 | 주소 Pathein-Chaungtha Main Road
전화 (042)42345~9 | 요금 싱글 · 더블 $70~110 | 객실 70룸

차웅따의 고급 호텔 중 하나로 해변의 남쪽에 위치해있어 조용하게 머물 수 있다. 객실은 바다가 가까이 보이는 객실(Sea View) 18룸, 빌라 형태의 객실(Second Sea View) 20룸, 정원을 바라보는 객실(Garden View) 32룸으로 나뉜다. 정원에 조성된 미니 골프장과 테니스장, 바다와 눈높이를 맞춘 근사한 수영장까지 잘 갖춰져 있다.

벨르 리조트 Belle Resort

지도 P.335 | 주소 Pathein-Chaungtha Main Road
전화 (042)42112~4 | 요금 싱글 · 더블 $115~168
객실 56룸

과거 Ayeyar Oo Hotel을 보수해 2008년 1월 벨르 리조트로 새롭게 문을 열었다. 객실은 바다가 보이는 독채 방갈로인 Beautiful Deluxe, 넓은 침대를 갖춘 2층 객실 Elegance Superior, 야자수 나무가 즐비한 정원에는 Charming Standard 객실이 있다. 수영장과 마사지 숍도 운영한다.

미얀마 모터사이클 여행

차웅따~웨이싸웅 구간을 연결하는 버스는 없습니다. 여행자들은 보통 차웅따 또는 웨이싸웅 중 한 해변을 골라 여행하는데요. 만약 차웅따, 웨이싸웅 두 해변을 연달아 가려면 보트나 택시를 이용해야 합니다. 가는 방법은 두 가지인데 첫 번째는 사이클 택시(기사 포함)+보트로 가는 겁니다. 뱃길 구간은 보트에 모터바이크를 싣고, 육로는 모터바이크로 이동합니다. 하지만 이 방법은 보트를 세 번이나 갈아타야 해서 번거롭습니다. 다른 하나는 아예 사이클 택시를 타고 육로로 이동하는 방법인데요. 차웅따에서 출발한다면 한 시간 정도 산길을 지나 웨이싸웅으로 접어들어 다시 한 시간 반 정도를 이동하게 되는데 이 방법을 가장 추천합니다. 약 66km가 되는 구간의 길이 아름답거든요. 선선한 아침에 출발해보세요. 초록색 논 사이로 안개가 자욱하게 피어나는 이런한 풍경, 미얀마 원시 그대로의 속살 같은 풍경을 만날 수 있는 길이 펼쳐집니다. 육로로 이동할 경우 사이클 택시는 약 K15,000에 2시간 30분 정도 소요됩니다.

ငွေဆောင်

웨이싸웅 | Ngwe Saung

웨이싸웅은 차웅따 남쪽에 있는 해변으로 빠떼인에서 56km 거리에 위치해 있다. 빠떼인에서 동쪽으로 향하다가 갈래 길에서 위쪽으로 들어서면 차웅따, 아래쪽으로 접어들면 웨이싸웅이다. 뱅골 만을 마주하고 미안마를 대표하는 두 해변이 사이좋게 자리하고 있는데, 양쪽 모두 양곤이나 빠떼인에서의 이동시간이 비슷해 어디로 향해야 할지 여행자들을 행복한 고민에 빠지게 한다. 주로 가족 단위의 여행객은 차웅따로, 한적함을 원하는 연인들은 웨이싸웅으로 향한다. 웨이싸웅 해변은 일반인에게 개방된 지 10여 년이 조금 지났다. 그렇다 보니 아직 개발이 덜 이루어져 분위기가 한산한 편이다. 차웅따 해변에 있다가 웨이싸웅 해변으로 넘어오면 서로 가까운 거리를 두고 있으면서도 두 해변의 분위기가 사뭇 다른 것에 놀라게 된다. 차웅따가 하루를 여는 아침처럼 활기차고 분주한 해변이라면, 웨이싸웅은 하루를 마감하는 저녁처럼 차분하고 조용한 해변이다. 최근에는 양곤 부자들의 주말 여행지로 떠오르고 있지만 아직까지는 고요함 속에서 아름다움을 한껏 주목받는 해변이다.

Information

기본정보

지역번호 **(042)**

환전 · ATM

환전이 가능한 은행이나 ATM기는 아직 없다. 기본적으로 모든 숙소에서 미국 달러가 통용되기 때문에 숙소에서 환전이 가능하다.

여행정보

웨이싸웅에는 정부에서 운영하는 공식적인 관광안내센터(MTT)가 없다. 현지정보는 숙소를 통하거나, 마을 북쪽에

샌들우드 카페

있는 샌들우드 Sandalwood 카페에서 얻을 수 있다. 숙소 예약, 비행기와 버스표 대행, 당일 스노클링과 근교의 빌리지 투어, 모터바이크 렌트 등에 대한 안내를 받을 수 있다.

빠떼인에서

빠떼인에서 미니버스가 06:00~16:00까지 2시간 간격으로 운행한다. 요금은 K4,000이며 2시간 소요된다. 일부 패키지 여행객들은 양곤~빠떼인을 국내선 비행기로 이동한 후 빠떼인에서 웨이싸웅을 차로 이동하기도 한다. 몇몇 고급 호텔에서는 빠떼인 공항에서 호텔까지 무료 픽업 서비스를 실시한다.

택시

3~4명의 일행이 있다면 빠떼인이나 차웅따에서 택시로 웨이싸웅까지 이동하는 방법도 좋다. 차웅따와 빠떼인에서는 각각 K50,000이고 양곤에서는 K150,000 정도다. 물론 웨이싸웅에서 택시를 렌트해 위 도시들로 갈 수도 있다.

웨이싸웅에서 출발하는 버스

목적지	출발시각	요금	소요시간
양곤	06:30, 08:00	K9,000	6시간
빠떼인	06:00~16:00 (2시간 간격)	K4,000	2시간

Access

웨이싸웅 드나들기

버스

양곤에서

양곤의 다곤 에야 버스터미널에서 07:00에 버스가 출발한다. 6~7시간 소요되며 요금은 K11,000이다. 성수기에는 07:30, 08:00 버스가 증편된다. 이 외에도 아웅산 스타디움에서 05:00, 21:00, 21:30 출발하는 버스가 추가되며 요금은 K15,000이다. 평소에는 쉐삐린 Shwe Pyi Lwin, 민뜨 Myint 등의 버스회사가 양곤~웨이싸웅을 직항으로 연결하는데 비수기에는 해변의 숙소가 문을 닫기 때문에 직항 운행이 잠시 중단된다. 이때에는 양곤~빠떼인까지 버스로 이동한 후, 빠데인~차웅따 구간을 다시 버스로 이동하면 된다.

Course

웨이싸웅 둘러보기

버스가 웨이싸웅 마을 초입에 다다라서 작은 다리를 건너면 길이 두 갈래로 나뉜다. 북쪽(오른쪽)은 묘마 로드 Myoma Road를 중심으로 시장과 식당, 학교 등이 형성되어 있고, 남쪽(왼쪽)으로는 메인 로드 Main Road를 따라 해변을 바라보고 호텔이 늘어서 있다. 대부분 고급 리조트는 마을을 지나 북쪽에, 중급 숙소는 남쪽에 조성되어 있다. 길은 메인 도로 하나로 심플하지만, 남쪽에서 북쪽 끝까지 약 15km로 걷기에는 다소 멀다. 마을을 오가려면 사이까를 타거나 자전거 또는 오토바이를 빌리는 것이 좋다. 자전거는 1일 대여 K2,500이고 오토바이는 K10,000이다.

웨이싸웅 해변 Ngwe Saung Beach

웨이싸웅 해변은 확실히 차웅따 해변보다는 조용하다. 차웅
따 해변의 활발함이 다소 부담스러운 여행자들이 웨이싸웅
해변을 찾는다. '은빛 해변'이란 뜻처럼 15km의 길고 넓은
은빛 해변이 펼쳐져 있는 웨이싸웅 해변은 차웅따에 비해 훨
씬 크다. 그에 반해 관광객은 적어 너른 바다 풍경을 만끽하
며 한적한 시간을 보내기에 제격이다. 유난히 부드러운 모래
사장을 한가로이 거니는 것이 웨이싸웅의 특별한 즐거움이자
유일하게 할 일이다. 해변의 남쪽 끝까지 걸어가면 바다 한
가운데 떠 있는 러버스 아일랜드 Lovers Island와 연결
된다. 하루 두 번 07:00~09:00, 16:00~17:00 사이에
는 물길이 열려 걸어서 섬에 들어갈 수 있다. 섬에는 인어동
상과 코코넛을 파는 노점뿐이지만 바닷물을 헤치고 걷는 바
다 산책은 특별한 경험이다. 웨이싸웅의 고즈넉함에 충분히
매료된 여행자들은 웨이싸웅 해변의 고요한 아름다움이 조금
더 오래 지속되도록 개발이 더디기만을 내심 바라게 된다.

Lovers Island

eating

웨이싸웅 해변의 호텔은 모두 부속식당을 운영하고 있다. 저렴한 현지 식당은 마을 북쪽의 묘마 로드 Myoma Road에 몰려 있다. 식당은 대부분 비슷한 메뉴를 갖추고 있다. 새우, 게, 오징어, 낙지, 굴, 조개, 생선 등 풍성한 해산물을 주재료로 하는데, 특히 중국식 조리법을 이용한 메뉴가 많다. 식당 주변으로 과일과 기념품을 파는 노점도 형성되어 있다. 이외에도 유자나 호텔 맞은편에 꼬쪼 Ko Kyaw, 골든 게스트 Golden Guest 등 로컬 식당이 몇 군데 있다.

로열 플라워 Royal Flower

지도 P.340 | 전화 (042)40309 | 영업 10:00~22:00
예산 K4,000~

Myoma Road에 들어서면 왼편에 위치한 식당. 해산물을 다국적 조리법으로 만들어 내는데 아마 다양한 외국인들의 입맛에 맞춘 듯하다. 튀김옷을 입혀 튀겨낸 일본식 새우튀김이나 시리얼을 얹어내는 싱가포르식 새우튀김, 게를 커리에 볶아낸 태국식 크랩 커리 등을 맛볼 수 있다. 18:30~21:30에 라이브 공연도 열려 저녁시간이 한층 활기를 띤다. 식당 안에 수공예품과 그림 등을 판매하는 작은 숍도 운영하고 있다.

웨라인시 Ngwe Hline Si

지도 P.340 | 전화 (042)40292 | 영업 07:00~22:00
예산 K4,000~

재료에 맞는 완벽한 조리법으로 풍미를 한껏 살려 음식을 만든다. 특히 레드 스네이퍼 Red Snapper 등의 생선 요리를 잘 차려낸다. 이외에도 수프, 샐러드, 채소볶음 등도 있으며 중국 쓰촨 四川식 생선 수프와 오징어 샐러드, 이탈리아식인 피카타 Piccata와 스파게티 등도 준비되어 있다.

골든 미얀마 Golden Myanmar

지도 P.340 | 전화 (042)40241 | 영업 09:00~22:30
예산 K4,000~

다양한 해산물 메뉴를 맛볼 수 있는 식당. 맥주와 곁들이기 좋은 해산물 샐러드부터 랍스터까지 준비되어 있다. 랍스터는 무게에 따라 요금이 정해진다. 보통 1kg에 K30,000 수준이며 1kg, 500g, 250g 단위로 나뉘어 있어 혼자서도 주문할 수 있다.

sleeping

최근 웨이싸웅에는 관광객이 늘면서 숙소도 많이 생겨나고 있다. 차웅따에는 현지인 전용 숙소가 많은 반면 웨이싸웅 숙소는 모두 외국인이 머물 수 있으며 요금도 더 비싼 편이다. 그만큼 시설도 좋고 모든 숙소가 해변을 바라보고 조성되어 있다.

하지만 최고급 리조트라 하더라도 전력 사정이 좋지 않아 숙소마다 전기를 사용할 수 있는 시간이 정해져 있다. 보통 전기를 사용할 수 있는 시간은 18:00~다음 날 06:00까지다. 많은 숙소가 비수기인 5월~8월(또는 9월)까지 문을 닫는다.

쏘 코코 비치 하우스 Soe Koko Beach House

지도 P.340 | 주소 Myo Pat Road | 전화 09-5001025
요금 싱글 $18~32, 더블 $20~35 | 객실 10룸

대나무로 만든 오두막 같은 방갈로 객실을 갖추고 있는 숙소. 객실에 에어컨은 없지만 아늑하고 저렴한 가격에 머물 수 있다. 해변까지 도보 5분 거리로 위치도 좋은 편이다. 특히 합리적인 가격에 수준급 음식을 맛볼 수 있는 부속 식당이 돋보인다.

쉐힌따 호텔 Shwe Hin Tha Hotel

지도 P.340 | 주소 Main Road | 전화 (042)40340
요금 싱글 · 더블 $35~40(선풍기), $50(에어컨) | 객실 34룸

저렴한 곳을 찾는다면 눈여겨볼 만한 또 하나의 숙소. 대나무로 지어진 방갈로 숙소는 가격대가 다양해 주머니 사정에 맞춰 고를 수 있다. 같은 선풍기 룸이라도 핫 샤워 Hot shower 여부에 따라, 즉 더운물이 나오는지에 따라 가격이 다르다. 선풍기+찬물 샤워, 선풍기+더운물 샤워, 에어컨+더운물 샤워 객실로 나뉜다. 자전거와 모터바이크 대여 등 여행 서비스도 잘 갖추고 있다.

에메랄드 씨 리조트 The Emerald Sea Resort

지도 P.340 | 주소 Main Road | 전화 (042)40247
요금 싱글 · 더블 $100~150 | 객실 23룸

2003년에 문을 연 호텔, 메인 도로의 중간 부분에 위치해 있다. 바다 전망의 객실은 5룸, 나머지는 정원을 전망으로 하는 객실이지만 모든 객실이 반들반들한 원목으로 중후하면서도 말끔하게 정돈되어 있다. 약 6,000여 평의 면적에 자연스럽게 진화한 듯한 야자수 정원이 인상적이다. 12월 20일부터 1월 중순까지는 초성수기로 공시요금에서 $20 정도 더 오른다.

웨이싸웅 요트 클럽 & 리조트 Ngwe Saung Yacht Club & Resort

지도 P.340 | 주소 No.59/63/64 Ngwe Saung Beach
전화 (042)40100 | 요금 싱글 · 더블 $70~300 | 객실 134룸

2013년 동남아시아 경기 대회(Southeast Asian Games)를 위해 지어진 대형 리조트로 남쪽 해변에 위치해 있다. 이곳의 매력은 고급 리조트인데도 저렴한 객실과 텐트를 칠 수 있는 사이트까지 다양하게 준비되어 있다는 것. 낚시와 스노클링, 수상스포츠 등의 프로그램을 운영하며 수영장, 나이트클럽도 갖추고 있다. 러버 섬(Lover Island)까지 도보로 10분, 마을에서는 픽업트럭으로 20분 소요된다.

베이 오브 벵갈 리조트 Bay of Bengal Resort

지도 P.340 | 전화 (042)40304/40346 | 양곤 사무실
(01)667024 | 요금 싱글 · 더블 $150~200 | 객실 62룸

북쪽 해변의 고급 리조트로 1만 7,000여 평의 면적에 오션 뷰의 방갈로와 가든 뷰의 2층 단독 빌라 숙소를 갖추고 있다. 대지가 몹시 넓어서 정원 산책을 하려면 호텔 내의 전동차를 타야 할 정도다. 객실은 미얀마 전통 스타일에 현대적인 분위기를 가미했다. 지붕은 자연광을 필터링하게 설계되었고 어지간한 호텔 방 크기의 거실이 하나씩 딸려있다. 부속 베이커리도 인기 있다.

ငပလီ

나빨리 | Ngapali

나빨리는 미얀마의 라카잉 주 Rakhaing State 중남부에 위치한 해변이다. 영국 식민지 시대에는
'미얀마의 나폴리'라는 별칭으로 불리기도 했다. 나빨리 해변은 라카잉 서부 연안을 따라 5km의
희고 부드러운 모래가 드넓게 펼쳐져 있다. 수심이 낮아 주변의 섬과 산이 바다와 자연스럽게
어우러지는 그림 같은 풍경을 선사해 원시적인 아름다움을 선호하는 여행객들이 즐겨 찾는다.
하지만 물가가 다소 비싼 편이라 관광객은 외국인과 미얀마 부유층이 대부분이다. 그렇다 보니
성수기에도 그다지 붐비지 않는다. 사람의 말소리보다는 파도 소리, 바람 소리가 더 크게 들려
미얀마로부터 멀리 떠나온 느낌마저 든다. 마른 야자수 나무를 엮어 올린 파라솔 그늘에 누워
인도양에서 불어오는 바람을 맞으며 한껏 게으름을 부리기 좋다. 나빨리에서는 그동안 미얀마
어디에서나 보았던(볼 수밖에 없었던) 사원과 파고다를 잠시 잊어도 좋겠다.

Access

나빨리 드나들기

지역번호 (043)

버스

삐이에서

삐이에서 매일 미니밴(10~12인승)이 탄드웨로 출발한다. 19:00에 출발하면 다음날 05:00에 도착한다. 약 9시간 소요되는데 출발인원 등 현지상황에 따라 출발시간은 약간 변동되기도 한다. 성수기에는 08:00 출발편이 증편된다. 다만 미니밴이라 좌석을 확보하기가 어려울 수 있으므로 최소 하루 전에는 예약해야 한다. 요금은 K19,500이다.

조금 고단한 루트지만 한 가지 방법이 더 있다. 삐이에서 따웅곡 Taunggok을 거쳐 탄드웨로 갈 수도 있다. 17:00에 출발한 버스가 약 12시간을 걸려 따웅곡에 도착한 뒤, 탄드웨행 버스를 갈아타고 탄드웨까지 약 6시간, 다시 탄드웨에서 픽업트럭으로 1시간을 가면 나빨리에 도착한다. 이 버스는 매일 출발하지만 최소 20시간 정도를 예상해야 한다.

양곤에서

아웅띳사르 Aung Thit Sar 버스회사가 양곤에서 출발해 위와 같은 방법으로 삐이~따웅곡~탄드웨를 운행한다. 탄드웨에서 양곤(삐이)으로 가는 방법도 동일하다. 탄드웨에서 양곤행 버스가 13:00에 출발한다. 중간 지점인 삐이에서 하차하더라도 최종 목적지인 양곤까지의 금액인 K19,500을 내야 한다.

비행기

많은 여행자들이 나빨리를 갈 때에 버스보다는 비행기를 특히 선호한다. 버스로 10시간 가까이 걸리는 길을 비행기로는 1시간 남짓이면 도착하기 때문이다. 많은

국내 항공사가 나빨리의 관문인 탄드웨 Tandwe를 취항한다. 에어바간(AB), 양곤에어웨이즈(YA), 에어만달레이(AML), 에어케이비제트(KBZ), 아시안윙즈에어웨이즈(AW), 미얀마에어웨이즈(MA)가 주요 관광지인 양곤, 냥우(바간), 만달레이, 헤호(인레), 씨트웨에서 각각 탄드웨까지 연결한다.

탄드웨행 비행기는 대부분 오전에 출발하며 성수기에는 모든 항공사가 매일 또는 최소한 주3회 이상 운항한다. 반면, 비수기(5월 중순~9월 중순)에는 항공사의 운항편이 대폭 축소되므로 현지에서 반드시 항공 스케줄을 확인해야 한다. 참고로, 미얀마에어웨이즈(MA)는 운항횟수가 주2회로 가장 적고 운항시간도 불규칙한 편이라 최소 일주일 전에는 예약해야 한다.

항공요금은 출발지와 항공사에 따라 다르다. 또한 매월 스케줄과 요금이 달리 책정되는데 대체로 양곤~나빨리 구간이 가장 저렴한 편이며, 헤호(인레)~나빨리 구간이 가장 비싸다.

나빨리행 국내선

출발지	요금	소요시간
양곤	$90~110	50분
냥우(바간)	$110~130	60분
헤호(인레)	$150	60분
만달레이	$106~120	40분

* 요금은 2018년 1월 기준임

탄드웨 공항

나빨리행 비행기를 타면 탄드웨 공항 Thandwe Airport에 도착하게 된다. 탄드웨는 나빨리의 관문으로 이곳에서 해변까지는 약 7km 정도다. 숙소 예약을 하면 거의 모든 숙소에서 공항으로 무료 픽업을 나온다. 물론 나빨리를 떠날 때 비행기 시간에 맞춰 공항까지의 샌딩 서비스도 포함된다. 개별적으로 이동한다면 택시를 이용하면 된다. 공항에서 해변 마을까지는 15~20분 소요되며 요금은 K18,000~20,000이다.

Transport
나빨리 시내교통

■ 픽업트럭 · 자전거

탄드웨에서 나빨리 해변의 가장 남쪽인 론따 Lon Tha 마을까지 픽업트럭이 운행한다. 정해진 출발시각이나 버스정거장은 없지만 메인 도로에서 지나가는 픽업트럭을 잡아타면 된다. 이동 거리에 따라 차비를 내면 되는데 대략 K500~1,000 정도다. 자전거를 빌리는 것도 좋은 방법이다. 대부분의 숙소에서 자전거를 대여해주는데 하루 대여료는 K3,000이다. 많지는 않지만 모터바이크를 렌트해주는 곳도 있다. 모터바이크 하루 대여료는 K25,000이다.

Course
나빨리 둘러보기

탄트웨 공항에서 남쪽으로 메인 도로인 나빨리 메인 로드 Ngapali Road(Gyeiktaw Main Rd.)를 따라 약 6.5km 지점에 린따 마을 Lin Tha Village이 있다. 린따 마을 위쪽에는 바다를 배경으로 하는 9홀의 골프 클럽이 있고, 마을 주변에 저렴한 현지 식당과 갤러리, 얼음공장이 있다. 이 린따 마을부터 본격적인 호텔 존 Hotel Zone이다. 린따 마을을 시작으로 남쪽으로 드넓은 바다를 공유하며 리조트들이 해변을 바라보고 길게 늘어서 있다. 메인 도로를 따라 계속 남쪽으로 내려가면 어촌 마을인 제토 마을 Jade Taw Village, 약 1.2km 더 내려가면 론따 마을 Lon Tha Village이 있다. 론따 마을의 흰 탑(Stupa)이 세워져 있는 언덕에 오르면 뱅갈 만의 풍경이 한눈에 들어온다.

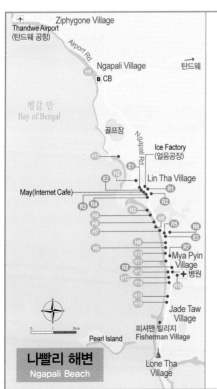

나빨리 해변
Ngapali Beach

Hotel
H1 어메이징 나빨리 리조트 Amazing Ngapali Resort
H2 메이 18 게스트하우스 May 18 Guest House
H3 실버 비치 호텔 Silver Beach Hotel
H4 베이 뷰-더 비치 리조트 Bay View-The Beach Resort
H5 린따우 롯지 Lin Thar Oo Lodge
H6 메멘토 리조트 Memento Resort
H7 아라칸 랜드 리조트 Arakan Land Resort
H8 탄드 비치 호텔 Thande Beach Hotel
H9 제이드 마리나 리조트 Jade Marina Resort
H10 아우레움 팰리스 리조트 Aureum Palace Resort
H11 나빨리 베이 빌라 & 스파 Ngapali Bay Villa & Spa
H12 산도웨이 리조트 Sandoway Resort
H13 아마타 리조트 Amata Resort
H14 라구나 롯지 Laguna Lodge
H15 로열 비치 모텔 Royal Beach Motel
H16 프레전트 뷰 리조트 Pleasant View Resort
H17 에이젯 패밀리 게스트하우스 AZ Family Guest House
H18 위 스테이 엣 칠렉스 하우스 We Stay @ Chillax House

Restaurant
R1 브릴리언스 Brilliance
R2 베스트 프렌드 Best Friend
R3 테이 테이 키친 Htay Htay' Kitchen
R4 엑셀런스 Excellence
R5 엔젤 Angel
R6 그린 커피 Green Coffee
R7 스마일 Smile
R8 밍갈라 씨푸드 Mingalar Seafood

Entertainment
E1 테인 린따 갤러리 Htein Lin Thar Gallery
E2 나빨리 아트 갤러리 Ngapali Art Gallery
E3 사이언 베이 아트 갤러리 Cyan Bay Art Gallery

나빨리 해변 Ngapali Beach

파라솔 아래에 누워 책을 읽다가 늘어지게 낮잠을 자고 에메랄드빛 바다에 뛰어들어 온몸을 담그고, 그러다 허기지면 해산물로 양껏 배를 채우고 노을이 지는 해변을 하염없이 걷는 것을 충분히 즐겼다면, 이제 바다로 나갈 차례다. 나빨리에 스펙터클한 해양스포츠는 없지만, 잔잔하게 체험하기 좋은 스노클링과 낚시투어가 있다. 나빨리는 바다가 맑고 수심이 얕아 풍부한 산호초와 열대어를 볼 수 있다. 스노클링 장비는 모두 빌려주기 때문에 특별한 준비물 없이도 가능하다. 작은 통통배를 타고 바다로 나가는 낚시투어는 전문가가 아니더라도 짜릿한 손맛을 느낄 수 있다. 투어에는 특별한 체험이 하나 추가된다. 스노클링이든, 낚시투어든 바다로 나간 여행자들은 약속이나 한 듯이 '펄 아일랜드 Pearl Island'로 모이게 되는데, 이곳은 나빨리 남쪽 끝에 있는 작은 무인도다. 뱃사공의 안내로 들르게 되는 이 작은 섬의 오두막 식당에서 낚시로 직접 잡은 생선을 구워 먹을 수도 있다(물론 돈을 내고). 나빨리의 유일한 엔터테인먼트인 스노클링과 낚시투어는 대부분의 모든 숙소에서 프로그램으로 운영하고 있다. 이외에도 스킨스쿠버나 탄드웨의 시골 마을을 둘러보는 프로그램 등도 있는데, 혼자라면 아무래도 배를 한 척 빌리는 가격이 부담스럽다. 숙소에 일행을 연결해달라고 신청하거나, 백사장을 어슬렁거리고 있으면 보트 호객꾼이 다가와 이미 예약한 다른 여행자와 연결해주기도 한다.

피셔맨 빌리지 | Fisherman Village

나빨리 해변의 남쪽에는 미얀마의 어촌 풍경을 볼 수 있는 피셔
맨 빌리지가 있다. 마을 입구에 들어서면 비릿한 어물전 냄새
가 풍겨와 어부 마을에 제대로 도착했음을 알아차릴 수 있다.
갓 잡아온 생선을 손수레에 담아 나르는 어부들과 찬거리를 사
러 나온 주민들 간에 왁자지껄한 즉석 좌판이 벌어진다. 한바
탕 흥정이 끝나고 모두 돌아가면 대나무로 만든 그물망에 생선
을 다듬어 널어놓고, 드럼통에 소금과 생선을 채워 넣는 아낙네
들의 손길이 분주해진다. 떨어진 생선을 주워 먹으려는 개들은

작업장 주변을 배회하고, 마을 찻집에서는 밤새 고기잡이를 하고 돌아온 어부들과 마을 노인들이 간밤의 안부를 물
으며 담소로 아침을 연다. 마을을 돌아다니면 활기차면서도 여유 가득한 분위기를 느낄 수 있다. 상점에서는 한국인
들에게는 익숙한(서양인들은 특유의 냄새에 질색하지만), 손바닥 크기만 한 반건조 오징어를 파는 모습도 보인다. 호
텔에서 체험투어(스노클링이나 낚시투어)를 신청하면 프로그램에 피셔맨 빌리지가 포함되기도 한다. 개인적으로 찾
아가려면 메인 로드에서 남쪽으로 내려가는 픽업트럭을 타면 된다. 호텔 존에서 피셔맨 빌리지까지는 픽업트럭으로
K300이다.

eating

나빨리의 식당은 전반적으로 퀄리티가 만족스럽다. 외국인 관광객들이 많다 보니 다양한 해산물로 다국적 요리를 만들어내는데 메뉴는 대체로 비슷한 편이다.

기본적으로 모든 숙소에 식당이 있으며, 투숙객이 아니더라도 호텔의 부속 식당을 이용할 수 있다. 아무래도 호텔 내의 식당은 비싼 편이다. 저렴한 식당은 린따 마을 근처에 몰려 있으며 해변의 남쪽 끝으로 내려가면 백사장에 파라솔을 펼쳐놓은 분위기 있는 해변 식당이 몇 군데 있다.

스마일 Smile

지도 P.345 | 주소 Mya Pyin Village
영업 07:00~24:00 | 예산 K4,000~

라카잉 전통 요리를 비롯해 해산물을 재료로 하는 태국식, 중국식 메인 요리와 샐러드 등의 애피타이저, 파스타와 샌드위치 등 다양한 메뉴를 갖추고 있다. 가능할까 싶은 메뉴도 주문하면 모두 척척 만들어 내오는데 그 맛이 꽤 괜찮다. 모터바이크, 자동차, 보트 대여 서비스도 겸하고 있다. Napali Beach Hotel 맞은편에 위치해 있다.

엑셀런스 Excellence

지도 P.345 | 주소 Lintha Village
전화 (043)42249 | 영업 06:00~22:30 | 예산 K4,000~

린따 마을의 현지 식당 중 한 곳으로 베이뷰 리조트 옆에 위치해 있다. 이곳은 알찬 해산물 세트메뉴가 눈길을 끈다. 생선, 오징어, 새우 등의 해산물 중 메인 재료 한 가지에 야채볶음 또는 아보카도 샐러드, 밥, 과일주스가 곁들여 나오는데 식당 이름 그대로 가격 대비 메뉴 구성과 맛, 모두 엑셀런스하다.

테이 테이 키친 Htay Htay' Kitchen

지도 P.345 | 주소 Lintha Village
전화 (043)42081 | 영업 07:00~22:00 | 예산 K4,000~

엑셀런스 식당 옆에 사이좋게 붙어 있는 식당. 역시 여행자들에게 인기 있는 식당 중 한 곳으로 다양한 해산물 메뉴를 갖추고 있는데 사시미까지 준비되어 있다. 특히 칵테일과 미얀마산 와인도 판매하며 술안주로 곁들이기 좋은 해산물 안주 메뉴도 많다. 식당 옆에 옷, 액세서리 등 기념품을 판매하는 상점을 함께 운영하고 있다.

베스트 프렌드 Best Friend

지도 P.345 | 주소 Lintha Village
영업 07:00~24:00 | 예산 K3,000~

린따 마을의 옹기종기 모여 있는 현지 식당 중 한 곳. 이곳도 밥과 과일, 야채볶음이 포함된 해산물 세트메뉴를 오늘의 메뉴로 준비하고 있다. 대체로 주변 식당과 비슷한 해산물 메뉴를 갖추고 있으며 저렴한 미얀마 생맥주도 판매한다. 저녁에는 테이블마다 촛불을 켜놓아 한껏 운치 있는 분위기에서 식사할 수 있다.

엔젤 Angel

지도 P.345 | 주소 Lintha Village
영업 07:00~22:00 | 예산 K3,000~

바다를 내려다보면서 식사를 할 수 있는 작은 야외 식당. 사실 밥보다는 해질 무렵에 술 한잔 하기 좋은 곳이다. 맥주, 와인, 럼, 위스키 등 주류 메뉴가 다양하다. 특히 40여 가지의 칵테일을 만들어낸다. 해산물 커리와 술안주로 좋은 해산물 튀김 등 해산물을 원하는 조리법으로 주문할 수도 있다. 해산물은 그램(g)단위로 판매하는데 랍스터 1kg에 약 K35,000 정도.

entertainment

나빨리 아트 갤러리 Ngapali Art Gallery

지도 P.345 | 주소 Lin Thar Village
전화 09-851643 | 영업 09:00~18:00

2005년 나빨리에 처음 생긴 개인 갤러리. 산 나잉(San Naing, 1971~) 작가의 작업실을 겸한 아트 갤러리다. 그는 1999년부터 전시를 꾸준히 해

오고 있는데 그의 작품은 나빨리 베이 리조트(Napali Bay Resort) 로비에도 걸려 있다. 갤러리는 린따 마을 얼음 공장 맞은편에 위치해 있다.

테인 린따 갤러리 Htein Lin Thar Galerie

지도 P.345 | 주소 Lin Thar Village
전화 09-421730657 | 영업 09:00~18:00

2011년 문을 연 갤러리. 갤러리 앞마당에도 작품을 전시하고 있어 야외 테이블에 앉아 잠시 쉬어가기 좋다.

사이언 베이 아트 갤러리 Cyan Bay Art Gallery

지도 P.345 | 주소 Lin Thar Village
전화 09-8516087 | 영업 08:00~19:00

해변의 갤러리답게 모래밭 위에 자연스럽게 그림을 전시해 놓고 있다. 엔젤 식당 옆에 위치해 있다.

sleeping

미얀마를 대표하는 고급 휴양지답게 나빨리의 숙소는 제법 비싼 편이다. 가장 저렴한 객실이 최소 $30부터 시작한다. $70 미만이 그나마 저렴한 축에 속하고, $80~120 내외가 중급, $120 이상은 고급 숙소로 나뉜다. 하룻밤에 $300 이상인 빌라형 리조트도 수두룩하다. 저렴한 숙소는 성수기에는 방이 금방 마감되기 때문에 예약을 서둘러야 한다. 예약을 해야 하는 또 다른 이유는 비행기로 도착할 경우, 대부분의 숙소에서 공항 픽업 서비스를 지원하기 때문이다. 유료 서비스라도 해변에선 이동이 어려우므로 픽업 서비스를 받는 것이 낫다. 모든 숙소가 해변의 전력 사정상 전기 공급 시간이 정해져 있으며, 부속 식당을 갖추고 있어 조식이 제공된다. 우기인 5월 중순~9월 중순에는 일부 고급 리조트를 제외하고 대부분의 숙소가 문을 닫는다.

탄드웨 공항에서 남쪽으로 메인 도로를 따라가다가 린따 마을의 작은 다리를 건너 옹기종기 모여 있는 현지 식당을 지나면, 본격적으로 호텔 존 Hotel Zone이 시작된다. 아래 요금은 호텔에서 제시하는 성수기 공시 요금이다.

라구나 롯지 Laguna Lodge

지도 P.345 | 주소 Mya Pyin Village
전화 (043)42312 | 요금 싱글·더블 $50~70 | 객실 20룸

라구나 롯지는 유쾌한 숙소다. 방과 화장실 사이 벽을 뚫어놓은 것 자체가 창문이 되고, 해변에서 주워온 조개껍데기를 되는 대로 늘어놓은 것이 자연스럽게 인테리어가 된다. 야자수 나무를 베지 않은 채 건물을 지어 방 한편에서 야자수가 무럭무럭 자라고 있는 기분 좋은 객실도 있다. 창문이 뚫려있어 모기장 안에서 자야하지만 그만큼 파도 소리를 가감 없이 들을 수 있다. 마당에는 자유로운 분위기의 Lili's Bar도 있다.

메이 18 게스트하우스 May 18 Guest House

지도 P.345 | 주소 Lin Thar Village
전화 (043)42460 | 요금 더블 $30~ | 객실 12룸

이 숙소 주변으로 특히 저렴한 게스트하우스가 몰려있는데, 그중 가격대비 가장 평판이 좋은 숙소로 홈스테이 기분을 느낄 수 있다. 정원에 둘러싸인 작고 소박한 객실에는 위성채널을 시청할 수 있는 평면 TV와 에어컨이 설치되어 있고 일부 객실은 발코니와 책상도 있다. 숙소에 ATM기가 있다.

메멘토 리조트 Memento Resort

지도 P.345 | 주소 Lin Thar Village
전화 (043)42441 | 요금 싱글·더블 $40~80 | 객실 30룸

1996년에 문을 연 나빨리 최초의 민간 호텔이다. 경제적인 가격과 만족스러운 서비스로 오랫동안 배낭여행자들의 사랑을 받고 있다. 독채 방갈로로 구성된 객실은 바다와 정원 전망으로 나뉘어져 있다. 가장 저렴한 객실은 선풍기 룸으로 벽 두 개 면에 창문이 나 있어 바람이 잘 통한다. 침대와 미니냉장고, 욕조까지 갖추고 있다.

탄드 비치 호텔 Thande Beach Hotel

지도 P.345 | 주소 Mya Pyin Village
전화 (043)42278 | 요금 더블 $125~270 | 객실 61룸

자, 여기에서부터 미야삔 마을에 가깝다. 2006년에 문을 연 탄드 비치는 나빨리의 고급 호텔 중 하나다. 객실은 4구역으로 나뉘는데 바다 쪽으로 나아갈수록 요금이 비싸진다. 정원도 잘 꾸며져 있어 정원 뷰 객실도 운치 있다. 모든 객실은 상당히 넓은 편이며 광택이 나는 티크 가구와 고급 천으로 침구를 꾸몄다.

미얀마 전통을 담는다는 호텔의 컨셉트답게 작은 소품이나 인테리어 등에 전통 문양을 표현하고 있으며, 투숙객들에게 전통 공예로 만든 대나무 모자와 열쇠고리를 기념 선물로 증정한다.

제이드 마리나 리조트 Jade Marina Resort

지도 P.345 | 주소 Mya Pyin Village
전화 (043)42430 | 요금 더블 $200~350 | 객실 26룸

나빨리 최고급 리조트 순위를 향해 고공행진하고 있는 호텔로 2013년 2월에 문을 열었다. 우아한 분위기를 풍기는 객실을 갖추고 있는데 그중 일부 객실의 구조는 상당히 독특하다. 1층 객실 안에서 문을 열고 나가면 프라이빗한 야외 샤워실이 있고, 그 옆으로 난 계단을 통해 전망 좋은 2층 거실로 올라가게 된다. 호텔 대지가 매우 넓어 호텔 앞으로 조성된 해변도 몹시 한적하다.

나빨리 베이 빌라 & 스파 Ngapali Bay Villa & Spa

지도 P.345 | 주소 Lin Thar Village
전화 (043)42301~2 | 요금 더블 $280~450 | 객실 32룸

2012년 11월에 오픈한 호텔. 미얀마의 전통과 예술을 담는다는 것이 호텔의 콘셉트다. 대리석과 티크 나무, 사암 등 건축 자재를 미얀마 각 특산 지역에서 공수해 사용했으며, 모든 가구와 소품을 핸드메이드 제품으로 갖췄다. 동선까지 세심하게 신경 쓴 객실이 인상적인데, 특히 벽 한 면을 과감하게 창을 내어 방 안에서도 마치 해변에 앉아있는 듯한 느낌이 든다.

산도웨이 리조트 Sandoway Resort

지도 P.345 | 주소 Mya Pyin Village
전화 (043)42233 | 요금 더블 $200~430 | 객실 59룸

산도웨이는 탄드웨의 옛 이름이다. 1999년 문을 연 호텔로 이탈리아 기업과 합작한 호텔이라서 성수기에는 이탈리아인 패키지 관광객들로 북적인다. 객실은 2층 방갈로로 되어 있는데 자연친화적인 인테리어가 돋보인다. 가급적 전자제품이나 플라스틱은 눈에 띄지 않도록 조명이나 물통 등에 나무커버를 씌우고 냉장고는 나무 상자 안에 놓인 아이스박스로 대체하는 등 세심하게 신경 쓴 노력이 엿보인다.

베이 뷰-더 비치 리조트 Bay View-The Beach Resort

지도 P.345 | 주소 Lin Thar Village
양곤 사무실 (01)504471 | 요금 더블 $175~188 | 객실 45룸

독일의 한 선박회사와 합작투자로 세워진 호텔이다. 객실은 짙은 색의 나무 마루를 깔아 안정감이 있고, 가구나 커튼 등은 전체적으로 편안한 느낌이 나는 베이지 계열의 톤으로 심플하게 꾸며놓았다. 해산물 요리를 맛있게 하는 The Catch, 노을을 감상하기 좋은 야외 카페 Sunset Bar 부속식당도 평판이 좋다.

TRAVEL PLUS
세 번 달라지는 숙소 요금

미얀마 숙박요금은 성수기와 비수기로 나뉘는데, 해변의 숙소는 더 디테일하게 구분된다. 먼저 우기인 6~9월은 비수기다. 우기가 시작되기 전인 4~5월과 우기가 막 끝난 10월은 준성수기다. 11~4월이 여행하기 가장 좋은 계절로 성수기인데 크리스마스, 연말, 국가공휴일 등은 초성수기로 구분된다. 초성수기에는 공시요금의 3배 이상 숙박비가 오르는 반면, 비수기에는 20% 정도 할인되지만 문을 닫는 숙소도 많다.

Low Season (비수기)	Normal Season (준성수기)	High Season (성수기)	Peak Season (초성수기)
6/1 ~ 9/30	10/1 ~ 10/31	11/1 ~ 12/20	12/21 ~ 1/15 (국가공휴일 포함)
	4/1 ~ 5/31	1/16 ~ 3/31	

TRAVEL 💬 PLUS
미얀마의 국민 영웅, 아웅산 장군

아웅산(Aung San: 1915~1947) 장군은 미얀마 국민들에게 최고의 존경을 받는 국민 영웅이다. 어느 종교를 믿든, 어느 종족이든 무관하게 아웅산 장군에 대한 존경은 미얀마 내에서 절대적이다. 민족주의 상징, 건국의 영웅으로 일컬어지는 아웅산은 영국의 식민지였던 1930년대 우 누(U Nu)와 함께 동맹휴학을 이끌며 독립운동을 시작했다. 1940년 영국의 체포령을 피해 일본으로 탈출, 일본의 원조를 받아 미얀마독립군을 양성했다. 1943년 8월 일본과 연대해 영국을 물리치고 독립했으나 일본 통치하의 독립으로, 일본은 문화적 멸시와 잔혹함으로 미얀마를 통치했다. 그러자 아웅산은 인민자유연맹(AFPFL)을 조직하고 1945년 5월, 이번엔 영국과 연대해 일본을 몰아내는데 성공한다.

출처: 중앙포토

그리고 다시금 미얀마를 넘보려는 영국과 끈질기게 협상한다. 1947년 1월 27일, 영국 총리 애틀리와 아웅산은 미얀마가 1년 이내 독립한다는 '애틀리-아웅산 협정'을 맺음으로써 미얀마 독립을 확정 짓는다. 그러나 독립을 6개월 앞둔 1947년 7월 19일, 아웅산은 회의 중에 각료 8명과 함께 정적(政敵)에 의해 암살당한다. 그리고 미얀마는 1948년 1월 8일, 애틀리-아웅산 협정에 의해 독립되었다.

사망 당시 아웅산은 32세였다. 초대 수상을 지낸 우 누 보다 나이는 어렸지만 동지들에 의해 지도력은 더 높이 평가받았다. 아웅산의 지도력은 비단 영국과의 협상에만 그치지 않는다. 당시 사회적 약자였던 소수종족이 이탈되지 않도록 하는 정책을 펼쳤는데 그것이 팡롱 협정(Panglong Agreement)이다. 팡롱 협정은 1947년 2월 12일 아웅산 임시 내각과 친·까친·샨 3개 소수민족이 자치를 보장한 연방정부 구성에 합의한 조약이다(P.437 참고). 일부 정치전문가들은 아웅산이 팡롱 협정 때문에 암살당했을 것이라고 추측하기도 한다. 팡롱 협정에는 10년 후 소수민족의 연방탈퇴가 가능하다는 조항이 있어 이를 반대하는 세력들이 약속이 이행될까 두려웠을 거라는 해석이다. 어쨌거나 지금까지 미얀마의 어떤 지도자도 이처럼 소수종족까지 아우르는 정책을 펴지 못하고 있기에 아웅산의 리더쉽은 더욱 빛이 난다.

아웅산 장군이 미얀마 국민들에게 어떠한 존재인지는 여행 중에도 쉽게 느낄 수 있다. 어지간한 동네의 메인로드 이름은 모두 아웅산 로드(Aungsan Road)이며, 주요 로터리에는 아웅산 장군의 동상이 어김없이 세워져있다.

역사에 가정법은 의미 없지만, 미얀마인들은 아웅산 장군이 암살당하지 않았다면 미얀마의 모습이 지금과는 사뭇 다를 것이라고 곧잘 이야기하곤 한다. 만약 그랬다면, 어느 정도 맞는 말일지도 모른다. 독립 당시 동남아시아의 부국 중 하나였던 미얀마가 45년간의 군부통치 끝에 최빈국으로 전락했으니 말이다. 어쨌거나 영국의 식민 통치와 일본군에 맞서 싸운 위대한 독립 영웅 아웅산 장군의 민족주의를, 노벨평화상 수상자이자 그의 딸인 아웅산 수찌가 군부통치에 저항하는 민주주의의 상징으로 계보를 잇고 있다. 아웅산 수찌는 비록 대통령은 되지 못했지만 외무부 장관이자 국가 고문으로서 실질적으로 미얀마를 이끌어가고 있다.

도시의 주요 교차로 등에 세워져 있는 아웅산 장군 동상

စစ်တွေ

씨트웨 | Sittwe

씨트웨(Sittwe, Sittway)는 라카인(라카잉) 주의 주도이다. 지형적으로는 북쪽으로 방글라데시와 서쪽으로 벵갈 만을 접하고 있는 칼라단 Kaladan 강어귀에 위치한 항구도시다. 싸이트 웨이 Saite-Twêy로 부르는 현지인들도 있다. 이는 전쟁이 일어난 곳이란 뜻으로 바간 왕조의 보도파야 왕이 먀욱우 Mrauk-U를 침략했던 역사에서 유래한다. 여행자들은 대부분 먀욱우를 가기 위해 씨트웨를 경유하지만 먀욱우 왕조 시절 아시아와 중동, 유럽을 연결하는 해양교역의 중계지로 발전해 식민지 기간까지 무역 중심지 역할을 했던 유서 깊은 도시다. 2천년 동안 뿌리내려온 힌두교와 불교, 무슬림이 융합되어 독특한 문화를 간직하고 있는 도시이기도 하다.

Information

기본정보

지역번호 **(043)** | 옛 이름 **아카이브 Akyab**

환전

메인로드에 있는 KBZ 은행에서 환전거래가 가능하며
(월~금요일 09:00~15:00) 숙소에서도 미국 달러를
짯으로 환전할 수 있다.

Access

씨트웨 드나들기

씨트웨는 2012년 이슬람 주민들과 불교도간의 유혈충
돌이 발생했던 지역으로 한동안 외국인에게 출입이 제
한되었다. 현재 외국인의 방문은 허용되었지만 종교,
종족간의 문제가 발생할 경우 일시적으로 출입이 제한
되므로(특히 육로) 현지에서 정세 확인이 필요하다.
씨트웨를 출입하는 가장 안정적인 방법은 아직까진 국내
선 항공을 이용하는 것이다. 양곤에서 육로가 연결되긴
하지만 따웅곡~씨트웨(먀욱우 경유) 구간은 산악도로
로 장마철인 우기에는 예고 없이 운
행이 중단된다. 버스 여행을 계획한
다면 현지에서 도로사정을 한 번 더
확인하도록 하자.

■ 비행기

양곤에서 / 탄드웨에서

에어만달레이, 에어바간, 에어케이
비젯 등의 항공사가 주4회 이상 씨
트웨를 운항한다. 10~4월은 항공
편이 증편되며 비수기에는 항공편
이 줄어든다. 일부 노선은 양곤에서
오가는 길에 탄드웨를 경유하기도
한다. 양곤~씨트웨 성수기 요금은
$120~1780이며, 약 1시간 20분
소요된다.

■ 공항

비행기로 씨트웨 공항에
도착한다면 공항 밖으로
나가기 전에 반드시 도착
홀(Arrival Hall)에서 여
권 검사를 받아야 한다.

공항직원이 로비 한편에 책상을 차려놓고 도착자의 신
상정보를 따로 적어두는데 이 명단은 비행기를 타고 씨
트웨 밖으로 나갈 때 다시 확인되어야 한다. 도착 시 정
보를 기재하지 않았다면 씨트웨를 떠날 때 언제, 어디
서, 어떤 교통편으로 씨트웨에 도착했는지 등에 대해 설
명해야 하는 난감한 상황이 발생할 수도 있다.

■ 페리

씨트웨에서 먀욱우까지 페리가 운행된다. 페리 시간표
는 아래 표를 참고하자. 페리 운행 요일과 소요시간은
날씨에 따라 크게 좌우되기 때문에 씨트웨에서 한 번 더
확인하자.

■ 선착장

씨트웨에서 먀욱우로 가는 페리가 출발하는 선착장은

씨트웨 ↔ 먀욱우 페리

페리	소요시간	요금	씨트웨 → 먀욱우		먀욱우 → 씨트웨	
			출발	운행요일	출발	운행요일
Shwe Pyi Tan Express	2시간	K20,000	07:00	수, 금, 일	07:00	월, 목
Aung Kyaw Moe Express	4~5시간	K10,000	06:30	월, 목, 토	06:30	화, 금, 일

씨트웨 ↔ 따웅곡(Buthidaung) 페리

페리	소요시간	요금	씨트웨 → 따웅곡		따웅곡 → 씨트웨	
			출발	운행요일	출발	운행요일
Malika Express	11시간	K30,000	06:00	월, 목	06:30	수, 토
Shwe Pyi Tan Express	10시간	K35,000	06:00	수, 금, 일	06:00	화, 금, 일

* 위 페리시간표는 2018년 1월 기준이며 현지 상황에 따라 출발시간, 운행요일이 변동될 수 있음.
* 위 페리 외에 정부에서 운영하는 페리도 있으나 잠시 중단된 상태임.

아웅쪼모 제티 Aung Kyaw Moe Jetty 이다. 대부분의 씨트웨 호텔에서 페리 티켓 예약을 대행해주는데 출발 하루 전에는 예약해야 한다.

버스

앞서 이야기했듯 씨트웨(마욱우 경우)까지의 버스 여행은 녹록치 않은 여정이다. 도로상태도 열악하지만 주변 지역 정세에 따라 외국인의 출입이 제한되므로 버스 이동 시 참고할 것.

양곤에서

양곤의 아웅 밍갈라 버스터미널에서 08:00에 버스가 출발한다. 요금은 K25,000~30,000, 약 24시간 소요된다. 이 버스는 양곤에서 출발해 중간에 삐이에 경유, 삐이에서 13:30~14:00에 출발한다.

따웅곡에서

따웅곡에서 14:30~15:00 사이 매일 한 편의 버스가 출발한다. 약 14시간 소요되며 요금은 K18,000~20,000이다. 따웅곡~씨트웨 구간의 도로는 장마철인 우기에는 운행이 중단된다. 여행자들은 보통 따웅곡에서 페리로 갈아타고 씨트웨에 도착한다.

Transport
씨트웨 시내교통

합승트럭

씨트웨 공항에서 시내의 메인 도로까지 합승택시로 약 10분, 요금은 K3,000~4,000이다. 시내에서 선착장까지도 약 10분 소요되며 요금은 K3,000~4,000이다.

Course
씨트웨 둘러보기

대부분의 여행자들은 마욱우로 가는 페리를 타기 위해 씨트웨를 찾는다. 페리는 새벽에 출발하기 때문에 여행자들은 부득이하게 씨트웨에서 하루 머물고 다음날 일찍 출발하게 된다. 씨트웨 시내에서 시간을 보낸다면 딱히 교통편은 필요 없다. 깔라단 강을 따라 나란히 놓여 있는 스트랜드 로드 Strand Road를 거닐어보자. 활기찬 재래시장 묘마 마켓에 들렀다가 저녁이 되면 뷰 포인트에서 벵갈 만의 노을을 보자.

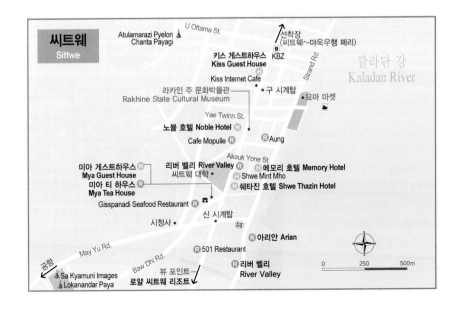

라카인 주 문화 박물관 Rakhine State Cultural Museum

ရခိုင်ပြည်နယ်ယဉ်ကျေးမှုပြတိုက်

sights
··· 씨트웨 ···

지도 P.355 | 주소 No.70, Main Road | 전화 (043)23465 | 개관 화~일요일
09:30~16:30 | 휴관 월요일, 국경일 | 입장료 K2,000

1996년 2월 문을 연 라카인 주 전통 문화 박물관. 1층은 과거 라카인 왕조 시대의 동전과 부조 등 출토품을 통해 라카인 주의 역사를 개관할 수 있도록 했다. 2층은 전통 악기와 전통 혼례 의상, 방직기 등 민속자료와 출토품 위주로 불교 유적 코너를 전시하고 있다. 3층은 도서관이다.

뷰 포인트   View Point စစ်တွေရှုခင်းကြည့်ပွိုင့်

위치 Strand Road의 남쪽

깔라단 강과 나란히 하고 있는 스트랜드를 따라 남쪽 끝까지 가면 벵갈 만의 노을을 볼 수 있는 뷰 포인트가 있다. 깔라단 강을 따라 쉬엄쉬엄 자전거를 타고 가면 약 30~40분 정도 소요된다. 해산물 요리에 맥주 한 잔을 곁들이며 노을을 보기 좋은 해변 노점 식당이 몇 군데 있다.

묘마 마켓   Myoma Market မြို့မစျေး

지도 P.355

현지인들의 활기찬 삶의 현장을 볼 수 있는 재래시장을 방문해보자. 아침에 일찍 눈이 떠졌다면 이곳으로 가보자. 씨트웨에서 가장 활기 넘치는 장소다. 새벽엔 밤새 잡아 올린 싱싱한 생선을 늘어놓고 경매가 시작된다. 한낮엔 농수산물, 식료품, 잡화용품 노점이 가득 들어선 재래시장으로 현지인들의 생생한 삶을 엿보기 좋은 곳이다.

eating

아리안 Arian Restaurant

지도 P.355 | 주소 Strand Road | 전화 (043)23814
영업 07:00~22:30 | 예산 K5,000~

다양한 생선요리를 맛볼 수 있는 식당. 중국식, 라카인 식, 태국식 음식이 전문인데 주로 해산물 요리 종류가 많다. 특히나 생선요리는 굽고 찌고 튀기는 등 싱가포르, 일본, 말레이시아, 태국 등 나라별 스타일로 조리해낸다. 식당 안쪽으로 정원에 마련된 야외테이블이 있다.

미아 티 하우스 Mya Tea House

지도 P.355 | 주소 No.51/6, Bowdhi Street
전화 (043)23315 | 예산 K1,500~

Mya Guest House에서 운영하는 식당. 게스트하우스의 조식을 이곳에서 차려내기 때문에 손님과 현지인들이 뒤섞여 아침부터 북적인다. 모힝가부터 간단한 국수, 밥, 스낵 등을 판매한다. 정원의 나무 그늘 아래 앉아 라펫예를 한잔 마시며 여유 부리기 좋은 곳이다.

리버 벨리 River Valley Seafood Restaurant

지도 P.355 | 주소 No.5, Main Road
전화 (043)23234 | 예산 K8,000~

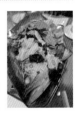

씨트웨에서 가장 그럴듯한 식당이다. 리버 벨리는 씨트웨에만 두 군데가 있다. 일단 메인 로드에 있는 리버 벨리와 강변 스트랜드 로드에 위치한 리버벨리다. 시내에 있는 리버 벨리는 영문 이니셜 RV로 크게 간판을 써놓았는데 저녁시간이 되면 이 식당에만 유난히 손님이 가득해 쉽게 눈에 띈다. 저녁에는 식사를 겸해 술 한잔하려는 현지인들이 많이 찾는다.

강변에 있는 리버 벨리는 조금 더 고급스런 분위기에서 식사할 수 있다. 탁 트인 강을 마주하고 있어 일단 분위기가 좋은데, 야외 정원 테이블은 조명을 켜놓아 한층 더 운치 있다. 간단한 볶음밥부터 다양한 방법으로 조리된 생선 요리와 해산물 요리를 맛볼 수 있다. 다만, 차림표에 가격이 적혀있지 않으므로 주문할 때 요금을 확인하지 않으면 계산할 때 당황스럽게 된다. 요금이 저렴하지 않다는 이야기다.

시내에 있는 리버 벨리　　강변에 있는 리버 벨리

라카인의 별미, 몽띠

라카인 음식은 대체로 얼싸하게 매콤한 맛이 특징입니다. 라카인 음식엔 젓국을 흔히 사용하는데요. 라카인 몽띠를 맛보세요. 새우젓으로 육수를 낸 국물에 얇게 썬 절인 고추를 얹어 국수를 말아 내오는데요, 보기엔 평범해보이지만 깔끔하면서도 감칠맛 나는 맛이 무척 인상적입니다.

sleeping

미아 게스트하우스 Mya Guest House

지도 P.355 | 주소 No.51/6, Bowdhi Street
전화 (043)23315 | 요금 싱글·더블 $35~40 | 객실 11룸

시내 중심에서 약간 떨어져 있어 한적하게 머물 수 있는 숙소다. 2015년 10월 일부 객실을 리모델링해 시설은 조금 더 나아졌다. 특별한 시설은 없지만 단출한 침대가 놓인 객실은 햇볕이 잘 들어온다. 특히 넓은 정원이 있어 아늑한 기분이 드는 숙소다.

메모리 호텔 Memory Hotel

주소 P.355 | 주소 No.19, Akaut Yone Street
전화 (043)22701 | 요금 싱글·더블 $50 | 객실 30룸

2015년 2월 오픈한 숙소로 씨트웨 시내에서 가장 현대적이면서도 가장 깔끔한 호텔이다. 반들반들한 나무 바닥과 흰색 페인트로 마감한 객실은 산뜻하면서도 널찍하다. 비행기, 페리 티켓 등의 구매 대행 서비스도 신속하게 처리해준다.

키스 게스트하우스 Kiss Guest House

지도 P.355 | 주소 No.145, Main Road
전화 09-451165896 | 요금 싱글·더블 $24~ | 객실 20룸

씨트웨에서 저렴하게 머물 수 있는 숙소 중 한 곳이다. 그만큼 호텔 시설을 크게 기대하긴 어렵다. 인터넷이나 에어컨은 잘 가동되지만 객실은 평범하며 조식은 포함되지 않는다.
숙박비가 비싼 씨트웨에서 먀욱우로 가기 전에 저렴하게 하룻밤 머물기는 무난해 배낭족들이 즐겨 찾는다. 페리 티켓 구매 대행 등 직원들의 서비스도 신속하다.

노블 호텔 Noble Hotel

지도 P.355 | 주소 No.92, Main Road
전화 (043)23558 | 요금 싱글 $40, 더블 $50 | 객실 20룸

메인 로드에 위치한 숙소로 객실은 약간 좁지만 깨끗하고 편안하다. 조금 낡은 감이 들지만 제법 단골손님이 많다. 메인 로드라는 편리한 위치와 24시간 전기 사용 가능, 빠른 직원들의 응대 덕분에 사업차 들르는 미얀마 국내 비즈니스맨들이 많이 찾는다.

쉐타진 호텔 Shwe Thazin Hotel

지도 P.355 | 주소 No.250, Main Road
전화 (043)22314 | 요금 싱글 $45~50, 더블 $55~60
객실 30룸 |

씨트웨는 숙소 선택의 폭이 넓지 않은 곳이다. 그나마 있는 숙소들도 대체로 올드한 분위기를 풍긴다. 쉐타진 호텔 역시 중급 호텔이지만 가격대비 약간 낡은 느낌이 든다. 시설이나 비품은 오래되었지만 나름 청결하게 관리되고 있다. 공항이든 선착장이든 어디로든 이동하기 좋은 위치, 제 일처럼 투숙객의 여행을 잘 도와주는 상냥한 직원들이 있다.

로얄 씨트웨 리조트 Royal Sittwe Resort

주소 No.7, Beach, West Sanpya
전화 (043)2024008~9 | 요금 싱글 $80~90,
더블 $85~90 | 객실 40룸

씨트웨를 대표하는 리조트로 미얀마 정부에서 운영한다. 씨트웨 해변을 따라 위치한 단 하나의 해변 호텔로 벵갈 만을 마주보고 있다. 사업차 씨트웨에 들러 휴가를 보내는 비즈니스맨들과 허니무너들에게 인기 있는 호텔이다. 공항에서 택시로 10분 소요되는데 투숙객에 한해 무료 픽업, 샌딩 서비스가 제공된다.

မြောက်ဦး

먀욱우 | Mrauk-U

라카인 연대기에 의하면, 1431년 민쏘몬 Min Saw Mon 왕이 당사 벵골 통치자에게 벵골 영토 일부를 얻어
아라칸 왕국을 선포했는데 그 땅이 바로 지금의 먀욱우(Mrauk-U, Mrauk Oo, Myuak-U)이다.
1785년 먀욱우 왕조가 막을 내리기까지 약 350년간 버마 왕조시대를 통틀어 가장 많은 왕이 군림하며 가장
화려하게 꽃을 피웠던 왕조가 먀욱우 왕조로 알려져 있다. 전성기인 15~16세기에는 네덜란드, 중동과 아시아를
잇는 교역지로 이름을 날렸으며 17세기 초 포르투갈 문헌에 먀욱우를 황금도시로 표현하고 있을 정도로 루비와
사파이어 등 많은 보석이 거래되었다고 한다. 17세기에 동양의 화려한 도시로 유럽에 알려지며 많은 외국상인들이
드나들었던 길, 씨트웨에서 깔라단 강 뱃길을 따라 그 화려했던 시간을 거슬러 가보자.

Information

기본정보

지역번호 (043) | 옛 이름 아라칸 Arakan

환전/ATM

현지 화폐를 출금할 수 있는 ATM기는 있지만 환전이 가능한 은행은 아직 없다. 숙소에서 환전 거래를 할 수 있긴 하지만 환율이 그다지 좋지 않은 편이다. 씻트웨 (혹은 다른 도시)에서 넘어올 때 미리 넉넉하게 환전을 해두는 것이 좋다.

유적지 입장권

먀욱우는 문화유산지역(Cultural Heritage Zone)으로 지정되어 있다. 바간이나 인레 호수처럼 지역 입구에서 입장권을 판매하는 것은 아니지만, 사원을 둘러보려면 유적입장권(K5,000)을 구입해야 한다. 입장권은 싯타웅 파야에서 살 수 있다. 그 외의 유적지에서 입장권을 보여 달라고 하는 사람은 없지만 어쨌거나 잘 보관할 것.

Access

먀욱우 드나들기

페리

먀욱우 선착장

먀욱우에 페리로 도착했고 다시 페리를 이용해 씻트웨로 돌아갈 예정이라면, 선착장에 내려 바로 페리 티켓을 예약하자. 또는 머무는 숙소에서 페리 티켓 구매를 대행해주기도 한다. 씻트웨에서 먀욱우를 연결하는 페리는 씻트웨 교통(씻트웨 ↔ 먀욱우 페리)을 P.354 참고하자.

버스

먀욱우를 연결하는 육로 여행은 길고 힘든 것보다도 라카인 지역의 정치 상황에 따라 제한을 받는다. 라카인 지역은 종종 버스운행이 중단되기도 하므로 현지에서 반드시 확인을 해야 한다. 먀욱우 버스 터미널은 시내에서 약 3km 떨어져 있는데 버스표를 구입한 여행사 앞에서 픽업이 이루어진다.

양곤에서

양곤의 아웅 밍갈라 버스터미널에서 08:00에 버스가 출발한다. 약 24시간 소요되며 요금은 K25,000~30,000이다. 먀욱우에서는 07:00에 양곤행 버스가 출발한다. 이 버스는 가는 길에 삐이에 정차한다.

만달레이에서

만달레이에서 16:00에 먀욱우행 버스가 출발하며 요금은 K25,000~30,000이다. 버스는 Mandalay-Kyaukpadaung-Magwe-Minbu-Ann-Minbya-Mrauk U-Kyauktaw-Sittwe로 연결된다. 이 루트는 꼬박 하루를 지나 약 27시간 가까이 소요되는 긴 여정이다. 씻트웨를 종점으로 하는데, 이 버스는 다시 씻트웨에서 15:00, 먀욱우에서는 18:30에 만달레이로 출발한다.

마궤에서

바간(냥우)에서 씻트웨까지 한 번에 오는 직행버스는 없지만 마궤 Magwe를 경유해 올 수 있다. 바간에서 마궤까지는 4~5시간 소요된다. 마궤에서 버스를 갈아타야 하는데 버스 코스는 위 만달레이 루트를 참고하자. 마궤에서 먀욱우(씻트웨)행 버스를 타도 만달레이에서 출발한 요금으로 내야한다. 마궤에서 먀욱우까지 약 14시간 소요되며 요금은 K25,000~30,000이다.

씻트웨에서

하루 2회, 오전에 출발하는 씻트웨~먀욱우 구간의 로컬버스가 있긴 하지만 페리보다 느리고 불편하다. 약 4시간 소요되며 요금은 K2,500~K3,000이다. 버스는 낡고 비좁으며 짐을 싣는 공간이 없다. 도중에 하차하는 현지인들이 주로 이용한다.

Transport

먀욱우 시내교통

자전거

사원을 둘러볼 때는 자전거만한 교통수단이 없다. 선착장에서 시내로 진입하는 방향으로 첫 번째 다리를 건너면 오른편에 자전거 대여점이 있다. 1일 이용료 K2,000.

사이까

시장 근처에 오토바이 기사들이 많이 대기하고 있다. 4~5곳의 사원을 둘러보는 것은 K10,000 내외다.

택시

외곽에 있는 마하무니 파야나 웻탈리 등을 갈 때는 택시를 렌트할 수 있다. 기사포함 택시 한 대 1일 이용료는 $60.

Course

먀욱우 둘러보기

먀욱우의 주요 볼거리는 옛 왕궁(현재의 먀욱우 고고학 박물관) 유적 북쪽에 모여 있다. 선착장에서 옛 왕궁 유적을 잇는 도로변에 시장과 식당이 형성되어 있는데 이곳이 먀욱우의 중심지다. 도심 남쪽에는 과거 적의 침입을 막기 위해 만들었다는 인공호수가 주민들의 휴식처 역할을 한다.

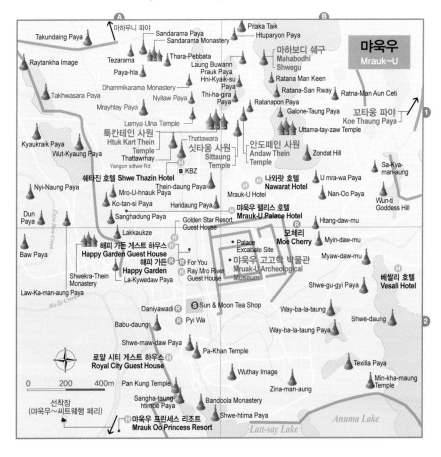

먀욱우 고고학 박물관 Mruak-U Archeological Museum
နန်းတော်ပြတိုက်

지도 P.361-B2 | 개관 화~일요일 09:00~16:30 | 휴관 월요일 | 입장료 K5,000

먀욱우 왕조에서 가장 막강했던 왕은 민빈 Min Bin(Min Ba-Gyi) 왕으로 1531~1554년까지 무려 22년 동안 통치했다. 과거 이곳엔 15세기에 지어진 화려한 목조 건물의 왕궁이 있었고 그곳에서 민빈 왕이 통

치했다고 전해진다. 현재 왕국의 흔적은 없고 잡초에 덮인 돌 성벽만이 남아있다. 대신 그 자리에 먀욱우 고고학 박물관이 세워졌다. 박물관 안에는 청동으로 제작된 작은 불상과 돌에 새겨진 별자리, 아라비아 문자로 새겨진 비문, 포르투갈인의 묘비 등의 출토품이 전시되어 이 땅에서 풍부한 문화가 꽃피었던 먀욱우의 역사를 전하고 있다.

싯타웅 사원 Sittaung(Shitthuang) Temple ရှစ်သောင်းဘုရား

지도 P.361-B1

둥근 벨 모양의 대 불탑을 작은 33개의 탑이 둘러싸고 있는 싯타웅 사원은 '승리의 사원'으로 알려져 있다. 1535년 민빈 왕에 의해 건립되었다. 싯타웅은 8만이란 뜻으로 원래 84,000불상이 있었다고 전해지는데 일부는 도난 되었다. 8만 불상과 함께 그 수만큼의 유물이 봉납되어 있다고 한다. 입구는 사원의 남서쪽에 위치한다. 계단 옆 기둥에는 산스크리트어가 새겨져있는데 이 기둥은 라카인에서 가장 오래된 역사책으로 전해진다. 법당 안으로 들어서면 회랑으로 연결되는 통로가 보이는데 왼쪽의 통로로 들어가자. 회랑은 두꺼운 벽과 작은 창문이 많은 이중벽으로 되어 있다. 좁고 긴 복도를 따라

수많은 불상과 아라칸의 동물들, 부처의 전생을 담은 자타카를 볼 수 있다. 불상들이 마치 회의하듯 나란히 마주하고 있는데 한 열은 돌로, 한 열은 금칠을 한 것도 독특하다. 회랑의 모퉁이마다 조각상이 있으며 남서쪽 모퉁이에는 민빈 왕 부부의 동상이 있다. 수많은 불상을 지나 부처의 발자국 조각에 다다른 뒤 막다른 길에서 다시 돌아 나오면 된다. 회랑을 따라 돌다가 외부로 연결된 통로로 나가면 바깥 전경을 볼 수 있다.

툭칸테인 사원 Htuk Kart Thein Temple ထုတ်ခံသိမ်ဘုရား

지도 P.361-A1

싯타웅 사원 맞은편에 있는 요새 같은 사원이다. 1571
년 민빠라웅 Min Hpalaung 왕이 건립한 사원으로 견
고하고 탄탄하게 지어진 외관이 비밀기지 같다. 사원 안
으로 들어서면 독특한 불상이 가득한데 회랑을 둘러싼
146불상에는 부처와 대중의 모습이 섞여 있다. 부처의
치사리를 모시고 있다고 전해진다.

안도떼인 사원 Andaw Thein Temple အံတော်ဘုရား

지도 P.361-B1

중후하고 과대한 벽돌 탑과 그 주위를 일정한 간격으로
8개의 탑이 둘러싸고 있다. 비교적 작은 건물이 안도떼
인 사원이다. 중심의 불탑 내부에는 팔각형의 회랑이 연
결되어 있으며 벽면에 다양한 표정의 불상이 늘어서있
다. 1521년 민라라자 Min Hlaraza 왕에 의해 건립 된
후, 민빈 왕이 스리랑카에서 가져온 부처의 치사리를 봉
헌하기 위해 1598년 민라자지 Min Razagyi 왕이 재
건했다고 전해진다.

꼬타웅 파야 Koe Thaung Paya ကိုးသောင်းဘုရား

지도 P.361-B1

마욱우의 동쪽 변두리에 있는 사원. 싯타웅이 8만이란
뜻처럼 꼬타웅은 9만이라는 뜻이다. 1553~1556년에
민빈 왕의 아들인 민디까 Min Dikkha 왕에 의해 지어
졌다. 사원을 능가하는 크고 작은 9만 불상이 늘어서
있는 야외 회랑이 압권이다. 길을 따라 불상이 양
옆으로 조성되어 있는 구도가 회랑을 돌면서 무
척 신비롭게 다가온다. 야외에 조성되어 있기 때
문에 불상은 이끼가 살짝 끼어 있지만 보존 상태
는 나쁘지 않다. 오히려 이른 아침이나 우기에 찾아
가면 초록 이끼 덕분에 몽환적인 느낌이 든다. 사원계단
위에 올라서면 평화롭고 한가로운 전원 풍경이 아름답게 펼쳐진다.

eating

모체리 Moe Cherry

지도 P.361-B1 | 주소 Lat Kout Zee Quarter
전화 (043)24200 | 예산 K5,000~

먀욱우에서 가장 인기 있는 식당 중 한 곳. 여행자들이
많이 찾다보니 외국인 입맛에도 잘 맞춰서 음식을 낸
다. 미얀마 커리와 중국식, 라카인식 메뉴가 있다. 투
어를 갈 때 도시락을 미리 맞춰가는 식당으로도 인기 있
다. 저녁엔 술 한잔하러 찾는 현지인들이 많다.

해피 가든 Happy Garden

지도 P.361-A2 | 주소 Lat Kout Zee Quarter
전화 09-4217-33660 | 예산 K3,000~

해피 가든 게스트하우스에서 운영하는 부속 레스토랑.
이곳에선 라카인 음식을 맛보자. 라카인 커리는 미얀마
커리처럼 채소가 따로 나오는 것이 아니라 채소를 넣고
함께 끓여낸다. 담백하면서도 매콤한 찌개 같아 밥 한
그릇 제대로 먹었다는 포만감이 든다.

sleeping

로얄 씨티 게스트 하우스 Royal City Guest House

지도 P.361-A2 | 주소 Minbar Gyi Road
전화 (043)50257 | 요금 싱글 $10(공동욕실), 더블 $25 /
방갈로 싱글 $35, 더블 $40 | 객실 30룸

선착장에서 마을로 가는 길에 위치한 숙소. 카운터가 있
는 2층 건물은 게스트하우스이고, 도로 건너 맞은편에
빨간 지붕을 올린 숙소는 방갈로다. 방갈로는 5채 밖에
없지만 객실은 널찍하고 욕실도 어지간한 숙소의 방만
큼 넓어 쾌적하다. 성의 있는 조식까지 상당히 만족스러
운 숙소다. 숙소 옆에 씨푸드 식당인 '리버 벨리' 식당을
함께 운영하고 있다.

해피 가든 게스트하우스
Happy Garden Guest House

지도 P.361-A2 | 주소 Lat Kout Zee Quarter
전화 09-4217-33660 | 요금 싱글 $20, 더블 $25 | 객실 5룸

2015년 여름 이 지역을 강타한 홍수로 게스트하우스의
모든 객실을 보수했다. 당시 물에 잠겼던 객실을 말끔히
고치고 내관과 외관 모두 깔끔하게 페인트를 칠하고 변기
와 세면대 등 욕실시설도 전부 교체했다. 소박한 방갈로
만큼이나 가격도 저렴한 편으로 배낭족들이 선호한다.

나와랏 호텔 Nawarat Hotel

지도 P.361-B1 | 주소 E-27, Nyaung Pin Zay Quarter
전화 (043)50203 | 요금 싱글 $37, 더블 $49 | 객실 30룸

먀욱우 호텔(Mrauk u Hotel) 맞은편에 위치해있다. 호
텔 입구나 넓은 정원, 산뜻한 외관 등에 비해 정작 객실
은 평범해 약간 아쉬움이 남는다. 하지만 조용한 위치에
다정한 직원들 덕분에 편안하게 머물 수 있는 숙소다.

먀욱우 팰리스 리조트
Mrauk U Palace Resort

지도 P.361-A1 | 주소 No.159, Min Bar Gyi Street
전화 (043)50262 | 요금 싱글 $45~55, 더블 $55~65
객실 18룸

도로에서 살짝 아랫길에 호텔 이정표가 보인다. 석조로 세워진 게이트가 마치 유적지 같은 느낌이 드는데 마차 바퀴가 담장을 두르고 있는 호텔로 들어서면 빨간 지붕을 얹은 객실이 나온다. 나무와 시멘트로 마감한 객실은 단아하고 깔끔한 분위기가 풍긴다.

베쌀리 호텔 Vesali Hotel

지도 P.361-B2 | 주소 Myaung Bway Road
전화 (043)50008 | 요금 싱글 · 더블 $55(선풍기), $65
객실 21룸

전체적으로 약간 오래된 느낌이 들지만 뭔가 빈듯하고 오히려 여유로운 분위기가 풍겨 외국인 비즈니스맨들에게 인기 있는 숙소. 객실 내부는 약간 업그레이드가 필요해 보이는데 전원 느낌이 물씬 나는 한가로운 정원과 유쾌한 직원들 덕분에 즐겁게 머물 수 있는 숙소다.

쉐타진 호텔 Shwe Thazin Hotel

지도 P.361-A1 | 주소 Sunshaseik Quarter
전화 (043)24200 | 요금 싱글 $55, 더블 $65 | 객실 31룸

씨트웨에 있는 쉐타진 호텔의 먀욱우 체인 호텔. 씨트웨 쉐타진 호텔보다 시설은 월등히 좋다. 유적지에서나 볼 법한 석조상이 곳곳에 있는 전형적인 먀욱우풍의 숙소다. 객실 내부 벽과 기둥, 심지어 그림까지도 모두 반들반들한 돌로 마감해 약간 차가운 느낌은 들지만 나름 클래식한 분위기가 물씬 풍기는 숙소다.

먀욱우 프린세스 리조트
Mrauk Oo Princess Resort

지도 P.361-A2 | 주소 Aung Tat Yat Quarter
전화 (043)50232 | 요금 싱글 · 더블 $250 | 객실 23룸

먀욱우 최고의 호텔이기도 하지만 아마 미얀마에서도 손에 꼽히는 숙소일 테다. 연못 주변으로 조성된 방갈로풍의 객실도 매력적이며 내부도 고급스러운 원목으로 잘 꾸며졌다. 호텔 환경이 좋아 숙소 밖으로 한발자국도 나가고 싶어지지 않는 곳이다. 분위기 좋은 부속 식당에선 먀욱우에서 유일하게 wifi를 사용할 수 있다.

TRAVEL PLUS
먀욱우 근교 여행, 마하무니 파야 & 웻탈리

먀욱우에서 시간을 조금 더 보낼 수 있다면 외곽으로 나가보자. 먀욱우 북쪽으로 30km 거리에 마하무니 파야 Mahamuni Paya가 있다. 기원전 554년에 부처가 방문했다는 설화가 전해지는 사원으로 건물 전체에 섬세한 장식이 아름답다. 현지인들의 이야기에 따르면, 현재 만달레이에 있는 마하무니 파야 불상이 원래 이 자리에 있었는데 1784년 보도파야 왕이 침략해 전리품으로 가져갔다고 한다. 어쨌든 같은 이름의 불상으로 미얀마의 형제 마하무니불로 불린다. 참고로 본존은 중간에 있는 큰 불상이 아니라 옆에 있는 작은 불상이다.
웻탈리 Wethali는 먀욱우에서 북쪽으로 8km에 위치한 라카인 왕조의 유적이 남아있는 마을이다. 마을 곳곳에 성벽 흔적과 힌두교의 신상 등이 산재해있다. 마을 중심에 있는 사원은 327년에 창건된 것으로 전해지는 유서 깊은 사원으로 인도에서 큰 석불을 옮겨 왔다는 전설이 남아있다. 두 곳을 둘러보는 데 최소 반나절은 예상해야 한다.

Chin Village Tour

친 빌리지 투어

친족은 미얀마의 소수민족 중에서도 53종족이 포함되는 큰 그룹이다. 그 안에서도 44개의 서로 다른 언어가 존재한다고 한다. 친 주(Chin State)는 가파른 산을 끼고 있는 인도, 방글라데시의 국경 근처 구릉 지역인 탓에 과거에는 존재가 거의 알려지지 않았다. 외부의 영향을 받지 않은 덕분에 그들만의 고유한 문화를 유지하고 있다. 외국인은 가이드를 동행해야만 갈 수 있는 곳이기도 하다. 마침 친 주와 접경을 이루고 있는 라카인 주에 왔으니 이곳에서 친 빌리지 투어를 떠나보자.

▶▶ 친족, 그들만의 문화

친족들은 농사와 함께 작물을 짜거나 대나무 그물을 사용해 낚시를 하며 생계를 꾸려간다. 그보다 여행자들에게 호기심을 불러일으키는 대목은 얼굴에 문신을 한 친족 여인들의 모습일 것이다. 오늘날 이 풍습은 거의 사라져 문신을 한 여인들은 많  지 않지만, 친 빌리지 투어에서 아직 그들을 만날 수 있다. 얼굴 문신의 유래에 대해서는 가이드의 이야기에 따르면, 사나운 맹수에게 위협적으로 보여 자신을 보호하거나 적에게 끌려가는 것을 방지하기 위해서라는 설이 있지만, 아직까지 얼굴 문신에 대한 정확한 기원은 알 수 없다고 한다.

▶▶ 투어 예약 & 포함사항

대부분의 숙소에서 친 빌리지 투어 프로그램을 운영한다. 호텔마다 프로그램마다 다르지만 최소 2인 이상일 경우 신청할 수 있다. 인원수에 따라 요금이 달라진다. 보통 2인일 경우 1인당 $50, 3인일 경우 $35, 4인일 경우 $30, 5~6인일 경우 $250이다. 요금에는 투어가이드, 차량, 보트, 점심도시락이 포함된다.

▶▶ 투어 프로그램

투어는 08:00 전후로 출발한다. 보통 가장 먼저 들르는 곳은 피셔맨 마켓이다. 약 1시간 정도 시장에서 자유롭게 시간을 보낸 뒤 선착장으로 이동, 약 1시간 30분 정도 보트를 타고 본격적으로 친 빌리지로 향한다. 3~4개의 마을을 둘러보게 되는데 마을 사이는 건  거나 보트로 이동한다. 마을에서 주민들과 사진을 찍을 땐 아이라 하더라도 먼저 허락을 받는 것을 잊지 말자. 얼굴에 문신을 새긴 친족 여인들은 스스럼없이 포즈를 취하기도 하는데, 여행자들이 사진을 찍고 나면 기다렸다는 듯이 직접 짠 스카프나 가방 등 수공예품 꾸러미를 풀어놓는다. 사진 촬영료로 생각하고 간단한 소품을 사주는 것도 좋겠다.

점심식사는 이동시간을 고려해 보트 안에서 또는 가이드가 물색해둔 장소에서 하게 된다. 점심메뉴는 투어를 신청할 때 미리 상의해 볶음밥, 볶음면 등으로 결정한다. 마을을 모두 둘러보고 15:00 정도에 친 빌리지에서 출발하면 16:00~16:30 사이 먀욱우에 도착하게 된다.

미얀마 남부

Southern Myanmar

ပဲခူး

바고 | Bago

양곤에서 북동쪽으로 약 80km 거리에 위치한 바고는 서기 573년 몬 Mon족의 두 왕자에 의해 세워졌다고
전해진다. 한따와디 Hanthawaddy(1369~1539) 왕국의 수도로 역사에 등장해 6세기~18세기까지
여러 왕조의 수도 역할을 하며 영화를 누렸던 곳이다. 1757년 버마의 마지막 통일 국가인 꼰바웅 Konbaung
왕조에게 정복되면서 역사의 뒤안길로 쓸쓸히 물러나게 되었다. 고도(古都)답게 여러 왕조의 건축 기술과 불교가
만나 꽃피운 절대의 경지라고 할 만한 유서 깊은 불교 유적이 많이 남아 있다. 오늘날 미얀마에서 바고는 산업으로는
벼농사로, 관광업으로는 역사 유적지로 그 이름을 꾸준히 알리고 있다.
양곤과 가까워 부담 없이 당일 여행하기 좋은 곳이다.

Information

기본정보

지역번호 (052) | 옛 이름 **페구 Pegu**

유적지 입장권

바고는 고고학 유적지대 Archaeological Zone로 지정되어 있기 때문에 외국인은 입장권(K10,000)을 구입해야 한다. 일일이 입장료를 내지 않고 입장권 하나로 모든 유적지를 돌아볼 수 있다. 단, 입장권이 있어도 유적지마다 사진 촬영료 Camera Fee는 별도로 내야 한

다. 입장권은 쉐모도 파야와 쉐딸라웅 파야에서 구입할 수 있다.

Access

바고 드나들기

버스

양곤에서

양곤의 아웅 밍갈라 터미널에서 06:00~17:00까지 1시간 간격으로 버스가 출발하며 약 2시간 소요된다. 요금은 K5,000이다.

짜익티요(낀뿐)에서

05:00~16:00까지 오전에는 1시간 간격으로 오후에는 부정기적으로 운행된다. 약 4시간 소요되며 요금은 K8,000이다.

냥쉐(인레)에서

하루 두 편 17:30(일반버스 K15,000), 18:00(VIP버스 K23,000)에 출발한다. 모두 12시간 소요된다.

기차역

바고는 북부 만달레이로 가는 철도와 남부 몰레마인으로 가는 철도의 분기점이다. 양곤을 기점으로 남북 노선의 기차가 오가며 모두 바고에 정차한다. 양곤 중앙역에서 06:00~21:00까지 하루 9편의 열차가 바고로 출발한다. 소요시간은 약 1시간 50분, 요금은 Upper Class K1,150, Ordinary Class K1,000이다.

버스터미널

버스터미널은 시내 중심에서 남서쪽으로 약 1.5km 떨어져 있다. 숙소 위치에 따라 버스가 지나는 길에 픽업이 가능한 경우도 있다. 픽업 가능 여부는 티켓을 구입할 때 문의하자(특히 짜익티요 방면).

바고에서 출발하는 버스

목적지	출발시각	요금	소요시간
짜익티요 (낀뿐)	06:30~16:30 (2시간 간격)	K8,000	4시간
양곤	06:00~17:00 (1시간 간격)	K5,000	2시간
만달레이	18:30, 21:00(VIP)	K15,000~ 19,000	10시간
인레(냥쉐)	17:30, 18:30	K20,000	12시간

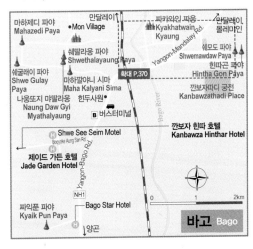

Transport
바고 시내교통

사이클 택시

버스터미널이 시내와 떨어져 있는 지역은 버스에서 내리면 호객꾼들이 달라붙기 마련이다. 바고도 마찬가지다. 각 지역에서 도착하는 버스 시간을 꿰고 있는 사이클 택시 기사들이 버스터미널에 모여 있다가 버스에서 내리는 외국인 여행자들을 보고 달려든다. 숙소로 가는 금액을 흥정하면 자연스럽게 바고 투어를 제안한다. 숙소까지는 K1,000이고, 하루 투어는 보통 K8,500~9,000이다. 숙소에서도 투어를 위한 사이클 택시를 연결해준다.

택시

시간이 없는 여행자들은 양곤에서 바고를 당일 여행으로 다녀온다. 택시는 최소 $80부터 흥정이 가능하다. 양곤에서 바고까지 택시로 편도 약 1시간30분 정도 소요되고, 바고를 둘러보는 데 약 3시간 정도 소요된다. 총 6시간이면 양곤에서 바고 당일여행이 가능하다. 바고에서 1박 한다고 해도 일행이 있다면 택시로 움직이는 것이 편리하다. 당일 투어를 위한 택시는 숙소에 문의하면 연결해 준다.

Course
바고 둘러보기

바고 유적지는 곳곳에 흩어져 있기 때문에 사실상 걸어서 둘러보기는 조금 어렵다. 넉넉하게 1박 2일을 머문다면 자전거로 둘러볼 수 있지만 여행자들은 길을 잘 모르기 때문에

사이클 택시 등 현지교통편을 이용하는 것이 바람직하다. 주요 유적을 둘러보는 데 3~4시간 정도 소요된다.

COURSE A 핵심 유적만 둘러보는 당일 여행

마하제디 파야~쉐딸라웅 파야~짜익 푼 파야~쉐모도 파야

COURSE B 전체 유적을 둘러보는 1박 2일 여행

짜카와인 짜웅~나웅또지 먀딸라웅~쉐굴래이 파야~마하제디 파야~쉐딸라웅 파야~짜익 푼 파야~모에이 파이~쉐아웨이 파야~쉐모도 파야

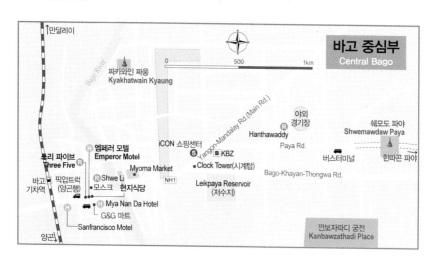

바고 중심부
Central Bago

만달레이

Bago River

짜카와인 짜웅
Kyakhatwain Kyaung

0   500   1km

iCON 쇼핑센터

Yangon-Mandalay Rd.(Main Rd.)

야외 경기장

Hanthawaddy

Paya Rd.

쉐모도 파야
Shwemawdaw Paya

버스터미널

힌따곤 파야

엠페러 모텔
Emperor Motel

쓰리 파이브
Three Five

바고 기차역

픽업트럭 (양곤행)

Myoma Market

Shwe Li

모스크

현지식당

NH1

Clock Tower(시계탑)

BZ
KBZ

S

B

Leikpaya Reservoir (저수지)

Bago-Khayan-Thongwa Rd.

Mya Nan Da Hotel

G&G 마트

Sanfrancisco Motel

양곤

깐보자따디 궁전
Kanbawzathadi Place

쉐모도 파야 Shwemawdaw Paya ရွှေမော်တော်ဘုရား

지도 P.370 | 개방 04:00~21:00 | 사진 촬영료 K300

'위대한 황금의 신'이라는 뜻의 쉐모도 파야는 미얀마 최대 높이의 파고다이다. 양곤에 있는 쉐다곤 파야보다 약 13m 더 높다. 전설에 따르면 쉐모도 파야는 1,200년 이상 된 파고다로 양곤 쉐다곤 파야의 전설에 등장하는 두 상인 형제가 모셔온 부처의 머리카락 일부를 모시기 위해 지어졌다고 한다. 건설 당시 탑의 높이는 23m로 세워졌으나 825년에 25m로, 1385년에 84m로, 1796년에 91m로, 1954년에 현재의 높이인 113m로 증축되었다. 경내의 북동쪽 모퉁이에는 1931년 지진으로 무너져 내린 탑의 장식이 전시되어 있어 눈길을 끈다. 바고 기차역에서 동쪽으로 도보 약 20분 거리에 위치해 있다.

지진으로 무너져 내린 탑의 장식(오른편)

힌따곤 파야 Hintha Gon Paya ဟင်္သာကုန်းဘုရား

지도 P.369 | 개방 07:00~21:00 | 사진 촬영료 K300

쉐모도 파야 뒤편에서 동쪽으로 약 500m 거리에 위치해 있는 힌따곤 파야는 만달레이 힐을 조성한 우 칸티 U Khanti 승려에 의해 조성된 것으로 전해진다. 한때 이 지역은 수평선 위로 솟아난 지점이었는데 힝따(Hamsa 함사)라는 전설의 새가 이곳으로 날아오곤 했다고 전해진다. 사원의 입구엔 힝따가 조각되어 있다. 사원 내부엔 미얀마의 민간신앙인 낫 Nat도 모셔져 있다.

쉐딸라웅 파야 Shwethalayaung Paya ရွှေသာလျောင်းဘုရား

지도 P.369 | 개방 06:00~21:00 | 사진 촬영료 K300

쉐딸라웅 파야에는 994년 몬족의 마가데익파 Mgadeikpa 왕에 의해 조성된 길이 55m, 높이 16m의 와불이 모셔져 있다. 1757년 꼰바웅 왕조가 들어서고 바고의 많은 건축물이 파괴되면서 이 와불은 정글 속에 오랫동안 방치되어 있었다. 그러다 영국 식민지 시대인 1881년 이 지역에 철도를 건설하던 중 발견되어 세상 밖으로 나오게 되었다. 와불상은 한눈에 보기에도 여느 와불상과는 조금 다른 모습이다. 독특한 문양의 베개를 베고 있는데 이 베개는 1930년에 만들어진 것이라고 한다. 부처는 베개 덕분에 편안하다는 듯 매우 온화한 미소를 짓고 있다. 시내의 서쪽, 바고 기차역에서 1.5km 거리에 위치해 있다.

마하제디 파야 Mahazedi Paya မြစေတီဘုရား

지도 P.369 | 개방 06:00~21:00 | 카메라 촬영료 K300

1560년 바인나웅 Bayinnaung 왕에 의해 지어진 파고다로 스리랑카 왕으로부터 기증받은 부처의 치사리를 모시기 위해 지어졌다. 조성 당시에는 부처가 사용했다는 발우(공양 그릇)도 함께 안치시켜 놓았는데 현재 발우는 사가잉 Sagaing 지역의 짜웅무다이 파야 Kaunghmuday Paya로 옮겨졌다. 1931년 지진으로 무너져 내렸다가 1982년 재건되었다. 아홉 단을 쌓아올린 파고다의 테라스에 오르면 탁 트인 바고의 전망을 볼 수 있다. 여성은 테라스에 올라갈 수 없다.

쉐굴래이 파야 Shwegulay Paya ရွှေဘာလျောင်းဘုရား

지도 P.369 | 개방 06:00~18:00

1494년 바인나웅 왕에 의해 조성된 파고다이다. 'Gu'라는 이름이 들어간 파고다는 동굴(터널)처럼 조성되어 있는데, 쉐굴래이 파야는 내부 회랑의 벽면이 마치 터널처럼 깊숙하게 들어간 곳에 감실이 마련되어 있다. 회랑을 빙 둘러 향마촉지인 수인을 취하고 있는 64구의 좌불상이 안치되어 있다. 경내에는 연못과 다수의 불상이 배치되어 있다. 마하제디 파야에서 남쪽으로 도보 10분 거리에 위치해 있다.

짜익 푼 파야 Kyaik Pun Paya ကျိုက်ပွန်ဘုရား

지도 P.369 | 개방 06:00~21:00 | 사진 촬영료 K300

1476년에 담마제디 Dhammazedi 왕에 의해 조성된 사면불상이다. 30m 높이의 4면 벽이 서로 맞댄 채 세워져 있는데 각 면에 좌불이 안치되어 있다. 북쪽은 석가모니불, 서쪽은 가섭불, 남쪽은 구류손불, 동쪽은 구나함모니불이다. 전설에 의하면, 사면불상을 조성할 때 4명의 몬족 자매가 참여했다고 한다. 그중 누구라도 결혼을 하게 되면 불상이 파괴된다는 소문이 있었는데 자매 중 한 명이 결혼하자 서쪽의 불상이 심하게 무너져 내렸다고 한다. 지진으로 인한 훼손이라는 의견도 있지만 어쨌거나 대부분의 현지인들은 전설을 믿고 있다. 지금은 보수되어 사면 불상을 모두 완전한 모습으로 볼 수 있다.

마하 깔야니 시마 Maha Kalyani Sima မဟာကလျာဏီဘုရား

지도 P.369 | 개방 08:00~19:00

1476년 담마제디 왕이 건설한 결계지(結界地: 승려들이 출가의식을 행하던 장소)로 마하 깔야니 떼인 Maha Kalyani Thein이라고도 부른다. 담마제디 왕은 교단에서 부당하게 행해지고 있는 승직이나 지위를 개혁하기 위해 부단히 노력한 왕으로 알려져 있다. 평소 상좌부 교단이 비구의 지역적, 민족적 차이와는 무관하게 통합된 종교단체라는 것을 강조하였으며, 스리랑카로 장로를 파견해 올바른 수계법(受戒法)을 전수받게 하는 등 미얀마에 올바른 상좌부 정통파를 세우려 노력했다. 이 결계지는 그 노력의 일환으로 은밀한 곳에서 행해지던 수계를 막기 위해 세워졌다. 그 결과 1만5,666명의 승려가 이곳에서 다시 수계를 받았다. 담마제디 왕의 교단정화 과정이 비문에 남아 있다. 이 건물은 여러 번 파괴되는 고난을 겪었는데 1954년 현재의 모습으로 재건되었다.

초기의 모습(아래)과 현재의 모습(위)

나웅또지 먀딸라웅 Naung Daw Gyi Mya Thalyaung နောင်တော်ကြီး မြသာလျောင်းဘုရား

지도 P.369 | 개방 06:00~18:00

마하깔야니시마 맞은편의 도로를 건너면 넓은 야외무대에 현지인들의 기부로 만들어진 길이 60m의 와불이 모셔져 있다.
정문 건너편에 있는 사면불상도 둘러보자. 서로 등을 맞대고 서 있는 사면 입불상이 있는데 첨탑의 모양 등 바간의 아난다 사원의 입불상을 연상시켜 바고의 아난다라고 불린다.

바고의 아난다

TRAVEL 💬 PLUS
바고의 상징 동물, 힝따

전설에 의하면, 바고는 몬족의 두 왕자에 의해 세워졌는데 어느 날 두 왕자는 큰 호수 위에 떠 있는 한 쌍의 새를 보았다고 한다. 수컷이 암컷을 호위하고 있었는데 그들은 이것을 상서로운 길조라고 생각하고 호수 외곽에 한따와디 왕국을 세우게 된다. 그때 두 왕자가 본 동물이 함사 Hamsa, 미얀마어로는 '힝따'라고 한다. 미얀마 사원의 벽화나 건축물 조각에서도 종종 힝따의 문양을 볼 수 있는데 거위나 백조의 모습으로 표현되고 있다.

몬 주의 깃발

힝따는 보통 두 마리로 표현되는데 늘 수컷이 암컷 앞에 든든하게 지키고 서 있다. 그래서 미얀마에서는 흔히 바고 남자들은 용감하다고 말한다. 힝따는 바고의 건국신화와 연관되면서 몬 주 Mon State의 상징 동물이기도 해서 몬 주의 깃발에도 힝따가 새겨져 있다.

모에이 파야 Hmwe Paya မြွေဘုရား

쉐이웨이 파야에서 바라보는 일몰

지도 P.369 | 개방 06:00~21:00

스네이크 파야 Snake Paya라고도 부른다. 현지어로
뱀은 '모에이'인데 미얀마에는 이처럼 뱀을 모셔(?)놓아
유명해진 파고다가 몇 군데 있다. 만달레이에도 있는데
이러한 파고다를 모두 모에이 파야라고 부른다. 원래 미
얀마의 비단뱀은 세계에서 가장 큰 뱀 중 하나라고 한다.
현지인들은, 아무리 뱀이 크다 해도 불상도 아니고 승려
도 아닌 뱀을 보러 오는 외국인들을 이해할 수 없지만 외
국인들이 찾아 유명해진 덕분에 사원을 새로 지을 수 있었다고 한다. 어쨌거나 크게
흥미롭지 않다면, 이곳보다는 근처에 있는 '쉐아웨이 파야'에서 일몰을 보는 데 시간
을 더 투자하길 권한다. 이곳에선 숲으로 지는 아름다운 일몰을 볼 수 있다. 모에이
파야 가기 전에 위치해 있는데 갈래 길이 많아 처음 찾아가려면 약간 헷갈릴 수 있
다. 사이클 택시를 탄다면 기사가 알아서 데려다줄 것이다.

모에이 파야

깐보자따디 궁전 Kanbawzathadi Place
ကမ္ဘောဇသာဒီနန်းတော်

지도 P.370 | 개관 09:30~16:00 | 휴관 월, 화요일

현지어로는 '깐보자따디 난도'라고 부른다. 1556년 힌
따와디 왕조가 세운 몬족의 왕궁이다. 궁전의 원본 도
면 기록에 의하면, 사각형의 면적은 한 면의 길이가 각
1.8km이고 전체 20개의 문을 세워 둘렀으며, 그 안은
76개의 건물과 홀로 이루어져 있었다고 한다. 1599년
건물이 일부 소실되어 1992년 현재의 모습으로 재건되었다. 내부에는 도금한 왕좌와 왕이 타던 수
레 등이 전시되어 있다. 쉐모도 파야에서 남쪽으로 약 1.8km 거리에 위치해 있다.

짜카와인 짜웅 Kya Khat Wain Kyaung ကျာ့ခတ်ဝိုင်းကျောင်း

지도 P.370 | 개방 06:00~21:00

미얀마 3대 수도원 중 한 곳이다. 2007년 전까지는 1,500여
명의 승려가 수행할 정도로 규모가 큰 수도원이었으나 현재는 약
500여 명의 승려가 수행하고 있다. 아침 일찍 가면 보시를 하러
온 현지인과 관광객의 보시행렬을 볼 수 있다.

오늘은 시험 보는 날

eating

쓰리 파이브 호텔 식당
Three Five Hotel Restaurant

지도 P.370 | 주소 No.10, Main Road
전화 (052)22223 | 영업 07:00~20:00 | 예산 K3,000~

간판만 보고 호텔로 생각하기가 쉬운데 이곳은 엄연한 식당이다. Three Five Hotel이란 생소한 식당 이름은 三五飯店을 그대로 영문으로 옮긴 듯하다. 둥근 회전 테이블이 갖춰진 제법 넓은 중식당으로 식사시간에는 태국인과 중국인 단체관광객들로 붐빈다. 온갖 채소요리와 닭고기, 돼지고기, 쇠고기, 해산물 등을 재료로 하는 백여 가지가 넘는 메뉴를 갖추고 있다. 엠퍼러 모텔(Emperor Motel) 옆에 있다.

현지식당

지도 P.370 | 영업 05:00~14:00 | 예산 K2,000~

현지인들에게 인기 있는 카페 겸 식당. 근처에 버스 정거장이 있어 아침 일찍 버스를 타는 현지인들이 식사를 해결하는 곳이다. 화덕에 구운 로띠, 스프링롤, 사모사 등의 스낵과 차를 함께 곁들이기 좋다. 조식이 없는 숙소에서 머문다면 찾아가보자. 엠퍼러 호텔(Emperor Hotel)을 마주하고 오른편에 위치해 있다.

sleeping

엠페러 모텔 Emperor Motel

지도 P.370 | 주소 No.8, Main Road | 전화 (052)21349
요금 싱글 $10, 더블 $20 | 객실 20룸

메인 로드에 위치한 숙소. 조금 시끄럽긴 하지만 호텔 앞에서 버스가 정차해 교통은 좋은 편이다. 건물의 3~6층이 숙소인데 특히 5~6층의 우측 객실은 창문으로 멀리 쉐모도 파야가 보인다. 직원들과 영어로 의사소통이 원활하진 않지만 버스 티켓 구입은 무리 없이 대행해준다. 조식은 제공되지 않는다.

제이드 가든 호텔 Jade Garde Hotel

지도 P.369 | 주소 No.364, Bogyoke Aung San Road
전화 (052)30570 | 요금 싱글 · 더블 $20~35 | 객실 29룸

시내의 남쪽에 위치한 숙소. 모든 객실에 햇볕이 잘 들어오며 청결하게 잘 관리되고 있다. 짜익 푼 파야 근처에 있어 성수기에는 단체여행객들이 많이 묵는다. 종류는 다양하지 않지만 컨티넨탈식 조식도 제공되고 모든 시설이 가격대비 무난한데, 그저 흠이라면 시내 중심에서 약 2.8km 거리에 떨어져 있다는 것이다.

깐보자 힌따 호텔 Kanbawza Hinthar Hotel

지도 P.369 | 주소 No.A1, Bahtoo Road
전화 09-977454543 | 요금 더블 $45~50 | 객실 25룸

최근 바고에는 난체관광객을 겨냥한 중급 숙소가 많이 생기고 있는데 그중 가장 인기 있는 곳이다. 외곽에 위치해 있다는 것이 아쉽지만 가성비는 좋다. 넓은 객실과 잘 꾸며진 정원, 성의 있는 조식, 기차역이나 버스터미널에서 픽업도 한다. 시내 중심에서 약 3km 정도 떨어져있는데 호텔에서 자전거를 대여해준다.

ကျိုက်ထီးရိုး

짜익티요 | Kyaiktiyo

짜익티요는 양곤에서 북동쪽으로 약 130km, 바고에서는 95km 거리에 위치해 있다. 짜익티요는 미얀마를 방문하는 외국인들이 가장 보고 싶어 하는(궁금해 하는) 관광지 중 하나다. 현지인들에게는 양곤의 쉐다곤 파야, 만달레이의 마하무니 파야에 이어 3대 불교 성지로 꼽히는 곳이다. 해발 1,100m의 산꼭대기 절벽에 거대한 바위가 아슬아슬하게 세워져 있는데 이 바위가 바로 짜익티요다. 황금빛을 발하고 있어 골든 록 Golden Rock이라고도 불리는데 바위의 높이는 8m, 표면 둘레는 24m나 된다. 심지어 둥그런 바위 위에는 파고다가 세워져 있다.

Information

기본정보

지역번호 (057)

짜익티요 입장권

외국인은 짜익티요 파고다 입구 오른편에 있는 체크포인트(06:00~18:00)에서 입장권을 구입해야 한다. 입장권은 K10,000이며 유효기간은 2일이다.

짜익티요의 출발지, 끈뿐 베이스캠프

분명 짜익티요행 버스를 탔는데 버스는 '끈뿐 Kinpun'이라는 곳에 도착할 것이다(끈문 Kinmon이라고도 발음한다). 행선지를 말할 때 편의상 짜익티요라고 말하지만, 모든 버스는 이 끈뿐(지역 이름)을 종점으로 한다. 어느 도시에서 오든, 산꼭대기에 있는 짜익티요까지 한 번에 오르는 버스는 없다. 즉, 끈뿐은 짜익티요를 오르는 출발지가 되는 마을이다. 산 아래에 있어 끈뿐 베이스캠프 Kinpun Base camp로 불린다. 현지어로는 '끈뿐 사칸'이라고 부른다.

양곤에서 출발하면 양곤~바고~짜익투~끈뿐 순으로 도착하게 되는데, 이때 끈뿐의 앞 도시인 '짜익투 Kyaikhto'는 짜익티요와 다른 곳이니 헷갈리지 말자. 짜익투에서 내리지 말도록! 짜익투는 끈뿐보다 큰 마을이지만 외국인이 머물 수 있는 숙소가 없다. 무조건 끈뿐까지 와야 한다. 따라서 짜익티요행 버스표를 살 때 종점이 끈뿐인지, 짜익투인지 확인해야 한다.

버스터미널 뒤편의 끈뿐 시장

성수기에는 종점인 끈뿐까지 버스가 운행하지만, 비수기에는 짜익투까지만 운행한다. 짜익투에서 내리면 합승트럭(K500)이나 모터바이크(K3,000), 택시(K6,000)를 이용해 끈뿐까지 이동해야 하는데 시간은 약 40~50분 소요된다.

끈뿐은 유명한 관광지의 출발점임에도 불구하고 딱히 터미널이 없다. 마을 네거리 같은 곳의 공터에서 버스가 출발하고 도착한다. 터미널 뒤편으로 짜익티요를 오르는 교통수단인 트럭을 타는 트럭 스테이션 Truck Station이 있다.

끈뿐 베이스캠프의 초입

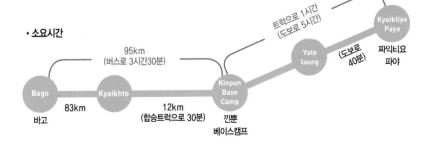

• **소요시간**

95km
(버스로 3시간30분)

트럭으로 1시간
(도보로 5시간)

Kyaiktiyo Paya
짜익티요 파야

Bago
바고

83km

Kyaikhto
짜익토

12km
(합승트럭으로 30분)

Kinpun Base Camp
끈뿐 베이스캠프

Yate taung

(도보로 40분)

Access

짜익티요 드나들기

■ 버스

양곤에서

양곤 아웅 밍갈라 터미널에서 05:30~20:00까지 낀뿐행 버스가 출발한다. 05:30~12:00 사이에는 1시간~1시간 30분 간격, 그 이후에는 편수도 줄어들고 배차 간격이 2시간 이상 벌어지기 때문에 되도록 오전 버스를 타는 것이 좋다. 낀뿐까지는 4~5시간 소요되며 요금은 K9,000이다. 비수기에는 운행편수가 더 줄어든다.

바고에서

양곤에서 출발하는 낀뿐행 버스가 대부분 바고에 정차한다. 바고에서는 06:30~16:30까지 2시간 간격으로 운행한다. 3시간30분~4시간 소요되며 요금은 K8,000이다.

몰레먀인에서

몰레먀인에서는 07:30, 09:00, 12:00에 짜익투(짜익티요 앞 도시)까지 버스가 운행한다. 요금은 K7,000~9,000이며 4~5시간 소요된다.

낀뿐에서 출발하는 버스

버스회사에 따라 출발지가 낀뿐 or 짜익투로 나뉜다. 짜익투에서 출발하는 버스표에는 낀뿐 → 짜익투까지의 픽업비(합승트럭비)가 포함되어 있다. 낀뿐 터미널에서 버스 티켓을 보여주면 합승트럭에 태워 짜익투 터미널에 내려준다. 짜익투에서 해당 회사의 버스로 갈아타면 된다.

목적지	출발시각	요금	소요시간
양곤	08:00~17:00	K8,000~	5시간
바고	08:00~17:00	K6,000~	3시간
몰레먀인	09:30, 12:00	K8,000	4~5시간
인레 (냥쉐)	15:00	K14,000	15시간

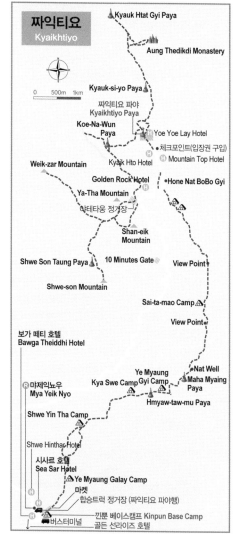

Transport
짜익티요 오르는 방법

■ 트럭을 타는 방법

짜익티요를 가는 방법은 약간 번거롭다. 낀뿐에서 다시 트럭으로 갈아타고 짜익티요로 올라가야 한다. 트럭을 낀뿐 베이스캠프 마을 중심에 있는 '트럭 스테이션 Truck Station'이라는 곳에서 탄다.

트럭은 공사용 덤프트럭을 개조한 것으로 짐칸에 긴 나무 널빤지를 나란히 걸쳐놓고 촘촘하게 앉는다. 정해진 인원수와 출발시간은 따로 없고 사람들이 꽉 차면 출발하는데 약 40명 가까이 탑승한다. 단체 여행객에게 밀려 제때 트럭에 올라타지 못하면 다음 트럭이 올 때까지 기다려야 한다. 즉, 대기하고 있다가 빈 트럭이 들어오면 잽싸게 올라타야 한다. 미리 표를 살 필요는 없다. 먼저 자리를 잡고 앉으면 차장이 돈을 걷으러 다닌다.

트럭은 가파른 산길을 오르다가 산 중턱에서 한 번 정차한다. 첫 번째 정차하는 곳은 야테타웅 Yatetaung 정거장인데 과거에는 모두 여기에서 내려 짜익티요까지 걸어 올라가야 했다. 여기서 짜익티요까지는 도보로 약 40분 소요된다. 일부러 산 중턱인 야테타웅에 내려서 걸어 올라가는 사람들도 있다. 최근엔 짜익티요의 정상 근처까지 트럭이 운행된다. 정상의 트럭 스테이션에 도착하면 모든 승객들이 하차하는데, 여기에서 짜익티요까지는 걸어서 7~8분 정도 소요된다. 짜익티요에서 낀뿐으로 돌아오는 마지막 트럭은 17:00에 있다.

- **트럭 운행시간**: 06:00~17:00(낀뿐↔짜익티요 구간의 운행시간이 같다)
- **트럭 요금**: 앞좌석 K3,000/뒷좌석 K2,500(정상까지 오르는 요금)

*중간지점인 야테타웅까지만 가는 요금은 K1,500이다.

*성수기에는 트럭이 수시로 운행되지만 비수기에는 부정기적으로 운행되고 탑승인원이 적을 때는 1시간 이상 기다리는 경우도 있다. 일단 승강장에 도착하면 자리를 먼저 잡고 기다리는 것이 중요하다.

■ 걸어 올라가는 방법

보통은 짜익티요를 트럭 타고 올라가지만, 간혹 짜익티요를 도보로 순례하듯 직접 걸어 올라가는 사람들도 있다. 현지인들에게는 짜익티요가 성지이기 때문이고 외국인들은 트레킹 삼아 걷기 위해서다. 낀뿐에서 짜익티요까지는 도보로 약 5시간 소요된다. 낀뿐에서 1박을 하게 되면, 아침 일찍부터 걸어 올라갈 수 있으니 크게 어려운 일은 아니다.

문제는 당일 여행을 계획하면서 도보로 짜익티요를 걸어 올라가고 싶은 경우다. 조금 피곤한 일정이 되긴 할 테지만 이 또한 불가능한 것은 아니다. 양곤에서 밤 버스를 타면 낀뿐에 자정 즈음하여 도착하게 된다. 그러곤 숙소를 잡지 않고, 바로 짜익티요를 걸어 올라간다. 한밤중에 걷는 이유는 밤새 걸어야 일출 즈음에 도착할 수 있고 여행시간을 단축할 수 있기 때문이다.

도보 길은 트럭이 다니는 길과는 다르다. 성수기에는 걸어 올라가는 순례자들도 제법 있고, 약간의 노점에서 불을 밝히고 장사를 하기도 해서 길을 잃을 염려는 없다. 하지만 한밤중이고 산속이기 때문에 옷차림과 손전등, 약간의 간식거리를 준비하는 것이 좋다.

일출을 본 뒤 내려올 때는 트럭을 이용해 낀뿐에 도착, 양곤으로 가는 버스를 타고 돌아가면 무박 2일 여행이 가능하다. 하지만 밤 산행은 체력이 뒷받침되어야 하므로 본인의 건강 상태를 먼저 체크해야 한다. 또, 무엇보다 안전을 위해 일행이 여럿 있을 경우에만 시도하도록 하자.

짜익티요를 오르는 대중교통수단인 트럭

짜익티요는 흔히 골든 록(Golden Rock)으로도 불리는데, 짜익티요라는 이름에는 유래가 고스란히 담겨있다. 몬족의 언어로 Kyaik은 파고다, ti는 수행자, yo는 머리위로 옮겨지다라는 의미다. 즉, 짜익티요는 수행자 머리 위로 옮겨진 파고다라는 뜻이다.

전설에 의하면, 11세기에 이 지역을 다스리던 티사 Tissa 왕에게 한 수행자가 찾아와 불발(부처의 머리카락)을 안치시킬 장소를 요청했다고 한다. 수행자는 그동안 부처에게 직접 받은 불발을 자신의 머리 틈에 넣어 보관하고 있었는데, 이를 기증하면서 자신의 머리 모양을 닮은 바위에 안치시켜 줄 것을 요청했다. 티사 왕은 정령의 도움을 받아 깊은 바닷속에서 수행자의 머리를 닮은 커다란 바위를 건져냈고, 그 위에 파고다를 세우고 기증받은 불발을 안치시켰다.

당시 바닷속에서 건져낸 바위를 운반하던 배는 바위를 이 자리에 내려놓고 돌로 변했는데, 짜익티요에서 약 250m 떨어져 있는 짜욱딴반 Kyaukthanban 파고다가 그것이라고 한다.

전설만큼 믿기 어려운 사실은 이 바위가 공중에 떠 있는 상태라는 것이다. 즉, 바위 밑부분이 살짝 들려 있다는 것. 육안으로 쉽게 확인될 만큼은 아니지만, 바위 밑 틈으로 대나무를 넣어 흔들면 바위가 미세하게 흔들린다고 한다. 몇 해 전, 일본의 한 방송사에서 바위 밑으로 줄을 통과시켜 바위가 공중에 떠 있는 부석이라는 사실을 입증해냈다.

미얀마인들은 바위가 땅에 닿아 있지 않으면서도 아래로 굴러 떨어지지 않는 것은 그 안에 안치된 불발 때문이라고 믿는다. 그만큼 신령스러운 힘을 가진 바위라고 믿기 때문에 현지인들은 바위 앞에 와서 소원을 빈다. 미얀마에서는 짜익티요를 세 번 참배하면 부자가 된다는 이야기가 있어 연중 내내 순례자들로 붐빈다.

어떻게 보면 순수한 불교 성지라기보다는 정령신앙에 불교의 의미를 가미한 민간신앙의 숭배지에 가깝다. 미얀마의 성지라고 일컬어지는 곳에서 으레 그러하듯이, 여성은 바위에 가까이 다가갈 수 없다. 남성들은 바위에 다가가 만져보고, 밀어보고, 심지어 바위틈을 보겠다고 바위 앞에 엎드려 있기까지 하지만, 여성들은 바위 주변에 둘러놓은 게이트 밖에서 바위를 향해 연신 기도만 올릴 뿐이다.

짜익티요는 처음부터 황금빛은 아니었다. 소원을 빌러 온 순례자들이 하나 둘 금박을 입히면서 거대한 황금 바위로 변했다. 실제로 3년에 한 번씩, 약 2주간에 걸쳐 전체적으로 황금 가사를 입히는 작업을 한다. 그 기간에는 바위 옆으로 높은 계단을 설치하고, 온통 바위를 천으로 뒤덮은 뒤 금박을 붙이는 공사를 한다. 그때만큼은 짜익티요를 볼 수 없지만 물론 방문은 가능하다. 참고로 2017년 12월 야테타웅~짜익티요 파고다를 잇는 케이블카가 개장했는데, 이는 미얀마의 첫 케이블카이자 한국과 미얀마의 합작으로 만들어졌다. 케이블카 운행시간은 05:00~18:00, 요금은 K14,000(왕복)이다.

상점들이 몰려 있는 짜익티요 입구

짜익티요 게이트

산 정상까지 짐을 날라주는 포터도 있다

eating

유명한 관광지임에도 짜익티요에는 식당이 많지 않은 편이다. 현지인들은 대부분 음식을 직접 준비해오고, 외국인들은 짜익티요만 보고 짧게 머물다

바로 돌아가기 때문이다. 기본적으로 모든 숙소에는 식당을 갖추고 있다. 산 정상에는 트럭 스테이션에서 짜익티요로 올라가는 언덕길에 찻집을 겸한 작은 간이식당이 오밀조밀 형성되어 있다. 끼뿐 베이스캠프에는 버스터미널 근처에 관광객들을 대상으로 하는 현지 식당이 있다. 그나마 끼뿐에서 가장 그럴듯한 식당은 트럭 스테이션 바로 옆에 위치해 있는 '먀제익뇨우(Mya Yeik Nyo)' 식당이다. 샐러드와 닭고기, 돼지고기를 주재료로 하는 볶음 면이나 밥 요리 등을 차려낸다.

sleeping

숙소 구역은 두 곳으로 나뉜다. 끼뿐 베이스캠프 마을에서 머물거나, 트럭을 타고 산 정상까지 올라가 짜익티요 근처에서 머무는 방법이 있다. 산 정상에서 머물면 일출과 일몰을 자유롭게 볼 수 있고 짜익티요까지 도보 5분 이내라는 것은 장점이지만 비싼 숙박료를 감수해야 한다. 반면, 끼뿐 베이스캠프에 머물면 아무래도 숙박비가 저렴하고 다른 도시로 이동하기도 편하다. 따라서 《프렌즈 미얀마》에서는 끼뿐 베이스캠프의 숙소를 주로 소개한다. 그리고 짜익티요 파고다 근처에서 머물 생각이라면 짜익투 호텔(Kyaik Hto Hotel), 마운틴 탑 호텔(Mountain Top Hotel)을 눈여겨보자.

■ 끼뿐 베이스캠프의 숙소

골든 선라이즈 호텔 Golden Sunrise Hotel

지도 P.378 | 전화 (059)8723301 | 요금 싱글 $40~45, 더블 $50~55 | 객실 17룸

잘 정돈된 넓은 정원과 오두막 식당, 아늑한 방갈로풍의 객실, 친절한 직원들, 여행의 여유를 만끽하기에 좋은 조건을 두루 갖추고 있는 숙소다. 싱글 9룸, 더블 8룸을 갖추고 있는데 성수기에는 늘 만실이 되는 인기 만점의 숙소라서 예약은 필수다. 끼뿐 마을로 들어오기 전의 왼편에 위치해 있다. 끼뿐 터미널에서 도보로 약 10분 정도 떨어져 있지만 산책하듯 걸을 만한 거리다.

시사르 호텔 Sea Sar Hotel

지도 P.378 | 전화 09-8723288 | 요금 싱글 $8(선풍기), $20(에어컨), 더블 $25~35(에어컨) | 객실 30룸

트럭 스테이션 근처에 위치한 숙소다. 다양한 객실을 갖추고 있는 곳으로 전체적으로 저렴한 가격이 장점이다. 특히, 싱글 룸의 선풍기 객실은 작고 옆방의 소음까지 다 들리지만 가격이 저렴해 나 홀로 여행자들에게 인기있다. 에어컨 객실도 가격 대비 적당한 컨디션을 유지한다. 밤이 되면 넓은 마당에 테이블을 펴놓아 밤에 딱히 갈 곳 없는 끼뿐에서 그나마 투숙객들을 위로한다.

보가 떼티 호텔 Bawga Theiddhi Hotel

지도 P.378 | 전화 09-49299899 | 요금 싱글 $25, 더블 $35~45, 트리플 $53~60 | 객실 20룸

2011년 10월 문을 연 숙소로 버스터미널 바로 앞에 위치해 쉽게 눈에 띈다. 전체적으로 모든 시설이 깔끔하고 객실도 안락한데 다만 샤워실과 화장실은 공용시설을 이용해야 한다. 물론 공용시설도 매우 청결하며 좋은 상태로 유지되고 있긴 하지만 어쨌거나 아쉬운 점이다.

မားဒ္ဂံ

파안 | Hpa-an

파안은 미얀마 남부에 있는 까예잉 주 Kayin State의 주도다. 미얀마에서 두 번째로 큰 소수민족인 까렌족의 본거지로 까렌 주 Karen State라고도 불린다. 북쪽으로는 만달레이 구 Mandalay Division, 서쪽으로는 바고 구 Bago Division와 몬 주 Mon State, 북동쪽으로는 까야 주 Kayah State, 남동쪽과 동쪽으로는 태국과 국경을 맞대고 있다. 여러 지역과 경계를 이루다 보니 까렌족 외에 버마족, 빠다웅 Padaung족, 샨 Shan족 등 여러 인종이 섞여 있으며 그로인해 자연스레 다양한 종교가 존재한다. 까렌족은 1940년대부터 미얀마 군사정부와 중앙통제권을 놓고 갈등을 벌여 한동안 이 지역은 외국인의 출입이 제한되기도 했다. 그러나 정부와 소수민족 간의 오랜 협상 끝에 현재는 안정화되었다. 이제 외국인들도 까예잉 주 모든 지역은 물론 태국과의 국경지역인 먀와디를 통해 태국을 육로로 건너갈 수 있다. 파안에선 산과 호수, 강으로 둘러싸인 미얀마 남부의 평화로운 풍경을 만날 수 있다.

Access

파안 드나들기

지역번호 (058)

■ 버스

양곤에서

양곤의 아웅 밍갈라 버스터미널에서 08:00, 12:30, 20:00, 21:00에 버스가 출발한다. 파안까지 약 6시간 소요되며 일반버스 요금은 K7,000~8,500, VIP버스는 K13,000이다.

몰레먀인에서

몰레먀인에서 파안행 버스가 06:00~16:00 사이에 1시간 간격으로 출발한다. 2시간 소요되며 요금은 K2,000이다.

먀와디에서

국경 도시 먀와디에서 합승택시(미니밴)를 타고 파안으로 곧장 올 수 있다. 출발시간은 정해져있지 않고, 손님이 차야 출발하는데 대부분의 합승택시가 07:00~09:30 사이에 많이 출발한다. 미니버스도 하루 1편 07:00에 출발한다. 합승택시와 미니버스 모두 4~5시간 소요되며 요금은 1인당 K10,000이다. 요금과 소요시간이 동일하므로 합승택시를 타길 권한다. 합승택시는 파안의 예약한 숙소 앞까지 데려다준다. 반대로, 파안에서 먀와디로 갈 때는 숙소에 문의하면 합승택시를 예약해준다.

짜익티요(긴뿐)에서

하루 9대의 버스가 운행된다. 요금은 K7,000이며 몰레먀인행 일부 버스가 파안에 정차하기도 한다.

바고에서

하루 5대의 버스가 운행된다. 파안까지 5~6시간 소요되며 요금은 K9,000 ~10,000이다.

■ 보트

파안에서 몰레먀인으로 가는 보트는 하루 1회 12:00 (또는 13:00)에 출발한다. 보트

티켓은 머무는 숙소에서 구입할 수 있다. 보트 요금은 K8,000~10,000(픽업 포함)이며 3~4시간 소요된다. 몰레먀인에서 파안으로 출발하는 보트는 08:00에 출발한다.

■ 버스터미널

파안의 버스터미널은 시내에서 약 7km 거리에 위치해 있다. 하지만 버스표를 사러 일부러 터미널까지 가지 않아도 된다. 시내 중심에 있는 시계탑 근처의 여행사에서 양곤(짜익투, 바고), 만

시계탑 앞에서 버스를 기다리는 승객들

달레이로 가는 버스표를 판매한다.

대부분의 버스 역시 이 시계탑 앞을 지나가며 승객을 픽업하기 때문에 대부분 이곳에서 버스를 탄다. 티켓을 구입할 때 픽업이 가능한지 문의하자. 몰레먀인으로 가는 버스는 시계탑 근처의 보족 스트리트 Bogyoke Street 서쪽에서 출발한다.

파안에서 출발하는 버스

목적지	출발시각	요금	소요시간
양곤	06:00~11:00(1시간 간격) 13:00, 18:00, 19:00	K7,000~ 8,500	7~8시간
몰레먀인	06:00~16:00	K2,000	2시간
먀와디	쉐어 택시(미니밴) 예약	K10,000	4~5시간
만달레이	18:00	K15,500	14시간
짜익티요(긴뿐)	07:00(성수기에만 운행)	K7,000	3시간

* 양곤행 버스는 짜익투, 바고를 경유한다. 짜익투까지는 3시간, 바고까지는 5시간 소요되지만 모두 최종 목적지인 양곤행 요금을 내야 한다.

Course
파안 둘러보기

파안 시내에선 딱히 교통수단이 필요하지는 않다. 시내는 설렁설렁 걷기 좋은데 오후에 도착했다면 파장하기 전에 중앙시장을 둘러보고, 일몰에 맞춰 배를 타고 판푸 산을 다녀오면 꽉 찬 반나절이 된다.
하루 정도 더 여유가 있다면 근교로 동굴투어를 다녀오자. 근교로 가는 교통편인 픽업트럭이나 사이클 택시 등은 숙소에서 연결해준다.

COURSE A 시장과 마을을 산책하고, 판푸 산에서 노을 감상하기

시장을 둘러보고 오후에는 판푸 산에서 노을 감상, 저녁엔 마을 남쪽에서 열리는 야시장을 둘러보자.

COURSE B 파안 근교의 동굴 투어 다녀오기

시간 여유가 있다면, 자연 동굴과 호수위에 세워진 수도원 등 멋진 자연을 감상할 수 있는 동굴 투어를 다녀오자.

서류가 필요한 버스 여행

미얀마에서 버스 여행을 할 때 여권과 비자를 제시해야 하는 경우가 간혹 있습니다. 주로 분쟁지역, 군사지역, 주(State) 경계구역 등의 검문소를 통과할 때 외국인에게 서류를 요구하는데요. 그래서 일부 구간의 버스회사는 승차하기 전에 여권을 달라고 하는 경우가 있습니다. 직원은 여권을 복사한 후 바로 돌려줍니다만, 여권을 내라고 하면 약간 당황스러울 수 있습니다. 여권은 외국에서의 신분증이기 때문에 각별한 관리가 필요합니다. 이때 미리 준비해둔 여권 복사본이 있다면 편하죠. 일부 검문소는 버스 승객이 전원 하차해 현지인은 신분증을, 외국인은 여권과 비자 원본을 보여줘야 하는 경우도 있습니다. 어쨌거나 미얀마에서는 여권과 비자 복사본을 넉넉하게 준비해두면 여러모로 편합니다.

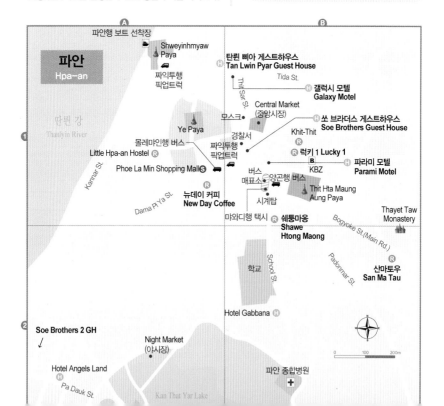

몰레먀인 ~ 파안 보트여행

까예잉 주의 파안과 몬 주의 몰레먀인까지 운항하는 보
트여행은 여행자들이 꼽는 파안여행의 하이라이트.
파안~몰레먀인 구간은 버스로는 겨우 2시간 거리인데 배
를 타게 되면 곱절의 시간과 그 몇 배의 요금이 드는 건 사실이
다. 하지만 시간과 돈을 투자할 만한 충분한 가치가 있다. 이 구간은 만달레이
~바간의 뱃길과는 사뭇 다르다. 정감 넘치는 강 마을과 강 곳곳에 우뚝 세워진
석회암 산 등 아름다운 풍경을 볼 수 있다. 특히 보트가 지날 때 어디선가 뛰쳐나와 '밍갈라바'를 외치며 손을 흔들어
대는 꼬마들을 만날 수 있다. 메아리처럼 맑게 울려 퍼지는 아이들의 싱그러운 인사를 받게 되면, 아무리 무뚝뚝한
여행자라도 뱃머리로 달려 나가 힘차게 손을 흔들게 된다.
보트여행은 몰레먀인과 파안 중 어느 곳을 출발지점으로 정해도 상관없다. 몰레먀인 → 파안 방향은 보통 5시간 소
요된다. 반면, 파안 → 몰레먀인은 3시간 정도 소요된다. 파안에서 몰레먀인으로 가는 뱃길이 하류 방향이기 때문이
다. 출발지에 따라 출발시간과 요금이 다르므로 본인의 일정에 따라 출발·도착 지점을 정하는 것이 좋다.
알아둬야 할 것은, 이 구간의 보트 여행은 이제 현지인보다는 외국인을 위한 일종의 관광 상품이 되었기에 최소 인원
이 모집되어야 출발한다. 또 우기에는 운항이 불가능할 수도 있다. 현지상황에 따라 출발여부가 달라질 수 있으므로
파안에서 출발하려면 쏘 브라더스 게스트하우스(Soe Brothers Guest House)에서, 몰레먀인에서 출발하려면
브리지 게스트하우스(Breeze Guest House)에서 한 번 더 확인하도록 하자.

파안 시내 산책

앞서 이야기했듯 파안의 볼거리는 많지 않지만 그 자체로 소박한 맛이 있다. 먼저 중앙시장 Central Market을 들러보자. 크지는 않지만 파안에서 가장 활기찬 분위기가 느껴지는 곳이다. 과일, 농산물, 잡화 등을 파는 골목 사이에 간식거리를 파는 노점까지 늘어서 있다. 시장은 08:00~16:00까지 열린다. 시장의 서쪽으로 나가 모스크 앞의 띳사르 스트리트 Thitsar Street 북쪽으로 올라가자. 왼편으로 길을 끝까지 따라가면 쉐인먀우 파야 Shweyinhmyaw Paya가 있다. 파고다 뒤쪽에는 판푸 Hpan Pu 산으로 가는 선착장이 있고, 파고다 아래쪽에는 몰레먀인행 보트를 타는 선착장이 있다. 파고다 앞으로 난 보족 스트리트 Bogyoke Street를 따라가면 시내를 한 바퀴 돌아 마을 중심에 위치한 시계탑에 도착하게 된다.

판푸 산 Hpan Pu Mountain

쉐인먀우 파야 뒤쪽의 북쪽 선착장에서 강 건너 보이는 산이 판푸 산이다. 이곳은 논과 강, 석회암 산으로 둘러싸인 파안 마을을 한눈에 내려다보기 좋은 장소다. 보트는 07:00~19:00까지 운항하며 요금은 편도 K500이다. 보트를 타고 탄륀 강을 건너는 데 10분, 보트에서 내려 산 아래까지 도보 10분, 산 정상까지 올라가는 데 도보 20분 소요된다. 일몰은 계절마다 다르지만 보통 17:30 전후이니 일몰을 보려면 선착장에서 최소한 16:00 배를 타야 한다. 일몰을 보고 파안으로 돌아올 때는 18:30 배를 타면 된다.

쮀가빈 산 Zwegabin Mountain ဇွဲကပင်တောင်

입장료 $3(Lumbini Garden 포함)

파안은 주름진 습곡을 품고 있는 석회암 산들로 둘러쳐져 있다. 그중 가장 큰 산이 '성스러운 영혼들의 안식처'로 통하는 쮀가빈 산이다. 해발 722m의 쮀가빈 산은 파안에서 남쪽으로 약 11km 떨어져 있다. 두어 시간 힘들게 올라야 하는 수고로움이 있지만 산 위에서 펼쳐지는 아름다운 전망이 이를 보상해준다. 정상에는 붓다의 불발을 안치한 작은 사원과 스투파가 있는데 12:00 이전에 도착하면 사원에서 스님들과 함께 식사를 할 수 있다(원한다면). 식사는 무료이긴 하나, 약간의 기부로 고마움을 표현하면 된다. 대중교통편이 원활치 않기 때문에 쏘이 브라더스 게스트하우스 Soe Brothers Guest House에서 진행하는 '쮀

가빈 산 하이킹' 프로그램을 이용해서 다녀오는 것이 좋다. 1인당 왕복 K5,000이며 아침 07:00에 출발한다.

파안 동굴 투어

파안 여행의 하이라이트는 동굴 투어이다. 동굴은 현지어로 '라인구'라
고 부른다. 파안 근교에는 석회암 산기슭에 조성된 멋진 라인구가 가득하
다. 하지만 대중교통이 원활치 않아 개별적으로 찾아다니기는 사실상 어
렵다. 가장 쉽게 가는 방법은 쏘 브라더스 게스트하우스(Soe Brothers
Guest House)에서 진행하는 동굴 투어에 참여하는 것이다. 투어 요금은 그
룹 당 K30,000이다. 요금은 참가인원에 따라 1/n로 나뉘며 혼자라도 가능하다.
투어는 08:00~17:00까지 진행되는데 입장료와 점심식사는 포함되지 않는다.
투어는 한가로운 시골 마을을 지나며 4~5개의 동굴을 둘러보게 되는데, 일부 동굴은 빗물이 차기 때문에
우기(6~10월)에는 들어갈 수 없다. 투어프로그램을 예약하면 출발하기 전 코스를 안내해주므로 걱정할 필
요는 없다. 합승트럭 드라이버가 동굴입구까지 동행한다. 동굴 내부는 우기가 아니더라도 늘 습기가 차 있
어 바닥이 미끄럽다. 사원이라서 역시 맨발로 입장해야 하므로 미끄러지지 않도록 조심하고 랜턴을 챙기면
좋다. 현지상황에 따라, 혹은 안내자에 따라 코스 순서는 바뀔 수 있다. 파안 동굴 투어의 주요 볼거리는 다
음과 같다.

야떼이비안 동굴 Yathae Byan Cave은 7세
기 따톤 왕국의 마누하 Manuaha 왕이 전쟁에
서 패한 후 피신처로 이용하기 위해 조성된 동
굴로 불상과 벽이 천장에 가득하다. 1.6km 떨
어진 곳에 위치한 **꼬군 동굴** Kawgoon Cave
역시 같은 시기 마누하 왕에 의해 조성되었으며

7세기에 조성된 꼬군 동굴　　　점토로 빚은 불상을 늘어놓은 꼬군 동굴

그림 같은 풍경을 만날 수 있는 동굴 투어

1,121개의 좌불상이 펼쳐진 룸비니 가든

아슬아슬한 바위 위에 세워진 수도원 짜욱 칼랍

불상과 점토로 빚은 벽화와 불상들을 전시하듯 늘어놓고 있다. 꼬군 동굴은 유일하게 입장료(K3,000)와 사진 촬영료(K500)를 내야하는 동굴이다. **짜욱 칼랍** Kyauk Kalap은 작은 인공호수 한가운데 세워져 있는 수도원이다. 미얀마에서는 아슬아슬한 바위 위에 세워진 사원이나 수도원이 종종 있는데, 짜욱 칼랍은 유난히 깎아지른 긴 바위 위에 세워져있다. 이곳은 특히 일몰이 아름다운 장소로 꼽힌다. 계단을 따라 바위 정상으로 올라가면 그림 같은 시골 풍경이 발 아래 펼쳐진다. **룸비니 가든** Lumbini Garden은 쮀가빈 산 밑에 아늑하게 조성된 정원이다. 넓은 초원에 1,121개의 좌불상이 줄맞춰 세워져 있다. 여기까지 둘러보고 나면 대략 점심시간이 된다. 점심식사는 보통 워터 레이크 Water Lake 근처에서 하게 된다. 드라이버들은 호수 근처의 현지식당으로 손님을 안내한다.

호수 반대편 에인두 빌리지 Eindu Village 근처에 있는 **사단 동굴** Saddan Cave은 유난히 내부가 어두워 랜턴을 지참하는 것이 좋은데 동굴의 벽과 천장에 조성된 조각을 볼 수 있다. 건기에는 이곳에서 보트를 타고 건너편 호수에 있는 다른 동굴로 갈 수도 있다. 2인용 보트 요금(K1,000)은 별도다. 에인두 빌리지에서 파안방향으로 쮀가빈 산을 배경으로 아름답게 펼쳐진 라카나 빌리지 Lakkana Village를 지나면 약간 현대적인 분위기로 잘 조성된 **꼬까따웅 동굴** Kaw ka Thawng Cave에 도착한다. 여기에서 파안까지는 약 11km, 꼬까따웅 동굴에서 다시 파안에 돌아오면서 동굴 투어는 끝이 난다. 안내하는 드라이버에 따라 반대로 코스를 돌기도 한다.

참고로, 투어 코스엔 없지만 마지막 코스로 **박쥐 동굴** Bat Cave을 추가할 수도 있다. 박쥐 동굴에선 저녁 시간이 되면 탄륀 강 Than Lwin River으로 날아가는 박쥐 떼의 모습을 볼 수 있다. 쏘 브라더스 게스트하우스에서는 동굴 투어와 상관없이 별도로 일몰 시간에 맞춰 박쥐 동굴을 둘러보는 썬셋 투어를 진행한다. 그룹 당 K10,000으로 4인 이상이면 출발한다.

박쥐 동굴 입구

가파른 계단을 오르면 한가한 전원풍경이 펼쳐지는 야떼이비안 동굴

eating

쉐퉁마옹 Shawe Htong Maong

지도 P.384 | 주소 School Street | 전화 (058)21249
영업 06:00~22:00 | 예산 K2,000~

숙소에서 조식이 제공되지 않는다 하더라도 문제없다. 바로 이 식당이 있기 때문. 토스트, 튀김, 만두, 샨 누들 등 어지간한 호텔 조식보다 맛있는 아침식사 메뉴가 가득하다. 즉석에서 빚어 쪄내는 모락모락 김이 나는 만두도 있다. 아침 일찍 버스를 타야 하는 현지인들 때문에 새벽부터 북적인다. 아예 아침밥을 이곳에서 사가는 주민들도 많다. 한 번 맛을 보면 아침마다 눈 비비고 일어나 무조건 발걸음하게 되는 곳이다.

럭키 1 Lucky (1)

지도 P.384 | 주소 Zaydan Street | 영업 08:00~22:00
예산 K3,000~

치킨, 돼지고기, 오징어, 새우, 생선 등을 주재료로 하는 중국식 볶음밥과 볶음면 등을 맛볼 수 있다. 바 Bar를 겸하고 있어 저녁이면 술 한 잔 하러 오는 현지인들이 많다. 맞은편의 Khit-Thit 식당도 중국식과 미얀마식 메뉴를 갖추고 있다.

산마토우 San Ma Tau 추천

지도 P.384 | 주소 No.1/290, Bogyoke Road
전화 (058)21802 | 영업 10:00~21:00 | 예산 K4,000~

미얀마를 통틀어 열 손가락 안에 꼽히는 현지식당이 아닐까 싶다. 정성스럽게 만든 약 20여 가지의 커리를 갖추고 있는데 맛이 매우 탁월하다. 커리와 곁들여 나오는 사이드 메뉴까지 영문으로 이름을 적어놓아 외국인들은 지금 자신이 먹고 있는 음식 이름이 무엇인지는 최소한 알 수 있다. 이런 세심한 배려처럼 음식도 정갈하고 맛깔스럽게 차려낸다. 점심시간을 조금 넘어서 가면 재료가 다 떨어져 저녁 장사 준비를 위해 문을 닫아야 할 정도로 인기 있는 곳이다. 파안에서 한 끼 정도는 이곳에서 꼭 먹어보도록 하자. 파안을 오래 기억하게 하는 식당이다.

뉴데이 커피 New Day Coffee

지도 P.384 | 주소 Bogyok Street | 영업 08:00~20:00
예산 K1,000

에스프레소, 카푸치노, 라테 등의 커피 메뉴와 수박, 파파야, 파인애플 등 제철 과일주스를 만들어 낸다. 종류는 많지 않지만 빵도 판매한다.

sleeping

파안에서의 숙소 선택은 제한적이다. 최근 숙소가 생겨
나고 있지만 여전히 숙소는 10개 내외다. 외곽에 있는
숙소는 시설이 좋은 반면 교통이 불편하고, 시내의 숙소
는 저렴한 대신 시설은 평범하다. 이 장에서는 교통이
편리한 시내 중심의 숙소 위주로 소개한다.

쏘 브라더스 게스트하우스
Soe Brothers Guest House

지도 P.384 | 주소 No.2/146, Thitsa Road
전화 (058)21372 | 요금 싱글 $7, 더블 $12~16(공동욕실,
팬), 싱글·더블 $20~30(개인욕실, 에어컨) | 객실 23룸

파안에서 가장 잘 운영되고 있는 숙소로 이곳에 머물면
일단 만사가 편하다. 파안에 관해 정통한 정보를 갖춘
직원들은 듬직한 여행컨설턴트다. 오랜 노하우로 여행
자들이 무엇을 원하는지 잘 알고 있다.
숙소에서 자체적으로 운영하는 동굴투어와 일일투어 프
로그램은 단연코 다른 숙소와 차별화되는 강점이다. 자
전거나 오토바이도 렌트할 수 있다. 에어컨과 개인욕실
을 갖춘 룸은 9개뿐이지만 공용욕실을 사용하는 객실도
괜찮은 편이다. 조식은 포함되지 않으나 저렴한 숙박요
금과 풍부한 여행정보 등이 만족스런 곳으로 주머니가
가벼운 배낭족을 위한 숙소다.
2016년에는 모든 시설이 업그레이드된 쏘 브라더스 2
호점이 오픈했다. 2호점은 넓은 객실, 에어컨, 와이
파이 등이 갖춰져 있고 조식도 제공된다. 시내에서 약
1.3km 정도 떨어져 있어 자전거를 대여해준다.
● 쏘 브라더스 2 게스트하우스
주소 No. 4/820, Inngyin Road | 전화 09-55821372
요금 선풍기룸 싱글 $15~20, 더블 $20~25 | 객실 35룸

갤럭시 모텔 Galaxy Motel

지도 P.384 | 주소 Corner of Thisar Road & Thida
Road | 전화 (058)21347 | 요금 싱글 $15~16,
더블 $20~22 | 객실 20룸

센트럴 마켓 근처에 위치한 숙소로 2014년 3월에 문을
열었다. 중앙시장 근처에 위치한 숙소로 깔끔한 외관처럼
객실도 청결하게 잘 관리되고 있다. 성수기와 비수기의
차이를 $1로 정해두고 있어 경제적인 가격으로 여행자들
을 끌고 있다. 객실은 살짝 좁은 감이 있긴 한데 대신 한
가롭게 휴식을 취하기 좋은 옥상은 상당히 널찍하다.

탄린 삐아 게스트하우스
Than Lwin Pyar Guest House

지도 P.384 | 주소 No.2/75, West of Thida Street
전화 (058)21513 | 요금 도미토리 $24, 더블 $27 | 객실 12룸

연한 보랏빛과 푸른색 페인트로 칠해진 외관이 눈에 띄
는 숙소. 객실도 온통 이 두 가지 컬러로 칠해져 있다. 버
스정거장과 중앙시장이 모두 가까워 돌아다니기 편하고,
특히 강변 옆에 있어 옥상에서 바라보는 탄린 강의 전망
이 좋다. 여행을 잘 도와주는 상냥한 직원들, 간단하지만
성심껏 차려내는 조식, 편안한 침대, 햇볕이 잘 드는 소
박한 객실은 하룻밤 머물기에 충분하다.

파라미 모텔 Parami Motel

지도 P.384 | 주소 Pagoda Road | 전화 (058)21647~8
요금 싱글 $32~38, 더블 $35~40 | 객실 25룸

Pagoda Street와 Ohn Taw Street 코너에 위치한
숙소. 시내에 있는 숙소 중에서는 중급 숙소에 속한다.
모든 객실에 에어컨과 개인욕실을 잘 갖추고 있으며 산
뜻하고 햇볕도 잘 들어온다. 2~3층이 객실인데 3층의
숙소는 조금 더 넓은 대신 $5 더 비싸다. 다만, 총 25
룸 중 외국인에게 제공할 수 있는 객실은 12개뿐이라서
성수기에는 종종 만실이 되곤 한다.

မော်လမြိုင်

몰레먀인 | Mawlamyine

몰레먀인(몰레먀잉 Mawlamyaing)은 탄뤤 강 Thanlwin River과 안다만 해 Andaman Sea가 만나는 지점에 위치한 항구도시다. 몰레먀인은 1827년~1852년 영국의 식민지 수도 역할을 하며 티크 나무를 운반하는 항구도시로 발전했다. 현재까지도 연안 운송 거래가 활발하게 이루어지고 있는 몰레먀인은 인구 300만 명의 도시이자 몬 주 Mon State의 주도이기도 하다. 미얀마에서 몰레먀인처럼 독특한 분위기를 풍기는 곳도 드물 것이다. 강변을 따라 늘어선 영국 식민지풍의 가옥 사이로 교회와 이슬람 사원, 불교 사원이 자연스럽게 조화를 이루고 있다. 종교만큼 인구도 다양하다. 인구의 75%를 차지하는 몬족 외에 까친족과 버마족, 인도인과 중국인이 한데 어울려 살아간다. 그렇다 보니 교회의 종소리와 이슬람 사원의 코란, 불교 사원의 불경이 뒤섞여 울려 퍼지는 것이 오히려 자연스럽기까지 하다. 도시를 감싸고 잔잔히 흐르는 강처럼 다양한 종교와 건축물, 여러 인종이 함께 모여 사는 몰레먀인은 항구도시 특유의 여유로움과 따뜻함이 감도는 매력적인 도시다.

Information
기본정보

지역번호 (057) | 옛 이름 모울메인 Moulmein

환전 · ATM

스트랜드 로드 Strand Road에 있는 일부 은행과 시장 근처의 사설 환전소에서 환전이 가능하다.

Access
몰레먀인 드나들기

■ 버스

양곤에서

양곤 아웅 밍갈라 버스터미널에서 05:00~11:00(2시간 간격), 20:30, 21:00에 버스가 출발한다. 8~9시간 소요되며 요금은 K10,500~12,500이다.

짜익티요(긴뿐)에서

긴뿐 베이스캠프에서 하루 두 편 09:30, 12:00에 출발한다. 4시간 소요되며 요금은 K8,000이다. 긴뿐에서 구입한 버스표에는 픽업비가 포함되는데, 합승트럭을 타고 긴뿐에서 30분 거리인 짜익투 Kyaikhto로 가서 몰레먀인행 버스를 타게 된다.

파안에서

06:00~16:00 사이에 버스가 1시간 간격으로 출발한다. 2시간 소요되며 요금은 K2,000이다.

먀와디에서

국경마을인 먀와디에서 오전에 몰레먀인행 합승택시(미니밴)가 출발한다. 4~5시간 소요되며 요금은 K10,000이다. 출발시간은 따로 정해져있지 않고, 손님이 차면 바로 출발한다. 합승택시는 예약한 숙소 앞까지 데려다준다. 몰레먀인에서 먀와디로 갈 때는 숙소에 문의하면 합승택시를 예약해준다.

몰레먀인에서 출발하는 버스

목적지	출발시각	요금	소요시간
양곤	08:30, 09:30, 20:30, 21:00	K6,500 ~10,000	8~9시간
만달레이	18:00	K15,500	14시간
파안	06:00~16:00	K2,000	2시간
먀와디	셰어택시(미니밴)	K11,000	4시간
짜익투	07:30, 08:00, 12:00	K7,000~ 9,000	4~5시간

몰레먀인의 버스터미널

몰레먀인의 버스터미널은 두 곳이다. 메인 터미널인 미예니공 Myay Ni Gone 버스터미널(High Way Bus Station)은 도심에서 동쪽으로 약 3km 떨어져 있다. 이곳은 양곤, 만달레이, 산 지역 등 북쪽으로 가는 버스가 출발한다. 다른 하나는 도심에서 남쪽으로 약 6km 거리의 쩨조 Zeigyo 버스터미널이다. 이곳은 다웨, 메익, 꺼따웅 등 남쪽으로 가는 버스가 출발한다. 버스표에 픽업비가 포함되지 않는다면 터미널까지 별도로 이동해야 하는데, 두 곳 모두 사이클 택시로는 K1,000~2,000, 합승트럭은 K 2,000~3,000이다.

■ 기차

양곤에서 07:15, 18:25, 21:00에 몰레먀인행 열차가 출발한다. 몰레먀인까지 9~10시간 소요되며 요금은 Upper Class K4,250 Ordinary Class K2,150이다. 열차는 양곤~바고(2시간)~짜익투(+3시간)~몰레먀인(+5시간)을 오가므로 중간 경유지(바고, 짜익투)에서도 양곤이나 몰레먀인으로 이동할 수 있다. 참고로, 몰레먀인에서는 08:00, 19:15, 20:55에 양곤행 열차가 출발한다.

■ 보트

파안으로

몰레먀인에서 파안행 보트가 매일 08:00에 출발한다. 파안까지 약 4~5시간 소요된다. 숙소에서 표를 사면 보통 K10,000이며 선착장까지 픽업비가 포함된다.

Transport

몰레먀인 시내교통

■ 사이클 택시

시내 곳곳에서 조끼를 입고 삼삼오오 모여 있는 사람들을 볼 수 있다. 관광객이 지나가면 손을 번쩍 드는데 그들이 사이클 택시 드라이버다. 시내에 있는 사원을 둘러볼 경우는 K7,000~8,000 정도, 외곽에 있는 와불 윈세인또야를 갔다가 일몰에 맞춰 시내에 있는 짜익딴란 파야까지 가는 데는 약 K10,000 정도, 외곽 근교의 볼거리 위주로 사이클 택시를 타고 하루 종일 둘러보는 것은 약 K25,000 정도이다. 숙소에 부탁해도 사이클 택시를 연결해준다.

■ 택시

택시를 전세내서 돌아볼 수 있다. 윈세인또야, 놔라보 파야, 딴퓨자역 등 몰레먀인의 근교를 둘러볼 수 있다. 하루 이용시간은 보통 08:00~16:00까지 요금은 K50,000~60,000이다.

Course

몰레먀인 둘러보기

＞COURSE A ■ 몰레먀인 사원 둘러보기

윈세인또야~우 지나 파야~뱀부 붓다~마하무니 파야 ~짜익딴란 파야(일몰 감상)

＞COURSE B ■ 몰레먀인 마을 산책하기

강변을 따라 모스크, 교회, 중국 사원, 옛 가옥과 몬 박물관 등 다양한 시내 건축물을 둘러보자.

＞COURSE C ■ 몰레먀인 근교 여행

한적한 시골 풍경을 느끼고 싶다면 몰레먀인 근교의 섬 빌루 짜운, 까웅세 짜운을 다녀오자.

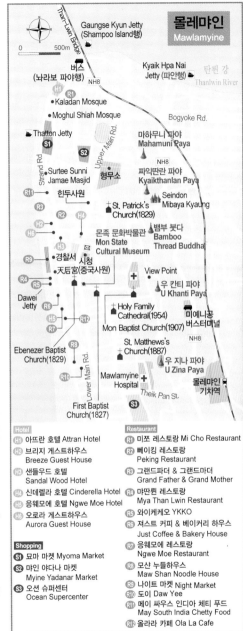

몰레먀인
Mawlamyine

Gaungse Kyun Jetty
(Shampoo Island행)

버스
(놔라보 파야행) NH8

Kyaik Hpa Nai
Jetty (파안행)

탄륀 강
Thanlwin River

Than-Lwin Bridge

0   500m

Kaladan Mosque
Moghul Shiah Mosque

Bogyoke Rd.

Thatton Jetty

마하무니 파야
Mahamuni Paya

NH8

Surtee Sunni
Jamae Masjid

Upper Main Rd.

형무소

짜익딴란 파야
Kyaikthanlan Paya

힌두사원

St. Patrick's
Church(1829)

Seindon
Mibaya Kyaung

Strand Rd.

몬족 문화박물관
Mon State
Cultural Museum

뱀부 붓다
Bamboo
Thread Buddha

경찰서
시청
天后宮(중국사원)

View Point

우 칸티 파야
U Khanti Paya

Dawei
Jetty

Holy Family
Cathedral(1954)
Mon Baptist Church(1907)

미예니공
버스터미널

St. Matthews's
Church(1887)

NH8

Lower Main Rd.

우 지나 파야
U Zina Paya

Ebenezer Baptist
Church(1829)

Mawlamyine
Hospital

Theik Pan St.

몰레먀인
기차역

First Baptist
Church(1827)

Hotel
H1 아뜨란 호텔 Attran Hotel
H2 브리지 게스트하우스
　Breeze Guest House
H3 샌들우드 호텔
　Sandal Wood Hotel
H4 신데렐라 호텔 Cinderella Hotel
H5 응웨모에 호텔 Ngwe Moe Hotel
H6 오로라 게스트하우스
　Aurora Guest House

Shopping
S1 묘마 마켓 Myoma Market
S2 먀인 야다나 마켓
　Myine Yadanar Market
S3 오션 슈퍼센터
　Ocean Supercenter

Restaurant
R1 미쪼 레스토랑 Mi Cho Restaurant
R2 뻬이킹 레스토랑
　Peking Restaurant
R3 그랜드파더 & 그랜드마더
　Grand Father & Grand Mother
R4 먀딴륀 레스토랑
　Mya Than Lwin Restaurant
R5 와이케케오 YKKO
R6 져스트 커피 & 베이커리 하우스
　Just Coffee & Bakery House
R7 응웨모에 레스토랑
　Ngwe Moe Restaurant
R8 모샨 누들하우스
　Maw Shan Noodle House
R9 나이트 마켓 Night Market
R10 도이 Daw Yee
R11 메이 싸우스 인디아 체티 푸드
　May South India Chetty Food
R12 올라라 카페 Ola La Cafe

몰레먀인 언덕에는 크고 작은 파고다가 많다. 파고다는 대부분 06:00~ 21:00까지 개방하며 입장료나 사진 촬영료는 없다. 유일하게 입장료를 내야하는 몬 박물관은 시내에 있으므로 도심 산책코스에 포함시키는 것이 편하다. 시내에 있는 사원은 순서 없이 어느 곳부터 둘러봐도 상관 없다. 다만, 맨 마지막 코스는 일몰을 보기 좋은 짜익딴란 파야로 정하도록 하자. 외곽에 있는 와불 윈세인또야는 시내 사원군에 포함시켜 같이 둘러볼 수 있지만, 근교에 있는 놔라보 따웅 파야까지는 이동시간이 꽤 걸리므로 일정을 넉넉하게 잡아야 한다. 근교의 섬 투어까지 다녀오려면 최소 2일 이상은 머물러야 한다.

마하무니 파야 Mahamuni Paya မဟာမုနိဘုရား

지도 P.393

꼰바웅 Konbaung 왕조의 역대 왕이었던 민돈 Mindon 왕의 아내, 세인돈 미바야 Seindon Mibaya 왕비에 의해 1904년 에 지어진 파고다이다. 만달레이가 영국에 함락된 후 그녀와 일부 왕가들은 몰레먀인으로 옮겨와 살았는데, 만달레이의 마하무니 파야를 그리워해 그것을 본떠 만들었다고 한다. 만달레이의 마하무니 불상처럼 울퉁불퉁 금박이 붙어있지 않아 원래의 불상 모습을 상상해볼 수 있다. 몰레먀인의 마하무니는 불상보다도 불상 주변의 내부 벽이 인상적이다. 거울과 루비를 이용해 빛이 나도록 조각되어 있어 경내에 신비로우면서도 엄숙한 분위기가 감돈다.

짜익딴란 파야 Kyaikthanlan Paya ကျိုက်သံလျင်ဘုရား

지도 P.393

마하무니 파야에서 남쪽 방향에 위치해 있다. 짜익딴란 파야는 몰레먀인에서 가장 높은 사리탑 파고다이다. 서기 875년 라자 뭇피 Raja Mutpi 왕에 의해 세워질 당시에는 탑의 높이가 17m였다. 그 뒤 바간의 아노라타 왕에 의해 증축되어 현재는 높이 46m, 둘레 137m에 이른다. 메인 사원을 34개의 작은 탑이 둘러싸고 있는데 사원의 동쪽 입구에서 탄린 강을 배경으로 마을 풍경이 한눈에 내려다보인다. 짜익딴란 파고다 스트리트를 따라가면 나오는 긴 계단을 올라 사원 입

구까지 갈 수 있다. 저녁이 되면 여행자들이 일몰을 보기 위해 이곳으로 모여드는데, 러디어드 키플링 Rudyard Kipling의 유명한 시 〈만달레이 Mandalay〉의 첫 구절, 'By the old Moulmein Pagoda, lookin' lazy at the sea'에서 모울메인 파고다가 바로 이 짜익딴란 파고다임을 떠올리면서 멋진 전망을 감상해보자. 참고로 모울메인은 몰레먀인의 옛 이름이다.

뱀부 붓다 Bamboo Thread Buddha နီးဘုရား

지도 P.393

짜익딴란 파야에서 조금 더 남쪽으로 내려가면 타웅빠욱 짜웅 Taung Pauk Kyaung 수도원이 있다. 이 수도원 안에는 대나무로 만들어진 독특한 불상이 모셔져 있다. 현지에 서는 대나무 불상을 니 파야 Hnee Paya라고 부른다. 만달레이의 한 불상 장인에 의해 3개월에 걸쳐 제작되었다고 한다. 비교적 최근에 조성된 불상이지만 미얀마의 여느 사원 에서 흔히 볼 수 있는 황금 불상이 아니라 대나무로 소박하게 만들어진 불상이기에 색다른 분위기가 느껴진다.

몬족 문화박물관 Mon State Cultural Museum မွန်အမျိုးသားပြတိုက်

지도 P.393 | 주소 Baho Road(Corner of Dawei Tadar Road) | 개관 09:00~16:00 | 휴관 월, 국가공휴일 | 입장료 K5,000

몬족의 역사와 문화를 소개하고 있는 몬족 문화박물관. 현 지어로는 '몬묘다 빠다이'라고 부른다. 2층 건물로 되어 있 는데 위층은 도서관으로 이용되고 있으며 전시품은 주로 1층에 있다. 몬 글자로 새겨진 비문, 나무와 돌로 조각된 13세기~15세기 때의 불상, 1945년 12월 22일 보족 아 웅산 장군이 몬족의 지도자에게 보낸 편지 등을 전시하고 있다. 한따와디 왕조와 꼰바웅 왕조의 대표 유물도 사진으로 설명하고 있다. 전체적으로 소박함이 느껴지는 컬렉션 인데 박물관 실내는 몹시 어두워 자세히 보려면 손전등이 필요하다.

우 지나 파야 U Zina Paya ဦးဇိနဘုရား

지도 P.393

사원 이름은 우 지나 U zina라는 승려의 이름에서 따왔다. 전해 내려오는 이야기에 의하면, 기원전 3세기경 우 지나 승 려가 대나무 숲에서 황금 항아리를 발견하고 감사의 뜻으로 그 자리에 세운 파고다라고 한다. 거대한 금박을 입힌 스투 파와 멀리 빌루 짜운 섬의 전망을 볼 수 있다. 마을 주민들은 짜익파탄 Kyaikpatan으로도 부르는데 이는 몬족의 언어 로 '하얀 언덕에 세워진 파고다'라는 뜻이다. 비문에는 1832 년, 1886년 두 차례 재건되면서 현재 높이인 34m가 되었다는 기록이 남아있다.

Mawlamyine
Town
Walk

**몰레먀인의
소소하지만
특별한 산책**

몰레먀인 시내를 기웃거리다 보면 단체 관광객들이 현지인 가이드를 따라 무리지어 마을을 투어하는 모습을 심심찮게 볼 수 있다. 시내 한복판에는 영국 식민지 시절에 지어진 건물이 많이 남아 있어 과거 몰레먀인의 향수를 불러일으킨다. 반나절이면 충분히 둘러볼 수 있는 장소들에서 과거 1~2백 년 전 몰레먀인의 흔적을 느낄 수 있는 소중한 시간이 될 것이다.

먼저, 마을의 중심 도로인 보족 로드 Bogyoke Road를 따라 묘마 마켓 Myoma Market 근처로 가보자. 이 길에만 모스크가 3개나 있다. 미얀마를 식민지화한 영국은 1886년 미얀마를 영국령 인도에 편입시켰다. 그리고 역시 자신들이 식민 지배하던 인도인들을 미얀마로 이주시켰다. 당시 이주해 온 인도인들은 대부분 무슬림이었는데 이 모스크들은 그 당시에 지어진 것들이다.

보족 로드의 북쪽에는 **칼라단 마스지드** Kaladan Masjid가 있다. 이 모스크는 정통파로 불리는 수니파(Sunni) 무슬림에 의해 설계되었다. 남쪽으로 조금 더 내려가면 같은 방향으로 **모굴 시아 마스지드** Moghul Shiah Masjid가 있다. 이는 수니파 다음으로 큰 종파인 시아파(Shi'a)의 모스크다. 남쪽으로 더 내려가면 중앙시장 근처에 화려한 외관의 **수티 수니 자미 마스지드** Surtee Sunni Jamae Masjid도 볼 수 있다. 계속 보족 로드를 따라 남쪽으로 내려가 보자.

다웨 제티 로드 Dawei Jetty Road에서 동쪽으로 가면, 미얀마에 처음 입성한 미국인 선교사 아도니람 저드슨(Adoniram Judson)이 1827년에 세운 미얀마 최초의 **제일침례교회** First Baptist Church가 있다. 아직 **몬 문화박물관** Mon State Clutural Museum을 안 들렀다면 근처에 있으니 들러보도록 하자.

온 길을 되돌아 강변 쪽으로 나가면 해안 도로인 스트랜드 로드 Strand Road가 나온다. 스트랜드 로드를 따라 북쪽으로 올라가다 보면 오른편으로 중국계 미얀마인들의 커뮤니티 장소로 이용되고 있는 작지만 화려한 중국 사원 **천후궁** 天后宮을 볼 수 있다.

이 외에도 몰레먀인에는 유난히 오래된 교회가 많다. Bbenezer Baptist Church(1829), St.Patrick's Church(1829), St.Matthews's Church(1887), Mon Baptist Church(1907), Holy Family Cathedral(1954)이 있다. 위치는 몰레먀인 지도 참고.

1 칼라단 마스지드 **2** 모굴 시아 마스지드 **3** 수티 수니 자미 마스지드 **4** 제일침례교회 **5** 천후궁

▶▶ 몰레먀인의 근교

윈세인또야　Win Sein Taw Ya　ဝင်းစိန်တော်ရ ဘုရားကျောင်း

몰레먀인에서 남쪽으로 약 20km, 무돈 Mudon 방향으로 가는 길에 위치해 있는 와불이다. 높이 28m, 길이 183m의 거대한 크기로 주변 경관을 압도한다. 불상 내부로도 들어갈 수 있는데 불교 설화를 조형물로 만들어 전시하고 있다. 일부 공간은 수년째 공사 중이다. 윈세인또야의 주변에도 사원과 불상이 많이 조성되어 있지만, 특히 입구로 들어갈 때의 풍경이 장관이다. 발우를 들고 탁발하는 500승려 동상을 나란히 줄지어 세워 놓아 윈세인또야로 가는 길을 더욱 특별하게 한다. 맞은편에는 더 큰 길이의 275m 와불을 건설 중이다. 버스를 타고 간다면, 무돈으로 가는 길 방향의 왼편으로 야다나타웅 Yadana Taung 힌두 사원에서 내려 100m 남쪽으로 더 가면 된다. 몰레먀인에서 모터 바이크 택시를 타고 가면 약 30분 정도 소요된다.

윈세인또야로 가는 길

빌루 짜운　Bilu Kyun　ဘီးလူးကျောင်း

기둥에 고무나무 수액을 묻혀 고무를 만드는 중

오거 아일랜드 Ogre Island로도 불리는 섬으로 몰레먀인에서 약 11km 거리에 위치해 있다. 섬은 꽤 큰 편으로 78개의 마을로 이루어져 있다. 섬 주민들은 코코넛 섬유와 고무 작업에 종사하는데 대나무 모자나 고무밴드 작업 공방 등을 견학할 수 있다. 이 섬에 갈 때는 안내를 해줄 가이드가 필요하기 때문에 숙소에서 운영하는 투어프로그램을 이용하길 권한다. 과거에는 보트로 출발했으나 최근 다리가 건설되면서 이제 차량으로 이동한다. 브리지 게스트하우스에서는 10인 이상 모이면 출발하는 투어프로그램을 운영한다. 투어는 09:00~16:00까지 진행된다. 투어비는 호텔마다 다른데 보통 1인당 K18,000 내외이다. 투어비에는 섬을 일주하는 차량과 점심식사가 포함된다.

가웅세 짜운　Gaungse Kyun　ဂေါင်းဆယ်ကျောင်း

몰레먀인에서 북서쪽으로 6.5km 거리에 위치한 섬으로 '머리를 세척하는 섬'이라는 뜻이다. 그래서 샴푸 아일랜드 Shampoo Island라고 불린다. 이 독특한 이름은 잉와 Inwa 왕조 시절, 이 섬 안에 있는 샘에서 떠온 물로 왕의 세발 의식을 행했던 관례에서 생겨났다. 섬 안에는 불발이 담겨있는 것으로 전해진 산호신 파야 Sanhaushin Paya 외에도 티베트식 불탑 등 다양한 양식의 불탑이 세워졌다. 보트는 도시의 북쪽 끝 선착장에서 출발한다. 시내에서 선착장까지 사이클 택시로는 약 K1,000 정도. 선착장에서 보트로 갈아타고 약 5분이면 섬으로 갈 수 있지만 보트 출발시간은 일정하지 않다. 인원이 차야 출발하므로 꽤 오래 기다릴 수도 있다. 보트요금은 왕복 K4,000.

놔라보 파야 Nwalabo Paya နွားလဘိုတောင်ဘုရား

몰레먀인에서 북쪽으로 20km 거리에 위치해 있는 놔라보 파야는 짜익티요를 연상케 해 스몰 골든 록 Small Golden Rock이라고 불린다. 짜익티요보다 크기는 작지만 길쭉한 바위가 3단으로 서로 엇갈린 형태로 쌓아 올려져 있다. 건드리면 떨어질 것처럼 비스듬한 모양으로 절묘하게 균형을 잡고 있다. 현지인들은 이 독특한 바위의 신령스럽고 영험한 힘을 믿기에 그 위에 파고다를 세우고 기도를 올리지만, 사실 이방인들에겐 파고다 자체보다도 주변 경관이 더 인상적으로 다가온다. 놔라보 파야를 대중교통으로 가는 방법은 조금 번거롭다. 몰레먀인 시내에서 버스로 약 40~50분 이동(K1,000), 놔라보 근처에서 내려 다시 픽업트럭으로 50여분 언덕을 올라야 한다(K2,000). 픽업트럭은 23인승으로 인원이 차야 출발하므로 상황에 따라 오래 기다릴 수도 있다. 하산할 때도 마찬가지이므로 아예 몰레먀인에서 사이클 택시(K10,000)나 택시(K45,000)를 전세 내서 이동하는 것이 편하다.

딴퓨자옛 Thanbyuzayat သံဖြူဇရပ်

몰레먀인 남쪽으로 약 65km 거리에 위치해 있는 딴퓨자옛은 제2차 세계대전 당시 미얀마~태국 구간을 잇는 철도의 미얀마 쪽 종착역이 되는 곳이다. 일명 '죽음의 철도'라고 불리는 이 철로는 태국까지 약 415km의 길이로 연결되어 있는데, 건설 당시 아시아 노동자와 연합군 포로들을 강제 동원해 구축했다. 딴퓨자옛 시내 중심에 있는 시계탑에서 남쪽으로 1.5km 거리에 당시 운행했던 증기기관차와 폐선 철로의 흔적을 볼 수 있다. 시계탑에서 서쪽 짜익까미 Kyaikkami 방향으로 800m 정도 가면 연합군 포로의 기념묘지가 있다. 몰레먀인에서 딴퓨자옛까지는 버스로 2시간 소요되며 요금은 편도 K2,000이다.

TRAVEL ● PLUS
죽음의 철도 Death Railway

제2차 세계대전 중인 1942년, 일본은 미얀마~태국 간의 철로를 건설했다. 연합군의 반격으로 해상 보급로가 위협받자 육로를 통한 보급품 공급 작전을 위한 것이었다. 철도는 서쪽에서 동쪽으로, 미얀마의 탄퓨자옛에서 태국의 농쁠라둑 Nong Pladuk까지 415km를 연결한다. 당시 전문가들은 공사 기간을 5년으로 예상했지만 1942년 10월 착공하여 1943년 12월 완공되었다. 14개월 만에 공사를 끝낸 것이다. 이 구간은 깎아지른 절벽을 통과하고 강 위를 아슬아슬하게 연결하는 등 험난한 지형인데 짧은 공사 기간은 그만큼 가혹했던 작업환경을 짐작게 한다. 당시 공사에 투입된 이들은 전쟁 포로와 아시아 노동자들(8만명)로 약 27만 명이나 되었다. 하루 16시간 이상의 노역과 고문에 시달리는 등 비인간적인 대우를 받았던 그들은 과로와 굶주림으로 사망한 인원도 상당했다고 증언자들은 전한다. 그중 영국인 6,540명, 네덜란드인 2,830명, 호주인 2,710명, 미국인 356명, 한국인과 일본군 1,000명이 사망했다. 사망자들은 태국의 깐짜나부리 Kanchanaburi와 충카이 Chungkai, 그리고 이곳 탄퓨자옛에 나뉘어 묻혔다.

태국 쪽에서는 이 죽음의 철도를 콰이 강의 다리를 이용한 열차 상품을 만들어 관광지로 개발한 반면, 미얀마에서는 방치된 상태였다가 최근 묘비를 단장하고 탄퓨자옛 기차역을 재건하는 등 관광지화 계획을 세우고 있다. 언제가 될지는 모르겠으나 탄퓨자옛~농쁠라둑 구간의 철로가 연결되어 미얀마~태국을 기차로 여행할 수 있다면 이보다 더 흥미로운 아시아 여행 루트는 없을 듯하다.

eating

나이트 마켓 Night Market

지도 P.393 | 주소 Strand Road | 영업 해질 무렵~

저녁이 되면 스트랜드 로드 선착장 근처의 넓은 공터에 플라스틱 의자가 가득 놓이며 포장마차 노점이 열린다. 고기와 채소 등을 꼬치에 꽂아 숯불에 굽고, 즉석에서 간단한 볶음면 등을 만들어낸다. 탄린 강으로 지는 노을을 보며 하루를 마감하기 좋은 장소다.

저스트 커피 & 베이커리 하우스 Just Coffee & Bakery House

지도 P.393 | 주소 No.366A, Strand Road
전화 09-425311122 | 영업 08:00~21:30 |
예산 K1,500~

2018년 1월 취재 당시 마침 간판을 바꾸고 있었는데, 과거 이름은 Deli france였다. 베이커리를 겸한 카페로 에스프레소, 카푸치노, 과일주스, 샌드위치, 햄버거, 치즈 케이크 등을 판매한다. 강변을 산책하다 휴식하기 좋은 곳으로 2층에 에어컨이 나오는 좌석이 마련되어 있다.

도이 Daw Yee 인기

지도 P.393 | 주소 U Zina Phahar Street
전화 (057)21745 | 영업 10:00~20:00 | 예산 K4,000~

몰레마인 주민들이 손꼽는 미얀마 정식 식당으로 가족이 함께 운영한다. 소박한 가정식 커리를 맛볼 수 있는데 특히 새우, 오징어 등 재료 고유의 식감을 살린 담백한 해산물 커리가 탁월하다. 단품 볶음요리 구성도 좋다. 버섯을 넣은 모닝글로리 볶음, 양파를 넣은 콜리플라워 볶음, 달콤 짭짤한 감자볶음 등을 곁들여보자. 담백한 맛과 푸짐한 양은 가격대비 합리적이다.

메이 싸우스 인디아 체티 푸드 May South India Chetty Food

지도 P.393 | 주소 Corner Strand Road & Main Kha Lay Kyaung Street | 전화 09-49804047
영업 10:00~17:00 | 예산 K1,500~

남인도식 탈리(Thali)인 밀즈를 맛볼 수 있는 곳. 탈리는 큰 접시란 뜻으로 둥근 접시에 밥과 렌틸콩 커리인 달(Dhal), 렌틸콩 가루 반죽을 얇게 튀긴 빠빠덤(Papadum), 토마토와 향신료를 넣어 만든 걸쭉한 소스 처트니(Chutney)와 채소 볶음 커리를 담아낸다. 기본 구성 외에 생선, 육류를 넣은 커리를 추가할 수 있다. 인도 커리인데도 미얀마 커리처럼 생채소를 푸짐하게 주고 밥이 무제한 리필된다.

sleeping

신데렐라 호텔 Cinderella Hotel

지도 P.393 | 주소 No.21, Baho Road
전화 (057)24411 | 요금 도미토리 $15, 싱글 $25,
더블 $50~60 | 객실 22룸(도미토리 32침대)

몰레먀인의 중급 숙소 중에서 가장 눈에 띄는 호텔. 티
크 나무로 만들어진 객실 방문부터 객실 안에 비치된 티
크 가구와 골동품 소품 등 약간 낡은듯한 분위기도 클
래식함으로 다가온다. 위성채널을 갖춘 TV와 미니 바,
에어컨, 와이파이, 호텔 뒤뜰에 조용하게 식사할 수 있
는 부속식당 등 편의시설이 잘 갖춰져 있고 직원들의 서
비스도 신속하다. 2016년 남녀 8인실 공용 도미토리가
신설되면서 다양하게 객실을 취사선택할 수 있다.

응웨모에 호텔 Ngwe Moe Hotel

지도 P.393 | 주소 Strand Road | 전화 (057)24703
요금 싱글·더블 $50~70 | 객실 77룸

강변도로의 중간 지점에 자리한 숙소. 근처에 야시장이
열려 일단 위치가 좋다. 2014년 리모델링으로 객실을
3배 이상 늘리면서 가족단위 미얀마 단체 관광객들이
즐겨 찾는다. 모든 객실엔 에어컨과 필요한 비품도 단정
하게 잘 갖춰져 있다.

브리지 게스트하우스 Breeze Guest House

지도 P.393 | 주소 No.6, Strand Road | 전화 (057)
21450 | 요금 싱글 $7~8·더블 $10(선풍기, 공용욕실), 싱글·
더블 $18(에어컨, 공용욕실), $20(개인욕실) | 객실 37룸

스트랜드 로드 강변에 위치한 푸른색 외관이 눈에 띄는
숙소로 식민지 시대의 옛 가옥을 개조했다. 몰레먀인에
서 가장 저렴하게 머물 수 있는 숙소이기도 하다. 2016
년 리모델링으로 객실엔 에어컨이 설치되고 공용욕실은
더 넓어지고 많아졌다. 객실은 간소한 나무 침대만 놓여
있지만 가격대비 하룻밤 머물기에 충분하다. 1층 객실
이 조금 더 넓지만 2층 객실은 채광이 좋다. 특히 2층에
있는 유일한 패밀리 룸(4인실, $52)은 상당히 넓다. 2
층의 작은 베란다에서 조식이 차려지는데 이곳에서 집
의 내부 구조를 살짝 엿볼 수 있다. 나이 지긋한 숙련된
스태프들이 있으며 환전도 가능하다.

샌들우드 호텔 Sandal Wood Hotel

지도 P.393 | 주소 No.278, Myoma Tadar Street
전화 (057)27253 | 요금 싱글 K17,500~22,500,
더블 K22,500~31,500) | 객실 33룸

강변에서 한 블록 뒤로 물러난 곳에 위치해있다. 3층 규
모의 조용하고 평범한 숙소로 시설은 특별할 것 없지만
햇볕이 잘 들어오고 청결하게 유지되고 있다. 객실은 선
풍기 룸과 에어컨 룸으로 나뉘고 모든 방에 개인욕실을
갖추고 있다.

TRAVEL 💬 PLUS
미얀마의 문맹률이 낮은 이유

미얀마의 문자 해독률은 다양한 민족(135종족의 소수민족)이 분포되어 있는 것을
감안하면 높은 편이다. 미얀마 전체인구 중 75.6%가 글을 읽을 수 있다. 2016년 기준으로 15세 이상의 남성 80%,
여성 71.8%가 글을 읽고 이해할 수 있다. 이는 미얀마의 '신쀼'(→P.436 참고)와 관련 있다. 의무는 아니지만 미얀마
에서는 초등학교 들어가기 전인 5세 전후의 남자 아이들은 대부분 단기 출가인 신쀼 의식을 치르며 사원생활을 한다.
여자 아이들도 초등학교에 들어가기 전 유치원처럼 마을의 사원에 다닌다. 아이들은 사원에서 부처의 가르침과 함께 글
과 예절 등을 배우게 되는데 이때 배운 것들이 살아가는데 기본 생활규범이 된다.

မြဝတီ

먀와디 | Myawaddy

먀와디는 미얀마 남부에 있는 국경 마을이다. 까예잉(까렌) 주 Kayin(Karen) State의 주도인 파안 Hpa-an에서는 150km, 몬 주 Mon State의 주도인 몰레먀인 Mawlamyine에서는 176km 동쪽으로 위치해 있다. 파안과 몰레먀인에서 그리 멀지 않은 거리지만 2013년 전까지는 먀와디로 통하는 길은 무척 험난한 산악길이었다. 반군들이 장악하고 있던 지역이어서 외국인은 갈 수 없었으나 현재는 정세가 안정되어 외국인도 출입이 가능하다. 심지어 국경지역인 먀와디를 통해 외국인도 태국까지 걸어서 건너갈 수 있게 되었다. 아직 산 밑으로 도로공사가 한창인데 이 구간은 양국을 오가는 현지인과 외국인 여행자들의 왕래가 늘고 있어서 점차 길이 더 나아질 것으로 전망된다. 미얀마의 국경 지역엔 늘 사원이 하나씩 세워져 있는데, 먀와디 국경 역시 도보 약 5분 거리에 황금 불탑 쉐웨이완 파야 Shwe Muay Wan Paya가 있다. 황금을 입힌 불탑은 약 1,600여 점의 보석으로 장식되어 있고, 중앙 불탑을 28개의 작은 불탑이 호위하듯 둘러싸고 있다. 태국어로는 왓 쩨디 텅 Wat Chedi Thong이라고 부른다. 그 외에는 딱히 볼 것이 없어 보통은 바로 국경을 통과한다. 먀와디~매쏫 국경은 메이 강 Mae Nam Moei 을 사이에 두고 태국과 마주하고 있다. 태국-미얀마 우정의 다리 Thai-Myanmar Friend Bridge를 건너면 바로 태국 땅 매쏫이다.

먀와디 국경

쉐웨이완 파야

먀와디 국경의 사이까

Access
먀와디 드나들기

파안과 몰레먀인에서 먀와디를 갈 수 있다. 파안과 몰레먀인에서 각각 서쪽으로 가는 도로가 중간에서 합류해 먀와디로 연결된다. 이 구간의 도로는 유동인구가 많아 공사가 빠르게 진행되고 있다. 파안과 몰레먀인의 숙소에서 합승택시를 예약해 쉽게 먀와디로 갈 수 있다(파안, 몰레먀인 지역 교통편 참고).

반대로 태국 땅 매쏫에서 국경을 넘어와 미얀마 땅 먀와디에서 파안과 몰레먀인으로 가는 방법도 어렵지 않다. 국경을 넘어와 미얀마 땅 출입국사무소를 지나면 많은 합승택시기사들이 손님을 기다리고 있다. 몰레먀인과 파안까지 합승택시는 1인당 10,000K이다. 약 4~5시간 정도 소요된다. 일반 버스도 한 시간 간격으로 운행하고 있지만 시간을 맞추기가 어려우므로 택시를 타는 것이 좋다. 택시는 예약한 숙소 또는 목적지 앞까지 데려다주기 때문에 현지인들도 택시를 많이 이용한다.

매쏫에서 출발하는 버스

매쏫 버스 터미널은 시내에서 서쪽으로 약 2km 떨어져 있다. 미얀마~태국 국경을 오가는 쌩태우를 타면 된다. 편도 요금은 20B다. 이동거리 때문에 방콕행 버스는 주로 밤에 몰려 있고 치앙마이행 버스는 아침에만 출발한다. 매쏫에서 80km 거리에 있는 '딱(Tak)'에서는 치앙마이, 람빵 등 태국 북부로 가는 버스가 수시로 운행되므로 시간대가 맞지 않으면 바로 딱으로 가도 된다. 매쏫~딱은 미니밴(롯뚜)을 운행하기도 한다.

목적지	출발시각	요금	소요시간
방콕	21:15, 21:30	613B	9시간
	08:00, 08:30, 10:30, 19:00, 20:00, 21:00	305~394B	9시간
치앙마이	06:00, 08:00	253~326B	5시간
쑤코타이	07:00, 08:00, 09:00	140B	3시간
딱	07:00~18:00 (30분 간격)	56B	1시간30분

Thailand Border Area

매쏫 Maesot

매쏫 타운은 국경에서 약 6km 거리에 형성되어 있다. 일단 태국 출입국 관리소를 통과하면 쌩태우를 타고 약 15분 정도 매쏫 타운으로 이동해야 한다. 태국 땅임에도 미얀마 분위기가 짙게 풍긴다. 자국의 정치 상황으로 인해 태국으로 넘어온 미얀마의 까렌 족이 난민촌을 형성하고 있기 때문이다. 이 난민들을 지원하는 세계 각국의 NGO 단체들이 활동하고

왓 춤폰키리

있어 매쏫은 외진 지역임에도 외국인들이 많다. 중국계 미얀마인, 인도계 미얀마인, 태국인, 제3국의 외국인들이 모여 있어 황량한 국경이 아닌 독특한 국제도시 분위기를 풍긴다. 미얀마인들이 많아 미얀마어가 병기되어 있는 간판도 쉽게 볼 수 있다.

국경시장 림머이 마켓

매쏫에서 가장 볼 만한 것은 국경 시장인 림머이 Rim Moei 마켓이다. 태국-미얀마 국경을 연결하는 다리 옆에 형성된 상설 시장이다. 태국 물건과 미얀마 물건이 함께 거래된다. 특히 보석 제품과 티크 나무 조각품 등이 많다. 시장은 16:30에 문을 닫고 국경 시장에서 매쏫 타운으로 가는 마지막 쌩태우는 17:00에 있다. 국경에서 매쏫 타운까지 연결된 메인 도로는 타논 인타라키리 Thanon Intharakhiri다. 메인 도로를 따라 미얀마 사원인 왓 아란야켓 Wat Aranyakhet과 왓 춤폰키리 Wat Chumphon Khiri, 미얀마 승려들이 수행하고 있는 왓 루앙 Wat Luang이 있다. 매쏫은 걸어 다닐 만한 규모인데 불편하면 게스트하우스와 레스토랑에서 자전거를 대여해 돌아다닐 수 있다. 매쏫 타운을 남북으로 가로지르는 쏘이 춤폰키리 Soi Chumphon Khiri 거리의 남쪽에 재래시장이 있으며, 동서로 가로지르는 타논 쁘라쌋위티 Thanon Prasat withi 동쪽에서 야시장이 열린다.

ထားဝယ်

다웨 | Dawei

다웨는 때 묻지 않은 아름다운 해변을 간직한 열대성 도시다. 다웨강 Dawei River 하구에 위치한 다웨는 따닌따리 구 Tanintary Division의 중심도시로 오랜 무역의 역사를 가지고 있다. 영국 식민 시기에는 타보이 Tavoy라는 이름으로 번성했던 항구도시였으며, 목조와 초가지붕의 방갈로, 벽돌 저택 등 식민 시대의 건축이 거리 곳곳에 남아있어 독특한 분위기가 감돈다. 오늘날 다웨는 따닌따리의 주도로서 어업을 비롯해 캐슈넛, 두리안 등의 과일 생산을 주요 산업으로 한다. 더불어 미얀마 남부의 경제 특구로 지정되어 심해항 건설 프로젝트가 한창이다. 태국과의 도로 연결을 시작으로 항만과 철도 건설 공사도 순차적으로 진행될 예정이다. 태국 방콕을 잇는 가장 짧은 육로 국경의 관문인 다웨는 무한한 발전 가능성이 잠재되어있는 미얀마 남부의 경제 중심지로 주목받고 있다.

Access

다웨 드나들기

지역번호 **(059)** | 옛 이름 **타보이** Tavoy

기차

양곤에서 매일 하루 한 편 18:25에 열차가 출발한다. 열차는 하루를 꼬박 지나 다음 날 19:00에 도착한다. 참고로 이 열차는 양곤을 출발해 몰레먀인~예 Ye~다웨를 거치는데 몰레먀인에선 04:30에 출발, 예에선 10:25에 출발한다. 양곤 출발 요금은 Upper Class 기준 K10,150이고 몰레먀인 출발 요금은 K8,700이다.

버스

양곤에서

양곤 아웅 밍갈라 터미널에서 13:00, 13:30, 14:30, 15:30, 16:00에 버스가 출발한다. 다웨까지 약 15시간 소요되며 요금은 K20,000이다.

몰레먀인에서

매일 하루 한 편 06:00~08:00 사이에 버스가 출발한다. 다웨까지 약 10시간 소요되며 요금은 K15,000~20,000이다. 비수기에는 미니버스가 운행된다.

메익에서

하루 두 편 버스가 출발한다. 7~9시간 소요되며 요금은 K8,000이다.

다웨에서 출발하는 버스

목적지	출발시각	요금	소요시간
양곤	04:00, 05:00~06:00	K16,000	12시간
파안	05:00	K13,000	8~9시간
몰레먀인	10:00	K13,000	7시간
예	10:00, 17:00	K9,000	3시간
메익	10:00	K13,000	6시간
꺼따웅	10:00	K35,000	22시간
티키	07:30	K22,000	6시간

꺼따웅에서

하루 한 편 버스가 출발한다. 약 16시간 소요되며 요금은 K30,000~36,000이다.

티키에서

태국과 국경을 접하고 있는 티키에서 12:00~15:00 사이에 미니밴이 출발한다. 요금은 K23,000~25,000. 4시간~4시간 30분 소요된다.

비행기

양곤, 메익, 꺼따웅 등에서 성수기에는 매일, 비수기에는 최소 하루 한 편 국내선이 운행된다.

목적지	요금	소요시간
양곤	$83~130	50~110분
메익	$60~80	40분
꺼따웅	$60~90	40분

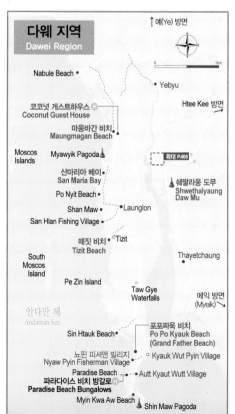

다웨 지역
Dawei Region

↑ 예(Ye) 방면

Nabule Beach ●

● Yebyu

Htee Kee 방면

코코넛 게스트하우스 Ⓗﾟ
Coconut Guest House

마웅바간 비치
Maungmagan Beach

Moscos Islands

Myawyik Pagoda ▲

확대 P.405

San Maria Bay
산마리아 베이

쉐딸라웅 도무
Shwethalyaung Daw Mu ▲

Po Nyit Beach ●

Shan Maw ●

● Launglon

San Hlan Fishing Village ●

때짓 비치
Tizit Beach

● Tizit

South Moscos Island

Thayetchaung

Pe Zin Island

Taw Gye Waterfalls

메익 방면
(Myeik)

안다만 해
Andaman Sea

Sin Htauk Beach ●

포포짜욱 비치
Po Po Kyauk Beach
(Grand Father Beach)

뇨핀 피셔맨 빌리지
Nyaw Pyin Fisherman Village

○ Kyauk Wut Pyin Village

Paradise Beach

● Autt Kyaut Wutt Village

파라다이스 비치 방갈로 Ⓗ
Paradise Beach Bungalows

Myin Kwa Aw Beach ●

Shin Maw Pagoda ●

Transport
다웨 시내교통

▓ 버스터미널 · 공항

다웨 버스터미널과 공항은 도심에서 북동쪽으로 각각 약 2km 거리에 있다. 두 곳에서 도심으로 이동하려면 사이클 택시는 K2,000, 사이까는 K3,000 내외이다. 버스 티켓을 여행사에서 구입했더라도 버스는 터미널에 서 타야 하는데, 미니밴은 별도의 픽업장소에서 출발하 거나 숙소로 픽업을 온다.

▓ 사이클 택시

도심 안에서 이동은 K1,000 내외, 마웅마간 비치까지 는 편도 K10,000, 왕복 K15,000~20,000, 2~3시 간 대기시간을 포함한 왕복 요금은 약 K30,000이다.

▓ 모터바이크

다웨 시내를 벗어나 해변으로 가려면 바이크가 필요하 다(마웅마간 비치까지는 자전거도 가능). 자전거나 바 이크는 숙소에 문의하거나 아래의 바이크 숍에서 렌트 할 수 있으며, 하루 이용료는 K8,000~10,000.

● **Dawei Panorama Tours and Travel**
전화 09-781800181 | 영업 08:00~20:00

● **Focus Rental Shop**
전화 094-22190130 | 영업 08:00~20:00

Course
다웨 둘러보기

다웨 시내는 모두 도보로 돌아다닐 수 있다. 시내의 중 심은 아자니 로드 Arzani Road다. 이 거리에는 유 난히 금은방이 몰려있으며, 낮은 양철지붕과 흙벽 위 를 파스텔 톤으로 칠한 식민 시기의 건축이 곳곳에 남 아있다. 아자니 로드에서 북쪽에 있는 쉐따웅자 파야 Shwe Taung Zar Paya로 가는 길인 예 로드 Ye Road에는 여행사들이 모여 있다. 저녁에는 마웅바간 비 치 Maungmagan Beach에서 일몰을 감상하는 것도 좋다.

모터바이크를 대여하기 전에 알아둘 것

다웨의 아름다운 해변을 가기 위해 많은 여행자들은 자 의 반 타의 반으로 모터바이크를 렌트한다. 해변까지 마 땅한 대중교통 수단이 없기 때문이다. 모터바이크는 자 유롭게 여행할 수 있지만, 늘 위험부담이 따른다는 것을 잊지 말아야 한다. 2018년 1월 취재 당시 해변도로 일 부는 모래와 흙, 자갈이 깔린 채로 한창 공사 중이었다. 도로는 미끄럽고 울퉁불퉁했는데, 현지인들이 2시간이 면 간다는 길을 공사 관계로 3시간 넘게 걸려 도착했다. 모터바이크 사고를 당한 외국인 여행자들을 직접 만나기 도 했다. 모터바이크를 렌트한다면 현지에서 도로 상태 를 체크하도록 하자. 더불어 모터바이크 운전 경험이 많 지 않다면 모터바이크 렌트를 권하지 않는다. 돈이 조금 더 들더라도 안전하게 택시를 이용하도록.

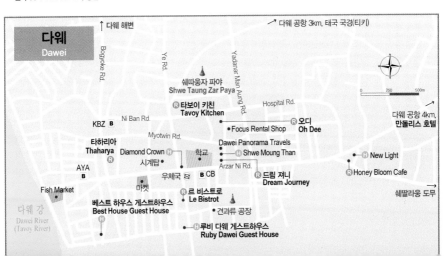

다웨의 해변들 Dawei Beaches

지도 P.404

다웨 시내에만 머문다면 다웨의 진면목을 볼 수 없다. 진짜 하이라이트는 서쪽으로 안다만 해를 접하고 있는 해변이다. 따닌따리 반도를 따라 사람의 손길이 닿지 않은 목가적인 분위기의 해변이 늘어서 있다. 모터바이크 또는 택시를 대절해야 하기 때문에 찾아가는 길은 녹록지 않지만 그만큼 오래 기억될 풍경을 마주하게 된다.

마웅마간 비치 Maungmagan Beach는 다웨에서 가장 접근이 쉬운 해변이다. 마웅마간 Maungmakan으로도 불리며, 현지인들에게 인기 있는 해변이자 석양 명소로도 유명하다. 해변 앞에는 신선한 해산물을 파는 심플한 로컬 식당이 늘어서 있다. 남쪽으로 30여분 걸어가면 항구에 자리 잡은 작은 어촌 마을이 있다. 마웅마간 마을엔 숙소가 많지 않은데 해변에 위치한 마웅마칸 리조트 Maungmakan Resort, 그 뒷마을에 있는 코코넛 게스트하우스 Coconut Guest House에서 머물 수 있다. 마웅마간 비치는 다웨 도심에서 북서쪽으로 쿄쭈우킨 스트리트 Kokyawkin Street를 따라 가다 다리를 건너 서쪽으로 약 12km를 가면 된다. 모터바이크로는 약 30분 소요된다.

마웅마간 비치에서 남쪽으로 약 45분 정도를 모터바이크로 내려가면 **산마리아 베이 San Maria Bay**가 있다. 해변의 북쪽 끝 500m 지점의 곶에 세워진 마요익 파고다 Myawyik Pagoda 풍경이 유명하다. 산마리아 베이에서 파고다까지 이어지는 해변에 노점이 몇 개 있다.

산마리아 비치에서 모터바이크로 30분 남쪽으로 더 내려가면 찻집과 식당이 있는 라웅론 Launglon 마을이 있다. 마을에서 서쪽으로 20여 분을 더 가면 작고 한적한 해변 **떼짓 비치 Tizit(Teyzit) Beach**가 있다. 해변의 북쪽 끝에는 맥주 공장이 있는 작은 마을이 있다.

다시 큰 도로로 나와 이제 남쪽으로 쭉 내려가자. 1시간 정도(다웨에서는 2시간) 더 내려가면 다웨에서 가장 아름다운 해변이 펼쳐진다. 하얀 백사장과 맑고 푸른 물이 가득한 이 고요한 해변은 현지어로는 **포포짜욱 비치 Po Po Kyauk Beach**, 또는 **그랜드 파더 비치 Grand Father Beach**로 불린다. 2018년 1월 취재 당시 해변은 텅 비어있었는데 식당도, 숙소도, 상점도 하나 없었다. 백사장에는 고무 튜브를 대여해주는 상인 한 명과 수영을 하는 몇몇 현지인을 볼 수 있었다. 하얀 백사장에는 사람의 발자국 대신 모터바이크 자국만 남아있었다. 현지인들의 추천을 받은 몇몇 여행자들만 찾아올 뿐이었는데, 길을 잃어 되돌아가는 경우도 왕왕 있었다. 그럴 것이 마땅한 이정표가 없기 때문인데, 일단 뇨핀 피셔맨 빌리지 Nyaw Pyin Fisherman Village까지 찾아가면 된다. 뇨핀 피셔맨 빌리지에도 식사를 할 수 있는 식당과 카페가 있으며, 작은 언덕을 넘어 10분 거리에 비치가 있다. 현지인들의 이야기에 따르면, 포포짜욱 비치에 곧 대형 리조트가 들어설 계획이라고 한다. 더 번잡해지기 전에 찾아가보자.

떼짓 비치

마웅마간

쉐따웅자 파야 Shwe Taung Zar Paya ရွှေတောင်ဇာဘုရား

지도 P.405

다웨에서 가장 유명한 마을 사원으로 고전적인 미얀마 스타일의 사원과 수도원을 볼 수 있다. 황금 스투파와 정교한 녹색 지붕의 사원에는 붉은색과 금색으로 칠해진 불상이 안치되어 있다. 평지에 있어 주변 전망은 없지만 마을 중심에서 살짝 벗어나 있어 조용히 산책하기 좋은 장소다. 예 로드 Ye Road 교차로에서 동쪽으로 니반 로드 Niban Road를 따라가다가 교차로에서 좌회전하면 된다. 근처에 스낵을 파는 노점과 불교 용품을 파는 상점들이 있다.

쉐딸라웅 도무 Shwethalyaung Daw Mu ရွှေသာလျောင်းတော်မူ

지도 P.404

1931년 조성된 와불(Reclining Buddha)이 모셔진 파고다. 와불은 길이 74m, 높이 21m로 미얀마 남부에서 최대 크기를 자랑한다. 새소리 가득한 맑은 자연 속에서 고요하게 명상하기 좋은 공간이다. 다웨 시내에서 동쪽의 다웨-메익 로드 Dawei-Myeik Road 방향으로 약 5km 가다보면 왼편의 야트막한 언덕에 위치해 있다.

TRAVEL 💬 PLUS
방콕으로 가는 가장 빠른 육로 국경, 티키-푸나론

미얀마~태국을 잇는 여러 육로 국경 중 다웨에서 출발하는 '티키-푸나론(푸남론)' 국경이 요즘 여행자들 사이에서 핫하게 떠오르고 있다. 방콕으로 가는 가장 빠르고 짧은 길이기 때문이다. 다웨~티키~푸나론~깐짜나부리~방콕까지 하루에 연결되며(약 10시간 소요), 다른 국경과 달리 교통편도 꽤 매끄럽게 연결된다. 미얀마 땅인 다웨~티키 구간은 아직 비포장도로로 울퉁불퉁하지만 버스 이동시간이 그리 길지 않아 큰 부담이 없다. 먼저 다웨에서 티키로 가는 버스는 보통 07:00~08:00에 출발한다. 티켓은 숙소를 통해 예약하면 되는데 미니밴이나 택시는 숙소로 픽업을 온다. 버스요금은 K20,000~25,000(약 6시간 소요). 티키에 도착해 미얀마 출국심사를 마친 뒤 국경을 도보로 통과, 태국 입국심사소를 지나면 왼편의 버스정거장에서 깐짜나부리행 버스를 타면 된다. 깐짜나부리행 버스는 13:00, 15:00에 출발한다(약 1시간 30분~2시간 소요, 80바트). 깐짜나부리에서 방콕행 마지막 버스는 20:00다(약 2시간 30분 소요, 120바트).
반대로 태국 푸나론에서 미얀마로 입국해 티키를 거쳐 다웨로 오는 방법도 위와 동일하다. 위 정보는 2018년 1월 기준으로 국경정보는 유동성이 많아 버스정거장, 버스 요금 등이 변경될 수 있다.

eating

의외로 다웨에선 다국적 음식을 어렵지 않게 맛볼 수 있다. 실제로 외국인이 운영하는 식당도 있으며 태국과 가깝다보니 제법 괜찮은 태국 음식도 맛볼 수 있다. 지역 특성상 해산물을 사용한 메뉴가 많다.

오디 Oh Dee

지도 P.405 | 주소 No.679, Pakoku Kyum Road
전화 09-424779919 | 영업 09:00~21:00
예산 K3,000~

약 50여 가지의 메뉴를 갖추고 있는 태국 음식 전문점이다. 볶음밥, 레드 커리, 그린 커리, 새우와 게 튀김, 파파야 샐러드 등 다웨에서 가장 제대로 된 태국 음식을 맛볼 수 있다.

타하리아 Thaharya Bakery & Cafe 추천

지도 P.405 | 주소 Bogyoke Road | 영업 06:00~21:30
예산 K2,000~

아침부터 주민들이 북적이는 식당으로 미얀마의 전통적인 아침식사 메뉴를 맛볼 수 있다. 모힝가, 로띠를 비롯해 샨 누들, 미셰 등 미얀마의 대중적인 면 요리를 만들어 낸다. 조식이 제공되지 않는 숙소에 머문다면 가보자.

타보이 키친 Tavoy Kitchen

지도 P.405 | 주소 No.234, Pagoda Street & Yay Road | 전화 09-455192525 | 영업 10:00~15:00, 17:00~22:00 | 예산 K3,000~

다웨 시내에서 가장 인기 있는 아시아 음식점. 미얀마식 코코넛 누들, 태국식 똠얌 수프, 인도식 마살라 커리, 중국식 꿍빠오지딩(닭고기, 고추, 땅콩 볶음) 등 엄선한 아시아 대중 요리를 만들어낸다. 매운맛을 조절해 주문할 수 있으며 음료 메뉴도 갖추고 있다.

르 비스트로 Le Bistrot

지도 P.405 | 주소 No.92, Middle Rd. | 전화 09-45823 3872 | 영업 09:00~22:00 | 휴무 월요일 | 예산 K3,000~

프랑스인이 운영하는 식당. 파스타를 비롯해 마늘빵에 올리브와 치즈를 듬뿍 올린 브루스케타(Bruschetta), 바삭하고 두툼한 샌드위치 크로크(Croque), 새우를 넣은 프랑스식 파이 키쉬 프라운(Quiche Prawn) 등 간단한 브런치부터 메인 식사로 좋은 메뉴가 가득하다.

드림 져니 Dream Journey

지도 P.405 | 주소 No.661, Pakhoteku Kyaung Street
전화 09-5007091 | 영업 07:00~22:00 | 예산 K800~

커피를 비롯해 딸기, 망고, 키위 등 신선한 계절 주스와 매장에서 직접 구운 빵을 맛볼 수 있다.

sleeping

최근 다웨를 찾는 여행자들이 부쩍 늘면서 배낭여행자들을 위한 숙소도 점차 생겨나고 있다. 대부분의 숙소는 시내에 있다. 해변 근처엔 숙소도 많지 않지만 아무래도 거리가 있어 모터바이크 렌트 등 돌라거릴 수 있는 교통편이 확보되어 있지 않으면 불편할 수 있다.

베스트 하우스 게스트하우스
Best House Guest House

지도 P.405 | 주소 No.94, Nyoung Pin Gyi Road
전화 09-49035486 | 요금 싱글 $9, 더블 $18 | 객실 8룸

침대만 놓여있는 단출하고 작은 객실이지만 청결하고 에어컨도 잘 나온다. 조식은 제공되지 않는 대신 믹스커피와 쿠키가 구비되어 있다. 로비의 작은 소파에서 여행자들의 공유가 활발히 이루어지고, 싹싹한 직원은 투숙객의 여행을 성의껏 돕는다. 모터바이크 렌트부터 국경을 넘어가는 버스 티켓 구매까지 깔끔하게 처리해준다.

파라다이스 비치 방갈로
Paradise Beach Bungalows

지도 P.404 | 주소 Dawei Peninsula | 전화 09-4985
1256 | 요금 싱글 $32, 더블 $42 | 객실 10룸

다웨 반도 남쪽 끝의 파라다이스 비치(Paradise Beach)에 위치한 이 숙소에 가려면 일단 바이크를 빌려야 한다. 숙소로 가는 길은 포포짜욱 비치를 지나 조금 더 남쪽으로 내려가 좁고 구불구불한 산길을 지나기에 약간의 모험심을 필요로 한다. 산속 끝까지 가다 보면 막다른 길 끝에 숙소가 나타난다. 띄엄띄엄 떨어져 있는 방갈로 앞으로 마치 전용해변처럼 파라다이스 비치가 펼쳐져 있다. 주변에 아무것도 없어서 식사는 부속식당을 이용해야 하지만 그만큼 평화로운 곳이다. 객실이 적어 예약은 필수다.

코코넛 게스트하우스
Coconut Guest House

지도 P.404 | 주소 Maungmakan Village
전화 09-423713681 | 요금 싱글 · 더블 $22~30 | 객실 10룸

마웅마간 해변 마을에 있지만 해변과는 약 500m 떨어져 있다. 그럼에도 여행자들에게 꾸준한 사랑을 받는 이유는 편안하고 여유로운 숙소 분위기 때문이다.
룸은 총 3가지 타입으로 선풍기 룸과 에어컨+핫 샤워룸, 방갈로 룸으로 나뉜다. 조식은 제공되지 않지만 맛있게 요리하는 부속식당이 있다. 투숙객들은 바다에 나가지 않을 때는 정원의 오두막 평상에 누워 한가롭게 시간을 보낸다.

만돌리스 호텔 Mandolis Hotel

주소 No.10, Mingalar Thidar St.
전화 09-423535446 | 요금 더블 $75~ | 객실 11룸

도심 북쪽에 위치한 숙소로 시내에서 약간 떨어져 있음에도 여행자들에게 호평을 받고 있는 곳이다. 고급 침구를 갖춘 세련된 객실, 잘 꾸며진 야외 정원, 직원들의 서비스도 좋다. 유럽 음식을 만드는 부속식당도 수준급으로 정평이 나 있어 시내가 멀기도 하지만 여행자들은 최소 한 두 번은 부속식당을 이용한다. 도심과는 멀지만 공항과 버스터미널은 가깝다.

루비 다웨 게스트하우스
Ruby Dawei Guest House

지도 P.405 | 주소 No.78, Nyaung Pin Gyi Road
전화 09-422190490 | 요금 더블 K25,000~50,000
객실 13룸

2017년 10월 오픈한 숙소로 다웨에서 저렴하게 머물 수 있는 숙소로도 인기다. 3층 건물에 청결한 객실과 욕실을 갖추고 있다. 중심 도로인 아자니 로드에서 가까워 시내를 돌아다니기 편리한 위치다. 2018년 1월 당시 조식이 제공되지 않았으나 곧 조식과 wifi가 제공될 예정이라고 한다.

မြိတ်

메익 | Myeik

메익은 안다만 해(Andaman Sea)에 펼쳐진 따닌따리 구의 하구에 위치하여 500년 이상 전략적으로
중요한 역할을 했던 항구도시다. 정확한 기원은 남아있지 않지만 오래전 인도인들과 처음 무역을 시작하였고,
16세기에는 포르투갈 상인들이 무역을 위해 드나들었다. 영국 식민 시기에는 메르귀 Mergui로 알려져
아직까지 그 이름으로 불리기도 한다. 구불구불한 시내 뒷골목에는 식민 시대의 건물이 그대로 남아 있고,
해변은 없지만 항구를 분주히 드나드는 어선들로 활기차고 풍요로운 분위기다. 메익의 주요 산업은 어업이지만
서쪽으로는 안다만 해역이 펼쳐져 있어 최근 관광산업도 떠오르고 있다. 메익은 세계적으로 유명한
메르귀 군도의 아름다운 섬으로 가는 게이트로 바다로 나가 낚시 등 호핑 투어를 즐기려는
세계 각국의 여행자들이 몰려들고 있다.

Information

기본정보

지역번호 **(059)** | 옛 이름 메르귀 Mergui

환전 ATM

메익의 중심 도로인 보족 로드 Bogyoke Road에 AGD Bank, Ayerwaddy Bank 지점 등에서 비자, 마스터 카드를 사용할 수 있는 ATM이 있다.

Access

메익 드나들기

■ 버스

양곤에서

양곤 아웅 밍갈라 터미널에서 13:00, 13:30, 14:30, 15:30, 18:00에 버스가 출발한다. 메익까지 약 24~28시간 소요되며 요금은 K20,000~25,000이다.

몰레마인에서

매일 하루 한 편 08:30에 버스가 출발한다. 메익까지 약 11시간 소요되며 요금은 K18,000~20,000이다. 비수기에는 미니버스가 운행된다.

메익에서 출발하는 버스

메익에서 출발하는 버스는 정규노선 외에 미니밴이 있다. 특히 다웨-꺼따웅 구간은 미니밴이 많으며, 주로 저녁시간에 운행되는 버스는 대형 일반버스다.

목적지	출발시각	요금	소요시간
양곤	10:00, 17:00, 18:00	K22,000~25,500	18시간
다웨	06:00, 12:00, 16:30	K12,000~13,000	6시간
꺼따웅	09:30, 17:00, 20:00	K20,000~25,500	12시간

* 위 시간표는 2018년 1월 기준으로 현지 상황에 따라 변경될 수 있음.

다웨에서

07:00~10:00 사이에 미니버스가 출발한다. 약 6시간 소요되며 요금은 K13,000이다.

꺼따웅에서

하루 한 편 버스가 출발한다. 약 12시간 소요되며 요금은 K25,000이다.

■ 비행기

양곤과 꺼따웅에서 성수기에는 미얀마항공(Myanma Airways)을 포함해 4개의 항공사가 매일 3~5편, 비수기에는 최소 하루 한 편 운행한다.

출발지	요금	소요시간
양곤	$127~165	2시간
꺼따웅	$74~90	30분

■ 공항 · 버스터미널

메익 국내선 공항은 시내에서 동북쪽으로 약 3km 거리에 있다. 공항에서 시내까지 사이클 택시로 K1,000~2,000이다. 메익 버스터미널(Highway Bus Station)은 시내 남동쪽으로 약 3.5km 거리에 있다. 버스터미널은 2017년 현재 장소로 이전되면서 더 크고 넓어졌다. 시내에서 버스터미널까지 사이클 택시로는 15분 정도 소요되며 요금은 K2,000이다.

Course

메익 둘러보기

항구를 따라 나 있는 스트랜드 로드 Strand Road(현지어로는 칸나 란 Kanna Lan이라고 부른다)는 메익을 탐험하기 좋은 곳이다. 현재는 중단되었지만 다웨 또는 꺼따웅에서 보트를 타면 이곳의 부두에 도착한다. 메익에서 가장 북적대고 활기 넘치는 곳으로 마을의 삶은 이 번화한 도로를 중심으로 한다. 스트랜드 로드의 남쪽 끝에는 야시장, 북쪽 끝에는 쇼핑센터와 푸드코트가 있다.

sights
··· 메익 ···

떼인도지 파야 Theindawgyi Paya သိမ်တော်ကြီးဘုရား

지도 P.412-A2 | 개방 일출~일몰

보족 로드 뒷길의 언덕을 따라 올라가면 메익에서 가장 유명한 불교 사원인 떼인도지 파야가 있다. 목재와 벽돌, 흙으로 만들어진 유려하고 고전적인 몬 스타일(Mon Style)의 파고다를 볼 수 있다. 채색이 화려한 사원 내부와 중앙의 명상하는 불상, 그 옆으로 작은 불상이 에워싸고 있다. 사원 옆에는 작은 도서관 겸 박물관이 있다. 사원도 아름답지만 이곳은 특히 위치가 뛰어나다. 도시와 항구가 내려다보이는 능선에 자리 잡고 있어 평온한 메익 시내가 한눈에 내려다보인다.

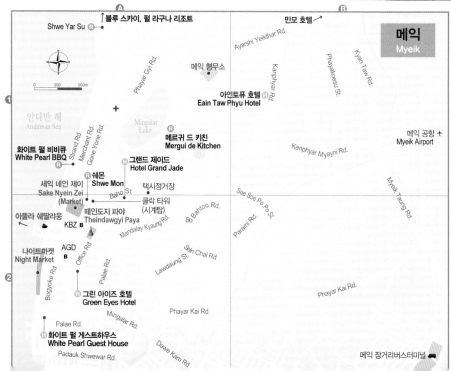

아뚤라 쉐딸라웅
Atula Shwethalyaung အတုလ ရွှေသာလျောင်း

개방 일출~일몰

메익 항구 맞은편에 있는 이 야트막한 섬은 파토 파텟 쭌 Pataw Padet Kyun이다. 섬이지만 해변은 없고 바위로 뒤덮여있는데, 이 섬엔 마을을 지긋이 바라보고 있는 와불 아뚤라 쉐딸라웅이 있다. 길이 66m로 미얀마에서 세 번째로 긴 와불로 불상의 발은 파토 언덕의 기슭을 향하고 있다. 불상은 각도가 살짝 틀어져 있는데 그것은 불상 내부 형태 때문이다. 불상 안에는 붓다의 과거 설화를 형상화한 불상으로 가득 채워져 있다. 굳이 보트를 타고 가지 않는다 해도 선착장에서 와불이 보이긴 하지만, 선착장에서 보트를 K3,000(왕복 K5,000 정도)에 흥정해서 갈 수 있다.

세익 네인 제이 Sake Nyein Zei / Market

지도 P.412-A2 | 영업 06:00~17:00

메익 도심에 있는 클락 타워 Clock Tower 근처의 재래시장. 식민 시대의 오래된 건물 안에 형성되어 있는데 시장 밖은 과일가게로 둘러싸여 있다. 좁은 입구로 들어서면 농산물, 수산물, 식료품 등을 판매하는 좌판이 가득 늘어서 있다.

카단 아일랜드 Kadan Island ကဒန်ကျွန်း

투어를 하지 않더라도 메익 군도의 섬을 보고 싶다면 카단 섬 Kadan Island으로 가보자. 메익 근처에 있는 가장 가까운 섬으로 안다만 해의 사이클론으로부터 항구와 메익 마을을 보호하고 있다. 섬이지만 해변은 없고 섬 주변은 숲과 조류를 관찰하기 좋은 맹그로브 습지로 둘러싸여 있다. 페리는 식당과 상점이 있는 카단의 중심지인 쭌수 Kyunsu에 정박한다. 이 섬에 외국인 숙박시설은 없으며, 섬에서는 모터바이크를 렌트해 돌아볼 수 있다. 2018년 1월 당시에는 메익에서 카단 섬으로 출발하는 페리는 쎄익네 제티(Sake Nge Jetty)에서 08:00 출발, 카단 섬에서 메익으로 돌아오는 페리는 14:30 출발이었다. 약 50분 소요된다. 기후에 따라 페리 스케줄은 변경될 수 있다.

지상 최고의 열대낙원, 메르귀(메익) 군도 여행

군도(群島)는 일정한 지역에 흩어져 있는 크고 작은 섬을 말한다. 메르귀 군도(Mergui Archipelago, 또는 메익 군도)는 미얀마 남단 약 36,000 제곱킬로미터에 달하는 거대한 안다만 해역에 800개 이상의 아름다운 섬으로 이루어져 있으며, 메르귀 제도라고도 한다. 메르귀 군도의 섬들은 사실상 외지인의 발길이 닿지 않는 고립된 섬으로 대부분의 섬은 무인도다. 섬은 맹그로브로 뒤덮인 화강암과 석회암으로 이루어져 있고, 섬과 주변 바다에는 다양하고 경이로운 해양 생물과 동물이 공존하고 있다. 이 지역의 유일한 인간 거주자는 현지어로 살롱 Salone이라고 부르는 바다 집시다. 바다 유목민인 이들은 모켄 Moken(Mawken)족이다. 역사학자들은 약 4천 년 전 안다만 해역에 정착한 오스트로네시안이 모켄족의 기원이라고 추정한다. 모켄족은 카방 Kabang이라고 부르는 나무 보트를 건조해 그 안에서 생활한다. 건기에는 보트에서 살다가 우기에는 인근 섬으로 이동해 방갈로에서 지낸다. 모켄족은 작살과 창, 손으로 물고기를 잡으며 진주 등을 채취한다. 이들은 환경과 천연자원에 대한 이해와 존경심을 가지고 있어 숲과 해양 자원이 순환되도록 꼭 필요한 만큼만 수확한다.

모켄족은 2004년 쓰나미 이후 외부 세계에 알려지기 시작했다. 2004년 12월 쓰나미가 오기 전 모켄족 마을 장로는 불길한 징후를 인지하고, 인근 지역민들과 관광객들을 피신시키며 외신에 알려졌다. 실제로 모켄족은 위험을 판단하는 예리한 감각이 발달해있는데, 어릴 때부터 관찰과 경험을 통해 자연을 읽는 법을 배우기 때문이다. 최근 들어 메르귀 군도가 일반인에게 전격 개방되면서, 정치적인 문제를 포함해 지진 해일 이후의 규제, 석유 시추 사업, 관광산업 개발 등으로 이들의 수렵 영역에 점점 제한이 가해지고 있다. 국경 없는 삶을 경계하는 미얀마 정부는 이들을 국립공원에 영구 정착시키려 하고 있고, 실제로 일부 모켄족은 섬에 정착해 수공예품을 판매하고, 관광업계의 보트맨이나 국립공원으로 지정된 섬에서 정원사 등으로 일하기도 한다. 하지만 여전히 일부 모켄족은 전통 생활방식을 고수하며 일 년에 7~8개월은 나무 보트를 타고 메르귀 군도의 청록색 바다를 항해한다.

미국국립지리학회가 펴내는 저명한 월간지 내셔널지오그래픽은 메르귀 군도를 '지구상에 남은 마지막 열대 군도'라고 언급한 바 있다. 세상에서 자연과 가장 가까이 살고 있는 모켄족을 만나고, 하얀 모래가 펼쳐져있는 무인도의 해변을 거닐 수 있는 마르궤 군도, 지구상에 남은 마지막 낙원으로 매혹적인 여행을 떠나보자.

▸▸ 메르귀 군도는 어디인가?

미얀마 남부 따닌따리 구의 서쪽 해안을 따라 안다만 해에 위치해 있다. 따닌따리 구 북쪽의 다웨, 남쪽의 꺼따웅 중간에 위치한 항구도시 메익(메르귀) 지명에 군도를 붙여 부른다. 메익과 꺼따웅에서도 메르귀 군도 여행을 할 수 있는데 메익에서 가장 가깝다.

▸▸ 메르귀 군도 여행 프로그램 신청하기

메익의 숙소와 여행사에서 메르귀 군도 투어를 진행한다. 800여 개의 섬을 모두 갈 수 있는 것은 아니다. 계절마다 기후 상황에 따라 갈 수 있는 섬이 다르고, 여행사마다 방문하는 섬도 다르다. 투어는 연합 프로그램으로 각 여행사마다 모집되는 관광객을 조인시키는데 보통 6인 이상이면 출발한다. 당일 투어부터 일주일까지 투어에 따라 코스는 달라진다. 투어에 따라 캠핑, 카약, 스포츠 낚시, 스쿠버다이빙, 스노클링 등이 포함된다. 가장 인기 있는 투어는 당일 투어다. 당일 프로그램도 두 가지로 나뉘는데 이 장에선 취재 당시 (2018년 1월) 가장 일반적으로 진행되던 프로그램을 소개한다.

▸▸ 당일 투어 코스

A코스 | Grouper Fish Farm, Marcus Island, Tha Mee Hla Island
B코스 | Dome Island(waterfall), Dome Nyaung Mine, Smart Island
포함사항 | 영어 로컬 가이드, 픽업 차량, 스피드보트, 간식, 점심식사(물, 과일 포함), 스노클링 장비, **여행자보험**
요금 | 1인 $75~80

투어에는 기본적으로 스노클링이 포함된다. 해변에서 더 많은 시간을 보내고 싶다면 2개 섬을 방문하는 A코스를 신청하자. B코스는 1개 섬을 돌아보는 대신 바다 집시인 모켄족 빌리지(Dome Nyaung Mine)를 방문한다. 투어는 숙소에서 07:00에 픽업해 선착장으로 이동한 뒤 스피드보트로 갈아타고 08:00에 출발한다. 두 코스 모두 17:00 정도에 메익으로 돌아온다.

▸▸ 메르귀 군도를 여행하기 좋은 시기

메르귀 군도 여행은 11월~4월 말까지 가능하지만, 메르귀 군도의 매력을 가장 잘 느낄 수 있는 시기는 11월~2월 중순까지다. 이때는 기온이 18~30°C로 온화하며 바람도 규칙적이고 수온도 스노클링과 다이빙에 적합하다. 2월 중순~4월까지는 강수량과 기온이 점진적으로 증가한다. 6월~10월까지는 몬순의 최고점에 있는 시기로 강한 바람과 집중호우로 바다 집시인 모켄족 조차도 섬으로 이동하며 투어가 불가능하다.

모켄족의 배

모켄족 빌리지

해산물 요리로 차려진 점심식사

eating

메르귀 드 키친 Mergui de Kitchen

추천

지도 P.412-A1 | 주소 No.1 St., Myint Nge Quarter
전화 059-41527 | 영업 11:00~22:00 | 예산 K3,000~

밍갈라 호수 동쪽에 위치한 식당. 흰색 벽에 파란색 창문을 달고 있는 이 식민 시대 건물은 과거 호텔이었다. 해산물을 재료로 한 태국 음식이 메인이다. 야외 테이블이 있는 정원 한쪽의 바비큐 코너에서 해산물을 구워낸다. 스테이크, 버거, 파스타, 샌드위치, 생맥주도 구비되어 있다.

블루 스카이 Blue Sky

지도 P.412-A1 | 주소 No.4, Thae Kwin Food Court
전화 09-254434696 | 영업 10:00~22:00 | 예산 K2,000~

스트랜드 로드 북쪽에는 넓은 정원에 몇 개의 식당이 모여 있는 푸드코트가 있다. 그중 이곳은 얇은 쌀국수로 만드는 미얀마 국수 째오 Kyay Oh를 맛볼 수 있다. 푸드코트 내에 베이커리, 커피숍도 있다.

화이트 펄 비비큐 White Pearl BBQ & Restaurant

지도 P.412-A1 | 주소 No14, Strand Road
전화 09-564053 | 영업 11:00~22:00 | 예산 K3,000~

오징어, 새우, 문어, 생선 등 해산물을 바비큐로 굽거나 중국식, 태국식으로 요리한다.
볶음밥, 볶음면 등을 비롯해 술안주로 곁들이기 좋은 깔끔한 단품 메뉴들이 많다.

쉐몬 Shwe Mon

지도 P.412-A2 | 주소 Sake Nge Jetty Road
전화 09-262678787 | 영업 10:00~20:30 | 예산 K2,000~

저렴하고 푸짐한 미얀마식 커리 식당. 시장 맞은편에 위치해 언제나 현지인들로 북적인다. 오늘의 반찬처럼 매일 바뀌는 밑반찬을 하나 추가해도 좋다.

나이트마켓 Night Market

지도 P.412-A2 | 주소 Middle Strand Road
영업 일몰~자정까지

다른 지역에 비하면 나이트 마켓이 약간 작은 편이지만 저녁이 되면 스트랜드 로드 중간쯤에 있는 선착장 주변으로 국수, 커리 등을 파는 노점이 늘어선다.

sleeping

화이트 펄 게스트하우스 White Pearl Guest House

지도 P.412-A2 | 주소 No.97/96, Middle Strand Rd.
전화 09-252-888812 | 요금 더블 $20~ | 객실 23룸

메익에서 저렴하게 머물 수 있는 숙소. 스트랜드 로드 바로 뒤편에 있어 선착장까지 도보로 이동이 가능해 편리하다. 3층 건물에 구관과 신관이 미로처럼 연결되어 있는데 신관 일부 객실에서는 선착장 전망을 볼 수 있다. 3층 식당에서 심플한 조식이 마련된다.

그린 아이즈 호텔 Green Eyes Hotel

지도 P.412-A2 | 주소 No.164, Zay Haung Road
전화 (059)42028 | 요금 더블 $39~45 | 객실 30룸

야트막한 언덕에 자리한 숙소. 수피리어와 스위트, 디럭스 객실을 갖추고 있다. 모든 객실이 반들반들한 나무 바닥과 흰색 가구 배치로 산뜻하고 환하다. 특히 통유리창을 설치해 객실에서 바라보는 전망이 좋다. 조식 뷔페도 깔끔하게 차려진다.

민모 호텔 Myint Mo Hotel

지도 P.412-B1 | 주소 No.222, Bandula Street
전화 09-765005641 | 요금 더블 $25~ | 객실 50룸

2017년에 문을 연 숙소. 시내에서 살짝 떨어져 있는 위치는 조금 아쉽지만 시설은 흠잡을 데 없다. 넓은 마당에 양옆으로 배치된 방갈로형 객실은 오렌지빛 컬러로 산뜻하면서도 아늑한 분위기가 감돈다. 깔끔한 욕실, 단정한 가구 배치, 뒤뜰에 마련된 프라이빗 전용 발코니까지 갖춰 가성비가 좋은 숙소다.

아인토퓨 호텔 Eain Taw Phyu Hotel

지도 P.412-B1 | 주소 No.42, Kan Pyar Main Rd.
전화 (059)42055 | 요금 더블 $65~70 | 객실 28룸

2013년에 오픈해 여행객들에게 꾸준히 사랑받고 있는 숙소. 2층 건물에 짙은 갈색 톤의 나무로 고급스러우면서도 단정하게 꾸민 객실을 갖추고 있다. 1층 객실 앞으로 아담한 수영장과 작은 정원이 있다. 부속식당 Mali Cafe도 분위기 좋다.

호텔 그랜드 제이드 Hotel Grand Jade

지도 P.412-A2 | 주소 No.28-30, Baho Street
전화 (059)41906 | 싱글 $30, $더블 40~ | 객실 156룸

시내 한복판에 위치한 중급 대형숙소. 1~3층은 그랜드 제이드 쇼핑몰(Grand Jade Shopping Mall))이고 4~8층이 객실이다. 싱글 룸은 전망이 없지만 더블 룸부터는 도시, 바다, 호수 전망 객실로 나뉜다. 9층에 있는 부속식당에서 탁 트인 도시 전망을 만끽할 수 있다. 객실이 많아 주로 단체관광객들이 숙소를 점령하고, 쇼핑몰에 위치하다보니 분위기가 약간 번잡하긴 하지만 그만큼 위치는 좋은 편이다.

펄 라구나 리조트 Pearl Laguna Resort

지도 P.412-A1 | 주소 Laguna St., Yebone Road
전화 (059)42126, 09-254027691
요금 더블 $74~ | 객실 40룸

시내에서 약 2km 거리에 위치한 숙소. 4성급인데 규모는 5성급 수준이다. 넓은 대지에 여러 동으로 나뉘어 다양한 객실이 준비되어 있다. 외곽 벌판 같은 곳에 세워진 대형숙소인데 사실 호텔 주변은 빈민가라서 무척 대비되어 보이는 것도 사실이다. 어쨌거나 부속식당, 커피숍, 피트니스 센터, 수영장, 스파 등 시설이 두루 잘 갖춰져 있다. 2018년 1월 당시 약간의 보수공사를 하고 있었다.

ကော့သောင်း
꺼따웅 | Kawthaung

미얀마의 최남단 마을 꺼따웅 Kawthaung은 영국 식민 시기에는 '빅토리아 포인트 Victoria Point'라는 이름으로 불려졌다. 미얀마의 땅 끝 마을인데도 꺼따웅에는 여러 인종이 모여 산다. 대부분은 미얀마의 샨족, 까렌족, 몬족 등과 바다 집시인 모켄족, 버마계 인도인, 버마계 중국인이지만 바다 건너온 태국 무슬림과 미얀마에서 파슈(Pashu)로 불리는 말레이시안 페라나칸 Peranakan도 섞여있다. 여러 인종이 공존하다 보니 종교나 문화적으로 다양하고 활기찬 분위기가 감돈다. 꺼따웅은 항구가 있지만 주요 산업은 어업이 아니라 농업이다. 고무, 빈랑 열매, 캐슈너트, 코코넛, 팜오일 생산지로도 유명하다. 해변은 없으나 마을 언덕에서 도시를 한눈에 내려다볼 수 있는 삐토예 파야 Pyi Taw Aye Paya, 마을 선착장 앞으로 탁 트인 바다를 마주하고 바인 나웅 Bayint Naung 동상이 세워진 공원, 서쪽으로 해변도로를 따라 안다만 해를 감상할 수 있다.

마을이 한눈에 내려다보이는 삐토예 파야

외국인 여행자들이 꺼따웅을 찾는 경우는 태국과 연계해 여행하기 위해서다. 태국 국경마을인 라농 Ranong까지 꺼따웅에서 배로 30분이면 넘나들 수 있다. 태국에서 넘어온 여행자들에게 꺼따웅은 광대한 메르귀 군도를 순항하기 위한 출발점이기도 하다. 많은 여행사에서 안다만 해역의 섬을 여행하는 호핑 투어 프로그램을 운영하고 있다. 참고로 가장 인기 있는 당일 투어 프로그램은 쩻마욱 아일랜드 Kyet Mauk Island(Cocks Comb Island)와 냥우피 Nyaung Oo Phee Island 투어다.

꺼따웅 최남단에 세워져있는 바인나웅 포인트

미얀마 해상 국경 입출국 포인트인 묘마 제티

Access

꺼따웅 드나들기

지역번호 **(059)** | 옛 이름 **빅토리아 포인트**

■ 버스

메익 / 다웨에서

메익에서 09:30, 17:00, 20:00에 버스가 출발, 약 12시간 소요되며 요금은 K20,000~25,000이다. 다웨에서는 10:00에 출발, 22시간 소요되며 요금은 K35,000이다.

태국 라농에서

라농 싸판빠 선착장(Sapanpla Pier)에서 보트를 타고 꺼따웅으로 올 수 있다. 보트로 약 40분 소요되며 요금은 100바트다. 선착장 입구에 있는 싸판빠 입국심사소(Sapanpla Immigration Office)를 통과하면 바로 앞에 라농행 보트가 늘어서 있다.

■ 선착장(미얀마 출입국 선착장)

꺼따웅의 묘마 선착장(Myoma Jetty)에서 태국 라농행 보트를 탈 수 있다. 태국으로 가려면 선착장 입구 왼편의 출입국심사소에 들러 출국 심사를 받아야 한다(반대로 태국에서 온다면 이곳에서 입국 스탬프를 받아야 한다). 선착장 앞에 있는 보트를 타고 약 30분 정도면 태국 땅 라농에 도착한다. 미얀마 땅이지만 보트에선 태국 화폐로 돈을 받는다. 보트 요금은 100바트.

이제 미얀마 여행을 끝내고 태국으로 간다거나, 태국에서 막 미얀마 땅에 도착했다면 일단 환전부터 해야 한다. 환전은 시내에 있는 은행에서 가능한데 미국 달러와 싱가포르 달러만 취급한다. 꺼따웅의 숙소와 여행사에선 태국 바트를 선호하면서도 은행에선 미얀마-태국 양국 간의 환전은 불가능하다. 은행과 마켓 근처의 사설 환전상에서 환전할 수 있다.

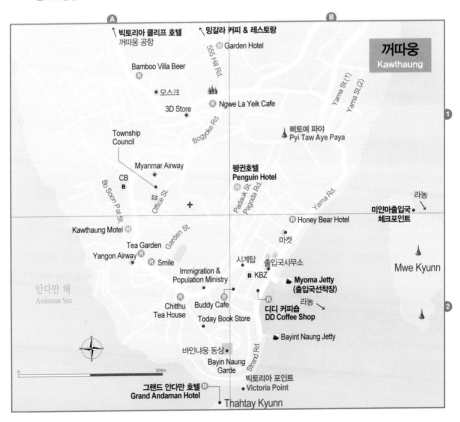

eating

선착장 근처에 있는 바인나웅 Bayint Naung 공원
앞으로 차와 간단한 식사를 할 수 있는 작은 현지식당이
옹기종기 모여 있다.

밍갈라 커피 & 레스토랑
Mingalar Coffee & Restaurant

지도 P.419-A1 | 주소 No.129, 555 Hill Road
전화 09-444599232 | 영업 08:00~22:00 | 예산 K3,000~

마을 북쪽으로 555 Hill Road를 따라 언덕을 오르면
꺼따웅에서 가장 전망 좋은 식당이 있다. 중국식, 태국
식, 유러피안 퓨전 요리를 만드는데 간단한 밥, 면 요리
와 프라이드치킨까지 있다. 해질녘이면 선셋을 즐기려
는 현지 젊은이들이 삼삼오오 찾아든다.

디디 커피 숍 DD Coffee Shop

지도 P.419-B2 | 주소 Strand Road | 영업 07:00~22:00
예산 K3,000~

바인나웅 공원 맞은편에 있는 작은 카페 겸 식당. 커피
메뉴와 함께 외국인들도 무난하게 먹을만한 음식을 만
들어낸다. 라면, 튀긴 만두, 햄버거, 스테이크 등의 메
뉴가 있다.

sleeping

펭귄 호텔 Penguin Hotel

지도 P.419-B1 | 주소 Sabal Street | 전화 (059)51145
요금 싱글 $21, 더블 $21(팬), $37(에어컨) | 객실 34룸

숙소 요금이 약간 비싼 편인 꺼따웅에서 저렴하게 머물
수 있는 숙소다. 객실 자체는 소박하고 평범하지만 미얀
마 여느 숙소에서 느꼈던 감동적이고 신속한 서비스나
정성스런 조식은 기대하지 말길. 그래도 선착장과 시내
를 도보로 이동하기 좋은 위치다.

빅토리아 클리프 호텔 리조트
Victoria Cliff Hotel & Resort

지도 P.419-A1 | 주소 No.1, Bogyoke Road
전화 092-5386-9977 | 요금 더블 $98~ | 객실 40룸

시내에서 공항 방면으로 약 6.5km 거리에 위치해 있
다. 호텔 정문부터 프런트까지 셔틀버스를 타야할 정도
로 넓은 정원이 일단 압권이다. 고급 가구로 중무장한
객실, 바다와 눈높이를 맞춰 만든 수영장 등 훌륭한 시
설을 갖추고 있다. 안다만 해에 있는 섬 Nyaung Oo
Phee Island에도 지점이 있다.

그랜드 안다만 호텔 Grand Andaman Hotel

지도 P.419-A2 | 주소 Thahtay Kyun Island
전화 097-99312501 | 요금 더블 $97~ | 객실 205룸

아시아 최고의 호텔 중 하나로 꼽힌다. 꺼따웅 선착장
맞은편에 있는 섬(타타이 쭌)을 전세 낸 듯 섬 안에 위치
해 있다. 태국과 미얀마식 전통 스타일로 꾸며진 객실에
는 바다와 정원이 내려다보이는 전용 발코니가 있다. 야
외 수영장, 스파, 카지노 등의 시설과 스노클링과 안다
만 해의 섬 투어 프로그램을 잘 갖추고 있다. 라농 선착
장에서 호텔까지 운행하는 전용 셔틀보트가 있다.

Thailand Border Area

라농 Ranong

미얀마와 강으로 국경을 맞대고 있는 태국 남부 도시 라농 Ranong은 방콕에서 남쪽으로 약 568km 거리에 있다. 라농은 지형적으로 말레이 반도의 가장 좁은 부분인 끄라 지협 Kra Isthmus의 면적을 차지하고 있으며 서쪽으로는 미얀마와 안다만 해 Andaman Sea 를 접하고 있다. 일단 미얀마 꺼따웅에서 30여 분 보트를 타고 도착한 라농은 짧은 이동시간에도 불구하고 사뭇 다른 풍경으로 다가온다. 선착장에 내려 라농 출입국사무소를 빠져나가자마자 왁자지껄한 먹거리 노점이 펼쳐지면서 미얀마에서 막 건너온 여행자들의 발길을 붙든다. 라농 출입국사무소에서 라농 시내까지는

약 7km, 썽태우를 이용해 시내로 이동할 수 있다(20바트).

라농은 태국에서 가장 인구가 적은 도시인 덕분에 조금 더 소박하며 여유로운 분위기를 풍긴다. 열대 몬순기후로 일 년의 반 이상 비가 지속되는데 4월~11월까지 몬순에 접어든다. 고무나무, 캐슈너트, 코코넛 팜을 생산하는 비옥한 땅으로도 유명하다. 라농 대부분의 지형은 산과 숲이다. 태국에서 가장 큰 맹그로브 숲이 있으며 많은 종의 해양 생물이 서식하고 있다. 라농은 1890년 라마 5세(Chulalongkorn)왕이 라농을 방문한 이래 인기 있는 관광지가 되었다. 라농에는 세 곳의 천연 온천이 있는데, 그 중 온천과 함께 조성된 락사와린(Raksawarin) 공원, 산책하기 좋은 랏타나 랑산 팰리스(Rattana Rangsan Palace) 등을 들러보자. 라농은 태국의 아름다운 섬으로 가는 길목이기도 하다. 스피드 보트로 꼬파얌(Koh Phayam)까지 50분, 꼬창(Koh Chang)까지는 30분 거리로 당일 여행도 가능하다.

락사와린 공원 온천

꼬파얌

라농 출입국사무소

라농에서 출발하는 버스

방콕의 남부 터미널인 싸이따이(Sai Tai)에서 방콕~라농 버스가 출발한다. 3~4개의 버스회사가 공동 운행하며 버스는 일반 버스(40인승), VIP버스(32인승/24인승)에 따라 요금이 달라진다. 라농~방콕은 버스로 약 10시간 소요된다.

방콕 → 라농	라농 → 방콕	요금
07:30, 10:30, 13:30, 15:30, 19:30	07:30, 10:30, 13:30, 15:30, 19:30	325바트
08:00, 20:00, 20:45	08:00, 19:00, 20:00, 21:00	403~470바트
20:00, 20:20, 22:30, 22:50	08:15, 20:30, 20:45	627~670바트

미얀마
국경지역

Myanmar Border Area

미얀마 국경 지역
여행하는 방법

미얀마는 태국, 중국, 라오스, 인도, 방글라데시와 국경을 맞대고 있다. 하지만 과거 오랫동안 미얀마는 어느 나라에서도 육로를 통해 들어올 수 없었으며 역시 미얀마에서 육로로는 밖으로 나갈 수 없었다. 이웃 나라인 태국에서는 국경을 맞댄 캄보디아, 라오스, 베트남, 말레이시아 등 인접 국가로의 육로 여행이 가능하다. 그러나 태국에서조차도 바로 옆에 있는 미얀마를 여행하려면 부득이하게 비행기를 이용해야 했다. 즉, 그동안 미얀마는 동남아시아에서 유일하게 육로로 드나들 수 없던 금단의 땅이었다. 그러던 미얀마가 마침내 빗장을 활짝 열어젖혔다.

2013년 8월 8일 10:00를 기해 미얀마 정부는 미얀마-태국 국경을 정식으로 개방했다. 엄밀히 말하면, 미얀마-태국 국경이 그동안 개방되지 않은 것은 아니다. 양국 간에 국경 무역지대를 두고 두 나라의 현지인들은 왕래가 가능했다. 외국인은 국경 근처 마을로 제한을 두긴 했지만 정해진 시간 동안 머물다 다시 태국으로 되돌아 나갈 수는 있었다. 하지만 2013년 국경 개방은 그런 의미가 아니다. 이제 태국에서 미얀마로 육로를 통해 입국한 뒤 국경 마을을 벗어나 자유롭게 미얀마를 돌아다닐 수 있다는 뜻이다. 그러다 마음 내키면 양곤이나 만달레이에서 비행기로 출국할 수도 있고, 반대로 비행기로 미얀마에 입국한 뒤 육로를 통해 태국으로 나갈 수도 있다. 미얀마의 입출국이 육로로 가능해짐에 따라 이제 미얀마 여행은 단조로운 루트를 벗어나 다양하게 계획할 수 있게 되었다.

알림 《프렌즈 미얀마》에서는 2018년 12월 기준으로 개방된 육로 국경 정보를 소개한다. 추후 개방되는 국경 정보는 개정을 통해 차차 안내할 예정임을 밝혀둔다.

■ 미얀마의 육로 국경

미얀마는 태국, 중국, 라
오스, 인도, 방글라데시와
국경을 맞대고 있다. 이
중 미얀마와 국경을 가장
많이 개방하고 있는 국가
는 태국이다. 공식적으로
외국인이 아무런 제재 없
이 자유롭게 드나들 수 있
는 국경은 미얀마~태국
국경이다. 허가서가 필요
하긴 하지만 미얀마~인도
국경도 일부 개방되었다.
그 외의 나라는 특별 허가
서가 필요하거나 아직 외
국인에겐 개방되지 않은
상태다.

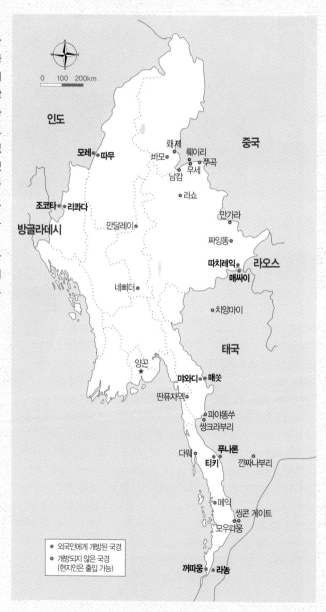

N

0 100 200km

인도

래제
바모
뤠이리
중국
모레 · 따무
남캄
무세
쭝곡
라쇼
만가라
조코타 · 리콰다
짜잉똥
방글라데시
만달레이
따치레익
라오스
매싸이
네삐더
치앙마이
태국
양꼰 ★
먀와디 · 매쏫
딴퓨자옛
파야똥쑤
쌍크라부리
푸나론
다웨
티키
깐짜나부리
메익
씽콘 게이트
모우따웅
꺼따웅 · 라농

● 외국인에게 개방된 국경
○ 개방되지 않은 국경
  (현지인은 출입 가능)

미얀마 - 태국 국경

2018년 현재 태국과의 육로 국경은 총 6구간이 개방된 상태다. 미얀마와 태국을 외국인이 특별 허가서 없이 자유롭게 출입할 수 있는 국경 구간은 **1**~**4**번이다.

1 먀와디 Myawaddy - 매솟 Maesot

먀와디(미얀마, Kayin State) - 매솟(태국, Tak Province) 국경은 태국에 거주하는 외국인들이 비자 갱신을 위해 흔히 이용하는 국경이다. 태국 국경 마을인 매솟은 교통과 숙소 등 편의시설이 잘 발달해있어 편하게 이동할 수 있다. 먀와디에서는 파안, 몰레먀인 등으로 이동할 수 있고, 매솟에선 방콕으로 버스가 연결된다.

2 티키 Htee Khee - 푸나론 Phunaron

티키(미얀마, Tanintharyi Division) - 푸나론(태국, Kanchanaburi Province) 국경은 태국의 수도인 방콕에서 미얀마로 통하는 가장 가까운 국경이다. 미얀마 쪽은 대부분 산악지형으로 도로가 울퉁불퉁하지만 태국 쪽은 매끄럽다. 푸나론에선 깐짜나부리, 방콕으로 버스가 연결되고, 티키에선 다웨로 버스가 연결된다. 참고로 푸나론은 태국에선 푸남론(Phunamron)이라고 한다.

3 꺼따옹 Kawthaung - 라농 Ranong

꺼따옹(미얀마, Tanintharyi Division) - 라농(태국, Ranong Province) 국경은 육로가 아닌 해상으로 국경을 넘는 구간이다. 미얀마 남부 따닌따리 구에 위치한 최남단 도시인 꺼따옹에서 보트로 30여 분이면 태국 라농에 닿는다. 꺼따옹에선 메익으로 버스가 연결되고, 라농에선 방콕으로 버스가 연결된다.

4 따치레익 Tachileik - 매싸이 Mae Sai

따치레익(미얀마, Shan State) - 매싸이(태국, Chiang Rai Province) 국경은 통행에 무리는 없으나 아직 일반화된 루트는 아니다. 미얀마 땅인 따치레익에서는 짜잉통이라는 지역까지만 육로 이동이 가능하기 때문이다. 따라서 따치레익 국경으로 입출국하려면 국경에서 따치레익 공항으로 이동해 국내선 비행기를 이용해야 한다. 단, 여행사의 그룹 카라반 투어를 이용한다면 특별 허가서를 받아 육로를 통해 미얀마로 진입할 수 있다. 매싸이에서는 태국 치앙마이로 버스가 운행된다.

5 파야똥쑤 Payathonzu - 쌍크라부리 Sangkhla Buri

파야똥쑤(미얀마, Kayin State) - 쌍크라부리(태국, Kanchanaburi Province) 국경 자체는 개방되었으나 외국인은 출입할 수 없다. 양국의 현지인들만 출입 가능하다. 파야똥쑤는 'Three Pagodas Pass'로도 불린다.

6 모우다웅 Mawdaung - 씽콘 패스 Singkhorn Pass

모우다웅(미얀마, Tanintharyi Division) - 씽콘 패스(태국, Prachuap Khiri Khan Province) 국경 자체는 개방되었으나 외국인은 출입할 수 없고 양국의 현지인들만 허가된다. 미얀마 모우다웅에서는 메익으로, 태국 씽콘 패스에선 후아힌으로 버스가 연결된다.

미얀마 – 중국 국경

무세 Muse(미얀마, Shan State) – 뤠이리 Ruili(瑞麗, Yunnan Province) 국경은 한때 특별허가서를 지참하고 가이드와 전용 차량을 이용하는 패키지여행 조건으로 방문할 수 있었지만, 2018년 현재로선 중단되었다. 뤠이리는 미얀마에선 쉐이리(Shweli)로도 불린다. 미얀마 무세에서는 라쇼로 버스가 연결되고, 뤠이리는 중국 윈난 지방으로 연결된다.

미얀마 – 인도 국경

2018년 미얀마~인도 육로 국경 일부가 개방되었다. 따무 Tamu(미얀마, Sagaing Division)-모레 Moreh(인도, Manipur State) 국경, 조코타 Zokhawthar(인도, Mizoram State)-리콰다 Rihkhawdar(미얀마, Chin State) 국경, 이 두 곳은 현재 외국인도 출입할 수 있다. 다만 두 국경 모두 각 나라에서 접근성이 좋지 않은 편이라 여행자들의 왕래는 많지 않다. 인도에서 미얀마로 입국한다면 현재 무비자 상태로 아무 문제 없지만, 미얀마에서 이곳을 통해 인도로 입국하려면 사전에 인도 비자를 갖추고 있어야 한다. 또한 이 지역(친 주 Chin State)은 미얀마의 현지 상황에 따라 방문 시 특별 허가서를 요구할 수도 있다는 것도 알아두자. 특별 허가서는 여행사에서 대행한다.

■ 국경 입출국 시 비자 확인

2018년 10월부터 무비자가 시행되면서 항공 입국 시와 마찬가지로 육로에서도 비자 서류가 필요치 않다. 다만 모든 육로 국경에서 허용되는 것은 아니고, 다음 소개하는 지역에서만 무비자 입국이 가능하다. 미얀마~태국 국경 지역인 따치레익(Tachileik), 먀와디(Myawaddy), 꺼따웅(Kawthaung), 티키(Htee Khee), 미얀마~인도 국경지역인 따무(Tamu), 리콰다(Rihkhawdar) 6곳에서 가능하다.

육로로 미얀마에서 태국으로 가는 방법도 동일하다. 태국 역시 한국인이 무비자로 체류할 수 있기 때문에 미얀마를 출국한 뒤, 태국 출입국관리사무소에서 입국카드를 쓰면 여권에 90일 체류 허가 스탬프를 받고 바로 입국하게 된다. 참고로, 인도는 2018년 10월부터 '도착비자(visa on arrival)'를 시행하고 있지만 공항에서만 가능하므로, 육로로 이동한다면 미얀마 대사관을 통해 사전에 비자를 받아야한다.

■ 출입국관리사무소 영업시간과 국경 시차

간혹 국경이라고 해서 출입국관리사무소 Immigration Office가 24시간 열려있을 거라고 생각하지만 출입국사무소의 공식 영업시간은 06:00~20:00로 미얀마, 태국 양국 국경 모두 같다. 국경 상황에 따라 영업시간이 변경될 수도 있으므로 가급적 국경엔 일찍 도착하는 것이 좋다. 출입국사무소 영업시간을 지나 도착하게 되면 부득이 국경 마을에서 하루 머물러야 한다. 태국에서 미얀마로 넘어올 경우는 가급적 오전 중에 도착하는 것이 좋다. 미얀마 국경에서 다른 지역으로 가는 버스는 대부분 오전 중에 출발한다. 반면, 미얀마에서 태국으로 넘어갈 땐 그보다는 시간 여유가 있다. 태국 쪽은 대도시로 나가는 버스 편이 오후까지 있어 마음만 먹으면 당일 국경 마을을 벗어날 수 있다. 주의해야 할 것은 미얀마와 태국 사이에 30분의 시차가 존재한다는 것이다. 미얀마가 08:30이면 태국은 09:00이다. 출입국관리사무소는 제 나라의 시각에 맞춰 문을 열고 닫으므로 미얀마에서 태국으로 갈 때는 최소한 미얀마 시각 19:30까지는 도착해야 한다.

■ 국경에서의 화폐 사용

국경이라는 특수성 때문에 미얀마~태국 국경 지역은 양국 화폐가 어느 정도 통용되지만, 국경 내에서는 자국 화폐를 사용하는 것이 원칙이다. 미얀마에서는 미국달러($)와 미얀마 화폐인 짯(K)을 동시에 사용하지만, 태국 국경을 넘어서부터는 태국 돈인 바트(B)를 사용해야 한다. 태국에서 미얀마 화폐는 통용되지 않는다. 태국 쪽 국경에는 은행과 ATM기가 많으므로 달러나 짯을 바트로 환전하면 된다. 그동안 미얀마에서 구겨져서, 혹은 찢어져서 사용하지 못했던 달러는 모두 태국 은행에서 환전이 가능하다. 반대로 태국에서 미얀마로 입국한다면, 역시 국경 지역을 벗어나면 태국 돈은 사용할 수 없으므로 모두 미국달러나 짯으로 환전해 입국해야 한다. 달러로 환전할 때는 꼭 신권으로 받도록 하자. 참고로 태국 화폐 단위는 밧(Bhat), B로 표기한다.

- $1=30.31밧(B) / 1,000원=25밧(B)
- B(태국 밧)=K49.6(미얀마 짯)=39원(원화)

(2019년 12월 기준)

■ 국경으로 가기 전에 체크할 것

미얀마의 국경 지역은 대부분 산악 지대다. 이 지역은 소수민족으로 구성된 반군과 정부군이 대치하고 있기도 하다. 반군은 독립을 요구하고, 정부군은 이를 용납하지 않기 때문에 충돌이 종종 일어난다. 2011년 반군과 정부군이 평화협정을 체결했으나 언제든 충돌 가능성이 있다. 문제가 발생하면 이 지역 도로는 외국인 출입제한 구역이 된다. 그렇게 되면 국경을 넘는다 하더라도 미얀마 내에서 육로가 차단되어 이동할 수 없다.

또한 국경 지역은 양국 간 정치, 외교 문제가 발생하면 가장 민감하게 반응을 보인다. 2002년에는 미얀마~태국 간의 정치적인 문제로, 2006년에는 방콕에서 발생한 무혈 쿠데타로 국경이 일시적으로 폐쇄된 적이 있었다. 미얀마 내의 상황은 물론, 인접 국가의 상황도 늘 주시해야 한다. 국경 출입 상황은 서울에 있는 주한미얀마대사관(→P.458), 미얀마 내에 있다면 양곤의 관광안내센터(→P.66)에서 확인할 수 있다.

■ 방콕에서 미얀마 국경으로 가는 방법

태국 방콕에서 육로를 통해 미얀마로 입국한다면 아래 해당 터미널에서 버스를 타면 된다. 방콕을 기준으로 미얀마의 북쪽 국경 지역인 매쏫, 매싸이로 가려면 방콕 북부터미널(콘쏭 머칫)에서, 미얀마의 남쪽 국경 지역인 라농, 푸나론(깐짜나부리)으로 가려면 방콕 남부터미널(싸이따이)에서 버스를 타면 된다.

출발지	목적지	소요시간	출발터미널
방콕	매쏫	8시간	북부터미널 (콘쏭 머칫)
	매싸이	12시간	
	라농	10시간	남부터미널 (싸이따이)
	푸나론	4시간 30분	

*푸나론(푸남론)은 방콕에서 직행버스가 없다. 방콕~깐짜나부리까지 2시간 30분, 깐짜나부리~푸나론까지 2시간 이동하는 버스를 이용하면 된다.

●방콕 북부터미널(콘쏭 머칫)

방콕에서 가장 큰 버스터미널이다. 태국의 북쪽 지방 치앙마이, 치앙라이, 쑤코타이, 매홍쏜, 매싸이 등으로 가는 버스가 출발한다. 이외에도 아유타야, 파타야, 캄보디아 국경지역인 아란야프라텟으로 가는 버스가 출발한다.

가는 방법 방콕 지상철인 BTS를 타고 머칫(Mo Chit)역 또는 지하철인 MRT를 타고 깜팽펫(Kamphaengphet)역에 하차해 택시를 이용한다. 택시로 5~10분 소요된다.

●방콕 남부터미널(싸이따이)

태국의 남쪽 지역인 푸껫, 쑤랏타니, 끄라비, 뜨랑, 핫야이, 후아힌, 라농 등과 깐짜나부리, 담넌싸두억 수상 시장 등 방콕의 서쪽으로 가는 버스가 출발하는 터미널이다.

가는 방법 방콕 남부터미널은 찾아가기가 약간 불편하다. BTS 아속(Asok)역, 나나(Nana)역을 지나 남부터미널로 가는 시내버스가 있긴 하지만 시내 구석구석을 거쳐 가기 때문에 꽤 시간이 걸린다. 방콕시내 어디에서오든 멀기 때문에 택시를 타는 것이 낫다.

한눈에 보는 미얀마  – 태국 국경

1 먀와디 – 매쏫

먀와디 국경

매쏫 국경

(P.401)
먀와디

🚌 5시간 ─────> 파안
🚌 4시간 ─────> 몰레먀인

(P.402)
매쏫 ─────────────────> 방콕
🚌 8시간

2 티키 – 푸나론

티키 국경

푸나론 국경

(P.407)
티키 ──────────────> 메익
🚌 5시간

(P.407)
푸나론 ────────────> 깐짜나부리
🚌 2시간

3 꺼따웅 – 라농

꺼따웅 국경

라농 국경

(P.418)
꺼따웅 ──────────────> 메익
🚌 12시간

(P.421)
라농 ──────────────> 방콕
🚌 10시간

4 따치레익 – 매싸이

따치레익 국경

매싸이 국경

(P.321)
따치레익 ───────────> 바간
✈ 1시간 내외 ─────> 냥쉐
─────> 양곤

(P.323)
🚌 1시간 30분 ─────> 치앙라이
매싸이
─────> 치앙마이
🚌 5시간

미얀마
개요

미얀마보다 버마라는 이름이 더 익숙하다면, 미얀마하면 버마 아웅산 묘소 폭발 테러 사건(1983년 10월 9일)이 가장 먼저 생각난다면, 아예 미얀마에 대한 별다른 이미지가 떠오르지 않는다면 그것은 당신의 문제가 아니다. 미얀마가 그동안 너무 오래 폐쇄되어 있던 까닭이다. 그런 탓에 미얀마는 같은 아시아권임에도 꽤나 멀고 낯설게 느껴진다. 미얀마를 알고 나면 미얀마에 대한 먼 느낌은 마음의 거리이고 낯설은 신비로움으로 다가오게 될 것이다. 미얀마의 문화와 분위기를 파악하고 간다면 현지에서 자연스레 스며들어 여행할 수 있다. 미얀마로 출발하는 비행기 안에서 가볍게 읽어보자.

: 미얀마 개요 :

미얀마 프로파일

- **국명**   미얀마 연방공화국(The Republic of the Union of Myanmar)
  - −1989년 '버마' 연방에서 '미얀마' 연방으로 국명 변경
  - −2010년 '미얀마 연방'에서 '미얀마 연방공화국'으로 국명 변경
- **면적**   676,578㎢(한반도의 약 3배)
- **인구**   5,512만 명(CIA World Factbook 2017 기준)
- **언어**   미얀마어(공식 언어)
- **통화**   짯(Kyat)
- **수도**   네삐더(Naypyidaw)
- **국가 형태**   연방공화국
- **정치체제**   대통령 중심제(2011년 민선 정부 출범)
- **국가전화코드**   +95
- **1인당 GDP** $5,831(2017 IMF 구매력 평가 기준)
- **10대 도시(인구 대비)**   양곤, 만달레이, 네삐더, 바고, 파안, 따웅지, 몽유와, 미찌나, 몰레먀인, 마궤
- **주요 자원**   쌀, 티크, 원유, 천연가스, 철광석, 석탄, 니켈, 동, 아연, 구리, 텅스텐, 주석, 보석류 등

국기

미얀마는 2010년 10월 21일 새로운 국기를 채택했다. 새 국가 이름(미얀마 연방공화국)의

의미를 도입한 국기로, 가로를 3단으로 나눠 노란색, 녹색, 빨간색을 채우고 중앙에는 5각형 별을 새겼다. 노란색은 연대, 초록색은 평화와 평온, 빨간색은 용기와 결단력을 뜻한다. 중앙의 흰 별은 국가와 노동조합의 중요성을 의미한다.

국장

2010년 제정된 국장(國章)은 미얀마를 상징하는 문양 중 하나로 정부 문서나 시설, 물자 등에 사용된다. 국장 중앙에는 미얀마 지도를 그려 넣고, 농업을 뜻하는 벼가 지도를 감싸고 있다. 꽃문양으로 전체 배경을 장식하고 있는데 좌우에는 사원을 보호하는 사자상, 상단에는 별, 하단에는 미얀마 14개 행정구역(삐타웅쑤)·대통령(타마다)·미얀마 연방공화국(미얀마나잉 가떼)을 뜻하는 미얀마어가 적혀 있다.

면적

미얀마는 국토 면적이 676,578㎢로 동남아시아에서 가장 큰 나라이다. 이는 한반도의 약 3배(남한의 7배) 크기로 면적으로는 세계 41위다. 동경 98°00′, 북위 22°00′에 위치해 있으며 국토 지형은 마름모꼴에 길게 꼬리가 달린 가오리연 같은 모습이다. 국토의 50%가 산과 숲으로 이루어져 있으며 서쪽은 라카잉 산맥, 중부 이남은 바고 산맥, 동쪽은 샨 고원지대로 형성되어 있다. 2,170㎞의 에야와디 강과 친드윈 강이 국토를 관통해 바다로 흘러간다. 북서쪽은 방글라데시와 인도, 북동쪽은 중국, 동쪽은 라오스, 남동쪽은 태국, 서쪽으로는 벵갈 만(Bay of Bengal), 남쪽으로는 안다만 해(Andaman Sea)와 접하고 있다(국경선의 총 길이는 5,876㎞, 해안선의 총 길이는 1,930㎞).

기후와 날씨

열대 · 아열대 기후대에 속하는 미얀마는 전반적으로 고온 다습한 열대성 몬순 기후다. 연평균 기온은 27.4℃, 낮 기온은 연중 30℃ 이상이다.
미얀마는 일반적으로 3계절로 나뉜다. 우기는 6월~10월, 건기는 11월~2월, 여름철은 3월~5월까지다. 우기인 6월~10월에는 거의 매일 약 5시간 정도 비가 내리며 연평균 강우량은 2,513㎜다. 건기인 11월~2월은 여행하기 가장 좋은 계절이다. 산악 지역과 숲으로 되어 있는 북부 지역과 북동 지역은 새벽 최저기온이 15℃까지 내려가기도 하지만 대체로 연중 내내 온화하고 선선한 편이다. 여름인 3월~5월은 지역마다 온도차가 있지만 미얀마 전역이 대체로 덥다. 북부는 그나마 나은 편이나 바간은 한낮 최고기온이 40℃ 이상 올라가는 등 매우 무덥다.

행정구역

미얀마는 크게 7개의 정부 관할구(Division)와 7개의 종족 자치주(State)로 나뉜다. 이외에 5개의 자치지역, 1개의 자치지방, 1개의 자치연방구가 있다. 정부 관할구는 에야와디 Ayeyarwady구, 마궤 Magway구, 양곤 Yangon구, 만달레이 Mandalay구, 바고 Bago구, 사가잉 Sagaing구, 타닌타리 Tanintharyi구다. 이 중 에야와디 구와 타닌타리 구를 제외하고는 관할구 이름이 관할구역의 수도 이름이다. 종족 자치주는 친 Chin주, 까친 Kachin주, 까야 Kayah주, 까예잉 Kayin주, 몬 Mon주, 라카잉 Rakhine주, 샨 Shan주로 나뉜다.
정부 관할구는 주로 버마족이 인구의 다수를 이루는 반면, 종족 자치주는 소수민족이 다수를 이룬다. 인구가 가장 많은 곳은 에야와디 구이며, 인구가 가장 적은 곳은 까야 주다. 면적은 샨 주가 제일 크고, 양곤 구는 가장 작은 면적인 반면 인구밀도는 가장 높다. 이외에 다누 Danu족, 코캉 Kokang족, 나가 Naga족, 빠오 Pa-O족, 빨라웅 Palaung족이 운영하는 5개의 종족 자치구역(Self-Administered Zone)과 와 Wa족이 운영하는 1개의 자치지방(Self-Administered Division)이 있다. 수도인 네삐더 Naypyidaw는 별도 자치연방구(Union Territory)로 운영된다.

인구

미얀마 인구는 5,512만 명으로 인구수 세계 24위다(CIA World Factbook 2017 기준). 미얀마에서 인구가 가장 많은 지역은 양곤으로 전체 인구의 약 13%가 거주하고 있으며, 만달레이, 네삐더, 바고, 파안, 따웅지, 몽유와, 미찌나, 몰레먀인, 마궤 등 대도시 위주로 인구가 밀집되어 있다. 하지만 공식 인구로 집계되지 않는 상당수 난민이 있어 이보다 더 많을 것으로 추정된다. 가장 많은 연령대는 25~54세로 인구의 42.36%다. 0~14세는 26.85%, 15~24세는 17.75%다. 즉, 0~54세 인구가 86.96%로 젊은 편이다. 참고로 도시 인구는 전체 인구의 35.2%다.

인종

미얀마는 135개 소수민족으로 구성된 연합국가다. 그 중 버마족이 전체 인구의 68%를 차지한다. 그 외에 샨 족 9%, 까렌족 7%, 라카잉족 4%, 몬족 2%, 중국인 3%, 인도인 2%, 기타 5%다. 같은 종족이라 하더라 도 그 안에서 다시 부족이 나뉘고, 각 종족의 언어는 방 언까지 포함해 242개 언어가 공존하고 있을 정도로 미 얀마의 인종 구성은 다양하고 복잡하다. 미얀마 정부는 지역별 거주 종족으로 공식적인 구분을 하고 있는데 친 주 53종족, 샨 주 33종족, 까친 주 12종족, 까예잉(까 렌) 주 11종족, 까야 주 9종족, 버마 종족 9종족, 라카 잉 주 7종족, 몬 주 1종족 등 총 135종족으로 규정하 고 있다. 이외에도 정확하게 구분하기 어려워 공식 종 족에 포함되지 않은 비공식 종족도 다수 존재한다. 미 얀마의 대표 소수민족으로 꼽히는 8종족을 소개한다.

● 친족

소수민족 중에서 53종족이 포함되는 큰 그룹으로 친족 의 60%가 친 주에 거주한다. 이 지역은 가파른 산을 끼고 있는 인도와 방글라데시 국경 근처의 구릉 지역으 로 과거에는 존재가 잘 알려지지 않아 외부의 영향을 거의 받지 않는 집단이었다. 친족은 남부 친족과 북부 친족으로 나뉘는데 이 안에서도 44개의 각기 다른 언 어가 존재한다.

● 샨족

33종족이 포함되는 샨족은 미얀마에서 매우 강력한 종 족 중 하나다. 샨족의 본거지인 샨 주는 따웅우에서 만 달레이까지를 포함해 중국과 라오스, 태국 국경 근처까 지 넓게 펼쳐진다. 깔러에서 인레 호수 트레킹을 할 때 샨족의 몇몇 종족을 만날 수 있다.

● 까친족

까친족 그룹에는 12종족이 포함된다. 까친 주는 북쪽 으로는 중국 국경과 인접한 산악 지역과 남쪽으로는 에

야와디 강을 따라 펼쳐진 구릉 지역으로 나뉜다. 까친족 은 주로 바모(Bhamo)와 미찌나(Mytkyina) 지역에 거 주한다. 대다수는 낫 신앙을 믿지만 기독교, 불교 신자 도 많다. 까친족은 어릴수록 부모를 가장 많이 닮는다고 믿기 때문에 막내에게 유산을 상속하는 전통이 있다.

● 까예잉족(까렌족)

까예잉족 그룹은 11종족으로 이루어져 있다. 양곤 근 처에서부터 태국 남동쪽 국경, 미얀마 남부까지 널리 퍼져 있다. 까예잉족을 까렌족이라고도 부르며 이들의 본거지인 미얀마 남부의 까예잉 주(Kayin State) 역시 까렌 주(Karen State)라고도 불린다.

● 까야족(까얀족)

까야족 그룹은 9종족이 포함된다. 대부분 미얀마 중앙 동부에 있는 산악 지역, 태국 국경과 인접한 지역에 거 주하고 있다.

● 라카잉족(아라칸족)

7종족으로 나뉘는 라카잉족은 방글라데시 국경과 인도 양을 따라 미얀마의 서쪽 라카인 주(Rakhine State) 에 산다. 오래전 상인과 선원들이 해안가에 정착하며 공동체를 형성했다. 1980년대 방글라데시에서 온 이주 민들로 인해 인구가 일시적으로 증가하기도 했다. 특히 북부 해안 지역에 무슬림이 모여 살며 이들은 어업에 종 사하고, 불교도는 농사를 지으며 살아간다.

● 몬족

몬족은 과거 몬족의 수도였던 바고 지역과 남쪽의 몰레 마인 주변에 위치하고 있다. 몬족은 중앙아시아 평원에 서 인도차이나 반도로 이주해 온 첫 이주민으로 미얀마 에 상좌부 불교를 전한 민족으로 알려져 있다. 이들은 당시 상당히 수준 높은 문화를 보유하였는데, 대부분 버마족에 동화되어 영국 식민지 시대에 징병되었던 몬 족들은 버마족으로 기록되기도 했다고 한다.

● 버마족

미얀마에 가장 많은 종족인 버마족도 그 안에서 9개 종족으로 나뉜다. 버마족 그룹은 주로 에야와디 강을 따라 에야와디 삼각주 근처와 양곤, 빠떼인, 바고 등지에 정착해 산다.

● 중국인(Burmese Chinese)

영국 식민지 시절 많은 중국인들이 중국 윈난성을 통해 이주해왔다. 이들은 코캉 중국인(Kokang Chinese)으로 불리며 윈난성 접경 지대에 모여 살았는데, 이 지역은 미얀마 독립 후 군부에 의해 지배되다가 1989년 코캉 자치지역 Kokang SAZ(Self-Administered Zone)으로 지정되었다. 미얀마 화폐보다 중국 화폐가 더 흔하게 통용되는 중국인 특별자치구역이다. 최근 중국인들은 대도시로 진출해 무역업 등을 하며 미얀마에서 중산층으로 자리를 잡고 살아간다. 공식 통계는 미얀마 인구의 3%이지만 불법 이주자들 때문에 이보다 더 많을 것으로 추정된다.

● 인도인(Burmese Indian)

미얀마에서 인도인의 역사는 깊다. 영국 식민지 시절 훨씬 전부터 인도인들이 동부 해안 근처에 공동체를 형성해 살았다고 전해진다. 영국 식민지 시절, 미얀마가 인도의 한 주(state)로 편입되면서 인도인들이 본격적으로 이주해왔다. 1930년대에는 양곤 인구의 50% 이상이 인도인들이었다고 한다. 이때 넘어온 인도인은 두 부류로서 고등교육을 받은 인도인은 행정 부문에서 일을 하며 중상류 생활을 영위했고, 나머지는 철도·도로 등 노역을 하는 노동자들이었다. 대부분 남인도 출신으로 이때 힌두교와 인도 문화도 유입되었다. 일본이 점령하면서 대부분 인도로 돌아갔으나 그 후손들이 미얀마에 남아 뿌리를 내렸다. 인도인들은 양곤과 만달레이에 집중되어 있으며 삔우룬과 깔러에도 많이 거주한다. 공식 통계는 미얀마 인구의 2%이지만 역시 이보다 더 많을 것으로 추정된다.

언어

미얀마를 대표하는 공용어는 미얀마어다. 미얀마어 외에도 소수민족은 종족들끼리 각자 고유 언어를 사용해 현재 미얀마에는 242개 언어가 공존한다. 여행자들이 주로 가는 관광지나 대도시에서는 영어도 통용이 되며, 중국 국경 지역은 중국어, 태국 국경 지역은 태국어도 일부 통용된다.

미얀마어와 소수종족의 언어로 써놓은 표지판. '(사원에서는) 신발을 벗으세요'

종교

미얀마 내에서 불교신자의 인구는 압도적이다. 불교 87%, 기독교 6%(침례교 3%, 가톨릭 1%), 이슬람교 4%, 토속신앙 1%, 힌두교를 포함한 기타 종교(우주 만물에 영혼이 있다고 믿는 물활론 등) 2%다. 미얀마에서 불교는 국교가 아니다. 헌법상 종교의 자유를 인정하고 있지만 헌법 제21조 1항에 '국가는 연방의 최대 다수가 신봉하는 종교로서 불교의 특별한 지위를 인정한다'고 명시돼 있다. 이렇듯 불교에 특별 지위를 부여하는 데다 불교를 믿는 인구가 워낙 많다 보니 전체적으로 불교 분위기가 물씬 감돈다.

● 미얀마의 상좌부 불교

흔히 소승불교, 대승불교라는 말을 들어봤을 것이다. 사실 소승불교라는 말은 스스로 대승불교라 칭하는 교단에서 상대교단을 부르는 말이다. 제대로 표현하자면 소승불교는 '상좌부(上座部, 테라바다 Teravada)' 불교, 대승불교는 '대중부(大衆部, 마하야나 Mahayana)' 불교다. 대한민국 불교는 대중부 불교이고, 미얀마 불교는 상좌부 불교다. 석가모니 입멸 이후 100년이란 시간이 흐르면서 단일 교단의 불교는 계율적, 철학적,

지리적, 언어적 차이 등으로 복수의 학파로 나뉘게 되는데 이때 상좌부 불교와 대중부 불교로 나뉘게 된다. 상좌부 불교는 미얀마를 포함해 스리랑카, 태국, 라오스, 캄보디아 등 동남아를 중심으로 전통을 지켜오고 있어 '남방불교'라고도 한다. 대중부 불교는 한국을 포함해 중국, 티베트, 타이완, 일본 등지로 전해지며 주로 북쪽 지방에서 발전되어 '북방불교'라고도 한다.

미얀마에 전해오는 상좌부 불교는 당시의 수행 전통을 대체로 엄격하게 지켜 내려오고 있으며 스스로의 수행을 통해 아라한(阿羅漢, Arahan)의 경지에 이르는 것을 우선으로 한다. 아라한은 본래 부처를 가리키는 명칭이었으나 상좌부 불교에서는 모든 번뇌를 끊고 깨달음을 얻어 열반의 경지에 이른 최고의 자리를 뜻한다. 상좌부 불교에서는 부처님 생존 당시의 계율을 철저히 지키며 수행한다. 대표적인 경전은 아함경(阿含經)이며, 수행 이론으로는 팔정도(八正道)가 있고, 수행 방법으로는 위파사나가 있다.

이에 반해 대중부 불교에서는 자신의 깨달음도 중요하지만 중생들의 교화를 위한 보살사상을 우선시한다. 즉 나와 남이 함께 깨달음의 길을 가는 것을 목표로 한다. 대중부 불교에서는 아라한을 '석가모니에게 직접 배운 제자들'이라는 뜻으로 해석하며 신봉의 대상은 아니다. 대표적인 경전은 묘법연화경, 화엄경, 금강경 등이며 수행 이론은 육바라밀(六波羅蜜), 수행 방법으로는 선수행, 염불수행, 간경수행, 절수행, 정근수행, 진언수행 등 다양한 수행법이 공존하고 있다. 대중부 불교는 인도 힌두교의 영향으로 토착 종교와 합일을 이루며 포용, 발전해 간다. 제사를 지낸다거나, 탑이나 불상을 세우고 여러 신장을 함께 모시기도 하는데 우리나라 대부분의 사찰에 삼신신앙을 이어받은 삼신각 등이 있는 것과 비슷한 의미로 보면 된다.

정리하면, 동북아시아에 계승되어오는 대중부 불교(북방불교)는 자신보다는 중생의 교화를 우선으로 하고, 동남아시아에 계승되어오는 상좌부 불교(남방불교)는 아라한을 지향하며 스스로의 깨달음을 중요시한다. 오늘날 불교를 구분 짓는 것은 경전과 수행 방법의 차이이므로 상좌부 불교와 대중부 불교가 근본적으로 다른 것은 아니다. 소승 · 대승 식의 작고 크고의 해석이 아닌 한 부처님의 가르침이라고 받아들이면 된다.

● **미얀마 스님들은 육식을 한다**

불교에서는 육식을 금하는 나라와 허용하는 나라가 있다. 우리나라처럼 대중부 불교를 계승하는 나라에서는 석가모니 입멸 후 경전에서 불살생(不殺生) 정신을 들어 육식을 금하고 있다. 하지만 미얀마를 포함한 상좌부 불교 국가에서는 육식을 허용한다. 우리나라 불교와 다른 모습 때문에 의아하게 생각하거나 잘못된 것이라 여기는 경우가 있는데 이는 그렇지 않다.

상좌부 불교인 미얀마에서는 스님들이 탁발을 통해 걸식을 한다. 미얀마 사람들은 닭고기나 새우, 멸치 등 고기가 섞인 음식을 스스럼없이 보시한다. 스님들 역시 고기라고 거절하지 않는다. 신도가 정성스레 올린 공양 음식은 이것저것 가려서 받을 수 있는 것이 아니다. 걸식 수행자의 신분으로서 보시 받은 음식을 소중히 해야 하는 것이 본분이다. 따라서 미얀마 스님들은 고기반찬 공양을 받으면 모든 것에 자비를 보내며 맛있게 먹을 뿐이다. 실제로 초기 경전에는 육식을 명확히 금하는 규율이 없다고 한다. 또 티베트, 몽골, 북인도, 네팔 등 라마불교권에서는 탁발을 하진 않지만 스님들에게 육식을 허용하고 있다. 이 지역은 고원 지대로 채소가 귀하기도 하지만, 유목민족인 이들에게 육식은 생존과 직결된다. 따라서 라마불교에서는 계율로 살생을 금하고 있으나 육식을 부정하지 않고, 늙거나 허약한 가축을 선별적으로 도살해 최소한의 가축 수를 유지한다.

이렇듯 불교에서의 육식은 종교나 윤리적 이유만으로 설명하기 힘들다. 수행하는 스님들의 식생활이라 하더라도 각 나라의 자연환경과 사회적, 경제적, 문화적 상황이 관련되어 각 나라의 여건을 기반으로 불교적 차이를 보인다. 참고로, 상좌부 불교에서 스님들은 하루 두 차례(보통 오전 7시와 오전 11시)만 식사를 한다. 낮 12시부터 다음 날 아침식사까지는 물만 허용되며 그 사이는 일체의 식사를 금하는 수행법을 따른다.

● 미얀마 스님들의 옷차림

스님들이 입는 승복(가사: 袈裟)은 종파마다 색깔이 다르다. 승복의 색은 보통 대중부 불교(대한민국)에서는 회색, 라마 불교에서는 붉은 색, 상좌부 불교(태국, 라오스 등)에서는 주황색인데 미얀마에서는 붉은색에 가까운 자주색이다.

상좌부 불교에서 출가자의 의상은 삼의(三衣)로 표현된다. 하의 가사는 안따라와사까(antaravāsaka)라고 한다. 양팔을 펼친 크기의 직사각형 천을 배꼽 위까지 가려 하반신을 감싼다. 상의 가사는 웃따라상가(uttarāsaṅga)라고 한다. 손을 높이 올려 잡을 정도의 세로 크기, 가로로는 양팔을 벌린 길이의 1.5배 크기의 직사각형 천을 상체에 감는다. 그 위에 중복 가사라고 하는 상가띠(saṅghāṭi)를 입는다. 상의 가사와 같은 길이와 폭으로 옷감이 2장 겹쳐져 있는 큰 옷이다. 평소에는 양 어깨를 감싸서 가사를 입지만 불교 의식을 행할 때는 반드시 왼편 어깨에 걸치고 오른쪽 어깨를 드러내고 입는데 이는 부처님에 대한 공경의 뜻을 나타낸다.

● 미얀마의 비구니, 띨라신

미얀마에서는 이른 아침 동이 트기 전에 거리로 나가면 어디서나 탁발을 하는 승려들을 볼 수 있다. 그러나 비구니(여자 스님)의 모습은 볼 수 없다. 상좌부 불교에서 비구니의 존재는 공식적으로 인정하지 않는다. 이는 상좌부 불교의 계율이 엄격하고 비현실적인 탓에 계맥을 상실해버렸기 때문이다. 비구(남자 스님)의 계율은 227계인 반면, 비구니는 311계인 데다가 남녀 계율이

불평등해 지켜지기가 어렵다고 한다. 따라서 미얀마를 포함한 상좌부 불교국가에서 비구니는 존재하지만, 스님이 아닌 수도자의 존재로 여긴다.

미얀마에서 남자스님인 비구는 '폰지'라고 하고, 여자스님인 비구니는 여성 수도자라는 뜻의 '띨라신'이라고 부른다. 미얀마의 띨라신들도 삭발을 하고 가사를 입고 있지만 승단의 일원으로 인정받지 못하기 때문에 폰지와는 같은 시간에 탁발을 나갈 수 없다. 그래서 띨라신은 이른 아침을 제외하고 보통 한낮이나 오후에 탁발을

폰지(비구)는 거리에서 음식공양을 받는다

띨라신(비구니)은 직접 집을 찾아다니며 탁발을 한다

상의 가사   하의 가사   중복 가사

해 생활한다. 띨라신들은 분홍빛 또는 연한 갈빛 가사를 입고, 따가운 햇살을 가리기 위해 긴 수건이나 우산 등을 소지한다. 주민들이 뽄지에게는 밥이나 반찬 등을 보시하는 반면, 띨라신에게는 생쌀이나 채소 등을 보시하는 것도 색다르다. 띨라신은 공양 받은 재료를 사원으로 가지고 와 손수 밥을 지어 먹고, 절의 잡다한 일을 도맡아 하며 뽄지들을 돕는다. 이렇듯 교리는 불합리하지만 미얀마의 띨라신들은 자신의 존엄성을 유지하고 불법을 이어가기 위해 고귀한 성직자의 모습을 보여준다.

● 단기 출가 의식, 신쀼

미얀마에서 9세~12세 사이의 소년들은 단기 출가라는 신쀼(Shinpyu) 의식을 치르게 된다. 신쀼는 '승려가 된다'라는 의미로, 머리를 깎고 사원에 들어가 일정 기간 출가를 하는 것이다. 독실한 불교신자들은 와조(Waso) 보름날에 맞춰 의식을 치르지만 최근엔 마을마다 날을 정해 또래 아이들이 공동으로 신쀼를 치르기 때문에 여행 중에도 길이나 마을에서 어렵지 않게 볼 수 있다. 가족과 마을 사람들이 사원에 바칠 꽃과 공양물을 들고 퍼레이드 행렬을 벌이는데 악단이 흥을 돋우며 온 마을을 축제 분위기로 만든다. 행렬에서 말이나 소에 타고 있는 소년이 신쀼 의식의 주인공이다. 소년은 화려한 옷을 입고 화장을 하고 있는데 이는 왕자의 신분으로 출가할 당시의 부처님 모습을 재현한 것이다. 행렬은 마을을 한 바퀴 돌고 소년이 수행하게 될 사원으로 향한다. 부모는 준비해 온 꽃과 공양물을 바치고, 주지스님에 의해 삭발하는 자식의 모습을 대견스럽게 바라본다. 삭발한 소년은 수련승으로서 지켜야 할 10계 서약을 하고 나면 절에서 1개월~6개월 정도 부모와 떨어져 생활하게 된다. 소년도 아침마다 탁발 수행을 하면서 부처님의 가르침과 불교 예절을 배우게 된다. 수행이 끝나면 다시 집으로 돌아오는데 이 시기에 배운 교리는 살아가면서 생활의 규범이 되기 때문에 신쀼를 마치면 하나의 인격체로 인정받는다.

신쀼를 치르고 성인이 된 뒤에도 본인이 원하면 언제든 단기 수련승이나 정식 비구로 출가할 수 있다. 미얀마에서는 출가를 인간교육의 수련으로 이해하는 측면이 있어서 출가와 환속이 자유롭다. 사원 생활을 하다가도 언제든 일반인으로 돌아갈 수 있다. 여행 중 관광지에서 만나게 되는 젊은(비교적 행동이 자유로워 보이는) 승려들은 대부분 단기 출가자인 수련승들이다.

신쀼나 단기 출가가 의무사항은 아니지만 불교 색채가 짙은 미얀마에서는 남자로 태어나면 누구나 희망하며 실제로 많은 사람들이 이를 실행하고 있다. 오히려 미얀마 남자들은 일생에 한번 사원 생활을 했다는 것을 자랑스러워하는데 단기 수행 경험이 많을수록 자부심을 느낀다.

집안의 영광이자 마을의 축제인 신쀼 의식

곧 꼬마 승려가 될 신쀼의 주인공

미얀마의 달력

미얀마에는 두 개의 달력이 존재한다. 그레고리력(우리나라의 양력)과 미얀마 고유의 미얀마력이 있다. 미얀마력은 뽀빠 소라한(Popa Sorahan)이라는 지배자가 바간을 통치한 해라고 알려진 서기 638년을 기준으로 삼는다. 즉, 2019년은 미얀마력으로 1381년이다. 일상 생활에서는 그레고리력을 사용하지만 불교와 관련된 축제만큼은 미얀마력의 월 이름에 따라 불린다. 매달의 이름을 알아두면 그 축제가 어느 달에 있는지 알 수 있다.

그레고리력		미얀마력	
1월	January	10월	Pyatho
2월	February	11월	Tabodwe
3월	March	12월	Tabaung
4월	April	1월	Tagu
5월	May	2월	Kason
6월	June	3월	Nayon
7월	July	4월	Waso
8월	August	5월	Wagaung
9월	September	6월	Tawthalin
10월	October	7월	Thadingyut
11월	November	8월	Tazaungmone
12월	December	9월	Nadaw

된 것인데 전국적으로 열리는 축제도 있지만 다양한 소수민족이 모여 사는 만큼 일부 지역에서만 행해지는 축제도 있다. 다음 장에 소개하는 축제는 매년 열리는 축제. 이외에도 2~3년 간격으로 열리는 지역 축제, 이슬람 축제와 힌두 축제 등도 있다. 여행하면서 그 나라, 그 지역의 축제를 만나는 것만큼 즐거운 일도 없을 것이다. 여행하는 지역에서 어떤 축제가 열리는지 알아보자. 축제 날짜는 미얀마력에 의해 매년 달라지므로 현지에서 확인하자.

국가 공휴일

미얀마 공휴일은 공식적인 국가 기념일로 이때는 은행과 우체국, 관공서 등이 모두 휴무한다. 국가 공휴일은 그레고리력으로 정해져 있지만 띤잔 축제와 미얀마 새해 등 일부 공휴일은 미얀마력으로 정해진다. 우안거는 우기가 시작되는 기간(7월 보름)부터 우기가 끝나는 기간(10월 보름)까지 약 3개월 동안 스님들이 정진하는 기간을 말한다. 이 기간에는 일반인들의 수행을 위한 일시적인 단기 출가가 가장 많이 이루어진다.

축제

미얀마는 축제가 많은 나라다. 매달 어느 지역이든지 1개 이상의 축제가 열린다. 대부분 문화, 종교와 관련

TRAVEL PLUS
팡롱협정과 유니언 데이

미얀마가 영국으로부터 독립을 쟁취하기까지에는 소수민족의 역할이 컸다. 이는 뛰어난 지도력의 소유자 아웅산 장군으로부터 비롯된다. 아웅산은 중요한 일을 소수민족의 리더들과 늘 협의했다. 이들의 힘을 한데 모아 독립운동을 하는 것이 중요했기 때문이다. 아웅산은 1947년 1월 27일 영국으로부터의 독립을 확정짓고 소수민족을 찾는다. 1947년 2월 12일, 샨 · 까친 · 친 주의 대표와 함께 팡롱협정(Panglong Agreement)을 체결한다. 이는 독립정부와 샨 · 까친 · 친족들이 서로 연합해 일단 10년 동안 연합정부를 운영해보고, 서로 맞지 않으면 10년 후 각 소수민족은 연방 탈퇴가 가능하다는 협정이다. 그러나 아웅산이 죽고 난 뒤, 정부는 협정을 이행하기는커녕 오히려 소수민족을 억압했다. 소수민족은 팡롱협정 없이는 미얀마의 독립도 없었을 것이라며 정부에 팡롱협정의 이행을 요구하고 있다. 당시 일부 소수민족은 정부의 통치 하에 있었기에 협정에 명시되진 않았으나, 소수민족 자치를 보장하는 '팡롱 정신'은 늘 소수민족 협상에서 원칙적 토대로 거론된다.
팡롱협정은 아직까지 이루어지지 않고 있지만 협정이 체결되었던 날(1947. 2. 12)은 미얀마 연방이 한뜻, 한마음이 되었던 의미 있는 날이기에 국가 공휴일로 정해 기념하고 있다. 2월 12일은 팡롱협정의 날, 연방의 날, 유니언 데이(Union Day)다.

● 미얀마의 축제

월	축제 이름	개최지
1월	찹쌀 축제(Htamane Sticky rice Festival)	
	아난다 사원 축제(Ananda Paya Festival)	바간(Bagan)
	쉐셋또 사원 축제(Shwesettaw Paya Festival)	밍부(Minbu)
	마하무니 사원 축제(Mahamuni Paya Festival)	만달레이(Mandalay)의 마하무니 사원
	쉐우민 사원 축제(Shwe Oo Min Paya Festival)	삔다야(Pindaya)
	까친족 마나오 축제(Kachin Manao Festival)	미찌나(Myitkyina)
	나가족 새해 축제(Naga New Year Festival)	친 주(Chin State)
2월	모띤숭 사원 축제(Maw-tin-sun Paya Festival)	빠떼인(Pathein)
	인도지 사원 축제(Indawgyi Paya Festival)	까친 주(Kachin State)
	삔다야 동굴 사원 축제(Pindaya Cave Paya Festival)	삔다야(Pindaya)
	중국 새해(Chinese New Year Day)	
	사롱 전통 축제(Salone Traditional Festival)	
3월	쉐다곤 사원 축제(Shwedagon Paya Festival)	양곤(Yangon)
	쉐모도 사원 축제(Shwemawdaw Paya Festival)	바고(Bago)
	신뾰 수도승 의식(Shinpyu Novitialion Ceremonies)	
4월	띤잔 물 축제(Thingyan Water Festival)	
5월	미얀마 새해(Myanmar New Year Day)	
	뽀빠 정령 축제(Popa Nat or Spirits' Festival)	뽀빠(Mt. Popa)
	까손 보름 축제(Kason Full Moon Day),	
	보리수 물 축제(Watering of the Sacred Bo Tree Festival)	
	따웅요 횃불 축제(Taung-yo Torchlight Precession Festival)	삔다야(Pindaya)
6월	빨리삼장의 나욘 축제(Nayone Festival of Tipitaka)	
7월	석가 첫 설교 기념일(Waso Fullmoon Day or Dhammasetkya Day)	
8월	따웅뾴 낫 또는 혼령 축제(Taungpyone Nats or Spirits' Festival)	따웅뾴(Taungpyone)
10월	빠웅도우 파야 축제(Phaung Daw Oo Paya Festival)	인레 호수(Inlay Lake)
	전통예술 경연대회(Performing Arts Competition)	양곤(Yangon)
	성스러운 순례 마치는 날(Thadingyut Festival of Lights)	
	짜욱세 코끼리 댄스 축제(Kyaukse Elephant Dance Festival)	짜욱세(Kyaukse)
	쉐지곤 탑 축제 (Shwezigon Pagoda Festival)	바간(Bagan)
11월	딴자웅다잉 빛의 축제(Tazaungdine Festival of Lights)	
	짜익티요 파야 축제(Kyaiktiyo Paya Festival)	짜익티요(Kyaiktiyo)
	열기구 및 불꽃 축제(Hot Air Balloons & Fireworks Festival)	따웅지(Taunggyi)
	카테인 띤간(노란 가운) 짜는 축제 (Kahtein Thingan(Yellow Robe) Weaving Festival)	
12월	9000 촛불 축제 (9000 Lighting of Candles)	양곤의 코탓찌 사원(Koe Htat Gyi Paya)
	까예잉(까렌)족 새해(Kayin New Year Day)	까예잉 주(Kayin State)

* 축제 날짜는 미얀마력에 의해 결정되므로 매년 변경됨. **이 외에도 지역마다, 종족마다 다양한 축제가 있음.

● 미얀마의 국가 공휴일

월	일	공휴일
1월	1일	새해(International New Year)
	4일	독립기념일(Independence Day)
2월	12일	연방의 날(Union Day)
3월	2일	농민의 날(Peasants' Day)
	미얀마력	따바웅 보름(Full Moon Day of Tabaung)
	27일	국군의 날(Armed Forces' Day)
4월	미얀마력	띤잔 물 축제(Thingyan Water Festival) *음력에 따라 매년 다르지만 보통 13일 전후
	미얀마력	Full Moon Day of Kasong
	미얀마력	미얀마 새해(Myanmar New Year Day) *띤잔이 시작된 날로부터 5일째 날
5월	1일	노동절(May Day)
7월	19일	순교자의 날(Martyrs' Day)
	미얀마력	와소 보름(Full Moon Day of Waso) / 우안거의 시작(Dhammasetkya Day) *미얀마력에 따라 8월이 되기도 함
10월	미얀마력	타딘쪼 보름(Full Moon Day of Thadingyut) / 우안거의 끝(Abhidhamma Day)
11월	미얀마력	따자웅몬 보름 축제(Full Moon of Tazaungmone)
	미얀마력	국민의 날(National Day) *따자웅몬 보름 축제가 시작된 날로부터 10일째 날
12월	25일	크리스마스(Christmas)
	31일	신년 전야(International New Year Eve Day)

* 일부 공휴일은 미얀마력에 의해 결정되므로 매년 변경됨.

미얀마 최대의 축제, 띤잔

혹시, 4월에 미얀마를 여행할 계획인가요? 비수기에다 가장 더운 계절이라 걱정이라고요? 노노~ 당신은 정말 행운아! 조금 덥긴 하겠지만 매우 즐거운 시간을 보낼 수 있을 겁니다. 미얀마 최대의 축제인 띤잔을 경험할 수 있으니까요. 양력 4월은 미얀마력으로는 1월에 해당하는데요. 4월 중순에 띤잔이라는 명절이 있어요. 우리나라로 치면 설날로 가족, 친지들이 모여 새해를 축하하는 가장 큰 명절인데요. 새해가 시작되기 5일 전부터 띤잔 축제가 전국적으로 펼쳐집니다. 이 기간에는 음식을 만들어 사원으로 가져가 이웃들과 음식을 나누고, 동네의 웃어른을 찾아 인사를 드리며 존경심을 표하는 날이기도 합니다. 띤잔 축제의 가장 중요한 행사는 서로에게 '물 뿌리기'입니다! 한해의 수고를 감사하고 그 물로 몸과 마음을 정결하게 하고자 하는 의례입니다. 대도시에서는 아예 트럭에 물을 가득 싣고 돌아다니며 아무에게나 물대포(?)를 쏘아대죠. 이날은 모르는 사람에게 물벼락을 맞아도 화내는 사람이 없으며, 오히려 고마워하며 함께 즐깁니다. 한 해의 액운을 씻어내는 행운과 축복의 물세례니까요. 이 물 축제는 동남아시아 일부 국가에서 새해를 맞는 축제로 같은 날 동시에 펼쳐지는데요. 태국에서는 '쏭크란', 라오스에서는 '삐 마이 라오'라고 합니다.

: 미얀마의 역사 :

초기사

왕조사

고대 왕조

미얀마에서 석기시대의 유적이 발견되고 있는 것을 근거로 역사학자들은 미얀마에 사람이 최초로 거주한 시기를 약 5,000년 전으로 추정한다. 초기 인류는 아냐띠안(Anyathian)족으로 지금의 에야와디 강가에 정착했으나 멸종되었거나 다른 이주자들에게 동화되었다고 추정된다. 뒤를 이어 이주해온 네그리토(Negritto)계의 인도네시아인들은 여러 분파로 나뉜다. 그중 바다를 통해 말레이 반도로 들어온 오스트로-아시아(Austro-Asiatic)계의 몬족과 티베트 산맥의 남동쪽을 따라 내륙으로 이주해온 티베트-미얀마(Tibet-Myanmar)계의 버마족이 미얀마의 대표적인 종족이다.

몬족 연대기에 의하면, 몬족은 6세기경 미얀마 하부에 '황금의 땅'이라는 뜻의 고대국가 뚜완나부미(Thuwannabumi)를 건설하는데 이는 훗날 몬족의 중심지인 따똔(Thaton) 왕국이 된다. 한편 버마족의 선조로 추정되는 쀼(Pyu)족은 기원전 1세기부터 서기 800년까지 미얀마 중북부에 베익따노(Beikthano), 한린(Hanlin), 스리크세트라(Sriksetra) 등의 고대국가를 세운 것으로 알려진다. 이 고대국가들은 9세기경 중국 남조(南詔) 왕국으로부터 공격을 받고 몰락한다. 이후 티베트-미얀마계의 버마족들이 에야와디 강 주변을 따라 이주하면서 흩어진 쀼족을 흡수하고 바간 왕국을 세우게 된다.

바간 왕조

바간 왕국 이전에도 여러 고대국가들이 존재했으나 종족 간 분열과 통합이 반복되었을 것으로 추정된다. 문헌에 의하면, 미얀마력의 시작인 서기 638년 뽀빠 소라한(Popa Sorahan) 왕이 바간을 통치하고 849년 삔뱌(Pyinbya) 왕에 의해 재통일되었다. 그 뒤 1044년 아노라타(Anawrahta) 왕에 의해 본격적으로 제국 형태의 바간 왕국이 건설되었다. 이때부터 미얀마의 주 종족인 버마족이 역사에 등장한다. 바간을 통일한 아노라타는 몬족의 승려 신 아라한을 통해 상좌부 불교를 국교로 채택하면서 따똔 왕국과 전쟁을 치른다. 따똔 왕국을 흡수하면서 불경과 건축 등 몬족 문화가 자연스레 미얀마의 중심으로 들어오면서 바간에 화려한 불교문화가 꽃피우는 계기를 마련한다. 아노라타 사망 후 짠시타(Kyansittha), 알라웅시투(Alungsithu) 등 강력한 왕들이 뒤를 이어 국가의 체계를 다지며 바간 왕국은 불교문화의 전성기를 맞이한다. 이때부터 미얀마는 주변국들에 400만 개의 탑을 보유한 동남아 최고의 불교국가로 알려졌다. 1287년 나라티하빠디(Narathihapate) 왕 시절 몽골의 원(元) 왕조인 쿠빌라이 칸(Khubilai Khan)에게 공격을 받고 바간 왕국은 몰락한다. 바간 왕조가 몽골과 전쟁 하는 사이 북동부에 있던 타이-샨(Thai-Shan) 계열의 한 종족인 샨(Shan)족이 남하해 버마족과 갈등을 일으키고, 남부에서는 몬족이 자신들 고유의 왕국을 재건하며 버마족, 샨족과 대립하는 형국이 전개된다.

잉와 왕조

바간 왕국을 차지한 몽골은 세력이 약화되면서 1310년 미얀마에서 물러난다. 미얀마의 중북부는 샨족에 의한 잉와(Innwa: Ava) 왕조, 남부는 몬족에 의한 바고(Bago) 왕조가 대립하면서 250년을 이어간다. 북부 고원에 살던 샨족은 전쟁이 연속되어 불안해지자 하부 평원을 찾아 이주하기 시작했고, 이들을 피해 버마족은 따웅우(Taung Oo) 지역으로 밀려 이주하게 된다. 상부 미얀마에서는 1364년 샨족 출신인 따도민뱌(Thadawminbya) 왕이 바간 왕조를 이어 버마 · 몬 · 샨족을 하나로 묶어 단일국가를 건립할 수 있는 적임자라고 자칭하며 만달레이 근처에 잉와 왕조를 건설한다. 하지만 4년 뒤 갑자기 따도민뱌 왕이 사망하면서 민찌소와(Minkyisowa) 왕이 뒤를 잇는다. 그는 북부 샨족의 남하를 막고, 남부 몬족 왕조와는 화해하며 바고 왕조와는 국경을 정하는 정책을 편다. 그러나 잉와 왕조는 몬족 왕조의 내분에 개입하면서 바고 왕조와 40년 전쟁을 치르게 된다. 잉와 왕조는 오랜 전쟁으로 세력이 점점 약화되고, 이는 훗날 잉와 왕조의 속국이었던 따웅우 왕조가 통일 왕국을 건설하는 계기가 된다.

바고 왕조

한편 남부 몬족은 버마족의 바간 왕국이 와해된 틈을 타 현재의 몰레먀인 근처에 목따마(Mottama) 왕조를 건설한다. 이 왕조를 한따와디(Hanthawady) 왕조라고도 한다. 1281년 샨족과 몬족의 피를 반반 이어받은 마가두(Magadu) 왕이 자신을 하늘에서 온 왕이라고 칭하며 초대 왕이 된다. 1287년 바간이 몰락하자 바고 출신의 몬족 영주였던 나빠몬(Ngappamon)도 바고를 독립왕국으로 선언하고 나서지만 마가두가 이를 흡수한다. 그러고는 왕실을 바고로 옮기고 단일 몬족 왕국인 바고 왕국을 출범시킨다. 바고 왕국은 당시 바간 왕국의 쇠퇴를 틈타 들어온 태국의 아유타야(Ayuthaya) 왕국과 15세기까지 지역을 나눠 갖는 형태를 취한다. 하지만 아유타야 왕국은 실질적인 지배권 행사가 여의치 않은 상태였고, 바고 왕국은 전체적인 행정조직을 갖추지 못한 실정이었다. 잉와 왕조와의 40년 전쟁으로 국력이 약해질 대로 약해져 있었기 때문이다. 그나마 바고 왕조는 15세기 후반 신소부(Shinsawbu), 담마제디(Dhammazedi) 왕의 치세 기간에 잠시나마 부흥기를 맞는다. 주변 정세도 도움이 되었는데 당시 태국에서는 쑤코타이 왕국이 동맹국 란나(치앙마이) 왕국과 함께 아유타야 왕국을 빈번히 침공하고 있었다. 때문에 바고 왕조는 큰 어려움 없이 하부 미얀마를 지배할 수 있었다. 또 빠떼인과 양곤이 국제항구로 각광받으면서 무역으로 부를 축적하기 시작했는데 특히 신소부는 파고다 건설과 치장에 열중했다. 쉐다곤 파고다에 자신의 몸무게만큼의 금을 하사하는 등 바고 왕국을 바간처럼 새로운 불교 중심지로 만들고 싶어 했다. 뒤를 이은 담마제디 왕은 몬족과 버마족의 구별을 없애고, 모두가 부처를 따르는 하나의 자손임을 강조했다. 1457년에는 스리랑카에 승려 사절단을 파견해 교육을 받게 하고, 이들에게 승려들이 다시 계를 받도록 하는 등 불교 교단의 정통성을 지키고 세습적인 비리를 없애기 위해 힘썼다. 그러나 담마제디 사후 왕조가 분열되면서 잉와 왕조와 바고 왕조는 대립하게 되고 양국의 세력은 점점 약화된다. 이때까지 서서히 힘을 축적하며 때를 엿보던 따웅우 왕조는 잉와 왕국과 바고 왕국을 공격한다.

따웅우 왕조

잉와 왕국의 속국이었던 따웅우 왕조가 잉와 왕국과 바고 왕국을 멸하면서 통일왕조 시대를 연다. 1550년 바인나웅(Bayinnaung) 왕은 바고로 왕실을 옮겨 미얀마 전역의 지배권을 행사하고, 태국의 쑤코타이, 아유타야를 정벌해 강력한 제국으로 거듭난다. 이때 수천 명의 태국 왕족과 장인을 포로로 데려오면서 태국문화도 유입되었다. 북부의 샨 지배자들은 바인나웅에게 충성을 맹세했고 인도 접경 지역의 지배자들은 조공을 보내왔다. 스리랑카, 중국 윈난의 일부 족장과 동맹관계를 맺으면서 따웅우 왕조는 동남아의 강국으로 군림한다.

이때는 유럽인도 미얀마에 많이 거주하고 있었다. 동남아 개척의 선두주자였던 포르투갈이 네덜란드, 영국, 프랑스에 자리를 내주면서 본국으로 귀환하지 않은 포르투갈 군의 상당수가 미얀마군과 태국군의 용병으로 흡수되어 있었고, 베니스의 상인들도 무역을 통해 드나들었다.

1581년 바인나웅이 죽자 따웅우 왕조는 세력이 약해진다. 새로이 힘을 축적한 태국과의 전쟁에서 패하고, 하부 미얀마에서는 몬족의 반란이 다시금 시작되었다. 지역 영주들도 잇따라 독립을 선언했다. 설상가상으로 서구 국가들의 동남아 공략이 본격적으로 시작되었다. 이런 상황을 감당하기 힘들었던 따룬(Tharun) 왕은 1635년 왕실을 잉와로 옮긴다. 하부 지역은 항구 등이 노출되어 있어 외부의 공격을 받기 십상이라고 판단했기 때문이다.

라카잉 왕조

한편 미얀마 서부의 라카잉(Rakhain, 라카인 Rakhine, 또는 아라칸 Arakan이라고 불리는) 지역은 험준한 산맥으로 미얀마 내륙과는 차단되어 있었다. 이곳은 중심 도시인 탄드웨(Thandwe)조차 13세기까지 잘 알려지지 않은 상태였다. 바간의 몇몇 강력한 왕 시절에만 잠시 조공국으로 있었을 뿐 어느 왕국에도 편입되지 않고 분리되어 있었다. 오히려 미얀마 내륙보다 수세기에 걸친 외부 세력(해적 등)의 침입으로 곤욕을 치렀다. 16세기 중반에는 포르투갈 용병과 연합해 번성한 시기를 보내기도 한다. 그러나 1580년 스페인이 포르투갈의 국정을 맡아 혼란해지면서 인도 고아(Goa)에 전초기지를 둔 포르투갈 군의 내부 체계가 통일되지 않아 일부는 라카잉과 연합하고, 일부는 라카잉을 공격하여 내분을 초래했다. 결국 주권 유지가 힘들어진 라카잉은 1785년 꼰바웅 왕조의 보도파야 왕에게 정복당하며 미얀마 영토가 된다.

꼰바웅 왕조

1752년 따웅우 말기의 혼란스러운 상황을 수습하고 알라웅파야(Alaungpaya) 왕이 통일왕국을 이뤄낸다. 1872년 민돈(Mindon) 왕 시절에는 세계불자대회를 개최하는 등 불교국가로서의 면모를 다지며 굳건한 왕국의 모습을 갖춰나간다. 18세기 중엽 신부신(Hsinbyushin) 왕은 태국을 정벌하는데, 이는 태국의 수도가 톤부리(Thonburi)에서 현재의 방콕으로 옮기게 된 계기이기도 하다. 보도파야(Bodawpaya) 왕은 라카잉 지역을 평정해 미얀마에 편입시킨다. 오랜 세월 독립적으로 지내던 라카잉 사람들은 미얀마에 복속되면서 반란을 일으킨다. 이를 진압하러 들어간 보도파야 왕의 군대가 저항군을 추격하다가 라카잉 너머 영국이 지배하던 지금의 방글라데시 치타공(Chittagong) 땅을 밟게 되어 잠시 영국과 미얀마는 긴장 관계에 놓이게 된다.

제1차 미얀마-영국 전쟁
(제1차 버마-영국 전쟁 Anglo-Burmese Wars: 1824~1826)

보도파야를 이은 바지도 왕 시절, 이번엔 아쌈(Assam) 지역으로 도망친 라카잉 탈주자들을 추격하다가 바지도 왕의 군대가 인도 국경을 넘게 된다. 당시 인도는 영국의 식민지로 영국은 자국을 침범했다는 이유로 즉각 대응해 1824~1826년 제1차 미얀마-영국 전쟁을 치르게 된다. 미얀마는 이 전쟁에서 패배해 영국과 1826년 2월 얀다보(Yandabo)조약을 체결한다. 조약에 의해 서쪽의 라카잉 주와 남쪽의 따닌다리 주를 영국에 내준다. 또 영국은 군수품 등의 물자를 미얀마에 단독으로 공급하고 영국인은 미얀마의 어느 지역이든지 거주할 수 있게 했다. 미얀마가 전쟁을 촉발한 것은 사실이나, 당시 영국은 이미 싱가포르를 접수하고 영국 동인도회사가 페낭을 독점한 상태였기에 결과적으로 미얀마는 침략의 빌미를 제공한 셈이 되었다.

제2차 미얀마-영국 전쟁
(제2차 버마-영국 전쟁 Anglo-Burmese Wars: 1852~1855)

당시 영국의 지배정책은 식민지를 즉각 합병하기보다는 지역 왕을 옹립해 영국의 보호령으로 삼는 것이었다. 당시 꼰바웅 왕조는 1846년에 즉위한 파간(Pagan) 왕이 다스리던 시절이었다. 1851년 양곤 영주는 항구세 및 관세 미납 등 사회가 무질서해지자 강력한 단속 조치를 취한다. 세관을 속인 영국군 장교 두 명에게 세금(100파운드)을 부과하는데, 이들은 되레 영국 총독에게 부당한 조치로 인해 자신들이 손해를 입었다는 전갈을 보낸다. 결국 미얀마는 손해배상(1,920파운드)을 해주고 양곤의 영주를 교체하는 수모를 당한다.

가뜩이나 감정이 안 좋은 상황에서 이번엔 영국 관료들이 미얀마 관례에 어긋나는 행동을 하게 된다. 당시 미얀마에서는 영주가 머무는 관청에 들어갈 때는 왕족이라도 말에서 내려 걸어 들어가는 것이 관례였는데 이들은 말을 타고 관청에 들어간 것이다. 관청에서 사과를 요구하자 영국 관료들은 배를 타고 도주해버렸다. 배가 출항하자 미얀마 군대는 포를 발사했고, 영국군이 반격을 하며 제2차 미얀마-영국 전쟁이 시작되었다. 이로 인해 미얀마 함대와 군대가 전멸한다. 공격의 빌미를 잡은 영국은 양곤의 주요 지역을 장악해 들어간다. 바다로 향하는 3개의 항구와 군량미를 조달할 수 있는 기름진 삼각주, 중부의 티크 삼림지대까지 점령한 뒤 바고를 영국령으로 선포한다. 1853년 파간 왕의 뒤를 이어 즉위한 민돈(Mindon) 왕은 영국군에게 물러날 것을 요구하지만, 오히려 영국은 미얀마가 반격할 경우 전 영토를 장악할 것이라고 선언한다.

제3차 미얀마-영국 전쟁
(제3차 버마-영국 전쟁 Anglo-Burmese Wars: 1885)

미얀마 중하부가 완전히 영국의 손아귀에 들어간 상황에서 민돈 왕은 미얀마의 자주권을 지키고자 노력했다. 서양의 전문가를 초빙해 항로를 정비하고 전화통신체계를 갖추는 등 국가 근대화에 박차를 가한다. 민돈이 병으로 죽자 뒤를 이은 띠보(Thibaw) 왕은 당시 영국과 세력 균형을 이루고 있던 프랑스에 도움을 요청한다. 그 답신으로 1885년 1월, 프랑스로부터 20개 항목의 통상조약 제안서를 받게 되는데 그해 8월 영국 상인들 사이에 다음과 같은 소문이 퍼지기 시작한다. 미얀마가 루비광산을 프랑스에 대여해주는 대가로 프랑스가 우편·통신체계를 재정비할 것이며 프랑스 선박회사가 에야와디 강 운송 사업을 맡게 된다는 것이었다. 이는 잘못된 소문이었다. 루비광산은 전통적으로 미얀마 왕권의 상징이기 때문에 대여 자체가 불가능하고, 당시의 통신체계는 이미 민돈 왕 시절에 잘 정비된 상태였다. 또한 영국 회사가 미얀마 중부를 장악한 상황에서 프랑스 선박업자들이 양곤에 쉽게 진출할 수 없는 상황이었다. 영국은 띠보에게 소문을 문제 삼으며 프랑스와의 통상조약을 백지화하고, 앞으로 미얀마 외교관계는 영국의 동의하에 이루어져야 하며, 미얀마 왕실에 영국 총독 대리인과 군인 1,000명을 상주시킬 것을 요구한다. 왕실 안에 영국군을 주둔시키라는 무리한 요구는 사실상 미얀마를 접수하겠다는 뜻과 다름없는 것이었다. 띠보는 영국의 제안에 동의하는 문서를 보냈으나 무시된다. 영국은 띠보의 동의와 관계없이 이미 군대를 집결시켜 놓은 상황이었다. 사실 전쟁이라고 할 것도 없었다. 영국군은 무조건 항복을 요구하며 만달레이 궁전을 에워쌌다. 결국 꼰바웅 왕조의 마지막 왕 띠보는 인도로 유배되고 미얀마의 왕조 시대는 막을 내린다. 그렇게 미얀마는 영국의 식민지가 된다.

근대사

영국 강점기
영국은 미얀마를 강제점령하면서 미얀마를 인도의 한 주(state)로 편입시킨다. 이때 인도인과 중국인도 미얀마에 대거 유입된다. 영국은 주종족인 버마족을 견제하기 위해 친·까친족 등 소수종족만 군에 입대시키고, 라카잉 주의 선교활동을 지원하며 종족 사이의 갈등을 조장했다. 1883년에는 양곤에 조폐국을 개설해 기존의 물물교환에서 화폐무역을 도입했다. 당시 국민들은 대부분 농업에 종사하고 있었는데 유입된 외부인들로 인구가 증가하자 쌀 가격이 치솟아 농토를 개척해야 했다. 농지 개척에 드는 비용은 고리대금업을 하는 인도인들로부터 빌려야했다. 소매시장은 인도인과 중국인이 장악하고, 유통 및 도매시장은 영국 회사들이 장악했는데, 영국 회사들은 담합해 농한기에는 쌀 수매를 하지 않았다. 결국 농민들은 고리대금 이자를 제때 갚지 못해 헐값으로 쌀을 판매하게 되고, 영국은 미얀마에서 쌀을 싸게 구입해 국제시장에 높은 가격으로 판매하는 이중 이득을 취했다. 이 시기에 영국은 미얀마 내에 철도와 도로를 건설했다. 루비광산의 채취가 시작되고 미얀마의 석유를 외부로 수출하는 버마석유회사가 만들어졌다. 북부의 광산에서는 은·납 등의 광물을, 남부의 광산에서는 주석과 텅스텐을 독점적으로 채취했다. 중부 지역에서는 티크를 벌채해 유럽으로 수출했다. 미얀마 전국을 파헤치며 고급 원료를 빼내 영국인과 인도인 군 관료, 중국 상인들은 수익을 챙겼지만 정작 미얀마 국민들의 경제생활은 극도로 악화됐다.

민족주의 운동

당시 영국의 식민 지배를 받던 인도에서는 독립을 요구하는 정치적 운동이 활발히 전개되고 있었다. 영국은 인도에겐 일정 부분 자치를 허용했으나 자치는 미얀마에게는 예외사항이었다. 미얀마를 그저 인도에 부속된 한 주(state)로만 취급했을 뿐이다. 서서히 미얀마 국민들의 민족의식이 고취되어갔다. 1906년 결성된 불교청년회가 영국 정부에 자치를 요구했지만 받아들여지지 않자 이들은 민족주의 운동을 전개할 것을 결의한다. 그러던 중 1916년 영국인들이 불교사원 경내에 신발을 신고 들어가는 사건이 발생한다. 불교청년회는 사

원 내 탈화를 법으로 제정해줄 것을 요구하지만 영국 정부는 거절한다. 1919년 10월 4일 영국인 관광객들이 만달레이의 한 파고다에 신발을 신고 들어가는 사건이 또다시 발생한다(→P.201 인도야 파야 참고). 승려들은 이를 격렬하게 비난했는데 이때 주동한 우 께타야(U Kethaya) 승려가 영국 법정에 의해 종신형을 선고받자 승려와 민중들이 집회를 열고 영국의 처사에 강한 불만을 표시했다. 그제야 사태의 심각성을 깨달은 영국 정부는 이에 사과하고 앞으로 경내에 들어갈 땐 반드시 탈화할 것을 약속한다. 사건이 마무리되는 데 근 한 달이 소요되었지만 식민지 시대에 처음으로 민족의식이 표출된 사건이었다.

불교청년회는 종교적 성향에서 벗어나 정치적 목적을 분명히 하고자, 1920년 민족주의 성향을 띤 조직들과 연대해 전버마평의회(GCBA: General Council of Burmese Associations)를 출범시킨다. 이 조직은 전국적으로 조직망을 갖춘 뒤 자치정부를 구성할 기회를 주지 않는 영국에 대해 영국 상품 불매운동인 원따누(Wonthanu) 운동을 펼친다. 이는 전국적으로 큰 호응을 불러일으키며 대학으로 퍼졌다. 시위는 차츰 영국 지배에 반대하는 정치적인 성격으로 변했다. 미얀마는 인도와 동등한 위치로 격상시켜줄 것을 꾸준히 요구했다. 영국은 1923년 미얀마에 양두 체제의 정부 형태를 실험적으로 도입하기로 결정, 1937년 마침내 미얀마는 인도로부터 정식 분리되어 영국의 직할 식민지와 자치령의 중간적인 법적 지위를 획득한다.

1930년대 들어 젊은 청년들을 주축으로 독립운동이 전개된다. 양곤대학 재학생과 졸업생들로 구성된 이들은 전국을 돌며 대중들에게 독립의 필요성을 역설하고 1935년 버마아시아용(Daw Burma Asiayone: 우리버마연맹)이란 정당을 만들어 본격적으로 정치에 뛰어든다. 이들은 당시 대학의 교수진을 차지한 영국인들이 학생들에게 식민지 교육을 하는 것에 반대하고 진정한 학문 중심의 교육을 요구하며 1936년 학생파업을 이끈다. 이 파업을 마웅 아웅산(Maung Aung San)과 마웅 누(Maung Nu)가 지휘했다. 마웅 아웅산은

후일 미얀마의 독립을 이끌어내는 데 주도적인 역할을 하는 아웅산 장군의 젊은 시절 이름이다. 마웅 누 역시 우 누(U Nu)라는 이름으로 미얀마의 초대 총리가 된다. 당시 이들을 도왔던 측근들은 독립 후 모두 제헌 각료로 임명된다.

일제 강점기

제2차 세계대전이 발발하면서 아웅산과 뜻을 같이한 동지들은 영국에 대한 공격을 감행할 것을 결의한다. 당시 일본은 동남아의 관문인 버마 로드(Burma Road)에 혈안이 되어 있었다. 미얀마 북부의 라쇼(Lashio)에서 시작해 중국 윈난(雲南)으로 연결되는 이 길은 영국이 마오쩌둥의 공산당과 싸우고 있던 장제스의 국민당 군대에 물자를 수송해주기 위해 1937년~1939년 미얀마인들을 동원해 만든 길이다. 전 세계를 공략하기 시작한 일본은 인도와 동남아에서 중국으로 향하는 버마 로드를 차지할 속셈으로 아웅산에게 접촉을 시도한다. 반면 아웅산과 동지들은 일본을 도와 미얀마의 독립을 이뤄낼 계획을 한다. 목적은 다르지만 어쨌거나 이해관계가 얽혀 있어 연대는 가능했다. 1940년~1941년 청년 30명이 일본으로 넘어가 특수 군사훈련을 받는데 30인의 애국지사로 불리는 청년들 중에는 아웅산과 네윈(Ne Win)이 포함된다. 이 30인의 지사는 훗날 미얀마군인 탓마도(Tatmadaw)의 모체가 된다.

일본에서 특수 군사훈련을 받고 온 아웅산 일행은 버마독립군을 소집한다. 이들은 미얀마의 젊은이들에게 반항을 불러일으켜 많은 신병을 확보한다. 버마독립군은 일본과 연합해 영국에 대항했고, 영국 연합군은 싱가포르 전선이 무너지자 인도로 후퇴한다.

영국이 물러가자 일본은 속내를 드러내기 시작했다. 일본 공군은 미얀마 곳곳에 무차별 폭격을 가해 상부 미얀마를 완전히 장악한다. 그리고 버마독립군을 해체시키고 일본 장교들에 의해 움직이는 버마방위군이라는 군대를 조직해 총사령관으로 아웅산을 임명한다. 그리고 기성 정치인 바모(Ba Maw)를 군정 하의 미얀마 총리로 임명한 뒤 민간인을 관리하는 조직을 만든다. 아웅산은 독립을 위해 일본을 도왔으나 일본의 저의가 다른데 있음에 분개하며 다시 영국을 끌어들여야 한다고 판단한다. 1942년 3월 양곤에 이어 5월 만달레이가 일본군의 공격으로 초토화되면서 미얀마는 일본의 식민지가 된다. 일본의 식민 시기는 영국에 비해 기간은 짧았으나 미얀마인들로 하여금 분노와 치욕을 느끼게 했다. 미처 영국화폐를 일본화폐로 바꾸지 못한 사람들을 심한 고문으로 죽이기까지 했으며, 여성들은 일본군 위안부로 강제 동원되었다. 군수물자를 나르기 위해 미얀마에서 태국으로 연결되는 콰이 강의 다리 공사에는 영국, 네덜란드 포로들과 함께 많은 미얀마인들이 투입되어 가혹한 노동으로 사망했다. 일본 식민 통치가 시작되자 영국 은행들은 서둘러 문을 닫아버렸고, 무역과 유통을 담당하던 인도인들과 중국인들도 미얀마를 빠져나갔다.

미얀마의 독립

일본의 인도 공격이 실패로 끝나자 일본은 아웅산에게 자신들이 임명한 총리 바모와 연대할 것을 요구하지만, 아웅산은 이를 거부하고 영국과 연대한다. 아웅산은 흩어진 버마독립군을 재결집해 일본군에 대항하기로 한다. 영국군은 아웅산 군대를 영국군에 편입시키고, 아웅산은 자신의 비밀 정치조직인 반파시스트 조직을 등장시킨다. 일본이 전쟁에서 패하자, 영국은 미얀마의 향후 정치 일정을 3년간 동결시킨다고 발표한다. 이에 반발한 아웅산은 반파시트 조직을 확대해 반파시스트 인민자유연맹(AFPFL: Anti-Fascist People's Freedom League)을 출범시켜 의장을 맡는다. 이 조직은 독립 후 집권 여당이 되어 신정부를 구성한다. 아웅산은 영국 정부를 설득해 1947년 1월 당시 영국 총리로부터 아웅산의 내각을 준비내각으로 인정한다는 합의문과 12개월 내에 미얀마를 독립시킬 것을 약속받는다. 하지만 바모의 후임이었던 우 쏘(U Saw)는 내각에 참여하지 않고 반파시스트인민자유연맹(AFPFL)에 대항하는 새로운 정당을 결성한다. 아웅산의 동지들도 정치적인 노선 차이를 내세워 일부 결별하는 사태가 발생한다. 그럼에도 제헌의회 구성을 위한 선거에서 반파시스트인민자유연맹(AFPFL)은 총 200석 중 190석을 획득해 압도적인 지지를 얻는다. 선거 결과에 실망한 우 쏘와 반대파는 아웅산 시해를 도모하고 1947년 7월 19일 아웅산을 포함한 각료 전원을 암살한다(우 쏘는 1948년 5월 8일, 아웅산을 암살하도록 사주한 죄로 사형에 처해진다).

영국은 당시 제헌의회 의장직을 맡고 있던 우 누(U Nu)를 내각 수반으로 천거한다. 우 누는 아웅산이 이미 9개월 전에 영국과 합의했던 협정서에 서명하고, 마침내 미얀마는 1948년 1월 4일 독립된 주권 공화국이 되었음을 선언한다. 그리고 우 누는 버마연방공화국(Union of Burma)의 초대 총리가 된다.

출처: 중앙포토

우 누

족 · 까렌족 등 소수민족 세력들도 독립 직전에 아웅산이 땅롱협정에서 약속한 자치권을 요구하며 각자의 조직을 세력화한다. 정국이 걷잡을 수 없이 혼란스러워지자 우 누는 과거 왕들이 그랬듯 정통성을 확보 받는 수단으로 불교를 부흥시켜야 한다고 생각한다. 아웅산과 우 누 등 독립민족주의자들은 자본주의를 제국주의와 동일시하고, 식민 잔재를 철폐하고 평등사회를 구축하기 위한 사회주의 건설에는 뜻을 같이했다. 하지만 아웅산은 종교를 배제한 대신, 우 누는 불교 교리가 사회 이론의 핵심이라고 주장했다. 미얀마인의 가치 추구는 물질적인 것이 아니라 신앙에 기초한 정신세계, 즉 불교사회주의여야 한다는 것이다. 우 누는 신념대로 파고다

현대사

불교 사회주의
(1948. 1~1962. 3)

독립 후 신정권 하에서 미얀마는 정치적 혼란을 겪게 된다. 우 누를 중심으로 하는 의회민주주의를 채택했으나 우 누의 정치 기반이라고 할 수 있는 반파시스트인민자유연맹(AFPFL)도 향후 노선을 놓고 분열되어 각기 정당을 창당한다. 공산주의자들은 점진적 공산정권을 주장하는 백기파 공산당(CPB: Communist Party of Burma)과 즉각적 공산정권 수립을 외치는 적기파 공산당(BCP: Burmese Communist Party)으로 나뉘었고, 공산당에서 이탈한 인민의용군(PVO: Peoples Volunteer Organization), 까렌족을 대표하는 까렌민족방위군(KNDO: Karen National Defence Organization), 그 외 산족 · 몬

TRAVEL PLUS
미얀마의 초대 총리, 우 누

1962년 쿠데타를 일으키며 정권을 장악한 네윈은 초대 총리였던 우 누와 각료들을 구금시켰다. 네윈은 1966년 린든 존슨 미국 대통령의 초청을 받아 미국 순방을 계기로 이들을 석방시켰다. 우 누는 민간인들과 고문단을 창설해 우 누를 총리로, 네윈을 대통령으로 하는 의회를 재구성하자고 요구했으나 네윈은 거절한다. 우 누는 1969년부터 인도, 태국, 영국, 유엔 등을 방문하며 미얀마의 군사정권을 비난해 네윈의 노여움을 사게 된다. 우 누는 종교생활로만 일관하겠다는 약속을 하고 1980년 미얀마에 귀국한다. 1988년, 8888 민주화 항쟁 당시 아웅산 수찌에게 정치에 나서 줄 것을 부탁하며 함께 반정부 활동을 벌였다. 그 후에는 이렇다 할 정치적 행보는 보이지 않다가 1995년 88세에 심장마비로 사망했다.

건립에 힘을 쓰고 제6차 세계불교대회를 성대히 치른다. 동시에 복지국가 건설을 목표로 석유, 선박회사 등 외국 기업을 국유화하고, 토지개혁을 시행한다. 그러나 이러한 정책은 실패로 끝난다. 토지개혁 대상에서 소수종족 지역을 제외시킨 것도 문제였지만 토지 및 산업의 국유화로 노동자와 농민의 근로의욕이 위축되었기 때문이다. 국민들의 불만이 점점 커져가는 상황에서 공산당과 카인반군의 제휴로 내전이 일어나자 우 누는 1958년 10월 군사령관인 네윈(Ne Win)에게 내각을 넘기고 물러난다.

1960년 선거를 통해 다시 집권한 우 누는 이번엔 불교를 아예 국교로 추진한다. 1961년 불교 국교화 법안을 의회에 상정시켜 재적의원 371명 중 찬성 324표로 통과시킨다. 당시 소수종족은 토속신앙 숭배자와 기독교도, 무슬림교도들이 많았다. 이들이 불교 국교화에 반대하며 독립을 요구하는 폭동을 일으키자 우 누는 4차 헌법 개정안에 모든 종교를 자유화하겠다고 선언한다. 그러자 이번엔 불교 승려들의 반발이 일어난다. 우 누는 공산주의자들을 제도권 내로 흡수하고 소수종족의 폭동을 진정시키고자 1962년 3월 1일 소수종족의 자치권을 허용하는 내용을 의회에서 논의한다. 그러나 연방 분열 불가를 주장하는 군부의 반발을 사게 되고 다음 날인 3월 2일 군사 쿠데타가 일어난다. 이때부터 미얀마는 군정시대에 들어가게 된다.

버마식 사회주의
(1962. 3~1988. 7)

1962년 3월 군사 쿠데타를 지휘한 네윈은 1958년에 우 누를 대신해 약 2년간 내각을 맡았던 인물이기도 하다. 네윈은 국가 최고 권력기관인 혁명위원회(Revolution Council)를 통해 '군부의 권력 장악은 버마 독립을 위한 투쟁의 후반부 혁명'으로서 혁명 과업이 완수될 때까지 군부가 정권을 유지하겠다고 선포한다. 그리고 혁명위원회의 이름으로 기존 헌법을 고수하며 모든 행정·사법권을 행사한다. 네윈은 1962년 버마식 사회주의(Burmese Way to Socialism)를 천명하며 새로운 정당인 버마사회주의계획당(BSPP: Burma Socialist Programme Party)을 출범시켜 독재체제를 구축한다. 버마식 사회주의는 마르크스주의와 불교적 정신가치를 접목시킨 이론으로 개혁의 핵심은 국유화 추진이었다. 그러나 전 분야에 걸친 국유화는 기업 운영의 효율성을 저하시키고 민간 부문의 활력을 감소시켜 경제 침체 현상의 장기화를 가져왔다.

한편 종교의 자유는 인정하되 불교 국교화를 폐지시켜 불교가 다른 종교보다 혜택을 보는 일이 없게 했다. 1964년부터는 본격적인 쇄국정책을 펴는데 민족주의에 입각한 국가 건설에 외국인의 입김을 배제한다는 이유에서였다. 외국인 관광객의 체류시간을 24시간(1969년부터는 일주일)으로 제한했고, 심지어 내국인과 외국인의 서신 교환도 검열 대상이 되었다. 외국인 소유의 기업을 해체하고 이들의 재산을 몰수하기 위해 고액권인 50K(짯)과 100K를 폐지했다. 그 결과 외국 기업들은 본국으로 철수하거나 규모를 축소했고, 상업과 고리대금업을 하던 인도인들과 중국인들도 미얀마를 떠나기 시작했다. 그러자 가뜩이나 침체되어 있던 미얀마 경제는 파탄으로 치닫는다. 외국과의 경제 교류도 막혀 있어 일용품이 부족한 상황에서 쌀의 구매와 유통을 담당하던 중간계층이 사라지자 농민들은 농사를 지어 직접 내다 팔아야 했다. 쌀의 공출이 원활하게 이루어지지 않자 소요사태가 발생한다. 1967년 8월 라카잉 지역에서 쌀과 생필품 부족에 대한 항의 시위가 일어나고, 1969년 양곤에서도 혁명위원회를 반대하는 시위가 열렸다. 그때마다 시위는 무력으로 진압되었다.

1974년 1월 3일, 네윈은 새로운 활로를 모색한다며 신헌법을 공표하고, 3월 혁명위원회를 해체하고 모든 권

출처: 중앙포토

네윈

한을 버마사회주의계획당(BSPP)에 위임한다. 그리고 국명을 버마사회주의공화국연방(Union of Burma Socialist Republic)으로 개칭한다. 이어 국가평의회(State Council)를 구성해 자신이 의장 겸 대통령에 오른다. 1974년 12월, 유엔 사무총장을 역임한 우 탄트(U Thant)의 유해에 일반인들의 조문을 금하는 사건을 계기로 독재를 반대하는 반정부 투쟁 성격의 시위가 발생한다. 학생과 노동자, 주민과 승려까지 합세

해 버마식 사회주의를 반대하는 시위가 확산되자 네윈은 1981년 대통령을 사임한다. 하지만 국가 최고 권력기구인 버마사회주의계획당(BSPP) 의장직은 보유한 상태였다. 경제상황이 계속 악화되자 1987년 네윈은 남아 있는 중국인과 인도인의 재산을 압수한다며 25짯, 35짯, 75짯의 지폐를 폐지시킨다. 당시 통용되던 화폐의 80%를 하룻밤 사이에 휴지조각으로 만들자 국민들의 분노는 점점 극에 달한다.

TRAVEL 💬 PLUS
아시아 최초의 유엔 사무총장, 우 탄트

우 탄트는 아시아인으로는 최초로 유엔 사무총장(1961~1971)을 지낸 인물이다. 1909년 영국 식민지 치하에서 태어나 양곤대학에서 역사학을 공부했다. 귀향해 고등학교에서 영어와 국사를 가르치며 필명으로 영어신문과 잡지에 글을 기고하기도 했다. 전국교사시험에서 1등을 차지할 정도로 명석해 25세의 나이에 고향인 판타나(Pantanaw) 국립고등학교의 교장이 된다. 그 시절, 훗날 미얀마 초대 총리가 되는 우 누를 만나 절친한 친구 사이로 발전한다. 미얀마 독립 후, 우 누의 요청으로 정보부 장관, 국무총리 보좌를 거쳐 1957년 주유엔 미얀마 대사가 되면서 국제무대에 얼굴을 알린다. 1961년, 2대 유엔사무총장(다그 함마르셸드)이 갑작스러운 비행기 사고로 사망하자 임시 사무총장으로 임명된다. 처음엔 전임 사무총장의 잔여 임기를 채우는 조건이었으나, 1966년 유엔 회원국의 만장일치로 재임에 성공한다. 사상 초유로 3선 연임을 제안 받았지만 사양하고 1971년 말 퇴임한다. 일선에서 물러난 지 3년 만인 1974년 뉴욕에서 폐암으로 사망했다.

그는 '탄트(깨끗하다)'라는 자신의 이름 뜻처럼 청렴하고 도덕적인 행동을 보여준 유엔 수장으로 평가받는다. 독실한 불교신자였던 그는 온화하고 차분한 성품으로 불교적 중용의 도덕적 원칙을 국제정치에 적용한 것으로도 유명하다. 특히 쿠바 미사일 위기, 콩고 사태, 아랍-이스라엘 전쟁 등을 효과적으로 해결했다. 국가분쟁을 조용한 외교방식으로 해결하면서 협상에는 끈기 있게 임하고, 인도주의적 구호활동은 적극적으로 펼쳐 세계인의 존경을 받았다. 부처님이 탄생하신 네팔의 룸비니를 세계문화유산으로 보존하고 복원하는 데도 앞장섰다.

우 탄트는 국제적으로 존경받는 인물이었으나 그의 시신을 실은 비행기가 양곤에 도착했을 때, 공항에는 의장대는커녕 국가 관리 한 명도 보이지 않았다고 한다. 당시 권력자였던 네윈은 우 누 정권을 쿠데타로 몰락시킨 장본인이기에 우 누 정권에서 활약한 유능한 정치인 우 탄트가 국민들의 지지를 받는 것이 달갑지 않았던 것이다. 네윈은 국민들의 소요가 발생할 것을 우려해 우 탄트의 조문을 아예 금지시켰다. 이에 수만 명의 시민이 몰려나와 국장을 거부하는 네윈 군사정부에 항의 시위를 하다가 물리적으로 충돌해 많은 사람들이 사망하기도 했다. 한편 우 탄트가 유엔 사무총장을 지낼 때 유엔 사무국에서 1969년~1971년 행정 및 예산문제 자문위원회 비서로 근무하였던 아웅산 수찌는 오늘날 미얀마의 민주주의 상징이자 유력한 정치인이 되어 있다.

출처 중앙포토

우 탄트

8888 민주항쟁과 아웅산 수찌의 등장
(1988. 3~1988. 9)

1988년 네윈 정권의 장기 군부 통치와 국가자본주의 실패, 그로 인한 국민적 불신감이 표출되는 사건이 마침내 발생한다. 1988년 3월 12일 한 찻집에서 대학생들과 동네 청년들 사이의 사소한 언쟁으로 시작된 싸움에 경찰의 과잉 진압으로 한 학생이 사망한다. 이에 양곤대 학생들이 항의를 벌이고 경찰이 진압하는 과정에서 학생들 수 십 명이 사망하고 1,000여 명 이상이 체포되었다. 군부의 유혈 진압으로 분노를 느낀 시민들의 시위가 이어지고, 6월에는 군부독재를 반대하는 시위가 전국으로 확산된다. 사태를 수습하기 어려워지자 7월, 네윈은 다당제 도입과 국민 총선을 실시할 것을 약속하며 버마사회주의계획당(BSPP) 의장직을 사임한다. 그러면서 후임으로 검찰총장 세인 르윈(Sein Lwin)을 임명한다. 세인 르윈은 군 출신 강경파로 시위의 강제 진압을 지휘한 인물이었다. 이에 분노한 국민들은 즉각적인 총선과 민주화를 요구하며 대규모 시위를 전개한다. 1988년 8월 8일을 기해 일어난 '8888 민주항쟁'이 그것이다(→P.450 참고). 수개월간 대규모 반정부 시위가 미얀마 전역에서 일어나 무정부 상태가 되자 세인 르윈은 계엄령을 선포하고 무자비하게 시위를 진압한다. 하지만 시위는 들불처럼 번져 8월 23일에는 전국적으로 약 50만~70만 명이 시위에 참여했다. 결국 세인 르윈은 18일 만에 국방장관 겸 참모총장인 마웅 마웅(Maung Maung)에게 권력을 이양한다. 마웅 마웅은 국민의 요구대로 계엄령을 즉각 해제하고 국민들이 바라는 바를 국민투표로 결정하겠다고 발표한다.

그때 미얀마 국민들이 한 줄기 희망을 거는 인물이 있으니 바로 아웅산 수찌(Aung San Suu Kyi)다. 아웅산 수찌는 식민지 시절 미얀마 독립을 이끌었던 국민영웅 아웅산 장군의 딸이다. 영국인과 결혼해 영국에 거주하고 있었으나 모친의 병간호를 위해 잠시 미얀마에 와 있던 상황이었다. 초대 총리를 지냈던 우 누와 띤우(네윈의 심복이었으나 민심 수습 차원에서 국가 전복설

을 뒤집어쓰고 7년간 수감된 인물) 등이 아웅산 수찌에게 정치 일선에 나서줄 것을 부탁하고, 아웅산 수찌는 8월 17일 마침내 정치에 참여할 뜻을 밝히며 정치무대에 등장한다.

출처: 조요.ファ
아웅산 수찌

국가법질서회복위원회
(SLORC: 1988. 9~1992. 4)

전국적으로 민주화를 요구하는 시위가 뜨겁게 확산되는 상황에서 찬물을 끼얹는 사건이 발생한다. 9월 18일, 군사령관인 쏘마웅(Saw Maung)이 친위 쿠데타를 일으킨 것이다. 쏘마웅은 국내 정세가 악화되는 것을 방지하기 위해 군의 정치 개입이 이루어졌다고 발표하고 기존의 모든 권력기관을 해체한다. 21명의 군인으로 이루어진 국가법질서회복위원회(SLORC: State Law and Order Restoration Council)를 구성하고 자신이 의장 겸 총리에 오른다. 이제 국가법질서회복위원회(SLORC)가 국가 최고 권력기구가 된 것이다. 1989년 2월, 쏘마웅은 1년 뒤에 총선을 실시한다고 공표한다. 그해 6월 18일 국명을 버마(Union of Burma)에서 미얀마(Union of Myanmar)로 바꾸고, 영국 식민지 시절 불렸던 지역 이름도 모두 미얀마 식으로 바꾸며 민족적 색채를 강조했다. 과거 버마사회주의계획당(BSPP)과 여권은 민족연합당(NUP: National Unity Party)으로 개명했고, 아웅산 수찌를 중심으로 하는 반체제단체는 민주주의민족동맹(NLD: National League for Democracy)을 결성했다. 그 외 민주화 시위대들은 소수종족 반정부군, 학생 지하조직과 연대해 버마민주연맹(DAB: Democratic Alliance of Burma)을 결성해 총선에 대비했다. 그러나 군사정부는 민주주의민족동맹(NLD)의 설립을 도운 아웅산 수찌를 국가 내란죄를 적용해 1989년 7월 20일 첫 가택 연금시킨다.

1990년 5월 27일 실시된 총선거에서 민주주의민족동맹(NLD)은 유효표 59.87%를 획득, 485석 중 392석을 차지하는 쾌거를 이룬다. 여당 격인 민족연합당(NUP)은 수도인 양곤에서 한 석도 얻지 못하며 군인 가족 거주 지역에서도 냉대를 받는다. 국민들의 기대와 염원이 민주주의민족동맹(NLD) 후보의 지지로 나타난 것이다. 하지만 군사정부는 오히려 민주주의민족동맹(NLD) 지도부를 구속시키며 총선 결과를 무효 처리해버린다. 국제사회는 이를 비난하며 경제제재 조치에 들어가고 1990년 유럽 의회는 사하로프상을, 1991년에는 노벨 평화상을 아웅산 수찌에게 수여하며 미얀마인들의 민주화 노력에 격려를 보냈다.

국가평화발전위원회
(SPDC: 1992. 4~2011. 3)

1992년 4월, 쏘마웅은 건강상의 이유로 은퇴하고 2인자였던 탄쉐(Than Shw)가 국가법질서회복위원회(SLORC) 의장, 국방장관, 국군 최고사령관을 동시에 역임한다. 국가 최고 통치자 자리에 오른 탄쉐는 1997년 국가법질서회복위원회(SLORC)를 국가평화발전위원회(SPDC)로 개칭한 뒤 약 20년간 무소불위의 권력을 휘두른다.
1990년대부터 미얀마는 사회주의 경제체제를 포기하고 부분적으로 사기업과 자유시장 경제체제 노선으로

TRAVEL PLUS
8888 민주화 항쟁

일명 '8888 민주화 항쟁'으로 일컬어지는 이 사건은 1988년 3월 12일 저녁 7시 30분, 양곤의 Sanda Win이라는 찻집(tea shop)에서 시작된다. 술에 취한 청년과 양곤공대 학생들 간에 일어난 사소한 말다툼이 주변인들이 가세하면서 큰 소요로 번졌다. 출동한 경찰에 의해 상황은 진정되었으나 학생들은 심하게 구타를 당한 반면, 싸움의 원인 제공자(술에 취한 청년)는 관대한 조치를 받고 풀려났다. 청년의 아버지가 버마사회주의계획당(BSPP) 간부로 네윈의 총애를 받는 인물이었기 때문이다. 학생들이 불합리한 처사를 따지며 지역위원회로 몰려가 항의하자, 무려 500여명의 경찰이 투입되어 학생들을 진압한다. 그 과정에서 폰 머(Phone Maw)라는 학생이 사망했다. 다음 날부터 진상규명을 요구하는 양곤대학 학생들의 시위가 시작되는데 경찰은 시위대를 무자비하게 진압해 사망자가 속출하기 시작한다. 3월 18일에는 호송차 안에서 최루탄 가스에 42명의 학생이 질식사하고 3월 20일에는 40여명의 학생이 사망, 1,000여 명의 학생이 구속되었다. 재차 진상규명을 요구하는 6월 21일~22일 시위에서 다시 9명의 학생이 사망한다. 군부의 유혈진압에 보다 못한 민중의 분노는 폭발하고, 6월 24일 시위는 지방으로 확산된다. 만달레이와 바고에 비상사태가 선포되고 7월 22일 뻬이 지역에 계엄령이 선포된다. 시위가 사그라지지 않자 7월 23일 네윈은 버마사회주의계획당(BSPP) 의장직에서 사퇴한다. 그러나 7월 26일 네윈의 측근인 쎄인 르윈(Sein Lwin)을 당의장 겸 대통령으로 지목하자 국민들의 반감은 극에 달하고 시위는 점점 가속화되어 8월 3일 양곤까지 계엄령이 선포된다.
마침내, 8월 8월을 기해 전국적으로 10만 명 이상의 군중들이 들고 일어나 대대적인 반정부시위를 벌인다. 1988년 8월 8일의 이 시위를 일명 '8888 민주화 항쟁'이라고 부른다. 만달레이에서는 승려들이 주도하여 대규모 시위를 벌이고, 양곤시 변호사협회는 정부에 항의하는 성명을 발표한다. 모친의 병간호로 잠시 귀국해있던 아웅산 수찌는 8월 17일 정치에 참여할 뜻을 표명하고, 8월 19일 만달레이에서는 공무원까지 합세해 시위에 참여한다. 들불같이 번진 시위는 전국 총파업으로 이어져 8월 23일에는 전국적으로 50만~70만 명이 시위에 동참한다. 그러나 9월 18일 쏘마웅이 친위쿠데타를 일으키며 시위 군중 2천여 명을 사살, 유혈진압을 거쳐 8888 민주화 항쟁은 소기의 목적을 달성하지 못하고 막을 내린다.

전환해 그나마 경제에 탄력이 붙기 시작한다. 이원체제를 도입해 농업·경공업·교통 부문은 민간 기업이 담당하고, 에너지·중공업·쌀 무역은 정부가 담당했다. 다행히 국민들의 경제활동 의욕도 조금씩 살아났다. 변화된 경제체제에 맞춰 1992년을 경제 도약의 해, 1994년을 경제 개발의 해, 1996년을 미얀마 관광의 해로 정해 대외 개방을 허용하고, 1997년 7월에는 정식으로 ASEAN의 정회원국이 되면서 개방과 국제화 대열에 합류하려고 노력했다. 그러나 인플레이션과 함께 1997년 동아시아를 강타한 IMF가 겹치며 쌀 가격은 20년 전에 비해 10배, 일반소비재 값은 20배 이상 인상되며 미얀마 경제는 장기적인 침체 상태에 빠진다. 점성술을 신봉하는 것으로 알려진 탄쉐는 느닷없이 2006년 수도를 양곤에서 네삐더(Naypyidaw)로 옮겨 국민들을 어리둥절하게 만들기도 했다.

2007년, 마침내 일방적이고 독단적인 군사정부에 반대하는 시위가 일어난다. 2007년 8월 15일, 정부는 국제유가 상승을 이유로 연료에 대한 정부 보조금을 대폭 삭감하면서 연료 가격을 크게 인상시켰다. 하루아침에 휘발유는 1.67배, 경유는 2배, 천연가스는 5배가 인상되었다. 아무리 군부정권이 독점적으로 연료산업을 장악하고 있다고는 하지만 지나친 처사에 국민들은 일제히 분노했다. 승려들이 지도부에 나서서 일명 '샤프란 혁명'이라고 불리는 시위가 전국적으로 확대된다(→P.219 참고). 이는 8888 민주항쟁 이후 대규모로 전개된 전국 시위로 19년 만의 일이다. 시위는 두 달 가까이 진행되었으나 무력으로 진압된다.

한편 1989년 7월 가택연금 되었던 아웅산 수찌는 6년 만인 1995년 7월 풀려났으나 정부의 조치를 어기고 양곤을 벗어났다는 이유로 2000년 9월 2차 가택연금에 처해진다. 2002년 5월 해제되었으나 2003년 5월 다시 3차 가택연금에 들어간다. 군사정부는 아웅산 수찌에게 가택연금과 해제를 반복하며 국민들을 위협하고 아웅산 수찌를 견제했다.

2010년 11월 7일 미얀마는 두 번째 총선을 맞는다. 이 선거에서 여당 격인 통합단결발전당(USDP: Union Solidarity and Development Association)이 전체 의석의 80%를 차지한다. 총선 참여를 위해서는 기존 정당들도 재등록 절차를 마쳐야 했는데 야당인 민주주의민족동맹(NLD)은 선거의 불공정성을 이유로 정당 재등록을 포기해 정당 자격을 상실했다. 총선 이후에는 대법원의 판결을 통해 정당 자격을 박탈당했다.

총선이 끝나고 일주일 뒤인 11월 13일, 탄쉐는 아웅산 수찌의 세 번째 가택연금을 해제한다. 탄쉐는 2011년 4월 군부 통치를 해제하고 권력을 민간 정부에 이양하겠다며 은퇴를 선언한다. 이를 두고 정치 전문가들은 약 20여 년간 절대 권력을 휘둘렀던 탄쉐가 자신이 전임자인 네윈에게 했듯이 후임자에게 정치 보복을 당할 것을 우려해 측근들에게 안정적으로 권력을 이양한 것이라고 분석하기도 한다.

미얀마연방공화국과 민간정부 출범
(2011. 4~)

2011년 2월 4일, 반세기 동안 유지되어 왔던 군부 통치가 종식되고 마침내 공식적으로 민간정부가 등장했다. 상하 양원 합동의회에서 지난 군정 하에서 총리를 역임했던 떼인 세인(Thein Sein)이 대통령으로 선출되었다. 이는 1962년 네윈이 쿠데타를 일으켜 군사정권을 시작한 지 꼬박 49년 만의 일이다. 새로 들어선 민간정부는 4월 1일, 국명을 '미얀마연방공화국(Republic of the Union of Myanmar)'으로 개칭하며 새 출발을 알렸다. 떼인 세인 정부는 대통령을 중심으로 부통령 2명, 32개 부처에 30명의 장관, 39명의 차관으로 구성되었는데, 대부분 퇴역 군 장성 출신이기는 하나 다수 민간인 출신 장·차관을 임명하며 민간정부로서의 면모를 갖췄다.

떼인 세인 정부는 개혁을 적극적이고 광범위하게 도입했다. 언론과 집회에 대한 통제를 완화하고 아웅산 수찌와 야당인 민족민주동맹(NLD)을 복권시키는 등 정치적 자유를 허용했다. 2010년 정당자격을 박탈했던 NLD는 향후 총선을 대비해 다시 정당 등록을 신청했고

2011년 12월 13일 정당 자격을 재취득했다. 이에 아웅산 수찌는 2012년 4월 1일 치러진 국회의원 보궐선거에 출마해 하원의원에 당선, NLD도 재·보선 45석 가운데 43석을 차지하는 압승을 거뒀다.

떼인 세인은 국민 통합을 주요 의제로 내세우며 수십 년 동안 정부군과 교전을 벌이고 있는 국경 지방의 소수민족 반군들과 정전협상을 추진했다. 2011년 12월에는 샨족 반군, 2012년 1월에는 까렌족 반군과 정전협정을 체결하고 대통령 명령으로 소수민족 반군에 대한 정부군의 선제 공격을 전면적으로 금지했다. 또한 2013년 7월 정치범 사면을 약속하고 그해 12월 31일을 기해 모든 정치범을 석방시켰다. 유럽연합과 미국은 떼인 세인 정부를 지지하며 대부분의 경제제재 조치를 해제했다. 이에 미얀마 정부는 경제 개방을 추진, 환율 제도를 정비하고 외국인 투자법을 개정해 미얀마에 대한 국제적인 투자와 시장 진출을 둘러싼 경쟁을 가속화시켰다. 2015년 11월 8일, 25년 만에 이루어진 미얀마 자유 민주 총선 결과, 아웅산 수찌가 이끄는 민주주의민족동맹(NLD)이 압승했다. 헌법상 군부에게 할당된 의석을 포함한 전체 의석의 과반을 확보하면서 NLD의 단독집권이 가능해졌다.

총선 승리 후 아웅산 수찌는 개헌 협상을 시도했으나 실패하자, '대통령 위의 권력'이 되겠다고 공헌하며 최측근인 틴 쩌(Htin Kyaw)를 대통령으로 선출시켰다. 아웅산 수찌 자신은 외무부 장관 겸 국가 고문으로 취임하며 실질적으로 현 정부를 이끌고 있는 상황이다. 국·내외적으로 2015년 총선은 민주화로 가는 첫걸음이라는 긍정적인 평가를 받고 있지만 오랜 군부 통치로 인한 민생 현안, 종교로 인한 소수민족과의 갈등, 난민 문제 등 헤쳐 나가야 할 길이 멀고 험하다. 틴 쩌 대통령과 아웅산 수찌가 앞으로 미얀마를 어떠한 모습으로 이끌어나갈지 세계가 주목하고 있다.

〈참고자료〉
《미얀마》, 양승윤 외 著, 한국외국어대학교출판부
《미얀마의 이해》, 김성원 著, 부산외국어대학교출판부
《미얀마 군부 '땃마도'》, 장용운 著, 양서각

TRAVEL 💬 PLUS
미얀마의 첫 문민 대통령, 틴 쩌(Htin Kyaw)

2016년 3월 30일 미얀마 9대 대통령으로 취임한 틴 쩌는 1962년 군부 쿠데타 이후 탄생한 미얀마의 첫 민주적인 대통령이다. 1946년 7월 20일 국민 시인이자 학자인 민 투운(Min Thu Wun)의 둘째 아들로 태어났다. 달라 반(Dala Ban)이라는 필명으로 아버지 민 투운의 전기인 '아버지의 일생(The Father's Life)'이라는 저서를 출간하기도 했다. 1963년 양곤대학교에서 경제와 컴퓨터를 전공, 1971~1972년 런던대학교 컴퓨터과학연구소, 1974년 도쿄 Asia Electronics Union에서 컴퓨터 연구를 했다. 1975년 고국으로 돌아와 산업부 2부국장, 1980~1992년 기획재정부 대외경제부 부국장을 역임했다. 1987년 케임브리지 매사추세츠 공과대학에서 경영과정을 수료하기도 했다. 1990년 NLD가 총선에서 승리했으나 인정하지 않는 군부를 보고 독재정치에 염증을 느껴 1992년 공직을 내려놓고 민주화 운동에 뛰어든다. 아버지 민 투운은 1990년 NLD 의회의원을 지냈으며, 틴 쩌의 아내 수 수 르윈(Su Su Lwin)은 NLD 창립자인 우 르윈(U Lwin)의 딸로 정치적 배경이 아예 없는 인물도 아니다. 2000년 9월 22일 아웅산 수찌를 수행하다 체포되어 인세인 교도소에서 4개월간 수감생활을 하기도 했다. 틴 쩌는 아웅산 수찌의 가택연금 기간에는 외부와의 연락 담당, 가택연금에서 풀려난 후에는 수행비서 겸 운전기사 역할을 하며 늘 아웅산 수찌와 함께 했다. 2015년 총선에서 NLD가 승리했으나 헌법 조항 때문에 대선에 출마할 수 없는 아웅산 수찌는 자신의 오른팔 격인 틴 쩌를 선택했다. 그래서 틴 쩌는 실권자인 아웅산 수찌의 뜻을 국정에 반영하는 대리인 역할을 할 것이라는 예상이 지배적이다. 틴 쩌를 지근거리에서 오래 지켜본 동료들은 그는 매우 침착하고 강인하며 따뜻한 사람이라고 평가한다. 미얀마 국민들은 아웅산 수찌를 돕는 역할을 포함해 나름 틴 쩌의 소신 있는 대통령 행보에 기대를 걸고 있다.

■ 한눈에 보는 미얀마 타임라인

세기	시대	주요 사건		
6~7C	**고대 왕조**	몬족, 인도차이나 반도 서쪽으로 진출해 미얀마 남부에 정착. 뚜완나부미 건설(훗날 따톤 왕국이 됨).		
8C		쀼족, 삐 지역을 중심으로 고대국가 건설. 버마족, 윈난성 아래쪽으로 남하해 미얀마 중부에 정착.		
9C		쀼 왕조 멸망, 버마족 세력 확대.		
849	**바간 왕조**	버마족, 바간 왕조 건설.		
1044		아노라타 왕 즉위, 바간 왕조 세력 강화.		
1057		아노라타 왕이 몬족의 따톤 왕국을 멸망시키고 통일 왕조 건설.		
1084		짠시타 왕 즉위, 바간 왕조 전성기. 많은 불탑 건축.		
1287	**몽골령**	몽골군 침략. 바간 왕조 몰락.		
	전국 시대	(미얀마 상부)	1364	미얀마 상부에 샨족이 잉와 왕조 건설.
			16C 초	미얀마 중부에 버마족이 따웅우 왕조 건설
		(미얀마 하부)	14C	미얀마 남부에 몬족이 재건해 모쯔마 왕조 건설.
				후에 바고로 천도해 몬족 독립왕국인 바고 왕조 건설.
			1472	담마제디 왕 즉위. 유럽과의 접촉이 시작됨.
1550	**따웅우 왕조**	바인나웅 왕이 국토를 통일하고 따웅우 왕조 건설. 수도를 바고로 천도함.		
1559		태국의 아유타야 왕조 공격(따웅우 왕조 영토가 제일 넓어진 시기).		
1565		태국을 정벌해 복속시킴(1587년 태국 독립)		
1635		따룬 왕, 왕실을 잉와로 천도함.		
1752		몬족이 세력을 되찾아 잉와를 점령.		
1755	**꼰바웅 왕조**	버마족이 알라웅파야 왕을 시작으로 잉와를 탈환하고 에야와디 델타로 진출. 통일 왕국인 꼰바웅 왕조를 건설.		
1767		신뷰신 왕이 태국 아유타야 왕조를 정복함.		
1776		신뷰신 왕 사망, 태국 독립.		
1785		보도파야 왕이 라카잉을 미얀마에 편입시킴.		
19C초		영국과 미얀마의 분쟁이 일어나기 시작.		
1824		제1차 미얀마-영국 전쟁, 얀다보 조약으로 라카잉과 테나세린 지역 할양.		
1852		제2차 미얀마-영국 전쟁, 바고와 에야와디 델타 지역 할양.		
1857		꼰바웅 왕조 만달레이로 수도를 천도함.		
1885	**영국 강점기**	제3차 미얀마-영국 전쟁, 마지막 왕 띠보를 인도로 유배.		
1886		영국, 미얀마를 인도의 한 주로 편입시켜 식민지 지배.		
1930		식민지 치하의 민족주의 운동이 시작됨.		
1937		미얀마가 인도의 주에서 분리됨.		
1941		일본군 미얀마에 진출 시작. 아웅산을 중심으로 버마독립군 결성.		

1942	**일제 강점기**	일본군, 버마독립군을 해체시키고 미얀마를 강제 점령함.
		미얀마–태국 철도(콰이 강의 다리) 건설 강행.
1945		버마독립군이 영국과 연합해 승리. 일본은 전쟁에서 패함.
1947		아웅산 장군 피살.
1948	**버마 연방공화국**	버마 연방공화국으로 독립, 유엔의 59번째 회원국이 됨. 우 누가 초대 총리로 취임.
1962		네윈이 군사 쿠데타를 일으킴. 혁명평의회를 결성하고 네윈이 의장이 됨.
		사회주의화가 시작됨.
1972		새 헌법 채택, 국명을 버마사회주의연방공화국으로 개명. 네윈이 대통령이 됨.
1981		네윈이 대통령직을 산유에게 양도, 버마사회주의계획당 의장직은 계속 유지.
1983		아웅산 묘 폭파 사건, 한국 각료들 19명 사망.
		북한 공작원의 범행으로 미얀마는 북한과 수교 단절.
1987	**사회주의 연방 공화국**	고액 지폐 폐지, 학생들의 시위 일어남.
1988. 3~6.		양곤에서 학생들이 반정부 시위를 일으킴. 시위는 각지로 확산됨.
7.		네윈 버마사회주의계획당 의장직 퇴임.
8.		전국적 민주화 운동인 '8888 민주화 항쟁' 일어남.
		아웅산 수찌, 정치에 뜻을 표함.
9.		버마사회주의계획당 임시 대회에서 복수 정당제 도입 가결.
		쏘마웅이 친위 쿠데타를 일으켜 시위를 진압하고 정권 장악.
		국가법질서회복위원회(SLORC)를 설립하고 헌법 기능 정지시킴(1988~2008년).
1989. 6.	**미얀마 연방**	국명을 버마(Burma) 연방에서 미얀마(Myanmar) 연방으로 변경
7.		최대 야당인 민주주의민족동맹(NLD)의 서기장 아웅산 수찌 1차 가택연금에 처해짐.
		당의장인 띤우에겐 징역 3년이 내려짐.
1990. 5.		총선거 실시.
		야당인 민주주의민족동맹(NLD)이 전 의석 485중 392석을 차지해 압승.
		여당인 민족연합당(NUP, 버마사회주의계획당의 후신)은 10석에 그침.
		정부는 총선 결과를 무효 처리함. 야당 간부 다수를 체포함.
1991. 12.		아웅산 수찌 노벨평화상 수상.
1993. 1.		헌법 제정을 위한 제헌국민회의가 소집됨.
1995. 7.		아웅산 수찌, 1차 가택연금에서 풀려남(약 6년 만임).
		자택 앞에서 매주 집회가 열리고 민주화 운동이 다시 일어남.
11.		NLD은 제헌국민회의가 민주적으로 실행되지 않는다며 회의를 보이콧함. 군정과의 대립이
		한층 더 깊어짐.
1997. 5.		미국이 미얀마에 경제제재 실행.
7.		ASEAN(동남아시아연합)이 유럽과 미국의 반대에도 미얀마의 회원국 가맹 승인.
11.		군부는 ASEAN 가맹국이 되어 어느 정도 민주화를 표면적으로 하게 됨.
		강경파 군 간부 교체, 국가법질서회복위원회(SLORC)를 국가평화발전위원회(SPDC)로
		바꿈.
1998. 9.		민주주의민족동맹(NLD) '국회의원을 대표하는 10인 위원회' 설립.
		군사정부와의 대립을 강화함.

2000. 9.	아웅산 수찌, 양곤을 벗어난 이유로 2차 가택연금에 처해짐.
2001. 2.	미얀마 동부 태국 국경 지역에서 미얀마 군부와 반정부 무장세력의 전투 발생.
2002. 5.	아웅산 수찌, 2차 가택연금 해제(약 1년7개월 만임).
12.	네윈 사망.
2003. 5.	지방 유세에 나선 아웅산 수찌와 민주주의민족동맹(NLD) 일행이 군정 보좌단체의 구성원에게 습격당해 다수의 사망자 발생. 아웅산 수찌도 부상. 아웅산 수찌 3차 가택연금에 처해짐.
2005. 5.	양곤 폭발 사건으로 사망자 11명, 부상자 162명 발생(배후는 밝혀지지 않음).
2006. 10.	수도를 양곤에서 네삐도로 천도.
2007. 8.	승려들이 주도한 샤프란 혁명이 일어남.
2008. 5	사이클론(나르기스) 상륙으로 큰 피해를 입음.
2008. 5.	20년 만에 헌법 개정함. 민주주의민족동맹(NLD)은 보이콧함.
2010. 10. **미얀마 연방공화국**	국명을 미얀마 연방에서 미얀마 연방공화국으로 변경. 미얀마 국기 디자인 변경됨.
11.	총선거 실시됨. 여당이 승리. 야당과 민주화 세력은 부정선거라 주장함. 아웅산 수찌 3차 가택연금에서 풀려남(약 7년 만임).
2011. 3.	떼인 세인 대통령 당선(민선정부). 국가평화발전위원회(SPDC) 해산.
2012. 4.	보궐선거로 아웅산 수찌 국회의원 당선됨.
2013. 12.	떼인 세인 정부 미얀마 정치범 전원 사면 및 석방 완료.
2014.	ASEAN 의장국 수임.
2015. 11.	총선거 실시됨. NLD의 승리(총 657석 중 390석 차지). 아웅산 수찌 하원의원 당선.
2016. 3.	틴 쩌 대통령 당선. 아웅산 수찌 외무부장관 취임.
2016. 4.	대통령실 국가고문직 신설, 아웅산 수찌 국가고문 취임.

TRAVEL 💬 PLUS
미얀마에 외국 기업이 밀려온다

그동안 미얀마에서는 동남아 도시에서 흔히 볼 수 있는 스타벅스, 맥도널드, 버거킹 등 외국 프랜차이즈 기업의 간판을 볼 수 없었다. 오랜 쇄국정책 때문이다. 그러다 2011년 신정부 출범 후 외국인 투자환경이 개선되고 국제사회의 경제제재가 완화되면서 외국기업들의 미얀마 진출이 본격화되고 있다. 2013년 4월, 대한민국의 롯데리아가 첫 번째 글로벌 외식기업으로 미얀마에 진출, 뒤를 이어 BBQ 치킨, KFC 등이 문을 열었고, 많은 외국기업들도 오픈을 앞두고 있다. 외식기업만이 아니다. 2013년 상반기부터 부쩍 미얀마의 경제뉴스는 외국 투자자본 소식으로 도배되고 있다. 코카콜라가 공장을 가동해 60년 만에 미얀마에서 병 콜라를 생산하기 시작했고, 일본 교도통신 지국 개설, 마이크로소프트사의 진출 선언, 벤츠와 KIA자동차 등 외제 자동차 회사들의 쇼룸 개설, 인도 TATA의 최저가 자동차(NANO) 시판 등 세계 유수의 다국적 기업들이 양곤에 속속 진입하고 있다. 도로, 항만 등 국가 기반시설에 투자하는 각국의 투자계획도 줄지어 이어지고 있다. 풍부한 천연자원과 값싼 노동력 등으로 성장잠재력이 높은 미얀마는 외국 기업들에게 새로운 기회의 땅이 되고 있다.

미얀마
여행 준비

여행은 여행지에서 시작되는 것이 아니라, 여행을 떠나야겠다고 생각한 순간부터 시작된다. 여행계획을 짜면서 현지에서 펼쳐질 일을 상상하는 것은 즐겁다. 하지만 이것도 여행준비가 예정대로 착착 진행되고 있을 때의 이야기다. 시간에 쫓겨 서두르다 보면 출발 전부터 어수선해지기 일쑤. 시간을 넉넉하게 갖고 여권 만들기부터 짐 꾸리기까지 꼼꼼하게 준비해보자.

Step 01

: 여권 만들기 :

여권은 국적과 신분을 증명하는 공문서로 외국을 여행하려면 반드시 소지해야 한다. 즉, '해외용 주민등록증'이라고 생각하면 된다. 이미 여권이 있다면 유효기간을 체크하자. 6개월 미만이라면 유효기간을 연장하거나 새로 발급받아야 한다.

전자여권

2008년 8월부터 전자여권이 발급되고 있다. 전자여권은 비접촉식 IC칩을 내장해 신원정보를 저장한 여권이다. 물론, 기존 여권(사진전사식) 소지자도 유효기간 만료일까지는 그대로 사용 가능하다. 연장이나 재발급을 할 경우엔 모두 전자여권으로 발급되며 소지한 구여권은 반납해야 한다.

여권 종류

여권은 단수여권과 복수여권으로 나뉜다. 단수여권은 1회만 출·입국할 수 있고, 복수여권은 10년 이내에 횟수 제한 없이 출·입국할 수 있다. 단수여권은 유효기간이 1년으로 정해져 있으므로, 이왕이면 한번 만들 때 복수여권으로 만들어두는 것이 편하다. 복수여권도 2종류 중에서 선택할 수 있다. 보통 기본적으로 신청하는 여권은 사증 페이지가 48면으로 되어 있는데, 수수료가 약간 저렴한 대신 28면으로 된 여권도 있다. 그 외 18세 미만과 20~24세 병역 미필자에 한해서는 유효기간 5년 미만 여권을 발급받을 수 있다.

여권 발급 준비 서류

- 여권 발급신청서(여권 발급처에 양식 비치)
- 여권용 사진 1매(6개월 이내에 촬영한 사진)
- 신분증(주민등록증 · 운전면허증 · 공무원증 · 군인 신분증 등)
- 발급 수수료(여권 종류에 따라 수수료가 다름. 여권 종류 참고)

여권 발급처

서울 각 구청을 포함해 지방 광역시청 · 도청 · 시청 · 군청 등 전국적으로 총 236개소에 설치되어 있다. 여권 내에 지문이 삽입되므로 본인이 직접 방문해야 한다. 외교부 여권과 홈페이지에서 가장 가까운 여권 접수처를 확인하자. 주민등록상의 거주지가 아니더라도 상관없다. 신청 후 약 4~5일이면 여권이 발급된다.
여권을 발급받으면 영문이름, 주민번호 등이 맞는지 확인하고 여권의 맨 뒷장 서명 란에 본인이 자주 사용하는 서명을 해두자.

- **외교부 여권과 홈페이지** www.passport.go.kr
- **여권 헬프라인(민원상담)** (02)733-2114

■ **여권발급 수수료**
- **복수여권(48면)** 유효기간 10년 발급 수수료 53,000원
- **복수여권(24면)** 유효기간 10년 발급 수수료 50,000원
- **단수여권** 유효기간 1년 (1회 사용가능) 발급 수수료 20,000원

Step 02

: 미얀마는 무비자 :

외국인이 미얀마를 방문하려면 기본적으로 비자가 필요하다. 하지만 2018년 10월부터 대한민국 국적 관광객에겐 한시적으로 비자를 면제하고 있다. 2018~2019년까지 시행했던 무비자를 1년 더 연장, 현재 2020년 9월 30일까지 관광이 목적일 경우 무비자 입국을 허용하고 있다. 다만, 그 이후 기간은 변동이 생길 수도 있으니 확인이 필요하다. 아래 내용은 미얀마대사관에서 무비자 관련해 공식발표한 내용이니 참고하도록 하자.

1. 2018년 10월 1일부터 2020년 9월 30일까지 대한민국 일반여권 소지 관광객들은 비자를 면제함.
2. 입국심사를 받을 수 있는 검문소는 양곤국제공항(International Airport of Yangon), 만달레이국제공항(International Airport of Mandalay), 네삐더국제공항(International Airport of Nay Pyi Taw), 양곤국제항구(International Seaport of Yangon), 미얀마와 태국 육로 국경 지역인 따치레익(Tachileik), 먀와디(Myawaddy), 꺼따웅(Kawthaung), 티키(Hteekee) 검문소와 미얀마와 인도 육로 국경 지역인 따무(Tamu), 리콰다(Rinkhawdar) 검문소에 한함.
3. 비자 면제는 관광목적일 경우에만 허용됨.
4. 관광비자는 대한민국 일반여권 소지 관광객들을 대상으로 허용되며 최대 30일간 체류 가능하고 연장은 불가함.
5. 대한민국 일반여권 소지자들은 아래와 같은 사항을 필히 준수해야 함.
   1) 미얀마 정부의 현지법과 절차, 명령들을 반드시 준수해야 함.
   2) 여행 제한 지역을 제외하고 자유롭게 여행할 수 있음.
   3) 입국심사 시 미얀마 이민국 및 관련 기관에서 입국을 거부할 수 있음.
   4) 모든 국제 입국심사대를 통해 출국할 수 있음.

■ 미얀마 비자 관련 문의

주한미얀마대사관 전화 (02)790-3814~6

■ 대한민국 국적이 아니라면, e비자 신청하기

여행자가 대한민국 국적소지자가 아니라면 e비자를 발급받아야 한다. e비자 사이트에서 비자를 신청한 뒤, 메일로 받은 비자 승인서를 프린트해 입국할 때 제출하면 된다. 비행기로 입국할 경우 양곤, 만달레이, 네삐더 공항에서, 육로로 입국할 경우엔 따치레익, 먀와디, 꺼따웅 국경에서 e비자를 사용할 수 있다. e비자 신청 준비물은 신용카드와 여권사이즈 사진 파일 1장이면 된다.

• e비자 신청 사이트
evisa.moip.gov.mm (영문)
mmr-evisa.org (국문)

• e비자 받는 방법
1. 위 e비자 신청 사이트 접속
2. Apply eVisa(e-Visa 신청하기) 클릭
3. Visa Type(비자 타입), Nationality(국적), Port of Entry(입국 공항) 체크
4. 개인정보 기입, 여권사진 파일 업로드
5. 신용카드로 비자 수수료($50)를 결제
6. 3일 안에 신청서에 적은 메일로 비자승인서(Visa Approval Letter) 도착
7. 비자 승인서 출력(비자 승인서 유효기간은 3개월)
8. 미얀마 공항 도착 후 입국심사 시에 여권과 비자 승인서 제출
9. 미얀마 입국

* 비자 승인서는 반드시 프린트해야 하며, 입국심사 후 돌려주는 비자 승인서는 잘 보관할 것. 출국 시 비자 승인서를 제출하게 되어 있음.

Step 03

: 항공권 구입하기 :

항공권은 여행 경비 중 가장 큰 지출을 차지한다. 전체 여행경비를 줄이려면 항공권을 최대한 저렴하게 구입하는 것이 관건인데 그러려면 약간의 팁과 노하우가 필요하다. 꼼꼼하게 따져서 야무지게 준비하자. 항공권만 저렴하게 구입해도 여행의 절반은 성공한 셈이다.

비수기를 이용하자

항공권은 성수기와 비수기에 따라 요금이 달라진다. 성수기는 여름·겨울 방학, 7월~8월 휴가철, 크리스마스, 연말, 새해, 명절 연휴 등이 해당된다. 국경일과 주말이 나란히 연결된 황금 휴일도 준성수기 요금으로 계산된다. 반면, 위의 기간을 제외하면 비수기다. 비수기는 성수기에 비해 요금이 10~20% 저렴하다. 여행자가 몰리지 않아 좌석도 여유 있으며 주말보다는 주중 출발이 조금 더 저렴하다.

최대한 서둘러 예약하자

모든 준비가 완료되었다 하더라도 정작 항공권을 구입하지 못하면 여행은 물거품이 된다. 좌석이 없어 '대기(waiting)' 상태로 예약을 걸어두고 노심초사 좌석이 나기만을 기다려야 하는 상황이 발생할 수도 있다. 여행 출발 날짜를 확정지었다면 성수기든 비수기든, 직접 인터넷으로 예약하든 여행사를 통해 대행하든 최대한 빨리 예약하는 것이 좋다. 예약하기 전에는 충분히 여러 항공권을 비교해보자. 예약 후, 좌석과 금액이 확정되면 항공사에서 지정하는 발권 마감 시한까지 결제하면 된다.

■ **항공권 요금 검색·예약 사이트**
스카이스캐너 www.skyscanner.co.kr
카약 www.kayak.com
구글플라이트 www.google.com/flights
와이페이모어 www.whypaymore.co.kr
하나투어 www.hanatour.com
인터파크투어 fly.interpark.com

직항할 것인가, 경유할 것인가

미얀마 여행에서 신중하게 생각해야 할 부분이다. 직항편이냐, 경유편이냐에 따라 항공요금이 차이나기 때문이다. 직항편보다 제3국을 들러서 가는 경유편이 저렴하다(더러 경유편 중에는 직항편과 요금차이가 크지 않은 경우도 있다). 하지만 경유편은 아무래도 경유하기 때문에 시간이 더 소요된다. 따라서 직항편 VS 경유편은 단순히 금액만으로 비교할 대상은 아니므로 본인의 여행 일정을 고려해 판단하도록 하자.

● **직항편을 탄다면?**

직항편은 목적지까지 한 번에 연결되는 노선이다. 인천에서 출발하는 직항편에는 대한항공이 있다. 양곤까지의 총 비행시간은 약 6시간 내외다. 여행 일정이 짧은 경우 시간을 단축할 수 있어 유리한데 아무래도 직항이라 요금이 비싼 편이다. 직항편 항공권은 일찍 예약한다고 해서 요금이 크게 저렴해지지는 않는다. 그럼에도 인천 출발 직항편이 많지 않아 성수기에는 항공권이 일찌감치 매진된다. 직항편은 대부분 인천에서 저녁 시간에 출발하고, 귀국편은 미얀마에서 한밤중에 출발한다. 운항 스케줄도 꼼꼼히 따져보자. 항공 스케줄은 〈미얀마 항공편 안내〉의 직항편→P.464 참고.

● 경유편을 탄다면?

국적기보다는 외항사, 거기다 경유편이면 요금은 더 저렴하다. 인천에서 출발하는 정규 경유편은 타이항공, 베트남항공, 말레이시아항공, 중화항공, 캐세이패시픽, 중국동방항공 등이 있다. 이들 외항사는 자국의 주요 도시(방콕, 하노이, 호찌민, 쿠알라룸푸르, 타이베이, 싱가포르, 쿤밍 등)를 경유해 양곤으로 입국한다. 특히 방콕에서는 위의 정기 경유편 외에도 저가항공사가 매일 20편 가까이 미얀마로 출발한다. 경유지를 여행하는 것이 아니라면, 경유지에서 비행기를 갈아타거나 기다려야 한다. 항공 스케줄이 바로 연결되지 않으

면 공항에서 하룻밤을 지새워야 하는 경우도 있다. 즉, 7시간 남짓 소요되는 직항편에 비해 더 많은 시간이 소요되는 것을 감안해야 한다. 경유편에 대한 내용은 〈미얀마 항공편 안내〉 →P.464 참고.

항공권의 요금 규정을 확인하자

인터넷에서 '할인항공권'을 검색하면 종종 출발 날짜가 임박한 항공권이 나오기도 한다. 일명 땡처리 항공권이라 불리는 것이다. 이는 항공사나 여행사에서 항공기 출발 날짜에 임박해 빈 좌석을 채우기 위해 내놓은 것이다. 할인항공권은 정해진 기간에 나오는 것이 아니므로 수시로 체크하는 수밖에 없다. 운 좋게 출발 날짜에 맞는 항공권을 찾았다면 요금 규정을 체크해보자. 유효기간이 짧거나 출발·귀국일 변경 불가, 환불 불가, 목적지 변경 불가, 경유지 스톱오버 불가, 유효기간 연장 불가, 마일리지 적립 불가, 변경 시 페널티 부과 등 제약 조건이 많을수록 항공권이 저렴해지기 때문이다. 이러한 항목이 본인의 여행 계획과 무관한지 따져볼 것. 일반항공권, 할인항공권, 저가항공사 항공권 모두 요금 규정을 꼼꼼히 살펴야 한다.

TRAVEL 💬 PLUS
경유한다면, 저가항공사가 정답!

경유편으로 여행한다면 LCC 항공사를 눈여겨보자. LCC는 '저가항공사(Low Cost Carrier)'로 기내 서비스나 수화물 등의 서비스를 줄여 단가를 낮춘 항공사다. 따라서 기내식은 물론 물도 제공되지 않는다. 원하는 승객은 기내에서 직접 돈을 내고 사먹어야 한다. 부치는 수하물도 무게에 따라 요금을 낸다. 이런 시스템으로 파격적인 요금을 제시하는 저가항공사는 빨리 구입할수록(최소 3개월 전) 상당히 저렴하다. 예를 들어 방콕~양곤 구간의 편도요금은 $50~70 내외다. 특히 주말보다 주중 요금이 더 저렴하다. 또, 저가항공사는 요금 체계가 편도+편도=왕복요금으로 계산된다. 따라서 편도만 구입해 입·출국 지점을 자유롭게 정할 수 있다. 대부분의 일반 항공사들이 모두 양곤으로 취항하는 반면, 저가항공사는 양곤과 만달레이로 나뉘어 취항하는 것도 특징이다. 주의해야 할 것은 저가항공사는 요금이 매력적이지만, 일반 항공사에 비해 운항 편수나 승객 정원이 적어 항공편이 취소되거나 운항이 지연될 경우 대처가 미흡하다. 이를 감안해 일정을 짜야 하며, 일부 저가항공사는 발권 취소 시 전액 환급받지 못하는 경우도 있으니 요금 규정을 꼭 확인해야 한다.

항공료에는 택스가 붙는다

여행사에서 항공권을 예약할 때 여행사 직원이 알려주는 항공료에는 택스(Tax)가 포함되지 않는다. 그러다 발권을 하는 시점에서 '항공료 00원+택스 00원'이라고 알려준다. 택스는 국가에서 항공권 판매에 대해 부과하는 세금이다. 공항 이용료인 공항세, 출국세, 전쟁보험료, 유류할증료 등이 합산되어 부과된다. 택스는 예약일이나 탑승일과 관계없이 발권일 기준으로 적용된다. 따라서 발권 전에는 정확한 금액을 알 수 없는 부분이다. 인터넷 사이트를 통해 예약할 때는 마지막 결제 단계에서 해당 항공권의 택스 금액이 항공권 금액에 합산된다. 즉, 항공권의 택스는 발권일의 환율에 따라 매일 변동한다. 따라서 탑승 시점에 환율이 인상되어도 차액을 징수하지 않으며, 인하되어도 환급되지 않는다.

마일리지도 사용 가능하다

항공사 마일리지를 차곡차곡 쌓아놨다면 '보너스 항공권'을 이용하는 방법도 있다. 보통 미얀마 항공권은 태국행 항공권보다 비싸다. 하지만 마일리지를 사용할 때는 같은 동남아 지역으로 분류되어 차감되는 마일리지가 동일하다. 마일리지를 조금 더 알뜰하게 사용할 수 있는 셈이다. 항공사 마일리지는 탑승 거리에 따라 승객에게 마일리지를 적립해 보너스 항공권이나 좌석 승급 등의 혜택을 주는 항공사의 서비스 제도다. 많은 항공사들이 그룹별로 동맹을 맺고 회원사끼리는 코드셰어(공동운항)로 협력한다. 따라서 승객은 한 항공사의 마일리지만 꾸준히 쌓으면 그 항공사가 속한 그룹의 항공들을 마일리지로 이용할 수 있다. 마일리지 사용은 항공사마다, 성수기와 비수기에 따라 차감되는 마일이 다르므로 본인이 마일리지를 쌓는 항공사에 문의하도록 하자. 항공사 마일리지 카드가 아직 없다면 하나 만들어두는 것도 좋다. 공항에서 출국할 때 항공사 카운터에서 바로 만들 수 있다. 마일리지는 비행기를 탈 때 체크인 카운터에 제시하면 적립된다.

▪ 스카이 팀 Sky Team

대한항공, 타이완중화항공(China Airline), 중국동방항공, 중국남방항공, 베트남항공, 샤먼항공, 아에로플로트, 아르헨티나항공, 아에로멕시코, 에어유로파, 에어프랑스, 알이탈리아, 체코항공, 델타항공, 가루다인도네시아항공, 케냐항공, KLM네덜란드항공, 중동항공(MEA), 사우디아항공, 타롬루마니아항공

▪ 스타 얼라이언스 Star Alliance

아시아나항공, 타이항공, 에바항공, 싱가포르항공, 에어차이나, 전일본공수(ANA), 심천항공, 에어인디아, 에어뉴질랜드, 아드리안항공, 에게안항공, 에어캐나다, 오스트리아항공, 아비양카항공, 브뤼셀항공, 코파항공, 크로아티아항공, 이집트항공, 에티오피아항공, LOT폴란드항공, 루프트한자, 스칸디나비아항공, 남아프리카항공, 스위스항공, TAP포르투갈항공, 터키항공, 유나이티드항공

▪ 아시아 마일즈 Asia Miles

캐세이패시픽, 캐세이드래곤, 방콕항공, 영국항공, 핀에어, 이베리아항공, 일본항공, 란항공, 말레이시아항공, 아메리칸에어라인, 콴타스, 카타르항공, 로얄요르단항공, S7에어라인, 스리랑카항공, 탐항공, 에어링구스, 에어캐나다, 에어차이나, 에어뉴질랜드, 알래스카항공, 오스트리아항공, 걸프에어, 제트항공, 루프트한자, 심천항공, 스위스국제항공

미얀마 언제 가는 게 좋나요?

미얀마를 여행하기 가장 좋은 때는 11월~2월 사이, 우리나라의 겨울철입니다. 일반적으로 우리나라 사람들이 가장 많이 여행을 떠나는 때는 여름 휴가철일 텐데요. 사실 미얀마는 이때가 우기입니다. 미얀마의 우기는 6월~10월까지인데 거의 9월 말까지 비가 옵니다. 하루 종일 비가 내리는 건 아니지만 아무래도 번잡스럽죠. 옷도 잘 마르지 않고 돌아다니기에도 조금 불편하고요. 대신 비수기라서 관광지 물가는 저렴한 편이고 분위기는 한산합니다. 우기 여행은 불편하지만 어쩌면 그래서 더 특별할 수 있어요. 미얀마의 한 계절을 온몸으로 느끼며 조금 더 여유롭게 여행하는 시간이 될 수도 있습니다. 우기 여행, 너무 걱정하진 마세요. 생각보다 낭만적이니까요. 아, 우산이나 우비는 잊지 마시고요!

미얀마 항공편 안내

● 직항편

인천에서 미얀마 양곤까지 운항하는 정규편 직항노선은 2019년 12월 현재 대한항공과 미얀마국제항공(8M, Myanmar Airways International, MAI)이다. 아래 출발/도착 시각은 각각 출발지/도착지의 현지시각이다. 한국과 미얀마의 시차는 2시간 30분이므로 직항편의 총 비행시간은 약 6시간 내외다. 미얀마 여행 성수기에는 일부 항공사들이 양곤행 직항 전세기를 일시적으로 운항하기도 한다.

■ 인천 → 양곤

항공사(편명)	운행시간	요일
대한항공(KE 471)	인천 18:15 출발 / 양곤 22:10 도착	매일
미얀마국제항공(8M802)	인천 01:50 출발 / 양곤 06:00 도착	월,수,금,일

■ 양곤 → 인천

항공사(편명)	운행시간	요일
대한항공(KE472)	양곤 23:30 출발 / 인천 07:15(+1일) 도착	매일
미얀마국제항공(8M801)	양곤 16:50 출발 / 인천 00:50(+1일) 도착	화,목,토,일

*위 항공 스케줄은 2019년 12월 기준이며 항공사의 사정에 따라 변경될 수 있음.

■ 직항편 일반항공사

대한항공
www.koreanair.com

미얀마국제항공
www.maiair.com

● 경유편 일반항공사

타이항공(TG)은 방콕, 베트남항공(VN)은 하노이와 호찌민, 말레이시아항공(MH)은 쿠알라룸푸르, 중화항공(CI)은 타이베이, 캐세이패시픽(CX)은 홍콩, 중국동방항공(MU)은 쿤밍을 거쳐 미얀마로 입국한다. 위의 도시에서 스톱오버를 해 여행할 예정이면 해당 도시를 경유하는 항공사를 선택하면 된다. 경유편 일반항공사는 대부분 양곤으로 입국한다.

● 경유편 저가항공사(방콕 출발 기준)

경유편 중에서 여행자들에게 가장 인기 있는 노선은 방콕이다. 많은 저가항공사가 방콕~미얀마 구간을 연결하기 때문이다. 저가항공사는 양곤을 포함해 만달레이, 네삐더로 취항한다. 저가항공사는 여행사에서 취급하지 않는다. 본인이 직접 각 항공사의 사이트에서 항공 스케줄을 조회해 신용카드로 결제해 구입해야 한다. 저가항공사는 날짜마다 운항시각이 달라지기도 하므로 본인의 출발 날짜를 항공사 사이트에서 확인하자.

■ 경유편 일반항공사

타이항공
www.thaiairways.com

베트남항공
www.vietnamairlines.com

말레이시아항공
www.malaysiaairlines.com

중화항공
www.china-airlines.com

캐세이패시픽
www.cathaypacific.com/kr

중국동방항공
http://us.ceair.com

방콕 → 양곤

방콕에서 타이에어아시아(FD), 방콕에어웨이즈(PG), 타이스마일(TG), 녹에어(DD), 골든미얀마에어라인스(Y5), 미얀마에어웨이즈인터내셔널(8M) 등이 양곤으로 매일 운항한다. 부정기적으로 운항하는 것까지 포함하면 하루 약 20편 가까이 된다. 방콕에서 출발할 때는 출발 공항이 쑤완나품(BKK) 공항인지, 돈므앙(DMK) 공항인지 공항코드를 확인해야 한다. 에어아시아는 대부분 돈므앙 공항에서 출발한다.

방콕 → 만달레이

타이에어아시아(FD), 방콕항공(PG), 타이스마일(TG)
이 각각 매일 하루 1편 만달레이로 취항한다. 방콕~만
달레이 노선을 이용하는 여행자들이 점점 늘어나면서
최근 만달레이로 취항하는 국제선 항공도 증편하는 추
세다. 만달레이를 입·출국 중 한 곳으로 정하면 여행이
더 편해진다. 저가항공사 항공권을 편도로 구매해 입국
은 양곤으로, 출국은 만달레이로 하게 되면 여행 루트가
겹치지 않는다.

■ 경유편 저가항공사(방콕 출발 기준)

에어아시아
www.airasia.com

녹에어
www.nokair.com

타이스마일
www.thaismileair.com

방콕에어웨이즈
www.bangkokair.com

골든미얀마에어라인스
www.gmairlines.com

미얀마에어웨이즈인터내셔널
www.maiair.com

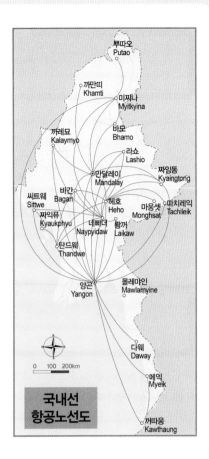

국내선
항공노선도

미얀마 국내선 예약하는 방법

미얀마 여행이 확정되었고 한 구간이라도 국내선으로 이동할 생각이라면 최대한 빨리 예약해두는 것이 좋다. 성수기
에는 국내선 비행기 좌석을 구하기가 하늘의 별따기이고, 비수기에는 출발 편수가 줄어들기 때문에 국내선은 일찌감
치 티켓을 확보해두어야 한다. 국내선은 모두 온라인으로 예약이 가능하다. 양곤~바간~만달레이~냥쉐(인레) 코
스는 오전 중에 편수가 더 많고, 반대 방향은 오후 편수가 더 많다. 항공은 스케줄과 요금이 매월 달라지므로 아래
국내선 사이트에서 확인하도록 하자.

에어깐보자(K7)	www.airkbz.com	에어바간(W9)	www.airbagan.com
에어만달레이(6T)	www.airmandalay.com	양곤에어웨이즈(YH)	www.yangonair.com
에프엠아이에어(ND)	www.fmiair.com	골든미얀마에어라인스(Y5)	www.gmairlines.com
만야다나폰에어라인스(7Y)	www.airmyp.com	미얀마내셔널에어라인스(UB)	www.flymna.com
아펙스항공(SO)	www.apexairline.com	아시안윙스에어웨이즈(YJ)	www.asianwingsair.com
미얀마에어웨이즈인터내셔널(8M)	www.maiair.com		

Step 04

: 호텔 예약하기 :

미얀마에 밤늦게 도착한다거나, 성수기와 미얀마 국가 공휴일에 여행하게 된다면 적어도 첫째 날만큼은 숙소를 예약하고 가기를 권한다. 요즘 미얀마에서는 호텔 공사가 한창 진행되고 있지만 아직은 한참 부족한 상황이다. 특히 성수기에는 방을 구하기가 생각보다 어렵다. 홈페이지나 이메일 주소가 있는 숙소는 메일로 연락하면 의외로 빠른 답변을 받을 수 있다. 인터넷에서 '호텔 예약 사이트'를 검색하면 미얀마 유명 관광지 지역은 호텔 예약이 가능하다. 호텔 예약 사이트에서 취급하는 숙소는 같은 호텔이라도 회사마다 요금이 조금씩 다르고, 예약 취소와 변경에 대한 규정이 다르니 꼼꼼히 확인해보자. 호텔을 예약할 땐 도착 날짜, 항공기 편명, 체크인 예상 시간을 정확히 알려주는 것이 좋다. 호텔 바우처나 메일로 회신 받은 예약 컨펌 내용을 프린트해서 가져가는 것도 잊지 말자.

Step 05

: 환전하기 :

우리나라에서 미얀마 돈으로 환전할 수 있는 곳은 아직 없다. 인천공항에서도 불가능하다. 미국 달러로 환전해 간 뒤 현지에서 다시 미얀마 화폐로 환전해야 한다. 여행자수표도 미얀마에서는 취급하지 않는다. 신용카드도 그다지 유용하지 않다. 호텔이나 식당에서 사용할 수 없는 경우가 대부분이고, ATM기로 현금을 찾을 수는 있지만 대도시 위주로만 ATM기가 설치되어 있다. 신용카드는 현금을 출금하면 은행마다 3~4%의 해외 이용 수수료가 추가된다는 사실을 알아두자. 그러니 현금(미국 달러)을 넉넉하게 가져가는 것이 좋다. 단, 달러는 모두 신권으로 가져가도록 한다. 〈미얀마 기초 여행 정보〉의 환전하는 방법 →P.55 참고.

여행정보 수집하기

'아는 만큼 보인다'라는 말은 여행지에서는 진리입니다. 여행 목적에 따라 다르겠지만, 알찬 정보를 많이 수집할수록 여행은 풍요로워집니다. 여행의 노하우나 방법에만 치중하기보다는 미얀마의 역사, 문화 등 전반적인 내용도 함께 수집하기를 권합니다. 보편적인 여행정보를 접할 수 있는 가이드북 한 권 정도는 기본, 미얀마의 이해를 돕는 입문서나 여행기, 미얀마를 배경으로 한 소설이나 영화도 좋습니다. 정보의 바다 인터넷을 활용하는 것도 방법일 텐데요. 미얀마의 개괄적인 정보를 얻기 좋은 미얀마 관광청(Ministry of Hotels & Tourism) 사이트 www.tourism.gov.mm도 참고하세요.

━ Step 06 ━

: 면세점 미리 쇼핑하기 :

면세점 쇼핑은 꼭 인천공항에서만 할 수 있는 것은 아니다. 서울 시내의 '도심 면세점'과 인터넷상의 '온라인 면세점'
에서 쇼핑할 수 있다. 물론 출국이 확정된 상태로 항공권(이티켓)을 발급받은 사람만 이용할 수 있다. 비행기 편명,
출발시각, 여권번호를 알고 있다면 출국 한 달 전부터 하루 전까지 쇼핑이 가능하다. 온라인 면세점은 쿠폰 등을 발
급해 더 저렴하게 쇼핑할 수 있는 대신 물건을 직접 볼 수 없다는 단점이 있다. 따라서 알뜰하게 쇼핑하려면 도심 면
세점에서 직접 물건을 확인한 후, 온라인 면세점을 이용해 구입하면 된다. 주의할 것은 온라인 면세점이든, 도심 면
세점이든 구입한 물건은 그 자리에서 받는 것이 아니라, 출국할 때 공항내 여객터미널 안에 마련된 '물품 인도장'에
서 찾게 되어 있다. 출국 날 시간에 쫓겨 제대로 쇼핑을 못 할 것 같으면 미리 면세점 쇼핑을 해두는 것도 좋다. 참고
로 출국 시 면세점에서 구매할 수 있는 한도액은 1인당 $3,000까지다.

■ 도심 면세점	주소	전화	■ 인터넷 면세점
동화면세점	서울시 종로구 세종대로 149 광화문빌딩 지하 1층	1688-6680	www.dwdfs.com
롯데면세점	서울시 중구 을지로 30 롯데백화점 본점 9~12층	1688-3000	www.lottedfs.com
신라면세점	서울시 중구 동호로 249 신라호텔 B1~2층	1688-1110	www.shilladfs.com
갤러리아 면세점	서울시 영등포구 63로 50(63빌딩)	1661-6633	www.galleria-dfs.com
SM면세점	서울시 종로구 인사동 5길 41	1522-0800	www.smdutyfree.com

TRAVEL 💬 PLUS
시내에서 쇼핑한 면세품을 공항에서 찾는 방법

서울 도심 면세점이나 온라인으로 미리 면세점 쇼핑을 했다면, 공항 내 '면세품 인도장'에서 구매한 물품을 찾을 수 있
다. 면세품 인도장은 출국심사대를 지나야 갈 수 있고 인천공항의 경우는 구역별로 면세품 인도장을 두고 있다. 즉,
항공기 편명에 따라 인도장 위치가 다르다. 면세점에서 물건을 구입할 때 교환권에 인도장을 표시해주거나, 휴대폰 메
시지로 보내주기도 하니 잘 확인하도록. 인도장에서는 여권과 비행기 티켓, 주문번호를 보여주면 구입한 물품을 내어
준다. 입국할 때는 면세점에 들어갈 수 없으므로 면세품은 반드시 출국할 때 찾아야 한다. 참고로, 인천공항공사는 인
도장 대란을 해소하기 위해 분산돼 있는 제1터미널 탑승동 인도장을 하나로 통합할 계획을 발표했다(2018년 2월).
인도장 위치는 추후 변경될 수 있으므로 면세품을 구입할 때 위치를 잘 확인하도록 하자.

- 제1여객터미널 서편 인도장 28번 게이트 맞은편 우측 80m 위층(4층)
- 제1여객터미널 동편 인도장 28번 게이트 맞은편 좌측 50m 위층(4층)
- 탑승동 인도장 121번 게이트 옆
- 제2여객터미널 인도장 252번 게이트 옆 에스컬레이터 탑승 후, 구름다리 건너편(4층)

Step 07

: 여행가방 꾸리기 :

짐을 하나 둘 챙기다보면 슬슬 여행가는 것이 실감나기 시작한다. 즐거운 여행이 되기 위한 첫 번째 원칙, 최대한 가방은 가벼울 것! 가져갈까 말까 망설이게 되는 것은 아예 가져가지 말자. 망설였던 물건은 대부분 현지에서 사용하지 않는 경우가 많다. 또, 대부분 현지에서 모두 구할 수 있다. 아래 항목을 체크하면서 짐을 꾸려보자.

● 여권과 항공권

아무리 강조해도 지나침이 없는 준비물. 여권과 항공권은 잘 챙겼는지 다시 한 번 확인하자. 특히 여권(사진 있는 부분)과 항공권은 여유분을 복사해서 가져가자. 여권의 유효기간이 6개월 이상 남았는지 반드시 확인할 것. 6개월 미만 시 미얀마 입국이 불가능하다.

● 여권용 사진

현지에서 여권을 분실했을 경우 재발급 받으려면 사진이 필요하다. 현지에서 사진을 찍을 수도 있지만 준비된 사진이 있다면 신속하게 사고를 처리할 수 있다. 만일을 대비해 사진 3~4장(여권 사이즈)을 챙겨가자.

● 옷차림과 신발

어느 계절에 가든 기본적으로 여름 옷차림을 준비해가면 된다. 반팔을 포함해 얇은 긴팔 티셔츠도 필요하다. 특히 북부 지역을 여행한다면 얇은 점퍼(바람막이 점퍼)를 챙기면 좋다. 보통 한낮은 무덥지만 심야 에어컨 버스나 보트를 오랜 시간 타게 되면 한기가 느껴지고, 우기에는 비가 내려 으슬으슬 춥다. 신발은 편한 운동화를 신되 사원은 모두 맨발로 다녀야 하므로, 샌들(또는 슬리퍼)을 한 켤레 준비하면 좋다.

● 모자와 선글라스

한낮의 태양이 강하므로 모자는 필수. 선글라스와 선크림도 있으면 챙기자. 우기에 여행한다면 우산(우비)도 준비해야 한다.

● 여행가방과 보조가방

모든 구간을 국내선 비행기를 이용하거나, 택시나 전용 차량으로 이동하는 패키지 팀이라면 트렁크(캐리어)도 상관없다. 하지만 버스로 이동하는 개별 여행자라면 배낭이 낫다. 미얀마는 도로 사정이 그다지 좋지 않기 때문에 배낭을 메고 다니는 것이 훨씬 편리하고 기동성도 좋다. 시내를 돌아다닐 땐 작은 보조가방에 가이드북과 소지품만 넣고 가뿐히 돌아다니자.

● 세면도구

비누, 샴푸, 치약, 칫솔 등 개인 세면용품을 챙기자. 3성급 이상의 숙소에는 세면도구, 헤어드라이어까지 비치되어 있지만 게스트하우스에서는 대부분 수건 정도만 제공한다.

● 비상약

평소 복용하고 있는 약 외에 감기약, 진통제, 소화제, 지사제 등의 간단한 비상약 정도만 챙기자.

● 카메라와 멀티 아답터

카메라, 배터리, 충전기 등을 챙기면서 특히 메모리카드는 여유 있게 준비하도록. 대도시 외에는 카메라 관련 소모품을 살 곳이 마땅치 않다. 미얀마 숙소는 3구 콘센트로 되어 있는 곳이 많으므로 카메라 배터리를 충전하려면 멀티 아답터도 필수다.

Step 08

: 사건 · 사고 대처 요령 :

여행과 사건 · 사고는 늘 붙어 다닌다. 여행을 무사히 건강하게 마칠 수 있다면 좋지만 뜻대로 되지 않을 때도 있다. 더군다나 집을 벗어나 해외에서 예상치 않은 일이 발생하면 몹시 당황스럽게 된다. 아래와 같은 일은 절대 없어야 하지만, 만약을 대비해 대처법을 알아두자.

● 항공권을 분실했을 때

항공권은 이티켓(E-ticket)으로 발급되기 때문에 항공권 분실은 크게 문제되지 않는다. 이미 항공사나 여행사로부터 메일을 통해 티켓을 받았을 터, 가까운 인터넷 카페에서 항공권을 재출력하면 간단하게 해결된다. 아예 여유분으로 2~3부 프린트해 가는 것도 요령이다.

● 현금을 잃어버렸을 때

여행 도중에 가지고 있던 현금(또는 지갑)을 분실한 경우는 사실 찾을 방법이 없다. 카드까지 잃어버렸다면 조금 더 피곤해진다. 일단, 카드는 분실 시 피해가 커질 수 있으므로 즉시 한국의 카드회사로 전화를 걸어 분실 신고를 해야 한다. 대부분의 나라에서는 현지 은행에 여권을 제시하고 계좌를 개설한 후 한국으로부터 송금을 받을 수 있지만, 미얀마에서 여행자가 계좌를 만드는 일

은 아직 어렵다. 따라서 현금은 가방, 지갑, 호주머니 등에 분산해서 보관하는 것이 현명한 방법이다. 자, 여행 경비를 모두 분실했다고 해도 낙담하진 말자. 하늘이 무너져도 솟아날 구멍이 있는 법. 이때는 외교부에서 진행하는 '신속 해외송금 지원제도'를 이용하자.

■ 신용카드 분실 연락처

국민카드 0082-2-6300-7300
비씨카드 0082-2-330-5701
삼성카드 0082-2-2000-8100
현대카드 0082-2-3015-9000
신한카드 0082-1544-7200
우리카드 0082-2-6958-9000
하나카드 0082-2-3489-1000
씨티카드 0082-2004-1004
농협카드 0082-2-6942-6478

TRAVEL 💬 PLUS
여행자보험 공짜로 가입하기

아무리 짧은 여행이라도 여행자보험은 필수다. 여행자보험은 여행지에서 발생할 수 있는 만약의 사고에 대비해 들어두는 보험이다. 인천공항이나 여행사, 보험회사를 통해 가입할 수 있다. 이보다 더 간편한 방법은 시중은행을 이용하는 것이다. 게다가 공짜다! 국내 시중은행에서는 일정 금액을 환전하면 여행자보험에 무료로 가입시켜준다. 은행의 여행자보험은 환전한 날부터 60일간 적용된다. 은행마다 연계한 보험회사에 따라 보상 내역과 보험금이 다르다. 휴대품 분실 시 보험이 적용되지 않는 곳도 있으니 약관을 잘 살펴보도록.
여행자보험 보상을 받으려면 현지에서 물건을 분실했을 경우, 현지 경찰서에서 '도난증명서'를, 치료를 받은 경우에는 진단서와 치료 관련 지불 영수증을 받아와야 한다. 귀국 후, 보험회사에 현지에서 챙겨온 서류와 본인 통장사본을 제출하면 2주일 후 규정에 따라 보상을 받을 수 있다.

■ **신속 해외송금 지원제도**

해외에서 우리 국민이 소지품 분실, 도난 등 예상치 못한 사고로 일시적으로 궁핍한 상황에 처해 현금이 필요한 경우, 국내 거주 지인이 외교부 계좌로 입금하면 현지 대사관 및 총영사관에서 해외 여행객에게 긴급 경비를 현지 화폐로 전달해주는 제도다.

- **신청 방법** 현지 대사관 및 총영사관을 방문해 신청 or 영사콜센터로 전화해 신청
- **지원 한도** 최고 $3,000
- **유료 연결** (현지 국제전화 코드)+82-2-3210-0404
- **무료 연결** (현지 국제전화 코드)+800-2100-0404

* 주미얀마연방 한국대사관 연락처는 P.58 참고

● **물건을 잃어버렸을 때**

여행자보험에 가입했다면 우선 물건을 분실한 지역의 관할구역 경찰서로 간다. 경찰서에서 자초지종을 설명하고 분실·도난증명서(Police Report)를 발급받아야 한다. 소지품의 경우 증명서는 세세하게 작성해야 한다. 예를 들어 카메라를 분실했다면 브랜드, 모델명, 가격, 구입연도 등과 함께 몇 시, 어디에서, 어떤 경위로 분실하게 되었는지를 영문으로 작성해야 한다. 이때, 단순한 분실(lost)이라고 적게 되면 본인 과실 의미가 크므로 보험금 보상을 받을 수 없거나 받아도 미미한 수준이다. 타인에 의한 '도난(stolen)'임을 입증할 수

있다면 보험금 한도에 따라 보상을 받을 수 있다. 귀국 후, 보험회사에 현지 경찰서에서 받아온 분실·도난증명서와 본인의 계좌 사본 등을 보내면 심사 후 가입한 여행자보험의 규정에 따라 해당 보험금을 받는다. 보상은 현물만 가능하며 현금은 보험 처리가 되지 않는다.

● **여권을 잃어버렸을 때**

이는 가장 심각한 사고다. 잃어버린 대가를 톡톡히 치러야 할 만큼 번거로운 절차가 기다리고 있다. 여권을 재발급하는 데 시간이 2~3일 걸리는 데다 재발급 비용까지 내야 한다. 여권이 없으면 본인의 신분을 증명할 길이 없기 때문에 무엇보다 각별한 주의가 필요하다. 게다가 여권 안에 붙어 있는 미얀마 비자는 분실 시 효력을 상실한다. 여권을 재발급 받으려면 여권번호, 발급일 등이 필요한데 이때 여권 복사본이 있다면 일처리가 상당히 빨라진다. 다소 복잡하지만 아래의 절차를 따라야 한다. 일단, 가장 가까운 경찰서로 가자. 여권 분실을 신고하면 경찰서에서 임시여행허가증을 발급해준다. 여권 대신 임시여행허가증을 소지하고 양곤의 한국대사관으로 가서 여권을 재발급 받아야 한다.

■ **여권 재발급시 필요한 서류**
- 여권발급신청서(사진 2장)
- 구여권을 확인할 수 있는 증빙서류(여권 사본 등)
- 여권분실신고서(분실사유서 등) – 경찰서 발급
- 수수료

 복사한 서류는 따로 보관하세요!

잔소리처럼 계속 반복하는 이야기, 이미 눈치 채셨죠? 여권 사본(복사본)을 준비하라고요. 사본은 여권을 분실했을 때 신분을 증명하기 위해 필요하기 때문입니다. 그러면 원본인 여권과 사본을 같이 보관하면 안 되겠죠? 사본은 2~3장 준비해 보조가방과 배낭에 각각 보관하세요. 만약, 여권도 분실했는데 복사한 사본마저 분실했다면 어떡할까요? 상상하고 싶지 않은 상황이지만 그 경우를 대비해 가장 안전한 방법을 알려드릴게요. 출발 전에 여권, 비자, 항공권, 신분증을 모두 스캔해서 본인의 이메일로 보내 놓거나 휴대전화에 파일로 저장해 두는 것도 좋습니다. 현지에서 인터넷을 통해 서류를 프린트 할 수 있도록요!

MYANNMAR
LANGUAGE

: 미얀마 여행회화 :

미얀마연방의 공식 언어는 미얀마어이다. 전체인구의 약 70%가 사용하는 언어로 미얀마어로는 '미얀마사(語)'라고
한다. 소수민족들은 각 종족의 언어를 모국어로 하면서 미얀마어를 제2언어로 사용한다. 미얀마어는 기원전 5세기
~서기 3년 사이 인도의 브라미(Brami) 문자가 전해진 것으로 알려진다. 서기 1년 당시 미얀마 토착인이었던 뿌족
과 몬족이 브라미 문자를 수용하면서 변형되었고, 불교가 전래되면서 불경을 기록했던 팔리어(Pali)와 불교용어였던
산스크리트어(Sanskrit)어가 섞이면서 변형되었다. 즉, 미얀마어는 팔리어와 산스크리트어, 고대 브라미 문자에서
파생된 뿌족어, 몬족어가 모두 적당한 형태로 합쳐져 자연스레 변형된 것이다. 미얀마어는 총 3개의 자음과 1개의
모음으로 이루어져있으며 여기에 성조를 더해 표기하는데 대체적으로 동글동글한 문자 형태이다. 조음방법에 따라
파열음, 파찰음, 마찰음, 폐쇄음, 비음 등의 많은 구별법이 있다. 문장은 주어+목적어+동사로 한국어와 어순이 같
지만 한 음절마다 뜻이 있다. 게다가 성조가 있어 같은 글자라도 발음에 따라 전혀 다른 뜻이 된다.
우리에겐 낯설고 어려운 언어지만 미얀마어로 대화를 시도하려는 외국인에게 미얀마 사람들은 매우 호의적이다. 이
장에서는 여행 중 일어날 수 있는 상황을 예상해 기본 문장과 필요한 단어를 제시한다. 앞서 말했듯, 한국어와 어순
이 같으므로 필요한 문장에 단어를 대입해서 이야기해보자. 발음 옆에 한국어 뜻과 미얀마 현지어로 표기해놓았으므
로 여의치 않을 때는 직접 보여주는 것도 좋은 방법이다. 여행 회화편은 틈나는 대로 입으로 눈으로 귀로 자연스럽게
익히는 것이 가장 좋은 활용법이다.

◉ 아라비아 숫자 ◉

၀	၁	၂	၃	၄	၅	၆	၇	၈	၉	၁၀
0	1	2	3	4	5	6	7	8	9	10

◉ 숫자 ◉

0	သုည	또웅냐	4	လေး	레
1	တစ်	띳	5	ငါး	응아
2	နှစ်	닛(흐닛)	6	ခြောက်	차욱
3	သုံး	또웅	7	ခုနစ် (ခုန်)	쿤(쿤흐닛)

8	ရှစ်	싯		31	သုံးဆယ့်တစ်	또웅샛띳
9	ကိုး	꼬		40	လေးဆယ်	레새
10	တစ်ဆယ်	따새		50	ငါးဆယ်	응아새
11	ဆယ့်တစ်	샛띳		60	ခြောက်ဆယ်	차욱새
12	ဆယ်နှစ်	샛닛		70	ခုနစ်ဆယ်	쿤새
13	ဆယ်သုံး	샛또웅		80	ရှစ်ဆယ်	싯새
14	ဆယ့်လေး	샛레		90	ကိုးဆယ်	꼬새
15	ဆယ့်ငါး	샛응아		100	တစ်ရာ	띳야
16	ဆယ့်ခြောက်	샛차욱		200	နှစ်ရာ	닛야
17	ဆယ်ခုနစ်	샛쿤		1,000	တစ်ထောင်	띳다웅
18	ဆယ်ရှစ်	샛싯		2,000	နှစ်ထောင်	닛다웅
19	ဆယ့်ကိုး	샛꼬		10,000	တစ်သောင်း	띳따웅
20	နှစ်ဆယ်	닛샛		20,000	နှစ်သောင်း	닛따웅
21	နှစ်ဆယ့်တစ်	닛샛띳		100,000	တစ်သိန်း	띳때잉
30	သုံးဆယ်	또웅새		1,000,000	တစ်သန်း	띳따안

● 요일 ●

월요일	တနင်္လာနေ့	따닝라네이
화요일	အင်္ဂါနေ့	잉가네이
수요일	ဗုဒ္ဓဟူးနေ့	복다후네이
목요일	ကြာသပတေးနေ့	짜따빠데이네이
금요일	သောကြာနေ့	떠짜네이
토요일	စနေနေ့	사네네이
일요일	တနင်္ဂနွေနေ့	따닌가뇌이네이

● 의문사 ●

누구	ဘယ်သူ	배뚜
무엇	ဘာ	바
언제	ဘယ်အချိန်	배아체잉
어디	ဘယ်နေရာ	배네이야
왜	ဘာကြောင့်	바짜웅
	ဘာလို့	바록
어떻게	ဘာဖြစ်လို့	바핏록

● 시간과 때 ●

분(minute)	မိနစ်	미닛		오늘	ဒီနေ့	디네이
시(hour)	နာရီ	나리		어제	မနေ့က	마네이까
일(day)	နေ့	네이		내일	မနက်ဖြန်	마네퍈
주(week)	ရက်သတ္တပတ်	야따띳빡		이번 주	ဒီတစ်ပတ်	디띳빡
월(month)	လ	라		지난 주	အရင်တစ်ပတ်	아야인띳빡
년(year)	နှစ်	닛		다음 주	နောက်တစ်ပတ်	나우띳빡
오전	မနက်ခင်း	마나킹		현재	အခု	아쿡
오후	နေ့လယ်	네이레		나중	နောက်	나우
저녁	ညနေခင်း	야네이킨		이전	အရင်	아야인
밤	ည	냐아		오전 1시	မနက်တစ်နာရီ	마네띳나리

오전 2시	မနက်နှစ်နာရီ		마네닛나리
정오(낮 12시)	နေ့လည် ဆယ့်နှစ်နာရီ		네이레 샛닛나리
오후 1시	နေ့လည် တစ်နာရီ		네이레 띳나리
오후 2시	နေ့လည် နှစ်နာရီ		네이레 닛나리
자정(밤 12시)	သန်းခေါင်ယံ (ည ဆယ့်နှစ်နာရီ)		딴카웅얀 (냐아 샛닛나리)

● 월(Month) ●

1월	ဇန်နဝါရီလ	재뉴워리		7월	ဇူလိုင်လ	줄라이
2월	ဖေဖော်ဝါရီလ	훼이버러리		8월	သြဂုတ်လ	어거스트
3월	မတ်လ	마치		9월	စက်တင်ဘာလ	셉템버
4월	ပေရယ်လ	에이프릴		10월	အောက်တိုဘာလ	악토버
5월	မေလ	메이		11월	နိုဝင်ဘာလ	노벰버
6월	ဂျွန်လ	준		12월	ဒီဇင်ဘာလ	디셈버

● 상대방을 부르는 호칭 ●

나	ငါ	응아	당신	ခင်ဗျား	킹뱌
너	နင် / ခင်ဗျား	닌 / 킹뱌	그	အဲဒါ	애다
우리	ငါတို့ / ကျွန်တော်တို့	응아독 / 준더독	그녀	အဲဒီ ကောင်မလေး	애디 까웅마레잉
여보세요	ဒီမှာ	디마			

(식당에서 종업원을 부를 때)

● 인사말 ●

안녕하세요.	မင်္ဂလာပါ။	밍갈라바.
미안합니다.	ဝမ်းနည်းပါတယ်။	와잉네바데.
고맙습니다.	ကျေးဇူးတင်ပါတယ်။	째주띤바데.
실례합니다.	အားနာပါတယ်။	아나바데.
괜찮습니다(천만예요).	ရပါတယ်။	야바데.
어떠세요?	ဘယ်လိုနေပါသလဲ။	배로네이바따레?
저는 좋아요.	ငါကတော့ ရပါတယ်။	응아꺼덕 야바데.
당신은 어떠세요?	ခင်ဗျားရော ဘယ်လိုနေပါသလဲ	킹뱌여 배로네이바따레?
다음에 만나요.	နောက်မှတွေ့တာပေါ့။	나우마 뙤우따뻐.
잘 지내세요.	ကောင်းကောင်းနေပါ။	까웅까웅 네이빠.
행운을 빕니다.	ကံကောင်းပါစေ။	껜웅까웅바세이.
새해 복 많이 받으세요.	နှစ်သစ်မှာ ပျော်ရွှင်ပါစေ။	닛띳마 뼈신바세이.
생일 축하합니다.	မွေးနေ့မှာ ပျော်ရွှင်ပါစေ။	뫠이네이마 뼈신바세이.
• 결혼	မင်္ဂလာဆောင်	밍가라웅사웅
• 입학	ကျောင်းဝင်ခွင့်	짜웅윙킹
• 졸업	ဘွဲ့ရသည်။	뵈야띠
• 취업	အလုပ်ရသည်။	아록야띠

● 기본 회화 ●

제 이름은 ○○○입니다. | ကျွန်တော်ကတော့ ○○○ ဖြစ်ပါတယ် | 준더까덕 ○○○ 핏빠데.

• 여자일 경우는 | | 쩐마 ○○○ 핏빠데.

당신 이름이 뭐예요? | နာမည် ဘယ်လိုခေါ်ပါသလဲ။ | 나미 배로커빠따레?

몇 살이에요? | အသက် ဘယ်လောက်ရှိပါပြီလဲ။ | 아딱 배라욱 싯빠삐레?

저는 23살입니다. | ၂၃နစ်ရှိပါပြီ | 닛셋또웅닛 싯빠삐.

저는 한국인입니다.
ကျွန်တော်ကတော့ ကိုရီးယားလူမျိုးဖြစ်ပါတယ် | 준더까덕 꼬리아루묘핏빠데.

만나서 반갑습니다. | တွေ့ရတာ ဝမ်းသာပါတယ်။ | 뙤우와따 원따빠데.

저에게 미얀마 이름 하나 지어주세요.
ကျွန်တော့်ကို မြန်မာနာမည် တစ်ခု မှည့်ပေးပါ။ | 준더꼬 미얀마나미 띳쿠 메이빠이빠.

제 애인 입니다. | ကျွန်တော်ရဲ့ ရည်းစား ဖြစ်ပါတယ် | 준덕 야이사 핏빠데.

• 남편 | ယောက်ျား | 야우짜

• 아내 | မိန်းမ | 메잉마

미얀마어를 모릅니다. | မြန်မာစကား မပြောတတ်ဘူး။ | 미얀마사가 마뼈따엑부.

천천히 말해 주세요. | ဖြည်းဖြည်း ပြောပေးပါ။ | 폐이폐이 뼈빼이빠.

잘 모르겠습니다. | မသိပါဘူး | 마띳빠부.

미얀마어로 써주세요. | မြန်မာလို ရေးပေးပါ။ | 미얀마로 예이빠이빠.

이 글자를 읽어주세요. | ဒီစာကို ဖတ်ပြပါ။ | 디사꼬 파이빠빠.

영어 할 줄 아세요? | အင်္ဂလိပ်စကား ပြောတတ်ပါသလား။ | 잉가레이사가 뼈따엑빠따라?

영어 할 줄 아는 분 계세요?
အင်္ဂလိပ်စကား ပြောတတ်တဲ့ သူ ရှိပါသလား။ | 잉가레이사가 뼈따엑뚜?

• 한국어 | ကိုရီးယားစကား | 꼬리야사가

당신의 직업은 무엇입니까?
ဘာအလုပ်လုပ်ပါသလဲ။ | 바아록 록빠따레이?

저는 회사원입니다.
ကျွန်တော်ကတော့ ကုမ္ပဏီဝန်ထမ်းဖြစ်ပါတယ်။ | 준더까덕 컴퍼니 운탄 핏빠데.

• 학생	ကျောင်းသား	짜옹따
• 선생님	ဆရာ / ဆရာမ	사야 / 사야마
• 사업가	စီးပွားရေးသမား	시빠예이따마
• 여행자	ခရီးသွား	카야이따
사진을 찍어도 될까요?	ဓာတ်ပုံ ရိုက်လို့ရပါသလား။	다옹뽕 야이록 야빠따라?
사진을 찍어주시겠어요?	ဓာတ်ပုံ ရိုက်ပေးလို့ရပါသလား။	다옹뽕 야이빼이록 야빠따라?
예.	ဟုတ်ကဲ့။	호우젝.
아니오.	မဟုတ်ပါဘူး။	마혹빠부.
좋다.	ကောင်းတယ်။ ကြိုက်တယ်။	까웅데 / 짜익데.
싫다.	မကြိုက်ဘူး။	마짜익부.
그저 그렇다.	ဒီလိုပါပဲ။	디로바베.
예쁘다.	လှတယ်။	라이데.
사랑한다.	ချစ်တယ်။	마라부.
원한다.	လိုချင်တယ်။	로친데.
부탁한다.	တောင်းဆိုပါတယ်။	따웅소빠데.

● 길을 찾아갈 때 ●

시티마트는 어디에 있나요?
City Mart ဘယ်လိုသွားရမလဲ။ 시티마트 배로 똬야마레?

이 길 이름이 뭔가요?
ဒီလမ်း နာမည်က ဘယ်လိုခေါ်ပါသလဲ။ 디레인 나메가 배로 커빠따레?

걸어서 몇 분 걸리나요?
လမ်းလျှောက်ရင် ဘယ်နှမိနစ် ကြာမှာပါလဲ။ 레인샤우아인 배나미닛 짜마바레?

길을 잃었어요. 여기가 어딘가요?
လမ်းပျောက်နေလို့ပါ။ ဒီက ဘယ်နေရာပါလဲ။ 레인빠우네록빠. 디가 배네이야빠레?

버스는 어디에서 타나요?
ဘတ်စ်ကား ဘယ်မှာ စီးလို့ ရပါသလဲ။ 버스가 배마 사이록 야빠따레이?

바간으로 가는 버스표 주세요.

ပုဂံ သွားတဲ့ လက်မှတ် ပေးပါ။　　バガン 따우데 라맥 빼이빠.

첫 버스가 몇 시 인가요?

ပထမဆုံး ကားက ဘယ်အချိန်ပါလဲ။　　빠타마우송 까야까 배아차잉바레?

마지막 버스가 몇 시 인가요?

နောက်ဆုံး ကားက ဘယ်အချိန်ပါလဲ။　나우송 까야까 배아차잉바레?

바간까지 하루에 몇 대 버스가 다니나요?

ပုဂံကို တစ်နေ့ ကား ဘယ်နှစ်စီး ပြေးဆွဲပါသလဲ။　바간꼬 뗏네이 까아 배나사이 빠이솨이빠따레?

바간까지는 요금이 얼마입니까?

ပုဂံအထိ ကားခက ဘယ်လောက်ပါသလဲ။　바간 까야칵까 배라욱빠레?

바간까지는 시간이 얼마나 걸리나요?

ပုဂံ သွားရင် အချိန် ဘယ်လောက် ကြာပါသလဲ။　바간 따우야인 아차잉 배라우 짜빠따레이?

직행 버스 입니까?

Direct ဘတ်စ်ကား ရှိပါသလား။　다이렉트 버스까 싯빠따라?

몇 분 동안 정차하나요?

ဘယ်နှမိနစ်ကြာ ကားရပ်နားပါသလဲ။　배나미닛짜 까야야이나빠따레?

바간이 종점인가요?

ပုဂံက နောက်ဆုံး မှတ်တိုင်လား။　　바간가 나우송 맛따잉라?

바간에 도착하면 저에게 알려주세요.

ပုဂံ ရောက်ရင် ပြောပေးပါ။　　바간 야우야잉 뼈빼이빠.

택시를 불러주세요.　　တက္ကစီ ခေါ်ပေးပါ။　택시 응아빼이빠.

자전거를 빌리고 싶습니다.　စက်ဘီး ငှားချင်လို့ပါ။　사바엥 응아치록빠.

• 오토바이 ဆိုင်ကယ် 사이깨　　• 트라이쇼 ဆိုက်ကား 사이까

알아두면 유용한 단어

• 정차	ကားရပ်နားခြင်း	까야야이나이친	• 가다.	သွားတယ်	따우데.
• 종점	နောက်ဆုံးမှတ်တိုင်	나우송 맛따잉	• 오다.	လာတယ်	라우데.
• 휴게소	ကားရပ်နားစခန်း	까야야이나이사칸	• 기차	ရထား	아타
• 버스 정거장	ကားမှတ်တိုင်	까야맛따잉	• 기차역	ဘူတာ	부따

• 기차표	ရထားလက်မှတ်	야타레이맛	• 서점	စာအုပ်ဆိုင်	사옥사인
• 공항	လေဆိပ်	레이세익	• 여행사	ခရီးသွားကုမ္ပဏီ	카야야따 컴퍼니
	လေယာဉ်ကွင်း	레이야잉꿩	• 지도	မြေပုံ	메이뽕
• 식당	စားသောက်ဆိုင်	사따우세잉	• 여권	ပတ်စ်ပို့	패스포트
• 호텔	ဟိုတယ်	호텔 / 호떼	• 항공권	လေယာဉ်လက်မှတ်	레이라맛
• 화장실	အိမ်သာ	에잉따	• 국제전화	နိုင်ငံတကာဖုန်း	나잉따까 퐁
• 경찰서	ရဲစခန်း	에이사칸	• 시내전화	ပြည်တွင်းဖုန်း	삐따잉 퐁
• 은행	ဘဏ်	반	• 신용카드	Credit Card	크레디트 카드
• 우체국	စာတိုက်	사타익	• 달러	ဒေါ်လာ	더라
• ATM	ATM	에이티엠	• 환전	ငွေလဲခြင်း	뇌이레이친
• 마트	Mart	마트	• 무료	အခမဲ့	아카메
• 백화점	ကုန်တိုက်	꽁타익	• 유료	ပိုက်ဆံပေးရမယ်	빠익산 빼야메
• 시장	ဈေး	제이	• 거스름돈	အမ်းငွေ	안뇌이

● 쇼핑할 때 ●

이것은 뭐예요?	ဒါက ဘာလဲ။	다까 바레?
저것은 뭐예요?	ဟိုဟာက ဘာလဲ။	호하까 바레?
○○를 사고 싶어요.	○○ကို ဝယ်ချင်လို့ပါ။	○○꼬 와이친록빠
사용법을 알려주세요.	အသုံးပြုနည်းကို ပြောပြပါ။	아똥뿌니꼬 뼈빠바.
얼마예요?	ဘယ်လောက်လဲ။	베라욱레?
비싸요.	ဈေးကြီးတယ်။	제이찌데.
더 싼 것 있나요?	ပိုပြီး ဈေးသက်သာတာ ရှိလား။	뽀삐 제이떽따따 싯라?
더 큰 것 있나요?	ပိုပြီး ကြီးတာ ရှိလား။	뽀삐 제이찌따 싯라?
깎아주세요.	ဈေးလျှော့ပေးပါ။	제이 샤우빼빠.
바꿔주세요.	လဲပေးပါ။	레이빼빠.
많이 사면 할인이 되나요?	အများကြီး ဝယ်ရင် ဈေးလျှော့ပေးမှာလား။	아먀찌 와이야인 제이샤우빼라라?
포장해주세요.	ပါကင် ထုတ်ပေးပါ။	빠낀 톡우빼빠.

알아두면 유용한 단어

• 한 개	တစ်ခု	ဒဲ့ 쿡	• 비싸다.	ဈေးကြီးတယ်။	제이 찌데.
• 한 장	တစ်ရွက်	ဒဲ့ 야욱	• 크다.	ကြီးတယ်။	찌데.
• 싸다.	ဈေးချိုတယ်။	제이 초데.	• 작다.	သေးတယ်။	떼이데.

● 호텔에서 ●

빈 방이 있나요?	အခန်းလွတ် ရှိပါသလား။	아칸룩 싯빠따라?
하룻밤에 얼마인가요?	တစ်ညကို ဘယ်လောက်ပါလဲ။	띳냐꼬 배라욱빠레?
아침식사 포함인가요?	မနက်စာ ပါပါသလား။	마네사 빠빠따라?
인터넷은 사용할 수 있나요?		
အင်တာနက် သုံးလို့ရပါသလား။		인터넷 또웅록 야빠따라?
3박 할 예정입니다. 할인해 줄 수 있나요?		
သုံးည အိပ်မှာပါ။ ဈေးလျှော့ပေးလို့ ရပါသလား။		또웅냐아 애익마빠. 제이샤욱빼록 야빠따라?
1박 더 하고 싶습니다.	တစ်ည ထပ်နေချင်ပါတယ်။	띳냐아 탁네이챤빠데.
이미 예약했습니다.	ဘွတ်ကင် လုပ်ပြီးသားပါ။	북킹 록삐따빠.
싱글 룸으로 주세요.	Single room ပေးပါ။	싱글룸 빼빠.
조용한 방으로 주세요.	တိတ်ဆိတ်တဲ့ အခန်းပေးပါ။	때익세익데 아칸 빼빠.
청소를 부탁합니다.	သန့်ရှင်းရေး လုပ်ပေးပါ။	딴신애이 록빼빠.
모닝콜을 부탁합니다.	မနက်ကျရင် နှိုးပေးပါ။	마넥짜야인 노우빼빠.
환전 가능한가요?	ပိုက်ဆံ လဲလို့ရပါသလား။	빠익산 레록야빠따라?
국제전화를 사용할 수 있나요?		
နိုင်ငံတကာဖုန်း ခေါ် ဆိုလို့ ရပါသလား။		나인따까퐁 카욱소록 야빠따라?
문이 안에서 잠겼어요.		
အခန်းက အထဲကနေ ပိတ်ထားတယ်။		아칸가 아태까네이 빼익타데.
에어컨이 고장 났어요.	အဲကွန်းက ပျက်နေတယ်။	에어컨까 뺘욱네이데.
수건이 없어요.	မျက်နှာသုတ်ပုဝါ မရှိဘူး။	먀욱네또욱빠와 마싯부.

알아두면 유용한 단어

• 더운물	ရေနွေး	얘이뇌이	• 싱글룸	တစ်ယောက်ခန်း	띳야욱칸
• 휴지	တစ်ရူး	띳샤우	• 더블룸	နှစ်ယောက်ခန်း	닛야욱칸
• 욕실	ရေချိုးခန်း	얘이촉칸			

● 긴급상황 ●

도와주세요.	ကူညီပေးပါ။	꾸나이ㅣ빼빠.
몸이 아파요.	နေမကောင်းဘူး။	네이마까웅부.
두통이 있어요.	ခေါင်းကိုက်နေတယ်။	가웅까익네이데.
모기에 물렸어요.	ခြင်ကိုက်ခံခဲ့ရတယ်။	친까익칸캐야데.
병원에 데려다주세요.	ဆေးရုံကို ခေါ် သွားပေးပါ။	세인용꼬 커똬이ㅣ빼빠.
길을 잃었어요.	လမ်းပျောက်နေလို့ပါ။	라인빠욱네이록빠.
지갑을 잃어버렸어요.	ပိုက်ဆံအိတ် ပျောက်သွားတယ်	빠사인엑 빠욱똬데.

폴리스 레포트(분실·도난 증명서)를 발급받고 싶습니다.

Police report လိုချင်ပါတယ်။ — 폴리스 레포트 로친빠데.

한국으로 전화 걸 수 있도록 도와주세요.

ကိုရီးယားကို ဖုန်းခေါ် လို့ ရအောင် လုပ်ပေးပါ။ — 꼬리야꼬 퐁커록야아웅 록빼빠.

알아두면 유용한 단어

• 치통	သွားကိုက်ခြင်း	똬우까익친	• 감기	အအေးမိခြင်း	아에이 밋친
• 생리통	ဓမ္မတာလာစဉ် ကိုက်ခဲခြင်း	다마따라우사인 까익캐친	• 고열	အဖျားကြီးခြင်း	아퍄우 찌친
• 식중독	အစာအဆိပ်တက်ခြင်း	아사 엑세익딱친	• 약국	ဆေးဆိုင်	세인사인
• 설사	ဝမ်းလျှောခြင်း	원우샤우친	• 의사	ဆရာဝန်	사야원
			• 경찰서	ရဲစခန်း	야이사칸

● 예약할 때 ●

오늘 저녁 한 사람 예약이 가능합니까?

ဒီနေ့ ညနေ ချိန်းထားတဲ့ သူ ရှိပါသလား — 디네이 냐이 차잉타데 뚜 싯빠따라?

• 내일 저녁 မနက်ဖြန်ညနေ 마네파인 냐네이   • 두 사람 နှစ်ယောက်   닛야욱
• 가능하다. ဖြစ်နိုင်ပါတယ်။ 핏네잉빠데.   • 불가능하다. မဖြစ်နိုင်ပါဘူး။ 마핏네잉빠부.

전망이 좋은 자리로 부탁합니다. မြင်ကွင်းကောင်းတဲ့ နေရာပေးပါ။   마인낀까웅데 네이야빼빠.

몇 시에 영업을 시작 하나요? ဘယ်အချိန် အလုပ်စပါသလဲ။   배아차잉 아록 사빠따레?

몇 시에 영업이 끝나나요? ဘယ်အချိန် အလုပ်ပြီးပါသလဲ။   배아차잉 아록삐빠따레?

● 택시를 탔을 때 ●

이 주소로 가주세요. ဒီ လိပ်စာကို သွားပေးပါ။   디라익사꼬 똬우빼빠.

몇 km를 더 가야하나요? ဘယ်နှစ်ကီလို သွားရပါမလဲ။   배나미타 똬욱야빠마레?

○○까지 시간이 얼마나 걸리나요?
○○အထိ ဘယ်နှနာရီ ကြာပါသလဲ။   ○○아틱 배나나리 짜빠따레?

속도를 줄여주세요. အရှိန်လျှော့ပေးပါ။   아샤인 셔욱빼빠.

직진해주세요. ရှေ့ကို တည့်တည့် သွားပါ။   셰꼬 택택 똬우빠.

왼쪽으로 가주세요. ဘယ်ဘက်ကို သွားပေးပါ။   배백꼬 똬우빼빠.

오른쪽으로 가주세요. ညာဘက်ကို သွားပေးပါ။   나우백꼬 똬우빼빠.

세워주세요. ကားရပ်ပေးပါ။   까야우욱빼빠.

● 식당에서 주문할 때 ●

이 식당에서 가장 인기 있는 음식은 무엇인가요?
ဒီဆိုင်မှာ အကောင်းဆုံး အစားအစာက ဘာပါလဲ။   디사인마 아까웅송 아사아사까 바빠레?

저 테이블에 나온 음식과 같은 걸로 주세요.
ဟို+ စားပွဲဂိုင်းက ဟင်းအတိုင်းပေးပါ။   호 사쀠우와인까 힝아타인 빼빠.

이 음식의 재료는 무엇인가요?
ဒီ ဟင်းရဲ့ ပါဝင်ပစ္စည်းတွေက ဘာပါလဲ။   디 힝예익 빠윙 삑시까 바빠레?

이 음식은 어떤 조리법으로 만드나요?
ဒီ ဟင်းကို ဘယ်လို ချက်ထားပါသလဲ။   디 힝꼬 배로 차액타빠따레?

이 음식이름을 미얀마어로 어떻게 부르나요?
ဒီ ဟင်းကို မြန်မာလို ဘယ်လို ခေါ်ပါသလဲ။   디 힝꼬 미얀마로 배로 커빠따레?

다음에 또 오겠습니다.	နောက်ကျရင် ထပ်လာခဲ့ပါမယ်။	나욱짜야인 탁라켝빠매.
이곳은 언제 처음 생겼나요?	ဒီ ဆိုင်က ဘယ်တုန်းက ဖွင့်ထားတာလဲ။	디사인까 배도웅까 파잉타레?
차림표(메뉴판) 주세요.	မီနူးပေးပါ။	메뉴 빼빠.
계산해주세요.	ဘယ်လောက်ကျပါသလဲ။	배라욱 짜빠따레.
영수증 주세요.	ဖြတ်ပိုင်း ပေးပါ။	파욱빠인 빼빠.
명함 주세요.	နာမည်ကတ်ပေးပါ။	나메카드(레이싸) 빼빠.
맛있습니다.	စားလို့ ကောင်းပါတယ်။	사욱록 까웅빠데.
맛없습니다.	စားလို့ မကောင်းဘူး။	사록 마까웅부.
담배를 피워도 되나요?	ဆေးလိပ် သောက်လို့ရပါသလား။	세익레익 따우록 야빠따라?
소금 주세요.	ဆား နည်းနည်း ပေးပါ။	사 네이네이 빼빠. (네이네이는 '조금'이라는 뜻)

알아두면 유용한 단어

• 배고프다.	ဗိုက်ဆာတယ်။	바익사데.		• 채소볶음	အသီးအရွက်ကြော်	아띠아야익쩌
• 배부르다.	ဗိုက်ပြည့်တယ်။	바익빠익데. (와비 / 와데)		• 면	ခေါက်ဆွဲ	카우쇠
				• 볶음면	ခေါက်ဆွဲကြော်	카우쇠쩌
• 목마르다.	ရေဆာတယ်။	예익사데.		• 커피	ကော်ဖီ	커피
• 뜨겁다.	ပူတယ်။	뿌데.		• 맥주	ဘီယာ	비야
• 차갑다.	အေးတယ်။	에익데.		• 생맥주	စည်ဘီယာ	시비야
• 접시	ပန်းကန်	빠깐		• 물	ရေ	예익
• 음료수	အအေး	아에익		• 찬 물	ရေအေး	예익에익
• 젓가락	တူ	뚜		• 뜨거운 물	ရေနွေး	예익뇌이
• 숟가락	ဇွန်း	준		• 얼음	ရေခဲတုံး	예익케또웅
• 밥	ထမင်း	타민		• 콜라	ကိုလာ	콜라
• 커리	ဟင်း	힝		• 차(tea)	လက်ဖက်ရည်	라펙예익
• 닭고기	ကြက်သားဟင်း	짜익따힝		• 찻잎	လက်ဖက်ခြောက်	라펙차욱
• 돼지고기	ဝက်သားဟင်း	웯따힝		• 담배	ဆေးလိပ်	세이레익
• 소고기	အမဲသားဟင်း	아메따힝		• 재떨이	ဆေးလိပ်ပြာခွက်	세이레익빠쾫

* 음식에 관한 더 많은 단어는 '식당에서 알아두면 유용한 미얀마 요리 용어(P.21)'를 참고할 것.

INDEX

찾아보기

Speical Thanks to...

《프렌즈 미얀마》는 독자여러분의 소중한 의견을 기다립니다. 변경, 업데이트 된 내용을 보내주시면 저자에게 전달해 개정판 취재작업에 검토할 수 있도록 하겠습니다. 유용한 정보를 보내주신 분은 다음 개정판에 이름을 실어드리고, 매 개정판 때마다 그 중 한 분을 선정해 개정판 가이드북을 선물로 보내드립니다. 변경된 정보 외에도 건의사항, 여행지 추천 등의 제보도 좋습니다. 다음 개정판이 더욱 유용하고 정확한 책이 될 수 있도록 독자 여러분의 많은 조언을 부탁드립니다. 골드 황, 링, 윤하, 김미혜, 이종석, 권오신, 손은지, 박일호, 김선옥, 현한수, 강병옥, 이용우, 김병호 님께 감사드립니다.

제보 메일 | myanmargogo@gmail.com

Memo

Memo

Memo

friends 프렌즈 시리즈 23

프렌즈 미얀마(버마)

초판 1쇄 2014년 7월 1일
개정 5판 1쇄 2019년 1월 2일
개정 5판 3쇄 2020년 1월 2일

지은이 | 조현숙

발행인 | 이상언
제작총괄 | 이정아
편집장 | 손혜린

디자인 | 김미연, 디박스, 양재연, 김은정
지도 | 글터
표지 디자인 | 디자인붐

발행처 | 중앙일보플러스(주)
주소 | (04517) 서울시 중구 통일로 86 바비엥3 4층
등록 | 2008년 1월 25일 제 2014-000178호
판매 | 1588-0950
제작 | (02) 6416-3934
홈페이지 | jbooks.joins.com
네이버 포스트 | post.naver.com/joongangbooks

ⓒ조현숙, 2014~2019

ISBN 978-89-278-0990-6 14980
ISBN 978-89-278-0967-8(세트)

중앙북스는 중앙일보플러스(주)의 단행본 출판 브랜드입니다.